云南古代水文献大系

卷三

江　燕
毕先弟　编著

云南大学出版社
YUNNAN UNIVERSITY PRESS
·昆明·

图书在版编目（CIP）数据

云南古代水文献大系 : 共六册 / 江燕, 毕先弟编著
. -- 昆明 : 云南大学出版社, 2024
ISBN 978-7-5482-4510-0

Ⅰ. ①云… Ⅱ. ①江… ②毕… Ⅲ. ①水文资料－文献资料－云南－古代 Ⅳ. ①P337.274

中国版本图书馆CIP数据核字(2021)第281305号

审图号：GS(2023)2474号

策划编辑：段　然　苏　珊
责任编辑：李春艳　余家涛
装帧设计：刘　雨

云南古代水文献大系

YUNNAN GUDAI SHUI WENXIAN DAXI

江　燕　毕先弟 / 编著

出版发行：云南大学出版社
印装：云南天欣彩印包装有限公司
开本：890mm × 1260mm　1/16
印张：241.625
字数：6116千字
版次：2024年5月第1版
印次：2024年5月第1次印刷
书号：ISBN 978-7-5482-4510-0
定价：2400.00元（共六册）

社址：云南省昆明市一二一大街182号（云南大学东陆校区英华园内）
邮编：650091
电话：（0871）65031070　65033244　65031071
网址：http://www. ynup. com
E-mail：market@ynup. com

《云南古代水文献大系》编委会

目　录

卷　三

坛庙祠祀

灾 祥

古迹胜景

卷三

坛庙祠祀·灾祥·古迹胜景

坛庙祠祀

省　志

（正德）云南志·祠庙

卷二　云南府

风云雷雨山坛　在城东。

龙王庙　在滇池西海口。主祀水神。不知始创年月，弘治十六年，巡抚右副都御史陈金重修。

卷三　大理府

风云雷雨山川坛　在府治东。

海神祠　在洱海北。南诏异牟寻复归唐时立此，示不复叛之意。

洱水龙神庙　在洱河西滨。蒙氏时建，邓川、浪穹俱有。

卷四　临安府

风云雷雨山川坛　在府治南。

龙王庙　二处，一在城西北板桥铺，曰龙泉甸，岁旱祷之即雨，每岁三月，府卫官致祭；一在府东南甸尾铺。

卷五　楚雄府

风云雷雨山川坛　在府治南。

卷六　澂江府

风云雷雨山川坛　在府治东。

五灵庙　在府西北。段氏时，郡东有池，毒龙伏其中为民害。元至德间，土酋晨伯命僧降龙，以土填之，建祠其上。凡水旱祈之辄应，至今血食其地，有记。

龙王庙　有三，一在西浦泉，一在北坡泉，一在海口铺。

蒙化府

风云雷雨山川坛　在府城南。

龙王庙　在府城东东山下。上有龙潭，有灌溉之利。每年四月中有司致祭，旱则祷之。

卷七　景东府

风云雷雨山川坛　在府治南。

广南府

风云雷雨山川坛　在府治南。

广西府

风云雷雨山川坛　在府治南。

卷八　镇沅府

风云雷雨山川坛　在府〔治〕南。

永宁府

风云雷雨山川坛　在府治东。

顺宁府

风云雷雨山川坛　在府治南。

卷九　曲靖军民府

风云雷雨山川坛　在府治东。

五雷祠　在胜峰山上。凡遇旱乾水溢之灾，祷无不应。

姚安军民府

风云雷雨山川坛　在城南。

卷十　鹤庆军民府

风云雷雨山川坛　在城南。

漾共神祠　在龙珠山下，去府治东南二十里许。相传神僧赞陀崛多能导泄漾共江水，以除民患，乃立祠祀焉。树木森茂，民莫敢伐。每岁夏，有白鹭来栖其上，至秋则散。

东山庙　在府城东一十里峰顶山之麓，蒙氏号安民昭德福境灵祠。永乐十二年，土官知府高兴重建。郡人凡有水旱疾疫，辄往祷焉。

龙王庙　有二，一在府治西五里，即西龙潭；一在府治西北十里，即北龙潭。永乐十一年，土官知府高兴重建。郡人凡有旱涝，必往祷焉。

武定军民府

风云雷雨山川坛　在府治南。

卷十一　寻甸军民府

风云雷雨山川坛　在府〔治〕南。

丽江军民府

风云雷雨山川坛　在府治南。

元江军民府

风云雷雨山川坛　在府治东。

卷十二　北胜州

风云雷雨山川坛　在州〔治〕南。

新化州

风云雷雨山川坛　在州治南。

者乐甸长官司

澜沧卫军民指挥使司

卷十三　金齿军民指挥使司

风云雷雨山川坛　在城东。

龙王祠　有二，一在城西龙泉门外；一在城西北一十五里，其下有泉，灌田甚广。

腾冲军民指挥使司

风云雷雨山川坛　在城南。

〔据周季凤纂修正德《云南志》（国家图书馆藏民国年间抄本）卷二至十三辑录。〕

（万历）云南通志·祠祀志

卷十二　祠祀志第八　其目二

祀典　群祀

夫祀者，自有以感于无，自实以通于虚。圣人因物之精，制为之极，使人承祀，洋洋乎如在其上，古今所共由也。《诗传》曰："古人致力于民者尽，则致力于神者详。"故在位能至诚勿勿，然后可冀其格，是故六宗五祀、八神九祭之法，并著于典，释奠祈报，腊蜡农蚕、琴瑟乐舞、香币羊豕、酒齐黍稷、果实醓醢，必敬必戒，不数不疏，自台省下至邑令，莫不肃奉焉。故志《祀典》，而以《群祀》系之，所以广恭敬也。

云南府

祀　典

风云雷雨山川坛　在府城东。春秋二祭，州县皆有。

郡　祀

五灵庙　在府治东南。按察使柯暹《记略》①："五灵庙，相传孔明南征时立，名'五龙'。洪武辛酉，天兵

① 此记，景泰《云南图经志书》卷十、正德《云南志》卷四十四皆作"重修五灵庙记"。

下云南，庙毁。黔宁昭靖王时为西平侯，总师留镇，寻以祷旱有感，改为‘五灵’。今所祀吴客三真君、清源妙道真君、崇宁至道真君、碧山土主之神。稽之外传，三真君者，唐葛周三仙，周厉王时三谏官也，尝弃官游吴，用神策为吴降楚，自以客臣辞迁赏，其得名以是夫；崇宁，即蜀汉关将军云长，宋真宗朝，盐池怪作，显灵灭之；清源，姓赵，讳昱，隋嘉州太守，年二十八，怒入冷源斩蛟，后隐去为神；碧山，盖蜀汉赵将军子龙，意尝偕孔明南征，有功德于此而崇祀。余亦莫知其所以合祀之意。神六而庙名五龙、五灵，意必有在，未可强为之说，岂今所祀，与旧有不同耶?”

龙王庙 有二，一在大小河浪里海口，主祀水神，弘治间巡抚都御史陈金重修；一在滇池西海口。

大理府

祀 祠

风云雷雨山川坛 在府城南四里。岁春秋二祭，州县皆有。

洱水神祠 在府城东五里洱河西岸。国初建，正德九年，地震庙颓，知府梁珠重修。嘉靖四年，旱，副使姜龙祷雨立应，因重修庙貌，建堂阁于祠前。郡人员外郎张宪《记略》①：“洱水神祠，在水之西涯。嘉靖七年，兵宪姜公龙作阁于庙，近水而门焉，登梯而槛焉，扁曰‘浩然阁’，志观也。退五武，为屋五楹，曰‘普德堂’，志神贶也。先是，春三月至夏五月不雨，民几失秋望。公忧之，靡神不宗，才诣庙，祷未竟，少女风拂拂起萍末，旋车堤上，微雨洒盖，农人欢呼，大雨连三日，四郊沾足。民以为公莅是邦，屏除寇盗，燕及于神，公因顺民心而宏大神之祠。夫年不顺成，八蜡不通，以凶年而咎神，则必以有年而德乎神矣。季氏旅于泰山，孔子非之，则山川之不能无神，而神之不可谄也，明矣。公之是举，务民之义莫先焉，愚乃为之记。”春秋二祭。

海口龙神庙 在府城南三十里。岁太和县春祭，赵州秋祭。

郡 祀

安龙庙 在府城西南隅。初建城时，惟西南角随筑随圮，父老谓宜安龙，遂立庙，自是城不复圮。

神宝泉庙 在府城南五里。其地出三泉，灌溉田畴，古昔立庙祀其龙神。嘉靖间，庙灾，泉亦闭，民白其事于官，重立庙，明年，泉复出。

上关龙王庙 在府城北六十里龙首关。

喜洲龙王庙 在府城北五十里何矣城村，与府东洱水神祠同出。按《白古通》谓：点苍山脚插入洱河最深长者，唯城东一支与喜洲一支。南支之神，其形金鱼戴金钱；北支之神，其形玉螺。二物见则为祥。

龙王庙 有二，一在赵州治东八里，一在浪穹县北十里许宁海之滨。有修撰杨慎诗②：“峰头才见一泓幽，沙尾惊看四岸浮。流③水罗纹堪并色，嘉陵石黛迥添愁。秦源欲问桃花渡，楚望浑迷杜若洲。亦有沧浪旧歌曲，晚来乘兴上④扁舟。”

东龙庙 在州治东十里。唐邓赕诏所建水神祠也，非惟资灌溉，而祈祷亦应，州之春祈诣焉。

大王庙 在宾川州治南奇山下。俗传罗刹为患，有张敬者除之，死，为漏江之神，灌溉百里，民因祀之。

---

① 此记，康熙《大理府志》卷二十九题作“洱水神祠记”。

② 此诗，《升庵集》卷二十六题作“泛浪穹海子”。

③ 流 《升庵集》作“沅”。

④ 上 《升庵集》作“更”。

临安府

祀　典

风云雷雨山川坛　在府城南。洪武三十年建，岁春秋二祭，州县皆有。

郡　祀

雷公祠　在阿迷州南五十里，巡抚侍郎邹应龙建。

龙王庙　在州吕公山。

永昌府

祀　典

风云雷雨山川坛　在府城东十里。唐大历间，有三角牛、四角羊、鼎足鸡，火烛天之异，乡人怪之，乃镇以坛。岁春秋二祭，州县皆有。

郡　祀

龙王庙　有二，一在府城龙泉门外。佥事刘寅《记》[①]：

永昌之城，右倚峻山，山之下水汪然涌出，停[②]蓄为池。周还[③]数百步，澌而南东[④]，灌溉田千余顷，军民咸赖其利。父老相传为龙泉，故其寺与城皆因之而得名。俗又呼九隆池，岂蒙氏之先，女子沙壹触沉木于是而生九隆与？按志书云在哀牢山下，今亦未敢必以为然也。

池之上，旧有祠庙在焉，历年既久，栋宇倾颓，上雨旁风，神无所栖。上章执徐之春，乐安孙挥使来莅是邦，迁其祠于池之左偏。厥位面阳，厥土燥刚。殿堂门庑，易以美材而更新之，像塑以奉祀事。每岁祷雨祈晴，对越如在，而往来过者，亦不敢亵也。至永乐癸未，皇上遣官抚绥边夷[⑤]，瑯琊云公以内臣之重分镇金齿，仁慈惠爱，军民德之，其事神明尤为严谨。乙酉岁春夏之间，雨泽愆期，公与本司孙挥使等官谒庙行香，诚意感通，随感而应。公谓："此邦若无是泉，禾苗且槁死，而祠宇弗称。"乃为之捐金，修其所宜修者，完其所不完者。榱题檐楹，饰以采色。丹红垩黼，辉光交映。神像俨然，可敬可畏。命彭城刘氏铭之。

寅按：山川丘陵，能兴云雨则祀之，以其有益于斯民也。此泉既多利泽田畴之功，而其神又著感通昭格之报，祠而铭之，夫岂不宜？然而公等致谨于神者，非媚也，为吾民而已。国以民为本，民以食为天，神又依乎人而行者也。民非神无以致福，神非民无以从祀。谨事神之礼，所以重生民之命也，是宜铭。其辞曰："郡城之西，泉涌为池，禽沄漫满，浩荡汤汤。东南分流，有渠有沟，

---

① 此记题名，天启《滇志》卷二十五《艺文志》作"永昌龙王庙铭"，下注"有记"，《新纂云南通志》卷一百十一《祠祀考·典祀三》作"龙王庙碑记"，《永昌府文征·文录》卷二《明一》作"龙王庙记"。

② 停　《新纂云南通志》作"渟"。

③ 还　《新纂云南通志》作"环"。

④ 南东　《新纂云南通志》作"东南"。

⑤ 边夷　《新纂云南通南》作"远夷"。

溉我田畴，滋稻粱也。食赖而生，民依而宁，享此太平，岁丰穰也。泉流之堧，龙祠在焉，巍然焕然，惠此邦也。是祷是祈，雨旸时若，降福攸宜，民寿康也。公来抚安，临下以宽，众心同欢，赫有光也。捐金宜之，雕梁刻榱，五采用施，烂荧煌也。神免其非，民不忧疑，得将安归，国之祯祥也。庸述其贞，勒之坚珉，式昭后人，永永不忘也。”

一在郎义村北一里。腾越州亦有。

楚雄府

祀　典

风云雷雨山川坛　在府城南。岁春秋二仲月祭，州县皆有。

紫溪龙王庙　在府城西一十五里。岁季春祭。

曲靖府

祀　典

风云雷雨山川坛　在府治东。岁春秋二仲月祭，州县皆有。

五雷庙　在胜峰山。永乐初建，惊蛰日祭，有祷必应。

澂江府

祀　典

风云雷雨山川坛　在府城北。岁春秋二祭，州县皆有。

西浦龙泉神庙　一名西礐龙泉庙，在蟠龙冈麓。岁春三月上辰日，本府致祭。

东浦龙泉神庙　一名北波龙泉庙，在府治东缺摩山麓。岁三月上巳日，本府致祭。

龙王庙　在路南州。有二，一在州东十二里黑龙泉，一在东北十五里白龙泉。岁三月致祭。

蒙化府

祀　典

风云雷雨山川坛　在府城东，岁春秋二祭。

郡　祀

龙王庙　在东山麓锦溪上流。知府左文臣重修，祷雨辄应，岁以五月致祭。

鹤庆府

祀　典

风云雷雨山川坛　在府治南一里。岁春秋二仲月祭，州属皆有。

水洞祠　在府南象眠山下。昔崛峅神有利导之功，本府以四月八日祭。

西龙潭祠　在府治西。其下又有龙宝、黑龙、白龙、吸钟诸潭龙祠，本府以七月九日俱咐祭。

郡　祀

白龙王庙　在州治西一里，正统间建。

沧浪神庙　在州北二里。

姚安府

祀　典

风云雷雨山川坛　在府城南一里。岁春秋二仲月祭，大姚县亦有。

郡　祀

龙王庙　有三，一在穴石淜，一在白石的，一在大康郎。

广西府

祀　典

风云雷雨山川坛　在府治南。岁春秋二祭，各州皆有。

寻甸府

祀　典

风云雷雨山川坛　在府城南一里。岁春秋二仲月祭。

武定府

祀　典

风云雷雨山川坛　在府城南一里。岁春秋二仲月祭，州县皆有。

景东府

祀　典

风云雷雨山川坛　在府治南。岁春秋二仲月祭。

郡　祀

龙王庙　在府北一里。

元江府

祀　典

风云雷雨山川坛　在府治东。岁春秋二仲月祭。

丽江府

祀　典

风云雷雨山川坛　在府城南。岁春秋二仲月祭，各州皆有。

广南府

祀　典

风云雷雨山川坛　在府治南。岁春秋二仲月祭。

顺宁府

祀 典

风云雷雨山川坛　在府治南。岁春秋二仲月祭。

永宁府

祀 典

风云雷雨山川坛　在府治东。岁春秋二仲月祭。

郡 祀

龙王庙　在府治。

镇沅府

祀 典

风云雷雨山川坛　在府治南。岁春秋二仲月祭。

北胜州

祀 典

风云雷雨山川坛　在州治南。岁春秋二仲月祭。

郡 祀

龙王庙　在州治内。

新化州

祀 典

风云雷雨山川坛　在州治南。岁春秋二仲月祭。

者乐甸长官司

五井盐课提举司

祀 典

龙王庙　在司治左。各井皆有。

黑井盐课提举司

祀 典

金盖龙王庙　在七局村。岁春秋二祭。

龙王庙　在黑井山上。岁春秋二祭。

〔据邹应龙修，李元阳纂万历《云南通志》（刘景毛、江燕等校注，中国文联出版社2013年版）卷十二《祠祀志》第1044－1118页辑录。〕

（天启）滇志·祠祀志

卷十六　祠祀志第九

旧《志》分祀典、群祀，凡在六宗五祀、八神九祭之法与当代制书颁布诸在秋（秩）宗曰祀典，其余民间崇奉，建置无常，次别群分，皆谓群祀。《志草》革而不因，取诸大典奉行颠末列于前，曰："是达之各郡邑者，总挈于祠宇之首，不复赘。"于是，山川社稷诸祠俱不与，而开卷弁首者，关侯祠也。窃谓山川鬼神、上圣大贤，不啻一功德、一捍御之为屑屑，似不可一概施之。李氏固曰："至诚勿勿，必敬必戒，不数不流。"故志《祀典》而以《群祀》系之，广恭敬也。包氏曰："滇俗故尚鬼，一二社赛，亦猎较之从。"或以是不便分晰，故宁统括而通融乎？又所裁于旧《志》，如大理苍洱与金碧齐名，二祠似不宜去。今仍从李氏旧《志》，而复其应入者。

祀　典

云南府

云雨风雷山川坛　在府城东。洪武元年，令天下郡县置山川坛。三年，革前代岳渎封号，惟以山川本名称其神。六年，礼部议祭风云雷雨及境内山川、城隍，共为一坛。春秋二仲上巳日祭，各郡县同。嘉靖九年，奉制更神之序，曰"云雨风雷"。

大理府

云雨风雷山川坛　在府城南四里。

洱水神祠　在府城东五里洱河西岸。国初建。

海口龙王庙　在府南三十里。岁太和县春祭，赵州秋祭。

临安府

云雨风雷山川坛　在府城南。

白龙潭龙王庙　在府西北十二里。兵备蒋宗鲁置灵泉观。岁春仲，卫官祭。

永昌府

云雨风雷山川坛　在府城东十里。

楚雄府

云雨风雷山川坛　在府城南。

紫溪龙王庙　在府西二十五里。岁季春祭。

曲靖府

云雨风雷山川坛　在府治东。

龙王庙　在府西南五里。岁春季，府县卫所俱祭。霑益州亦有。

澂江府

云雨风雷山川坛　在府城北。

西浦龙泉神庙　一名西礐龙泉庙，在蟠龙冈麓。

东浦龙泉神庙　一名北波龙泉庙，在缺摩山麓。岁三月辰巳日，本府致祭。

路南州龙王庙　二，一在州东黑龙泉，一在州东北白龙泉。岁三月本州致祭。

蒙化府

云雨风雷山川坛　在府城东。

龙王庙　在东山麓锦溪上流，知府左文臣重修。岁五月致祭，每旱祷焉。

鹤庆府

云雨风雷山川坛　在府治南一里。

水洞祠　在府南象眠山下。昔神僧赞陀崛哆有利导之功，至今本府以佛日祀之。

西龙潭祠　在府城西。其下又有龙宝、黑龙、白龙、吸钟诸潭龙祠，本府以七日（月）九日祭。

姚安府

云雨风雷山川坛　在府城南一里。

广西府

云雨风雷山川坛　在府治南。

寻甸府

云雨风雷山川坛　在府城南一里。

武定府

云雨风雷山川坛　在府南一里。

景东府

云雨风雷山川坛　在府治东（南）。

元江府

云雨风雷山川坛　在府治东。

丽江府

云雨风雷山川坛　在府治南。

广南府

云雨风雷山川坛　在府治南。

顺宁府

云雨风雷山川坛　在府治南。

永宁府

云雨风雷山川坛 在府治东。

镇沅府

云雨风雷山川坛 在府治南。

北胜州

云雨风雷坛 在州治南。

群　祀

云南府

五灵庙 在都院仁（行）台左。所祀以真君称者凡五：曰吴客三真，相传为周厉王时三谏官，弃而游吴，得仙去，其姓唐、葛、周；曰崇宁至道，为关汉寿侯，在宋真宗时有此封号；曰清源妙道，为隋嘉州太守赵昱，入冷源斩蛟为神。以土主称者曰碧山土主，为蜀汉将军赵云庙。旧名五龙，而所祀六神，亦未知所以合祀之意。洪武初毁于燹，西平侯祷雨有应，复立于此，改题今名。按察使柯暹为之记。

祠山庙 在府南云津北河岸。汉张公渤曾凿江以通水利，郡人德之，为立祠。

白龙庙 在府治南菜海子。其庙，村落处处有之，龙以雨〔雹〕自随，多伤禾稼，农家祀而禳之。

龙王庙 在府城西南罗汉山下。其神曰灵伏仇夷滇河圣帝，其在各州县者甚多，唯呈贡黑、白二龙祠最称灵应。每三月上辰日，有司致祭。

大理府

安龙庙 在府城西南隅。初建城时，筑至此辄圮，父老谓有龙在焉，因为立庙，自是城不复圮。

神宝泉庙 在府城南五里。其地有三泉，涌水灌溉，庙祀其神。嘉靖间庙灾，泉因之闭，郡民白其事于官，新之，明年泉复出。

上关龙王庙 在府北六十里龙首关。

喜洲龙王庙 在府城北五十里何矣城村，与府东洱水神祠同建。

龙王庙 有三，一在赵州治东八里，一在浪穹县治北十里许宁海之滨，一在五井司左。各井皆有。

东龙庙 在州治东十里。唐邓赕诏[①]所建水神祠也。水资灌溉，祈祷亦应，州之春祈诣焉。

临安府

龙王庙 有二，一在州吕公山，一在新平县南三百武。

白龙祠 在县治南。

---

① 邓赕诏 《新唐书》卷二二二《南蛮传》作“邆賧诏”，中华书局1975年版，第6267页。

永昌府

龙王庙 有三，一在府城龙泉门外，有佥事刘寅记；一在郎义村北一里；一在保山寺麓诸葛堰南。腾越州亦有。

楚雄府

曲靖府

澂江府

蒙化府

鹤庆府

姚安府

龙王庙 有三，一在大石淜，一在白石的，一在大康郎。

广西府

寻甸府

武定府

景东府

龙王庙 在府北一里。

元江府

丽江府

广南府

顺宁府

永宁府

龙王庙 在府治。

镇沅府

北胜州

龙王庙 在州治五里。

卷三十二　搜遗志第十四之一

补群祀

榆水西、北岸各有水神祠，神状牛首人身，或虎头鸡喙，皆大石自地涌出，实非人工也。滇郡亦有神祠，羊首人身，亦不知其所从来。《山海经》曰："四荒之山有神，兽面人身。"其说盖与此合。

〔据刘文徵撰天启《滇志》（古永继校点，云南教育出版社1991年版）卷十六《祠祀志第九》第543页及卷三十二《搜遗志第十四之一·补群祀》第1055页辑录。同时以王云编辑《滇志校考》补改之。〕

（康熙）云南通志·祠祀志

卷十八　祠祀志

祠祀之设，报功德耳。国家釐定典礼，自社稷山川而外，凡死勤事劳定国者，咸崇报焉，非是则不在祀典矣。滇俗尚鬼神，称鸡马已属荒唐，像设牛蛇尤为怪诞，此亦何与祀事耶？今欲考定禋宗，惟是载在典礼者罔敢或废其有，俗尚相沿而不悖义者，稍刊正而附录之，庶其与淫祀远矣乎。若夫圣庙释菜，礼明有师，非群祀所得比者，学校既首志之矣，兹不具载，作《祠祀志》。

云南府

祀　典

风云雷雨山川坛　在府城东。明洪武元年，令天下郡县置山川坛。六年，定风云雷雨及境内山川、城隍三主，共为一坛，春秋二仲上巳[①]日祭。各郡县同，本朝因之。

群　祀

白龙庙　在府治南菜海子。

龙王庙　在城西南罗汉山下。

清浊福邦盐泉神祠　在安宁州善政坊。

曲靖府

祀　典

风云雷雨山川坛　在府治东。

龙王庙　在府城西南五里。霑益州亦有。

临安府

祀　典

风云雷雨山川坛　在府城南。

白龙潭龙王庙　在府西北十二里。岁春仲致祭。

群　祀

龙王庙　一在吕公山，一在新平县南。

---

① 上巳　天启《滇志》卷十六同，雍正《云南通志》卷十五、道光《云南通志稿》卷八十八、光绪《云南通志》卷八十八皆作"上戊"。

白龙祠　在县治南。

澂江府

祀　典

风云雷雨山川坛　在府城北。

龙泉神庙　一在盘龙冈麓，为西浦龙泉；一在缺摩山麓，为东浦龙泉。

武定府

祀　典

风云雷雨山川坛　在府南一里。

广西府

祀　典

风云雷雨山川坛　在府城南一里。

元江府

祀　典

风云雷雨山川坛　在府治东。

广南府

祀　典

风云雷雨山川坛　在府治南。

开化府

祀　典

风云雷雨山川坛　在府城北。

大理府

祀　典

风云雷雨山川坛　在府城南四里。

洱水神祠　在府城东五里洱河西岸。岁春秋二仲祭。

海口龙王庙　在府南三十里。太和县春祭，赵州秋祭。

群　祀

雷　庙　在府治西南。

安龙庙　在府城西南隅。初建城时筑，至此辄圮，父老谓有龙在焉，因为立庙，自是城不复圮。

神宝泉庙　在府城南五里。其地有三泉，涌水灌溉，庙神有祀。明嘉靖间庙灾，泉因之闭，郡民白其事于官，新之，明年泉复出。

黑水龙神庙　在云龙州澜沧江涯。先是渡者多溺，立庙遂无患，岁以春秋致祭。

永昌府

祀　典

风云雷雨山川坛　在府城东十里。

群　祀

龙王庙　在府城龙泉门外。

楚雄府

祀　典

风云雷雨山川坛　在府城南。
紫溪龙王庙　在府西二十五里，岁季春祭。

姚安府

祀　典

风云雷雨山川坛　在府城南一里。

群　祀

龙王庙　有三，一在大石淜，一在白石的，一在大康郎。

鹤庆府

祀　典

风云雷雨山川坛　在府治南一里。
水洞祠　在府南象眠山下。昔神僧赞陀崛哆有利导之功，至今以四月八日祭之。
西龙潭祠　在府城西。其下又有龙宝、黑龙、白龙、吸钟诸潭祠，以七月九日祭。

群　祀

沧浪神庙　在州北二里。
白龙王庙　在剑川州西一里，明正统中建。

顺宁府

祀　典

风云雷雨山川坛　在府城南一里。

蒙化府

祀　典

风云雷雨山川坛　在府城东。
龙王庙　在东山麓锦溪上流。

永宁府

祀　典

风云雷雨山川坛　在府治东。

群　祀

龙王庙　在府治北。

景东府

祀　典

风云雷雨山川坛　在府治南。

群　祀

龙王庙　在府北一里。

丽江府

祀　典

风云雷雨山川坛　在府治南。

镇沅府

祀　典

风云雷雨山川坛　在府治南。

者乐甸长官司

〔据范承勋等修，吴自肃等纂康熙《云南通志》（日本京都大学藏清康熙三十年刻本）卷十八《祠祀志》第1－27页辑录。〕

（雍正）云南通志·祠祀志

卷十五　祠祀

圣王制祭祀，考诸祭法可见。云雷风雨是谓天神，山川社稷是谓地祇，御灾捍患有功德于民者是谓人鬼，非此族也，不在祀典。国家事神治人，一衷于礼，所以昭诚敬，正人心，怀柔百神，为民祈福。他如忠孝节义咸进而俎豆之，亦奖劝名教之意也。故酒醴牲牢，载诸令甲，有司行事者《祀典》纪之。拊鼓安歌，民间春祈秋报者《群祀》纪之。至浮图老子之宫，祝釐礼庆，往往在是，又况晨钟暮鼓，发人深省乎！志《祠祀》，《寺观》附焉。

云南府

祀　典

风云雷雨山川坛　在府城东门外。明洪武元年，令天下郡县置山川坛。六年，定风云雷雨及境内山川、城隍三主，共为一坛，春秋二仲月上戊日祭。本朝因之，通省府属各州县皆与府同。

龙王庙　在府城西门内菜海子旁。本朝雍正六年，奉旨勅封“福滇益农龙王”，内府造像，辇送至滇，建祠以时致祭，月吉瞻礼。

群　祀

龙王庙　一在府城西南罗汉山下；一在府城东白龙潭；一在府城北黑龙潭；一在昆阳州北海门村牛舌洲上，明洪武末敕封“惠济龙王”；一在嵩明州西十五里，嵩境田亩，全资各处龙泉灌溉，惟此龙泉利润更溥，明知州余化龙详请以季春辰日致祭，若知州弗与祭，辄多亢旸。

清浊福邦盐泉神祠　在安宁州城内善政坊。

曲靖府

祀　典

风云雷雨山川坛　在府城东门外。

龙王庙　在府城西南十里。每岁季春辰日有司致祭，郡有水旱必祷。

临安府

祀　典

风云雷雨山川坛　在府城南门外。

龙王庙　一在府西北十二里，仲春致祭；一在通海秀山，于仲春辰日祀之；一在宁州城北吕公山；一在河西县城南。

群　祀

雷公祠　在阿迷州城南五十里。

澂江府

祀　典

风云雷雨山川坛　在府城南门外。

龙王庙　一在府城南抚仙湖岸；一在新兴州城西黑龙潭；一在州城西北九龙池；一在州城东北白龙潭。

龙泉神祠　一在府城东阙摩山麓，为东浦龙泉；一在府城西盘龙冈麓，为西浦龙泉。

群　祀

龙青庙　在府城西北宝华寺前。

武定府

祀　典

风云雷雨山川坛　在府城南门外。

广西府

祀　典

风云雷雨山川坛　在府城东门外。

龙王庙　一在府城东江头村，一在府城西永惠坝。春秋二仲上戊日祭。

群 祀

水火坛 在师宗州城南。

广南府

祀 典

风云雷雨山川坛 在府城南门外。

元江府

祀 典

风云雷雨山川坛 在府城南门外。

龙王庙 在府城西龙洞。本朝雍正八年，知府迟维玺新建神祠，每年春辰月致祭。

群 祀

河伯祠 在府城东礼社江上。

开化府

祀 典

风云雷雨山川坛 在府城北门外。

镇沅府

祀 典

风云雷雨山川坛 在府城南门外。

威 远

祀 典

风云雷雨山川坛 在旧土州南。

龙 祠 在治东南。

东川府

祀 典

风云雷雨山川坛 在府城南门外。

龙王庙 在府城西。本朝雍正六年建。

昭通府

祀 典

风云雷雨山川坛 在府城南门外。

群 祀

石龙庙 在永善县马村。

普洱府

祀　典

风云雷雨山川坛　在府城南门外。

龙王庙　在府城西北蟠龙洞旁。

大理府

祀　典

风云雷雨山川坛　在府城南门外。

龙王庙　一在府城东南三十里龙尾关外，太和县春祭，赵州秋祭；一在府城北五十里河矣村，《白古通》谓点苍山脚插入洱河者，惟城东与喜洲二支，南支神形为金鱼，北支神形为玉螺，现则为祥云；一在云龙州澜沧江涯，先是数患风涛，立祠以祀江神，患遂息，岁春秋致祭。

洱水神祠　在府城东洱河西岸。岁春秋二仲月祭。明嘉靖四年，大旱，副使姜龙祷雨立应，重建，岁久朽敝。本朝康熙三十二年，提督诺穆图重修。

风伯祠　在府城北。明嘉靖三十二年，暴风不息，分巡道彭谨建祠，于冬至后戊日祭。

群　祀

雷　庙　在府城西南。

安龙庙　在府城内西南隅。初建城时筑辄圮，父老谓有龙在，因立庙，遂不复圮。

神宝泉庙　在府城南。其地有三泉，涌水灌溉，立庙祀神。明嘉靖间庙灾，泉亦闭，郡民白于官，新之，明年泉出如故。

楚雄府

祀　典

风云雷雨山川坛　在府城南门外。

龙王庙　一在府城西紫溪，岁季春月祭；一在南安州乌龙山；一在黑井治西大井之上；一在琅井治西卤盐井上。

姚安府

祀　典

风云雷雨山川坛　在府城南门外。

龙王庙　一在府城西大康郎；一在府城南大石淜。东西有两庙：一在白盐井土主庙右，为五井得道咸泉之神；一在白盐井司治东南白石井。

永昌府

祀　典

风云雷雨山川坛　在府城东门外。

龙王庙　在府城西南龙泉门外易罗池。

鹤庆府

祀　典

风云雷雨山川坛　在府城南门外。

西龙潭祠　在府城西。又龙宝、黑龙、白龙、吸钟诸潭皆有祠，以七月九日祀之。又府西北及剑川州西皆有白龙庙。

群　祀

水洞祠　在府城南象眠山下。昔神僧赞陀崛峫有利导之功，至今以四月八日祀之。

沧浪神庙　在剑川州城北。

顺宁府

祀　典

风云雷雨山川坛　在府城南门外。

永北府

祀　典

风云雷雨山川坛　在府城南门外。

龙王庙　在府城北门外。

丽江府

祀　典

风云雷雨山川坛　在府城南门外。

蒙化府

祀　典

风云雷雨山川坛　在府城东门外。

龙王庙　在府城东翠虬山。

景东府

祀典

风云雷雨山川坛　在府城南门外。

龙王庙　在府城北。

〔据鄂尔泰修，靖道谟纂雍正《云南通志》（清乾隆元年刻本）卷十五《祠祀志》第1－35页辑录。〕

（道光）云南通志稿·祠祀志

卷八十八　祠祀志一之一

自古圣人先成民，而后致力于神为治。以成民为重，而神实所以庇民。王者，父事天，母事地，郊坛社稷以及山川鬼神，莫不有祀，《周官》禋祀、血祭、肆献祼[①]详哉，言之凡以为民也。《汉书》郊祀有志，后人沿其成例。郡国志乘，必载祠祀，亦仍古人之遗意，今萃为一门，曰典祀，遵功令也，曰俗祀，曰寺观，悉汇纪而备载之，于以见典礼之隆云。志《祠祀》。

典祀一

《虞书》七政既齐，即详祀事。《洪范》八政，其三曰祀。祀事，修明政之大端也。古诸侯大夫奉祭各有等差，今皆统之于守土之官。凡社稷山川神示之在其地者，例得专祀。滇处天末，声教所讫，薄海皆同，圣天子崇德报功，特隆其礼。今取例得官为致祭者为一类，曰典祀，即以见俎豆馨香，义各有当，司其事者，莫不恭虔以蕲致其诚敬焉。

云南府

昆明县

云雨风雷山川坛　旧《云南通志》：在城南门外。明洪武元年，令天下郡县置山川坛。六年，定风云雷雨及境内山川、城隍共一坛，春秋二仲月上戊日祭。国朝因之，通省府属各州县皆与府同。谨案：明时云南建坛，当在洪武十四年既入版图之后，旧称“风云雷雨”，嘉庆十八年，改称“云雨风雷”。

龙神祠　旧《云南通志》：在城西门内菜海子旁。谨案：即九龙池。雍正六年，奉旨敕封“福滇益农龙王”，内府造像，辇送至滇，建祠以时致祭，月吉瞻礼。谨案：龙王庙在各村邑不列祀典者，今载俗祀，各府州县并同。

井宿祠　俗名金牛寺。旧《云南通志》：在城东盘龙江堤上。昔人铸铜牛一，以镇水怪。其形独角，卧地昂首，视江水起足，作欲斗状。高五尺许，上覆以亭。

富民县

云雨风雷山川坛　《富民县志》：在城南一里。

龙王庙　《富民县志》：在城北桥头。

宜良县

云雨风雷山川坛　《宜良县志》：在城南关外。

龙王庙　《宜良县志》：一在大赤江东岸，一在汤池。

---

① 肆献祼　原本作“肆祼献”，依《周礼》改。肆，通“鬄”，支解牲体。《周礼·春官·宗伯第三》：“大宗伯之职，掌建邦之天神、人鬼、地示之礼，以佐王建保邦国，以吉礼事邦国之鬼神示，以禋祀祀昊天上帝，以实柴祀日月星辰，以槱燎祀司中、司命、风师、雨师，以血祭祭社稷、五祀、五岳，以貍沈祭山林川泽，以疈辜祭四方百物，以肆献祼享先王，以馈食享先王。”

罗次县

云雨风雷山川坛　《罗次县志》：在城南一里。

龙神庙　《罗次县志》：在城东十里青山上坝。

晋宁州

云雨风雷山川坛　《晋宁州志》：在城南二里。

龙王庙　《晋宁州志》：一在城东南帝释龙潭，一在城南二里，一在城西北十二里下河嘴。

呈贡县

云雨风雷山川坛　《呈贡县志》：在城南一里龙街子。

龙王庙　《呈贡县采访》：一在城东二十里白龙潭，知县刘世熼重修；一在城东八里新册村，知县夏璦[①]重修。

安宁州

云雨风雷山川坛　《安宁州志》：在城南门外。

龙王庙　《安宁州志》：旧在州治西，今移建于城东河岸，与盐井相向。雍正二年，奉旨敕封"灵源普泽龙王"，春秋致祭。

灵泉庙　《安宁州志》：在州署东旧大界井，一名清浊福邦盐泉神祠。

禄丰县

云雨风雷山川坛　《禄丰县志》：在城东。

龙王庙　《禄丰县志》：在城东街大井上。

昆阳州

云雨风雷山川坛　《云南府志》：在城西一里大团山上。

龙王庙　《云南府志》：在城北海门村牛舌洲上。明洪武末建，敕封"总督惠济龙王"。康熙三十一年，总督范承勋、巡抚王继文捐修。

易门县

云雨风雷山川坛　《易门县志》：在城南里许。

龙王庙《易门县志》：一在大龙泉，一在老黑山麓。明嘉隆间边警，曾以大雪助阵，敕赐春秋二祭。

嵩明州

云雨风雷山川坛　《嵩明州志》：在城南。

龙王庙　《嵩明州志》：在城北十五里，一名白草龙庙。其祭仿于明知州余化龙题请。今非知州亲祭，即亢旱不雨。

---

① 夏璦　康熙《呈贡县志》卷二作"夏瑱"。

卷八十九　祠祀志一之二

典祀二

大理府

太和县

云雨风雷山川坛　《大理府志》：在城南四里。

龙王庙　《大理府志》：一在城东三十里龙尾关外，太和县春祭，赵州秋祭；一在城北五十里河矣村，名喜洲龙王庙，《白古通》谓点苍山脚插入洱河者，惟城东与喜洲二支，南支神形为金鱼，北支神形为玉螺，二者现则为祥云；一在城北七十里龙首关，名上关龙王庙。

赵　州

云雨风雷山川坛　《赵州志》：在城西南一里。

龙王庙　《赵州志》：在城东龙伯山下。明万历间，知州沈奎灿建，春秋二仲月上庚日祭。

云南县

云雨风雷山川坛　《云南县志》：在城外西北隅。

龙王庙　《云南县志》：在梁王山下，旁出龙泉。

邓川州

云雨风雷山川坛　《邓川州志》：在城南门外。

龙神祠　《邓川州志》：在下山口，主瀰苴河之神。

浪穹县

云雨风雷山川坛　《大理府志》：在城南一里。

龙王庙　《大理府志》：在城北十五里罢谷山下。玭碧湖即洱河源也，邑人赵以康建楼，庙前匾曰“谷源”，岁久倾圮。康熙三十一年五月旱，通判黄元治祷于庙，大雨立注，遂重修焉。移“谷源”额于中堂，题其楼曰“瀓碧”。

宾川州

云雨风雷山川坛　《大理府志》：在城南一里。

龙神祠　《宾川州采访》：在城东，知州王鼎建。

云龙州

云雨风雷山川坛　《大理府志》：在城北。

黑水神祠　《一统志》：在澜沧江滨。素有风涛覆溺之患，建祠以祀江神，患遂息，每岁春秋致祭。

临安府

建水县

云雨风雷山川坛　《临安府志》：在城南八里。

龙王庙　旧《云南通志》：在城西北十二里。《临安府志》：在城东门。

石屏州

云雨风雷山川坛　《石屏州志》：在城南二里。

龙神庙　《石屏州志》：一在龙泉书院，一在老街寨，一在海东，一在大松树，一在宝秀前所，一在白龙潭。

阿迷州

云雨风雷山川坛　《阿迷州采访》：在城外南郊。

龙王庙　《临安府志》：在城东一百五十里打鱼寨海边。负山面水，石台天成，水自山腹出，分道绕流，汇为一溪，四面葑田，颇称衍沃。

宁　州

云雨风雷山川坛　《宁州采访》：在城西门外。

龙神祠　《宁州采访》：在城南五里。

通海县

云雨风雷山川坛　《通海县志》：在秀山麓。

龙神庙　《通海县志》：在秀山，岁二月辰日祭。

河西县

云雨风雷山川坛　《河西县志》：在城南三里。

龙王庙　《河西县志》：在城西三里普应山后。

嶍峨县

云雨风雷山川坛　《嶍峨县采访》：在城南门外。

蒙自县

云雨风雷山川坛　《蒙自县志》：在城南。

龙神庙　《蒙自县志》：一在城东门外学海边，一在龙弁，一在大屯。

楚雄府

楚雄县

云雨风雷山川坛　旧《云南通志》：在城南门外。

紫溪龙神祠　《一统志》：在城西二十五里。明成化中，知府邵敏①路过洞庭，舟中梦一方巾蓝袍求谒，曰“紫溪龙神”也，及抵郡祀龙，见塑像如梦中所见，遂饰庙宇祀之。《楚雄县志》：一在金蟾寺，一在龙泉书院。

镇南州

云雨风雷山川坛　《镇南州志》：在城南门外。

南安州

云雨风雷山川坛　《南安州志》：在城南半里。

---

①　邵敏　原本作“赵敏”，光绪《云南通志》、《新纂云南通志》同。万历《云南通志》、天启《滇志》作“邵敏”。万历《云南通志》卷十《官师志·楚雄府·名宦》：“邵敏，湖广长沙人，进士，历官户部主事员外郎。成化二十年，任知府。”又，康熙《楚雄府志》卷五《秩官志·知府》：“邵敏，湘阴进士，成化年任。”作“邵敏”是，据改。

龙王庙 《南安州志》：在乌龙山，祷雨辄应，明知州李翘建。康熙二十二年，知州唐之柏倡修。

姚　州

云雨风雷山川坛 《姚州志》：在城南一里。

龙王庙 旧《云南通志》：一在城西大康郎，一在城南大石溯，东西有两庙。

大姚县

云雨风雷山川坛 《大姚县采访》：在城南一里地藏寺后。

广通县

云雨风雷山川坛 《广通县志》：在城南门外。

龙神庙 《广通县采访》：在城东门外。道光五年，知县孙泽建。

定远县

云雨风雷山川坛 《定远县志》：在城南三里。

澂江府

河阳县

云雨风雷山川坛 旧《云南通志》：在城南门外。《澂江府志》：在城北。《河阳县采访》：在城西门外。

龙神祠 旧《云南通志》：一在城南抚仙湖岸；一在城东阙摩山麓，为东浦龙泉；一在城西盘龙冈麓，为西浦龙泉。

江川县

云雨风雷山川坛 《澂江府志》：在城北庆云门外。

龙神祠 《江川县采访》：在城东门外，嘉庆二年重修。

新兴州

云雨风雷山川坛 《新兴州志》：在城南一里武侯祠北。

龙王庙 《新兴州志》：一在城东十五里黑龙潭，一在城西北十七里九龙池，一在城东北二十五里白龙潭。

路南州

云雨风雷山川坛 《路南州志》：在城南。

龙神祠 《续路南州志》：一在城东十里，一在城东北十里。

广南府

宝宁县

云雨风雷山川坛 《广南府志》：在府城南门外。

龙神祠 《广南府志》：在城北门外。

顺宁府

顺宁县

云雨风雷山川坛 《顺宁府志》：在城南一里。

龙神祠 《顺宁府志》：一在城北落仙山，康熙四十二年，知府董永芠修；一在城南门外大涵洞东，名猪母龙神庙，乾隆二十六年，知府刘靖修城后建。

云州

云雨风雷山川坛 《顺宁府志》：在城西。

缅宁厅

云雨风雷山川坛 《缅宁厅采访》：在城南门外。

曲靖府

南宁县

云雨风雷山川坛 旧《云南通志》：在城东门外。

龙王庙 旧《云南通志》：在城西南十里。每岁季春辰日有司致祭，郡有水旱必祷。《南宁县采访》：嘉庆二年，黔苗不法，巡抚江兰驻曲靖，时旱诣祠祷祈雨降，是岁大熟。事闻，奉旨敕封"巡抚龙王"。

五雷庙 旧《云南通志》：在城西胜峰山。每岁惊蛰日祭，郡有水旱，则率众往祷。《一统志》：明永乐初建。

霑益州

云雨风雷山川坛 《霑益州志》：在城西门外水沟崖上。

龙王庙 《霑益州采访》：在城东史家坡。

陆凉州

云雨风雷山川坛 《陆凉州志》：在城南。

马龙州

云雨风雷山川坛 《马龙州志》：在城东郊。

罗平州

云雨风雷山川坛 《罗平州志》：在城南。

龙王庙 《罗平州采访》：一在城南二十五里，以龙沙名龙泉寺；一在城北里许葫芦山，名双龙寺。

寻甸州

云雨风雷山川坛 《寻甸州志》：在城南里许。

龙王庙 《寻甸州志》：一在城西南十里卧云山，康熙十年建；一在城西南三里，名龙王坛。

平彝县

云雨风雷山川坛 《平彝县采访》：在城南门外。

宣威州

云雨风雷山川坛 《宣威州志》：在城南。

龙神祠 《宣威州续志》：在城东广照寺南。嘉庆十九年，知州张槐倡建。

卷九十　祠祀志一之三

典祀三

丽江府

丽江县

云雨风雷山川坛　《丽江府志》：在城南门外。

玉泉龙王庙　《丽江府志》：在城北象山麓。乾隆二年，知府管学宣倡建。《丽江县采访》：六十年，知府樊士鉴修。

鹤庆州

云雨风雷山川坛　《鹤庆府志》：在城南一里。

西龙潭祠　《鹤庆府志》：在城西。其下有龙宝、黑龙、白龙、吸钟诸潭祠，以七月九日祀之。

剑川州

云雨风雷山川坛　《剑川州志》：在城西一里。

龙王庙　《剑川州志》：一在崇仁寺左，州民移建，副将林大忠重修；一在城西一里，名白龙王庙，明正统间建。

中甸厅

普洱府

宁洱县

云雨风雷山川坛　旧《云南通志》：在城南门外。《宁洱县采访》：今在城北门外。

龙王庙　旧《云南通志》：在城西北蟠龙洞旁。《宁洱县采访》：在城西门外里许。乾隆二十四年，知县何映柳捐建，道光四年重修。

思茅厅

云雨风雷山川坛　《思茅厅采访》：在城南门外。

龙神祠　《思茅厅采访》：在厅境内。嘉庆十五年建。

他郎厅

云雨风雷山川坛　《他郎厅志》：在城南。

龙神祠　《他郎厅志》：一在赖蚌坝，一在布固江。

威远厅

云雨风雷山川坛　旧《云南通志》：在旧土州南。

龙神祠　旧《云南通志》：在治东南。《威远厅采访》：在厅署前。

永昌府

保山县

云雨风雷山川坛　《永昌府志》：在城东三里。

龙王庙　《永昌府志》：在龙泉门外易罗池，总兵偏图重修。

腾越厅

云雨风雷山川坛　《永昌府志》：在城西。

龙神祠　《永昌府志》：在城西南隅。乾隆五十九年，知州庆玉修建，嘉庆二十二年，同知伊里布捐修。《腾越州志》：一在箐中，名来凤龙神祠，泉水所出，每雩祭辄往祷之。

永平县

云雨风雷山川坛　《永昌府志》：在城南三里。

龙陵厅

云雨风雷山川坛　《龙陵厅采访》：在北郊。

开化府

文山县

云雨风雷山川坛　《开化府志》：在城北门外。

龙王庙　《开化府志》：在城南门外大兴寺左，知府宫尔劝建。

安平厅

东川府

会泽县

云雨风雷山川坛　《东川府志》：在城北门外。

龙王庙　《东川府志》：在城丰昌门外三里南山麓。雍正五年，知府黄士杰建。

巧家厅

云雨风雷山川坛　《巧家厅采访》：在城南门外。

龙神祠　《巧家厅采访》：在厅署后堂琅山麓。有泉从石穴涌出，四时不渴[①]。

昭通府

恩安县

云雨风雷山川坛　旧《云南通志》：在城南门外。

龙王庙　《恩安县志》：在城西门内。乾隆二十八年，知府傅埏、知县胡泉建。

镇雄州

云雨风雷山川坛　《镇雄州志》：在城北郊。

永善县

云雨风雷山川坛　《永善县采访》：在城南门外。

大关厅

鲁甸厅

---

① 不渴　光绪《云南通志》作“不竭”，当是。

景东直隶厅

云雨风雷山川坛 《景东厅志》：在城南门外。

龙王庙 《景东厅志》：在城北门外菊河左岸。

蒙化直隶厅

云雨风雷山川坛 《蒙化府志》：在城外东南隅。

龙王庙 《蒙化府志》：在城东三里翠虬山麓。

永北直隶厅

云雨风雷山川坛 《永北府志》：在城南门外。

龙王庙 《永北府志》：一在城东壶山下，一在城北门外，一在海腰铺，一在黑坞，一在坂山河，一在河口，一在清水驿西山。

广西直隶州

云雨风雷山川坛 《广南府志》：在城东门外。

龙王庙 《广西府志》：一在城东江头村，一在城西永惠坝。

师宗县

云雨风雷山川坛 《师宗县采访》：在城外西北隅。

龙神祠 《师宗县采访》：在城内。

弥勒县

云雨风雷山川坛 《弥勒州志》：在城东门外。

龙王庙 《弥勒州志》：在城西七里阿当哨。

武定直隶州

云雨风雷山川坛 《武定府志》：在城南门外。

元谋县

云雨风雷山川坛 《元谋县志》：在城南围顶山上。

龙王庙 《元谋县志》：在马街。

禄劝县

云雨风雷山川坛 《禄劝州志》：在城南门外。

龙王庙 《禄劝州志》：在城东三里掌鸠河渡口。

元江直隶州

云雨风雷山川坛 《元江州志》：在城南门外。

龙神祠 旧《云南通志》：在城西十里龙洞。雍正八年，知府迟维玺新建，每年春辰月致祭。

新平县

云雨风雷山川坛 《新平县志》：在城东一里。

龙神祠 《新平县志》：在城西北四里土官箐。乾隆三十三年，知县陈崑捐建，祀洪本泉神。

镇沅直隶州

云雨风雷山川坛 旧《云南通志》：在城南门外。

恩乐县

云雨风雷山川坛 《恩乐县志》：在城北关外。

龙王庙 《恩乐县志》：在城西关外景来河上。乾隆四十四年，知县王彝象倡修。

黑盐井直隶提举司

云雨风雷山川坛 《黑盐井志》：在司治西南。

大井龙王庙 《黑盐井志》：在司治右万春山下。明时建，后毁于兵。康熙二年，提举聂开基新建。雍正二年，敕封"灵源普泽龙王"，盐驿道李卫改建。乾隆四十六年，提举朱璋捐修，春秋致祭。

琅盐井直隶提举司

云雨风雷山川坛 《琅盐井志》：在司治南。

敕封灵源普泽龙王庙 《琅盐井志》：一在井上，一在宝应山麓兴隆寺。

白盐井直隶提举司

云雨风雷山川坛 《白盐井志》：在南关外。

五井龙神祠 《白盐井志》：在司治内。雍正五年，钦赐"灵源普泽"匾额。七年，提举刘邦瑞修，郭存庄重修。

安丰井龙神祠 《白盐井志》：旧在井楼上，河水冲圮。乾隆九年，提举何愷移建山冈。二十年，提举郭存庄重修。

卷九十一 祠祀志二之一

俗祀一

祀事之掌于礼部职诸有司者，既汇为祀典，缀诸祠祀之首矣。其有民间习俗相沿立为庙祀者，醵钱祭酺，合乎古人二十五家置社之意，春祈秋报，亦例所不禁。滇俗旧尚鬼神，四时恒多祭赛，今综而纪之，俾各有所考云。

云南府

昆明县

龙王庙 旧《云南通志》：一在城西南罗汉山，一在城东白龙潭，一在城北黑龙潭。阮元《黑水考》：省城东北十余里有黑龙潭，潭上有龙王庙。唐梅在庙东坡上。此潭庙甚古，莫知其始。《汉书·地理志》滇池县有黑水祠。今滇池上之黑龙潭庙，非即古华阳黑水之黑水祠欤？或者潭东唐梅、宋柏之间，今之三清道宫，即汉祠故址。而潭北龙王庙，即神祠所迁降者欤？滇池与南盘江、礼社江切近百里，前汉有黑水祠，礼亦宜之。

祠山庙 旧《云南通志》：在城南云津桥北岸。汉张渤曾凿江通水，郡人利之，立祠祀焉。

黑龙祠 《昆明县志略》：在城内九龙池旁。乾隆五十八年，知府敦柱重建。

风雨二碑 《昆明县志略》：在城西玉案山。每久雨，则立风碑仆雨碑，即晴。久旱，则立雨碑仆风碑，即雨。相传为大禹王所制，道光六年，粮储道春庆捐修石垣护之。

富民县

宜良县

罗次县

晋宁州

呈贡县

小黄龙庙 《呈贡县采访》：在城北门外。

安宁州

马夫人庙 《云南府志》：在城北门内，明万历初建。世传夫人生于晋永嘉二年，避兵于浙江景宁县仙姑村，生即茹素，夫亡，事姑至孝。永嘉末七月七日，白日飞升。明成祖初，夫人阴助靖难师，敕封“护国夫人”。万历间，州守林乔松素奉祀于家，时天旱祷雨立应，州人立庙祀之。

禄丰县

昆阳州

黄龙庙 《云南府志》：在城北四十里滇池西岸。明时建，康熙二十九年，商民张逢金重修。

易门县

嵩明州

大龙潭 《嵩明州志》：在城南杨林驿。周围十丈，圆如轮，深不可测。季春辰日祭，吏目主之。

黑龙潭 《嵩明州志》：在城西三十里邵甸里龙潭营。谨案：盘龙江发源于此，雨旸不时，祷之甚应。明沐国公与巡按祷雨其祠，雨即降。康熙五十三年，盐道金启复祈雨，三至其地，捐金修庙，二潭连环。每季春辰日，邵川阖境祀之。

大理府

太和县

雷　庙 旧《云南通志》：在城西南。

神宝泉庙 旧《云南通志》：在城南。其地有三泉，涌水灌溉，立庙祀神。明嘉靖间，庙灾，泉亦闭，郡民白于官，新之，明年，泉出如故。

安龙庙 旧《云南通志》：在城内西南隅。初建城时筑辄圮，父老谓有龙在，因立庙，遂不复圮。

救生庙 《大理府志》：在城西南兴福寺左，祷雨常应。

洱水神祠 旧《云南通志》：在城东洱河西岸，岁春秋二仲月祭。明嘉靖四年，大旱，副使姜龙祷雨立应，重建，岁久朽敝。康熙三十二年，提督诺穆图重修。

赵州

汉邑村龙王庙　《赵州志》：在城东八里，蒙氏时建。水出庙左，庙前有紫薇树，大数围，又有冬青一本，青紫交荣。

西冲小黑龙庙　《赵州志》：在城西云台山界。

治水龙王庙　《赵州志》：在德胜驿西，明正德间建。

九头龙庙　《赵州志》：在东晋湖边，地名九龙吐水。明崇祯二年，生员何显宗请祀。

赤子龙王庙　《赵州志》：在城西三里。旧有庙圮，康熙四十七年，郡绅郑荣重建，前有萃爽楼。

三子龙庙　《赵州志》：在定西岭。

大庄龙王庙　《大理府志》：在大庄界。庙前有池，涌泉如珠。

圣御龙王庙　《赵州志》：在弥渡东门。

九股龙王庙　《赵州志》：在弥渡东山九龙箐口。

光辉龙王庙　《赵州志》：在上达村东山下。

清流普济祠　《赵州志》：在城南十三里曲别山。明嘉靖间，知州潘嗣冕祷雨于董祕僧龙湫，龙见果雨，因建祠，以春秋二仲月中庚日祭之。

云南县

白龙庙　《云南县志》：在东山脚白土田。

宝泉行宫　《云南县志》：在龙池上。嘉庆十六年重修。

邓川州

东龙庙　《邓川州志》：在城东八里。有灵源泽，唐时邓赕诏建，以祀龙神。

青龙庙　《邓川州志》：在鱼潭坡，祀洱水神。

黄公祠　《邓川州志》：在城北蒲崆崆内。水出山口，冲决河堤，明兵备道姜龙建祠祀之，取土克水也。

白金刚庙　《大理府志》：在城西一里。有龙井，祷雨辄应。

西山龙王庙　《大理府志》：在城西十里西山。流泉灌溉，为利甚溥，后庙废，泉亦涸。康熙三十一年，通判黄元治饬土典史王晋即故址南建庙。

九龙池龙王庙　《大理府志》：在佛光寨北。

黄龙池龙王庙　《大理府志》：在三营南。

白汉厂龙王庙　《大理府志》：在凝津桥西。

黑汉厂龙王庙　《大理府志》：在凝津桥东。

凤羽河龙王庙　《大理府志》：在南山。

三营河龙王庙　《大理府志》：在三江口。

以上四庙，康熙三十二年，通判黄元治疏浚河道新建。

宾川州

云龙州

临安府

建水县

石屏州

阿迷州

宁　州

通海县

竹王祠　阮元声《南诏野史》：在通海县。汉女子浣衣，竹流来有声，破竹得儿，长雄于诸夷，以竹为姓。弃破竹于野，长成为林。

河西县

碧溪祠　《河西县志》：在城南八里。

嶍峨县

蒙自县

起龙祠　《蒙自县志》：在城南关外。

楚雄府

楚雄县

镇南州

南安州

姚　州

大姚县

广通县

定远县

澂江府

河阳县

龙青庙　《澂江府志》：在城西北八里宝花寺前。有泉涌出，足资灌溉。六月望日，往祭谢龙。

河神庙　《河阳县采访》：在黄家营东南隅，嘉庆间士民建。

白井娘娘庙　《澂江府志》：在城北里许，泉出色白。

江川县

新兴州

土主庙　《新兴州志》：在城北十里土主屯。主西北及东方水利，西南不及水利者不祭。旧传明黔国公征麓川，神显灵赞功，重构祠宇，题“赞陀崛多大德尊者”，木主今存。

路南州

会公祠　《续路南州志》：在武庙右。嘉庆十一年，知州会礼浚会通河二千余丈，民德之，立祠以祀。

广南府

宝宁县

顺宁府

顺宁县

云　州

吕祖祠　《云州采访》：在莲花塘。塘水终古不盈不涸。学正李时《吕祖祠》："先生何事到云岑，日月由来徧照临。数载荒祠风复雨，一池秋水古而今。婆心苦示丹中药，仙笛谁闻世外音。可是岳阳人不识，特来小隐爱山深。"

缅宁厅

曲靖府

南宁县

霑益州

陆凉州

马龙州

罗平州

白蜡庙　〔……〕旧《云南通志》：后有龙潭，每岁三月上辰日祭。

寻甸州

土主庙　旧《云南通志》：在城西十五里土主山。冯甦《滇考》：元大德中，滇池有蛟化为妇以淫人，遇神僧赵迦罗咒黑虎擒之，即土主也。明沐英征麓川，得神兵助，归而立庙。

平彝县

宣威州

卷九十二　祠祀志二之二

俗祀二

丽江府

丽江县

九顶龙王庙　《丽江府志》：在东河。久废，址存。

九河神庙　《丽江府志》：在城西南百里九河里，明时建。

鹤庆州

白龙庙　《鹤庆府志》：在城西北五里。

水洞祠　《鹤庆府志》：在城南象眠山下。昔神僧赞陀崛多有利导之功，知府周集建祠，以四月八日祀之。

剑川州

沧浪神庙　《剑川州志》：在城北二里。

普洱府

宁洱县

桥神庙　《宁洱县采访》：在城南高桥。

坤戛龙神祠　《宁洱县采访》：在城南十里。

思茅厅

他郎厅

威远厅

永昌府

保山县

罗岷山神祠　《永昌府志》：在城北八十里。《一统志》：在城东南八十里，祀天竺僧罗岷，或曰即黑水祠也。

腾越厅

五显庙　《腾越州志》：在州治东门首，一名灵官庙。久圮，乾隆四十一年重建。《永昌府志》：内有井，俗呼白鹤香泉。

永平县

龙陵厅

开化府

文山县

安平厅

东川府

会泽县

九灵龙王庙　《东川府志》：在灵壁山。乾隆二十年，知府义宁建，有仙人栈、水晶帘、忘劳亭、佚使亭、惠民亭诸胜。义宁《九灵龙王庙记》：

> 东川踞迤东至高处，东牛栏，西金沙，策骑而下，皆数十里。翠屏又踞东川高处，府治在山麓，群峰环拱，云气常幂。余守土二年，以高陡未暇一至。前《志》称翠屏，亦名显壁，意必有神灵显赫，默相呵护，出云降雨，为苍生

福者。自去秋历今岁，春夏苦旱，菽不入土，苗不栽插，城内外井坎皆竭，余忧之。故老云：灵壁山绝顶有泉，无心则遇，访则迷。亟悬赏格，有得之坠叶枯草中者以告，时余步祷五竜募龙潭，旬有七日。既得大雨，清和月望后，率同人且步且骑，攀藤附葛，贾勇而前。将三里，巨石当道，名仙人栈，两旁石壁崭然。又数十武，有泉飞溅下，长丈余，名水晶帘。又上三里余，有潭盈丈，泉从石缝中出，其声汩汩，清澈见底，名九灵泉，爇沉檀礼之，坐石上相庆。又意此特阻于乱石溢出，必更有源，命从人遍搜幽篁密棘。上约二里，得泉二脉从地出，左视右稍狭，亟疏之。去三丈余，泉更涌出，平其地，得泉如贯珠数十串，前二脉更大，合为一，是乃真所谓灵泉也。现而伏者几三里，于是集锄锸，去土石，引入城中，旬日竣事，逮合流而清浊见，始知潭所蓄一泉也，源所浚又一泉也。各捐俸建神祠三楹，募僧居之，于仙人栈构亭以息往来者。夫天下之灵物显晦各有其时，然余不以神奇惊怪或隐或现为灵，而以渟泓蓄泄润泽生民为灵，民亦不得以神奇惊怪或隐或现故为之答其灵，而以渟泓蓄泄润泽生民宜群焉昭报其灵，则幽与明各尽其道，是则余疏泉建庙之深意也。是为记。

巧家厅

龙王庙　《巧家厅采访》：一在厅治西五里金沙江边，乾隆十八年建；一在长善里金沙江边。俱设有义渡，每岁六月六日，两岸居民祀之。

昭通府

恩安县

镇雄州

永善县

石龙庙　旧《云南通志》：在马村。

禹王庙　在副官村。

大关厅

鲁甸厅

景东直隶厅

蒙化直隶厅

永北直隶厅

广西直隶州

师宗县

弥勒县

武定直隶州

元谋县

禄劝县

元江直隶州

河伯祠　旧《云南通志》：在城东礼社江上。

新平县

镇沅直隶州

恩乐县

黑盐井直隶提举司

水火财神庙　《黑盐井志》：在井北河西岸。雍正初驿盐道李卫建，乾隆间提举安鼎和、朱璋相继增修，后水泛冲圮。嘉庆十年，提举徐秉鉴捐修。

东井龙王庙　《黑盐井志》：在西岸李贤者泉之左，乾隆二年建。

福隆井龙王庙　《黑盐井志》：在平头山谷，地名源头。明嘉靖二十七年建。

新井龙王庙　《黑盐井志》：在井旁。雍正元年，提举陈应科建。

沙井龙王庙　《黑盐井志》：在井亭上。雍正八年，提举高培建。

七局村龙王庙　《黑盐井志》：在司治西北七局山上龙潭下，潭水非卤泉也。相传为各井主龙，故设祠祀焉。庙建自元时，明弘治元年重修。提举沈懋价《重修七局龙祠记》：

井滨河，四[①]山高，居常属目，遂以所见为山颠，盖不知山之上更有山也。由井西北过龙沟，出龙门寺，上折西背走，缘岭彳亍，羊肠蟠曲，可二里许。行者喘息，回首眺望，井地人烟，霄壤相隔，有心目俱豁者，且得一境焉。上平衍而旷荡，下蒙茏而崎岖，坂坻巀嶭而成巘，溪壑错缪而盘纡，田畴相望，茅蔀相次者，心焉异之。人曰此七局村也。又见夫郁盆蒀以翠微，崛巍巍以峨峨者，人告予曰此七局山也。又见攒立骈丛，青冥盰瞑，杳蔼蓊郁于谷底，森蕈蕈而刺天者，曰七局龙潭也。又见夫垣墉黝垩，隐见在目者，曰七局龙祠也，心益异之。遂至祠下，拾级登堂，展谒如礼。见夫神之为像也，黻冕端拱如王者，后肖蟠龙形九首，列覆神上，人曰此龙王也。旁坐者肖女像，冠帔静好，搢笏垂裳，后亦肖蟠龙七首，人曰此龙女也。女称曰姑。龙王有女七，各有所适，此其七姑也，故其山名七姑，而今曰七局，盖讹称云。又有神，面青而狭，目赤而深，髡顶挛耳，齞唇历齿，执鞭侧立者，曰蜃神也，亦龙属。龙行雨，蜃以先之，盖龙使也。

---

① 四　光绪《云南通志》卷九十二、《新纂云南通志》卷一百十三皆作“西”。

继出祠后，至龙潭，见其攒柯挐茎，重葩晻叶，轮囷[①]虬蟠，埔堀鳞接，荣色杂糅，下开上合，出水成潭，潏瀑湕溃，汩若扬波，沛若涌涛，潜塶洞出，分沙擘石，隐蛟伏螭，云翕风阴。既而开窦洒流，浸彼稻田，翼翼与与，随时代熟，心益异之，迥非所习见者。此左太冲、张平子之赋材也，吾恶乎遇之。考《井志》，有李阿召者，居七局村，养一黑牛，日饮井水，肥泽异他牛。一日，失所在，迹之，因得卤泉。白蒙氏开之，是为黑井。予以官不受，求为僧，赐紫衣，井人至今祀之。

又载：楪榆人杨波远，号神明大士，常骑青牛，开盐井四十，盖永徽时事也，第弗具论。今庙貌无所谓李阿召者，更参之《古滇说》并《南诏野史》，其名字不概见。夫张道宗、杨升庵所谓博学深思，心知其意者，如其有之，我知其不以草莽弃也，且神明大士《野史》《滇说》两载之。予少时读桑钦《水经》及郦道元注，有曰：周宣王时，天竺摩耶提国阿育王有神明大士者，能知盐泉，王命开之，常骑青牛，随一犬，色白。又曰：王生三子，长福邦，次宏德，次至德。因父有神骥，争之莫能决。王纵骥东奔，许获者主之。至滇池，为季子所得，因留滇，即金马也。王忧思，遣舅氏神明以兵迎之。诸书载之，互有异同。

又常至大井龙祠，亲见其庙貌，神有三：中者男像，躬甲胄；左者女像，蹑屩；右者僧像，披袈裟，执拂，前蹲一犬。人相传云：中天王，左龙王，右大士。开井时，常骑黑牛，随一犬。牛入井化为石，故今井底有石如牛状。予聆其说，有与《水经》相符者，盖阿召与阿育字彷佛，其天王即阿育，大士即神明，牛与犬即大士故物也。大士，西域人，信佛，其披袈裟也固宜。其所云阿召者，特阿育之讹耳。且井源自盐海来，北至吐蕃界。在金江外为盐井，因设卫，至丽水为南州井，东至黑水楪榆间为云龙井，递至弄栋蜻蛉则为白井，递至髦州界则为琅井。景东、威远亦产盐井者，盖此山之右臂也。

黑井则中支，盘折泄于万春山，与七局山共幹。有龙潭二：一曰菖蒲，在山腋；一曰七局，在山阳，盖山之左臂也。山来处有崇嶂千仞，名白马山，即琅泉分派处。石上有马迹，僧以玄奘事傅会之，殊可哂也。山后有小石门哨，有马龙潭，奔走蹀躞，遗踪石上，皆金马所经道，井人能言之，则井之为阿育王与神明大士所开无疑也。《志》所云李姓者，或常主此井，或南诏大理以井报蒙氏，未可知。不然，何以不传？虽然滇介荒服，高尚抗志之士亦所时有，而知名者独张叔、盛览二三人，其淹没者可胜道哉！

或又曰龙一也，二祠异像何也？曰是有说焉。尝考之，泉水甘，其性阳；卤水咸，其性阴。阳像男，阴像女，二祠异像，是之取耳。七局龙祠，载在祀典，义与井祠相表里。设祠致祭，古人不为无见。今以祠之既坏，勉井人士新之，且捐俸先焉。经始于二月，告成于四月。因文以记之，以俟后之君子。

---

① 轮囷　原本作"轮菌"，光绪《云南通志》卷九十二、康熙《黑盐井志》卷六同。《新纂云南通志》卷一百十三作"轮囷"。轮囷，盘曲貌。是，据改。

菖蒲潭龙王庙　《黑盐井志》：在司治西白衣庵栅门外。乾隆四十三年，井人新建。

东山箐龙王庙　《黑盐井志》：旧无庙，附东井龙祠。

琅盐井直隶提举司

龙潭庙　《琅盐井志》：在司治南笔架山麓。乾隆元年，提举李国义祷雨于此，因重建庙，额曰“诚求立应”。

白盐井直隶提举司

大王庙　《白盐井志》：在界井西。庙旁有甘泉二，人争取饮之。相传水自宾居大王庙来，故名。

〔据阮元等修，王崧等纂道光《云南通志稿》（清道光十五年刻本）卷八十八至九十二《祠祀志》辑录。〕

（光绪）云南通志·祠祀志

卷八十八　祠祀志一之一

自古圣人先成民，而后致力于神为治。以成民为重，而神实所以庇民。王者，父事天，母事地，郊坛社稷以及山川鬼神，莫不有祀，《周官》禋祀、血祭、肆献祼[1]详哉，言之凡以为民也。《汉书》郊祀有志，后人沿其成例。郡国志乘，必载祠祀，亦仍古人之遗意，今萃为一门，曰典祀，遵功令也，曰《俗祀》，曰寺观，悉汇纪而备载之，于以见典礼之隆云。志《祠祀》。

典祀一

《虞书》七政既齐，即详祀事。《洪范》八政，其三曰祀。祀事，修明政之大端也。古诸侯大夫奉祭各有等差，今皆统之于守土之官。凡社稷山川神祇之在其地者，例得专祀。滇处天末，声教所讫，薄海皆同，圣天子崇德报功，特隆其礼。今取例得官为致祭者为一类，曰典祀，即以见俎豆馨香，义各有当，司其事者，莫不恭虔以蕲致其诚敬焉。

云南府

昆明县

云雨风雷山川坛　旧《云南通志》：在城南门外。明洪武元年，令天下郡县置山川坛。六年，定风云雷雨及境内山川、城隍共一坛，春秋二仲月上戊日祭。国朝因之，通省府属各州县皆与府同。《昆明县采访》：咸丰七年，兵燹毁，光绪二年，总督刘长佑、巡抚潘鼎新重建。谨案：明时云南建坛，当在洪武十四年既入版图之后，旧称“风云雷雨”，嘉庆十八年，改称“云雨风雷”。

龙神祠　旧《云南通志》：在城西门内九龙池上。雍正六年，奉旨敕封“福滇益农龙

---

① 肆献祼　原本作“肆祼献”，据《周礼》改。

王”，内府造像，辇送至滇，建祠以时致祭，月吉瞻礼。《昆明县采访》：兵燹倾圮，同治十三年，署总督岑毓英由各堡筹款重修。谨案：龙王庙在各村邑不列祀典者，载入俗祀，各府州县同。

井宿祠 俗名金牛寺。旧《云南通志》：在城东盘龙江堤上。昔人铸铜牛一，以镇水怪。其形独角，卧地昂首，视江水起足，作欲斗状，高五尺许，上覆以亭，名安澜。《昆明县采访》：咸丰七年毁，同治三年，重铸铜牛，建安澜亭，余未修。光绪六年，绅民建后殿，重修安澜亭。

富民县

神祇坛 《富民县志》：在城南一里。

龙王庙 《富民县志》：在城北桥头。

宜良县

神祇坛 《宜良县志》：在城南关外。

龙王庙 《宜良县志》：一在大赤江东岸，一在汤池。

罗次县

神祇坛 《罗次县志》：在城南一里。

龙神庙 《罗次县志》：在城东十里青山上坝。《罗次县采访》：同治十三年，署知县覃克振重修。

晋宁州

神祇坛 《晋宁州志》：在城南二里。《晋宁州采访》：咸丰八年毁。

龙王庙 《晋宁州志》：一在城东南帝释龙潭。《晋宁州采访》：咸丰十年毁。一在城南二里，一在城西北十二里下河嘴。

呈贡县

神祇坛 《呈贡县志》：在城南一里龙街子。《呈贡县采访》：咸丰七年，毁于兵。

龙王庙 《呈贡县采访》：一在城东二十里白龙潭，知县刘世熿重修；一在城东八里新册村，知县夏璸重修，咸丰七年，兵燹倾圮，光绪十年，知县李明鋆率士民重建；一在归化旧县罗藏山南，又一在西北，均毁，光绪六年，邑绅杨源、李汝霖捐建；一在城东二里东西河界。春秋二仲月统祭于此。

安宁州

神祇坛 《安宁州志》：在城南门外。《安宁州采访》：咸丰间兵燹折毁。

龙王庙 《安宁州志》：旧在州治西，今移建于城东河岸，与盐井相向。雍正二年，奉旨敕封“灵源普泽龙王”，春秋致祭。《安宁州采访》：道光十五年，大水倾圮。

灵泉庙 《安宁州采访》：在州署东旧大界井，一名清浊福邦盐泉神祠。

禄丰县

神祇坛 《禄丰县志》：在城东。

龙王庙 《禄丰县志》：在城东街大井上。

昆阳州

神祇坛 《云南府志》：在城西一里大团山上。

龙王庙　《云南府志》：在城北海门村牛舌洲上。明洪武末建，敕封“总督惠济龙王”。国朝康熙三十一年，总督范承勋、巡抚王继文建修。《昆阳州采访》：咸丰六年毁，光绪四年，知州吕瑭请款重修。

易门县

龙神祇坛　《易门县志》：在城南里许。

龙王庙　《易门县志》：一在大龙泉，一在老黑山麓。明嘉隆间边警，曾以大雪助阵，敕赐春秋二祭。《易门县采访》：一在城北五里小龙泉，毁于兵，光绪五年，贡生夏时倡捐重修。

嵩明州

神祇坛　《嵩明州志》：在城南。《嵩明州采访》：毁于兵。

龙王庙　《嵩明州志》：在城北十五里，一名白草龙庙。其祭仿于明时知州余化龙题请。今非知州亲祭，即亢旱不雨。《嵩明州采访》：光绪七年重修。

卷八十九　祠祀志一之二

典祀二

大理府

太和县

神祇坛　《大理府志》：在城南四里。《太和县采访》：咸丰间回逆拆毁。

龙王庙　《大理府志》：一在城东三十里龙尾关外，太和县春祭，赵州秋祭；一在城北五十里河矣村，名喜洲龙王庙，《白古通》谓点苍山脚插入洱河者，惟城东与喜洲二支，南支神形为金鱼，北支神形为玉螺，二者现则为祥云；一在城北七十里龙首关，名上关龙王庙。《太和县采访》：咸丰间同毁于兵。

风伯祠　旧《云南通志》：在城北。明嘉靖三十二年，暴风不息，分巡道彭谨建祠，于冬至后戊日祭。《太和县采访》：兵燹倾圮。

赵　州

神祇坛　《赵州志》：在城西南一里。《赵州采访》：年久倾圮。

龙王庙　《赵州志》：在城东龙伯山下。明万历间，知州沈奎灿建，春秋二仲月上庚日祭。《赵州采访》：兵燹毁，今村民重建。

云南县

神祇坛　《云南县志》：在城外西北隅。《云南县采访》：咸丰七年毁。

龙王庙　《云南县志》：在梁王山下，旁出龙泉。

邓川州

神祇坛　《邓川州志》：在城南门外。

龙神祠　《邓川州志》：在下山口，主瀰苴河之神。

浪穹县

神祇坛　《大理府志》：在城南二里。《浪穹县采访》：咸丰六年毁于兵。

龙王庙　《大理府志》：在城北十五里罢谷山下。此碧湖即洱河源也，邑人赵以康建楼，庙前匾曰“谷源”，岁久倾圮过半。康熙三十一年五月亢旱，通判黄元治祷于庙，大雨立注，遂重修焉。移“谷源”额于中堂，题其楼曰“澂碧”。《浪穹县采访》：咸丰六年毁，同治三年，绅民重修。

宾川州

神祇坛　《大理府志》：在城南一里。

龙神祠　《宾川州采访》：在城东，知州王鼎建。

云龙州

神祇坛　《大理府志》：在城北。

黑水神祠　《一统志》：在澜沧江滨。素有风涛覆溺之患，建祠以祀江神，患遂息，每岁春秋致祭。

临安府

建水县

神祇坛　《临安府志》：在城南八里。

龙王庙　《建水县采访》：一在城西北，祀井龙神以建，郡城使臣徐伯阳祔祀；一在城南法华寺左，原在城隍庙内，咸丰三年，知府刘禧祖移建今地。

石屏州

神祇坛　《石屏州志》：在城南二里。

龙神庙　《石屏州志》：一在龙泉书院，一在老街寨，一在海东，一在大松树，《石屏州采访》：同治三年毁，光绪间村人重修。一在宝秀前所，一在白龙潭。

阿迷州

神祇坛　《阿迷州采访》：在城外南郊。

龙王庙　《临安府志》：在城东一百五十里打鱼寨海边。负山面水，石台天成，水自山腹出，分道绕流，汇为一溪，四面葑田，颇称衍沃。《阿迷州采访》：今庙圮，水亦渐小。

宁　州

神祇坛　《宁州采访》：在城西门外。

龙神祠　《宁州采访》：在城南五里。

通海县

神祇坛　《通海县志》：在秀山麓。

龙神庙　《通海县志》：在秀山，岁二月辰日祭。

河西县

神祇坛　《河西县志》：在城南三里。

龙王庙　《河西县志》：在城西三里普应山后。《河西县采访》：今圮。

嶍峨县

神祇坛　《嶍峨县采访》：在城南门外。

龙神殿 《嶍峨县采访》：在城南门外里许。原在城隍庙右，光绪二年，移建今地。

蒙自县

神祇坛 《蒙自县志》：在城南。

龙神庙 《蒙自县志》：一在城东门外学海边，一在龙弁，一在大屯。

楚雄府

楚雄县

神祇坛 旧《云南通志》：在城南门外。

紫溪龙神祠 《一统志》：在城西二十五里。明成化中，知府赵（邵）敏路过洞庭，舟中梦一方巾蓝袍士求谒，曰"紫溪龙神"也，及抵郡祀龙，见塑像如梦中所见，遂饰庙宇祀之。《楚雄县志》：一在金蟾寺，一在龙泉书院。《楚雄县采访》：咸丰十年，逆陷郡城折毁。光绪十年，知府陈灿倡修。

镇南州

神祇坛 《镇南州志》：旧在城南门外一里许。《镇南州采访》：后迁北门外，今圮。

南安州

神祇坛 《南安州志》：在城南半里。《南安州采访》：兵燹倾圮，今重修。

龙王庙 《南安州志》：在乌龙山，祷雨辄应，明知州李翘建。国朝康熙二十二年，知州唐之柏倡修。《南安州采访》：咸丰间毁于兵，光绪间重修。

姚　州

神祇坛 《姚州志》：在城南一里。《姚州采访》：兵燹倾圮。

龙王庙 旧《云南通志》：一在城西大康郎，一在城南大石淜，东西有两庙。《姚州采访》：西庙一名观海楼，后有观音殿。光绪五年，州人徐联魁重建。

大姚县

神祇坛 《大姚县采访》：在城南一里地藏寺后。年久倾圮，道光二十五年，知县黎恂移建于先农坛左。知县黎恂《移建神祇坛碑记》：

古者祭祀之礼，掌于秩宗。《周官·大宗伯》：以槱燎祀风师雨师，以貍沈祭山林川泽，天神与地祇并尊。是故燔柴升烟，瘗埋达气，皆所以祈福祥，顺丰年，逆时雨，宁风旱，弥灾兵，远辠疾也。其典礼之重，司乐大小祝诸职载綦详矣。顾古惟诸侯得祭封内山川，非是而祭则僭。今山川风雨之祀，守令得而主之者何？盖郡县做古侯国之制，虽等威不同，其膺专城之寄，宰制一方，权实与诸国并，故非诸侯不祭，礼也。守令得行诸侯之事，礼之以义起者也。

考汉唐宋，风雷雨皆各坛以祭，未尝及云。明洪武二年，始令天下郡县，立社稷山川风云雷雨坛。六年，定风云雷雨及境内山川共为一坛。八年，又以城隍合祭于坛。城隍之名，见于《易》。《礼记》：大蜡八神，水庸居七。说者谓：水则隍也，庸则城也。城隍之祀，盖昉于此。有唐以来，始入祀典。然既有庙貌，复列于坛，殆陆清献所云于彼于此之意，与邑之立坛，由来已久。

旧坛在城南凤仪寺之右，地势窄洼，又逼近墟墓，历年既久，坛垣倾圮，神位亦为风雨剥蚀。春秋有事，草率成礼，亵慢明神，心窃惧焉。城东里许，有金龟山，平峦涌秀，陂陁易登。北则书案眠云，拥护于其后。南则文笔纱帽，诸山拱卫于其前。西望则白塔耸峙，雉堞参差，烟火数百家，俨然图画也。东望则紫邱山崔巍绵邈，磅礴郁积，是又出云降雨，以泽润生民者也。而兹山适当其中，巅顶宽平，气象高敞，于建坛壝为宜。山椒旧设先农坛，坛左省耕之所有余地，爰诹吉兴工，移建神祇坛于此。凡瓦甓、木石、工匠之费，蠲金给之，土工则稍资民力。砣砣劼劼，登登冯冯，始作于乙巳季春，讫役于仲夏。坛制仿旧，稍增缭垣，周方一十六丈。正门南向，新锲石主三而奉之。坛之内外，募山下居民种植树木，岁时守护，以期久远。继自今虔修秩祀，妥奉明灵，庶几风雨以时，山川启瑞，民和年丰，而神降之福乎？庸摭实而为之记。

今废。

龙神祠　《大姚县采访》：在城西三里冷水冲。乾隆四十六年，知县邹曾辉建，今废。

广通县

神祇坛　《广通县志》：在城南门外。

龙神庙　《广通县采访》：在城东门外。道光五年，知县孙泽建，咸丰间毁于兵。

定远县

神祇坛　《定远县志》：在城南三里。《定远县采访》：咸丰间毁。

龙王庙　《定远县采访》：一在邑西三十里斗箐河，久废，光绪七年，举人邵钟勋、贡生何钟吉移建庆丰闸侧；一在城南二十里沈大山，光绪八年，贡生何钟吉同村民捐建；一在城北二十里北山寺；一在县治侧，名桑龙祠，有古井，井旁有桑，蜿蜒如龙，祷雨辄应，同治十年，知县吴启亮建。

澂江府

河阳县

神祇坛　《河阳县采访》：在城西门外。谨案：旧《通志》作“在南门外”。咸丰间因兵折毁。

龙神祠　旧《云南通志》：一在城南抚仙湖岸；一在城东阙摩山麓，为东浦龙泉；一在城西盘龙山麓，为西浦龙泉。《河阳县采访》：咸丰间均毁，光绪三年，郡人熊遇春、廖本惠重修西浦庙宇。

江川县

神祇坛　《澂江府志》：在城北庆云门外。

龙神祠　《江川县采访》：在城东门外，嘉庆二年重修。

新兴州

神祇坛　《新兴州志》：在城南一里武侯祠北。

龙王庙　《新兴州志》：一在城东十五里黑龙潭，一在城西北十七里九龙池，一在城东北二十五里白龙潭。《新兴州采访》：光绪六年重修。

路南州

神祇坛　《路南州志》：在城南。《路南州采访》：兵燹折毁。

龙神祠　《续路南州志》：一在城东十里，一在城东北十里。

广南府

宝宁县

神祇坛　《广南府志》：在府城南门外。《宝宁县采访》：咸丰间毁于兵。

龙神祠　《广南府志》：在城北门外。

顺宁府

顺宁县

神祇坛　《顺宁府志》：在城南一里。《顺宁县采访》：咸丰七年毁。

龙神祠　《顺宁府志》：一在城北落仙山，康熙四十二年，知府董永芠修；一在城南门外大涵洞东，名猪母龙神庙，乾隆二十六年，知府刘靖修城后建。

云　州

神祇坛　《顺宁府志》：在城西。

缅宁厅

神祇坛　《缅宁厅采访》：在城南门外。

曲靖府

南宁县

神祇坛　旧《云南通志》：在城东门外。《南宁县采访》：一在南门外。咸丰元年，知府邓尔恒重建。

龙王庙　旧《云南通志》：在城西南十里。每岁季春辰日有司致祭，郡有水旱必祷。《南宁县采访》：嘉庆二年，黔苗不法，巡抚江兰驻曲靖，时旱诣祠祷祈雨降，是岁大熟。事闻，奉旨敕封“巡抚龙王”。

五雷庙　旧《云南通志》：在城西胜峰山。每岁惊蛰旧祭，郡有水旱，则率众往祷。《一统志》：明永乐初建。

霑益州

神祇坛　《霑益州志》：在城西门外水沟崖上。

龙王庙　《霑益州采访》：在城东史家坡。兵燹毁，光绪五年，村民重修。

陆凉州

神祇坛　《陆凉州志》：在城南。

马龙州

神祇坛　《马龙州志》：在城东郊。《马龙州采访》：今毁。

罗平州

神祇坛　《罗平州志》：在城南。

龙王庙　《罗平州采访》：一在城南二十五里，以龙沙名龙泉寺；一在城北里许葫芦山，名双龙寺，光绪三年重修。

寻甸州

神祇坛　《寻甸州志》：在城南里许。《寻甸州采访》：同治十年，因兵折毁，光绪七年，迤东道崇善重修。

龙王庙　《寻甸州志》：一在城西南十里卧云山，康熙十年建；一在城西南三里，名龙王坛。《寻甸州采访》：兵燹倾圮。

平彝县

神祇坛　《平彝县采访》：在城南门外。

龙神祠　《平彝县采访》：在城东半里，乾隆间建。道光五年，知县罗祖望重修。同治五年，士民续修。

宣威州

神祇坛　《宣威州志》：在城南。

龙神祠　《续宣威州志》：在城东广照寺南。嘉庆十九年，知州张槐倡建。

卷九十　祠祀志一之三

典祀三

丽江府

丽江县

神祇坛　《丽江府志》：在城南门外。

玉泉龙王庙　《丽江府志》：在城北象山麓。乾隆二年，知府管学宣倡建。六十年，知府樊士鉴修。《丽江县采访》：光绪元年，郡人重修，每遇水旱，祷之立应。

鹤庆州

神祇坛　《鹤庆府志》：在城南一里。《鹤庆州采访》：兵燹倾圮。

西龙潭祠　《鹤庆府志》：在城西。其下有龙宝、黑龙、白龙、吸钟诸潭祠，以七月九日祀之。

剑川州

神祇坛　《剑川州志》：在城西一里。

龙王庙　《剑川州采访》：在学宫左，即崇仁寺址。祀诃喇帝母，其像购自西域，唐番僧摩伽陀以毘那祖师秘咒书纳像中，相传能镇水患。原在螳螂村，明正统中，岩场河屡涨，漂没民居，知州甘凤移前殿，祀白难陀龙王。国朝康熙四十四年，副将林大忠修。咸丰十年，毁于兵。

中甸厅

神祇坛　《中甸厅采访》：在城东门外。毁。

龙王庙　《中甸厅采访》：在土官寨。同治十年，同知刘书堂重修。

维西厅

龙神祠 《维西厅采访》：在旧通判署左，倾圮。

普洱府

宁洱县

神祇坛 旧《云南通志》：在城南门外。原在城西门外，后改建于北门。《宁洱县采访》：咸丰三年，总兵桂林知府张恩溥移祀于南坛内，同治元年毁，光绪六年，署南道沈寿榕捐廉移建今地。

龙王庙 旧《云南通志》：在城西门外里许。原在城西北蟠龙洞旁，乾隆二十四年，知县何映柳捐建，道光四年修。《案册》：同治元年毁，光绪三年，署南道许继衡、署总兵何秀林率文武捐廉重建。

思茅厅

神祇坛 《思茅厅采访》：在城北门外。

龙神祠 《思茅厅采访》：在东城外里许小水井山。原在东城，嘉庆十五年建，同治元年毁，十一年，同知廖鼎声率绅民移建今地。

他郎厅

神祇坛 《他郎厅志》：在城南。

龙神祠 《他郎厅志》：一在赖蚌坝；一在布固江，《他郎厅采访》：今毁；一在城南门外昌阜桥侧。咸丰五年，通判周子彬、游击马春芳建。

威远厅

神祇坛 旧《云南通志》：在旧土州南。《威远厅采访》：毁于兵。

龙神祠 《威远厅采访》：在厅城内。原在抱母井，兵燹折毁，光绪元年，署同知黄金衔移建今地。

永昌府

保山县

神祇坛 《永昌府志》：在城东三里。

龙王庙 《永昌府志》：在龙泉门外易罗池。总兵偏图重修，咸丰十一年毁。光绪元年，知府朱百梅重建。

腾越厅

神祇坛 《永昌府志》：在城西。嘉庆二十二年，同知伊里布重修，兵燹毁。

龙神祠 《永昌府志》：一在城北白鹤井。原在城西南隅，乾隆五十九年，知州庆玉修建，嘉庆二十二年，同知伊里布捐修。《腾越厅采访》：兵燹倾圮。光绪八年，同知陈宗海移建今地。一在箐中，名来凤龙神祠，泉水所出，每雩祭辄往祷之。

永平县

神祇坛 《永昌府志》：在城南三里。《永平县采访》：年久倾圮。

龙陵厅

神祇坛 《龙陵厅采访》：在北郊。

开化府

文山县

神祇坛 《开化府志》：在城北门外。《文山县采访》：咸丰六年因兵毁。

龙王庙 《开化府志》：在城南门外大兴寺左，知府宫尔劝重建。《文山县采访》：咸丰六年毁。

安平厅

东川府

会泽县

神祇坛 《东川府志》：在城北门外。

龙王庙 《东川府志》：在城丰昌门外三里南山麓。雍正五年，知府黄士杰建。

巧家厅

神祇坛 《巧家厅采访》：在城南门外。

龙神祠 《巧家厅采访》：在厅署后堂琅山麓。有泉从石穴涌出，四时不竭。

昭通府

恩安县

神祇坛 旧《云南通志》：在城南门外。

龙王庙 《恩安县志》：在城西门内。乾隆二十八年，知府傅堅、知县胡泉建。《案册》：光绪五年，署知府吴怡倡修。

镇雄州

神祇坛 《镇雄州志》：在城北郊。

永善县

神祇坛 《永善县采访》：在城南门外。

龙王庙 《永善县采访》：在城南门内，乾隆三十七年，邑人廖忠信、胡进象等重修。

大关厅

龙王祠 《大关厅采访》：在城南。嘉庆间建，同治八年，同知陈廷珍重修。

鲁甸厅

龙神祠 《鲁甸厅采访》：在城北门内，道光初建。

景东直隶厅

神祇坛 《景东厅志》：在城南门外。

龙王庙 《景东厅志》：在城北门外菊河左岸。《景东厅采访》：同治间，同知凌应梧重修。

蒙化直隶厅

神祇坛 《蒙化府志》：在城外东南隅。《蒙化厅采访》：毁于兵。

龙王庙　《蒙化府志》：在城东三里翠虬山麓。《蒙化厅采访》：同治十一年，兵燹毁，光绪四年，同知夏廷燮重建正殿，十一年，同知卞庶凝增建厢房、庙门，并建石亭于山巅出水处。

永北直隶厅

神祇坛　《永北府志》：在城南门外。《永北厅采访》：咸丰元年，同知熊家彦修，后因兵毁。

龙王庙　《永北府志》：一在城东壶山下；一在城北门内，兵燹折毁；一在海腰铺；一在黑坞；一在坂山河；一在河口；一在清水驿西山。

镇沅直隶州

神祇坛　旧《云南通志》：在城南门外。《恩乐县采访》：兵燹倾圮。一在旧恩乐县城北关外。

龙王庙　《恩乐县志》：在旧恩乐县城西关外景来河上。乾隆四十四年，知县王彝象倡修。

广西直隶州

神祇坛　《广西州采访》：在城东门外

龙王庙　《广西府志》：一在城东江头村，一在城西永惠坝。《广西州采访》：光绪间，士民重修。

师宗县

神祇坛　《师宗县采访》：在城外西北隅。

龙神祠　《师宗县采访》：在城内。

弥勒县

神祇坛　《弥勒州志》：在城东门外。《弥勒县采访》：兵燹折毁。

龙王庙　《弥勒州志》：在城西七里阿当哨。

邱北县

龙神祠　《邱北县采访》：在城东门外。

武定直隶州

神祇坛　《武定府志》：在城南门外。《武定州采访》：咸丰八年，兵燹毁。

元谋县

神祇坛　《元谋县志》：在城南围顶山上。

龙王庙　《元谋县志》：在马街。

禄劝县

神祇坛　《禄劝州志》：在城南门外。《禄劝县采访》：兵燹后重修。

龙王庙　《禄劝州志》：在城东三里掌鸠河渡口。《禄劝县采访》：兵燹后重修。

元江直隶州

神祇坛　《元江州志》：在城南门外。《元江州采访》：兵燹后圮。

龙神祠 《元江州采访》：在文昌宫后。原在城西十里龙洞，雍正八年，知府迟维玺新建。每年春辰月致祭，后倾圮，改迁今地。

新平县

神祇坛 《新平县志》：在城东一里。

龙神祠 《新平县志》：在城西北四里土官箐。乾隆三十三年，知县陈崑捐建，祀洪本泉神。《新平县采访》：道光十年重修。

黑盐井直隶提举司

神祇坛 《黑盐井志》：在司治西南。《黑盐井采访》：兵燹折毁。

大井龙王庙 《黑盐井志》：在司治右万春山下。明时建，后毁于兵。国朝康熙二年，提举聂开基新建。雍正二年，敕封"灵源普泽龙王"，驿盐道李卫改建。乾隆四十六年，提举朱璋捐修。春秋致祭。

琅盐井直隶提举司

神祇坛 《琅盐井志》：在司治南。

敕封灵源普泽龙王庙 《琅盐井志》：一在井上，一在宝应山麓兴隆寺。

白盐井直隶提举司

神祇坛 《白盐井志》：在南关外。《白盐井采访》：兵燹折毁。

五井龙神祠 《白盐井采访》：在司治南宝应山麓。雍正五年，钦赐"灵源普泽"匾额。雍正七年，提举刘邦瑞修，郭存庄重修。道光二十七年，提举吴嘉思同士民增修。咸丰九年兵燹毁，光绪五年重修。

安丰井龙神祠 《白盐井志》：旧在井楼上，河水冲圮。乾隆九年，提举何愷移建山冈。二十年，提举郭存庄重修。《白盐井采访》：兵燹废。

卷九十一 祠祀志二之一

俗祀上

祀事之掌于礼部职诸有司者，既汇为祀典，缀诸祠祀之首矣。其有民间习俗相沿立为庙祀者，醵钱祭酺，合乎古人二十五家置社[①]之意，春祈秋报，亦例所不禁。滇俗旧尚鬼神，四时恒多祭赛，今综而纪之，俾各有所考云。

云南府

昆明县

龙王庙 旧《云南通志》：一在城西南罗汉山；一在城东白龙潭，兵燹折毁，光绪八年，村民重修；一在城北黑龙潭。阮元《黑水考》：省城东北十余里有黑龙潭，潭上有龙王庙。此潭庙甚古，莫知其始。《汉书·地理志》滇池县有黑水祠。今滇池上之黑龙潭

① 社 原本作"舍"，道光《云南通志稿》、《新纂云南通志》皆作"社"。置社：古时大夫、士庶共同设置的供奉社神（土地神）之所。出自《礼记·祭法》："大夫以下成群立社，曰置社。"今据改。

庙，非即古华阳黑水之黑水祠欤？或者潭东唐梅、宋柏之间，今之三清道宫，即汉池[①]故址。而潭北龙王庙，即神祠所迁降者欤？滇池与南盘江、礼社江切近百里，前汉有黑水祠，礼亦宜之。嘉庆二十三年，郡人李沅修。光绪八年，总督岑毓英、巡抚杜瑞联重修。

祠山庙 旧《云南通志》：在城南云津桥北岸。汉张渤曾凿江通水，郡人利之，立祠祀焉。

黑龙祠 《昆明县志略》：在城内九龙池旁。乾隆五十八年，知府敦柱重建。

风雨二碑 《昆明县志略》：在城西玉案山。每久雨，则立风碑仆雨碑，即晴。久旱，则立雨碑仆风碑，即雨。相传为大禹王所制，道光六年，粮储道春庆捐修石垣护之。

富民县

罗次县

晋宁州

呈贡县

小黄龙庙 《呈贡县采访》：在城北门外。

安宁州

龙王庙 《安宁州采访》：一在城南五里大屯，道光二十年，村民建；一在城南三十五里邵官屯，道光十五年，村民建。均为士民祷雨之处，颇著灵异。

马夫人庙 《安宁州志》：在城北门内，明万历初建。世传夫人生于晋永嘉二年，避兵于浙江景宁县仙姑村，生即茹素，夫亡，事姑至孝。永嘉末七月七日，白日飞升。明成祖初，夫人阴助靖难师，敕封"护国夫人"。万历间，州守林乔松素奉祀于家，时天旱祷雨立应，州人立庙祀之。

禄丰县

昆阳州

黄龙庙 《云南府志》：在城北四十里滇池西岸。明时建，国朝康熙二十九年，商民张逢金重修。

易门县

嵩明州

大龙潭 《嵩明州志》：在城南杨林驿。周围十丈，圆如轮，深不可测。季春辰日祭，吏目主之。《嵩明州采访》：同治间毁，光绪八年，士民重修。

黑龙潭 《嵩明州志》：在城西三十里邵甸里龙潭营。谨案：盘龙江发源于此，雨旸不时，祷之甚应。明沐国公与巡按祷雨其祠，雨即降。康熙五十三年，盐道金启复祈雨，三至其地，捐金修庙，二潭连环。每季春辰日，邵川阖境祀之。

大理府

太和县

雷　庙 旧《云南通志》：在城西南。

---

① 汉池　《新纂云南通志》卷一百十二同，道光《云南通志稿》卷九十一作"汉祠"。

神宝泉庙 旧《云南通志》：在城南。其地有三泉，涌水灌溉，立庙祀神。明嘉靖间，庙灾，泉亦闭，郡民白于官，新之，明年，泉出如故。

安龙庙 旧《云南通志》：在城内西南隅。初建城时筑辄圮，父老谓有龙在，因立庙，遂不复圮。《太和县采访》：咸丰六年，毁于兵。

救生庙 《大理府志》：在城西南兴福寺左，祷雨常应。《太和县采访》：光绪五年，士民重修。

洱水神祠 旧《云南通志》：在城东洱河西岸，岁春秋二仲月祭。明嘉靖四年，大旱，副使姜龙祷雨立应，重建，岁久朽敝。国朝康熙三十二年，提督诺穆图重修。《太和县采访》：咸丰六年，兵燹毁。

赵 州

汉邑村龙王庙 《赵州志》：在城东八里，蒙氏时建。水出庙左，庙前有紫薇树，大数围，又有冬青一本，青紫交荣。

西冲小黑龙庙 《赵州志》：在城西云台山界。《赵州采访》：咸丰间毁于兵，邑人重建。

治水龙王庙 《赵州志》：在德胜驿西，明正德间建。

九头龙庙 《赵州志》：在东晋湖边，地名九龙吐水。明崇祯二年，生员何显宗请祀。

赤子龙王庙 《赵州志》：在城西三里。旧有庙圮，康熙四十七年，郡绅郑荣重建，前有萃爽楼。

三子龙庙 《赵州志》：在定西岭。

大庄龙王庙 《大理府志》：在大庄界。庙前有池，涌泉如珠。

圣御龙王庙 《赵州志》：在弥渡东门。

九股龙王庙 《赵州志》：在弥渡东山九龙箐口。

光辉龙王庙 《赵州志》：在上达村东山下。

清流普济祠 《赵州志》：在城南十三里曲别山。明嘉靖间，知州潘嗣冕祷雨于董祕僧龙湫，龙见果雨，因建祠，以春秋二仲月中庚日祭之。

云南县

白龙庙 《云南县志》：在东山脚白土田。《云南县采访》：咸丰间兵燹毁，今重修。

宝泉行宫 《云南县志》：在龙池上。嘉庆十六年重修。《云南县采访》：咸丰七年兵燹毁，同治间邑人重修。

邓川州

东龙庙 《邓川州志》：在城东八里。有灵源泽，唐时邓赕诏建，以祀龙神。

青龙庙 《邓川州志》：在鱼潭坡，祀洱水神。

黄公祠 《邓川州志》：在城北蒲蛇崆内。水出山口，冲决河堤，明兵备道姜龙建祠祀之，取土克水也。

白金刚庙 《大理府志》：在城西一里。有龙井，祷雨辄应。《浪穹县采访》：咸丰六年兵燹毁，光绪八年，绅民重修。

西山龙王庙 《大理府志》：在城西十里西山。流泉灌溉，为利甚溥，后庙废，泉亦涸。康熙三十一年，通判黄元治饬土典史王晋即故址南建庙。

九龙池龙王庙　《大理府志》：在佛光寨北。

黄龙池龙王庙　《大理府志》：在三营南。

白汉厂龙王庙　《大理府志》：在凝津桥西。《浪穹县采访》：咸丰六年毁，今绅民重修。

黑汉厂龙王庙　《大理府志》：在凝津桥东。《浪穹县采访》：咸丰六年，兵燹毁，今重修。

凤羽河龙王庙　《大理府志》：在南山。

三营河龙王庙　《大理府志》：在三江口。

以上四庙，康熙三十二年，通判黄元治疏浚河道新建。

宾川州

云龙州

临安府

建水县

石屏州

阿迷州

宁　州

通海县

竹王祠　阮元声《南诏野史》：在通海县。汉女子浣衣，竹流来有声，破竹得儿，长雄于诸夷，以竹为姓。弃破竹于野，长成为林。

河西县

碧溪祠　《河西县志》：在城南八里。《河西县采访》：咸丰六年，兵燹毁。光绪二年，村人重建。

嶍峨县

楚雄府

楚雄县

镇南州

南安州

姚　州

大姚县

广通县

定远县

澂江府

河阳县

龙青庙　《澂江府志》：在城西北八里宝花寺前。有泉涌出，足资灌溉。六月望日，往祭谢龙。

河神庙　《河阳县采访》：在黄家营东南隅，嘉庆间士民建。

白井娘娘庙　《澂江府志》：在城北里许，泉出色白。

江川县

新兴州

土主庙　《新兴州志》：在城北十里土主屯。主西北及东方水利，西南不及水利者不祭。旧传明黔国公征麓川，神显灵赞功，重构祠宇，题“赞陀崛多大德尊者”，木主今存。《新兴州采访》：光绪五年重修。

路南州

会公祠　《续路南州志》：在武庙右。嘉庆十一年，知州会礼浚会通河二千余丈，民德之，立祠以祀。《路南州采访》：咸丰七年，兵燹毁。光绪二年，武生马镇林倡修。

广南府

宝宁县

顺宁府

顺宁县

云　州

吕祖祠　《云州采访》：在莲花塘。塘水终古不盈不涸。学正李时《吕祖祠》：“先生何事到云岑，日月由来遍照临。数载荒祠风复雨，一池秋水古而今。婆心苦示丹中药，仙笛谁闻世外音。可是岳阳人不识，特来小隐爱山深。”

缅宁厅

曲靖府

南宁县

霑益州

陆凉州

马龙州

罗平州

白蜡庙　〔……〕旧《云南通志》：后有龙潭，每岁三月上辰日祭。

寻甸州

土主庙　旧《云南通志》：在城西十五里土主山。冯甦《滇考》：元大德中，滇池有蛟化为妇以淫人，遇神僧赵迦罗咒黑虎擒之，即土主也。明沐英征麓川，得神兵助，归而立庙。《寻甸州采访》：同治六年，毁于兵。

平彝县

黑牛山　《平彝县采访》：在城外二里。常有云气覆山巅，祀之用黑牛一。土人祈晴祷雨，皆于其地。

宣威州

卷九十二　祠祀志二之二

俗祀下

丽江府

丽江县

九顶龙王庙　《丽江府志》：在束河。久废，址存。

九河神庙　《丽江府志》：在城西南百里九河里，明时建。

鹤庆州

九龙庙　《鹤庆州采访》：在城北二十五里。有三庙，一为百龙泉庙，一为海龙庙。

镇江王庙　《鹤庆州采访》：一在城南二十里新开河口，光绪八年，总兵朱洪章、知州黄维中新建；一在城北二十五里，光绪七年，贡生寸增高改建。

白龙庙　《鹤庆州志》：在城西北五里。

水洞祠　《鹤庆府志》：在城南象眠山下。昔神僧赞陀崛多有利导之功，知府周集建祠，以四月八日祀之。《鹤庆州采访》：咸丰七年，兵燹折毁。光绪五年，士民重修。

剑川州

赤子龙王庙　《剑川州采访》：在剑湖西岸。

沧海神庙　《剑川州志》：在城北二里。《剑川州采访》：咸丰九年兵燹毁，光绪四年重建。

中甸厅

维西厅

普洱府

宁洱县

桥神庙　《宁洱县采访》：在城南高桥。同治元年毁，光绪四年，邑人段永浩倡建。

坤戛龙王祠　《宁洱县采访》：在城南十里。

思茅厅

双龙庙　《思茅厅采访》：在城南门外五里许。

濂溪庙　《思茅厅采访》：在城西门外。

他郎厅

威远厅

永昌府

保山县

罗岷山神祠　《永昌府志》：在城北八十里。《一统志》：在城东南八十里。祀天竺僧罗岷，或曰即黑水祠也。

腾越厅

五显庙　《腾越州志》：在州治东门首，一名灵官庙，久圮，乾隆四十一年重建。《永昌府志》：内有井，俗呼曰白鹤香泉。《腾越厅采访》：咸丰间兵燹毁，光绪间重修。

永平县

龙陵厅

开化府

文山县

安平厅

东川府

会泽县

九灵龙王庙　《东川府志》：在灵壁山。乾隆二十年，知府义宁建，有仙人栈、水晶帘、忘劳亭、佚使亭、惠民亭诸胜。义宁《九灵龙王庙记》：

> 东川踞滇东至高处，东牛栏，西金沙，策骑而下，皆数十里。翠屏又踞东川高处，府治在山麓，群峰环拱，云气尝①幂。余守土二年，以高陡未暇一至。前《志》称翠屏，亦名显壁，意必有神灵显赫，默相呵护，出云降雨，为苍生福者。自去秋历今岁，春夏苦旱，菽不入土，苗不栽插，城内外井坎皆竭，余忧之。故老云：灵壁山绝顶有泉，无心则遇，访则迷。亟悬赏格，有得之坠叶枯草中者以告，时余步祷五竜募龙潭，旬有七日。既得大雨，清和月望后，率同人且步且骑，攀藤附葛，贾勇而前。将三里，巨石当道，名仙人栈，两旁石壁崭然。又数十武，有泉飞溅下，长丈余，名水晶帘。又上三里余，有潭盈丈，泉从石缝中出，其声汩汩，清澈见底，名九灵泉，爇沉檀礼之，坐石上相庆。又意此特阻于乱石溢出，必更有源，命从人遍搜幽篁密棘。上约二里，得泉二脉从地出，左视右稍狭，亟疏之。去三丈余，泉更涌出，平其地，得泉如贯珠数十串，前二脉更大，合为一，是乃真所谓灵泉也。现而伏者几三里，于是集锄锸，去土石，引入城中，旬日竣事，逮合流而清浊见，始知潭所蓄一泉也，源所浚又一泉也。各捐俸建神祠三楹，募僧居之，于仙人栈构亭以息往来者。夫天下之灵物显晦各有其时，然余不以神奇惊怪或隐或现为灵，而以渟泓蓄泄润泽生民为灵，民亦不得以神奇惊怪或隐或现故为之答其灵，而以渟泓蓄泄润

① 尝　道光《云南通志稿》卷九十二、《新纂云南通志》卷一百十三皆作“常”。

泽生民宜群焉昭报其灵，则幽与明各尽其道，是则余疏泉建庙之深意也。是为记。

巧家厅

龙王庙 《巧家厅采访》：一在厅治西五里金沙江边，乾隆十八年建；一在长善里金沙江边。俱设有义渡，每岁六月六日，两岸居民祀之。同治元年，“髪逆”石达开毁。同治五年，萧玉重修。

昭通府

恩安县

镇雄州

永善县

石龙庙 旧《云南通志》：在马村。

禹王庙 《永善县采访》：在副官村。咸丰间兵燹毁，今重修。

大关厅

鲁甸厅

景东直隶厅

蒙化直隶厅

永北直隶厅

广西直隶州

师宗县

邱北县

弥勒县

武定直隶州

元谋县

禄劝县

元江直隶州

河伯祠 旧《云南通志》：在城东礼社江上。

新平县

黑盐井直隶提举司

水火财神庙 《黑盐井志》：在井北河西岸。雍正初驿盐道李卫建，乾隆间提举安鼎和、朱璋相继增修，后水泛冲圮。嘉庆十年，提举徐秉鉴捐修。《黑盐井采访》：咸丰九年兵燹毁。

东井龙王庙 《黑盐井志》：在西岸李贤者泉之左，乾隆二年建。

福隆井龙王庙 《黑盐井志》：在平头山谷，地名源头。明嘉靖二十七年建。

新井龙王庙 《黑盐井志》：在井旁。雍正元年，提举陈应科建。《黑盐井采访》：咸丰九年，兵燹毁。同治四年，阖井士民重建。

沙井龙王庙 《黑盐井志》：在井亭上。雍正八年，提举高培建。

七局村龙王庙 《黑盐井志》：在司治西北七局山上龙潭下，潭水非卤泉也。相传为各井主龙，故设祠祀焉。庙建自元时，明弘治年重修。提举沈懋价《重修七局龙祠记》：

> 井滨河，四[①]山高，居常属目，遂以所见为山颠，盖不知山之上更有山也。由井西北过龙沟，出龙门寺，上折西背走，缘岭彳亍，羊肠蟠曲，可二里许。行者喘息，回首眺望，井地人烟，霄壤相隔，有心目俱豁者，且得一境焉。上平衍而旷荡，下蒙茏而崎岖，坂坻巀嶭而成巇，溪壑错缪而盘纡，田畴相望，茅蔀相次者，心焉异之，人曰此七局村也。又见夫郁盆蒀以翠微，崛巍巍以峨峨者，人告予曰此七局山也。又见攒立骈丛，青冥盱瞑，杳蔼蓊郁于谷底，森蕣蕣而刺天者，曰七局龙潭也。又见夫垣墉黝垩，隐见在目者，曰七局龙祠也，心益异之。遂至祠下，拾级登堂，展谒如礼。见夫神之为像也，黻冕端拱如王者，后肖蟠龙形九首，列覆神上，人曰此龙王也。旁坐者肖女像，冠帔静好，搢笏垂裳，后亦肖蟠龙七首，人曰此龙女也。女称曰姑。龙王有女七，各有所适，此其七姑也，故其山名七姑，而今曰七局，盖讹称云。又有神，面青而狭，目赤而深，髡顶挛耳，齞唇历齿，执鞭侧立者，曰蟹神也，亦龙属。龙行雨，蟹以先之，盖龙使也。
>
> 继出祠后，至龙潭，见其攒柯挐茎，重葩晻叶，轮囷[②]虬蟠，垂堁鳞接，荣色杂糅，下开上[③]合，出水成潭，濡瀑濆溃，汩若扬波，沛若涌涛，潜瀘洞出，分沙擘石，隐蛟伏螭，云翕风阴，既而开窦洒流，浸彼稻田，翼翼与与，随时代熟，心益异之，迥非所习见者。此左太冲、张平子之赋材也，吾恶乎遇之。考《井志》，有李阿召者，居七局村，养一黑牛，日饮井水，肥泽异他牛。一日，失所在，迹之，因得卤泉。白蒙氏开之，是为黑井。予以官不受，求为僧，赐紫衣，井人至今祀之。
>
> 又载：楪榆人杨波远，号神明大士，常骑青牛，开盐井四十，盖永徽时事也，第弗具论。今庙貌无所谓李阿召者，更参之《古滇说》并《南诏野史》，其名字概不见。夫张道宗、杨升庵所谓博学深思，心知其意者，如其有之，我知其不以草莽弃也，且神明大士《野史》《滇说》两载之。予少时读桑钦《水经》及郦道元注有曰：周宣王时，天竺摩耶提国阿育王有神明大士者，能知盐泉，王命开之，常骑青牛，随一犬。色白。又曰：王生三子，长福邦，次宏德，次至德。因父有

---

① 四 原本作“西”，据道光《云南通志稿》卷九十二《祠祀二·俗祀二》改。

② 轮囷 原本作“轮菌”，据《新纂云南通志》卷一百十三《祠祀考五》改。

③ 上 原本作“土”，据道光《云南通志稿》卷九十二《祠祀志二·俗祀二》改。

神骥，争之莫能决。王纵骥东奔，许获者主之。至滇池，为季子所得，因留滇，即金马也。王忧思，遣舅氏神明以兵迎之。诸书载之，互有异同。

又常至大井龙祠，亲见其庙貌，神有三：中者男像，躬甲胄；左者女像，蹑屩；右者僧像，披袈裟，执拂，前蹲一犬。人相传云：中天王，左龙王，右大士。开井时，常骑黑牛，随一犬。牛入井化为石，故今井底有石如牛状。予聆其说，有与《水经》相符者，盖阿召与阿育字仿佛，其天王即阿育，大士即神明，牛与犬即大士故物也。大士，西域人，信佛，其披袈裟也固宜。其所云阿召者，特阿育之讹耳。且井源自盐海来，北至吐蕃界。在金江外为盐井，因设卫，至丽水为南州井，东至黑水楪榆间为云龙井，递至弄栋蜻蛉则为白井，递至髦州界则为琅井。景东、威远亦产盐井者，盖此山之右臂也。

黑井则中支，盘折泄于万春山，与七局山共幹，有龙潭二：一曰菖蒲，在山腋；一曰七局，在山阳，盖山之左臂也。山来处有崇嶂千仞，名白马山，即琅泉分派处。石上有马迹，僧以玄奘事傅会之，殊可哂也。山后有小石门哨，有马龙潭，奔走蹀躞，遗踪石上，皆金马所经道，井人能言之，则井之为阿育王与神明大士所开无疑也。《志》所云李姓者，或常主此井，或南诏大理以井报蒙氏，未可知。不然，何以不传？虽然滇介荒服，高尚抗志之士亦所时有，而知名者独张叔、盛览二三人，其淹没者可胜道哉！

或又曰龙一也，二祠异像何也？曰是有说焉。尝考之，泉水甘，其性阳；卤水咸，其性阴。阳像男，阴像女，二祠异像，是之取耳。七局龙祠，载在祀典，义与井祠相表里。设祠致祭，古人不为无见。今以祠之既坏，勉井人士新之，且捐俸先焉。经始于二月，告成于四月。因文以记之，以俟后之君子。

菖蒲潭龙王庙　《黑盐井志》：在司治西白衣庵栅门外。乾隆四十三年，井人新建。

东山箐龙王庙　《黑盐井志》：旧无庙，附东井龙祠。

琅盐井直隶提举司

龙潭庙　《琅盐井志》：在司治南笔架山麓。乾隆元年，提举李国义祷雨于此，因重建庙，额曰“诚求立应”。

白盐井直隶提举司

大王庙　《白盐井志》：在界井西。庙旁有甘泉二，人争取饮之。相传水自宾居大王庙来，故名。

〔据岑毓英等修，陈灿等纂光绪《云南通志》（清光绪二十年刻本）卷八十八至卷九十四《祠祀志》辑录。该志沿袭道光《云南通志稿》，增补《昆明县采访》等各县采访之咸丰、同治、光绪事。其中前志所载“风云雷雨山川坛”，咸丰间多毁无存，至光绪间仅云南府昆明县保留，其余府州县已无，代之以“神祇坛”。〕

（民国）新纂云南通志·祠祀考

卷一百九　祠祀考一

道光《志》祠祀分为三目：一曰典祀，掌于有司，官为致祭者也；二曰俗祀，不隶于官，人民祈年报赛，法所不禁者也；三曰寺观，二氏者流岩栖谷处，凡栋宇之在其地亦必登诸简策者也。后来，光绪《志》祠祀亦多相沿不改。及至近代以来，时势变迁，从前祠祀所在，已有改为学校者，或改为公所者，抑或改为工厂者，已非复畴昔之旧制矣。本《志》仍照旧《志》分列，略事删节，其有已改为学校、公所及工厂者，则说明于下，以备稽考云。

典祀一

品节仪文，载诸令甲，有司行事，必恭以虔者，备详于此。圣庙释菜，昔为特典，《学制考》别详之矣。其附于圣庙之史皇、名宦、乡贤、忠义、孝弟、节孝等祠，仍与其他并列。

云南府

昆明县

龙神祠　在城西门内九龙池上。雍正六年，敕封“福滇益农龙王”，内府造像，辇送至滇，建祠以时致祭，月吉瞻礼。雍正《志》。兵燹倾圮，同治十三年，署总督岑毓英由各堡筹款重修，近已改为博物馆矣。按：龙王庙在各村邑不列祀典者，载入俗祀，各府州县同。光绪《志》兼《采访》。

富民县

龙王庙　在城北桥头。《富民县志》。

宜良县

龙王庙　一在大赤江东岸，一在汤池。《宜良县志》。

罗次县

龙神庙　在城东十里青山上坝。《罗次县志》。清同治十三年，署知县覃克振重修。光绪《志》。

晋宁州

龙王庙　一在城东南帝释龙潭，《晋宁州志》。清咸丰十年毁；一在城南二里；一在城西北十二里下河嘴。光绪《志》。

呈贡县

龙王庙　一在城东二十里白龙潭，知县刘世熯重修；一在城东八里新册村，知县夏瓒重修，清咸丰七年，兵燹倾圮，光绪十年，知县李明鋆率士民重建；一在归化旧县罗藏山南，又一在西北，均毁，光绪六年，邑绅杨源、李汝霖捐建；一在城东二里东西河界。春秋二仲月统祭于此。光绪《志》。

安宁州

龙王庙　旧在州治西，今移建于城东河岸，与盐井相向。清雍正二年，奉旨敕封“灵源普泽龙王”，春秋致祭。《安宁州志》。道光十五年，大雨[①]倾圮。光绪《志》。

灵泉庙　在州署东旧大界井，一名“清浊福邦盐泉神祠”。光绪《志》。

禄丰县

龙王庙　在城东街大井上。《禄丰县志》。

昆阳州

龙王庙　在城北海门村牛舌洲上。明洪武末建，敕封“总督惠济龙王”。清康熙三十一年，总督范承勋、巡抚王继文建修。《云南府志》。咸丰六年毁，光绪四年，知州吕瑭请款重修。光绪《志》。

易门县

龙王庙　一在大龙泉，一在老黑山麓。明嘉隆间因边警，曾著灵异，敕赐春秋二祭。《易门县志》。一在城北五里小龙泉，毁于兵，清光绪五年，贡生夏时倡捐重修。光绪《志》。

嵩明州

龙王庙　在城北十五里，一名白草龙庙。其祭昉于明时知州余化龙题请。《嵩明州志》。清光绪七年重修。光绪《志》。

卷一百十　祠祀考二

典祀二

大理府

太和县

龙王庙　一在城东三十里龙尾关外，太和县春祭，赵州秋祭；一在城北五十里河矣村，名喜洲龙王庙，《白古通》谓点苍山脚插入洱河者，惟城东与喜洲二支，南支神形为金鱼，北支神形为玉螺，二者现则为祥云；一在城北七十里龙首关，名上关龙王庙。《大理府志》。咸丰间，同毁于兵。光绪《志》。

赵　州

龙王庙　在城东龙伯山下。明万历间，知州沈奎灿建，春秋二仲月上庚日祭。《赵州志》。兵燹毁，今村民重建。光绪《志》。

云南县

龙王庙　在梁王山下，旁出龙泉。《云南县志》。

邓川州

龙神祠　在下山口，主濔苴河之神。《邓川州志》。

---

① 大雨　光绪《云南通志》作“大水”。

浪穹县

龙王庙　在城北十五里罢谷山下。茈碧湖即洱河源也，邑人赵以康建楼，庙前匾曰“谷源”，岁久倾圮过半。清康熙三十一年五月亢旱，通判黄元治祷于庙，大雨立注，遂重修焉。移“谷源”额于中堂，题其楼曰“澂碧”。《大理府志》。咸丰六年毁，同治三年，绅民重修。光绪《志》。

宾川州

龙神祠　在城东，知州王鼎建。光绪《志》。

云龙州

黑水神祠　在澜沧江滨。素有风涛覆溺之患，建祠以祀江神，患遂息，每岁春秋致祭。《一统志》。

临安府

建水县

龙王庙　一在城西北，祀井龙神以建，郡城使臣徐伯袝祀；一在城南法华寺左，原在城隍庙内，清咸丰三年，知府刘禧祖移建今地。光绪《志》。

石屏州

龙神庙　一在龙泉书院，一在海东，一在大松树。《石屏州志》。清同治三年毁，光绪间村人重修。一在宝秀前所，一在白龙潭。光绪《志》。

阿迷州

龙王庙　在城东一百五十里打鱼寨海边。负山面水，石台天成，水自山腹出，分道绕流，汇为一溪，四面葑田，颇称衍沃。《临安府志》。今庙圮，水亦渐小。光绪《志》。

宁　州

龙神祠　在城南五里。光绪《志》。

通海县

龙神庙　在秀山，岁二月辰日祭。《通海县志》。

河西县

龙王庙　在城西三里普应山后。《河西县志》。清咸丰兵毁，光绪间重建。《河西县采访》。

嶍峨县

龙神殿　在城南门外里许。原在城隍庙右，清光绪二年，移建今地。光绪《志》。

蒙自县

龙神庙　一在城东门外学海边，一在龙弁，一在大屯。《蒙自县志》。

楚雄府

楚雄县

紫溪龙神祠　在城西二十五里，明成化中，知府赵（邵）敏建。一在金蟾寺，一在龙泉书院。《楚雄县志》。清咸丰十年，西逆陷郡城，折毁。光绪十年，知府陈灿倡修。光绪《志》。

镇南州

南安州

龙王庙 在乌龙山，祷雨辄应，明知州李翘建。清康熙二十二年，知州唐之柏、学正黄应泰等重修。《南安州志》。咸丰间毁于兵，光绪间重修。《采访》。

姚 州

龙王庙 一在城西大康郎；一在城南大石淜，东西有两庙，西庙一名观海楼，后有观音殿，清光绪五年，州人徐联魁重建。光绪《志》。

大姚县

龙神祠 在城西三里冷水冲。清乾隆四十六年，知县邹曾辉建，今废。光绪《志》。

广通县

龙神庙 在城东门外。清道光五年，知县孙泽建，咸丰间毁于兵。光绪《志》。

定远县

龙王庙 一在邑西三十里斗箐河，久废，清光绪七年，举人邵钟勋、贡生何钟吉移建庆丰闸侧；一在城南二十里沈大山，光绪八年，贡生何钟吉同村民捐建；一在城北二十里北山寺；一在县治侧，名桑龙祠，有古井，井旁有桑，蜿蜒如龙，祷雨辄应，同治十年，知县吴启亮建。光绪《志》。

澂江府

河阳县

龙神祠 一在城南抚仙湖岸；一在城东阙摩山麓，为东浦龙泉；一在城西盘龙山麓，为西浦龙泉。清咸丰间均毁，光绪三年，郡人熊遇春、廖本惠重修西浦庙宇。光绪《志》。

江川县

龙神祠 在城东门外。清嘉庆二年重修。光绪《志》。

新兴州

龙王庙 一在城东十五里黑龙潭，一在城西北十七里九龙池，一在城东北二十五里白龙潭。《新兴州志》。清光绪六年重修。光绪《志》。

路南州

龙神祠 一在城东十里，一在城东北十里。《续路南州志》。

广南府

宝宁县

龙神祠 在城北门外。《广南府志》。

顺宁府

顺宁县

龙神祠 一在城北落仙山，清康熙四十二年，知府董永芠重修；一在城南门外大涵洞东，名猪母龙神庙，乾隆二十六年，知府刘埥修城后建。《顺宁府志》。

云　州

缅宁厅

曲靖府

南宁县

龙王庙　在城西南十里。每岁季春辰日有司致祭，郡有水旱必祷。清嘉庆二年，黔苗不法，巡抚江兰驻曲靖，时旱诣祠神祷祈雨降，是岁大熟。事闻，奉旨敕封“巡抚龙王”。光绪《志》。

霑益州

龙王庙　在城东史家坡。兵燹毁，清光绪五年，村民重修。光绪《志》。

陆凉州

马龙州

罗平州

龙王庙　一在城南二十五里，以龙沙名龙泉寺；一在城北里许葫芦山，名双龙寺，光绪三年重修。光绪《志》。

寻甸州

龙王庙　一在城西南十里卧云山，清康熙十年建；一在城西南三里，名龙王坛。《寻甸州志》。兵燹倾圮。光绪《志》。

平彝县

龙神祠　在城东双碧潭上，清乾隆间建。道光五年，知县罗祖望重修。同治五年，士民续修。光绪《志》。

宣威州

龙神祠　在城东广照寺南。清嘉庆十九年，知州张槐倡建。《续宣威州志》。

卷一百十一　祠祀考三

典祀三

丽江府

丽江县

玉泉龙王庙　在城北象山麓。清乾隆二年，知府管学宣倡建。六十年，知府樊士鉴修。《丽江府志》。光绪元年，郡人重修。光绪《志》。

鹤庆州

西龙潭祠　在城西。其下有龙宝、黑龙、白龙、吸钟诸潭祠，以七月九日祀之。《鹤庆府志》。

剑川州

龙王庙　在学宫左，即崇仁寺址，祀诃喇帝母。其像购自西域，唐番僧摩伽陀以毘那祖师秘咒书纳像中，相传能镇水患。原在螳螂村，明正统中，岩场河屡涨，漂没民居，知州甘凤移前殿，祀白难陀龙王。清康熙四十四年，副将林大忠修，咸丰十年，毁于兵。光绪《志》。

中甸厅

龙王庙 在土官寨。清同治十年，同知刘书堂重修。光绪《志》。

维西厅

龙神祠 在旧通判署左，兵燹毁。《维西县采访》。

普洱府

宁洱县

龙王庙 在城西门外里许，原在城西北蟠龙洞旁。清乾隆二十四年，知县何映柳捐建。道光四年修，同治元年毁。光绪三年，署南道许继衡、署总兵何秀林率文武捐廉重建。光绪《志》。

思茅厅

龙神祠 在东城外里许小水井山。原在东城，清嘉庆十五年建，同治元年毁，十一年，同知廖鼎声率绅民移建今地。光绪《志》。

他郎厅

龙神祠 一在赖蚌坝；一在布固江，今毁；一在城南门外昌阜桥侧。清咸丰五年，通判周子彬、游击马春芳建。光绪《志》。

威远县

龙神祠 在厅城内。原在抱母井，兵燹折毁，清光绪元年，署同知黄金衔移建今地。光绪《志》。一在益香井。《采访》。

龙王庙 在香元井。《采访》。

永昌府

保山县

龙王庙 在龙泉门外易罗池。总兵偏图重修，清咸丰十一年毁。光绪元年，知府朱百梅重建。《永昌府志》。

附 明佥事刘寅《龙王庙碑记》：万历《志》。

永昌之城，右倚峻山，山之下水汪然涌出，渟蓄为池。周环数百步，澌而东南，灌溉田千余顷，军民咸赖其利。父老相传为龙泉，故其寺与城皆因之而得名。俗又呼九隆池，岂蒙氏之先，女子沙壹触沉木于是而生九隆与？按志书云在哀牢山下，今亦未敢必以为然也。

池之上，旧有祠庙在焉，历年既久，栋宇倾颓，上雨旁风，神无所栖。上章执徐之春[①]，乐安孙挥使来莅是邦，迁其祠于池之左偏。厥位面阳，厥土燥

① 上章执徐之春 原本作“止章贡徐之春”，据天启《滇志》卷二十五《艺文志》改。

刚。殿堂门庑，易以美材而更新之，像塑以奉祀事。每岁祷雨祈晴，对越如在，而往来过者，亦不敢亵也。至永乐癸未，皇上遣官抚绥远夷，瑯琊云公以内臣之重分镇金齿，仁慈惠爱，军民德之，其事神明尤为严谨。

乙酉[1]岁春夏之间，雨泽愆期，公以本司孙挥使等官谒庙行香，诚意感通，随感而应。公谓："此邦若无是泉，禾苗且稿死[2]，而祠宇弗称。"乃为之捐金，修其所宜修者，完其所不完者。榱题檐楹，饰以采色。丹红垩黼，辉光交映。神像俨然，可敬可畏。命彭城刘氏铭之。

寅按：山川丘陵，能兴云雨则祀之，以其有益于斯民也。此泉既多利泽田畴之功，而其神又著感通昭格之报，祠而铭之，夫岂不宜？然而公等致谨于神者，非媚也，为吾民而已。国以民为本，民以食为天，神又依乎人而行者也。民非神无以致福，神非民无以从祀。谨事神之礼，所以重生民之命也，是宜铭。其辞曰："郡城之西，泉涌为池，瀚沄漫满，浩荡汤汤。东南分流，有渠有沟，溉我田畴，滋稻粱也。食赖以生，民依而宁，享此太平，岁丰穰也。泉流之堧，龙祠在焉，巍然焕然，惠此邦也。是祷是祈，雨旸时若，降福攸宜，民寿康也。公来抚安，临下以宽，众心同欢，赫有光也。捐金宜之，雕梁刻榱，五采用施，烂荧煌也。神免其非，民不忧疑，德将来归，国之祯祥也。庸述其贞，勒之坚珉，式昭后人，永永不忘也。"案：万历《志》并载，一在郎义村北一里。

腾越厅

龙神祠 一在城北白鹤井，原在城西南隅，清乾隆五十九年，知州庆玉修建，嘉庆二十二年，同知伊里布捐修。《永昌府志》。兵燹倾圮，光绪八年，同知陈宗海移建今地。一在箐中，名来凤龙神祠，泉水所出，每雩祭，辄往祷之。光绪《志》。

永平县

龙陵厅

开化府

文山县

龙王庙 在城南门外大兴寺左。知府宫尔劝重建。《开化府志》。清咸丰六年毁。光绪《志》。

安平厅

东川府

会泽县

龙王庙 在城丰昌门外三里南山麓。清雍正五年，知府黄士杰建。《东川府志》。

---

① 乙酉 原本作"己酉"。按：己酉为宣德四年（1429年），乙酉为永乐三年（1405年），上云"永乐癸未（1403年）"，"云公以内臣之重分镇金齿"，作"乙酉"是，据改。

② 稿死 万历《云南通志》卷十二作"槁死"，当是。

巧家厅

龙神祠　在厅署后堂琅山麓。有泉从石穴渗出，四时不竭。光绪《志》。

昭通府

恩安县

龙王庙　在城西门外。清乾隆二十八年，知府傅堅、知县胡泉建。《恩安县志》。光绪五年，署知府吴怡倡建。光绪《志》。

镇雄州

永善县

龙王庙　在城南门内。清乾隆三十七年，邑人廖忠信、胡进象等重修。光绪《志》。

大关厅

龙王庙　在城南。清嘉庆间建，同治八年，同知陈廷珍重修。光绪《志》。

鲁甸厅

龙神祠　在城北门内，清道光初建。光绪《志》。

景东直隶厅

龙王庙　在城北门外菊河左岸。《景东厅志》。清同治间，同知凌应梧重修。光绪《志》。宣统间，官绅重修。《景东县采访》。

蒙化直隶厅

龙王庙　在城东三里翠虬山麓。《蒙化府志》。清同治十一年，兵燹毁。光绪四年，同知夏廷燮重建正殿。十一年，同知卞庶凝增建厢房庙门，并建石亭于山巅出水处。光绪《志》。

永北直隶厅

龙王庙　一在城东壶山下；一在城北门内，兵燹折毁；一在海腰铺；一在黑坞；一在板山河；一在河口；一在清水驿西山。《永北府志》。

镇沅直隶州

龙王庙　在旧恩乐县城西关外景来河上。清乾隆四十四年，知县王彝象倡修。《恩乐县志》。

广西直隶州

龙王庙　一在城东江头村，一在城西永惠坝。《广西府志》。清光绪间，士民重修。光绪《志》。

师宗县

龙神祠　在城内。光绪《志》。

弥勒县

龙王庙　在城西七里阿当哨。《弥勒州志》。

邱北县

龙神祠　在城东门外。光绪《志》。

武定直隶州

元谋县

龙王庙 在马街。《元谋县志》。

禄劝县

龙王庙 在城东三里掌鸠河渡口。《禄劝州志》。兵燹后重修。光绪《志》。

元江直隶州

龙神祠 在文昌宫后，原在城西十里龙洞。清雍正八年，知府迟维玺新建，每年春辰月致祭，后倾圮，改迁今地。光绪《志》。

新平县

龙神祠 在城西北四里土官箐。清乾隆三十三年，知县陈崑捐建，祀洪本泉神。《新平县志》。道光十年重修。光绪《志》。

黑盐井直隶提举司

大井龙王庙 在司治右万春山下。明时建，后毁于兵。清康熙二年，提举聂开基新建。雍正二年，驿盐道李卫改建。乾隆四十六年，提举朱璋捐修，春秋致祭。《黑盐井志》。

琅盐井直隶提举司

龙王庙 一在井上，一在宝应山麓兴隆寺。《琅盐井志》。

白盐井直隶提举司

五井龙神祠 在司治南宝应山麓。清雍正七年，提举刘邦瑞、郭存庄重修。道光二十七年，提举吴嘉思同士民增修。咸丰九年，兵燹毁，光绪五年重修。光绪《志》。

安丰井龙神祠 旧在井楼上，河水冲圮。清乾隆九年，提举何恺移建山冈。二十年，提举郭存庄重修。《白盐井志》。兵燹废。光绪《志》。

卷一百十二 祠祀考四

俗祀一

祀事之掌于册府职诸有司者，既汇为典祀，弁诸祠祀之首矣。其有民间习俗相沿立为庙祀者，醵钱祭酺，合乎古人二十五家置社之意，春祈秋报，亦向例所不禁。今考各旧志，综而纪之。

云南府

昆明县

龙王庙 一在城西南罗汉山；一在城东白龙潭，兵燹折毁，清光绪八年，村民重修；一在城北黑龙潭。雍正《志》。嘉庆二十三年，郡人李沅修，光绪八年，总督岑毓英、巡抚杜瑞联重修。光绪《志》。

附 清总督阮元《黑水考》节录：

省城东北十余里有黑龙潭，潭上有龙王庙。此潭庙甚古，莫知其始。《汉书·地理志》滇池县有黑水池。今滇池上之黑龙潭庙，非即古华阳黑水之黑水祠欤？或者潭东唐梅、宋柏之间，今之三清道宫，即汉池故址。而潭北龙王庙，即神祠所迁降者欤？滇池与南盘江、礼社江切近百里，前汉有黑水祠，礼亦宜之。

案：《一统志》称云龙州黑水神祠在澜沧江滨，素有风涛覆溺之患，建祠以祀江神，患遂息。据此，则阮《志》指黑水为省城东北黑龙潭，恐未确。又考明李元阳《云南通志》谓黑水即澜沧江，核与《一统志》合，故两存之，不敢株守一说也。

黑龙祠 在城内九龙池旁。清乾隆五十八年，知府敦柱重建。《昆明县志略》。

富民县

宜良县

文公祠 在城东门外。祀明佥事文衡，以其有开浚水利之功。清雍正九年，知县朱干建。光绪《志》。

罗次县

晋宁州

呈贡县

小黄龙庙 在城北门外。光绪《志》。

安宁州

龙王庙 一在城南五里大屯，清道光二十年，村民建；一在城南三十五里邵官屯，道光十五年，村民建。均为士民祷雨之处，颇著灵异。光绪《志》。

禄丰县

昆阳州

黄龙庙 在城北四十里滇池西岸。明时建，清康熙二十九年，商民张逢金重修。《云南府志》。

易门县

嵩明州

大龙潭 在城南杨林驿。周围十丈，圆如轮，深不河测。季春辰日祭，吏目主之。《嵩明州志》。清同治间毁，光绪八年士民重修。光绪《志》。

黑龙潭 在城西三十里邵甸里龙潭营。《嵩明州志》。

案：盘龙江发源于此，雨旸不时，祷之甚应。明沐国公与巡按祷雨其祠，雨即降。清康熙五十三年，盐道金启复祈雨，三至其地，捐金修庙。二潭连环，每季春辰日，邵川阖境祀之。道光《志》。

大理府

太和县

神宝泉庙 在城五里。其地出三泉，灌溉田畴，古昔立庙祀其龙神。明嘉靖间，庙灾，泉亦闭，郡民白于官，新之，明年，泉复出。万历《志》。

洱水神祠 在城东洱河西岸，岁春秋二仲月祭。明嘉靖四年，大旱，副使姜龙祷雨立应，重建，岁久朽敝。清康熙三十二年，提督诺穆图重修。雍正《志》。咸丰六年，兵燹毁。光绪《志》。

附 明郡人员外郎张宪《洱水神祠记略》：万历《志》。

洱水神祠，在水之西涯。嘉靖七年，兵宪姜公龙作阁于庙，近水而门焉，登梯而槛焉，扁曰“浩然阁”，志观也。退五步[①]，为屋五楹，曰“普德堂”，志神贶也。先是，春三月至夏五月不雨，民几失秋望。公忧之，靡神不宗，才诣庙祷禾[②]，少女风拂拂起萍末，旋车堤上，微雨洒盖，农人欢呼，大雨连三日，四郊沾足。民以为公莅是邦，屏除寇盗，燕及于神，公因顺民心而宏大神之祠。夫年不顺成，八蜡不通，以凶年而咎神，则必以有年而德乎神矣。季氏旅于泰山，孔子非之，则山川之不能无神，而神之不可谄也，明矣。公之是举，务民之义莫先焉，愚乃为之记。

赵 州

汉邑村龙王庙 在城东八里，蒙氏时建。水出庙左，庙前有紫薇树，大数围，又有冬青一本，青紫交荣。《赵州志》。

西冲小黑龙庙 在城西云台山界。《赵州志》。清咸丰间毁于兵，邑人重修。光绪《志》。

治水龙王庙 在德胜驿西，明正德间建。《赵州志》。

九头龙庙 在东晋湖边，地名九龙吐水。明崇祯二年，生员何显宗请祀。《赵州志》。

赤子龙王庙 在城西三里，旧有庙圮。清康熙四十七年，郡绅郑荣重建，前有萃爽楼。《赵州志》。

三子龙庙 在定西岭。《赵州志》。

大庄龙王庙 在大庄界。庙前有池，涌泉如珠。《赵州志》。

圣御龙王庙 在弥渡东门。《赵州志》。

九股龙王庙 在弥渡东山九龙箐口。《赵州志》。

光辉龙王庙 在上达村东山下。《赵州志》。

儒风土主庙 在凤仪山麓。唐鲜于仲通征南诏，携儒生张姓者殁于此，土人立祠祀之。凡有旱疫，祈祷即应。《大理府志》。

建峰庙 在城东十里羊耿村。唐高宗仪凤元年，有东川人赵康居此，蒙罗晟见其非常人，授以睑川牧，有功于民。及没，土人立庙祀之。庙下出泉，灌溉一川，旱祷辄应。永乐间建，清康熙二十三年，州人杨启善等移建于白须师庙之右。《赵州志》。

清流普济祠 在城南十三里曲别山。明嘉靖间，知州潘嗣冕祷雨于董秘僧龙湫，龙见果雨，因建祠，以春秋二仲月中庚日祭之。《赵州志》。

云南县

白龙庙 在东山脚白土田。《云南县志》。清咸丰间兵燹毁，今重修。光绪《志》。一在五福

① 五步 万历《云南通志》卷十二《祠祀》作“五武”。
② 才诣庙祷禾 万历《云南通志》卷十二《祠祀》“才诣庙祷未竟”。

寺侧，新建。《祥云县采访》。

邓川州

东龙庙　在城东八里。有灵源泽，唐时邓睒诏建，以祀龙神。《邓川州志》。

青龙庙　在鱼潭坡。祀洱水神。《邓川州志》。

浪穹县

西山龙王庙　在城西十里西山。流泉灌溉，为利甚溥。后庙废，泉亦涸，清康熙三十一年，通判黄元治饬典史王晋即故址南建庙。《大理府志》。

九龙池龙王庙　在佛光寨北。《大理府志》。

黄龙池龙王庙　在三营南。《大理府志》。

白汉厂龙王庙　在城凝津桥西。《大理府志》。清咸丰六年毁，绅民重修。光绪《志》。

黑汉厂龙王庙　在凝津桥东。《大理府志》。清咸丰六年，兵燹毁，今重修。光绪《志》。

凤羽河龙王庙　在南山。《大理府志》。

三营河龙王庙　在三江口。以上四庙，清康熙三十二年，通判黄元治疏浚河道新建。《大理府志》。

宾川州

仁慈庙　在城西南奇石山下。俗传大士制罗刹，有张敬者与有力焉，后死，为漏沟之神。洱水伏流至庙下，喷涌而出，灌溉百里，民感而祀之。雍正《志》。清同治三年，兵燹毁。光绪《志》。

云龙州

临安府

建水县

石屏州

阿迷州

宁　州

通海县

河西县

碧溪祠　在城南八里。《河西县志》。清咸丰六年兵燹毁，光绪二年村人重建。光绪《志》。

嶍峨县

蒙自县

起龙祠　在城西关外。清乾隆间，邑绅公建，咸丰兵毁，同治间，邑绅张来庆重建。《蒙自县采访》。

楚雄府

楚雄县

镇南州

南安州

姚　州

大姚县

广通县

定远县

澂江府

河阳县

青龙庙　在城西北八里宝花寺前。有泉涌出，足资灌溉，六月望日，往祭谢龙。《澂江府志》。

河神庙　在黄家营东南隅，清嘉庆间士民建。光绪《志》。

白井娘娘庙　在城北里许，泉出色白。《澂江府志》。

江川县

新兴州

土主庙　在州北十里土主屯。主西北及东方水利，西南不及水利者不祭。旧传明黔国公征麓川，神显灵赞功，重构祠宇，题"赞陀崛多大德尊者"，木主今存。《新兴州志》。清光绪五年重修。光绪《志》。

路南州

会公祠　在武庙右。清嘉庆十一年，知州会礼浚会通河二千余丈，民德之，立祠以祀。《续路南州志》。咸丰七年，兵燹毁。光绪二年，武生马镇林倡修。光绪《志》。

广南府

宝宁县

顺宁府

顺宁县

云　州

吕祖祠　在莲花塘。塘水终古不盈不涸。道光《志》。

缅宁厅

曲靖府

南宁县

霑益州

陆凉州

马龙州

罗平州

白蜡庙　在城外北厢白蜡街，祀敕封安边景帝白蜡山神。初庙在山上，明崇祯间改建今地。清康熙五十六年，知州黄德巽捐修。《罗平州志》。后有龙潭，每岁三月上辰日祭。雍正《志》。光绪七年，知州葛静远重修。光绪《志》。

寻甸州

平彝县

黑牛山　在城外二里。常有云气覆山巅，祀之用黑牛一。土人祈晴祷雨，皆于此地。光绪《志》。

宣威州

卷一百十三　祠祀考五

俗祀二

丽江府

丽江县

九顶龙王庙　在东河。久废，址存。《丽江府志》。

九河神庙　在城西南百里九河里，明时建。《丽江府志》。

鹤庆州

九龙庙　在城北二十五里。有三庙，一为百龙泉庙，一为海龙庙。光绪《志》。

白龙庙　在城西北五里。《鹤庆州志》。

水洞祠　在城南象眠山下。昔神僧赞陀崛多有利导之功，知府周集建祠，以四月八日祀之。《鹤庆府志》。清咸丰七年，兵燹折毁，光绪五年，士民重修。光绪《志》。

剑川州

赤子龙王庙　在剑湖西岸。光绪《志》。

沧海神庙　在城北二里。《剑川州志》。清咸丰九年兵燹毁，光绪四年重建。光绪《志》。

中甸厅

维西厅

普洱府

宁洱县

桥神庙　在城南高桥。清同治元年毁，光绪四年，邑人段永浩倡建。光绪《志》。

坤戛龙王祠　在城南十里。光绪《志》。

思茅厅

双龙庙　在城南门外五里许。光绪《志》。

他郎厅

威远厅

永昌府

保山县

罗岷山神祠 在城北八十里。《永昌府志》。一说在城东南八十里，祀天竺僧罗岷，或曰即黑水祠也。《一统志》。

腾越厅

五显庙 在州治东门首，一名灵官庙，久圮，清乾隆四十一年重建。《腾越州志》。内有井，俗呼曰白鹤香泉。《永昌府志》。咸丰间兵燹毁，光绪间重修。光绪《志》。

永平县

龙陵厅

开化府

文山县

安平厅

东川府

会泽县

九灵龙王庙 在灵壁山。清乾隆二十年，知府义宁建，有仙人栈、水晶帘、忘劳亭、佚使亭、惠民亭诸胜。《东川府志》。

附 义宁《九灵龙王庙记》：道光《志》。

东川踞滇东至高处，东牛栏，西金沙，策骑而下，皆数十里。翠屏又踞东川高处，府治在山麓，群峰环拱，云气常幂。余守土二年，以高陡未暇一至。前《志》称翠屏，亦名显壁，意必有神灵显赫，默相呵护，出云降雨，为苍生福者。自去秋历今岁，春夏苦旱，菽不入土，苗不栽插，城内外井坎皆竭，余忧之。故老云：灵壁山绝顶有泉，无心则遇，访则迷。亟悬赏格，有得之坠叶枯草中者以告，时余步祷五竜募龙潭，旬有七日。既得大雨，清和月望后，率同人且步且骑，攀藤附葛，贾勇而前。将三里，巨石当道，名仙人栈，两旁石壁崭然。又数十武，有泉飞溅下，长丈余，名水晶帘。又上三里余[①]，有潭盈丈，泉从石缝中出，其声汩汩，清澈见底，名九灵泉，爇沉檀礼之，坐石上相庆。又意此特阻于乱石溢出，必更有源，命从人遍搜幽篁密棘。上约二里，得泉二脉从地出，左视右稍狭，亟疏之。去三丈余，泉更涌出，平其地，得泉如贯珠数十串，前二脉更大，合为一，是乃真所谓灵泉也。现而伏者几三里，于是集锄锸，去土石，引入城中，旬日竣事，逮合流而清浊见，始知潭所蓄一泉也，源所浚又一泉也。各捐俸建神祠三楹，募僧居之，于仙人栈构亭以息往来

① 余 原本作“许”，道光《云南通志》卷九十二、光绪《云南通志》卷九十二皆作“余”，义近，今据改。

者。夫天下之灵物显晦各有其时，然余不以神奇惊怪或隐或现为灵，而以渟泓蓄泄润泽生民为灵，民亦不得以神奇惊怪或隐或现故为之答其灵，而以渟泓蓄泄润泽生民宜群焉昭报其灵，则幽与明各尽其道，是则余疏泉建庙之深意也。是为记。

巧家厅

龙王庙 一在厅治西五里金沙江边，清乾隆十八年建；一在长善里金沙江边。俱设有义渡，每岁六月六日，两岸居民祀之。同治元年石达开毁，同治五年萧玉重修。光绪《志》。

昭通府

恩安县

镇雄州

永善县

西岳庙 在金锁关。知县查枢建，庙立悬岩，行人隔岸祀之。自建庙，观音滩遂无船坏之患。光绪《志》。一在金沙厂。《永善县采访》。

禹王庙 在副官村。清咸丰间兵燹毁，今重修。光绪《志》。大井坝、金沙厂、黄草坪、黄葛场、吞都汛、井底汛、桧溪汛七处均有之。《永善县采访》。

鲁甸厅

景东直隶厅

蒙化直隶厅

永北直隶厅

镇沅直隶厅

广西直隶州

师宗县

邱北县

弥勒县

武定直隶州

元谋县

禄劝县

元江直隶州

河伯祠 在城东礼社江上。雍正《志》。

新平县

黑盐井直隶提举司

水火财神庙　在井北河西岸。清雍正初驿盐道李卫建，乾隆间提举安鼎和、朱璋相继增修，后水泛冲圮。嘉庆十年，提举徐秉鉴捐修。《黑盐井志》。咸丰九年，兵燹毁。光绪《志》。

东井龙王庙　在西岸李贤者泉之左，清乾隆二年建。《黑盐井志》。

福隆井龙王庙　在平头山谷，地名源头。明嘉靖二十七年建。《黑盐井志》。

新井龙王庙　在井旁。清雍正元年，提举陈应科建。《黑盐井志》。咸丰九年，兵燹毁。同治四年，阖井士民重建。《黑盐井志》。

沙井龙王庙　在井亭上。清雍正八年，提举高培建。《黑盐井志》。

七局村龙王庙　《黑盐井志》：在司治西北七局山上龙潭下，潭水非卤泉也。相传为各井主龙，故设祠祀焉。庙建自元时，明弘治元年重修。提举沈懋价《重修七局龙祠记》：

井滨河，四山高，居常属目，遂以所见为山颠，盖不知山之上更有山也。由井西北过龙沟，出龙门寺，上折西背走，缘岭彳亍，羊肠蟠曲，可二里许。行者喘息，回首眺望，井地人烟，霄壤相隔，有心目俱豁者，且得一境焉。上平衍而旷荡，下蒙茏而崎岖，坂坻巘嶭而成巘，溪壑错缪而盘纡，田畴相望，茅蔀相次者，心焉异之。人曰此七局村也。又见夫郁盆蒀以翠微，崛巍巍以峨峨者，人告予曰此七局山也。又见攒立骈丛，青冥盱瞑，杳蔼蓊郁于谷底，森蓴蓴而刺天者，曰七局龙潭也。又见夫垣墉黝垩，隐见在目者，曰七局龙祠也，心益异之。遂至祠下，拾级登堂，展谒如礼。见夫神之为像也，黻冕端拱如王者，后肖蟠龙形九首，列覆神上，人曰此龙王也。旁坐者肖女像，冠帔静好，搢笏垂裳，后亦肖蟠龙七首，人曰此龙女也。女称曰姑。龙王有女七，各有所适，此其七姑也，故其山名七姑，而今曰七局，盖讹称云。又有神，面青而狭，目赤而深，髡顶挛耳，齞唇历齿，执鞭侧立者，曰鼍神也，亦龙属。龙行雨，鼍以先之，盖龙使也。

继出祠后，至龙潭，见其攒柯挐茎，重葩晻叶，轮囷虬蟠，垣堁鳞接，荣色杂糅，下开上合，出水成潭，濡瀑濆溃，汩若扬波，沛若涌涛，潜滤洞出，分沙擘石，隐蛟伏螭，云翕风阴，既而开窦洒流，浸彼稻田，翼翼与与，随时代熟，心益异之，迥非所习见者。此左太冲、张平子之赋材也，吾恶乎遇之。考《井志》，有李阿召者，居七局村，养一黑牛，日饮井水，肥泽异他牛。一日，失所在，迹之，因得卤泉。白蒙氏开之，是为黑井。予以官不受，求为僧，赐紫衣，井人至今祀之。

又载：楪榆人杨波远，号神明大士，常骑青牛，开盐井四十，盖永徽时事也，第弗具论。今庙貌无所谓李阿召者，更参之《古滇说》并《南诏野史》，其名字不概见。夫张道宗、杨升庵所谓博学深思，心知其意者，如其有之，我知其不以草莽弃也，且神明大士《野史》《滇说》两载之。予少时读桑钦《水经》及郦道元注有曰：周宣王时，天竺摩耶提国阿育王有神明大士者，能知盐泉，王命开之，常骑青牛，随一犬。色白。又曰：王生三子，长福邦，次宏德，次至德。

因父有神骥，争之莫能决。王纵骥东奔，许获者主之。至滇池，为季子所得，因留滇，即金马也。王忧思，遣舅氏神明以兵迎之。诸书载之，互有异同。

又常至大井龙祠，亲见其庙貌，神有三：中者男像，躬甲胄；左者女像，蹑屩；右者僧像，披袈裟，执拂，前蹲一犬。人相传云：中天王，左龙王，右大士。开井时，常骑黑牛，随一犬，牛入井化为石，故今井底有石如牛状。予聆其说，有与《水经》相符者，盖阿召与阿育字仿佛，其天王即阿育，大士即神明，牛与犬即大士故物也。大士，西域人，信佛，其披袈裟也固宜。其所云阿召者，特阿育之讹耳。且井源自盐海来，北至吐蕃界。在金江外为盐井，因设卫，至丽水为南州井，东至黑水楪榆间为云龙井，递至弄栋蜻蛉则为白井，递至髦州界则为琅井。景东、威远亦产盐井者，盖此山之右臂也。

黑井则中支，盘折泄于万春山，与七局山共幹，有龙潭二：一曰菖蒲，在山腋；一曰七局，在山阳，盖山之左臂也。山来处有崇嶂千仞，名白马山，即琅泉分派处。石上有马迹，僧以玄奘事傅会之，殊可哂也。山后有小石门哨，有马龙潭，奔走蹀躞，遗踪石上，皆金马所经道，井人能言之，则井之为阿育王与神明大士所开无疑也。《志》所云李姓者，或常主此井，或南诏大理以井报蒙氏，未可知。不然，何以不传？虽然滇介荒服，高尚抗志之士亦所时有，而知名者独张叔、盛览二三人，其淹没者可胜道哉！

或又曰龙一也，二祠异像何也？曰是有说焉。尝考之，泉水甘，其性阳；卤水咸，其性阴。阳像男，阴像女，二祠异像，是之取耳。七局龙祠，载在祀典，义与井祠相表里。设祠致祭，古人不为无见。今以祠之既坏，勉井人士新之，且捐俸先焉。经始于二月，告成于四月。因文以记之，以俟后之君子。

菖蒲潭龙王庙　在司治西白衣庵栅门外。清乾隆四十三年，井人新建。《黑盐井志》。

东山箐龙王庙　旧无庙，附东井龙祠。《黑盐井志》。

琅盐井直隶提举司

龙潭庙　在司治南笔架山麓。清乾隆元年，提举李国义祷雨于此，因重建庙，额曰“诚求立应”。《琅盐井志》。

白盐井直隶提举司

大王庙　在界井西。庙旁有甘泉二，人争取饮之。相传水自宾居大王庙来，故名。《白盐井志》。

〔据龙云等修，周钟嶽等纂《新纂云南通志》（民国三十八年排印本）卷一百九至一百十三《祠祀考》辑录。〕

府州县志

昆明市

（康熙）云南府志·祀典志

卷十六　祀典志

祀事之重，厥有其原。食地报地，食天报天，食人遗泽。义不可捐，何以报之？洁我豆笾。国典是肃，民意维惓。莅此南土，敢不用虔？曰社曰稷，雷雨山川，粒我蒸民，和时丰年。曰城曰池，郊邑井田，虽民之力，亦神之权。曰忠曰孝，翳才与贤，立功树节，流风久传。即或无祀，精爽郁旋，神所凭依，将在德焉。馨香黍稷，肥腯牲牷，必纪必载，勿忘勿愆。志《祀典》。

坛

云南府

风云雷雨山川坛　在城东。明洪武元年，令天下郡县置山川坛。六年，定风云雷雨及境内山川、城隍三坛，春秋二仲上巳日祭，各州县同，本朝因之。

富民县

风云雷雨山川坛　在城南一里许。

宜良县

风云雷雨山川坛　在城南二里。

罗次县

风云雷雨山川坛　在城南一里。

晋宁州

风云雷雨山川坛　在州城南二里。

呈贡县

风云雷雨山川坛　在城南一里。

安宁州

风云雷雨山川坛　在城南一里。

禄丰县

风云雷雨山川坛　在城南一里。

昆阳州

风云雷雨山川坛　在州西一里大团山上。

易门县

风云雷雨山川坛　在县南五里。

嵩明州

风云雷雨山川坛　在城西门外。

庙

云南府

祠山庙　在云津桥北岸。汉张公渤曾凿江以通水利，滇人德之，为立祠。

龙王庙　在城西南罗汉山下。

宜良县

龙王庙　凡二，一在城东南六里大赤江东岸，一在汤池，以春秋二仲逢辰日祭。

晋宁州

龙王庙　在州城南门外，庙前有潭。

安宁州

龙王庙　旧在州治西。今建于螳川岸上，与盐井相向，每年春秋致祭。

灵泉庙　在州治东北旧大界，井在庙门内。

昆阳州

龙王庙　在州北海门村牛舌洲上。明洪武末建，敕封“总督惠济龙王”。本朝康熙三十一年，总督范承勋、巡抚王继文临视河道，捐俸重修。

黄龙庙　在州北四十里滇池西岸，明时建。

易门县

乌龙潭庙　在县西北五十里罗衣岛。竹木阴密，水澜万顷，深莫可测，灌溉田亩。每岁春秋祀之。

〔据张毓碧修，谢俨纂康熙《云南府志》（清康熙三十五年刻本）卷十六《祀典志》第1－15页节录。〕

（道光）昆明县志·祠祀志

卷四　祠祀志第八上

典　祀

云雨风雷山川坛　在城南丽正门外。

龙神祠　在城以内九龙池北。

井宿祠俗名金牛寺　在城东盘龙江堤上。昔人范[①]铜牛一，以镇水怪。其形独角，卧地昂头，视江水起足，作欲斗状。高五尺许，上覆一亭。

俗　祀

黑龙祠　乾隆五十八年，知府敦柱建于九龙池旁。

祠山庙　在城南云津桥北岸。汉张渤曾凿江通水，郡人利之，立祠祀焉。

龙王庙　四：一城西南罗汉山，一黄龙潭，一城东白龙潭，一城北黑龙潭。而黑龙潭之庙最古。案：总督仪征阮元《黑水考》曰：《汉书·地理志》滇池县有黑水祠。今滇池上之黑龙潭庙，非即古华阳黑水之黑水祠欤？或者潭居[②]唐梅、宋柏之间，今之三清道宫，即汉祠故址，而潭北龙王庙即神祠所迁降者欤？滇池与南盘江、礼社江切近百里，前汉有黑水祠，礼亦宜之。

〔据戴絅孙纂修道光《昆明县志》（清道光二十七年刻本）卷四《祠祀志第八上》第20－25页节录。〕

（雍正）呈贡县志·祠祀志

卷二　祠祀志

风云雷雨山川坛　在县南一里龙街子。

白龙庙　在白龙潭。知县刘世熿重修，三月祀之。

黑龙庙　在新册村。知县夏瓆重修，三月祀之。

〔据朱若功纂雍正《呈贡县志》（清雍正三年刻本）卷二《祠祀志》第37页辑录。〕

（光绪）呈贡县志·祠祀志

卷四　祠祀志

风云雷雨山川坛　在城南一里龙街子，今废。

白龙庙　在白龙潭。知县刘世熿重修，三月祀之。

黑龙庙　在新册村。知县夏瓆重修，三月祀之。

续　修

龙神庙　在县北不数武。春秋例祭，年久倾圮，光绪二年，知县郑扬芳倡捐重建。庙侧有潭，名曰龙井泉，味甘美，附近城村，汲以煎茶，旱年祈祷，有龙则灵。

风云雷雨山川坛　在城南一里龙街子，今废。

---

①　范　道光《云南通志稿》卷八十八《祠祀志一之一·云南府》作“铸”。

②　居　道光《云南通志稿》、光绪《云南通志》、《新纂云南通志》皆作“东”。

龙王庙 一在城东十二里白龙潭，知县刘世熼重修；一在城东八里新册村，知县夏璸重修。俱于咸丰七年毁坏，知县李明鋆率士民李万年等捐资于光绪十年重建；一在归化罗藏山之南；一在罗藏山之西白龙泉。统祀于黑龙泉。又于光绪六年，绅士杨源、李汝霖按田亩捐资重建，分水龙王庙于城东之东西河界，遵例祭龙王庙于城北，即小黄龙庙。均于春秋二季遵期致祭。

〔据朱若功原本，李明鋆续修光绪《呈贡县志》（清光绪十一年刻本）卷四《祠祀志》第31页辑录。〕

（康熙）晋宁州志·祀典坛墠

卷二　祀典坛墠

风云城隍等三主一坛 二仲戊日以少牢祭。

风云雷雨山川坛 在州城南三里。

〔据杜绍先纂修康熙《晋宁州志》（云南民族社会历史调查组1960年钞本）卷二《祀典坛墠》第48页辑录。〕

（乾隆）晋宁州志·祠祀志

卷十五　祠祀志　祀典

风云雷雨山川坛 在城南二里。每岁春秋二仲月上戊日祭。

龙王庙 一在城东南帝释龙潭，一在城南二里，一在城西北十二里下河嘴。每岁季春辰日有司致祭。

〔据毛嶅纂修乾隆《晋宁州志》（故宫博物院编《故宫珍本丛刊》第226册《云南府州县志》第1册，海南出版社2001年据乾隆二十七年刻本影印本）卷十五《祠祀志》第76页辑录。〕

（道光）晋宁州志·祠祀志

卷七　祠祀志

典　祀

风云雷雨山川坛 在城南二里。明洪武元年，令天下郡县置山川坛。六年，定风云雷雨及境内山川、城隍共一坛，春秋二仲月上戊日祭，国朝因之。

龙王庙 有六：一在城东南帝释龙潭，每岁季春辰日有司致祭，嘉庆二十四年，阖境重修；一在城南门外二里，道光三年重修；一在六街村，嘉庆十九年建；一在河泊所，乾隆甲申年重修；一在新街北河尾，嘉庆戊午年重修；一在石嘴南山麓，嘉庆丁丑年重修。

俗　祀

帝释庙　有二：一在城南门内，有钟一口，遇旱祷雨，将钟泡龙潭辄验，乾隆五十七年，阖州士庶重修；一在金砂村，乾隆戊申年重修。

龙井庙　在城西门外。乾隆五十七年，阖州士庶重修。

小白龙庙　在城北门外，道光丁酉年重修。

〔据朱庆椿纂修道光《晋宁州志》（民国十五年排印本）卷七《祠祀志》第7页辑录。〕

（道光）昆阳州志·祠祀志

卷十　祠祀志

典　祀

风云雷雨山川坛　在城西一里大团山上。

龙王庙　在城北海门村牛舌洲上。明洪武末建，敕封“总督惠济龙王”。康熙三十一年，总督范承勋、巡抚王继文捐修。

俗　祀

黄龙庙　在城北四十里滇池西岸，明时建。康熙二十九年，商民张逢金重修。

〔据朱庆椿修道光《昆阳州志》（《中国地方志集成·云南府县志辑3》，凤凰出版社2009年据清道光十九年刻本影印）卷十《祠祀志》第1页、第3页辑录。〕

（雍正）安宁州志·典礼志

卷十二　典礼志

祠　祀

山川社稷　上戊日祭。

风云雷雨　每岁清明、七月十五、十月初一，凡三祭。

灵源普泽龙王　二、八月祭。

庙宇附

龙王庙　一在州治西，今建于城东河岸，与卤井相向。雍正二年，奉旨封“灵源普泽龙王”，春秋致祭。

灵泉庙　在州署东旧大界。井在庙门内，又名清浊福邦盐泉神祠。

〔据杨若椿修，段昕纂雍正《安宁州志》（清乾隆四年刻本）卷十二《典礼志》第51页、第61页辑录。〕

（康熙）宜良县志·祠祀志

卷六 祠祀志

坛 壝

风云雷雨坛 在县治南一里，面东。

〔据黄澍纂康熙《宜良县志》（郑祖荣点校，云南民族出版社2011年版）卷六《祠祀志》第31页辑录。〕

（乾隆）宜良县志·典礼志

卷二 典礼志

祀 典

风云雷雨山川坛 在城南关外。岁以春、秋仲月上戊日致祭。明洪武元年，令天下郡县置山川坛。六年，定风云雷雨及境内山川、城隍共一坛。本朝因之。

龙王庙 凡二，一在城东南三里大池江东岸，一在汤池。以春秋仲月逢辰日祭。

〔据王诵芬修乾隆《宜良县志》（《中国地方志集成·云南府县志辑22》，凤凰出版社2009年据清乾隆三十二年刻本影印）卷二《典礼志》第461页辑录。〕

（民国）宜良县志·祠祀志

卷七 祠祀志

典 祀

云雨风雷山川坛 在城南关外。

谨案：明洪武元年，令天下郡县置山川坛。六年，定风云雷雨及境内山川、城隍一坛，春秋二仲月上戊日祭。清因之，嘉庆十八年，改称“云雨风雷山川坛”。

龙王庙 凡二，一在城东北三里大池江滨，一在汤池街，岁以春秋二仲月逢辰日致祭。

〔据许实编纂民国《宜良县志》（民国十年排印本）卷七《祠祀志》第31页辑录。〕

（康熙）路南州志·祠祀志

卷三　祠祀志

祀　典

风云雷雨山川坛　在州城南。

群　祀

白龙潭　在州治东北。

〔据金廷献修，李汝相等纂康熙《路南州志》（民国十七年李秉钧据清康熙五十一年刻本补钞重校石印本）卷三《祠祀志》第55页辑录。乾隆《路南州志》卷三《祠祀志》沿引本志，不赘录。〕

（民国）路南县志·祠祀志

卷五　祠祀志

群　祀

龙王庙　在黑龙潭。离城约八里。

白龙王庙　在白龙潭。

小黑龙王庙　在小者乌龙。

〔据马标修，杨中润纂辑民国《路南县志》（民国六年排印本）卷五《祠祀志》第2页辑录。〕

（康熙）嵩明州志·典礼志

卷五　典礼志

祠　坛

山川坛　州南郭。仲春、仲秋上戊日，合风云雷雨城隍祀之。旧有屋宇，今废。

白草龙庙　州北十五里。每岁以季春辰日祀之。按：白草龙之祭，昉于明知州余化龙题请。今非知州亲祭，即亢旱不雨。

大龙潭　州南杨林界。周围十丈，圆如轮，深不可测。季春辰日致祭，州吏目主之。

黑龙潭　州西三十里邵甸里龙潭营。每岁季春辰日，邵川阖境祀之，遇雨旸不时，祷之甚应。昔沐上公与巡按祷雨其祠，雨即降。康熙五十三年，盐道金奉檄祈晴，三至其地，因捐金以修其庙。二潭连环，群鱼游泳，盘龙江发源于此。

按：通州龙神，最称灵异，地方官致祭之外，若芭蕉龙、石洞龙、莲花池，以及各村龙神，皆雨泽利物，村民各以时祭，兹不备述。

〔据汪熙修，任洵等纂康熙《嵩明州志》（民国二十二年钞本）卷五《典礼志》第12－13页辑录。〕

（光绪）续修嵩明州志·典礼志

卷五　典礼志

祠　坛

山川坛　州南郭。仲春、仲秋上戊日祭，云雷风雨城隍合祀。旧有屋宇，今圮。

龙王庙　在城北十五里。

白草龙庙　州北十五里。每岁以季春辰日祀之。按：白草龙之祭，昉于明知州余化龙题请，今非知州亲祭，即亢旱不雨。

大龙潭　州南杨林界。周围十丈，深不可测。季春辰日祭，吏目主之。

黑龙潭庙神　州西三十里邵甸里龙潭营。每岁季春辰日，邵川阖境祀之，遇雨旸不时，祷之甚应。昔沐上公与巡按祷雨其祠，雨即降。康熙五十三年，盐道金启复奉檄祈晴，三至其地，捐金其庙以为重修之费。道光间，巡抚伊里布增修官厅三楹，岁久倾圮。光绪十二年，知州叶如桐倡捐重建。二潭连环，群鱼游泳，盘龙江发源于此。

〔据胡绪昌等修，王沂渊等纂光绪《续修嵩明州志》（清光绪十三年刻本）卷五《典礼志》第18－19页辑录。〕

（乾隆）东川府志·祠祀志

卷七　祠祀志

祀　典

山川风云雷雨坛　在北门外。雍正十一年，知县祖承佑建，其制悉同社稷坛，每岁春秋二仲月上戊日祭。

龙王庙　在丰昌门外三里南山麓。雍正五年，知府黄士杰建。十三年，知县祖承佑修。乾隆十九年，知府义宁再修。有碑记，载《艺文》。

九灵龙王庙　在灵壁山。乾隆二十年，知府义宁置祠三楹，守以僧，有仙人栈、水晶帘、忘劳亭、佚使亭、惠民亭诸胜，并次第筑成。有碑记，载《艺文》。

龙王庙　在江边，每岁春秋祭。

〔据方桂修，胡蔚辑乾隆《东川府志》（清光绪三十四年重印本）卷七《祠祀志》第1－2页辑录。〕

（嘉靖）寻甸府志·祀典

卷上 祀典十一

山川坛 在府南一里许。

〔据王尚用纂修嘉靖《寻甸府志》（上海古籍书店1963年据宁波天一阁藏明嘉靖刻本影印）卷上《祀典十一》第60页辑录。〕

（康熙）寻甸州志·庙坛

卷四 庙坛

庙

龙王庙 在城西，在城西南八里卧云山麓。今圮。

坛

风云雷雨坛 在城南里许。明洪武元年，令天下郡邑得置风云雷雨坛，于仲春、仲秋上巳日致祭。

山川社稷坛 在城北一里。明初令天下郡县立坛，二、八月上戊日祭之。

龙王坛 在城西南三里许。每于三月三日，官民祭之。

〔据李月枝纂修康熙《寻甸州志》（故宫博物院编《故宫珍本丛刊》第227册《云南府州县志》第2册，海南出版社2001年清据康熙五十九年刻本影印）卷四《庙坛》第28页辑录。〕

（道光）寻甸州志·祠祀志

卷十五 祠祀志

祀 典

云雨风雷山川城隍坛 在城南门外里许。明洪武元年，令天下郡县置山川坛。六年，定云雨风雷及境内山川、城隍共一坛。本朝因之，每岁钦颁日期与社稷坛同日祭。〔……〕

龙王庙 在城西南八里卧云山麓。康熙十年建，每岁春秋二仲月钦颁日期致祭。〔……〕

〔据孙世榕纂修道光《寻甸州志》（国家图书馆藏民国年间钞本）卷十五《祠祀志》第4页、第10页辑录。〕

（民国）陆良县志稿·典礼志

卷三　典礼志

祈　雨

城隍庙　龙神祠设坛祈祷，城内外各街建祈雨坛，禁止屠宰，文武绅官斋戒，各庙行香祭境内龙潭，雨至坛止。

祀　典

风云雷雨山川坛　在城南。春秋二仲月上戊日祭。

〔据刘润畴修，俞赓唐纂民国《陆良县志稿》（民国四年石印本）卷三《典礼志》第3页、第7页辑录。〕

（民国）禄劝县志·祠祀志

卷九　祠祀志

典　祀

云雨风雷山川坛　在城南门外。春秋两仲月上戊致祭。

〔据许实纂修民国《禄劝县志》（民国十七年排印本）卷九《祠祀志》第1页辑录。〕

玉溪市

（乾隆）新兴州志·典礼志

卷八　典礼志

祀　典

风云雷雨山川城隍　二、八月上巳日致祭。

祀　坛

风云雷雨山川坛　在州南一里武侯祠北。明洪武元年，令天下郡县置山川坛。六年，定风云雷雨及境内山川、城隍三主，共为一坛。

群　祀

龙王庙　一在州西十五里黑龙潭，二月十八日祭；一在州西北十七里九龙池，二月十九日祭；一在州东北二十五里白龙潭，三月初一日祭。

〔据任中宜纂修乾隆《新兴州志》（清乾隆十五年刻本）卷八《典礼志》第1-2页《祀典》辑录。〕

（道光）续修通海县志·祠祀

卷二　祠祀

社稷山川风云雷雨城隍　每祭用戊日，支银二两。

白龙祠　一祭用辰日，二项支银六两。

〔据赵自中纂修道光《续修通海县志》（民国九年石印本）卷二《祠祀》第22页辑录。〕

（康熙）宁州郡志·建置沿革

春秋二祭

每岁仲春、仲秋上丁日致祭。〔……〕东坛祭风云雷雨之神、境内山川之神、城隍之神、衙署土地之神等处。

〔据严敬原纂，马世俊增订康熙《宁州郡志》（梁耀武主编《玉溪地区旧志丛刊·康熙玉溪地区地方志五种》，云南人民出版社1993年版）第16页节录。〕

（光绪）宁州志·坛庙

坛　庙

风云雷雨山川城隍坛　在西门外。

萧公祠　在圣母庙右。江西人建，祀萧公、晏公，江西水神也。

神龙祠　在城南五里。

〔据光绪《宁州志》（云南省图书馆藏传钞本）第179-183页节录。该志不分卷，未署纂修者。〕

（康熙）易门县志·祀典

祀　典

风云雷雨山川社稷　仲春秋上戊日致祭。

大龙口　每岁二月祭。

黑龙潭龙王　每岁仲春、仲秋月致祭。

〔据康熙《易门县志》（国家图书馆藏清钞本）第11-12页辑录。〕

（道光）续修易门县志·祠祀志

卷八　祠祀志

典　祀

神祇坛　在城南里许。祀云雨风雷、境内山川城隍之神，岁在春秋仲月致祭，以知县主之，在城文武官咸与祭。

龙神祠　在大龙泉，一在老黑山麓。明嘉隆间，邑中有边警，曾以大雪助阵。敕赐春秋二祭。旧《县志》。

〔据严廷珏修，严仲泽纂道光《续修易门县志》（梁耀武主编《玉溪地区旧志丛刊》，云南人民出版社 1997 年版）卷八《祠祀志》第 177 页、第 181 页节录。〕

（康熙）新平县志·祠祀志

卷三　祠祀志

祠　祀

风云雷雨坛

寺　观

龙王庙　在城西关外。

〔据张云翮修，舒鹏翮纂康熙《新平县志》（云南省图书馆藏传钞本）卷三《祠祀志》辑录。〕

（道光）新平县志·祠祀志

卷三　祠祀志

祀　典

风云雷雨山川坛　在城东一里。明洪武元年，令天下郡县置山川坛，六年，定风云雷雨及境内山川、城隍共一坛，春秋二仲月上戊日祭，本朝因之。

群　祀

龙神祠　在城西北四里土官箐。乾隆三十三年，知县陈崑率众捐建，祀洪本泉神。

〔据李诚纂修道光《新平县志》（民国三年排印本）卷三《祠祀志》第 75 – 77 页辑录。〕

（咸丰）嶍峨县志·祠祀志

卷十八　祠祀志

祀　典

风云雷雨山川坛

卷二十　寺观志

锁水阁　在巽峰之下。双江直泻，砥柱中流。

〔据陆绍闳修，彭学曾纂，薛祖顺增纂，思愧堂主人续纂咸丰《嶍峨县志》（清咸丰十年钞本）卷十八《祠祀志》第1页、卷二十《寺观志》第12页辑录。〕

（康熙）河西县志·祠祀志

卷四　祠祀志

祀　典

风云雷雨山川坛　在治南一里白龙山下。

〔据周天任纂修康熙《河西县志》（云南省社会科学院图书馆藏钞本）卷四《祠祀志》第1页辑录。〕

（乾隆）续修河西县志·典礼志·祠祀

卷二　典礼志

祠　祀

风云雷雨山川坛　在治南三里。

惠济龙王祠　在治西三里普应山后。

宿海寺　俗呼为龙王庙，在治东杨家嘴。正居湖心，波光浩荡，一碧万顷，邑人向于宸同村人建。

锁水阁　在治东北一里。普应溪水横流至此直去。邑人欲建为障基，屡筑不克就，县令周天任成立。乾隆十五年，县令鲁楷重修。今圮。

〔据董枢修，罗云禧等纂乾隆《续修河西县志》（清乾隆五十三年刻本）卷二《典礼志·祠祀》第41－42页辑录。〕

（嘉庆）江川县志·祠祀志

卷十五　祠祀志

祀　典

风云雷雨山川坛　在城北庆云门外，南向。明洪武元年，令天下县郡建置山川坛，六年，定风云雷雨与山川共一坛，春秋二仲月上戊致祭，本朝因之。

龙王庙　在城东门外。城外村落俱建祠，于三月上辰日致祭，惟在禄充者尤隆其礼。

〔据张维翰修，葛炜纂嘉庆《江川县志》（清光绪三十三年崔荣达校订本）卷十五《祠祀志》第1页辑录。〕

（道光）澂江府志·祠祀志

卷十二　祠祀志　坛庙俗祀附

澂江府

河阳县附郭

风云雷雨山川坛　在城西门外。

西浦龙泉庙　在蟠龙冈麓。季春初辰日，太守率属致祭。康熙戊戌，知府柳正芳题额曰“德沛西浦”。

东浦龙泉庙　在阙摩山麓。季春月邑人祀无虚日。康熙戊戌，知府柳正芳题额曰“利泽无疆”。

龙王庙　在城南十五里抚仙湖岸。

河神庙　在黄家营东南隅，嘉庆间士民公建。

龙青庙　在城西北八里宝花寺前。竹木阴翳，有泉涌出，可以灌溉高阜田亩。六月望日，往祭谢龙。今圮。

江川县

风云雷雨山川坛　在县北庆云门外。

新兴州

风云雷雨山川坛　在州南一里武侯祠北。

龙王庙　一在州十五里黑龙潭，二月十八日祭；一在州西北十七里九龙池，二月十九日祭；一在州东北二十五里白龙潭，三月初一日祭。

路南州

风云雷雨山川坛 在州城西。

龙神祠 一在城东十里，一在城东北十里。

白龙祠 在州治东北。

〔据李熙龄纂修道光《澂江府志》（清道光二十七年刻本）卷十二《祠祀志》第1-8页辑录。〕

（民国）元江志稿·祠祀志

卷十六 祠祀志二

废 祀

风云雷雨山川坛 《旧州志》：在城南门外。

龙神祠 《采访》：有二，一在城西十里龙洞，见《旧州志》；一在城内文昌宫后，见《续通志稿》。今均圮。

河伯祠 《续通志稿》：在城东礼社江上。

〔据黄元直修，刘达武纂民国《元江志稿》（民国十一年排印本）卷十六《祠祀志二》第8页辑录。〕

曲靖市

（咸丰）南宁县志·祠祀志

卷三 祠祀志第三

坛 庙

风云雷雨山川坛 在城南门外。本朝咸丰元年，知府邓尔恒重建。

双龙潭神祠 在城西南十里龙泉上。每岁季春辰日有司致祭，郡有水旱必祷。本朝嘉庆二年，黔苗犯顺，巡抚江兰驻节曲靖，时旱诣祠祈祷，甘霖立沛，岁大熟。以事奏闻，颁赐“泽施南诏”额并大藏香二十枝。嘉庆二年闰六月初八日，奉上谕：江兰奏滇省雨水情形一折，内称曲靖一带六月间得雨，未经透足，民情望泽颇殷，该抚于青龙潭虔诚祈祷，立沛甘霖，极为深透等语。览奏欣慰。现届禾黍长发之际，仰赖神佑，俾得同沾渥泽，于农田实有裨益，御书匾额，以昭神庥，并发去大藏香二十枝，交该抚虔诚祀谢，以达灵贶。将此谕令知之。钦此。七月十三日，云南巡抚臣江兰复奏：为恭折奏闻事。窃臣于营次奏到，颁赐曲靖龙潭匾额、藏香。当即钦遵，前往斋沐，敬备牲醴，赴龙潭上香叩谢，并敬谨摹勒宸翰，悬挂庙廷。适因旬日未雨，是夕复沛甘霖。该处远近绅耆睹兹神应，无不奔趋潭上，共仰天章，瞻南极之星辉，普东逈之雨泽，欢呼忭颂，万口同声。现饬知府衷以壎构亭立石，恭镌墨宝，以垂永久，仍俟回省，敬诣龙神祠宇，一体高悬，为全滇之永镇。谨公折奏覆，伏祈皇上睿鉴。谨奏。十月二十日奉朱批：览，钦此。

五雷庙　在胜峰山。每岁惊蛰日祭，邑有水旱，则率众往祷。

李元礼祠　在城南三里，见《古迹》。明万历间，知县李藻祷雨有应，于春秋二仲日祭。今祠废，碑存。

〔据毛玉成修，张翊辰、喻怀信纂咸丰《南宁县志》（《中国地方志集成·云南府县志辑11》，凤凰出版社2009年据清咸丰二年钞本影印）卷三《祠祀志第三》第1页辑录。〕

（乾隆）陆凉州志·典礼

卷四　典礼

祈　雨

于城隍庙建祈雨台，禁止屠宰。文武官致斋行香，祭境内龙潭，雨至坛止。

祀　典

风云雷雨山川坛　在城南。岁春秋二仲月上戊日祭。

〔据沈生遴纂修乾隆《陆凉州志》（传钞清乾隆十七年刊本）卷四《典礼》第3页、第9页辑录。道光《陆凉州志》卷三《典礼》同。〕

（道光）宣威州志·典礼志

卷四　典礼志

祈　雨

于城隍庙建雨坛，禁屠宰。文武官致斋行香，祭境内龙潭，雨至坛止。

卷四　祀典志

风云雷雨山川坛　在城南。春秋二仲月上戊日祭。

龙神祠　孟春日祭。

〔据刘沛霖修，朱光鼎纂道光《宣威州志》（清道光二十四年刻本）卷四《典礼志》第15页、《祀典志》第20页辑录。〕

（乾隆）霑益州志·祠祀志

卷二　祠祀志

龙王庙　在城西门外十字路。知州郭存庄建，每岁春秋仲月上戊日，知州率属致祭。行三献礼，受胙望瘞。祭品：帛二，色用黑。羊二、豕二，爵各三，铏一，簠簋各二，笾豆各四。

风云雷雨坛　在城西门外水沟岩上。知州郭存庄建，每岁春秋仲月上戊日，设三神位，风云雷雨居中，山川居左，城隍居右。陈主北向以祭，行三献礼受胙。其祭品：风云雷雨用帛四，山川帛二，城隍帛一，色用白。羊二、豕二，爵各三，鉶各一，簠簋各一，笾豆各四。

〔据王秉韬纂修乾隆《霑益州志》（故宫博物院编《故宫珍本丛刊》第227册《云南府州县志》第2册，海南出版社2001年据乾隆三十五年刻本影印）卷二《祠祀志》第41页辑录。陈燕等修，李景贤等纂光绪《霑益州志》卷二《祠祀志》第45页同。〕

昭通市

（宣统）恩安县志·学校附祀典

卷四　学校附祀典

风云雷雨山川坛　今二年建，春秋二祭，仲月上戊日祭。

龙王庙　雍正十三年，知府徐德裕同知县胡泉建。

〔据汪炳谦纂修宣统《恩安县志》（《中国地方志集成·云南府县志辑5》，凤凰出版社2009年据宣统三年钞本影印）卷四《学校附祀典》第226页辑录。〕

（民国）昭通志稿·政典志·祀典

卷三　政典志第三

祀　典

龙神祠　前在西门内。乾隆二十八年，知府傅聖建，后废。见旧《志》。

龙王庙　在城外西北隅。嘉庆十三年，知县王禹甸新建。详载“三多塘”。

风云雷雨山川坛　《通志》：在南门外寿佛寺对面。

〔据符廷铨、蒋应澍总纂，杨履乾编辑民国《昭通志稿》（民国十三年排印本）卷三《政典志》第2页辑录。〕

（乾隆）镇雄州志·祀庙志

卷一 祀庙志

龙神祠 原在州城东关外万福寺池塘西畔。道光二十二年，知州恒文迁于城内旧南门右，额曰“灵祠”。现存。

卷二 祀礼

坛 壝

风云雷雨山川坛制与社稷坛同，但坐北向南不同。在州治北郊。雍正九年建，坐北向南，高、广尺寸与社稷坛同。神牌三位，以木为之，一书“风云雷雨之神”，一书“镇雄州境山川之神”，一书“镇雄州城隍之神”，藏先农坛室中，岁春秋仲月上戊日致祭。临祭，奉神牌至坛内，风云雷雨牌居中，山川牌居左，城隍牌居右。祭仪与社稷坛同。

〔据屠述濂等修，何发祥等纂乾隆《镇雄州志》（国家图书馆藏清钞本）卷一《祀庙》第76页、卷二《祀礼》第37页辑录。光绪《镇雄州志》同。〕

（嘉庆）永善县志略·坛庙

上 卷

坛 庙

永善所属

山川风云雷雨坛 北门外。雍正六年，知县姜际昌建修。

龙王庙 南门内。有龙王井。

江神庙 在黄草坪。乾隆十七年，知县王曰仁建修。有碑记，载《艺文》。

吞都所属

禹王宫 把总署后左。楚民谷宗连等倡首捐修。

江神庙 在涩水坝。

副官村属

龙王阁 在中和街。下有拱桥一洞，今改建城隍庙，右街改名横街，阁改名为斗母阁。

禹王宫 龙王阁右。自兵燹后，今建比前阔大。

白袍殿 在副署西南十五里。殿侧有崖，崖下有溪。每逢盛夏，崖水瀑布而下溪，鱼溯回而上，游人多聚观焉。一名鱼桥洞，士人以“白袍鱼跃”为一景。

祀　典

风云雷雨山川坛　春秋仲月上戊日致祭。

〔据查枢等纂，邹勗旃校订嘉庆《永善县志略》（《中国地方志集成·云南府县志辑 25》，凤凰出版社 2009 年据嘉庆八年稿本影印）上卷《坛庙》第 571－574 页、《祀典》第 661 页辑录。〕

（民国）大关县志·天文志

卷二　天文志

祀　典

龙王庙　二所，一在龙洞山中，一在北城外大街。今俱废。

〔据张维翰编纂民国《大关县志》（刘宗伯等点校，《昭通旧志汇编》第五册，云南人民出版社 2006 年版）卷二《天文志》第 1408 页辑录。〕

（民国）巧家县志稿·舆地·坛庙寺观

卷二　舆地

坛庙　寺观

禹王宫　在蒙姑，清道光年间建。

龙神祠　在县城东门外。

龙王庙　三：一在县城西门外江岸，清乾隆十八年建；一在六甲荞麦地；一在善长里江边，同治元年，石达开过境被毁，五年，萧玉重修。

卷四　民政

典　礼

祈　祷　地方旧习，遇天不雨即祈祷。向龙潭外旷地搭雨台，讽经礼谶，或五日、七日不等，禁屠宰，斋戒。每日或早或晚，长官率僚属及附近士民羽缨素服，齐集拈香行礼，具文拜读，以雨降为止。

〔据陆崇仁修，汤祚等纂民国《巧家县志稿》（民国三十一年排印本）卷二《舆地》第 34 页、卷四《民政》第 30 页辑录。〕

（民国）绥江县县志·礼俗志

卷四 礼俗志

我国自庖牺开文，姬公定礼，婚丧有制，祭宴有时，衣服有等，以至饮食、器用、居处、酬酢、慈善、习尚、禁忌等，莫不著为礼，而播为俗。吾邑设县最晚，然自改土后，士娴礼教，俗尚敦庞，亦观风问俗者之乐为考镜也。作《礼俗志》。

祭礼属古吉礼

清代礼部颁订者

山川社稷坛 于祭武庙日派员主祭。民初废止，祭品仪式从略。

国民政府颁订者 〔……〕

民间自由举行者 〔……〕

农 占

立春晴一日，农夫不用力。
雨水有雨田庄好，大春小春一片宝。
惊蛰雷雨大，谷米无高价。
春分出太阳，多种黄豆强。
清明要明，谷雨要淋。
立夏不下，犁耙高挂。
小满不满，芒种不管。
夏至日属金，多种豆几升。
小暑半月不打雷，谷子少收成。
立秋有雨般般收，立秋无雨万人忧。
处暑逢单，板田难翻。
白露下了雨，市上缺少米。
秋分半晴又半阴，来年米价不相因。
寒露出太阳，葫豆豌豆装满仓。
霜降起风又下雨，麦子收成了不起。
立冬月亮圆，菜子高价钱。
小雪下了雪，糖贵七八月。大雪下了雪，来年乾五月。
冬至无雨天又晴，来年苕价贵如银。
春丙旸旸，无水洗秧。夏丙旸旸，乾断长江。秋丙旸旸，无雪无霜。
立秋要晴，清明要明。
正月二十晴，米价倒起行；正月二十雨，米价从此起。

清明前好种棉，清明后好种豆。
五月小，栽秧不宜早。
七月犁田一碗油，八月犁田尽骨头。
八月大，萝卜当肉价；八月小，萝卜当猪草。
中秋月不明，油价贵如金。
九月有雷鸣，谷价贵如银。
雨打二十五，后土无乾土。
三月无清明，四月无立夏，新米高过老米价。
两春夹一冬，十个牛栏九个空。
重阳不打伞，葫豆光杆杆。
寒露葫豆霜降麦，立冬菜子光角角。
立冬逢壬必定冬晴。
夏至三更禾标线，花薅七到（道）绵，豆薅三到（道）圆。
雨打伏头，乾死芋头。
六月初一晴，笋子不上林。
天乾芝麻雨淋豆。
伏里西北风，腊底船不通。
六月初六晴，谷草白如银。
十日含苞十日出，十日扬花十日谷。
六月三篙雨，遍地出黄金。
不冷不热，出谷不结。
六月小，水淹河边草；六月大，晒碛坝。
六月立秋凉偏早，七月立秋不退凉。
秋前十天无谷打，秋后十天打谷忙。
立秋无雨不要愁，立秋有雨更堪忧。
谷含苞，四十朝，手提秧头一百天。
高粱怕月亮，豆子怕秋风。
处暑逢单，一冲焦乾；处暑天高，乾死岩毛。
太阳返照，大雨立到。
日晕长江水，月晕草头枯。
东虹太阳西虹雨，虹在南方涨大水。
青虹过顶，乾断水井。
明星照湿地，有雨下半夜。
四六不开天，开天晴不久。
西方明，来日晴。
正月响雷黄谷堆，二月响雷秕谷飞。
二月逢三卯，棉花豆麦好。
惊蛰无（有）雨早插秧，惊蛰无雨不用忙。
朦的朦憧，春分泡种。

泡春分，晒清明。

阳雀叫在清明前，高山顶上好种田；阳雀叫在清明后，水田只好种黄豆。

〔据刘承功修，钟灵纂民国《绥江县县志》（民国三十六年石印本）卷四《礼俗志》第6－11页、第20－21页辑录。〕

文山州

（道光）开化府志·学校志

卷六　学校志附典礼

风云雷雨山川坛　在府城北门外。康熙七年，知府刘䜣建。嘉庆二十四年，同知周炳重修。每岁春秋二仲月上戊日祭。

龙王庙　在府城南门外大兴寺左。知府宫尔劝、知县曹国弼建。雍正六年，奉旨敕封“福滇益农龙王”，建祠以时致祭，月吉瞻礼。

〔据何怀道修，万重筼纂道光《开化府志》（清道光九年刻本）卷六《学校志附典礼》第26页辑录。〕

（道光）广南府志·祭祀志·祀典

卷二　祭祀志　祀典

风云雷雨山川坛　在府城南门外。

龙神祠　一在府城东丰年洞内；一在府城北门外，嘉庆十九年，土同知重修；一在剥隘；一在那郎，道光二年建。

〔据李熙龄纂修道光《广南府志》（清光绪三十一年补刻本）卷二《祭祀志·祀典》第1页辑录。〕

（民国）广南县志·舆地志

卷四　舆地志

寺庙坛观会馆附

风云雷雨山川坛　在县城南门外。今圮。

龙神祠　俗谓龙王庙。一在县城东十里丰年洞内；一在县城北门外，清嘉庆十九年，土同知重修；一在西乡那郎寨，道光二年建。

〔据佚名纂民国《广南县志》（《中国地方志集成·云南府县志辑44》，凤凰出版社2009年据民国二十三年稿本影印）卷四《舆地志》第35页辑录。〕

（民国）马关县志·祠祀志

卷二　祠祀志

本关庙宇

禹王宫

中区庙宇

川主庙　唐家坡。

川主庙　木腊街。

川主庙　凹塘。

川主庙　仁和。

北区庙宇

川主庙　古木。

龙洞寺　阿革。

西区庙宇

龙神祠　八寨。

川主庙　古林箐。

南区庙宇

龙王庙　塘子边。

〔据张自明修，王富臣等纂民国《马关县志》（民国二十一年石印本）卷二《祠祀志》第2页辑录。〕

红河州

（乾隆）弥勒州志·祠祀志

卷十五　祠祀志　祀典

风云雷雨山川坛　在州城东门外。

龙王庙　在州西七里阿当哨。

〔据秦仁等纂修，傅腾蛟等增订乾隆《弥勒州志》（清乾隆四年刻本）卷十五《祠祀志》第5页辑录。〕

（乾隆）蒙自县志·祠祀志

卷三　祠祀志

风云雷雨山川坛　在城南。

龙王庙　一在县东门外学海边，一在龙井。

〔据李焜纂修乾隆《蒙自县志》（故宫博物院编《故宫珍本丛刊》第229册《云南府州县志》第4册，海南出版社2001年据清乾隆五十六年刻本影印）卷三《祠祀志》第1页辑录。〕

（乾隆）广西府志·祠祀志

卷十二　祠祀志　祀典

山川风云雷雨城隍合为一坛　在城东关外。

东龙王庙　在江头村。

西龙王庙　在永惠坝。

〔据周埰纂修乾隆《广西府志》（清乾隆四年刻本）卷十二《祠祀志》第1页辑录。〕

普洱市

（乾隆）景东直隶厅志·城池·坛壝祠宇

卷一之三　城池

坛　壝

风云雷雨山川坛　在城南门外门化寺前。

祠　宇寺观附

龙王庙　在城北通化河岸。

龙泉寺　距治西南三里。傍有龙湫。

〔据吴兰孙纂修乾隆《景东直隶厅志》（国家图书馆藏民国二十二年钞本）卷一之三第7页辑录。〕

（嘉庆）景东直隶厅志·坛庙志·祀典

卷十五　坛庙志

祀　典

风云雷雨山川坛　在城南门外。洪武元年，令天下郡县置山川坛。六年，定风云雷雨及境内城隍共一坛，春秋二仲上戊日祭。本朝因之。

龙王庙　在城北门外菊河左岸。雍正八年，奉旨以时致祭，月吉瞻礼。

寺　观

龙泉寺　旧名元珠寺。在城南五里，中有龙湫。

〔据罗含章纂嘉庆《景东直隶厅志》（云南民族社会历史调查组1960年钞本）卷十五《坛庙志》第1－3页辑录。〕

（道光）普洱府志·祠庙

卷十一　祠庙俗祀祈雨法附

普洱府

宁洱县附郭

云雨风雷神祇坛　在府城北门外。

龙王庙　在府城西门外里许。乾隆二十四年，知县何映柳捐建。道光四年修，旧在蟠龙洞旁。

桥神庙　在府城南门外高桥。

盱江庙　在府城内大街。

思茅厅

云雨风雷神祇坛　在厅城南门外。

龙神祠　在厅城东门外。

龙王庙

双龙庙　在厅城南门外五里余。

濂溪庙　在西门外数武。

威远厅

云雨风雷神祇坛　在厅城外。

龙神祠　在厅治东南厅署前。

他郎厅

云雨风雷神祇坛　在厅城南。

龙神祠　一在赖蚌坝，一在布固江。

附录　汉儒董子《春秋繁露·祈雨法》

一立坛人役。未立坛之先，执事人役选择精洁之辈，斋戒沐浴，人俱要属龙、猪、鸡，忌属虎、蛇、马相，有疮疥浊气者不许入坛。龙相能致水，猪喜雨而引龙，鸡属金而生水，故用之。虎生风，蛇巽位，马离火，故避之。

一择日期。择吉日祭风神于郊社，即风云雷雨坛。是日，昭告城隍、土地、龙王三庙，各备祭文一道。

一立坛地方。要择地势宽阔高平，四围不近坟，不靠人家。按四时陈设，总忌巽方，恐招风，宽则龙得舒展，高则龙得瞻云气。

一造龙。择四时，择匠役，务要洁净，竹篾为胎，纸糊成形，长短、大小、颜色，各随其时。总要全形，站相张口，腹内用五方净土，五谷活粮，不许见天日，禁人窥探。

一设旗。亦各随其时，八门，旗八杆，按方树立，其神牌用红纸糊，供奉何神，亦各有时。神牌随龙造，亦不可见天日，安放暗处。

一神棚神桌。神棚用洁净芦席搭盖，高低大小随时。神桌宜洁净，有垢者不用。供器要新，供物宜洁，各随其时。

一龙前。各用水缸一只盛满，内放蜥蜴，上浮柳枝，每缸前用童子一人，俱要属龙，诵词洒水，其缸要洁净，污秽者莫用。

一神桌前。有水池，其浅深大小，按时开挖。每龙头前用旗一杆，各按时制。神棚左右安大鼓一面，常令人播鼓诵词。鼓后用老母猪一，闻鼓声用火烧尾，不可伤生，红雄鸡各一支，令其常鸣。

一神棚前后。不时泼水，不可使土气入坛内。

一坛之四角。常焚治风之药，坛之前令童子常撒治风之药，研细末，撒时诵避风词。坛前煎治风发散之药，拨于龙身下，以及神桌下。日三煎三撒，以通地气，以治风，火药即防风、天麻、甘松、白芷、秦艽、细辛、甘草、三奈各等分共煎。

一闭南门。以阻阳助阴，南门外水缸四只，俱令水盛满，内放虾蟆，并插柳枝，门之内外俱要洒湿。

一开北门。亦要水缸四只，俱令水盛满，内外街俱要泼湿，南北二门各安大鼓、母猪，不时击鼓燔豝尾。

一各衙署。自大堂至大门，安放水缸，水盛满，内贮虾蟆、柳枝，地要泼湿，泼水者以去旱魃，回阳救阴之故也，忌入孕字之房，病初愈者不许入坛。

一每巷口。放大鼓一面，老猪一只，令壮夫击鼓燔尾诵词。

一每家门口。用水缸一只，水贮满，内放虾蟆、柳枝，街道泼湿，勿令土起，每铺口供神牌一座，写“水神到此”，俱用黑纸粉字，香烛供器俱全。

一坛内诵歌。即《木郎神歌》，用儒士，不用僧道，各按四季日期数目，俱要洁净舌辨者，若不洁净之人，不许入坛。用儒士者，儒教之祈法也。不动法器，高声朗诵，其功在于夜静。

一监坛者。坛内执事者儒士，僧道、巫医、礼生、壮夫、啬夫、婴童人数，按其时用之。文武各一员，俱宿坛，不得归舍。

春祈雨法

一先于甲乙日为大苍龙一条，长八丈，今官尺六寸二分，合古周天一尺。居中央。又为小苍龙七条，长四尺，尺寸如前。安于东方，皆东向，其间相去各八尺，以竹扎成龙形，取洁土填实，其中用青纸糊之，髯角耳目牙爪俱全，墨画鳞遮盖，制完待临时用。

一每月初八、十八，念八日于郡邑东门之外，为四通之坛，方八尺，稍高于地即止。植苍缯八，缯，帛也。苍，深青色也。苍缯为旗，各长八尺，树于坛之八方。于坛旁开池，方八尺，深一尺，池中贮水，水中措置活虾蟆五枚。

一于坛中设立共工神位，备生鱼八尾，元酒八大钟，淡酒也。清酒八大钟，美酒也。膊八盘，膊，胁也，又豚肩也。脯八盘，脯，干肉也。以祭之。先于儒士人役之中择洁净有体气疮疥者不可用。者以祝，祝三日斋戒，临时穿苍衣，即青衣也。先再拜，乃跪陈设祭品于坛上。陈讫再拜，祝曰：昊天生五谷以养人，今五谷病旱，恐不成敬。进清酒膊脯，再拜请雨，雨幸大澍。所选小童八人，皆令先斋三日，斋者不食荤腥，不食五辛，不饮酒，夜宿于坛中。穿青衣而舞之。田啬夫即里老务农乡民也。亦令先斋三日，穿青衣而立之，又于坛中聚蛇。蜥蜴也，一名龙泉，一名蝘蜓，其形如壁上蝎虎，四足，北边土名蛇虎，又名地舒履子。生山内泽中，祈祷多聚此蛇。置贮大水缸中，折柳枝浮其上，晒于日中，得雨送还本山。

一取蜥蜴十数条置于大瓮中，令童男持。咒曰："蜥蜴蜥蜴，兴云吐雾，大雨滂沱，放汝归去。"但不可误用蝎虎。

一祈雨之人集于坛上，依法行祈祷，日色虽炽，不许张盖。

一既建坛，便将南门阖闭，断人行走，置水缸安于门外，选颇晓经义道士十余人，将木郎神歌诵熟，绕坛念之，必先令其斋戒三日。

一每遇三日不雨，具生鱼八尾，元酒八钟，清酒八钟，膊八盘，脯八盘，祝斋三日，如前。人穿青衣，先再拜，乃跪而陈设祭品于坛上。陈讫复再拜，祝如前云云。又取三岁雄鸡、即公鸡。三岁豝猪，即母猪。皆用火燔其尾于四通神宇，勿令死。又具老母猪二只，一置于北门之外，一置于市中，令城中铺户各执鼓一面，闻坛中鼓声，逐铺击于市中，直至北门，各用火烧猪尾。

一于宪书中查水日，各里立坛，焚香致祷社神。

一各家于大门外，设香案一水缸，每日祀户。

一禁诸人无伐名木，松柏梓楠之类。无斩山林。

一将各该里社之沟渠疏浚，使与闾外之沟相通。

一于社中各凿五池，池中贮水，水中各置活虾蟆一枚。

一禁各家不得擅动土工，违者四邻齐首究治。各条俱有深意，遵而行之，自有效验。

一幸而得雨，以猪一只，酒黍一桌，以白茅为席，不得斩断，藉以致洁，此得雨之后，谢神之礼也。

夏祈雨法

一先于丙丁日为大赤龙一条，长七丈，尺寸同春。居中央。又为小赤龙六条，各长三丈五尺，于南方，皆南向，其间相去各七尺，用红纸糊之，红色画鳞遮盖，制完待临时用。

一每月初七、十七、廿七日，于郡邑南门之外，为四通之坛，方七尺，置赤缯七，赤，红色也。赤缯为旗，各长七尺，树于四方。于坛旁开池，方七尺，深一尺，池中贮水，水中措置活虾蟆五枚。

一于坛中设立蚩尤神位，备赤雄鸡七只，元酒七大钟，清酒七钟，膊七盘，脯七盘以祭之。先斋戒三日，临时穿红衣，先再拜，乃跪而陈设祭品于坛上。陈讫复再拜，祝如春季云云。所选壮者七人，令先斋三日，临时穿红衣而舞之。司空、司空，官名，今无此官，以道官代之。啬夫亦令先斋三日，临时穿红衣而立之。又祈雨之人，照春季中行事。

一既立坛，便将南门阖闭，断人行走，置水缸于门外。

一选儒童十余人，将木郎神歌诵熟，绕诵之。

一每遇三日不雨，具赤雄鸡七只，元酒七钟，清酒七钟，膊七盘，脯七盘。祝前斋三日，人穿红衣，再拜，乃跪而陈设祭品于坛上。陈讫复再拜，乃起，祝如前。余俱同春季，牌示城镇乡村居民。

一于宪书中查水日，城市乡村人家，各祭灶神。

一将井泉淘浚使深，勿留汙浊。

一将白杵尽搬本家门外，置之街道。余条俱同春季。

季夏六月祈雨法

一先于戊巳日，为大黄龙一条，长五尺，尺寸同前。居中央。又为小黄龙四条，各长二尺五寸，尺寸同前。于南方，皆南向。其间相去各五尺，用黄纸糊之，用黄画鳞。

一每月初五、十五、廿五日聚巫巫即祈雨道人。于街市之旁，为之结盖以覆，为四通之坛，于中央置黄缯五，旗各长五尺，树坛之五方。坛中设立后稷牌位，备母音模。飿音移。母飿乃江米做糍，以素油煎用也。五盘，元酒五大钟，清酒五钟，膊五盘，脯五盘以祭之，斋祝同前云云。选壮夫五名，皆令先斋戒三日，穿黄衣而舞。老者亦令先斋三日，穿黄衣而立。又祈雨之人，照春季中行事。

一祷山陵以助之。山陵能兴云致雨，当祷之以求助。

一令郡邑徙市于南门之外五日，禁男子毋得行走入市。

一每遇三日不雨，具母飿五盘，元酒五钟，清酒五钟，膊五盘，脯五盘，斋祝如前。

一令各家祭中霤，即中当之神。勿得擅动土工，余俱同前。

秋祈雨法

一先于庚申日，为大白龙一条，长九尺，尺寸同前。居中央。又为小白龙八条，长四尺五寸，尺寸同前。于西方，皆西向。其间相去各九尺，用粉画鳞。

一每月初九、十九、廿九日，于郡西门之外，为四通之坛，方九尺，植白缯九，于坛旁开池，方九尺，深一尺。

一坛中设立太昊神位，以桐木刻成木鱼九尾，元酒九大钟，清酒九大钟，膊九盘，脯九盘，祝斋三日，临时穿白衣，先再拜，乃跪而陈设祭品于坛上。陈讫复再拜，祝如前云云。选鳏者九人，皆令先斋戒三日，穿白衣而舞之。司马今无此官，以巡捕官代之，或巡检官，武官亦可。亦令先斋三日，穿白衣而立之。

一每遇三日不雨，具木桐鱼九尾，元清酒各九钟，膊脯各九盘，祝如前。

一禁不许焚烧山泽，取铁冶，亦不可将金锡铜铁之物销化。

一令各家设香案，每日祀门，余俱同前。

冬祈雨法

一先于壬癸日，为大黑龙一条，长六丈，尺寸同前。居中央。又为小黑龙五条，长三丈，尺寸同前。于北方，皆北向。其间相去各六尺，用黑纸糊之，用煤画鳞。

一每月初六、十六、廿六日，于郡邑北门之外，为四通之坛，方六尺，植黑缯六，于坛旁开池，方六尺，深一尺。

一于坛中设立元冥神位，备黑狗子六只，即小乳狗。元清酒各六大钟，脨脯各六盘，以祭之。斋三日，临时穿黑衣，先再拜，乃跪而陈设祭品于坛上。陈讫复再拜，祝如前云云。选壮者六人，皆令先斋三日，穿黑衣而舞之，尉尉即今之佐，或受巡捕之委者。亦令先斋三日，穿黑衣而立之。

一于坛中假物为龙一条，令不时而舞之，欲其不蛰、不乖、不卧，而兴云致雨也。

一于境内有名之灵山祈祷，求出云以助之。

一每遇三日不雨，具黑狗子六只，元清酒各六钟，脨脯各六盘，祝斋如前。

一令各家祀井，余俱同前。

四时止雨法

一四时雨大不止，于宪书内择土日，塞水道，盖井面，禁妇人不得行走入市。

一打扫社坛，将社神位用红丝围绕十周，用耆民三人，以一人祝祷。皆令先斋三日，各穿时衣，春穿青，夏穿红，秋穿白，冬穿元。备羊一支，猪一口，酒麦一棹，击鼓而祝。先再拜，乃跪而陈设祭品于坛，复再拜，祝曰：昊天生五谷以养人，今淫雨太多，五谷不和，敬进肥牲酒麦，以请社灵，幸为止雨，除民所害，毋使阴灭阳，阴灭阳，人愿止雨，敢告于神，鼓而舞歌，雨罢乃止。

木郎歌儒童绕坛诵，诵此歌勿辍。

乾晶瑶辉玉池东，盟威圣者命青童。
掷火万里坎震宫，雨骑迅发来大濛。
木郎太乙三山雄，霹雳破石泉源通。
坤震巽土皓灵翁，猛马四张欻火冲。
流精郁光奔祝融，巨神太华登云中。
黑獢皂纛扬虚空，掩曦蒸雨屯云浓。
罔伯撼动崑崙峰，幽灵翻海元冥同。
冯夷鼓舞长呼风，蓬莱弱水都兴工。
龙鹰犍疾先御凶，朱发巨翅双目彤。
雷電吐毒驱五龙，四溟叆叇罗音容。
一声四海皆昏蒙，雨阵所至川流洪。
金光流精斩旱虹，洞阳幽灵召霳霳。
玉雷皓师变崆峒，虚皇太华扫妖爞。
群梁元黄号前峰，祠泉恣屡威天公。
欻火律令翻穹窿，鞭击妖魃驱蛇虫。
勾娄吉利炎赫踪，登僧泽颐悉听从。
织女四歌心公忠，辅我救旱助勋隆。
赤鸡紫鹅飞无穷，摄虐缚祟送北丰。

〔据郑绍谦纂，李熙龄续纂道光《普洱府志》（清咸丰元年刻本）卷十一《祠庙》第1-18页辑录。〕

楚雄州

（隆庆）楚雄府志·禋祀志

卷　四　禋祀志

国之大事在祀。先王以崇德报功，祈年报岁，事莫大焉者也。郡之祀典，若先师孔子、山川社稷、城隍以及厉腊，明荐有时，俎豆有品，献飨有礼矣。其他祠庙，有合祀典者，亦得食于兹土焉。呜呼！大夫泰山之旅，僭也；暗逮暗祭继以烛，慢也。弗僭弗慢，祭必受福。作《禋祀志》。

风云雷雨山川坛　在城南。岁以春秋二仲上丁之三日陈主而祭，州县并同。

紫溪龙王庙　在府西二十五里。岁以季春举祀，祀之品需，旧敛于近庙，诸村老人因而倍取。隆庆戊辰，知县马文标廉得其弊，呈允当路，于本县动支办用，民不忧而祀典亦不废。

〔据徐栻、张泽纂修隆庆《楚雄府志》（杜晋宏校注，杨成彪主编《楚雄彝族自治州旧方志全书·楚雄卷上》，云南人民出版社 2005 年版）卷四《禋祀志》第 92 页辑录。〕

（康熙）楚雄府志·建设志·坛庙

卷二　建设志　坛庙

楚雄府楚雄县

风云雷雨山川坛　在城南门外。

龙王庙　在府西二十五薇溪山。

镇南州

风云雷雨山川坛　在州城南门外。

南安州

风云雷雨山川坛　在城南半里。

龙王庙　在乌龙山。祷雨立应，知州李翘建。康熙二十二年，知州唐之柏、同署学正黄应泰等重修。[①] 春秋祀之。

广通县

风云雷雨山川坛　在城南三里。

---

① 应……重修　原本缺，据光绪《云南通志》卷一百十《祠祀考二·楚雄府·南安州》补。

定远县

风云雷雨山川坛 在县西南三里。

龙王庙 在黑井治右大井之上。兵燹焚毁，康熙二年，提举聂开基重修。

龙王庙 在琅井治西卤盐井上，开井时建。

定边县

风云雷雨山川坛 在县治南。

〔据张嘉颖纂修康熙《楚雄府志》（《中国地方志集成·云南府县志辑58》，凤凰出版社2009年据清康熙五十五年刻本影印）卷二《建设志》第12－14页辑录。〕

（嘉庆）楚雄县志·建设志·坛庙

卷二 建设志 坛庙

风云雷雨山川坛 在南门外。

神龙祠 三：一在紫溪山，曰民龙；一在金蟾寺，曰军龙。二祠皆知县周名炎乾隆五十年重修。金蟾寺，嘉庆二十二年，知县苏鸣鹤补葺。一在龙泉书院左，碧霞井引泉入泮池，曰文明泉。旧祠湫隘，嘉庆十七年，知府李长庚购旁隙地拓建。

〔据苏鸣鹤修，陈璜纂嘉庆《楚雄县志》（《中国地方志集成·云南府县志辑59》，凤凰出版社2009年据清嘉庆二十三年刻本影印）卷二《建设志·坛庙》第11页辑录。〕

（宣统）楚雄县志述辑·祠祀述辑·典祀

卷五 祠祀述辑 典祀

伊古封禅有书，祭祀有志，又况祭鱼祭兽獭豺且然。人生斯世，天地所覆载，日月所照临，山川社稷所庇佑，往圣昔贤所裁成，而且忠孝节义之精灵所感格，是以人道立而馨香有荐。楚邑自前明建置礼祀，及我朝聿修坛庙，腆祀丰盈，虽经兵燹，旧章犹率。兹举《大清会典·正祀》而列之于左。

龙神祠 一在城内高等小学堂右，建自前明。国朝咸丰十年城陷毁，同治十年知府陈灿建，勒碑记之；一在紫溪山，潭水深阔，前明成化年，知府邵敏建，国朝乾隆四十七年，知县周名炎重建，邑绅陈文灿为之记；一在金蝉寺左，乾隆四十六年，知县周名炎重修，兵燹毁，同治十三年，邑绅李军门维述重建。

〔据崇谦修，沈宗舜纂宣统《楚雄县志述辑》（《中国地方志集成·云南府县志辑59》，凤凰出版社2009年影印本）卷五《祠祀述辑》第2页辑录。〕

（康熙）元谋县志·祠祀志

卷三　祠祀志　祀典

风云雷雨山川坛　南坛，在南门外圆顶山巅。北坛，在北门外冯洒山麓。康熙三十五年，知县莫舜鼐每祭无坛，心切筹之，访问耆老，清查旧址，乃芟荆棘，筑土台，以妥神享。

〔据莫舜鼐纂修，王弘任续补康熙《元谋县志》（《中国地方志集成·云南府县志辑61》，凤凰出版社2009年影印本）卷三《祠祀志》第22页辑录。〕

（乾隆）华竹新编·礼仪志

卷六　礼仪志

坛　祭

风云雷雨山川坛　在城南圆顶山上，即丙弄山，所谓南坛也。有墙无宇。明初，以风云雷雨与太岁诸天神合为一坛，诸地祇为一坛，春秋专祀，乃定惊蛰、秋分日祀太岁诸神于城南。后以阴阳一气，流行无间，乃合二坛为一。府州县止祀风云雷雨师，筑坛城西南，祭用惊蛰、秋分日。今风云雷雨与山川共坛，则合二坛为一之义也。又，明时以山川、城隍诸地祇合为一坛，与天神埒，春秋专祀，以清明、霜降日，所在有司，其祭亦同。

大雩坛　随四时筑之，无专坛。杜佑谓“己月雩五方上帝，祟于南郊旁”，则专主夏言之。夫四时之旱皆应雩，独言夏者，夏旱则无年，而滇尤甚。卢方伯询康熙中开藩于滇，有四时求雨法，盖摘取《后汉·礼志》中所载董仲舒之说，益以道藏歌，参错用之者。乾隆四十年，王方伯以此术行于皖江，应时而验。当时不知所出，旋检《汉志》，得其大概。辛丑（1781）夏，予于禄劝，本《汉志》行之，士民多窃议之者，会李生父子习道氏术，因进方伯书，与予所施者合，仍行之，果大雨。此为守令者不可不知也。兹详著夏月求雨仪，他三时从略附见。盖夏四月五月，将求雨，先择丙丁日，以竹篾织成龙形，洁土实之，糊以红纸，髯角耳目牙爪具，界画红鳞。大龙一，长七丈，小龙六，长半之。古尺当今六寸二分，则大龙长四丈三尺四寸，小龙长二丈一尺七寸也。大龙居中，小龙左右各三，皆南向，相距各七尺。其日用，七为四通之坛，于南门外稍高即止，植赤缯七，各长七尺六寸二分，折坛旁开池，方七尺，深一尺，注水，置五蛤蟆其中，坛中设蚩尤神位，用赤雄鸡七只，元酒、清酒各七钟，猪膊脯各七盘，先令道士端公利口便辞者斋三日，临时，穿红衣，先再拜，乃跪而陈祭品于坛上，陈讫，复再拜，乃起，祝曰：昊天生五谷以养人，今五谷病旱，恐不成敬，进清酒膊脯，再拜请雨，雨幸大澍。前选壮者七人，先斋三日，至是，穿红衣而舞之，司空啬夫州邑无此官名，道官农长代。前斋三日，穿红衣而立之，端公道士集于坛上，依科行祷，既建坛，闭南门，置水缸门外，道士十余人绕坛诵木郎神咒，过三日，不雨，陈鸡酒膊脯，拜祝如初，仪舞者、立者如初，仪取三岁雄鸡、母猪，火燔其尾于四通神宇，勿令死。又具老母猪二，一置北门外，一置十字街，令城中更铺各置鼓坛上，鼓声起，燔鸡猪尾，城中鼓声应之，各燔尾。水日，近乡各祭灶，各淘井，各移杵臼，置街衢，各疏沟渠，各里社凿五池，池置蛤蟆，禁勿动土。图位具于下方：

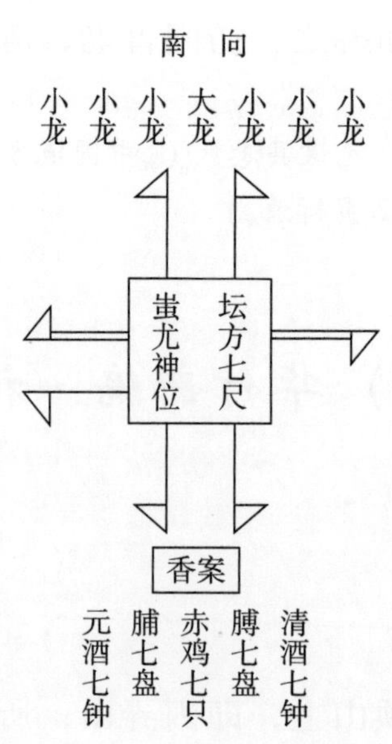

礼北

盖夏令祈雨，日用丙丁，色尚赤，数用七，如此。若乃春令祈雨，日用甲乙，色尚青苍，数八，大龙长八丈，小龙半之。祀共公，祭用生鱼，聚蛇医水缸中泛柳枝其上，晒于日中，得雨，送还本山。舞小童，立啬夫。今无啬夫，以勤农充之。水日，祷于社，祀户，以犬血涂鲤鳖，投深潭，掩枯骴，毋伐木，余均如前仪。季夏祈雨，日用戊巳，色尚黄，数用五，祀后稷，荐母鲍，舞大夫，立老者，余如夏月仪。秋令祈雨，日用庚辛，色俱尚白，数用九，祀太昊，荐木刻桐鱼，舞鳏者，立司马，今无司马，以军壮代之。冬令祈雨，日用壬癸，色尚黑，数用六，祀元冥，荐黑狗子，舞偶龙，立老者，余均如前仪。

凡雩，春于东门外，东向。夏秋冬，门向随其时。其木郎神咒曰：

流精郁光奔祝融，巨神泰华登云中。
黑幡灶纛扬虚空，掩曦蒸雨屯云浓。
阏伯撼动崑崙峰，幽灵翻海元冥洞。
冯夷鼓舞长呼风，蓬莱弱水兴都功。
龙鹰捷疾先御凶，朱发巨翅双目彤。
雷电吐毒驱五龙，四溟叆叇罗云容。
一声四海改昏蒙，雨阵所至川流洪。
金光流精斩旱虹，洞阳幽灵召丰隆。

五雷浩师变崆峒，虚皇泰华扫妖爞。
群梁元黄号前锋，祠泉恣靥威天公。
焱火律令翻穹窿，鞭击妖魅驱蛇虫。
勾娄吉利炎赤纵，登僧泽颐悉听从。
织女四歌公心忠，辅我救旱助勋隆。
赤鸹紫鹅飞无穷，摄虐缚祟送北丰①。

庙　祭

龙王庙　亦在马街，祭龙王与常雩兼举，所以祈谷祈雨也。

典　礼

求　雨　行雩礼，扫除社稷，闭诸阳，衣皁，兴土龙，立土人，舞童二，佾七，日一变。余仪见前。

止　雨　择土日，塞水道，盖井面，以朱丝萦绕里社十周，祝者红衣冠，斋三日，用羊一、豕二、酒黍一席，击鼓三日，再拜，陈设，复再拜，起，祝曰：天生五谷以养人，今淫雨太多，五谷不和，敬进肥牲清酒，以请社灵，幸为止雨，除民所苦，毋使阴灭阳，不顺于天。天之意常在于利人，人愿止雨，敢告于鼓，鼓而无歌，至罢乃止。是时，禁妇女行走入市。

〔据檀萃纂修乾隆《华竹新编》（李在营校注，杨成彪主编《楚雄彝族自治州旧方志全书·元谋卷》，云南人民出版社2005年版）卷六《礼仪志》第269－276页辑录。〕

（康熙）武定府志·祠祀

卷三　祠祀

武定府

风云雷雨山川坛　在府南门外。岁以春秋二仲上戊日陈主而祭。

元谋县

风云雷雨山川坛　在县南门外。

禄劝州

风云雷雨山川坛　在州南门外。

〔据王清贤修，陈淳纂康熙《武定府志》（国家图书馆藏民国年间钞本）卷三《祠祀》辑录。〕

① 摄虐缚祟送北丰　原本缺，据道光《普洱府志》卷十一补。

（康熙）禄丰县志·祠祀志

卷二　祠祀志

风云雷雨山川社稷城隍　戊日祭。

龙王庙　在东街大井上。

风云雷雨山川城隍坛　在城东。

〔据刘自唐纂修康熙《禄丰县志》（张海平校注，杨成彪主编《楚雄彝族自治州旧方志全书·禄丰卷上》，云南人民出版社2005年版）卷二《祠祀志》第32页辑录。〕

（康熙）罗次县志·祠祀志

卷三　祠祀志

风云雷雨山川坛　八月上戊祀。

青山上坝　每岁三月初旬辰日，邑长率僚属士民祀焉，祀后，即严饬各水长修浚水道。

风云雷雨山川坛　在城南一里。

〔据王秉煌修，梅盐臣纂康熙《罗次县志》（清康熙五十六年刻本）卷三《祠祀志》第3页辑录。〕

（光绪）罗次县志·祠祀志

卷三　祠祀志

风云雷雨山川坛　八月上戊祀。

青山上坝　每岁三月初旬辰日，邑长率僚属士民祀焉，祀后，即严饬各水长修浚水道。

风云雷雨山川坛　在城南一里。

附增典祀

龙神祠　在城内，兵燹焚毁。同治十三年，知县覃克振筹款建正殿三间，其两厢大门未修。祀典照旧制。

〔据胡毓麒等修，杨钟壁等纂光绪《罗次县志》（清光绪十三年刻本）卷三《祠祀志》第3－6页辑录。〕

（康熙）广通县志·祀典志

卷三　祀典志　坛庙

山川坛　在县城南门外。有坛无屋，祭日同上。神位三：山川居左，风云雷雨居中，本县城隍居右。帛用白。额设祭银，载全书。

土主庙　在县城南门外塔山，爰庙后有塔一座，为邑文笔。万历间知县马为龙所建也。庙塑迦罗大黑天神，左右列神将。先是，大理朵兮薄图六神像于板，负之而来，为人卜卦。至广，负像不动，传音于巫曰："上帝命我兄弟为本县土主，速肖吾像于庙，永祐尔民。"土人从其言，建庙以祀，水旱疾祷则辄应。板像见存。

龙蟠庵　在罗苴甸东。明嘉靖间乡耆曾守信建。凿水为池，甃水为桥，以济往来，知县沈嘉言有碑记。

龙泉寺　在罗苴甸。下有泉水，秋冬不竭，即祇陀林尼姑修行之所。

〔据李铨纂修康熙《广通县志》（清康熙二十九年刻本）卷三《典祀志》第 15 页辑录。〕

（康熙）黑盐井志·建设志·坛庙

卷二　建设志

坛　庙

风云雷雨坛　旧制在东山下，今废。

山川社稷坛　旧制在八龙桥上，今废。岁以春秋二仲戊日，仍于旧处陈主致祭，期同。

大井龙王庙　大门三间，上书"龙门"额。大殿三间，上额"万世永赖"。中塑龙王像，戴金冠，披铠，右手提扦，左手执鼠，服色尚黑，男像。左龙王像，戴凤冠帔玉，赤足履履，执如意，女像。右塑神明大士像，多须髯，披袈裟，首戴幅巾，前塑白犬。左子孙庙，右高山祠。顺治十六年兵燹焚毁，康熙元年井司聂开基重建，即肇井神祠故地。

伏龙井龙王庙　三间，在伏龙井卤出处，俗名源头。中塑龙王女像，傍塑龙女。

东井龙王庙　在贤者泉左。旧山崩庙圮，康熙四十七年，本井提举司沈懋价新建三井，岁以春秋二仲丁日请庙致祭。

城　隍

七局村龙王庙　在龙潭下。元朝建，弘治年修，有记。

〔据沈懋价、杨璿纂修康熙《黑盐井志》（《中国地方志集成·云南府县志辑 67》，凤凰出版社 2009 年影印本）卷二《建设志》第 3 页、第 6 页辑录。〕

（康熙）琅盐井志·坛庙志

卷二　坛庙志

风云雷雨山川坛　在司南。岁仲春秋上戊日陈主以祭，中祀风云雷雨神，左祀山川神，右祀城隍神。

龙王庙　一在井上，康熙四十四年，提举周蔚重建；一在宝应山麓，名兴龙寺，年久倾颓，康熙五十年，提举沈鼐捐资重修，岁仲春秋上戊日七月初一诞日，灶备祭仪，司官主祭祝告。

〔据沈鼐纂修康熙《琅盐井志》（《中国地方志集成·云南府县志辑67》，凤凰出版社2009年影印本）卷二《坛庙志》第33页辑录。〕

（康熙）镇南州志·建设志·坛庙

卷二　建设志　坛庙

风云雷雨山川坛　在州治东一里许。今迁南城门外。

〔据陈元、李犹龙纂修康熙《镇南州志》（曹晓宏、周琼校注，杨成彪主编《楚雄彝族自治州旧方志全书·南华卷》，云南人民出版社2005年版）卷二《建设志》第20页辑录。〕

（咸丰）镇南州志·建设志·坛庙

卷二　建设志

坛　庙

风云雷雨山川坛　在州治东一里许。今迁城北门外。

寺　观

龙泉寺　在州治西二十五里。万历年，僧云虚建。

〔据华国清修，刘阶纂咸丰《镇南州志》（曹晓宏、周琼校注，杨成彪主编《楚雄彝族自治州旧方志全书·南华卷》，云南人民出版社2005年版）卷二《建设志》第136页辑录。〕

（光绪）镇南州志略·祠祀略

卷五　祠祀略

典　祀

风云雷雨山川坛　旧在城东一里。后迁南门外，又迁北门外，经乱圮废。

俗　祀

黑泥洗澡会　城西南一百五十里黑泥山有温泉，每年自正月至三月，远近男女来此就浴，皆各备牲醴，祷祀求福。

寺　观

龙泉寺　在城西二十五里。明万历间，僧云虚建，灾毁。光绪十七年，檀越王丕佑重建。

〔据李毓兰修，甘孟贤纂光绪《镇南州志略》（清光绪十八年刻本）卷五《祠祀略》第 2 页、第 10 页辑录。〕

（民国）镇南县志·建置志

卷四　建置志五　典祀

风云雷雨山川坛　旧在城东一里，后迁城南门外，又迁北门外，经乱圮废。

谨案：以上各坛祠，在前代均于大祭日派员分祭或专祭，民元以后一致罢止。

〔据郭燮熙编辑民国《镇南县志》（曹晓宏、周琼校注，杨成彪主编《楚雄彝族自治州旧方志全书·南华卷》，云南人民出版社 2005 年版）卷四《建置志五》第 586 页辑录。〕

（康熙）定远县志·祠祀志

卷三　祠祀志

庙　坛

山川坛　邑南三里。

楼　阁

锁水阁　邑南三里。建迎恩桥左，此地即龙川江去处。阅地势水法，关定文风，宜有关锁，风脉乃盛，余莅定之四十年，捐资赁地于桥左，鸠工新建锁水阁一座，上祀玉帝，下塑帝君像以锁水口。邑之乡绅杨魁先、王天锡、陈一敬见是举有功县脉，率阖邑士民公捐于阁。后中建厅房三间，左右厢房各三间。后建大楼三间，左右厢楼各三间。邑治旧缺八蜡神庙。楼成，塑先啬、司啬、农、邮、表啜、猫虎、坊、庸八神于下，春秋索飨，共置田八十亩，招僧崇供。是阁也，余兴工经始于前，绅士接踵补续于后。地灵人杰，实有望焉。

〔据张彦绅修，李仲伟等纂康熙《定远县志》（卜其明校注，杨成彪主编《楚雄彝族自治州旧方志全书·牟定卷》，云南人民出版社2005年版）卷三《祠祀志》第23页辑录。〕

（道光）定远县志·祠祀志

卷三　祠祀志

祀　典

风云雷雨坛　邑南二里许。康熙四十一年，张公彦绅建。道光十四年，德生修葺。

斗箐河龙王庙　邑西三十里。每岁孟春初辰日致祭。

北山寺龙王庙　邑北二十里。每岁孟春二辰日致祭。

曹家河龙王庙　邑北十里。初建庙一间，乾隆二十年，知县倪公存谟补葺。三十九年，知县张公宗义重修。道光八年，知县赵公发率士民重修，大殿三间、厢房左右二间。每岁孟春三辰日致祭。

寺　观

镇水阁[①]　邑南里许。此地即荒川江[②]去处。地势水法，关定邑文风。康熙四十年，知县张公彦绅建阁二层，以培风脉。

〔据李德生修，李庆元纂道光《定远县志》（清道光十五年刻本）卷三《祠祀志》第1页、第4页辑录。〕

（乾隆）碍嘉志·典礼志

卷三　典礼志　祀典

风云雷雨山川城隍坛　每岁春秋仲月上戊日致祭。设木主三：一风云雷雨居中，一境内山川居左，一本土城隍居右。祭品羊一、豕一，铏一、簠二，盛黍稷，簋二，盛稻、粱、枣、栗之属五盘，白色帛七，风云雷雨山川爵六，城隍爵一。

---

① 镇水阁　康熙《定远县志》作“锁水阁”。

② 荒川江　康熙《定远县志》作“龙川江”。

祭文式同前。致祭于风云雷雨、境内山川、本土城隍之神。曰：维神赞襄天泽，福佑苍黎。佐灵化以流行，生成永赖；秉气机而鼓荡，温肃攸宜。磅礴高深，永保安贞之吉；凭依巩固，实资捍御之功。幸民俗之殷盈，仰神明之庇护。恭备岁祀，正值良辰，敬洁豆笾，祇陈牲币。尚飨！

〔据王聿修纂辑乾隆《碍嘉志》（芮增瑞校注，杨成彪主编《楚雄彝族自治州旧方志全书·双柏卷》，云南人民出版社2005年版）卷三《典礼志》第254页辑录。〕

（康熙）姚州志·祠祀志

卷四　祠祀志

风云雷雨、山川、城隍三主合为一坛　在府城南一里。

寺　观

龙王庙　在大石淜堤上。

锁水阁　在州东。

锁水塔　在阁旁，蔡澍建。

〔据管棆纂修康熙《姚州志》（清康熙五十二年刻本）卷四《祠祀志》第1页、第3页、第5页辑录。乾隆《姚州志》同，不赘录。〕

（光绪）姚州志·祠祀志

卷四　祠祀志

庙　坛

风云雷雨山川坛　《姚州旧志》：在大南门外。《采访》：乱后圮废。

寺　观

锁水阁　《云南通志》：在城外东北隅。旁有锁水塔，塔系蔡澍所建。《采访》：阁塔俱废。

禹王宫　《采访》：在北街，亦名寿佛寺，系湖广会馆。

龙王庙　《姚州旧志》：在城南五里大石淜之西。《采访》：一名观海楼，楼后有观音殿。光绪五年，州人徐联魁重建。

〔据陆宗郑等修，甘雨纂光绪《姚州志》（清光绪十一年刻本）卷四《祠祀志》第2页、第12页辑录。〕

（民国）姚安县志·礼俗志

第六册 礼俗志

祠 祀

甘《志》云：《礼经》所载释奠于先圣、先师及山川社稷，五冉八腊之祭，皆祀典之正也。其他能捍灾御患，有功德于民者，亦有祠以祀焉。汉魏而降，崇信释道，始有兰若仙观。迨民国肇兴，群祀皆废，仅纪念孔子，追悼忠烈，著为名令。兹将旧时典祀、俗祀、寺观分著于篇，亦足觇文明进步。崇祀对象，皆注重功德在民，而不与古同科也。

典 祀

风云雷雨山川坛 李《通志》：在府城西，春秋二仲月祭。王《志》：在大南门外。甘《志》：乱后圮废。

龙王庙 李《通志》：有三，一在大石淜，一在白石的，按：系在李家嘴子。一在大康郎。旧《云南通志》：一在城西大康郎，一在城南大石淜，东西有两庙。甘《志》：西庙一名观海楼，后有观音殿。光绪五年，州人徐联魁重建。《采访》：一在子庄，乾隆初年建。又光绪十九年，知州周应方就岑、杨二公祠左建龙神祠，春秋仲致祭。现改设卫生院。

俗 祀

锁水阁 《云南通志》：在城外东北隅。旁有锁水塔，塔系蔡澍所建。甘《志》：阁塔俱废。

禹王宫 甘《志》：在北街，亦名寿佛寺，系湖广会馆。《采访》：光绪末，湖南侨民重修。民国二十六年、二十九年复建大殿。

〔据霍士廉等修，由云龙纂民国《姚安县志》（民国三十七年排印本）卷五十《礼俗志之三》第1－4页辑录。〕

（康熙）大姚县志·建设城池

建设城池 坛庙

山川坛 在县城外南一里。

〔据陆应矾修，吴殿弼纂康熙《大姚县志》（张海平校注，杨成彪主编《楚雄彝族自治州旧方志全书·大姚卷上》，云南人民出版社2005年版）第19页辑录。〕

（道光）大姚县志·祠祀志

卷九　祠祀志

坛　庙

国之大事，惟祀与戎。社稷，又祀之最大者也。明洪武二年，始令天下郡县立社稷坛、山川坛。六年，定风云雷雨及境内山川、城隍三主共为一坛，国朝因之。邑之立坛，有自来矣。此外，列于祀典各庙，其创建之规模，非有以纪之，岁月迁流，踪迹且易湮没也，志《坛庙》。

风云雷雨山川城隍坛　旧在城南一里凤仪寺之右。基址湫隘窊下，坛垣久圮。道光二十五年，知县黎恂移建于城东金龟山巅先农坛之左。坛制方各一丈五尺，崇二尺，缭垣周方一十六丈，正门南向。立石主三位，风云雷雨于中，山川居左，城隍居右。坛内外种植树木，募人岁时看守。

龙神祠　在城西三里冷水冲。乾隆四十六年，知县邹曾辉建。

典　礼

神祇坛　春秋仲月上戊日祭，行二跪六叩礼。

龙神祠　春秋仲月择辰日祭，行二跪六叩礼。

群　祀

龙泉寺　在水井屯。有泉自佛殿前石罅流出，甃为月池，水味甘美。

〔据黎恂修，刘荣黼纂道光《大姚县志》（清光绪三十年刻本）卷九《祠祀志》第1页、第8页辑录。〕

（乾隆）白盐井志·祠祀志

卷二　祠祀寺观附

山川风云雷雨坛　在南关外。乾隆二十一年，提举郭存庄新建，修坛立碑，外筑围墙，起大门三间。春秋二仲月戊日祭。

五井龙神庙　祀得道咸泉之神。雍正三年，奉旨给匾“灵源普泽”。七年，提举刘邦瑞重修。乾隆二十一年，提举郭存庄重修。查龙神以水德旺，不宜祀以戊土克制之日，宜于戊日以后择金水旺日祀之。近岁修祀皆依此说，书之以传后。

土主庙　在文昌宫右，祀本井土主神。康熙辛亥年，为水所圮，提举严一诏重修。康熙五十年，提举郑山重修，增戏台，以戊日祭。乾隆二十一年，提举郭存庄重修。考杨升庵《丹铅录》：黑水祠在云南昆明县之官渡，今名黑杀天神土主俗祠，祷之极众。观此则凡滇境所祀土主皆起于官渡，即土神也，与城隍并尊。井俗相传土主籍本永昌，难为信据。

安丰井龙神祠 旧在井楼之上，为河水冲坍，乾隆九年，提举何恺移建山冈。乾隆二十年，提举郭存庄重修墙房屋壁各处。

圣水亭 在观音井后。乾隆二十年，提举郭存庄新建，依山环水，结构轩爽，有绿萝飞瀑之景。

锁水阁 在旧井宝泉桥西，一名清凉界。

大王庙 在界井西。相传井水自宾居大王庙来，因名。乾隆二十三年重修，较旧制更为宏壮。

〔据郭存庄修，赵淳纂乾隆《白盐井志》（《中国地方志集成·云南府县志辑67》，凤凰出版社2009年影印本）卷二《祠祀志》第53页、第56页辑录。〕

（光绪）续修白盐井志·祠祀志

卷四 祠祀志

典 祀

风云雷雨山川坛 《井旧志》：在小南关外观音寺右偏。乾隆二十一年，提举郭存庄创建，立碑为坛。围墙三面，墁以黄土。大门三间，匾曰“南坛”。《采访》：经乱圮废，借祀于玉皇阁。

总龙祠 《井旧志》：在司治河东土主庙右，创建无考，祀咸泉得道之神。《云南通志》：雍正二年，巡抚杨名时以盐课充溢，民食有赖，请加各井龙神封号。奉旨敕封“灵源普泽卤脉龙王”，春秋致祭。七年，刘邦瑞重修。乾隆二十一年，提举郭存庄重修。春秋颁定于辰日祭祀。《采访》：道光二十六年水灾，重修牌坊，巍峨壮丽，经乱后随时修补。

土主庙 《井旧志》：在文昌宫右总龙祠左，创建无征。康熙辛丑年，为水淹没，提举严一诏重修。五十一年，提举郑山重修，增建戏台，以戊日祭祀。乾隆二十一年，提举郭存庄重修。考杨升庵《丹铅录》：黑水祠在云南昆明县之官渡，今名黑杀天神土主，祀祷极众。观此则凡滇境所祀土主皆起于官渡，即土神也，与城隍并尊。《采访》：经乱，士灶增修。光绪二十九年，提举文源详请加封。

群 祀

观音井龙祠 《采访》：在天福井之上，祀观井龙神于此。每岁春秋，奉文修祀，与总龙祠同期。本井士灶相率告虔，享以牲帛酒醴，历古皆然。光绪元年，重修前楼。

旧井龙祠 《采访》：在宝泉桥之首，祀旧井龙神于此。每岁春秋，祭期同前。经乱全圮，光绪二十六年，本井士灶重建。

乔井龙祠 《采访》：在佛惠桥左、准提阁前、大新井上。道光二十五年，新开大中井，并建龙祠，移祀乔井龙神于此。每岁春秋，祭期同前。正月二十五日，本井士灶祭奠宴会以为常，经乱重修。

界井龙祠　《采访》：在霁虹桥左，石羊所掘处也，祀界井龙神于此。每岁春秋，祭期同前。光绪二十九年，界绅灶重修，增建井楼。

尾井龙祠　《采访》：在象山下北关内，祀尾井龙神于此。每岁春秋，祭期同前，经乱重修。

寺　观

圣水亭　《井旧志》：在观音箐龙祠后。乾隆二十年，提举郭存庄创建，踞山凭水，结构轩爽。水亭观瀑之景即此。并有跋题额曰："是井乃石羊泉之首脉，由洞井至正井，夏秋之间，卤水畅流，滴滴有声，疑若神助。是亭之建，要皆众情愉悦而成功，推大善焉，爰以圣水名之。"《采访》：咸丰间重修，光绪二十三年，毁于火。二十九年，观井士绅重修。

圣泉寺　《井旧志》：名大王寺，在宝关门外山麓。有二井，水味甘洌，上井美于烹茶，下井利作豆腐。相传井脉来自宾居大王庙，故以名寺，创建失考。乾隆二十三年重修，较前宏壮。《采访》：经乱倾圮，光绪二十三年，界井重修。

〔据李训鋐等修，罗其泽等纂光绪《续修白盐井志》（清光绪三十三年刻本）卷四《祠祀志》第3页、第16页辑录。〕

（民国）盐丰县志·祠祀志

卷五　祠祀志

典　祀

风云雷雨山川坛　《井旧志》：在小南关外观音寺右偏。乾隆二十一年，提举郭存庄创建，立碑为坛。围墙三面，墁以黄土。大门三间，匾曰"南坛"。《续井志》：经乱圮废，借祀于玉皇阁。

总龙祠　《井旧志》：在司治河东土主庙右，创建无考，祀咸泉得道之神。《云南通志》：雍正二年，巡抚杨名时以盐课充溢，民食有赖，请加各井龙神封号。奉旨敕封"灵源普泽卤脉龙王"，春秋致祭。七年，刘邦瑞重修。乾隆二十一年，提举郭存庄重修。春秋颁定于辰日祭祀。《续井志》：道光二十六年水灾，重修牌坊，巍峨壮丽，经乱后随时修补。

群　祀

观音龙祠　《续井志》：在天福井之上，祀观井龙神于此。每岁春秋，奉文修祀，与总龙祠同期。本井士灶相率告虔，享以牲帛酒醴，历古皆然。光绪元年，重修前楼。

旧井龙祠　《续井志》：在宝泉桥之首，祀旧井龙神于此。每岁春秋，祭期同前，经乱全圮。光绪二十六年，本井士灶重建。

乔井龙祠　《续井志》：在佛惠桥左、准提阁前、大新井上。道光二十五年，新开大中井，并建龙祠，遂移祀乔井龙神于祠内。每岁春秋，祭期同前。正月二十五日，本井士灶致祝宴会以为常，经乱重修。

界井龙祠　《续井志》：在霁虹桥左，石羊所掘处也，祀界井龙神于此。每岁春秋，祭期同前。光绪二十九年，界井绅灶重修，增建井楼。

尾井龙祠　《续井志》：在象山下北关内，祀尾井龙神于此。每岁春秋，祭期同前，经乱重修。

卷十二　杂类志之六　旧习

庆　祝

《井旧志》：正月十三日，作龙王会，五井五庙，轮流值会，庙内修斋，庙前演戏。〔……〕《续井志》：正月十三日，官民诣总龙祠庆祝。先择日迎会奉神，遍游五井，沿街香灯结彩，灶户子弟数十人盛服乘马前导，演戏十日。

卷十二　杂类志之七　轶事

关圣显灵　《井旧志》：明崇祯三年，水灾，将圣像漂至金沙江，屡次显灵，江边彝人数百里送回。《续井志》：道光丙午年六月二十六夜，雷雨大作，河水泛涨，两岸屋宇、人民漂流无数，而庙址低洼，水未侵入。又五马桥梓人高发扬屋中藏有《觉世真经》木板，时水涨尽逃，邻居尽没，此屋犹存，人皆谓帝君之阿护焉。

龙王上任　《续井志》：在界井万安桥东，名新井。未凿时，有提举由京莅任，至洞庭，见邻船灯有“特授白盐井五井”，异而问之，其人对以“奉天子命任白井”，并告以上任日期。至井后，适获咸泉，与所告上任日期相符，始晤前所遇乃龙王也。今所塑像，盖提举传述焉。

小青龙　《续井志》：井东赤石崖村后有山箐，名小青龙，高峰兀突，悬崖皆赤色，高数十仞，因以名村焉。山之巅，形如盘，广丈余，中有龙湫，泉清而洌。其旁茂林蔽日，树叶无落其中者，相传有小青龙居此。明万历间，进士陶珽任陕西陇右观察，因便道谒天师府，见捧茶者披羊皮如倮夷状，珽意以为简亵，殊不悦。天师以赤石崖小青龙供职告且曰：“此物性刚，君适轻之，必作狡狯。”遂以几上笔赠之，令悬于舆中。珽疑信相参，及辞，甫出门，雪雹骤至，惟舆左右咫尺无雹。今其地山雾偶起，风雪即至，人皆谓小青龙所致。是则山名小青龙，盖地以神传欤？

卷十二　杂类志之八　异闻

香水河　《续井志》：乾隆间，井幕有董任者《咏香水河夜月》诗注云：土主像，乃香木雕成。前明河水盛涨，像逆流而上，人惊其神，因名河为香水云。

〔据郭燮熙纂修民国《盐丰县志》（民国十三年排印本）卷五《祠祀志》第4－9页、卷十二《杂类志》第22－29页辑录。〕

大理州

（康熙）大理府志·祠祀志

卷十七　祠祀志

大理府

祀　典

风云雷雨山川坛　在府城南四里。岁春秋二仲月上巳日，府率官属祭。

风伯祠　在府城北五里。初无祠，嘉靖癸亥，暴风不息，分巡彭谨始建之。以冬至后戊日祭。今废，当修复。

苍山神祠　在府城西三里中峰之麓，岁春秋二仲月祭。年久庙朽，康熙三十一年，提督诺穆图重修。

洱水神祠　在府城东五里洱河西岸，岁春秋二仲月祭。明嘉靖四年，大旱，副使姜龙祷雨立应，因重修焉。中建普德堂，外建浩然阁，有张宪碑记，载《艺文》。岁久朽敝。今康熙三十二年，提督诺穆图重修。

海口龙王庙　在龙尾关外。岁春太和县祭，秋赵州祭。

群　祀

雷　庙　在府治西南马神庙右。

神宝泉庙　在城南五里。地涌三泉，民资灌溉，以有神焉，庙祀之。明嘉靖间，庙灾，泉亦以涸，民白于官，新之，明年泉复出。

喜洲龙王庙　在城北五十里河矣村。《白古通》谓点苍山脚插入洱河者，惟城东与喜洲二支，南支神形为金鱼，北支神形为玉螺，二者现则为祥云。

海神祠　在洱河北。南诏异牟寻归唐时立此，以示不复叛之意。

安龙庙　在府城西南隅。初筑城至此辄圮，父老谓有龙焉，因庙之，遂不复圮。

赵　州

祀　典

风云雷雨山川坛　在州治西南一里。

群　祀

龙王庙　在治东八里。

黑庄龙王庙　在州东黑庄村北龙伯山麓。万历间知州沈奎灿[①]建，祠前有楼曰“俯泉”，楼前有池，池有亭曰“濯缨”。岁春秋二仲月中庚日祭。

清流普济祠　在州南曲别山麓。明嘉靖二十七年大旱，知州潘嗣冕祷于董秘僧之龙

---

① 沈奎灿　原本作“沈奎”，据万历《赵州志》补。

湫，龙果见，大雨二日[1]，因建祠祀之。岁春秋二仲月中庚日祭。

治水龙王庙 在德胜驿西，明正德间建。

汉邑村龙王庙 在覆釜山铁甲山本村。蒙氏时建，水利甚溥。

大庄龙王庙 在大庄界。庙前有池，涌泉如珠。

云南县

祀典

风云雷雨山川坛 在县治西北。

邓川州

祀典

风云雷雨山川坛 在治东三里。

群祀

东龙庙 在旧州治东十里。邓赕诏建，以祀水神，灌溉既溥，应感亦灵，州之春祈即焉。

浪穹县

祀典

风云雷雨山川坛 在县治南二里。

群祀

罢谷山龙王庙 在县治北十五里山下。玼碧湖即洱河源也，邑人赵以康建楼于庙前，匾曰“谷源”，岁久颓毁。康熙三十一年夏五月不雨，通判黄元治祷于庙，大雨立注，因重修焉。移“谷源”之额于中堂，而题其楼曰“瀓碧”，表里焕然，祈祷者无虚日，而游眺之士，若或招之。

西山龙王庙 在县治西山十里。其流泉灌溉之利甚溥，县城南北皆资之，庙久废，泉源亦涸。康熙三十一年，通判黄元治督令土典史王晋、乡耆徐恒定即其故址稍南而新之，塑像以祀，溪登之蛮奉香火焉。

九龙池龙王庙 佛光寨北。

黄龙池龙王庙 在三营南。

四龙王庙 白汉厂，宁津桥西。黑汉厂，宁津桥东。凤羽河，庙在南山。三营河，庙在三江口。以上四庙，通判黄元治疏浚河道新建，时为康熙三十一年十月。

宾川州

祀典

风云雷雨山川坛 在州城南一里。

群祀

仁慈庙 一名大王庙，在奇石山下。俗传大士制罗刹，有张敬者与有力焉，死为漏

---

① 二日 万历《赵州志》作“三日”。

江之神。洱水洞达至庙下，喷涌而出，灌溉百里，民感而祀之。

云龙州

祀　典

风云雷雨山川坛　在州北，知府毕鸾建。

黑水神祠　澜沧江数有风涛覆溺之患，建祠以祀江神，患遂息，以春秋致祭。

〔据傅天祥等修，黄元治等纂康熙《大理府志》（故宫博物院编《故宫珍本丛刊》第230册《云南府州县志》第5册，海南出版社2001年据清康熙三十三年刻本影印）卷十七《祠祀志》第9－11页辑录。〕

（万历）赵州志·祠祀志

卷三　祠祀志

祀　典

赵　州

风云雷雨山川坛　在州治西南一里。万历十五年二月，知州庄诚加帛四段，春秋二仲月上巳日祭。祭需牲牢四两贰钱，帛三钱伍分，庶品伍钱六分，共伍两贰钱。

黑庄龙王庙　在州治东黑庄村龙白山麓，万历年间知州沈奎灿建。祀前有楼，曰俯泉楼。楼前有池，池前有亭，曰濯缨。岁春秋二仲月中庚日祭，牲牢本州措处。

清流普济祠　在州治南曲别山麓。万历二十七年州大旱，知州庄诚闻先任潘嗣冕祷于董密僧之龙湫，龙果见，大雨三日，因建祀祠，春秋二仲月中庚日祭，牲牢本州措处。

群　祀

治水龙王庙　在德胜关邑西，正德十一年建。

汉邑村龙王庙　在龙泊山麓覆釜山铁甲山本村。蒙段氏时建，水利甚溥，其中有鱼。

大庄龙王庙　在大庄界。庙前有“地涌珠泉”之景。

〔据庄诚修，王利宾纂万历《赵州志》（国家图书馆藏钞本）卷三《祠祀志》第16页辑录。〕

（乾隆）赵州志·祠祀志

卷三　祠祀志

祀　典

风云雷雨山川坛　在城西南一里。春秋仲月上巳日祭。周礼祀风师雨师，唐天宝间诏祀雨师与雷神同坛，汉宋各坛而祭，明始以风雨雷合云为一坛。雍正十年，知州程近仁兴筑围墙，增高坛壝。

群　祀

汉邑村龙王庙　在城东八里，蒙段时建。水出庙左，殿前有紫薇树，大数围，心长冬青一本，名青紫交荣。

苏髻龙王庙　在城东龙伯山下。明万历间知州沈奎灿建，有池亭曰“濯缨”，有楼曰“俯泉”。岁春秋二仲月上庚日本州办祭。

西冲小黑龙　在城西云台山界。

治水龙王庙　在德胜关驿西。明正德间建，有知府汪标碑记。仲秋祭。

九头龙　在东晋湖边，地名九龙吐水。明崇正二年，生员何显宗请祀，未建庙。

赤子龙王庙　在城西冲三里，旧有庙圮。本朝康熙戊子年，郡绅郑荣重建，前有萃爽楼。

三子龙　在定西岭。详《水利》。以上皆州自办祭。

清流普济祠　在城南十三里曲别山。明嘉靖年，知州潘嗣冕祷雨于董秘僧龙湫，龙见，果雨，因建祠以春秋仲月中庚日祭之。

圣御龙王庙　在弥渡东门。

九股龙王庙　在弥渡东山九龙箐口。四月致祭。

光辉龙王庙　在上达村之东山下。旧有林公祠在州治前，明正德间祀分巡副使林俊，以其有筑城功，后祠圮，移主同庄公致祭。

〔据程近仁修，赵淳等纂乾隆《赵州志》（故宫博物院编《故宫珍本丛刊》第231册《云南府州县志》第6册，海南出版社2001年据清乾隆元年刻本影印）卷三《祠祀志》第1－4页辑录。〕

（道光）赵州志·祠祀志

卷二　祠祀志

祀　典

风云雷雨山川坛　在城西南一里。每岁春秋仲月上巳日祭。按周礼祀风师雨师，唐天宝间诏祀雨师与雷神同坛，汉宋各坛而祭，明始以风雨雷合云为一坛。雍正十年，知州程近仁兴筑围墙，增高坛壝。

群　祀

汉邑村龙王庙　在城东八里，蒙段时建。水出庙左，殿前有紫薇树，大数围，心长冬青一本，文紫交荣。

苏髻龙王庙　在城东龙伯山下。明万历间知州沈奎灿建，有池亭曰“濯缨”，有楼曰“俯泉”。岁春秋二仲月上庚日本州致祭。

西冲小黑龙　在城西云台山界。

治水龙王庙　在德胜关驿西。明正德间建，知府汪标仲秋致祭，有碑记。

九头龙　在东晋湖边，地名九龙吐水。明崇正二年，生员何显宗请祀，未建庙。

赤子龙王庙 在城西冲三里。旧有庙圮，国朝康熙戊子年，郡绅郑荣重建，前有萃爽楼。

三子龙 在定西岭。详《水利》。以上皆州自办祭。

清流普济祠 在城南十三里曲别山。明嘉靖年间，知州潘嗣冕祷雨于董秘僧龙湫，龙见，果雨，因建祠以春秋仲月中庚日祭之。

圣御龙王庙 在弥渡东门。

九股龙王庙 在弥渡东山九龙箐口。四月致祭。

光辉龙王庙 在上达村之东山下。旧有林公祠在州治前，明正德年间祀分巡副使林俊，以其有筑城功，后祠圮，移主同庄公致祭。

〔据陈钊镗修，李其馨纂道光《赵州志》（《中国地方志集成·云南府县志辑 78》，凤凰出版社 2009 年据清道光十八年刻本影印）卷二《祠祀志》第 60 页辑录。〕

（康熙）剑川州志·祠祀志

卷十 祠祀志

坛 壝

风云雷雨山川坛 在治西一里。

群 祠

龙王古庙 旧祠在螳螂场，因治西岩场水患，州民移镇于崇仁寺左，水患遂息。凡祈晴祷雨，无不灵应，岁时社祭于此，协镇林大忠重修。

沧浪神庙 在州北二里。

白龙王庙 在州西一里，明正统中建。

〔据王世贵修，张伦纂康熙《剑川州志》（《北京图书馆古籍珍本丛刊 44》，书目文献出版社据清康熙五十二年刻本影印）卷十《祠祀志》第 34 页辑录。〕

（康熙）鹤庆府志·禋祀志

卷十 禋祀志群祀附

风云雷雨山川坛 在府治南一里。

水洞祠 在府南象眠山下。昔神僧赞陀崛多有利导之功，知府周集建祠，至今以四月八日祀之。

西龙潭祠 在府城西。其下又有龙宝、黑龙、白龙、吸钟诸潭祠，以七月九日祭。

群 祠

白龙庙 在府西北五里。

剑川州

坛　壝

风云雷雨山川坛　在治西一里。

群　祠

龙王古庙　旧祠在螳螂场，因治西岩场水患，州民移镇于崇仁寺左，水患遂息。凡祈晴祷雨，无不灵应，岁时社祭于此，协镇林大忠重修。

沧浪神庙　在州北二里。

白龙王庙　在州西一里，明正统中建。

〔清佟镇修，邹启孟纂康熙《鹤庆府志》（故宫博物院编《故宫珍本丛刊》第232册《云南府州县志》第7册，海南出版社2001年据清康熙五十三年刻本影印）卷十《禋祀志》第13－16页辑录。〕

（民国）鹤庆县志·祠祀志

卷五上　祠祀志辰部

典祀辰之一

风云雷雨山川坛　在治南一里。

祝文：惟神赞襄天泽，福佑苍黎。佐灵化以流行，生成永赖；秉气机而鼓荡，温肃攸宜。磅礴高深，常保安贞之吉；凭依巩固，实资捍御之功。幸民俗之殷盈，赖神明之庇护。恭修岁祀，正值良辰。敬洁豆笾，祗陈牲币。尚飨。

水洞祠　在治南象眠山下。昔神僧赞陀屈多有利导之功，明知府周集建祠，岁以四月八日祭，有郡守吴堂、郡举人樊巍各为之记。

吴堂《水洞祠记》：

漾工为鹤庆巨川，因名为江。俗又谓之蛟江，岂其形似耶？源发于丽江之雪山，始于滥觞，积乃溢，合众流而南入鹤境。迅驶百折，盘涡骇腾，越百里余，奔注象眠山足石堀，伏流里许为水洞导洞，石衡决声，昼夜轰若雷括，众籁罔闻，百二十里入金沙江，东会于海。呜呼！源委亦盛矣。产珍孕奇，至我皇明而风气益开拓，建官立学，诞敷文教，人才辈出。山川之秀，岂可诬哉！

予以正德己卯与朝议不合，出守兹土。越明年庚辰四月八日，洞始祭，从民望也。辛巳又祭，士民胥集，有进而言曰："天为民设此洞也，否则潴而为渊，且不可郡，谓非吾鹤之司命乎？耕而需，饮食而需，聚族而需，葬而需，生养而需，弗报乃罔神，其获戾不文，何以纪诸后，是岂非君侯之意乎？愿有以勒。"因不自鄙，摭众闻，俾镌祠石，并正其神号曰"象眠山水洞之神"。

樊巍《水洞祠记》：

鹤地僻在滇西北陲，平原百余里，东西麓龙泉混混者奚啻数十。以群山环合，水无从泄，潴而为海，民居两涯。汉武帝元封二年始置郡。唐德宗时，西方有神僧号赞陀崛多尊者，来止石宝山结茅居之，今庵址尚存。僧一日以鹤皆龙蛇窟，民无所定，举所拽杖，拄南山之麓，为洞一，为孔百余以泄水。于是水田地中行，民得平土而居之。嗣是村落星处，就湿为田。历宋及元，比我国朝，兼设守御二所。鹤之地，屯田居半，而军储之需，仰给于斯土矣。

正统八年，郡守林公置水神祠于洞门之涯，祭以四月八日，从民望也。迄今嘉靖壬寅，淫雨为虐，洪水泛滥，荡阡畛，淹禾稼，没民居。民避高源，有望其庐舍而垂涕悲咽不能出声者。诉于郡守。遂宁周公亦泫然泣下曰："鹤其为沼乎！吾奚忍于吾民昏垫若是？"即日出俸资百七十八两，而郡民杨大增捐银五十两，庠生杨允中捐银十两。遂鸠工，相地形，东南隅稍下者，欲沟之以泄其盈。越月余而沟亦就绪，众以用工颇费而望效甚迟，乃言于公曰："凿渠之难为功，孰与疏洞之取效速乎？夫崛多故洞，自江尾抵洞口里许皆孔也，孔皆水泄也。近为渔者擅利，春初则壅孔置笱，比潢潦暴至，弗及撤，岁复岁而孔浸以塞矣。又有沿江植柳，漾为沙洲，因以禾麦其间者，致令江尾渐隘，川势涨溢，水患之弊，其原于斯乎？"公矍然曰："其信然乎！"乃使善水者探其故穴，撤其壅蔽，伐植镵碍，而水之奔注者，莫之御矣。公乃叹曰："以渔人之利而贻畎亩之殃，恣一夫之奸而为一郡之害，可乎？"乃治其人，得其状。自是严禁约民，有顽者不得肆其奸矣。因思尊者之功曰："神哉！其利于吾民若是，何报功之典，历世莫之讲也？"乃使居民求其像于元化寺而迎之，置于洞门之隅而堂之，住僧时拈香以供之。

征予记，予曰："美哉，诸士民之举乎！懋哉，尊者之功乎！贤哉，我周公之仁乎！"昔者大禹当平世，不忍斯民昏垫，乃浚川导河，疏天下之流而注之海。然考其导黑水者四，而叶榆泽其一也。鹤旧为海，密迩叶榆，岂禹迹有未到耶？不然，天下之水皆导于禹，而独于鹤有遗功耶？抑尊者之来，岂天以斯人畀鹤以缵禹之功乎？志郡者录山川之景，有曰"象岭吞江""蛟河蟠野"，皆志是水也。而导是水以有斯景者，果何人耶？向微我公，则尊者之功几乎泯灭，尊者之洞几乎壅塞，而鹤之桑田几乎沧海矣！然则禹之功在天下，尊者之功在一郡，我公之功在续尊者以疏其壅。其先后大小不同，而忧民则一也。或有谓尊者寂灭之流，无意人世，而洞门百孔，亦皆天造地设。噫！独不思尊者斩云之剑，驱雹之咒，密教之贻，亦皆天造地设者乎？而释迦每以利益一切众生为言，是果无意人世者乎？使天下之僧而皆如尊者，则皆有功于民矣，而奚以病其寂灭哉！予固谓尊者之心，大禹之心也，固宜记。我公之心，尊者之心也，尤宜记。

诸有勋于斯举者，则有郡人县丞杨怀玉、主簿李杰、教官李文熙及杨中道、李集义、李学书，各捐银四两而修理焉，亦崇德报功之心也，又当载姓氏于碑云。

郡人杨方盛《谒水洞祠》诗：

礼罢神僧两足尊，妙门千创半龛存。定中疏水杖何在，首出开天德不言。宝刹有光留色相，洞泉多窦见根源。溪云出月年年事，风雹何时消法门？

郡人史秉信《水洞祠》诗：

鹤拓在昔称龙国，壑汇平川水深黑。昏垫怀襄半属鱼，渺渺汵汵无沟洫。西域飞来崛哆尊，投珠百八穿山根。神锡掉通坤维轴，象眠之麓亦龙门。鲸吸蛟吞尾闾开，沱沱悠悠漾水洄。漏卮泄处观消息，海立云崩吼若雷。时复为笑复为怒，练披雪卷珠玑吐。雨花溅石日生寒，长空白昼飞阴雾。一自归墟云脚穿，绿野青葱万井烟。滥觞盈满难为数，秋淋时复涨为川。稼穑强半没洪涛，多少人民为水逃？庐舍中央凭漂泊，万姓徂溺声嗷嗷。或云积樗塞其窦，又疑妖蛟居其岫。千蹊万壑泥沙拥，徒切民忧莫能究。浪说沧海与桑田，旱帝灾王年复年。但祝神功弥霄壤，胜迹安澜皈象眠。

西龙潭祠　在治西。其下又有龙宝、黑龙、白龙、吸钟诸潭祠。以七月九日祭。

俗祀辰之二

白马庙　在治西二里。让朝光绪间，邑绅舒金和倡首醵资重建，邑人杨金鉴为之记。杨《记》：

滇古荒服，多祀土神，郡县乡邑皆有之，不详其所至，殆必先世有功于斯土，始奉以神而祠之祀之耳。盖人非土不能立，非谷不生，祀之则年谷丰，水旱不作，是神能致福，其为灵也昭昭矣。

鹤治西有庙，祀白马尊神。每岁仲春，由绿营迎像入城，递传七铺三村，邑之人瞻拜祈祷，其亦崇报土功之义欤？或曰：马在星为天驷，今赛神自武营始，殆马王也。然马王自有庙，且像亦不类，即不必实其人，而旱潦则祷之立应允，宜祠而奉之，其血食此一方也久矣，岂奉之久而可听其废乎？

光绪庚辰，邑绅舒君金和，以庙毁于兵，倡议修复。于是前镇军楚南朱公洪章捐助百金，中军何公秀桢由营亦集捐百金，邑侯关中黄公维中捐木值银数十两，七铺三村共捐银七十余两。舒君乃鸠工庀材，终始其事。计建正殿三楹，前殿三楹，两廊舍各五楹，两角房六楹，大门五间，门外戏台一所。落成，实用去银一千两有奇。又以所卖与李锦皇陆坛地价银三十两，创修州前铺面两间，作香火、岁修及帮补上殿之资，而舒君实捐银七百余两。是以庙貌重新，祠宇壮丽，固足以肃具瞻而俾思绎矣。不意己亥岁，司香火者弗戒于火，前殿被灾。舒君慨然于崇焕之灰烬也，不可不及身以复之，遂由本号倡捐银三百两而力承其役，镇标三营亦助捐银五十两，七铺三村共捐银二百二十两。重建前殿三楹，增修廊庑各五楹，添建角房两楹，大门左右厅事各两楹，共费银六百余金，其规制之宏敞，视前更巍巍焕焕，实有以据一州之胜而著神之灵焉。从此酒醴粢盛，馨香百代，使人人得伸其颂祷以享丰稔之庆者，未始非舒君之力也，而要非神灵之默相不及此。父老有言，沙河一带，田苗从未遇冰雹。昔日三宝之乱，神尝显灵验以败贼兵，是尤于冥冥中而为民御灾捍患也。予既喜神之有裨于斯土，而食毛践土者，亦知重报本反始之义，故乐为之记。

白龙庙　在治西北五里。

青龙庙　在治西北二十里。

九龙庙　在城北二十五里。

北龙泉庙　在城北二十五里。

黑龙庙　在城南十五里宣化山北。

海龙庙　在城北二十五里。

龙神祠　在治东南水寨。让朝山阴张继昭《游祠》题云："深山本是蛟龙窟，蛟自纵横龙自宁。百亩平坡专水利，廿家编户作门庭。林峦遮掩神灵妥，殿宇荒沈黍稷馨。我揣渊源倚树久，淹留未惜马蹄停。"

〔据杨金铠纂辑民国《鹤庆县志》（大理白族自治州图书馆1983年据民国十二年稿本油印）卷五上《祠祀志》第33－58页辑录。〕

（康熙）蒙化府志·建设志·坛庙

卷二　建设志　坛庙

风云雷雨山川坛　在城外东南隅，久圮。康熙三十年，同知杨天眷重建。

龙王庙　在府城东三里翠虬山之麓。

〔据蒋旭修，陈金珏纂康熙《蒙化府志》（《中国地方志集成·云南府县志79》，凤凰出版社2009年据清康熙三十七年刻本影印）卷二《建设志·坛庙》第34页辑录。〕

（乾隆）续修蒙化直隶厅志·建设志·坛庙

卷二　建设志　坛庙

风云雷雨山川坛　详旧《志》。每岁春秋二仲月上戊日致祭。一坛三主，中书风云雷雨之神，左书境内山川之神，右书本厅城隍之神。

〔据刘岦等修，吴蒲等纂乾隆《续修蒙化直隶厅志》（清光绪七年重刻本）卷二《建设志·坛庙》第97页辑录。〕

（民国）蒙化志稿·地利部·祠庙志

第十二卷　地利部　祠庙志

龙　神　在翠虬山。康熙间土知府左星海建，咸丰七年兵燹毁，光绪间重修。

冷泉庵　在等觉寺外，即古药师殿也。内有井，清洌香美。明杨升庵两游蒙化，栖息于此，《中秋夜》诗云："可怜三五夜，明月扬清光。见光千万里，愁人天一方。客游感时节，秋风生微凉。远行念当归，何为久他乡。四座且勿喧，听我辛苦章。辛苦不可道，听之令君老。屈子多憔悴，卢仝无往还。吟情韦曲住，爱静习池山。皋壤从吾好，烟霞伴子间。题诗满修竹，净扫锦苔斑。"雷应龙《题冷泉庵》云："九月又五日，黄花犹盛开。披襟篱畔坐，乘兴月中来。影弄蟾光动，明浮素魄回。夜深清籁静，香气绕金杯。"刘讷《冷泉庵怀杨升庵》云："冷泉古寺余荒壁，太史遗踪有旧祠。不洗文章三月恨，常含谏草昔年悲。贾生痛哭长沙日，屈子行吟泽畔时。郊稣郊尧同一义，千秋直笔几人知。"王信国云："精舍间间紫翠中，留题太史惜飘蓬。魁梅锦檄传胪早，垂柳篱长委路穷。万古沉沦悲故国，多年迁谪想孤忠。当时议礼完臣节，千古犹然凛烈风。"刘垲《题冷泉庵杨升庵像》云："阙下郊尧争大礼，天涯缵禹释残碑。碧鸡金齿当年客，窗竹池花此地诗。冽彼寒泉犹五八，依然垂柳几披离。月明如水伊人在，想见凌风飞去时。"

〔据李春曦等修，梁友檍纂民国《蒙化志稿·地利部》（民国九年排印本）第十二卷《祠庙志》第3页辑录。〕

（康熙）定边县志·祠祀志

祠祀志　坛庙

风云雷雨山川坛　县治南。

〔据杨书纂康熙《定边县志》（云南民族社会历史调查组1960年钞本）《祠祀志》第25页辑录。〕

（雍正）宾川州志·名宦祠祀群祀附

卷九　名宦祠祀群祀附

祠　祀

风云雷雨山川坛　在州城南一里。

龙王庙　在城东，知州王鼎建。

群　祀

仁慈庙　一名大王庙，在奇石山下。俗传大士制罗刹，大王姓张名敬，与有力焉，死为漏沟之神。洱水伏流至庙下，喷涌而出，灌溉百里，民感而祀之。

碌摩庙　州西北四十里山麓。巨石森峙，庙居其间，牛井川民于此祈报焉。

观音爸庙　在宝山下，即观音大士也。世传龙欲撼山塞河，潴水为渊，见金牛形，将五星山耙至水口。时方夜半，大士见身，作鸡鸣，牛遂弃耙，没入井底，故川以牛井名，而耙山之形宛然，土人立庙祀之，所祷辄应。

沙漠庙　州治西百十里鲁川地，相传为护法龙神。水从庙基下涌出不竭，川民祀之，祈祷辄应。内古柏一株，枝伸屈如虬龙，欲伐之为己利者，斧落自投其足，有大蛇盘出，遂避去。今柏耸然，人莫敢戕。

〔据周钺纂修雍正《宾川州志》（清雍正五年刻本）卷九《名宦》第5页辑录。〕

（雍正）云龙州志·建置志

卷四　建置志附祠祀

社稷风云雷雨山川坛　一在州北，一在州南，久废。康熙五十四年，知州王㳟总设于德龙山麓。三崇庙之，西缭以土垣，建石台，台上立石主三。岁以春秋二仲月上戊日祭。望燎不望瘞，有受胙。祭品用帛四、羊三、豕三，爵各三，鉶各一，簠簋各二，笾豆各四。有记，载《艺文》。

沘江袢祠　旧无祠像，数患洪涛，建祠以祀，患遂息。岁以春秋致祭。

龙王阁　建金泉井上。岁以春秋致祭。

〔据陈希芳修，胡禹谟纂雍正《云龙州志》（《中国地方志集成·云南府县志辑82》，凤凰出版社2009年据钞本影印）卷四《建置志》第3页辑录。〕

（隆武）重修邓川州志·祠祀志

卷十二　祠祀志城隍以卫人，土地以居人，泉水以泽人。

戊巳神祠　在新生里。各村涧口每秋蛟龙流□，以铜铸佛象御之。传言蛟性畏铜，屡有验。里民春秋□祀。

〔据敖浤贞修，艾自修纂隆武《重修邓川州志》（《云南大理文史资料选辑·地方志之三》，大理白族自治州文化局1983年据云南省图书馆传钞本整理点校）卷十二《祠祀志》第97页辑录。〕

（咸丰）邓川州志·祀典志

卷七 祀典志

秩 祀

神祇坛 在南门外，岁春秋仲月诹吉致祭。陈设一案于坛正中，南向，奉云雨风雷神位居中，本境山川神位居左，城隍神位居右。所有簠、簋、笾豆、尊俎、羊豕、祝版、香盘、炉镫、福酒、福胙，陈设次序与三献仪节，均如社稷之礼，惟鉶一、帛七、爵二十有一不同。其祝词曰：维某年月日某官某致祭于云雨风雷、本境山川、城隍之神。曰：惟神赞襄天泽，福佑苍黎。佐灵化以流行，生成永赖。秉气机而鼓荡，温肃咸宜。磅礴高深，长保安贞之吉。凭依巩固，实资捍御之功。幸民俗之殷盈，仰神明之庇护。恭修岁祀，正值良辰。敬洁豆笾，祇承牲币。尚飨！

群 祀

黑龙庙 在下山口，主瀰苴佉江之神。每春秋仲月辰日，礼书备羊豕品物，请官诣祭，行二跪六叩礼。

东龙庙 在州东八里灵源泽畔。每秋七月，念三日礼书，备羊豕品物，请官诣祭，行二跪六叩礼。

芭蕉济旱龙神 在大楼桥。每春秋仲月辰日，礼书备羊豕品物，请官委员诣祭，行二跪六叩礼。若岁旱有祷，官率属步至焉。

论曰：群祀中旧有诸葛、黄公、戊巳、捍患、三德等祠，皆所以镇水患也。今废矣。至于龙神之祀，自古无之。有之始于宋之五龙庙，嗣是而九龙堂兴焉。今则京邑之黑龙、淮壖之白龙，升中之典尤隆备，岂非以其灵昭普济保障河流哉！夫瀰苴河之滋累深矣，有神焉捍御而默奠之，邓之人不且家尸而户祝之耶？

民 祀

青龙庙 在鱼潭坡洱水岸，祀洱海龙神。

白龙庙 在州东南八里许。岁以七月二十三日兆邑人宰牲致荐。

〔据钮方图修，侯允钦纂咸丰《邓川州志》（清咸丰五年刻本）卷七《祀典志》第16－22页辑录。〕

（康熙）云南县志·祠祀志

祠祀志 祀典

风云雷雨山川坛 在县治西北。

〔据伍青莲纂修康熙《云南县志·祠祀志》（国家图书馆藏民国年间钞本）第62页辑录。

（乾隆）云南县志·祠祀志

元集卷一　祠祀志　祀典

风云雷雨坛　在城外西北隅。每岁春秋上巳日致祭。

锁水阁　在城外东南隅，兵备道熊鸣岐建。

龙泉寺　在大波那北山下。有洞出泉，灌溉各村。又有池泉，各天一间①，三月十五日祭赛。

金龙寺　在龙冈后过溪沟里许山麓间。旁出泉，名金龙，泻口处其寺久圮，基址犹在。

梁王庙　在龙池上碧池秋水处，华严村旁。

白龙庙　在东山脚。

〔据李世保修，张圣功、王在璋纂乾隆《云南县志》（清乾隆三十二年钞本）元集卷一《祠祀志》第24页辑录〕。

（光绪）云南县志·祠祀志

卷六　祠祀志

典　祀

风雷云雨山川坛　在城外西北隅。咸丰七年，城陷被毁。

龙王庙　在宝泉山下。旁出龙泉，名曰宝泉宫。今存。

俗　祀

白龙庙　在东山白土田。已毁，今邑人修之。

宝泉行宫　在西冈龙池上。嘉庆十六年重修。咸丰七年被毁，华严村士民修复。

龙王庙　在云川龙洞，兵毁，村民重修；一在大波那，咸丰七年毁，贡生李炜、庠生赵炳率村民重修；一在八甲龙马箐，现已兴修；一在城海后山。

寺　观

龙泉寺　在大波那北山下。有洞出泉，可资溉灌。又有池泉，名天一阁。

锁水阁　在城东南隅。明万历间，兵备道熊鸣岐建。咸丰七年，城陷被毁。

金龙寺　一名宝华寺，在城西卧龙冈后五里许。段氏时建，有泉甘洌，可疗疾。久圮。

---

①　各天一间　光绪《云南县志》卷六作“名天一阁”。

白龙庙 在五福寺侧，新建。

龙王庙 在龙洞村。光绪三年，居民重修。

〔据项联晋修，黄炳堃纂光绪《云南县志》（清光绪十六年刻本）卷六《祠祀志》第1－8页辑录。〕

（康熙）续修浪穹县志·祠祀志

卷六 祠祀志

祀 典

山川坛 在治南一里。

民 祀

龙王庙 在治北十里，河头即洱源也。万历甲午，邑人赵以康捐资建大楼三间于庙前，扁曰“谷源灵境”。

曲[①]山龙王庙 治西二十里。其流泉灌溉治南北田园。其庙久废，急宜兴复。

〔据赵珙纂修康熙《续修浪穹县志》（国家图书馆藏民国年间钞本）卷六《祠祀志》第2页辑录。〕

（光绪）浪穹县志略·祠祀志

卷六 祠祀志

典 祀

云雨风雷山川坛 《大理府志》：在城南二里。

龙王庙 《大理府志》：在城北十五里罢谷山下，此碧湖即洱源也。邑人赵以康建楼庙前，扁曰“谷源”，岁久倾圮。国朝康熙三十一年五月旱，通判黄元治祷于庙，大雨立注，遂重修焉，移“谷源”额于中堂，题其楼曰“瀓碧”。

群 祀

西山龙王庙 《大理府志》：在城西十里西山。流泉灌溉，为利甚溥。后庙废，泉亦涸。康熙三十一年，通判黄元治饬土典史王晋即故址南建庙。

九龙池龙王庙 《大理府志》：在佛光寨北。

黄龙池龙王庙 《大理府志》：在三营南。

白黑厂龙王庙 旧《志》：在白汉（黑）厂南。六月初一日及兴工之始，有司祀之。

凤羽河龙王庙 《大理府志》：在南山。

三营河龙王庙 《大理府志》：在三江口以上。旧《志》：在城东上村。

---

① 曲 光绪《浪穹县志略》作“西”。

寺　观

龙王庙　旧《云南通志》：在城西南四十里罗坪山中。峰下有潭，每出云则雨。

〔据罗瀛美修，周沆纂辑光绪《浪穹县志略》（清光绪二十九年刻本）卷六《祠祀志》第 1 - 6 页辑录。〕

丽江市

（乾隆）丽江府志略·礼俗略

下卷　礼俗略

祠　祀

风云雷雨山川坛　在城南门外关帝庙前。乾隆五年三月，知府管学宣因规制未合改建。

群　祀

玉泉龙王庙　在城北象山麓。乾隆二年，知府管学宣率经历赵良辅、耆民李指日等建。建庙原委，详碑记内。〔……〕

寺　观

九顶龙王庙　在东河。久废址存。

九河神庙　在城西南一百里九河里，明时建。

〔据官学宣修，万咸燕纂乾隆《丽江府志略》（《中国地方志集成·云南府县志辑 41》，凤凰出版社 2009 年据钞本影印）下卷《礼俗略》第 31 - 34 页辑录。〕

（光绪）丽江府志·祠祀志

卷四　祠祀志　典祀

风云雷雨山川坛　旧《志》：在府城南门外关帝庙前。乾隆五年，知府管学宣因规制未妥改建，后被兵毁。

玉泉龙王庙　旧《志》：在府城北象山麓。乾隆二年，知府管学宣、经历赵良辅倡建。《云南通志》：六十年，知府樊士鉴修建。光绪十八年，职绅和即贵并六坛人等重修。

云南巡抚臣谭均培题为龙神灵应显著吁恳敕加封号，以答神庥而顺舆情事。

窃臣前准礼部咨开：光绪十五年三月十八日奉上谕："神灵御灾捍患有功德于民，理宜崇报。惟近来各省奏请颁发匾额敕加封号者甚多，未免烦渎，且有据称转歉为丰，而地方仍系报灾者，语多不符，尤不足以照事神之诚，著各直省将军、都统、督抚接奉此旨后，遇有此等事件确实有征者，分季汇题请旨，毋庸专折具奏，钦此。”钦遵咨行到臣，当即转饬各属遵办在案。兹据署布政使汤聘珍详据丽江县知县陈守淑详据县属士绅在籍进士杨邦卫、副将和富毂等呈称：丽江旧有玉泉龙潭，发源于郡城北象山之麓，自石洞奔流而出，注荫农田，因于潭上建祠，以祀龙神。其上流则普灌丽江阖县，下流则分润鹤庆，流长源远，洵千百家养命之源。至于水旱遍灾，祈祷无不立应。上年夏初，栽插无雨，禾苗枯槁，官绅步往祈祷，甘霖迭降，禾苗浡兴，岁获丰收。士民同深敬感，合无仰恳转详题请封号，以隆典祀而答神庥。等情。查例载各直省志乘，所载庙祀正神实能御灾捍患有功德于民者，由各省督抚题请敕加封号等语。今丽江县“玉泉龙神”载在《通志》，每遇水旱遍灾，祈祷无不响应。上年夏初，官绅复祈祷得雨，岁称丰收，实属功德在民。兹该绅等呈请转详到县，由该县查明，造具事实册结，详由藩司查明详请具题前来。臣覆查丽江县“玉龙泉神”，《云南通志》载在《祀典》，原非俗祀可比，既据造具事实册称：光绪十五年夏初苦旱，官绅步祷，甘霖迭降，岁获丰收，实属灵应，有收功德在民，宜邀崇报，相应按季具题请旨，俯准敕加丽江县“玉泉龙神”封号，以答神庥而顺舆情。除册结送部科外，谨会同云贵总督臣王文韶恭疏具题，伏乞皇上圣鉴，敕部覆施行。礼部谨奏为遵旨议奏事，礼科抄出云南巡抚谭题请敕加丽江县玉泉山龙神封号一疏，奉旨“该部议奏，钦此。”钦遵到部，查例载各直省志乘，所载庙祀正神实能御灾捍患有功德于民者，由各督抚题请敕封交议到部分别准驳等语。又嘉庆十七年奉上谕：“董教增奏陕西大荔县九龙庙祷雨灵应请加封号等语，著交礼部详查《一统志》陕西大荔县境内曾否载入九龙庙名目，前代有无灵迹。如显应素著历有年所著，即议准列入《祀典》，若只系民间报赛，祠宇为志乘所不载，该部即行议驳等因。钦此。”兹据该抚原疏所称，云南丽江县玉泉潭龙神，虽据称载在志书，未据揭送到部，应由臣部行查该抚咨覆再行核该。再此折系按季汇奏，合并声明，所有臣等遵议缘由是否有当，谨奏请旨。

金江边龙王庙　有二：一在府城西北七十里阿喜里青龙山下，雍正年建，知府庄粤堂题额曰“原泉霖雨”；一在城西百二十里桥头里下格子村山腰。

〔据陈宗海修，李福宝等纂光绪《丽江府志》（国家图书馆藏民国年间钞本）卷四《祠祀志》辑录。〕

（乾隆）永北府志 · 祠祀志

卷十五　祠祀志　祀典

风云雷雨坛　在府城南郊，知府石去浮筑。〔……〕

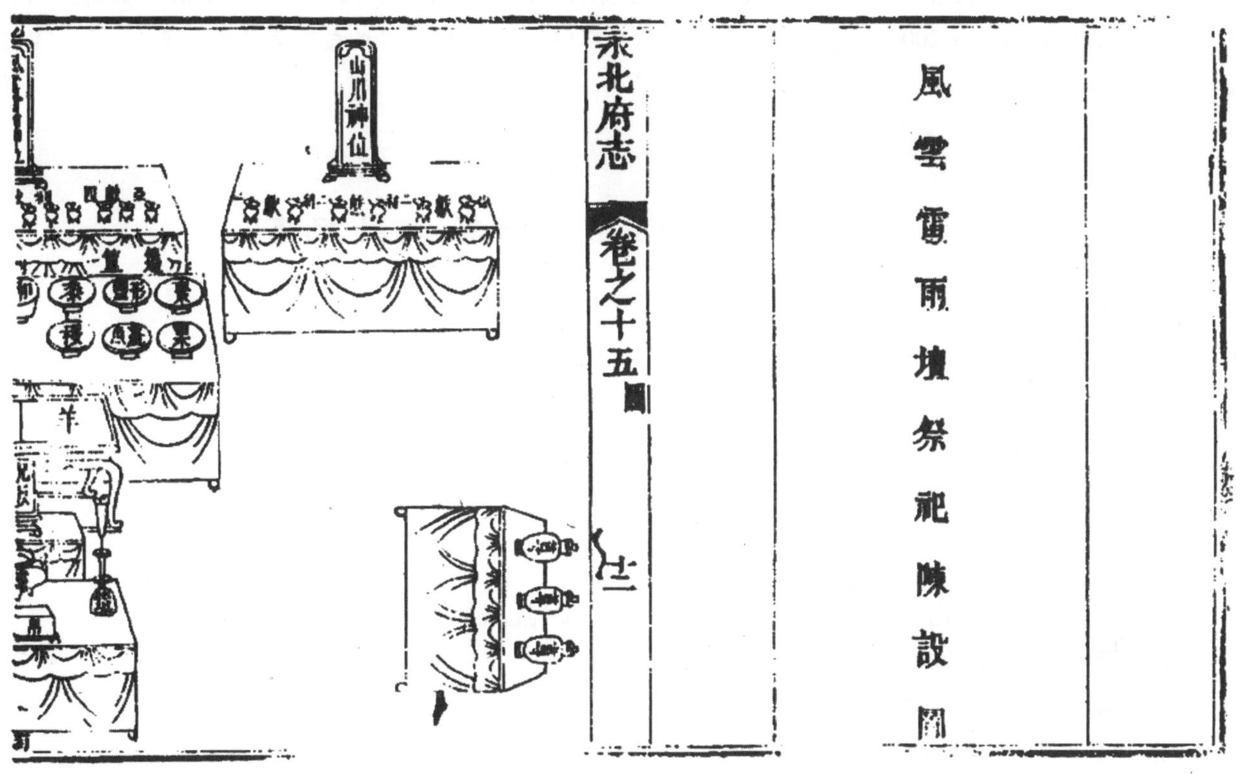

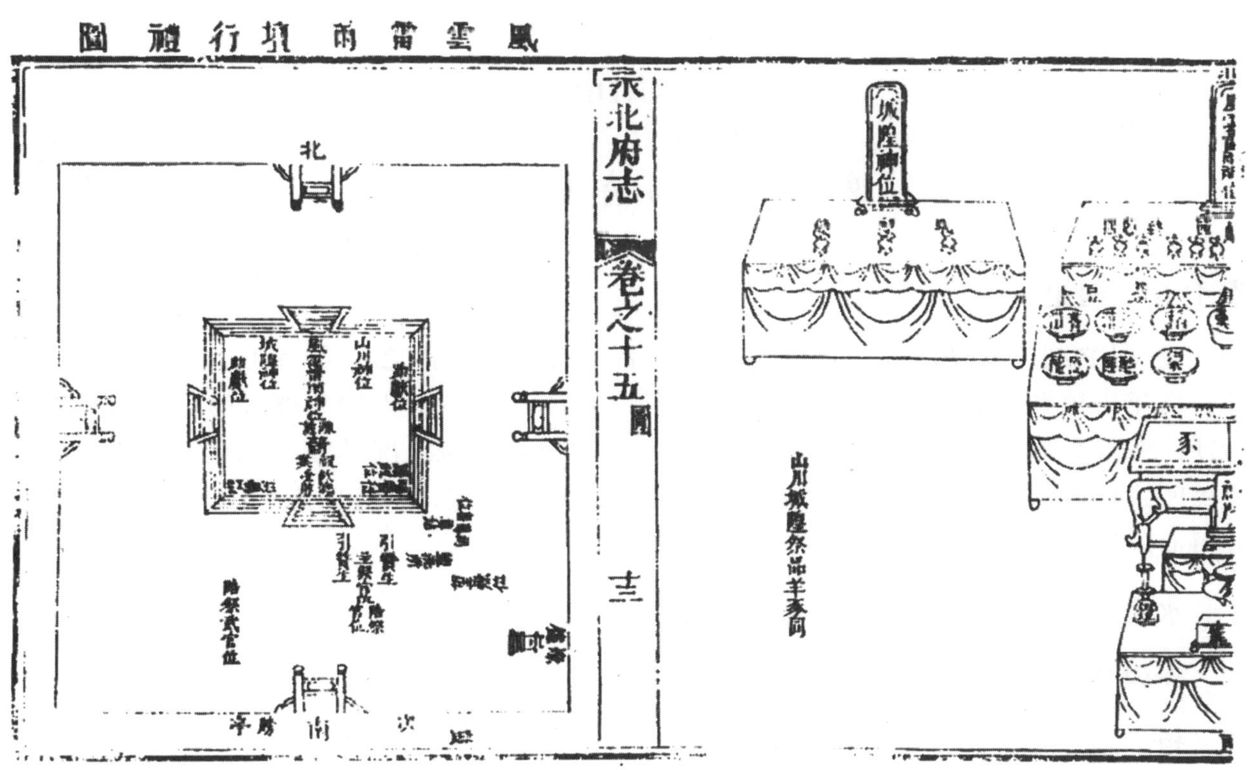

龙王庙　有三：一在府城东壶山下，每祈祷于此；一在北门外；一在海腰铺。〔……〕

龙神庙　一在河口，一在黑坞，一在坂山河，一在清水驿西山。以上每祷雨多应。

〔据陈奇典修，刘慥纂乾隆《永北府志》（故宫博物院编《故宫珍本丛刊》第229册《云南府州县志》第4册，海南出版社2001年据清乾隆三十年刻本影印）卷十五《祠祀志》第7页、第47页、第52页辑录。〕

（光绪）续修永北直隶厅志·典祀志

卷四　典祀志

祀　典

风云雷雨坛　在郡城南郊，知府石去浮筑。〔……〕

群　祀

大龙王庙　在城北高家村西隅。建自前明，因乱被毁，今重修。

龙王寺　有二，均在沙河。

龙王庙　在黑伍，崇祯年建。

〔据叶如桐等修，刘必苏等纂光绪《续修永北直隶厅志》（清光绪三十年刻本）卷四《典祀志》第44页、第67页辑录。〕

保山市

（康熙）永昌府志·祠祀志

卷十五　祠祀寺观附

建国[①]之制，明以治人，幽以事神。神者，所以佐人治之不及者也。故宗庙社稷而外，祈年祈福者有祀，报功报德者有祀，祀乌可废乎？然而人情易惑，为之语仁义则以为迂，一闻祸福之言则悚然而惕，圣人所为以神道设教也。况其载在祀典，实为我土地人民所式钦而式赖者乎。若琳宫梵宇则不徒为仙佛之窟宅，其藉以点缀山川者正不少也，故得而附录之。志《祠祀》。

永昌府

保山县

祀　典

风云雷雨山川坛　在府城东三里。

① 建国　乾隆《永昌府志》卷十二作“建祠”。

群　祀

龙王庙　在府城龙泉门外易罗池西。总兵偏图重修。

腾越州

祀　典

风云雷雨山川坛　在城南四里。正统间建。

群　祀

五显庙　在州治东门首。有井，俗呼为白鹤香泉。

龙王庙　在州西南隅。

永平县

祀　典

风云雷雨山川坛　在县正南三里。

〔据罗纶修，李文渊纂康熙《永昌府志》（云南省图书馆传抄上海徐家汇藏书楼藏清康熙四十一年刻本）卷十五《祠祀志》第1－5页辑录。〕

（乾隆）永昌府志·祠祀志

卷十二　祠祀

建祠之制，明以治人，幽以事神。神者，所以佐人治之不及者也。故宗庙社稷而外，祈年祈福者、报德报功者佥有祀焉。夫人情易惑，为之语仁义则以为迂，一闻祸福之言则悚然而惕，圣人所为以神道设教也。况其载在祀典，实为我上地人民所式钦而式赖者乎？若琳宫梵宇则不徒为仙佛之凭依，其藉以壮丽山川者正不少也，故得而附录之。志《祠祀》。

永昌府保山县

祀　典

风云雷雨山川坛　在府城东三里。

群　祀

龙王庙　在府城龙泉门外易罗池西。总兵偏图重修。

龙陵厅

腾越州

祀　典

风云雷雨山川坛　在城西。雍正十三年，知州侯如树兴修。乾隆四十年，知州吴楷重修。

群　祀

五显庙　在州治东门首。有井，俗呼为白鹤香泉。

龙王庙　在州城西南隅。

永平县

祀　典

风云雷雨山川坛　在县正南三里。

〔据宣世涛纂修乾隆《永昌府志》（中共保山市委史志委、保山学院编乾隆《永昌府志》点校，北京方志出版社2016年版）卷十二《祠祀志》第94页辑录。〕

（光绪）永昌府志·祠祀志

卷二十五　祠祀志　典祀

永昌府保山县

风云雷雨山川坛　在府城北三里外。已毁，未修。

龙神祠　在城西易罗池上。总兵偏图重修，辛酉焚毁。光绪元年，知府朱百梅重建。

龙陵厅

风云雷雨山川坛　在厅北。兵燹焚毁，未修。

腾越厅

风云雷雨山川坛　在城西。雍正间，知州侯如树建。乾隆间，吴楷、庆玉续修。嘉庆二十二年，同知伊里布捐修，兵燹焚毁。光绪四年，同知陈宗海移建于东门外里许。

龙神祠　在城西南隅。乾隆五十九年，知州庆玉捐廉修建。嘉庆二十二年，同知伊里布捐廉重修，兵燹焚毁。光绪八年，同知陈宗海移建于北门白鹤井。

永平县

风云雷雨山川坛　在县正南三里。焚毁，未修。

卷二十六　祠祀志　俗祀

永昌府保山县

罗岷山神祠　在城东南八十里。祀天竺僧罗岷，或曰即黑水祠也。

〔据刘毓珂等纂修光绪《永昌府志》（清光绪十一年刻本）卷二十五《祠祀志·典祀》第1－5页、卷二十六《祠祀志·俗祀》第2－14页辑录。〕

（乾隆）腾越州志·城署志

卷四　城署志

坛　庙

风云雷雨坛　知州吴楷建于社稷坛之内，仿朱子议筑坛。有记，见《艺文》。

龙神祠　在箐中。泉水所出，每雩祭，辄往祷之。

寺　观

昆卢寺　在城西南五里，寺建于万历四十年。乾隆三十四年，知州蒋曰杞重修，殿高极顶，凡历级而登者三，殿旁有楼，有叠水河瀑布之胜。太仓王昶题“观瀑”并作文记其事，见《艺文》。

〔据屠述濂修乾隆《腾越州志》（《中国地方志集成·云南府县志辑 39》，凤凰出版社 2009 年影印本）卷四《城署志》第 16－18 页辑录。〕

（光绪）腾越厅志稿·祠祀志

卷九　祠祀志

典　祀

风云雷雨山川坛　在城西。雍正间，知州侯如树建，后吴楷、庆玉续修，有碑记。又伊里布捐修，毁于兵。光绪八年，同知陈宗海捐廉改建，附于社稷坛内。

龙神祠　在西门外。乾隆间，庆玉捐廉建。嘉庆间，伊里布捐廉重修，毁于兵。光绪八年，同知陈宗海捐廉移建于白鹤井。

俗　祀

龙王庙　在城西三十里海口地。光绪六年，同知陈宗海修之。

来凤龙神祠　为来凤泉水所出。每雩祭，辄往祷之。已毁。

寺　观

昆卢寺　在城西南五里，万历四十年建。乾隆三十四年，知州蒋曰杞修，殿顶极高，历级而登者三，旁有楼，可瞻叠水河瀑布。太仓王昶有《观瀑》诗并记，见《艺文》。

〔据陈宗海修，赵端礼纂光绪《腾越厅志稿》（清光绪十三年刻本）卷九《祠祀志》第 2 页辑录。〕

（民国）腾冲县志稿·舆地·坛庙寺观

卷七下第三　舆地二　坛庙寺观

社稷风云雷雨山川坛　社稷坛在城西四里，正统时建。乾隆间，庆玉捐廉修。嘉庆间，伊里布捐廉重修，毁于兵。光绪八年，同知陈宗海捐廉，移修于东门外。风云雷雨山川坛，在城西，雍正间知州侯如树建，后吴楷、庆玉续修，有碑记。又伊里布捐修，毁于兵。光绪八年，同知陈宗海捐廉改建，附于社稷坛内。

附吴楷《重修社稷风雨雷云坛碑记》：

出城西二里，为小西地，昔建社稷坛于此。土阜一区，遇春秋祭日，胥吏用纸书神位，祝号不文，拜跪无所，秽亵殊甚。余惟社稷风雨雷云之神，载于典礼，列诸令典。自《周礼》崇祀社稷风雨，领于宗伯之官，社稷自天子之都，至于国里，通得祭。风雨之师，唐以来诸郡皆祀之。雷师起于唐天宝间，与雨师同坛，云师则自前明合雷雨共为坛。今郡县祀典，自文武庙祀外，惟此为古礼所存。顾坛、壝分合之制，自来无究心及之者，当风狂雨骤，云变雷驰，黍稷不馨，社土不飨，其咎不在于此欤？

余治腾七载，凡有关正祀坛庙，亦既次第兴修，谨按古礼及考朱子之说，因旧址扩而大之，画为四坛。东社、西稷居前，风伯、雨师、雷师、云师居后。少却，节三成为三级，变通壝之制，列于坛四方。前二坛皆方二丈五尺，崇二尺有奇，后二坛方一丈六尺五寸，崇尺六寸有奇。壝筑坛之四方，视坛身尺寸倍之，虚其左右，前临级，便献礼，从其简也。社稷、风各有主，雨、雷、云共一主，皆崇二尺五寸，剡其上，倍其下，半用石镌其位，置坛之后，壁南向，视壝稍穹，昭其敬也。四坛外筑土墙围之，丹其墙。坛南为门栅，立斋房于左右厢，为文武官斋戒所。外复立大门，严严翼翼，不侈不僭。

是役也，经始于丁酉八月秋祭日，讫工于十月朔日。计经费不过三百，用民力不过九旬。举百年废坠缺略之典，忽焕乎其改观，秩然其有制。于以上妥神灵，下遂民生，诚足以感阴阳而召和气。又恐日久荒芜，视为无足重轻之祀，爰为志其筑坛本义及营建岁月，刻石以告来者。

龙神祠　在西门外。乾隆间，庆玉捐廉建。嘉庆间，伊里布捐廉重修，毁于兵。光绪八年，同知陈宗海捐廉移建于白鹤井。

龙王庙　在城西三十里海口地。光绪六年，陈宗海修之。

来凤龙神祠　为来凤泉水所出。每雩祭，辄往祷之，已毁。

毘卢寺　在城西南五里。万历四十年建。乾隆三十四年，知州蒋曰杞修。殿顶极高，历级而登者三，旁有楼，可瞻叠水河瀑布。已毁，现拟重修。按：寺有寓贤徐宏祖书“毘卢寺”三字，邓子龙匾“清净山河”，周东华联“殿古含烟冷，楼空得月多”。大殿左有蒲团石，周东华坐禅于其上，耳韵水声。右有观瀑楼，为宏祖闲居处。青浦王昶有《观瀑楼记》及诗。

附王昶《昆卢寺观瀑楼记》：

腾越之叠水河，盖瀑也，其地在城西门外二里宝峰山。水自赤土、罗生诸山来，流为大盈江，至是崖忽断缺，水悬以下，注于壑，凡百有余尺。其声訇然碌然，若骈车，若雷霆。稍近渡石梁，沫随风着衣袂及面，若散丝，若雾雨。暨迫而视之，若悬布，若翻雪。穪褷跳荡，翕张摆划，洄洄沄沄，骇心眩瞩。惟两崖道芜茀，无驻足所，游人病焉。水东坡上，故有昆卢寺，寺后翼以楼。州牧吴君撤楼之西壁而窗焉，瀑之全势可一览以尽，因颜曰“观瀑”。余以冬十一月来，坐斯楼而望，独有感焉。中夏之水，如江、淮、河、济，率道源西北，演迤迤于东南。是以自古用兵者，由西北取东南易，由东南取西北难。盖高能驭卑，而卑不能统高，形势使然。今大盈江经南甸，又南过干崖出关，合蛮暮湖，汇于南大金沙江，循阿瓦城以入海，而兹水实为其源。盖中夏之气，达于缅甸久矣。达之既久，势必与中夏合。日者，缅酋恃其险远毒疠，屡讨弗克，其益傲。然以兹水卜之，其将隶于版图，夷于郡县，俾我声教敷于南海，晓然无可疑者。适吴君属余为记，遂书之榜诸楼，以谂游人云。

〔据李根源、刘楚湘总纂民国《腾冲县志稿》（许秋芳主编，李光信等点校，云南美术出版社 2004 年版）卷七下第三《舆地二·坛庙寺观》第 111 页辑录。〕

迪庆州

（光绪）新修中甸厅志书·典祀志

卷中　典祀志

祀　典

尝闻国之大事，祀居其一，礼有云法，施民死，勤事劳，定国则祀之，非此族类不在祀典，祀之所重者，顾可忽哉！或曰其人之德行可嘉，或因其地之报赛堪美，载诸方策，尊之典礼，崇祀昭然，非可苟也。中甸仅有数端，略举其名。

风云雷雨山川坛　在东甸内。二八月祭，今废。

龙王庙　在土官寨腰。二八月祭，今废。

卷中　寺观志

龙王庙　在土官寨山腰。建自道光年间，已废。于同治十年，厅主刘公书堂重修。

〔据吴自修等修，张翼夔纂光绪《新修中甸厅志书》（《中国地方志集成·云南府县志辑 82》，凤凰出版社 2009 年影印本）卷中《典祀志》第 528 页、《寺观志》第 543 页辑录。〕

（民国）维西县志·舆地·坛庙寺观

卷一　舆地

坛庙寺观

龙王庙　在圆龙山下北街。有清泉一井，冬温夏凉，烹茶酿酒，芬芳冽常。

〔据李炳臣修，李翰湘纂民国《维西县志》（《中国地方志集成·云南府县志辑83》，凤凰出版社2009年据钞本影印）卷一《舆地》第55页辑录。〕

临沧市

（康熙）顺宁府志·建设志

卷二　建设志　群祀

风云雷雨山川坛　在南门外。戊祭。

龙王庙　在北门外。戊祭。

〔据董永芠纂修康熙《顺宁府志》（云南民族社会历史调查组1960年钞本）卷二《建设志》第12页辑录。〕

（光绪）续修顺宁府志稿·祠祀志

卷十八　祠祀志

典　祀

顺宁县

云雨风雷山川坛　《府志》：在城南一里。

龙神祠　旧《志》：一在城北落仙山，康熙四十二年，知府董永芠修。一在城南门外大涵洞，名猪母龙神庙，乾隆二十六年，知府刘埥修城后建。《采访》：后㒸俱毁，光绪六年重修。

云　州

云雨风雷山川坛　旧《志》：在城西。

龙神庙　在旧城旧街子左。道光二十九年，知州胡道骥捐廉暨士民捐募建。

缅宁厅

云雨风雷山川坛 旧《通志》：在城南门外。

龙神祠 在北城外。咸丰十年兵燹毁，仅存正殿三间，余未修。

〔据党蒙修，周宗洛纂光绪《续修顺宁府志稿》（清光绪三十一年刻本）卷十八《祠祀志》第1页辑录。〕

灾祥

省志

（万历）云南通志·杂志·灾祥

卷十七　杂志第十二　其目二

《书》曰："惟天降灾祥在德。"人事天变，相为符应，故察灾祥以图政理，君子所不废也。诡怪异常之事，孔虽不语，而天下时时有之。故自夷坚以来，博识之士往往著于简策，盖怪不虚生，劝戒之道存焉耳。

云南府

灾　祥

汉

肃宗元和间，神马出昆明池，甘露降，白乌见。

元

至正二十一年，昆明县天落铁雨，伤禾稼，民居半圮。

国朝

吴元年二月，昆明县雪，深七尺，人畜多毙。
景泰四年，昆明县大旱，民多饿死。
弘治十五年四月，嵩明州风雨大作，城南有龙，拔楼三楹入云。是年大有。
正德七年，滇池水溢，荡析昆阳州民居百余所，溺死者无计。
嘉靖七年，禄丰县大水。
二十七年，昆明县雪，伤禾，大雨雹。
三十三年，大雨，漂没田庐。
万历二年，省城饥，斗米银三钱，台司以饘粥赈之，活者万计。

怪　异

石牛移山　禄丰县西隅有两山并峙，中通众流。元时，有二石牛，奔北入黑龙潭，一牛奔西入河。每天雨水涨，黑龙潭有水牛七八头随水而下，见者非死则病。河口石牛随水升沉，虽洪波十丈亦不能没，至今犹然。

判官摄妇　禄丰县星宿河流经民居，水势汹涌。洪武间，有陈巡检者挈家之任，过县止宿，其妇偶出，不见，遂疑其堕水，遍觅不获。任满复过县，请羽士刘可成荐之。可成敕水府，忽河流泛溢，其妇援岸而出，夫得会，少顷，妇复死，殓棺归葬。后知为绿衣判官所摄，乃祛除之。

平地成潭 归化县治南六里白马勒村。旧为平原，岁称乾亢。隆庆六年七月十三日，有牧童忽闻地中如雷鸣，惊视，则田中水涌高约丈许，归告，其主往视之，则田悉成潭，源泉混混，中有金鲤隐见无常。灌溉之利，民今赖之。

蚕书示警 嘉靖三十七年，昆阳州训导任钺家有蚕生子，布成“不仁水火，拜告天地”八字，次夜，又布成“一州之大，可不慎之”八字。书法端楷，昭然可辨。事闻，黔府取阅，州民醮告禳之。是年，滇池水溢，荡析州中民居百余所，男妇溺死者不可胜计。

大理府

灾 祥

汉

武帝元狩间，彩云见于白崖，遣使迹之，乃置云南县。

国朝

弘治五年五月内，点苍两溪大水，冲断西门城关，水入城。

十四年六月朔，大雷雨，点苍、白石二溪水涨，漂没民居五百七十余家，溺死三百余人。是年，浪穹县淫雨，山崩水溢，冲圮民居，溺死一百余人，公署文案尽漂没。

十七年二月，云南县严霜成冻。

正德十一年十一月五日、六日，彩云见于邓川东南，亘数丈。

明年二月二十四日，复见于正南，自辰至巳乃散。

十三年，宾川州大雨雹。

嘉靖十年六月二日，有龙见于大理、邓川之间，四日又见，闰六月四日、八日又见。

三十八年，云南县大旱，减其租税。

隆庆元年，云南县旱，斗米贝二十索。

六年，云南县霖潦山崩。

万历元年，云南县彩云如绮，见于西北。

怪 异

观音伏罗刹 按《白古通》：邃古之初，苍洱旧为泽国，水居陆之半，为罗刹所据。罗刹，犹言邪龙。《汉书》称邪龙、云南，即今郡地也。罗刹好食人目睛，故其地居人鲜少。有张敬者为巫祝，罗刹凭之。有一老人，主张敬家，托言欲求片地以藏修。居数日，敬见其德容，以告罗刹。罗刹乃见老人，问所欲？老人身披袈裟，手牵一犬，指曰：“他无所求，但欲吾袈裟一展、犬一跳之地，以为栖息之所。”罗刹诺。老人曰：“既承许诺，合立符券以示信。”罗刹又诺。遂就洱水畣[①]上画券石间。于是，老人展袈裟，纵犬一跳，已尽罗刹之地。罗刹彷徨失措，意欲背盟，以老人神力制之，自不敢背，但问：“何以处我？”老人曰：“别有殊胜之居。”因神化金屋宝所，刹喜过望，尽移其属入焉，而山遂闭。今苍山之上羊溪是其地也。于是，老人凿河尾，泄水之半，人得平土以居。此其事

① 畣 天启《滇志》卷三十一《杂志·灵异》、康熙《大理府志》卷三十《杂异》皆作“岸”，按：畣，“答”的古字，作“岸”似是。

甚怪。余泛洱水岛上，盖有赤文如古篆籀，云是买地券。世传老人为观音化现，优波麹多预言其谶是已。今海尾有观音村，村前有铁闸伏水底，防漫流也。

青神分水　五代赵善政时，浪穹县天马山下，有山状如龟蛇，即善政所居。其山左涧有水，右涧无水。有樵青神者善咒法，众樵谓之曰："若能分水于右涧乎?"青神曰："不难耳。"遂以斧柯触山，右涧水即涌出，与左涧均，人居在右者咸利之。遗迹尚存。其人没后，为神附祀于善政之庙焉。

临安府

灾　祥

国朝

永乐十二年，临安旱，米价腾踊。

正统五年八月，甘露降于石屏州学宫，浃旬方止。

弘治十一年夏六月朔午时，风雨寒剧，樵苏死于道者十数人，鸟雀僵死无计。

十三年二月，蒙自县旱。明年，大旱，民逃徙者半。

十五年正月，始雨，二月又雨，六月又雨，乃沾足。其年获十之三。

十四年七月二十五夜，河西县大雪雨，山崩水溢，冲没田庐无计，浅葬者尽漂。

嘉靖二十六年，自春迄夏不雨，有虫如螟伤苗，群鸦食之，为雷击死。

二十七年，新安所旱，无秋。

四十四年春正月十二日，通海县大风，拔木数百株，揭舟入云，莫知所止。冬，地震，大雨雹。

四十五年，新安所饥民采山薯而食。

冬，通海县复地震，大雨雹。

隆庆元年秋八月，阿迷州城南产嘉禾，一茎两穗者四之一。二年，新安所大旱饥，盗多劫掠。三年，石屏州旱，米价腾踊。五年八月二十一日未时，通海县地震，自东南来，声如雷吼，坏圮城雉、官署、民居千余所，压死者数十人，七日乃止。右所营孙家坝产千叶并头莲一茎，逾月乃谢。六年，新安所沿山竹开花结实，如麦可食，有获之盈石者。

万历元年，石屏州二月至八月淫雨，湖水溢丈许，田庐、城堞多倾没。

怪　异

神僧通海　通海县治北三里秀山下，有水源自河西县，流注潴为湖，俗名海子。周围八十里，水涝不通。有神僧过此，于县治东北石笋丛立处，以杖穿穴，水始泄出，通海之名本此。

永昌府

灾　祥

晋

武帝太康元年，白龙三见于永昌。

唐

懿宗咸通十四年，永昌雨土。

元

至顺三年，永昌郡县饥。

国朝

洪武十五年，五色云聚于太保山，经宿不散。

弘治三年，金齿、腾冲饥。

十年，永平县大水，渰没民居数百家。

十四年秋，永昌、腾冲大水，坏民庐舍，人畜死者以数百计。

正德二年，腾冲饥。

嘉靖二年秋，腾冲旱。

三年，永昌、腾越大饥。

九年秋，腾越大水。

十三年夏六月，永昌五色云见于东北。

十五年夏秋，永昌大饥。

明年，永昌、腾越又饥。

十九年秋，腾越大雨雹，伤禾，明年，饥。

二十三年秋，腾越大水。

二十六年，腾越饥。

二十七年夏四月丙午，腾越大雨震雹。

二十八年三月，永昌五色云见于哀牢山。永平复灾，毁者百十家。

二十九年秋，永昌、腾越多雨。八月四日，永昌大水，坏民庐舍，人畜溺死者以百计，城东北隅几漂坏。

三十一年，腾越饥。

三十二年闰三月六日夜，永昌、腾越地震，明日复震，腾越鸣雷，雨雹如卵。

三十七年秋，永平、腾越大水，坏民田庐数百计。

三十八年九月二十日，腾越大雨雹害稼。

三十九年十二月，永平甘露降。

四十年六月，永平和丘山五色云见。

隆庆三年冬十二月，腾越大雪五日。

怪异

浮木感娠　九隆氏之先有蒙迦独者，一云低牟苴，阿育王第三子骠苴低之子也。分土于永昌，其妻摩梨羌，名沙壹，世居哀牢山下。蒙迦独尝捕鱼，死哀牢山水中，不获尸。沙壹往哭于此，见一木浮而来，妇坐其上，甚安。明日往视之，触木如故，遂尝浣絮其上，若有感，因妊，产十子。一日，往池边，忽浮木化为龙，语曰："若为我生子，今悉何在?"众子惊走，惟季子不能去，背龙而坐，龙因舐其背。其母鸟语，谓背为"九"，谓坐为"隆"，遂名曰九隆。其十子：一曰眉附罗，二曰牟苴兼，三曰牟苴诺，四曰牟苴酬，五曰牟苴笃，六曰牟苴托，七曰牟苴林，八曰牟苴颂，九曰牟苴闪，十即九隆也。九隆长而黠智，尝有天乐奏、凤凰栖、五色花开之祥，众遂推为酋长。时哀牢山下有奴波息者生十女，九隆兄弟娶之，厥后种类蔓延，各相分据溪谷，是为六诏之始也。

楚雄府

灾 祥

元

至正元年，碍嘉县天雨铁，民舍、山石皆穿，人物遇多毙。

国朝

嘉靖四十三年，楚雄旱，牛大疫。

隆庆元年，楚雄大有年。

六年五月，碍嘉大水。

怪 异

预梦龙谒 国朝成化甲辰，知府邵敏自南都来，路过洞庭，舟中梦一方巾蓝袍人来谒，曰“紫溪龙王”也，及抵郡祀龙，见塑像俨如梦中所见，大骇异，遂饬庙宇，虔祀之，迄今无敢怠焉。

曲靖府

灾 祥

国朝

弘治三年，霑益州大水，李树结木瓜，后有普安之变。

正德八年，霑益州西关灾，毁者二百余家。

嘉靖五年，霑益州复大水，李树结木瓜，后有寻甸之变。

九年，霑益州大旱。

十三年，霑益州大雪七日。

三十五年三月十四日，霑益州昼昏如夜，四月二十日，大雨雹如卵。

四十年，霑益州复大水，李树结木瓜，后有东川之变。

怪 异

水泻作笑 曲靖府治有梅家坝，夜间，水泻作笑，兼有杀杀声响而弗绝。次日，行人即苦济没之患，觉者弗渡即免。

澂江府

灾 祥

国朝

景泰元年秋，澂江淫雨害稼，斗米贝七十索，人采黄花为食。

嘉靖四年八月二十七日辰时，罗藏溪有白气，升天如龙然。

八年八月十四日夜，大雨山崩，西浦溪水溢入西街城，坏屋损稼。

四十三年，江川县大雷雨，地震，昼夜十余震，浃旬乃止。

怪 异

盆覆螺精 江川县双龙乡，其山无石，皆螺壳积成。昔有夷妇澣衣于河，忽螺精出见，妇惊，急以澣衣盆覆之，其精遂止。后人因以“覆盆”名山。

蒙化府

灾　祥

国朝

嘉靖二年六月，无云不[①]雨，有大水自五道河涌出，溪流大木，冲埋庐舍田畴。

鹤庆府

灾　祥

国朝

成化十六年六月，剑川州大雷雨，两崖场水涌，冲没民田二百余亩。

嘉靖三十七年七月，淫雨水溢，越五十八日始消，米粟腾价。

三十八年六月二十五夜，鹤庆渔塘村雷雨大作，山崩水溢，坏民居二百余所，死者不可胜计，知府林养高赈之。

姚安府

灾　祥

国朝

景泰四年，姚安旱，民多饥死。

天顺间，有乌牛夜见于府东十五里，忽泉水涌出，利灌溉，屡丰年。后人见而射之，牛化为石，泉遂涸。

成化八年，姚安大水，无秋。

嘉靖四十年七月，姚安淫雨伤禾。

四十二年八月，霖雨浃旬，一泡江水溢，冲没民田。

怪　异

羝羊化石　提举司东一里许。昔蒙氏时洞庭君爱女于此牧羊，有羝餂土，驱之不去，掘地，遂得卤泉，名曰白羊井，人即其地立圣母祠。及开桥头井，得石羊，云即餂土之羝，后归于圣母祠，其井即白盐井也。

武定府

灾　祥

国朝

成化十九年夏六月，武定大旱，无秋。

嘉靖二十八年，武定淫雨，水溢山崩。

三十七年秋，武定大雨雹，伤稼。

隆庆三年，元谋县大旱，民逃亡者几半。

---

① 不　康熙《蒙化府志》卷一作“而”。

景东府

灾　祥

国朝

嘉靖十六年八月，淫雨害稼。

二十五年秋，大水。

三十五年二月至六月，不雨。

隆庆六年秋，大水泛溢，桥梁尽圮，民居田亩半为冲没，米价腾贵，百姓苦之。

丽江府

灾　祥

国朝

嘉靖三十七年七月，淫雨。

顺宁府

灾　祥

国朝

正统五年秋七月，大雨弥旬，山崩水溢，冲没田庐不可胜计。

成化十年夏四月，严霜成冻。

正德十三年秋八月，龙斗澜沧江，水腾涌百丈，行者七日不渡。

嘉靖十一年夏六月，阿鲁使泥阿城旧山中，夜雷雨大作，众木拔起，本末倒植。

十五年，大饥，人多饿死。知府猛卿以米粥、牛羹赈之，活者大半。

二十二年春三月，大雨雹，雹如鸡卵。

三十五年，自春正月至夏五月，不雨。

怪　异

江中物怪　岁五六月，澜沧江中有物，黑如雾，光如火，声如析木破石，触之则死。或云瘴母也。《文选》谓之鬼弹，《内典》谓之禁水。此惟江边有之，郡治绝无。

北胜州

灾　祥

国朝

嘉靖九年，大饥。

三十九年，大水。

四十年，大饥，斗米贝六十索。

怪　异

程村变海　州南四十里有村，程姓者居于此，一夜，陆地忽变为海，海周围百里许。《一统志》。

〔据邹应龙修，李元阳纂万历《云南通志》（刘景毛、江燕等点校，中国文联出版社2013年版）卷十七《杂志第十二》第1523－1549页辑录。〕

（天启）滇志·杂志·灾祥

卷三十一　杂志第十三　其目二

灾　祥

灾异与庆祥并纪，旧录也。其在前代，或搜之帝纪，而附以小说《白古通》诸书，不当本朝百一。盖当事者察于物象之变，巨细必报，故吏牍章奏，不惮烦琐，亦李沆“水旱必闻”之义。非古昔尽时若，而昭代多缺序也。旧《志》系诸列郡，颇多繁复。今仿《春秋》编年法，俾就条贯焉。此外，尚有弘农杨应霈所著《三瑞序》，旁引前代，考据求核，见《艺文志中》。

东汉章帝元和二年，滇池出龙马四、白乌一，甘露降。

晋武帝太康元年，白龙三见于永昌。

唐懿宗咸通十四年，永昌雨土。

元至顺三年，永昌郡饥。

至正二十一年，又是时雨铁，民庐舍皆穿，人物值之多毙，号曰铁雨。

至正元年，碍嘉县天雨铁，民舍山石皆穿，人物遇之多毙。

国朝吴元年二月，昆明雪深七尺，人畜多毙。

永乐十二年，临安旱，米价腾踊。

正统五年秋七月，顺宁大雨弥旬，山崩水溢，冲没田庐，不可胜计。八月，甘露降于石屏州学宫。

景泰元年秋，澂江淫雨害稼，斗米四钱。

四年，昆明、姚安大旱，民多饿死。

成化八年，姚安大水，无秋。

十年夏四月，顺宁严霜成冻。

十六年六月，剑川大雷雨，两崖场水涌，冲没民田二百余亩。

十九年夏六月，武定大旱，无秋。

弘治三年，金齿腾冲饥，霑益大水，李树结木瓜。是后有普安之变。

五年五月，点苍两溪大水，冲断西门城关，水入城。

十年，永平县大水，淹没民居数百家。

十一年夏六月朔五日，临安风雨寒剧，樵苏死于道者十数人，鸟雀僵死无计。

十三年二月，蒙自县旱。明年，复大旱。

十四年六月朔，大雷雨，点苍、白石二溪水涨，漂没民居五百七十余家，溺死者三百余人。秋，永昌、腾冲大水，坏民庐舍，人畜死者以百数计。浪穹淫雨，山崩水溢，冲圮民居，溺死百余人。七月二十五日夜，河西县大雪雨，山崩水溢，冲没田庐无计。

十五年四月，嵩明风雨大作，城南有龙，拔楼三楹入云。

正德二年，腾冲饥。

七年，滇池水溢，荡析昆阳州民居百余所，溺死者无计。

十三年秋八月，龙斗于顺宁澜沧江，涌水高百丈，行者七日不渡。宾川州大雪雹。

十七年二月，云南县严霜成冰（冻）。

嘉靖二年六月，澂江无云不[①]雨，有大水自五道河涌出，冲没田庐。秋，腾冲旱。

三年，永昌、腾越大饥。

四年八月二十七日辰时，澂江罗藏溪有白气升天，如龙然。

五年，霑益复大水，李树结木瓜。后有寻甸之变。

七年，禄丰大水。

八年八月十四日夜，澂江大雨，山崩，西浦溪水溢入西街，倾城坏屋损稼。

九年，霑益大旱。北胜州大饥。秋，腾越大水。

十年六月，有龙三见于大理、邓川之间。

十一年夏六月，顺宁阿鲁使泥山中，夜雷雨大作，众木拔起。

十三年，霑益大雪七日。

十五年夏秋，永昌、顺宁大饥。明年，永昌腾越又饥。

十六年八月，景东淫雨害稼。

十九年秋，腾越大雨雹伤禾，明年饥。

二十二年春三月，顺宁雨雹如鸡子大。

二十三年秋，腾越大水。

二十四年，太和上羊诸溪有白物如羊群，迹之不见，历三年乃灭。

二十五年秋，景东大水。

二十六年，临安自春迄夏不雨，螟伤苗，有群鸦食之，为雷击死。腾越饥。

二十七年夏四月丙午，腾越大雨雹。新安所旱。昆明雨雹杀禾稼。

二十八年三月，武定淫雨，水溢山崩。

二十九年秋，永昌腾越多雨。八月四日，永昌大水，坏民庐舍，人畜溺死者以百计，城东北隅几漂坏。

三十一年，腾越饥。

三十二年闰三月六日夜，永昌、腾越地震。明日，复震。腾越鸣雷，雨雹如鸡卵。

三十三年，富民大雨，漂没田庐。

三十五年，顺宁自春正月至夏五月，不雨。景东二月至六月，不雨。四月，霑益大雨雹如卵。

三十七年秋，武定大雨雹，伤稼。永平、腾越大水，坏民田庐数百计。七月，鹤庆淫雨，水溢，越五十八日[②]始消，米粟腾价。

三十八年六月二十五日夜，鹤庆渔塘村雷雨大作，山崩水溢，坏民居一百余所，死者不可胜计。云南县大旱，减其租税。九月念日，腾越大雨雹，害稼。

三十九年，北胜大水。十二月，永平甘露降。

四十年，霑益大水，李树结木瓜，后有东川之变。北胜大饥。七月，姚安淫雨伤禾。

四十二年八月，姚安霖雨浃旬，江水溢，冲没民田。

---

① 不　康熙《云南通志》卷二十八、道光《澂江府志》卷二皆作“而”。

② 五十八日　康熙《云南通志》卷二十八作“三十八日”。

四十三年，楚雄旱。江川县大雷雨，地震，昼夜十余震，浃旬乃止。

四十四年冬，地震，大雨雹。

四十五年，新安所饥。冬，通海复地震，大雨雹。

隆庆元年，楚雄大有年。云南县旱。嵩明大水，漂溺庐舍人畜。

二年，新安所〔大〕饥。

三年，元江、元谋大旱。

四年，安宁大雨浃旬，没官民庐舍十之三。

六年，云南县霖潦山崩。五月，磚嘉大水。秋，景东水溢，圮桥梁，没田庐，米价腾贵。

万历元年，元江、嵩明大水。二月至八月，石屏淫雨，湖水涨，倾城堞田庐。楚雄饥。

二年，省城饥，斗米银三钱。澂江大雨，湖水泛滥（溢），米价腾贵。八月，曲靖雨雪。

三年八月，曲靖大雨雪。十月，曲靖淫潦没田禾。

五年，临安春夏不雨，斗米三钱，民多殍。

七年，武定矣纳厂大雨，溺者甚众。

十三年六月，省城雨雹害稼。

十四年，省城、北胜等地大水。赵州甘露降。澂江湖溢害稼。

十五年，腾越饥。

十六年二月十七日，曲靖雨雹，昼晦自辰，至午方霁。是年，楚雄旱。

十八年，彗见东南经旬。澂江旱。

十九年，澂江旱，民饥。

二十年，腾越大饥。

二十一年，姚安大水。

二十三年，姚安大水。

二十四年八月，宾川大水，饥民食竹实。

二十五年，蒙化旱，人多饥死。春三月，省城南〔雨〕雹杀麦。秋，鹤庆大雨雹，损禾。

二十六年夏，鹤庆旱蝗。

二十七年夏，鹤庆大水，无麦，民饥。五月，永昌大水。

二十八年，富民、楚雄、腾越、蒙化、北胜大水，庐舍田禾皆没。永平淫雨，自三月至九月。宾川饥。秋，寻甸旱，民饥。冬，临安大雨雹，泸江堤决。

二十九年，省城夏秋不雨，民尽饥。澂江自二月至六月不雨。秋九月，省城大雨雪。

三十年冬，临安大水，决河堤。

三十一年春正月，临安不雨，至六月。七月，临安雨六十余日。

三十二年，临安三月不雨，至五月。六月，临安大水，没田庐。秋七月，临安雨雹害稼。

三十四年，滇池旁有虎，逐牛于水。九月，白崖、迷渡、云南县雨雹，大如鸡子，有三棱，入地深逾尺，禾稿尽伤，人畜食败禾辄病死。广西大水。

三十六年二月，富民陨霜。十八寨大水，没民居。

三十七年三月，富民雨雪。

三十八年夏，省城大旱。

三十九年三月，云南九峰山甘露降于松，白如脂。

四十二年，云南县大饥。

四十三年夏，省城大旱。

四十七年十二月，省城大雨雹，震电交作，云气黄白。

四十八年，澂江、姚安、广西、安宁、富民、新兴十八寨、河西大水。二月乙卯，有云气黄红，渐变黑雾，昏晦如夜，大风雨如注。宜良飘瓦石。曲靖倾城堞三丈，吹起一人，去地丈余方坠。平夷折树万株，吹哨守兵舍五楹，去四里。三月戊子，甘露降于云龙。

天启元年，省城自正月不雨至六月，米价腾贵（踊）。新兴十八寨、弥勒大旱。

二年八月，师宗陨霜杀禾。冬，甘露降于云龙。

三年二月，甘露降于大理，圆莹如珠。六月，定远大雨震电，雾黄红色，水溢田禾庐舍，溺三百余人，牲畜无算。

四年，禄丰（劝）旱。春，广西府春夏不雨。七月，武定大雨雪，损禾。

灵 异

南诏人好浮屠，其所称述，多竺昙灵异之事。然旁览载籍中，古今神异，卮言碎录，不啻数十百种，而滇中所传仅此，犹存乎见少也。旧《志》相仍，皆谓神道设教，圣人不废，或者警顽砭冥之一助乎！今去旧系列郡约之规，一如通志例，以它书所见及近时异事附焉。

观音伏罗刹 邃古之初，苍洱旧为泽国，水居陆之半，邪龙据之，是名罗刹，好啖人目睛。有张敬者为巫祝，罗刹凭之。一日，老僧自西方来敬家，托言欲求片地藏修。居数日，敬见其德容，以告罗刹。罗刹乃见老僧，问所欲。僧身披袈裟，〔手〕牵一犬，指曰：“他无所求，但欲吾袈裟一展、犬一跳之地。”罗刹诺。僧曰：“既承许诺，合立符券。”罗刹又诺。遂就洱水岸地〔上〕，画券石间。于是，僧展袈裟，纵犬一跳，已尽罗刹之地。罗刹失措，欲背盟，僧以神力制之，不敢背，但问：“何以处我？”僧曰：“别有殊胜之居。”因于苍山上阳溪，化金屋宝所一区。罗刹喜过望，尽移其属入焉，而山遂闭。于是，僧乃凿河尾，泄水之半，是为天生桥。至今洱水岛上，有赤文如篆籀，是买地券云。老僧，观音大士也。

青神分水 五代赵善政时〔居〕浪穹县天马山下，有山状如龟蛇，其山左涧有水，右涧无水。有樵青神者善咒法，众樵谓之曰：“若能分水于右涧乎？”青神曰：“不难。”遂以斧柯触山，右涧水涌出，与左涧均，人居在右者咸利之。遗迹尚存。其人没后为神，附祀于善政庙。

龙荡水 云南府城西玉案山下有龙湫，其流隐山腹中，出达于海源寺。所经两山之中，陆地十数亩，冬春，土人种麦、牧牛羊其间。每至夏秋，或见异物，其水忽然不流，顷刻瀑涨，没出山腰，滇池上数百里内必有大雨，涨消而霁。土人呼为龙荡水。水荡，则附近居民之家盆盎皆满。此理之不可晓者。

贾 龙 省城普吉山，陟山之支也。逾山为沙浪里，有龙湫。相传龙昔出游，变形为人，委其磷（鳞）甲于石间。有贾人憩石上，见甲胄一具，皆如龙鳞，乃服之，忽腥风起湫中，水族迎之而入。有顷龙至，觅其甲胄不得，走入水中，水族不能辨，相率拒之。贾遂为龙，据其湫。乡人识之，呼为货郎龙。

水泻作笑 曲靖梅家坝，夜间水泻作笑，兼有杀声弗绝，次日，行人即苦淹没之患，觉者弗渡，即免。

盆覆螺精 江川双龙乡，其山无石，皆螺壳积成。昔有夷妇浣衣于河，忽螺精出见，妇惊，即（急）以浣衣盆覆之，其精遂止。后人因以“覆盆”名山。

江中物怪 澜沧江在顺宁东南四十里，岁五六月，江中有物，黑如雾，光如火，声如析木破石，触之则死。或云瘴母。《文选》谓之鬼弹，《内典》谓之禁水。此惟江边有之，郡治绝无。

程村变海 北胜州南四十里有村，程姓者世于此居，一夜陆地忽变为海，周百里。见《一统志》。

山裂塞江 巨津白石云山，约长数〔四〕百余丈，距金沙江二里许。成化庚子五月内一日，忽然山裂，中分一半，走移于金沙江中，与两岸山相倚，山上木石仍（依）然不动。江水壅塞逆流，淹没田苗，荡民居。州府具申，镇巡以闻。后屡有边警。

紫溪龙 成化甲辰，楚雄太守邵敏自南都来，路过洞庭，舟中梦一方巾蓝袍人来谒，曰“紫溪龙王”也。及抵郡祀龙，见塑象（像）俨如梦中所见，乃饬庙宇，虔祀之，至今不替。

龙兴云雨 嘉靖二十六年夏，四五月不雨。赵州知州潘嗣冕走群望，遍祷不应。或云汤颠村童（董）秘密僧潭中有龙，能兴云雨。公往取之。将至潭，龙出见于道左，形圆类江鱼，长不满尺，吻左右有金线二道至尾，尾似鳅而末两分。又如鳌，腹下四足，有爪如龙，惟三鳞碧色光泽，性不畏人。祝之，入瓶中。行近州，大雨如注，三日乃止，四境沾足。放之野，雷雨而去。

蛟起松华坝 六月甲辰午，松华坝云雾昼拥，雷发，有二蛟龙从地起，风雨随之，水涌〔高〕数丈，会城东门外，民居庐舍漂（漂）流，覆压死伤无算。

〔据刘文徵撰天启《滇志》（古永继校点，云南教育出版社1991年版）卷三十一《杂志第十三》第1018页辑录。同时以王云编辑《滇志校考》改补之。〕

（康熙）云南通志·灾祥志

卷二十八　灾祥志

休咎之征，关乎天道，而人事系之。滇荒区僻壤，白雉神驹，不少概见。灵芝秀麦，亦复时生。虽皆和气所致，亦何必沾沾称瑞，以为有补于圣世之祥符也。至若民间灾眚，尤为修凝者所宜加之意矣。备稽旧志，凡累朝物象之变，巨细毕书，是亦宋李沆水旱必闻之遗意欤！夫《春秋》纪灾异而不言征应，则消弭之故全归人事。古有虎渡河而蝗不入境者，其在贤守令且然明乎！德妖之贞胜，庶可语于天人之际乎！作《灾祥志》。

汉

武帝元狩间，五色云见白崖。遣使迹之，至云南县。

东汉

章帝建初二年，滇池出龙马四、白乌一，甘露降。

晋

武帝泰康元年，白龙三见于永昌。

成帝咸和六年，甘露降宁州城内北园榛桃。

孝武帝泰元十二年，甘露降宁州。

唐

懿宗咸通十四年，永昌雨土。

元

成宗大德间，昆明池有蛟害人，后除之。

文宗至顺三年五月，云南郡县饥。

顺帝至正元年，碍嘉县雨铁。庐舍皆穿，人畜多毙。

明

吴元年二月，昆明雪，深七尺。人畜多毙。

太祖洪武十五年，五色云见于永昌太保山，经宿不散。广通产嘉禾。

英宗正统五年秋七月，顺宁大雨弥旬，山崩水溢。冲没田庐，不可胜计。八月，甘露降于石屏州学宫。

景泰元年秋，澂江淫雨害稼，斗米四钱。

四年，昆明、姚安大旱，民多饥死。

宪宗成化八年，姚安大水，无秋。

十年夏四月，顺宁严霜成冻。

十六年六月，剑川大雷雨。水涌冲没民田二百余亩。

十九年夏六月，武定大旱，无秋。

孝宗弘治三年，金齿、腾冲饥，霑益大水，李树结木瓜。后有普安之变。

五年五月，大理点苍两溪大水。冲断西门城关，水入城。

十年，永平县大水。湮没民居数百家。

十一年夏六月朔五日，临安大风雨。寒剧，樵苏死于道者十数人，鸟雀僵死无计。

十三年二月，蒙自县旱。明年，复大旱。

十四年六月朔，大理大雷雨。点苍、白石二溪水涨，漂没民居五百七十余，溺死三百余人。秋，永昌、腾冲大水。坏民庐舍，人畜死者以百数计。浪穹淫雨，山崩水溢。冲圮民居，溺死百余人。七月二十五日夜，河西县大雪雨，山崩水溢。冲没田庐无计。

十五年四月，嵩明大风雨。城南有龙拔楼三楹入云。

武宗正德二年，腾冲饥。

七年，滇池水溢。荡析昆阳州民居百余所，溺死者无计。

十一年十一月，彩云见于邓川，二日乃散。

十二年二月，彩云复见于邓川。

十三年秋八月，龙斗于顺宁澜沧江。涌水高百丈，行者七日不渡。宾川州大雨雹。

十七年二月，云南县严霜成冻。

世宗嘉靖二年六月，澂江、蒙化无云而雨，大水。自五道河涌出，有大木浮于上，不知何来，冲没田庐。秋，腾冲旱。

三年，永昌、腾越大饥。

五年，霑益大水，李树结木瓜。后有寻甸之变。

七年，禄丰大水。

八年八月，澂江大雨。山崩，西浦溪水溢入西街，坏城屋损稼。

九年，霑益大旱。北胜州大饥。秋，腾越大水。

十年六月，有龙三见于大理、邓川之间。

十一年夏六月，顺宁阿鲁司泥山中雷雨拔木。

十三年，五色云见永昌。

十五年夏秋，永昌、顺宁大饥。明年，永昌、腾越又饥。

十六年八月，景东淫雨害稼。

十九年秋，腾越大雨雹，伤禾。明年，饥。

二十二年春三月，顺宁雨雹如卵。秋，腾越大水。

二十四年十月朔，楚雄五色云见。

二十五年秋，景东大水。

二十六年，临安自春迄夏不雨，螟伤苗。有群鸦食之，为雷击死。腾越饥。

二十七年夏四月，腾冲大雨雹。昆明雨雹，杀禾稼。

二十八年三月，永昌五色云见于哀牢山。武定淫雨，水溢山崩。

二十九年八月，永昌大水。坏民庐舍，人畜溺死者以百计。

三十一年，腾越饥。

三十二年闰三月，腾越鸣雷，雨雹如鸡卵。

三十三年，富民大雨，漂没田庐。

三十五年，顺宁正月至五月，不雨。景东二月至六月，不雨。四月，霑益大雨雹如卵。

三十七年秋，武定大雨雹，伤稼。永平、腾越大水。坏民田庐数百家。七月，鹤庆淫雨，水溢。越三十八日始消，米粟腾价。

三十八年六月二十五日夜，鹤庆渔塘村雷雨大作，山崩水溢。坏民居一百余所，死者不可胜计。云南县大旱。减其租税。九月，腾越大雨雹，害稼。彩云见顺宁之东北。状如华盖，光焰射人，弥月乃散。

三十九年，北胜大水。十二月，永平甘露降。

四十年，霑益大水，李树结木瓜。后有东川之变。北胜大饥。六月，永平和丘山五色云见。七月，姚安淫雨伤禾。

四十二年八月，姚安淫雨浃旬。江水溢，冲没民田。

四十三年，楚雄旱。江川县大雷雨，地震。昼夜十余次，浃旬乃止。

四十四年冬，地震，大雨雹。

四十五年，新安所饥。冬，通海复地震，大雨雹。

穆宗隆庆元年，楚雄大有年。云南县旱。嵩明大水。漂没庐舍人畜。

二年，新安所大饥。

三年，元江、元谋大旱。

四年，安宁大雨浃旬。没官民庐舍十之三。

六年，云南县久霖山崩。五月，碍嘉大水。秋，景东水溢。圮桥梁，没田庐，米价腾贵。

神宗万历元年，元江、嵩明大水。二月至八月，石屏淫雨。湖水涨，倾城堞田庐。楚雄饥。

二年八月，曲靖雨雪。

三年八月，曲靖大雨雪。十月，曲靖淫潦没田禾。

五年，临安春夏不雨。斗米三钱，民多殍。

七年，武定矣纳厂大雨，溺死者甚众。

十三年六月，省城雨雹害稼。

十四年，赵州甘露降。

十五年，腾越饥。九月，五色云见于曲靖之西。

十六年二月，曲靖雨雹，昼晦。自辰至午乃霁。楚雄旱。

十八年，澂江旱。十一月，五色云见于蒙化西山。

十九年，澂江旱，民饥。

二十年，腾越大饥。

二十一年，姚安大水。

二十三年，姚安大水。

二十四年八月，五色云见于临安之西。宾川大水。饥民食竹实。

二十五年，蒙化旱，人多饥死。春三月，省城雨雹杀麦。秋，鹤庆大雨雹，损禾。

二十六年夏，鹤庆旱蝗。

二十七年夏，鹤庆大水，无麦，民饥。五月，永昌大水。

二十八年，富民、楚雄、腾越、蒙化、北胜大水。庐舍田禾皆没。永平淫雨。自三月至九月。宾川饥。秋，寻甸旱，民饥。冬，临安大雨雹，泸江堤决。

二十九年，省城夏秋不雨，民大饥。澂江自二月至六月不雨。秋九月，省城大雨雪。冬十一月，昆明罗汉山岩崩。

三十年冬，临安大水，决河堤。

三十一年春正月，临安不雨，至六月。七月，临安雨。六十余日。

三十二年六月，临安大水，没田庐。秋七月，临安雨雹害稼。

三十四年九月，白崖、迷渡、云南县雨雹。大如鸡卵，有稜，入地深尺许，禾稼尽伤，人畜食败禾者辄病死。广西大水。

三十六年，十八寨大水，没民居。

三十八年夏，省城大旱。

三十九年，云南九峰山甘露降于松，白如脂。

四十二年，云南县大饥。

四十三年夏，省城大旱。

四十七年十二月，省城大雨雹，震电交作，云气黄白。

四十八年，澂江、姚安、广西、安宁、富民、新兴十八寨、河西大水。二月己（乙）卯，有云气黄红，渐变黑雾，昏晦如夜，大风雨如注。宜良瓦石皆飘。曲靖城堞圮三丈，吹一人去地丈余方坠。平彝折木无数，哨兵舍吹去数里。三月，甘露降于云龙。

熹宗天启元年，省城自正月不雨至六月。米价腾踊。新兴十八寨、弥勒大旱。

二年八月，师宗陨霜杀禾。冬，甘露降于云龙。

三年二月，甘露降于大理，圆莹如珠。六月，定远大雨震电，雾黄红色，水溢。田禾庐舍，溺三百余人，牲畜无算。十一月壬戌，昆明罗汉山崩三十余丈。

四年，禄劝旱。广西府春夏不雨。七月，武定大雨雪，损禾。

怀宗崇祯三年秋七月，白井大雨水溢。坏官民庐舍，漂没人口千余，填埋井口。

四年，龙见于石屏之异龙湖，须爪鳞甲皆见。

六年，江川大水，湮没城垣。次年迁城。

九年七月，顺宁龙斗。

十六年夏，武定大旱。

本朝

顺治五年戊子，大饥，民掘草木以食。

六年己丑，赵州雨雹。大如鸡卵，移时深七尺许，屋瓦皆碎，伤稼。

九年壬辰六月，蒙化地大震，地中若万马奔驰，尘雾障天，夜复大雨，雷电交作，民舍尽塌，压死三千余人，地裂涌出黑水，鳅鳝结聚，不知何来。震时河水俱乾，年余乃止。

十年癸巳八月，蒙化彩云见东方，经时乃散。

十一年甲午五月，省城北山涌泉寺龙斗，坏僧舍山门及文殊寺。

十八年辛丑，腾越州大饥，死者六千余人。

康熙元年壬寅，鹤庆府大水。湮没民田。

二年癸卯二月，昆明、建水、大姚二十四州县大水。

四年乙巳，蒙化、赵州、宾川、云南、洱海、大理旱。

六年丁未，昆明罗汉山崩数丈。

九年夏，蒙化、赵州旱，无秋。九月，景东大雨水，坏民舍。

十年辛亥五月，省城大鸟来，大水淹塌营房千余间，坏堤坝、庐舍、人畜无数。

十一年壬子，石屏州彩云见。

二十一年壬戌五月，彩云见于云南县之西。十月，五色云见于楚雄之西。自午至酉方散，是年云南悉平。

二十四年乙丑四月，广通东开化庵涌清泉。

二十五年丙寅四月，姚安石崩水泛。

二十七年三月，剑川西山鸣，剑湖沸，鱼鳖多死。浪穹大雪，伤豆麦，损林木。四月朔，鹤庆大雪，深三尺，伤稼坏屋。六月至九月，开化旱。七月，剑川大雨雪伤稼。七月二十一日，省城彩云见。是日，叛兵伏诛。

二十九年庚午七月，新兴、河阳大雨，山水泛滥，损禾稼，坏庐舍。

〔据范承勋等修，吴自肃等纂康熙《云南通志》（日本京都大学藏清康熙三十年刻本）卷二十八《灾祥志》第1－24页辑录。〕

（雍正）云南通志·祥异志

卷二十八 祥异志

彩云南见，郡锡嘉名。金马西来，山标显号。滇虽荒服，祥瑞之呈，由来久矣。然逖稽前志，川涌地震，无代无之，亦昔人水旱必闻之意欤！夫卿云复旦，歌起中天，而洪水怀襄，君臣咨儆，古帝王兢兢业业之思，固无时而少斁也！今我朝神圣，继作中和，位育诚孝，昭孚直省，屡著嘉祥。云南尤多上瑞，乃宵旰弥勤，时以天人感召之理，训诫臣工，俾知儆惕。凡有司土之责者，咸思殚心力，爱养群黎，集福凝庥，共襄至治，则自古以来，禨祲瑞应之征，俱不可以不察已。志《祥异》。

汉

武帝元狩间，五色云见于白崖。遣使迹之，置云南县。

后汉

章帝元和中，滇池出龙马四、白乌一，甘露降。

晋

武帝泰康元年，白龙三见于永昌。

成帝咸和六年，甘露降宁州城内北园榛桃。

孝武帝泰元十二年，甘露降宁州。

唐

懿宗咸通十四年，永昌雨土。

元

成宗大德初，昆明有蛟害人，后除之。

文宗至顺三年五月，云南郡县饥。

顺帝至正元年，碍嘉县雨铁，庐舍皆穿，人畜多毙。

三年，永昌饥。

二十五年，昆明大旱。

二十七年二月，昆明雪深七尺，人畜多毙。

明

洪武十五年，五色云见于永昌太保山，经宿不散。广通产嘉禾。

正统五年秋七月，顺宁大雨弥旬，山崩水溢，冲没田庐，不可胜计。八月，甘露降于石屏州学宫。

景泰元年秋，澂江淫雨害稼，斗米银四钱。

四年，昆明、姚安大旱，民多饥死。

七年，晋宁大旱，斗米银七钱。

成化八年秋，姚安大水。

十年四月，顺宁严霜成冻。永平县大水。

十九年六月，武定大旱。

弘治三年，金齿、腾冲饥。霑益大水，李树结木瓜。

五年五月，大理大水，冲断西门城关，水入城。

十年，永平县大水，淹没民居数百家。

十一年六月朔五日，临安大风雨，寒甚，樵苏死于道者十数人，鸟雀僵死无算。

十三年，蒙自旱。明年，复大旱。

十四年六月朔，大理大雷雨，点苍、白石二溪水涨，漂没民居五百七十余所，溺死三百余人。秋，永昌、腾冲大水，坏民庐舍，人畜死者以百数计。浪穹淫雨，山崩水溢，冲圮民居，溺死百余人。七月二十五日夜，河西县大雪雨，山崩水溢，冲没田庐无计。

十五年四月，嵩明大风雨。城南有龙拔楼三楹入云。大有年。

正德二年，腾冲饥。

七年，滇池水溢，荡析昆阳民居百余所，溺者无计。八月，晋宁大水伤禾。

十一年十一月，彩云见于邓川，二日乃散。

十二年二月，彩云复见于邓川。

十三年八月，顺宁澜沧江龙斗。涌水高百丈，行者七日不渡。宾川大雨雹。

十七年二月，云南县严霜成冻。

嘉靖二年六月，澂江、蒙化无云而雨，大水。秋，腾冲旱。新兴五色云见。云州五色云见。

三年，永昌、腾越大饥。

五年，霑益大水。

七年，禄丰大水。

八年八月，澂江大雨，山崩，西浦溪水溢入西街，坏屋损稼。

九年，霑益大旱。北胜大饥。秋，腾越大水。

十年六月，有龙三见于大理、邓川之间。

十二年秋，彩云见于河阳。

十三年，五色云见于永昌。

十五年，永昌、顺宁大饥。明年，永昌、腾越又饥。

十六年八月，景东淫雨害稼。

十九年，腾越大雨雹伤禾。

二十二年三月，顺宁雨雹如卵。秋，腾越大水。

二十四年十月朔，楚雄五色云见。赵州有黄龙见于三星山。

二十五年秋，景东大水。

二十六年，临安自春至夏，不雨，螟伤苗。腾越饥。

二十七年，腾冲大雨雹。昆明雨雹，杀禾稼。

二十八年三月，永昌哀牢山五色云见。武定淫雨，水溢山崩。永平甘露降。

二十九年八月，永昌大水，坏民庐舍，人溺死者以百计。

三十一年，腾越饥。

三十二年闰三月，腾越雨雹如鸡卵。

三十三年，富民大雨，漂没田庐。

三十五年，顺宁正月至五月，不雨。景东二月至六月，不雨。四月，霑益大雨雹如卵。

三十七年秋，武定大雨雹伤稼。永平、腾越大水，坏民田庐。七月，鹤庆淫雨，水溢。

三十八年六月，鹤庆渔塘村大雷雨，山崩水溢，坏民居百余所，死者不可胜计。云南县大旱。九月，腾越大雨雹害稼。彩云见顺宁东北。状如华盖，光焰射人，弥月乃散。

三十九年，北胜大水。十二月，永平甘露降。

四十年，霑益大水，李树结木瓜。北胜大饥。六月，永平五色云见。七月，姚安淫雨伤禾。

四十三年，楚雄旱。江川大雪雨，地震浃旬乃止。

四十四年冬，地震，大雨雹。

四十五年，新安所饥。冬，通海复地震，大雨雹。

隆庆元年，楚雄大有年。云南县旱。嵩明大水。

二年，新安所大饥。

三年，元江、元谋大旱。

四年，安宁大雨浃旬，没官民廨舍十之三。

六年，云南县久霖山崩。五月，碍嘉大水。秋，景东水溢，没田庐。七月，呈贡金勒村田中水涌三丈许，雷大震。其田成潭，今资以溉。

万历元年，云南县彩云见如绮。元江、嵩明大水。二月至八月，石屏淫雨，湖水涨，倾城堞田庐。楚雄饥。秋七月，晋宁大水。

二年八月，曲靖雨雪。河阳大雨，湖水溢。

三年八月，曲靖大雨雪。十月，曲靖淫潦没禾。

四年秋，晋宁大有年。

五年，临安春夏不雨，民多殍。

七年，武定矣纳厂大雨，溺死者甚众。

十二年四月，庆云见于腾越。

十三年六月，省城雨雹害稼。

十四年三月，永昌大雨雹。赵州甘露降。河阳湖溢害稼。

十五年，腾越饥。九月，五色云见于曲靖之西。赵州大旱，禾尽槁。

十六年二月，曲靖雨雹，昼晦。楚雄旱。秋，腾越五色云见。

十八年，澂江旱。十一月，五色云见于蒙化西山。

十九年，澂江旱。

二十年，腾越大饥。

二十一年，姚安大水。

二十三年，姚安大水。

二十四年八月，五色云见于临安之西。宾川大水。浪穹饥。

二十五年，蒙化旱，人多饥死。春三月，省城雨雹杀麦。秋，鹤庆大雨雹损禾。

二十六年夏，鹤庆旱蝗。七月，云龙彩凤山五色云见，如绮竟日。

二十七年夏，鹤庆大水，无麦，民饥。五月，永昌大水。

二十八年，富民、楚雄、蒙化、北胜大水，庐舍田禾皆没。宾川饥。寻甸旱。冬，临安大雨雹，泸江堤决。

二十九年，省城夏秋不雨，大饥。澂江自二月至六月不雨。秋九月，省城大雨雪。冬十一月，昆明罗汉山岩崩。

三十年秋，顺宁东河水斗。水高丈余，有声如雷，两岸田亩皆没，移时乃消，畦岸间鳞属巨细皆死。冬，临安大水，决河堤。

三十一年，临安正月至六月不雨。

三十二年六月，临安大水，没田庐。秋七月，临安雨雹害稼。

三十四年九月，白崖、迷渡、云南县雨雹，大如卵，入地深尺许，禾稼尽伤，人畜食败禾者辄病死。广西大水。

三十六年，维摩十八寨大水，没民居。江川大水。

三十七年八月，晋宁有五色光见。

三十八年春，五色云见于鹤庆。夏，省城大旱。

三十九年三月，云南九峰山甘露降于松，白如脂。

四十二年，云南县大饥。

四十三年夏，省城大旱。

四十五年，云龙白虹见于彩凤山。

四十七年十二月，省城大雨雹，雷电交作，云气黄白。

四十八年，澂江、姚安、广西、安宁、富民、新兴十八寨、河西大水。二月，黑雾见。初起似云，其色黄红变为黑，昼晦如夜，大风雨如注。宜良瓦石皆飘，曲靖城堞圮三丈，吹一人去地丈余方坠。平彝折木无数，哨兵舍吹去数里。三月，甘露降于云龙。七月，富民大水。

天启元年，省城自正月不雨至六月。新兴、弥勒大旱。

二年八月，师宗陨霜杀禾。冬，甘露降于云龙。

三年二月，甘露降于大理，圆莹如珠。六月，定远大雨震电，雾黄红色，水溢坏田禾庐舍，溺死三百余人。十一月，昆明罗汉山崩。

四年，禄劝旱。广西春夏不雨。七月，武定大雨雪，损禾。

崇正二年，岁大饥。

三年秋七月，白井大雨水溢，坏官民廨舍，漂没人千余，填塞井口。

四年，石屏异龙湖龙见，须爪鳞甲皆见。

五年，江川大水。

六年，江川大水，淹没城垣。

九年七月，顺宁龙斗。

十六年夏，武定大旱。

本朝

顺治四年五月，昆阳饥，民多疫。

五年戊子，大饥。

六年己丑，赵州雨雹，大如卵，移时深七尺许，屋瓦皆碎，伤稼。

九年壬辰六月，蒙化地大震，地中若万马奔驰，尘雾障天，夜大雨，雷电交作，民舍尽塌，压死三千余人，地裂涌黑水，鳅鳝结聚。震年余乃止。

十一年甲午五月，省城涌泉寺龙斗。

十五年戊戌，彩云见于河阳之西。

十六年己亥三月，大雨雹如卵如拳，深二尺许，伤牲畜无算。

十八年辛丑，甘露降于安宁文庙古柏上，形如贯珠，味如饴。腾越大饥，死者六千余人。

康熙元年壬寅，鹤庆大水，湮没民田。广西大旱。

二年癸卯二月，昆明地震大水。

四年乙巳，大理、蒙化、赵州、宾川、云南、洱海旱。

六年丁未，昆明罗汉山崩数丈。

九年夏，蒙化、赵州旱。九月，景东大雨，水坏民舍。

十年辛亥五月，昆明大鸟来，大水。

十一年壬子七月，彩云见于石屏。

十七年戊午，富民大水。

二十年辛酉二月朔，彩云见于罗次。十月，金马腾辉于滇池。

二十一年壬戌五月，彩云见于云南县之西。曲靖、马龙饥。十月，五色云见于楚雄之西，自午至酉。

二十四年乙丑四月，广通开化庵地涌清泉。

二十五年丙寅四月，姚安山崩水泛。曲靖夏旱，秋水，冬地震。

二十七年戊辰正月，彩云见于云龙。三月，剑川西山鸣，剑湖溢。浪穹大雪，伤豆麦，损林木。四月朔，鹤庆大雪伤稼。五月，开化旱。七月，剑川大雨雪伤稼。昆明彩云见。

二十九年庚午正月朔，彩云见于建水东。七月，新兴、河阳大雨水损禾。十一月，彩云见于云南县西。

三十年辛未，富民、罗次大水。六月，安宁罗青山崩。七月，晋宁大水，禾有螟。

三十一年壬申二月，蒙化黄雾弥天。十一月，彩云见于浪穹县之凤羽乡，十二月又见。

三十二年癸酉十二月，临安大水。

三十三年三月，永昌大雨雪。

三十四年乙亥正月朔，五色云见于嶍峨之桂峰山。

三十五年丙子正月朔，彩云见于新平团山。五色云见于元谋塔山。

三十六年丁丑，富民、广西大水。

三十七年戊寅，昆明太华山崩。

三十八年己卯，建水大雨水，河堤溃，淹没田庐。元江龙斗。

四十年辛巳，广西大水。

四十一年壬午三月，彩云见于元江。

四十二年癸未，元江、广西大水。

四十三年甲申，广西大水。九月，五色云见于河阳。

四十六年七月，鹤庆大水。

四十八年己丑四月，禄丰雨雹，大如鸡卵，伤麦。

四十九年庚寅十月，彩云见于元江。

五十年辛卯七月，云龙江水泛涨，没民居禾稼。

五十一年壬辰正月，五色云见于剑川。

五十二年八月，大水。

五十三年甲午，昆明大饥。临安饥。十月，剑川地震，次月又震，大雨雹。

五十五年丙申正月朔，庆云见于河阳东。

五十六年丁酉，禄丰大水河溢。

五十九年庚子二月，富民旱。

雍正元年癸卯正月朔，卿云见于广西。

三月十八日，石屏文庙成彩云见。

二年甲辰正月，昆明祥云见，五色成凤形，逾时不散。秋，嘉禾遍产，岁大稔。

四年十一月朔，新兴彩云见，成龙凤文，历午未申三时。

六年戊申三月，罗次庆云见。十月二十九日，恭逢世宗宪皇帝圣节，云南、楚雄、武定、姚安、广通、大姚、定边同见卿云捧日，经辰巳午三时，次日午时复见，绚烂倍常。

七年己酉三月，彩云见于元谋东南，历巳午二时。六月彩云两见于宜良，逾时不散。闰七月，赵州白崖涌甘泉二。水洌而甘，大资灌溉。十月，和曲彩云见。

八年庚戌七月，阿迷文庙成彩云见。

九月朔，云南庆云见，越二日又见。

〔据鄂尔泰修，靖道谟纂雍正《云南通志》（清乾隆元年刻本）卷二十八《灾祥志》第1－20页辑录。该志沿引康熙《云南通志》，增补康熙三十年至雍正十年间事。〕

（道光）云南通志稿·天文志·祥异

卷三　天文志三之一　祥异上

盛世不言符瑞，而休征咎，征则王者所不敢忽，盖祯祥妖孽，关系于国家者大，是以无麦、无禾，有蜚、有蜮之类，《春秋》必覙缕书之。汉伏生《洪范》五行著为专传，班氏《汉书》五行有志，后世因以为例，祥异固未可忽也。滇虽一隅，祥异自两汉以降，史不绝书，谨裒集之，都为一编，用资考镜。其相沿剿袭并无依据者，概从删削，以昭详慎焉尔。

汉

《汉书·五行志》：昭帝始元六年，益州大旱。

《汉书·成帝本纪》：建始三年十二月，越嶲山崩。

〔又〕河平三年二月丙戌，犍为地震，山崩，壅江水逆流。

后汉

《后汉书·西南夷传》：章帝元和中，蜀郡王阜为太守，政化尤异，有神马四匹出滇池河中，甘露降，白乌见。

《后汉书·安帝本纪》：延光四年冬十月丙午，越嶲山崩。《五行志》：杀四百余人。

《后汉书·桓帝本纪》：永寿元年六月，益州郡山崩。

晋

《宋书·五行志》：武帝泰始六年秋，西平郡九县霖雨暴水，霜伤秋稼。

《晋书·武帝本纪》：太康元年八月，白龙三见于永昌。

《资治通鉴》：惠帝光熙元年，宁州频岁饥疫，疫死者以万计。

欧阳询《艺文类聚》咸和起居注：成帝咸和六年，宁州上言甘露降城北园柰、桃树等。

《宋书·符瑞志》：孝武帝太元十二年八月，甘露降宁州界内，刺史费统以闻。

《宋书·符瑞志》：太元十四年六月甲申朔，宁州刺史费统上言：所统晋宁之滇池县旧有河水，周回二百余里。六月二十八日辛亥，神马二匹，一白一黑，忽出于河中，去岸百步，县民董聪见之。

唐

阮元声《南诏野史》：文宗开成四年六月朔，星落如雨，是年大旱。

宋

阮元声《南诏野史》：宁宗嘉定六年六月十七日，河水绝流，十八日未时水复流。

元

《元史·五行志》：世祖中统元年五月，益州饥。

旧《云南通志》：大德初，昆明有蛟害人，后除之。

《元史·成宗本纪》：大德八年六月丁酉，乌撒、乌蒙、益州、芒部、东川等路饥疫。

《元史·五行志》：仁宗延祐五年五月，云南诸郡邑饥。

杨慎《滇载记》：英宗至治元年，玉案山产小赤犬，群吠遍野。又时雨铁，民舍山石皆穿，人物值之多毙。

《元史·英宗本纪》：至治二年十二月辛卯，云南乌蒙等处屯田旱。九月甲子，临安河西县春夏不雨，种不入土，居民流散。

〔又〕至治三年十月，云南王、西平王二部卫士饥。

《元史·泰定帝本纪》：泰定元年四月，云南中庆昆明屯田水。

〔又〕泰定四年四月，云南乌撒、武定二路饥。阮元声《南诏野史》：四年，洱河有水怪，牛猪形，金睛短项，兴水为害。大理有道者，索段氏黄金百镒为索制之，索成即日移浪穹宁河。谨案：《六诏灵源记》云：宁川无底。大明宣德间，渔人李应捕鱼，网得金索，傍有老人曰：可旋得旋断。李贪甚，收金索将尽，惊动其怪，连舟俱沈。至今为患。

《元史·文宗本纪》：至顺三年五月，云南大理、中庆等路大饥。

旧《云南通志》：至正三年癸未，永昌饥。

阮元声《南诏野史》：至正十六年，黑盐井有毒龙兴水，溢盐井，损民居。

《续文献通考》：至正二十一年，昆明县天雨铁，伤禾稼，民居半圮。

阮元声《南诏野史》：至正二十五年，云南大旱。

旧《云南通志》：至正二十七年二月，昆明雪深七尺，人畜多毙。

明

《永昌府志》：太祖洪武十年，永平大水，坏民居数百家。

旧《云南通志》：洪武十五年，五色云见于永昌太保山，经宿不散。广通产嘉禾。

《景东厅志》：成祖永乐十五年八月，彩云见于玉屏山。

旧《云南通志》：英宗正统五年秋七月，顺宁大雨弥旬，山崩水溢，冲没田亩不可胜计。八月，甘露降于石屏州学宫。

《明史·五行志》：正统九年，云南乏食。

旧《云南通志》：代宗景泰元年秋，澂江淫雨害稼，斗米银四钱。

〔又〕景泰四年，昆明、姚安大旱，民多饥死。

《明史·五行志》：景泰六年，云南饥。云南、大理诸府，久雨伤稼。

〔又〕景泰七年丙子，云南又饥。旧《云南通志》：晋宁大旱，斗米七钱。

《明史·五行志》：成化六年，云南饥。

旧《云南通志》：成化八年，姚安大水，无秋。

〔又〕成化十年四月，顺宁严霜成冻。永平县大水。

《永昌府志》：成化十四年秋，永昌、腾冲大水，坏民庐舍，人畜死者以百数计。

旧《云南通志》：成化十六年六月，剑川大雷雨，水涌冲没民田二百余亩。《明史·五行志》：云南饥。

旧《云南通志》：成化十九年夏六月，武定大旱，无秋。

〔又〕孝宗弘治三年，金齿、腾冲饥。霑益大水。

〔又〕弘治五年五月，大理点苍两溪大水，冲断西门城关，水入城。

〔又〕弘治十年，永平县大水，淹没民居数百家。

〔又〕弘治十一年夏六月朔五日，临安大风雨，寒剧，樵苏死于道者十数人，鸟雀僵死无计。

〔又〕弘治十三年二月，蒙自县旱。明年，复大旱。

《明史·土司传》：弘治十四年，可渡河巡检司言，自闰二月二十七日大雷雨不止，至二十九日水涨，山崩地裂，山鸣如牛吼，地陷涌出清泉数十派，冲坏庐舍、桥梁，及压死人口、牲畜无算。《明史·五行志》：闰二月，乌撒军民府大雨，山崩。旧《云南通志》：六月朔，大理大雷雨，点苍、白石二溪水涨，漂没民居五百七十余，溺死三百余人。秋，永昌、腾冲大水，坏民庐舍，人畜死者以百数计。浪穹淫雨，山崩水溢，冲圮民居，溺死百余人。七月二十五日夜，河西县大雨雪，山崩水溢，冲没田庐无计。

旧《云南通志》：弘治十五年四月，嵩明大风雨，城南有龙拔楼三楹入云。

阮元声《南诏野史》：弘治十六年春，云南贡院“腾蛟”“起凤”匾大风吹去十五里，山上麦移山下。

〔又〕弘治十八年，滇地大震，遣礼部侍郎陈崧诣滇，祭山川之神。

《明史·土司传》：正德二年四月，武定雨雹，溪水涨，决堤坏田，陨霜露杀麦。旧《云南通志》：腾冲饥。

旧《云南通志》：正德七年八月，滇池水溢，荡析昆阳州民居百余所，死者无计。晋宁大水，伤禾。

〔又〕正德十一年十一月，彩云见于邓川，二日乃散。

〔又〕正德十二年二月，彩云复见于邓川。

《永昌府志》：正德十三年夏六月，腾冲旱。陈仁锡《潜确类书》：秋八月，龙斗于顺宁，澜沧江涌水高百丈，行者七日不渡。旧《云南通志》：宾川州大雨雹。

《明史·五行志》：正德十五年八月丁丑，云南赵州大雨，山崩。

旧《云南通志》：正德十六年二月，云南县严霜成冻。谨案：旧《志》作正德十七年，考正德无十七年，今改正。

《明史·五行志》：世宗嘉靖元年四月甲申，云南左卫各属雨雹大如鸡子，禾苗、房屋被伤者无算。

《景东厅志》：嘉靖二年正月，凤山彩云见。旧《云南通志》：六月，澂江、蒙化无云而雨，大水自五道河涌出，有大木浮于上，不知何来，冲没田庐。秋，腾冲旱。新兴五色云见。云州五色云见。

〔又〕嘉靖三年，永昌、腾越大饥。

〔又〕嘉靖四年八月，澂江罗藏溪有白气上升如龙。

旧《云南通志》：嘉靖五年四月，霑益大水，李树结木瓜。后有寻甸之变。

〔又〕嘉靖七年，禄丰大水。

〔又〕嘉靖八年八月，澂江大雨，山崩，西浦溪水溢入西街，坏城屋损稼。

《古今图书集成》：嘉靖九年夏五月，河西大雨雹，伤人畜甚众，禾尽损。旧《云南通志》：霑益大旱。北胜大饥。秋，腾越大水。

〔又〕嘉靖十年六月，有龙三见于大理、邓川之间。

旧《云南通志》：嘉靖十一年夏六月，顺宁阿鲁司泥山中雷雨拔木。

〔又〕嘉靖十二年秋，彩云见于河阳。

〔又〕十三年，五色云见于永昌。

《古今图书集成》：嘉靖十四年夏，大雨连月，自四月至六月不止，河水泛涨，平地深丈余，禾尽没。是岁人饥。

〔又〕嘉靖十五年夏秋，永昌、顺宁大饥。明年，永昌、腾越又饥。

〔又〕嘉靖十六年八月，景东淫雨害稼。

旧《云南通志》：嘉靖十九年秋，腾越大雨雹伤禾。明年饥。

《古今图书集成》：嘉靖二十年，云南饥。

旧《云南通志》：嘉靖二十二年春三月，顺宁雨雹如卵。秋，腾越大水。

〔又〕嘉靖二十四年十月朔，楚雄五色云见。赵州有黄龙见于三星山。

〔又〕嘉靖二十五年秋，景东大水。

〔又〕嘉靖二十六年，临安自春迄夏，不雨，螟伤苗，有群鸦食之，为雷击死。腾越饥。

〔又〕嘉靖二十七年四月，腾冲大雨雹。昆明雨雹，杀禾稼。《永昌府志》：秋，大水，坏田庐舍数百。

〔又〕嘉靖二十八年三月，永昌五色云见于哀牢山。武定淫雨，水溢山崩。《大理府志》：云南县大旱。

〔又〕嘉靖二十九年八月，永昌大水，坏民居，人畜溺死者以百计。《永昌府志》：甘露降永平。

〔又〕嘉靖三十一年，腾越饥。

〔又〕嘉靖三十二年闰三月，永昌、腾越地震，明日复震。腾越雨雹如鸡卵。

〔又〕嘉靖三十三年，富民大雨，漂没田庐。

〔又〕嘉靖三十五年，顺宁正月至五月，不雨。景东二月至六月，不雨。四月，霑益大雨雹如卵。

〔又〕嘉靖三十七年秋，武定大雨雹，伤稼。永平、腾越大水，坏民田庐数百家。七月，鹤庆淫雨水溢，越三十八日始消，米粟腾价。

〔又〕嘉靖三十八年六月二十五日夜，鹤庆渔塘村雷雨大作，山崩水溢，坏民居百余所，死者不可胜计。云南县大旱。九月，腾越大雨雹，害稼。彩云见顺宁东北，状如华盖，光焰射人，弥月乃散。

〔又〕嘉靖三十九年三月，北胜大水。十二月，永平甘露降。

〔又〕嘉靖四十年，霑益大水，李树结木瓜。北胜大饥。六月，永平和邱山五色云见。七月，姚安淫雨伤禾。

〔又〕嘉靖四十二年八月，姚安淫雨浃旬，江水溢，冲没民田。

〔又〕嘉靖四十三年，楚雄旱。江川大雷雨，地震，昼夜十余次，浃旬乃止。

〔又〕嘉靖四十四年冬，〔通海〕地震，大雨雹。

〔又〕嘉靖四十五年，新安所饥。冬，通海地震，大雨雹。

〔又〕穆宗隆庆元年，楚雄大有年。云南县旱。嵩明大水，漂没庐舍人畜。

〔又〕隆庆二年，新安所大饥。

〔又〕隆庆三年，元江、元谋大旱。

〔又〕隆庆四年，安宁大雨浃旬，没官民庐舍十之三。

〔又〕隆庆六年，云南县久霖，山崩。五月，磸嘉大水。秋，景东水溢，圮桥梁，没田庐，米价腾贵。七月，呈贡金勒村田中水涌三丈许，雷大震，其田成潭，今资以溉。

〔又〕神宗万历元年，云南县彩云见如绮。元江、嵩明大水。二月至八月，石屏淫雨，湖水涨，倾城堞田庐。楚雄饥。秋七月，晋宁大水。

〔又〕万历二年八月，曲靖雨雪。河阳大雨，湖水溢。

〔又〕万历三年八月，曲靖大雨雪。十月，曲靖淫潦，没田禾。

〔又〕万历四年秋，晋宁大有年。

〔又〕万历五年，临安春夏不雨，升米三钱，民多殍。

〔又〕万历七年，武定矣纳厂大雨，溺死者甚众。

〔又〕万历十二年四月，庆云见于腾越。《永昌府志》：腾越饥。《永北府志》：期纳大水，民居田亩漂没，成河者数十里。

〔又〕万历十三年六月，省城雨雹害稼。

〔又〕万历十四年，赵州甘露降。三月，永昌大雨雹。河阳湖溢害稼。《明史·五行志》：夏，云南大水。

〔又〕万历十五年，腾越饥。九月，五色云见于曲靖之西。赵州大旱，禾尽槁。

〔又〕万历十六年二月，曲靖雨雹，昼晦，自辰至午乃霁。闰六月，临安、通海、曲江同日地震，有声如雷，山木摧折，河水噎流，通海城垣、公署、民居皆圮，压死者众，曲江尤甚。楚雄旱。秋，腾越五色云见。

〔又〕万历十八年，澂江旱。十一月，五色云见于蒙化西山。

〔又〕万历十九年，澂江旱，民饥。

〔又〕万历二十年，腾越大饥。

〔又〕万历二十一年，姚安大水。

〔又〕万历二十三年，姚安大水。

〔又〕万历二十四年，姚安火毁民居百余，死伤者甚多。《姚州志》：淫雨伤禾。旧《云南通志》：八月，五色云见于临安之西。宾川大水，饥民食竹实。浪穹饥。

〔又〕万历二十五年，蒙化旱，人多饥死。春三月，省城雨雹杀麦。秋，鹤庆大雨雹损禾。

〔又〕万历二十六年夏，鹤庆旱蝗。七月，云龙彩凤山五色云见，如绮竟日。

〔又〕万历二十七年夏，鹤庆大水，无麦，民饥。五月，永昌大水。

〔又〕万历二十八年，富民、楚雄、腾越、蒙化、北胜大水，庐舍、田禾皆没。永平淫雨自三月至九月。宾川饥。秋，寻甸旱，民饥。冬，临安大雨雹，泸江堤决。

〔又〕万历二十九年，省城夏秋不雨，民大饥。澂江自二月至六月不雨。秋九月，省城大雨雪。冬十一月，昆明罗汉山岩崩。

〔又〕万历三十年秋，顺宁东河水斗，水高丈余，有声如雷，两岸田亩皆没，移时乃消，畦岸间鳞属巨细皆死。冬，临安大水，决河堤。

〔又〕万历三十一年正月，临安不雨至六月。七月，临安雨六十余日。《永昌府志》：腾越大饥。九月，洪水横流，田禾尽坏，山崩大洞，居民杨氏家出红虹在卧室，二十六日复出白虹远于村。十月，雨黑雪，伤谷。

〔又〕万历三十二年六月，临安大水，没田庐。七月，临安雨雹害稼。

〔又〕万历三十四年九月，白崖、迷渡、云南县雨雹，大如鸡卵，有棱，入地深尺许，禾稼尽伤，人畜食败禾者辄病死。广西大水。

〔又〕万历三十六年，十八寨大水，没民居。江川大水。

〔又〕万历三十七年八月，晋宁有五色光见。《姚州志》：十月，州西北五色云见，自未至申乃散。

〔又〕万历三十八年春，五色云见于鹤庆。《姚州志》：二月至六月不雨。旧《云南通志》：夏，省城大旱。

〔又〕万历三十九年二月，云南九峰山甘露降于松，白如脂。

〔又〕万历四十二年，云南县大饥。

《姚州志》：万历四十三年二月至六月，不雨。旧《云南通志》：夏，省城大旱。《姚州志》：十月，五色云见西北。

旧《云南通志》：万历四十五年七月，云龙白虹见于彩凤山。

《明史·五行志》：万历四十六年十月壬午，云南雨雹。

旧《云南通志》：万历四十七年十二月，省城大雨雹，震电交作，云气黄白。

〔又〕万历四十八年二月，澂江、姚安、广西、安宁、富民、新兴十八寨、河西大水。《鹤庆府志》：大水，无麦。旧《云南通志》：二月己（乙）卯，有云气黄红渐变黑雾，昏晦如夜，大风雨如注，宜良瓦石皆飘，曲靖城堞圮三丈，吹一人去地丈余方坠。平彝折木无数，哨兵舍吹去数里。三月，甘露降于云龙。七月，富民大水。

〔又〕熹宗天启元年，省城自正月至六月不雨。新兴十八寨、弥勒大旱。《大理府志》：冬，甘露降于云龙。

〔又〕天启二年八月，师宗陨霜杀禾。冬，甘露降于云龙。

〔又〕天启三年二月，甘露降于大理，圆莹如珠。六月，定远大雨震电，雾黄红色，水溢田禾庐舍，溺三百余人，牲畜无算。旧《云南通志》：十一月壬戌，昆明罗汉山崩三十余丈。

〔又〕天启四年，禄劝旱。广西府春夏不雨。七月，武定大雨雪，损禾。

《丽江府志》：天启五年十一月，庆云见黄山。

旧《云南通志》：愍帝崇祯二年，岁大饥。

〔又〕崇祯三年七月，白井大雨，水溢坏官民庐舍，漂没人口千余，填埋井口。

〔又〕崇祯四年，龙见于石屏之异龙湖，须爪鳞甲皆见。《鹤庆府志》：大饥。

〔又〕崇祯五年十一月，江川大水。

〔又〕崇祯六年，江川大水，湮没城垣。

〔又〕崇祯九年七月，顺宁龙斗。

〔又〕崇祯十六年夏，武定大旱。

卷四　天文志三之二　祥异下

国朝

旧《云南通志》：顺治四年五月，昆阳饥，民多疫。《澂江府志》：新兴饥，升米三钱。

《景东厅志》：顺治五年戊子二月，祥云捧日。旧《云南通志》：大饥，民掘草根以食。

旧《云南通志》：顺治六年己丑，赵州雨雹，大如鸡卵，移时深七尺许，屋瓦皆碎，伤稼。

〔又〕顺治九年壬辰六月，蒙化地大震，地中若万马奔驰，尘雾障天，夜复大雨，雷电交作，民舍尽塌，压死三千余人。地裂涌出黑水，鳅鳝结聚，不知何来。震时河水俱乾，年余乃止。

〔又〕顺治十年癸巳八月，蒙化彩云见东方，经时乃散。

〔又〕顺治十一年甲午五月，省城北山涌泉寺龙斗，坏僧舍山门及文殊寺。

〔又〕顺治十五年戊戌，彩云见于河阳之西。

〔又〕顺治十六年己亥三月，大雨雹，如卵如拳，深二尺许，伤牲畜无算。

〔又〕顺治十八年辛丑正月，甘露降于安宁文庙古柏上，形如贯珠，味如饴。腾越大饥，死者六千余人。

〔又〕康熙元年壬寅，鹤庆府大水，湮没民田。广西大旱。

〔又〕康熙二年癸卯二月，昆明、建水、大姚二十四州县大水。

〔又〕康熙四年乙巳，蒙化、赵州、宾川、云南、洱海、大理旱。

〔又〕康熙六年丁未，昆明罗汉山崩数丈。《景东厅志》：正月，彩云见于玉笔山。

〔又〕康熙九年庚戌，昆明太华山鸣。夏，蒙化赵州旱，无秋。九月，景东大雨，水坏民舍。《澂江府志》：江川大水。

〔又〕康熙十年辛亥五月，省城大鸟来，大水淹塌营房千余间，坏堤坝、庐舍、人畜无数。

〔又〕康熙十一年壬子七月，石屏州彩云见。刘健《庭闻录》：冬至后三日，雷电雨雹风雪，一时兼作，西北方天门开，中有人马纷纷格战之状。

《开化府志》：康熙十二年癸丑三月初五日，大水没民居田舍。

旧《云南通志》：康熙十七年戊午，富民大水。

〔又〕康熙十九年庚申四月朔，五色云见于永昌。秋，楚雄地震，有声如雷，数日不止，城垣、官署、民舍俱坏，压死者千余。地裂涌出黑水，水涸皆白沙碛。

〔又〕康熙二十年辛酉二月朔，彩云见于罗次。十月，金马腾辉于滇池。

〔又〕康熙二十一年壬戌五月，彩云见于云南县之西。十月，五色云见于楚雄之西，自午至酉方散。是年，云南悉平。曲靖马龙饥。《澂江府志》：新兴饥，升米四钱。

〔又〕康熙二十四年乙丑四月，广通开化庵地涌清泉。

〔又〕康熙二十五年丙寅四月，姚安石崩水泛。《永昌府志》：五月二十七夜，永昌大雷电风雪，迨明，树叶堆地，如碎剪然，禽鸟死者无算。旧《云南通志》：曲靖夏旱，秋水，冬地震。

《广西府志》：康熙二十六年丁卯九月，大旱。

旧《云南通志》：康熙二十七年戊辰正月，彩云见于云龙。三月，剑川西山鸣，剑湖溢。浪穹大雪，伤豆麦，损林木。四月朔，鹤庆大雪，深三尺，伤稼坏屋。六月至九月，开化旱。七月，剑川大雨雪，伤稼。七月二十一日，省城彩云见于东。

《广西府志》：康熙二十八年己巳春，雹，夏旱无收。《澂江府志》：三月，河阳大鸟来，翅展八九尺，足高四五尺，数日飞去，随有水灾，冲没田亩。《云南府志》：四月五月，富民大旱。《元江州志》：大水。

旧《云南通志》：康熙二十九年庚午正月朔，彩云见于建水东。七月，新兴、河阳大雨，山水泛溢，损禾稼，坏庐舍。十一月朔，彩云见于云南县西。

〔又〕康熙三十年辛未，富民、罗次大水。《景东厅志》：大旱，米价腾贵。旧《云南通志》：六月，安宁罗青山崩。七月，晋宁大水，禾有螟。

旧《云南通志》：康熙三十一年壬申二月，蒙化黄雾弥天。《丽江府志》：四月，雨雹，岁大饥。《广西府志》：人有年。倪蜕《云南事略》：九月，黑井蛟蜃横发，漂没盐柴。旧《云南通志》：十一月，彩云见于浪穹县之凤羽乡，十二月又见。

《大理府志》：康熙三十二年癸酉四月，大理七州县阴霾三日。五月，点苍山大雨雪。旧《云南通志》：十二月，临安大水。

旧《云南通志》：康熙三十三年甲戌三月，永昌大雨雪。《广西府志》：大有年。

旧《云南通志》：康熙三十四年乙亥正月朔，五色云见于嶍峨之桂峰山。《澂江府志》：八月，河阳雷震百余次，大水冲没庐舍。

旧《云南通志》：康熙三十五年丙子正月朔，彩云见于新平团山。二月，五色云见于元谋塔山。

〔又〕康熙三十六年丁丑，富民、广西大水。《景东厅志》：二月，五色祥云见于西北。《澂江府志》：河阳旱。

旧《云南通志》：康熙三十七年戊寅，昆明太华山崩。《广西府志》：大有年。

旧《云南通志》：康熙三十八年己卯，建水大雨水，河堤溃，淹没田庐。元江龙斗。

〔又〕康熙四十年辛巳，广西大水。《景东厅志》：六月，嘉禾合颖，大有年。

〔又〕康熙四十一年壬午三月，彩云见于元江。《澂江府志》：河阳下黄沙，三日乃止。

旧《云南通志》：康熙四十二年癸未，元江、广西大水。

〔又〕康熙四十三年甲申，广西大水。九月，五色云见于河阳。

〔又〕康熙四十四年乙酉正月朔，卿云见东方。

〔又〕康熙四十五年丙戌正月朔，彩云捧日。

〔又〕康熙四十六年丁亥七月，鹤庆大水。

〔又〕康熙四十七年戊子，黄龙见于新兴官村。《广西府志》：广西大水。

旧《云南通志》：康熙四十八年己丑四月，禄丰雨雹，大如鸡卵，伤麦。

《景东厅志》：康熙四十九年庚寅，大水，多坏民居。旧《云南通志》：十月，彩云见于元江。

旧《云南通志》：康熙五十年辛卯七月，云龙江水泛涨，没民居禾稼。

〔又〕康熙五十一年壬辰正月，五色云见于剑川金华山南，竹花结实，味甘淡，可采以食。《姚州志》：秋，淫雨，民多饥。

《广西府志》：康熙五十二年癸巳四月，大水，大荒，大疫。旧《云南通志》：八月，大水。嵩明药灵山鸣。

旧《云南通志》：康熙五十三年甲午，昆明大饥。临安饥。《鹤庆府志》：大水淹禾苗。八月，产嘉禾，一茎两穗。《开化府志》：大饥。旧《云南通志》：十月，剑川地震，次月又震，大雨雹。《澂江府志》：四属饥，升米一钱五分。

旧《云南通志》：康熙五十五年丙申正月初一日，五色云见于河阳东。

〔又〕康熙五十六年丁酉，禄丰大水，河溢。《广西府志》：大有年。

倪蜕《云南事略》：康熙五十七年戊戌十一月，鹤庆大雪，巡边供役民夫冻死几百人。

旧《云南通志》：康熙五十九年庚子二月，富民旱。

〔又〕雍正元年癸卯正月朔，卿云见于广西。三月十八日，石屏文庙成彩云见。

〔又〕雍正二年甲辰正月，昆明祥云见，五色成凤形，逾时不散。秋，嘉禾遍产，岁大稔。《永北府志》：大有年。

倪蜕《云南事略》：雍正三年乙巳七月二十三日，罗次县大雪，经午未申三时，被五六里。

《广西府志》：雍正四年丙午，建水大水。旧《云南通志》：十一月朔，新兴彩云见，成龙凤文，历午未申三时。

旧《云南通志》：雍正六年戊申三月，罗次庆云见。《广西府志》：大水。旧《云南通志》：十月，抱母井龙祠产石芝。十月二十九日，恭逢世宗宪皇帝圣节，云南、楚雄、武定、姚安、广通、大姚、定边同见卿云捧日，经辰巳午三时，次日午时复见，绚烂倍常。

〔又〕雍正七年己酉三月，彩云见于元谋东南，历巳午二时。《广西府志》：春，雹伤苗。夏秋，大水。旧《云南通志》：六月，彩云两见于宜良，逾时不散。闰七月，赵州白崖涌甘泉二，水洌而甘，大资灌溉。十月，和曲彩云见。

〔又〕雍正八年庚戌七月，阿迷文庙成彩云见。九月朔，云南庆云见，越二日又见。《广西府志》：十月望，五色云捧日。

〔又〕雍正九年辛亥，春秋旱，夏潦。倪蜕《云南事略》：十二月，大雪雷震昆明饵块营，击十五六岁童子一人。

倪蜕《云南事略》：雍正十年壬子四月，昭通大雪，被百余里，青稞荞麦俱萎。《东川府志》：六月，大雨雹。《蒙化厅志》：九月，彩云见。

《广西府志》：雍正十一年癸丑四月，飞霜，疫行。

《云南县志》：雍正十二年甲寅七月二十一日，彩云见于东南。《赵州志》：十月，彩云见东南。秋，大水。

《新兴州志》：雍正十三年乙卯八月，五色云见于西山。倪蜕《云南事略》：十一月二十七日雷，二十八日大雪。

《石屏州志》：乾隆元年丙辰元旦，五色云见。《永北府志》：芭蕉湾龙见。见妇女浣衣，复隐洞中，半露其形，七八日乃不见。《河阳县采访》：三月，彩云见于罗藏山之巅。《丽江府志》：旱。《丽江县采访》：玉河水源涸。《广西府志》：旱。《太和县采访》：八月十三日，庆云见于东北。《霑益州采访》：庆云见东南。《南宁县采访》：彩云见。

《昆明县志略》：乾隆二年丁巳，五色云见。《东川府志》：大水冲决木姑等处田。《景东厅志》：五月，五彩云霞见于玉屏山麓。《恩乐县志》：五月，彩云见碧松岭。《顺宁府志》：饥。《南宁县采访》：大有年。《琅盐井志》：大水冲没民居。

《临安府志》：乾隆三年戊午四月，阿迷阿度山崩，东河水溢。《开化府志》：五月大水，坏民居八百余，溺死七人。《顺宁府志》：饥。《浪穹县采访》：秋八月，彩云见西北。《南宁县采访》：大有年。

《新兴州志》：乾隆五年庚申七月，甘露降。

《寻甸州采访》：乾隆六年辛酉四月，有大鸟集于海。秋，大水。《剑川州采访》：六月，大水，冲桥梁、寺观无数。

《永北府志》：乾隆七年壬戌七月，大鸟来。金沙江花坪有鸟高二尺余，形如大雁。识者曰：此鹜江鸟也。主雨水泛涨，米价高昂，果应。九月，大雨雹，伤稼。《顺宁府志》：大饥。

《永北府志》：乾隆八年癸亥七月，白虹见西方，大水。是年饥。《顺宁府志》：饥。《宣威州志》：七月，大雨雹，伤稼。八月，飞霜。

《宣威州志》：乾隆九年甲子二月，大饥。《河阳县采访》：地震后大雨。《白盐井志》：七月，大水，冲没井灶。

《云州采访》：乾隆十年乙丑夏五月，彩云东现。《楚雄县志》：彩云见城南。《邓川州志》：秋，旧州大水，淹没田庐人畜。《南宁县采访》：大有年。

《宜良县志》：乾隆十二年丁卯，五色云见。

《昆明县志略》：乾隆十三年戊辰，大水。《新兴州志》：六月，大雨至八月。《宜良县志》：九月，大雨，河水暴涨，淹没民居。《楚雄县志》：旱。

《新兴州志》：乾隆十四年己巳秋，有年。

《临安府志》：乾隆十五年庚午正月，通海雨雹，伤鸟雀无算。大水。《云龙州采访》：有彩云见于诺邓北山。《临安府志》：九月朔，彩云见。《南宁县志》：北河水泛。

《元江州志》：乾隆十六年辛未，起蛟，巴迭山崩，合村俱没，南淇河溢。《永北府志》：金沙江白浪成浆，乾如粉。是年夏秋，大熟。《路南州志》：九月，城东现彩云。

《昆明县志略》：乾隆十七年壬申五月，西北十龙并见，日光射，雨雹如珠。《永北府志》：夏，雨雹伤豆麦。

《东川府志》：乾隆十八年癸酉，大水，冲决米粮坝田。《宣威州志》：饥。《寻甸州采访》：彩云见。

《顺宁府志》：乾隆十九年甲戌秋，淫雨滂沱，山崩水溢，漂没田庐、桥梁不可胜计。《东川府志》：八月，陨霜杀禾。《易门县志》：十二月，地震，六日有声，大龙泉水涸，二日方出。坏城垣、衙署、寺观、民房，压毙男妇三百余人。

《顺宁府志》：乾隆二十年乙亥夏，饥。《南宁县采访》：北河水泛。

《宣威州志》：乾隆二十一年丙子，大水。《剑川州采访》：夏，大旱。秋，禾不登。《南宁县采访》：大有年。

《宣威州志》：乾隆二十二年丁丑八月，飞霜。

《邓川州志》：乾隆二十三年戊寅，瀰苴河东堤决，田庐尽坏。《宣威州志》：大饥。

《宣威州志》：乾隆二十四年己卯，饥。

《顺宁府志》：乾隆二十五年庚辰夏，岁稔。《寻甸州采访》：四月，大雨雹。《霑益州采访》：彩云见西北。

《南宁县采访》：乾隆二十六年辛巳十月，北河水泛。

《永北府志》：乾隆二十八年癸未八月，雨雹伤禾。

《昆明县志略》：乾隆二十九年甲申，昆明池水涸。《云南县志》：彩云见于西南。《楚雄县志》：秋，大熟。《临安府志》：宁州龙马见于抚仙湖。《寻甸州采访》：岁歉。秋七月，淫雨伤禾。

《永北府志》：乾隆三十年乙酉四月，金沙江白浪成浆。《嵩明州续志》：七月，淫雨伤禾。《镇雄州志》：秋八月，大雨雹伤稼。

《元江州志》：乾隆三十一年丙戌，大水。《南宁县采访》：大水，伤民居。《寻甸州采访》：秋，大有年。

《浪穹县采访》：乾隆三十三年戊子夏六月，蒲陀崆塞，河水溢，淹毁田宅。《邓川州志》：秋，洱水溢，沿海田禾尽没。《开化府采访》：大水。《南宁县采访》：彩云见。

《景东厅志》、《恩乐县志》：乾隆三十四年己丑秋，大水。《镇雄州志》：岁饥。

《镇雄州志》：乾隆三十五年庚寅，岁饥。《临安府志》：宁州温泉水，冷涸经月。《浪穹县采访》：水淹城垣，尽圮。《罗平州采访》：大旱，岁大饥。《河阳县采访》：河阳旱。

《临安府志》：乾隆三十六年辛卯正月，宁州大雨雹。《弥勒县采访》：有年。《南宁县采访》：大有年。

《楚雄县志》：乾隆三十七年壬辰八月，大水，城墙民舍多坏。

《石屏州续志》：乾隆三十八年癸巳，大水，湖水泛入城。《临安府志》：通海久雨，淹没滨海田。《江川县采访》：五月，大水。

《嵩明州续志》：乾隆三十九年甲午三月，雨雪伤麦。《昆明县志略》：大水。《镇雄州志》：岁大稔。

《邓川州志》：乾隆四十年乙未，瀰苴河决，田庐尽坏。《临安府志》：河西彩云见。《霑益州采访》：大水，淹没田庐人畜。《南宁县采访》：北河水泛。

《河西县志》：乾隆四十一年丙申七月，五色云见。《镇雄州志》：岁大稔。《宣威州志》：旱。《弥勒县采访》：大有年。《河阳县采访》：大水，伤禾稼。

《昆明县志略》：乾隆四十二年丁酉，大水。《景东厅志》、《恩乐县志》：大水。《广通县采访》：六月，大雨，河溢淹没禾稼。

《弥勒县采访》：乾隆四十三年戊戌，大有年。

《楚雄县志》：乾隆四十四年己亥，旱，饥。《宣威州志》：五月，大水。

《景东厅志》：乾隆四十六年辛丑，大旱。秋，淫雨伤禾。《弥勒县采访》：大有年。

《永昌府志》：乾隆四十七年壬寅，腾越南甸、干崖两土司夷民被水淹没田庐。《楚雄县志》：六月，大水。《永昌府志》：八月朔，五色云见永昌。《邓川州志》：秋，洱河溢，田禾尽没。

《昆明县志略》：乾隆四十九年甲辰闰三月，大雪。《宜良县志》：大赤江水泛溢，淹没民居。《邓川州志》：秋，象山崩，洱水溢。《云龙州采访》：沘江泛涨，淹没田庐、盐井。《河阳县采访》：大雷雨雹，白虹亘天。

《楚雄县志》：乾隆五十年乙巳秋，大熟。《禄劝县采访》：旱。《江川县采访》：八月，大水。《路南州续志》：彩云见西南。

《宜良县志》：乾隆五十一年丙午，彩云见西南方。《太和县采访》：十月，甘露降，凝而有五色。是月，草木皆荣，梅桃李杏齐开。《琅井采访》：泮池水潮，彩云见。

《邓川州志》：乾隆五十二年丁未，自此年沿及嘉庆年，大疫，死者以万计，野无人烟。《临安府志》：曲江螣食苗，大雷雨乃灭。《宾川州采访》：文庙成彩云见，产芝。《弥勒县采访》：有年。《河阳县采访》：三月，庆云捧日。

《临安府志》：乾隆五十四年己酉四月，宁州雨沙。

《霑益州采访》：乾隆五十五年庚戌春三月，大雨雹，伤麦豆。《南宁县采访》：十月，南河水泛。《河阳县采访》：黄龙见于东浦镜光池。

《霑益州采访》：乾隆五十六年辛亥夏五月，大水。

《临安府志》：乾隆五十七年壬子，彩云见，有大鸟集于西屯民田，数日乃去。《霑益州采访》，夏四月，雨雹，伤豆麦。《弥勒县采访》：大水，禾苗淹没。《禄劝县采访》：七月，大水。

《霑益州采访》：乾隆五十八年癸丑六月，大水。

《云州采访》：乾隆五十九年甲寅正月，澜沧江龙斗神，舟渡阻水不流。

《昆明县志略》：乾隆六十年乙卯，旱。《云州采访》：秋，大风雷雨拔木，冲没田禾。《景东厅志》：岁饥。《禄劝县采访》：旱。

《丽江县采访》：嘉庆元年丙辰正月，彩云见城东。《楚雄县志》：三月朔，彩云见于城西。《景东厅志》、《恩乐县志》：景星彩云，见于西北方。《云州采访》：饥。《威远厅采访》：大水。《禄劝县采访》：七月，庆云见西北。《南宁县采访》：大有年，彩云见。《河阳县采访》：祥云绕点苍山。《东川府续志》：十二月彩云见。《楚雄县志》：旱，大饥。《南宁县采访》：大有年。

《路南州续志》：嘉庆三年戊午八月，彩云见西北。《河阳县采访》、《江川县采访》、《新兴州采访》、《普洱府采访》：十一月，彩云见。《开化府采访》：大水。《昆明县志略》：十二月，大雨雹。《弥勒县采访》：有年。

《蒙化厅志》：嘉庆四年己未七月，公郎街大水，山崩，田庐漂没，死者数百人。

《弥勒县采访》：嘉庆五年庚申，大有年。

《邓川州志》：嘉庆六年辛酉，蛇涧崩。东堤受害不已。《广通县采访》：七月，大雨雹，伤禾。《新平县志》：饥。

《东川府续志》：嘉庆七年壬戌正月元日，彩云见。《河阳县采访》：八月，雨雹伤稼。

《霑益州采访》：嘉庆八年癸亥夏五月，大水。秋，大熟。《威远厅采访》：大无麦禾。《河阳县采访》：九月，湖水泛溢，淹没田亩。

《他郎厅采访》：嘉庆九年甲子五月，庆云见。《富民县续志》：七月，大水。《楚雄县志》：岁稔。《弥勒县采访》：大有年。

《景东厅志》、《恩乐县志》：嘉庆十年乙丑二月，彩云见东南。《云州采访》：三月，彩霞绕日。《昆明县志略》：九月十月，大水。《威远厅采访》：大饥。《南宁县采访》：疫，大有年。

《景东厅志》：嘉庆十一年丙寅四月，大水。《浪穹县采访》：水。《弥勒县采访》：大有年。《威远厅采访》：瑞雪降。

《云南县志》：嘉庆十二年丁卯，岁饥。《浪穹县采访》：大水。《霑益州采访》：夏四月，雨雪伤稼。《威远厅采访》：大雨雹。

《昆明县志》：嘉庆十三年戊辰，大旱。《嵩明州续志》：四月，大雪伤麦。《南宁县采访》：大水，伤民居。

《景东厅志》：嘉庆十四年己巳，大水。

《楚雄县志》、《太和县采访》：嘉庆十五年庚午四月，五色云见于东南。《建水县志》：马市大水，民居胥没。《丽江县采访》：玉河水溢，损民房舍。《河阳县采访》：五月，天雨沙。

《邓川州志》：嘉庆十六年辛未，彩云见于罗川。

《昆明县志略》：嘉庆十七年壬申，岁丰。《禄丰县采访》：五月，大雨，河溢冲没民房四百余间、田六百余亩。《霑益州采访》：大水。《禄劝县采访》：大水，淹没田禾。

《蒙自县采访》：嘉庆十八年癸酉二月，大雨雹。《河阳县采访》：七月，镜光池黄龙见。《景东厅志》：岁不熟。九月，大水，冲坏田亩。《霑益州采访》：大水。《恩乐县志》：九月，大水。《云南县志》：是岁，淫雨伤禾。《邓川州志》：彩云见于鼎胜山。

《霑益州采访》：嘉庆十九年甲戌六月朔，日食，既星斗皆见，是年饥。《罗平州采访》：秋，岁大饥。《新兴州采访》：七月，雪雹大雨。

《昆明县志略》：嘉庆二十年乙亥六月，雨雹。《楚雄县志》：八月，大雨雹。《河阳县采访》：八月，天雨豆。九月，龙斗于西南。《霑益州采访》：是年至二十三年，连饥。《云州采访》：大饥。

《昆明县志略》：嘉庆二十一年丙子，饥。《云南县志》：春，泮池苔凝成莲。秋水，冬大饥。《嵩明州续志》：饥。《蒙化厅志》：大饥。《河阳县采访》：三月雨雹。《楚雄县志》：旱，大饥。《太和县采访》：大饥。《邓川州志》：彩云见于钟山，是岁大饥。《云龙州采访》：岁饥。《浪穹县采访》：秋，大水，禾不登。《弥勒县采访》：饥。《云州采访》：大饥。《剑川州采访》：七月，雨雪，秋不熟。《禄劝县采访》：旱，岁歉。《南宁县采访》：雹，伤麦。

《昆明县志略》、《嵩明州续志》：嘉庆二十二年丁丑，饥。《顺宁县采访》：夏饥。《邓川州志》：彩云见于钟山。《开化府采访》：彩云见。《云龙州采访》：岁饥。《宾川州采访》、《广通县采访》：饥。《浪穹县采访》：夏雨雪，秋大旱，民复饥。《蒙化厅志》：岁大熟。《剑川州采访》：饥疫，六月降霜，冬彩云见。《弥勒县采访》：八月，飞霜，五谷不熟。《腾越厅采访》：旱，岁饥。《丽江县采访》：大饥。《禄劝县采访》：旱，饥。《琅井采访》：岁大饥。

《元江州志》：嘉庆二十三年戊寅，漫来冲嘉禾同颖，后年屡丰。《富民县续志》：岁饥。《石屏州采访》、《霑益州采访》：岁大熟。《楚雄县志》、《南宁县采访》、《寻甸州采访》：大有年。《顺宁县采访》：谷穗双，岁大熟。《邓川州志》：彩云见，岁大熟。《弥勒县采访》：大水。

《通海县续志》：嘉庆二十四年己卯正月，彩云见于西南。《弥勒县采访》：春雹，伤稼。《宾川州采访》：四月，庆云捧日。七月，彩云如盖。《霑益州采访》：四月，雨雹伤稼。《石屏州采访》：岁大熟。《通海县续志》：十月，彩云见西南二方。《昆明县志略》：十二月，五色云见。

《河阳县采访》、《新兴州采访》：嘉庆二十五年庚辰三月，彩云见东南。夏四月，白气见东北。《云州采访》：五月，彩云见西方。六月，彩云见东方。《禄劝县采访》：八月，大水。《普洱府采访》：大风拔木，雨雹伤禾。

《东川府续志》、《通海县续志》：道光元年辛巳正月元日，彩云见。《浪穹县采访》：二月，彩云见于东南。《定远县采访》、《琅井采访》：二月，彩云见。《霑益州采访》：春二月，大风拔木，麦穗两岐，彩云见南方。《云南县志》：彩云见于西南。《河阳县采访》：庆云见于舞凤山。《云龙州采访》：有彩云见于上五里。《霑益州采访》：秋，大熟。《开化府采访》：九月，彩云见。《剑川州采访》：十一月，彩云见。《南宁县采访》：大有年。《定远县采访》：有年。

《昆明县志略》：道光二年壬午，旱。《易门县续志》：五月，旱。二十三日，大雨。《云州采访》：夏六月，彩云东见。《他郎厅采访》：六月，庆云见。《云南县志》：七月，彩云又见。《南宁县采访》：北门灾旱。《普洱府采访》：自元年至五年，并大有年。

《昆明县志略》：道光三年癸未，岁丰。《云龙州采访》：二月，彩云南见。《东川府续志》：五月，起蛟，渰没民居。《嵩明州续志》：大水，渰禾。《建水县志》：六月，大水，漂没田庐。《蒙自县采访》：六月，大水，坏田禾。《丽江县采访》：六月，金沙江水清三日。《禄劝县采访》：七月，大水。《河阳县采访》：七月，彩云四出。

《浪穹县采访》：道光四年甲申春正月朔，彩云见东南。《太和县采访》：大水，渰毙人民。《浪穹县采访》、《丽江县采访》：四月，大雨雹，麦禾损。《东川府续志》：五月，彩云见，麦秀两歧。《威远厅采访》：七月，彩云见于西南。《浪穹县采访》：八月，彩云见于西北。《禄劝县采访》：九月，彩云见西南，十月复见东南。《寻甸州采访》：十月，彩云见。《罗平州采访》：岁稔。《开化府采访》：大水。

《昆明县志略》：道光五年乙酉，彩云叠见。《安宁州采访》：四月，大雪雹。《开化府采访》：八月，大水。《云州采访》：八月，彩云见于西方。《罗平州采访》：岁稔。《南宁县采访》：北门双眼井水涸三月。

《河阳县采访》：道光六年丙戌元旦，庆云见于西北。《路南州续志》：三月，彩云见于东南。《建水县志》：彩云见于东方。《开化府采访》：六月，彩云捧日。《南宁县采访》：大有年。《寻甸州采访》：大有年。

道光七年丁亥六月，安宁大水，螳螂川溢，坏民居。

道光八年戊子五月，太和上羊溪溢，坏民田。

道光九年己丑，昆明、晋宁大雨雹。六月，昆明、宜良、晋宁、呈贡大水伤禾。安宁螳螂川溢，坏城垣、民居、井灶。十一月，昆明罗汉山崩。

道光十年庚寅六月，昆明地震，大水。晋宁、安宁大水。嶍峨大水，坏城郭田庐。十月，罗汉山崩。

道光十一年辛卯正月，彩云见于省会，自辰末至巳正，越一二日犹见。

〔据阮元等修，王崧等纂道光《云南通志稿》（清道光十五年刻本）卷三至卷四《天文志·祥异》辑录。该志在前志基础上，增补至道光十一年事，且每条均注明史料来源。〕

（光绪）云南通志·天文志·祥异

卷三　天文志三之一　祥异上

（辑者按：本卷沿引道光《云南通志稿》卷三《天文志三之一·祥异上》，同，不赘录。）

卷四　天文志三之二　祥异下

（本卷“道光十四年”前事沿引《云南通志稿》卷四《天文志三之二·祥异下》，同，不赘录。）

道光十四年甲午夏，元江旱，地震。霑益大稔。

道光十五年乙未春，云南县彩云见东南。夏五月，云龙大雨雹伤禾。六月，他郎庆云见。邓川彩云见于钟山。安宁蛟起，大水。秋，罗平岁稔。

道光十六年丙申秋七月，威远岁大熟。

道光十七年丁酉夏，邓川、浪穹彩云见。河阳有白气横亘，自东北达西南。

道光十八年戊戌夏五月，河阳彩云见西北。元谋旱。

道光十九年己亥春，白虹亘天，弥月始消。楚雄大水，疫疠流行，死者二千余。剑川彩云见于金华山。

道光二十年庚子春正月，河阳彩云见。二月，晋宁日边白气如环。云龙黑眚见于南山。

道光二十二年壬寅春，赵州彩云见于南云山，与北岩辉映。夏五月，南宁大水。南宁、宣威大有年。

道光二十三年癸卯夏六月，开化、河阳大水。

道光二十四年甲辰夏，元江大水，坏民房城垣，淹没田亩无数。秋七月，中甸江边境有金龙由海升天，彩霞绕护境内，咸瞻拜之，自是岁屡丰。八月夜，弥渡白虹竟天。冬十一月，彩云见于玉笋山。

道光二十五年乙巳夏六月，维西彩云见南方。罗平雨雹伤稼。秋七月，他郎庆云见东方。

道光二十六年丙午春三月，宁州天降黑雨。五月，嵩明雨雹伤禾。六月十七，河阳天雨白沙。维西大雨雹如碗，伤禽鸟、田禾无算。秋七月，姚州大雪。

道光二十七年丁未春，姚州白霞见北方，横亘如布。宁州暮舍白龙潭蛟起，山崩五十余丈。秋八月，思茅、河阳淫雨歉收。威远大水灾。

道光二十九年己酉春三月，昆明县西山崩。姚州旱。邓川、镇南彩云见。六月，普洱庆云见东方，是年稔。秋七月，南安石羊厂降红雨。威远厅大水。

道光三十年三月，晋宁大雨雹如拳、如杯、如粟，集深尺许，伤菽麦，岁饥。五月，大理彩云见于点苍山。富民北风伤稼，岁大饥。

咸丰元年辛亥春，大姚彩云见。夏，宣威旱。五月朔，昆明彩云见东南，秋岁稔。六月，丽江澜沧江东岸山崩，移其半于江之西，树木如故。冬十月，嵩明、河阳祥云捧日。

咸丰二年壬子春正月，易门天雨如血。夏，河阳大疫，水溢伤稼。

咸丰三年癸丑春，霑益大雨浃旬，龙华寺地裂二丈余，宽二尺许，深不可测。河阳彩云见于西，秋有年。六月，邱北雷震青龙山塔，山下平田崩陷，水涌成潭。嵩明大水，没田禾。开化大水，西南城不没者尺许，倾塌民房二百余间。

咸丰四年甲寅夏四月，丽江大雨雹，月中七次，岁歉收。河阳旱。秋八月，天雨飞丝长尺余，著地即湿。

咸丰五年乙卯春正月，太和白气见西南，长数丈。夏，大冰雹。秋七月，剑川绛云见东南。河阳旱，八月白霞见，宽尺余，自东南达西北，岁歉收。

咸丰六年丙辰春二月，大姚县属苴却雨雹大如碗，伤民房、禽鸟无算。建水城南珍珠井水忽变赤，六日乃清。宁州掩期降红雨，著地皆赤气，甚腥。五月，河阳淫雨没禾。八月，安宁飞霜，岁歉。赵州东晋湖龙潭水忽涸，潭底尽裂，及乱平，水出如故。

咸丰七年丁巳三月，南宁、霑益严霜，伤菽麦，岁大饥。河阳大水，坏民田无数。景东大水灾，李结黄瓜，天降红雨。云南县黄龙潭水忽竭，及乱平，水出如故。六月，昆明大水灾，是时贼围省城，泛溢数十里，灌入城东南低洼处，深丈余，坏民房无数。河阳大水，决东西河堤数百丈，淹没田数千余亩。

咸丰八年戊午，东川、南宁、文山、广西、邱北、河阳，岁大饥，饿殍盈涂。夏六月，蒙自大雨雹。

咸丰九年己未春二月十七日，宜良天雨如丝，长尺余，著地即湿。夏四月，剑川大雪，深三尺余。五月，太和雨雹，大如瓦石。邓川夏旱，秋淫雨，冬雷。秋七月十二日，云龙涧水、沘江水涨，巨浪逆流，中有黄黑二龙斗，漂民房无数。霑益彩云见西南。晋宁大水灾。河西厂堤溃，陷民房数十间、田禾数百亩。景东大雨，山崩出水如血，夜闻哀牢山有声似万钟齐鸣，自近而远，次日视之，林木摧折，中擘分一道，若大路然。冬，剑川五色云见，凡五日。

咸丰十年庚申，宁州大雨雹。夏五月，邓川彩云见西北，秋大熟。新平大水。

咸丰十一年辛酉春正月，昆明、安宁、宜良、南宁、霑益、元江大饥，南宁斗米万钱，死者数千。三月，楚雄、姚州、宜良大雨雹，伤菽麦、禽鸟、植物无算。安宁夏旱，秋淫雨。

同治元年壬戌春正月，南宁、平彝、罗平、大姚、广通、元江、东川、元谋大饥。三月，宁州、弥勒大风拔木。夏四月，邓川、江川彩云见。开化大水，没禾。昆明岁稔。

同治二年癸亥春，元谋、罗次彩云见。河阳岁大饥，斗米万钱，饿殍盈涂。夏四月，巧家雨雹，大如卵如拳如块，内有鸡毛，损民房无数。

同治三年甲子春，邓川彩云见西南。景东大饥，饿殍盈涂。南宁泥溪河水涨，高丈余，坏田庐。宜良、昆阳淫雨。

同治四年乙丑，姚州雨雹，伤菽麦。大姚岁稔。

同治五年丙寅夏五月，他郎旱，米价腾贵。宣威淫雨，岁饥。冬十月，浪穹大雪，商贩冻毙于涂者四十余人。

同治六年丁卯夏四月，昆明、他郎大旱。

同治七年戊辰春，师宗彩云见。夏四月，剑川陨霜，梅杏齐开。太和大雨雹，六月，大雪。秋七月，邓川大熟。冬十月初四，建水卿云捧日，曲江坝黄龙见于空，祥云拥护，自西绕东，半晌方隐。

同治八年己巳春，他郎彩云见东北，是年稔。罗平彩云见于蜡山。夏四月，安宁大雨雹，秋大疫。平彝大水，没田禾。六月，石屏龙朋里大雨如血。

同治九年庚午夏六月，开化、霑益大水，没田禾。邓川瀰苴河溃，漂没田庐无算。安宁、定远、广通、宣威、新平，岁饥。

同治十年辛未夏，东川大淫雨，灵壁山崩。六月，昆明大水灾，先是淫雨浃旬，冷水洞水暴洪，六河涨溢，东南城不没者数版浸坏，东城小鼓楼圮民房无数，出入城门，咸以舟济，越六日，始渐退。黑盐井大雨山崩。富民、安宁、晋宁、嵩明、宜良、路南、东川、南宁俱大水灾，岁饥。平彝、宣威淫雨伤稼，岁歉。姚州久雨没禾，民采野菜草子充饥。秋八月，安宁邵官屯山鸣，越日蛟起，大水没田谷数百亩。他郎岁大熟。

同治十一年壬申春正月，云南县浑水海清数日。按：浑水海，在距城八里青华洞，自昔皆浊，是年忽清，县城克复。三月，浪穹、霑益雨雹伤菽麦，岁歉。晋宁彩云见西南。夏五月，新平彩云见于照壁山。秋七月，富民大水。易门蛟起大水。八月朔，彩云见秀山之南。他郎、姚州岁稔。

同治十二年癸酉春正月元旦，东川彩云覆于黉宫，逾三时始散。二月，顺宁石龙洞龙鸣三日。夏闰六月朔，赵州重修文庙，上樑时，彩云见于凤仪山顶。秋八月，河阳淫雨伤禾稼。大姚岁稔。冬十一月朔，五色云见南方。

同治十三年甲戌夏，昆明旱。南宁大雨雹伤稼。

光绪元年乙亥春正月，宁洱、思茅庆云见。六月，安宁大水。秋七月，镇南大有年。冬，永北金沙江翻白浪三日，其泥如粉。

光绪二年丙子春正月，元江大水。六月，太和旱。永北淫雨没禾，岁歉。秋七月，新平庆云见西南。八月，云南县卿云捧日。开化彩云见西方。

光绪三年丁丑夏四月，师宗大雨雹，损民房、植物、禽鸟无算，秋大疫。会泽岁旱，民大饥。八月十一夜，永北蛟起，中所村百余家尽没，沿河坏田五百余亩，民三百余人，房屋无算。太和大水灾。冬十一月初七，霑益卿云捧日，自朝至暮皆然，越七日乃止。腾越、浪穹、大姚大有年。

光绪四年戊寅，建水、鲁甸、宾川大有年，禾生双穗、三穗。夏四月，丽江大雨雹，积深尺余，月数次，岁大祲。五月，浪穹淫雨为灾。开化河水黑，鱼尽浮。定远大旱，至秋始雨，农插枯苗，岁仍大熟。罗平旱。秋七月，云龙象山顶祥云捧日，自卯至辰始散。冬，彩云绚烂。八月望日，元永井水灾。九月，陆凉五色云旋绕日边。冬十一日十三日，巧家祥云捧日。

光绪五年己卯春正月元旦，新平大江及新化河、小江、戛赛江等处水皆黑，旬日乃清。东川大水灾。秋七月，宁洱漫，故能村地陷成巨浸，民居尽没。前三日，地中有声，民恐遂迁移，至是陷未伤人。八月，镇南彩云见。姚州岁屡丰。

光绪六年庚辰春三月，巧家石膏地山崩，移半壁于对岸，平地成邱，压伤居民数十，土壅金江，断流逆溢百余里，三日始归故道。开化大水灾。浪穹、蒙化大熟，谷生双穗。维西岁稔。巧家祥云捧日。

光绪七年辛巳春正月，云龙彩云见于日下。三月，元江白气见东北，大风发屋拔树，复大雪。夏五月，东川集义乡大水。剑川虹见于四方。建水大雷电，烧残南山麓田禾二十余亩。秋七月，晋宁观音山麓忽涌清泉成潭，味甘洌，且资灌溉。永北地震，圮民房，毙七十余人，板山河起蛟，淹没田禾无数。闰七月，南宁泥溪河大水涨溢，坏田庐。思茅大雨雹。晋宁河水碧黑，越日始清。九月，昆明彩云见东北。太和五色云见东方。冬十月九日，巧家彩云捧日，逾两时始散。

光绪八年壬午春正月元旦，邓川日五色，自卯至辰，彩云见东南。太和五色云见南方。六月朔，维西彩云见，岁稔。剑川日晕下有彩云。冬，安宁、晋宁、楚雄、他郎、广西彩云见。

光绪九年癸未春，安宁彩云见西方。夏四月，磨黑井大水，桥梁倾圮。丽江府大淫雨，十二栏杆地两山对峙，同日崩塌，塞流成潭，府之南补旗场地陷，坏民房数十间。五月，宜良马鞍山崩。秋七月，东川以濯河蛟起，大水。嶍峨练水涨发，决河堤百余丈，漂没田禾无数。浪穹淫雨，茈湖水涨，伤禾稼。顺宁彩云见西北。镇南、维西谷生双穗，岁大熟。黑盐井大水，山坍塌。冬十月朔，昆明彩云见东方，日入后，西南赤气上蒸，更余始尽，如是者数月。宣威大雷雨，虹见于东北。

光绪十年甲申夏五月，平彝大雨雹，洪水涨发，坏田禾。六月，彩云见。闰五月二十日，昆阳大雷电，烈风拔木。八月，庆云见。九月普洱地大震。先是，五月初三东山鸣，九月普洱地大震。先是，五月初三东山鸣，九月二十三阴雨弥漫。东西洱河水暴涨，二十七有声自西南来，地大震，山崩坼裂，庙宇、衙署、民居倾圮无数，伤八十余人，毙十七人。是夜大雨，四山吼鸣，西南若有炮声，至十月杪犹时震动。

光绪十四年戊子秋九月，宁州备乐乡田禾双穗。

〔据岑毓英修，陈灿纂光绪《云南通志》（清光绪二十年刻本）卷三至卷四《天文志·祥异》辑录。其中卷三及卷四道光十四年前之祥异，该志沿袭道光《云南通志稿》，不赘录。〕

（民国）新纂云南通志·气象考

卷十八　气象考一　水汽

〔……〕

雨雹纪录如下表：

时代	纪年	时期	观见地	现象纪要	文献
明	正德二年	四月	武定	雨雹，溪水涨，决堤坏田	《明史·土司传》
	正德十三年		宾川州	大雨雹	旧《云南通志》
	嘉靖元年	四月	云南左卫各属	雨雹，大如鸡子，禾苗、房屋被伤者无算	《明史·五行志》
	嘉靖九年	夏五月	河西	大雨雹，伤人畜甚众，禾尽损	《古今图书集成》
	嘉靖十九年	秋	腾越	大雨雹，伤禾，明年饥	旧《云南通志》
	嘉靖二十二年	春三月	顺宁	雨雹，如卵	同上
	嘉靖二十七年	四月	腾冲	大雨雹	同上
			昆明	雨雹，杀禾稼	同上
	嘉靖三十二年	闰三月	腾越	雨雹，如鸡卵	同上
	嘉靖三十五年	四月	霑益	大雨雹，如卵	同上
	嘉靖三十七年	秋	武定	大雨雹，伤稼	同上
	嘉靖三十八年	九月	腾越	大雨雹，害稼	同上
	嘉靖四十四年	冬	〔通海〕	大雨雹	同上
	嘉靖四十五年	冬	通海	大雨雹	同上
	万历十三年	六月	省城	雨雹害稼	同上
	万历十四年	三月	永昌	大雨雹	同上
	万历十六年	二月	曲靖	雨雹	同上
	万历二十五年	春三月	省城	雨雹杀麦	同上
		秋	鹤庆	大雨雹，损禾	同上
	万历二十八年	冬	临安	大雨雹，泸江堤决	同上
	万历三十二年	七月	临安	雨雹害稼	同上
	万历三十四年	九月	白崖、弥渡、云南县	雨雹，大如鸡卵，有棱，入地深尺许，禾稼尽伤，人畜食败禾，尽辄病死	同上
	万历四十六年	十月	云南	雨雹	《明史·五行志》
	万历四十七年	十二月	省城	大雨雹，雷电交作，云气黄白	旧《云南通志》

续　表

时代	纪　年	时　期	观见地	现象纪要	文　献
清	顺治六年		赵州	雨雹，大如鸡卵，移时深七尺许，屋瓦皆碎，伤稼	旧《云南通志》
	顺治十六年	三月		大雨雹，如卵如拳，深二尺许，伤畜牲无算	同上
	康熙二十八年	春	广西府	雹	《广西府志》
	康熙三十一年	四月	丽江	雨雹，岁大饥	《丽江府志》
	康熙四十八年	四月	禄丰	雨雹，大如鸡卵，伤麦	旧《云南通志》
	康熙五十三年	十一月	剑川	大雨雹	同上
	雍正七年	春	广西府	雹伤苗	《广西府志》
	雍正十年	六月	东川	大雨雹	《东川府志》
	乾隆七年	九月	永北	大雨雹，伤稼	《永北府志》
	乾隆八年	七月	宣威	大雨雹，伤稼	《宣威州志》
	乾隆十五年	正月	通海	雨雹，伤鸟雀无算	《临安府志》
	乾隆十七年	夏	永北	雨雹，伤豆麦	《永北府志》
	乾隆二十五年	四月	寻甸	大雨雹	阮修《通志》
	乾隆二十八年	八月	永北	雨雹，伤禾	《永北府志》
	乾隆三十年	秋八月	镇雄	大雨雹，伤稼	《镇雄州志》
	乾隆三十六年	正月	宁州	大雨雹	《临安府志》
	乾隆四十九年		河阳	大雷雨雹	阮修《通志》
	乾隆五十五年	春三月	霑益	大雨雹，伤豆麦	同上
	乾隆五十七年	夏四月	霑益	雨雹，伤豆麦	同上
	嘉庆三年	十二月	昆明	大雨雹	《昆明县志略》
	嘉庆六年	七月	广通	大雨雹，伤禾	阮修《通志》
	嘉庆七年	八月	河阳	雨雹伤稼	同上
	嘉庆十二年		威远	大雨雹	同上
	嘉庆十八年	二月	蒙自	大雨雹	同上
	嘉庆十九年	七月	新兴	雪雹，大雨	同上
	嘉庆二十年	六月	昆明	雨雹	《昆明县志略》
		八月	楚雄	大雨雹	《楚雄县志》
	嘉庆二十一年	三月	河阳	雨雹	阮修《通志》
			南宁	雹伤麦	同上
	嘉庆二十四年	春	弥勒	雹伤稼	同上
		四月	霑益	雨雹伤稼	同上
	嘉庆二十五年		普洱	雨雹伤禾	同上
	道光四年	四月	丽江、浪穹	大雨雹，麦禾损	同上
	道光五年	四月	安宁	大雪雹	同上

续表

时代	纪年	时期	观见地	现象纪要	文献
清	道光九年		昆明、晋宁	大雨雹	阮修《通志》
	道光十五年	夏五月	云龙	大雨雹，伤禾	岑修《通志》
	道光二十五年		罗平	雨雹伤稼	同上
	道光二十六年	五月	嵩明	雨雹伤禾	同上
			维西	大雨雹，如碗，伤禽鸟、田禾无算	同上
	道光三十年	三月	晋宁	大雨雹，如拳、如杯、如粟，积深尺许，伤菽麦，岁饥	同上
	成丰四年	夏四月	丽江	大雨雹，月中七次，岁歉收	同上
	成丰五年	夏	太和	大冰雹	同上
	咸丰六年	春二月	大姚州属苴却	雨雹大如碗，伤民房、禽鸟无算	同上
	咸丰八年	夏六月	蒙自	大雨雹	同上
	咸丰九年	五月	太和	雨雹，大如瓦石	同上
	咸丰十年		宁州	大雨雹	同上
	咸丰十一年	三月	楚雄、姚州、宜良	大雨雹，伤菽麦、禽鸟、植物无算	同上
	同治二年	夏四月	巧家	雨雹，大如卵、如拳、如块，内有鸡毛，损民房无数	同上
	同治四年		姚州	雨雹，伤菽麦	同上
	同治七年		太和	大雨雹	同上
	同治八年	夏四月	安宁	大雨雹	同上
	同治十一年	三月	浪穹、霑益	雨雹，伤菽麦，岁歉	同上
	同治十二年	四月	昭通	雨雹，大如鸡卵，伤人畜、豆麦、鹊鸟	《昭通志稿》
	同治十三年		南宁	大雨雹，伤稼	岑修《通志》
	光绪三年	夏四月	师宗	大雨雹，损民房、植物、禽鸟无算	同上
	光绪四年	夏四月	丽江	大雨雹，积深尺余，月数次，岁大歉	同上
	光绪七年	闰七月	思茅	大雨雹	同上
	光绪十年	夏五月	平彝	大雨雹，洪水涨发，坏田禾	同上
	光绪十三年	三月	昭通	雨雹	《昭通志稿》
	光绪十七年	二月初三日	嵩明、邵甸	雨雹，大如鸡卵，损伤秧禾甚多	《嵩明访稿》
	光绪二十年	六月初一日午时	罗次	大冰雹，形如鸡卵，五区西北，击毙牛一、人一，田禾多损	《罗次访稿》

按：雹之形不一，如粟、如杯、如卵、如拳、如碗、如块、如瓦石。大如鸡卵者多损伤较巨。表列云南雨雹，最多期在春夏之交，太阴历四月占百分之二十八，三月占百分之十八，冬季最少。盖雹之成，因地面空气灼热，冲迫升腾，上层气流极冷，水汽凝为雪片、冰球，滞留愈久，体益增大。春夏之交，气候渐热，为季风交替之时，寒暖气流尤易遇合故也。雹每发生于雷雨，有时水汽丰盛，雨量过多，亦

足成灾。如武定“雨雹，溪水涨，决堤坏田”，临安“大雨雹，泸江堤决”，新兴“雪雹，大雨”，平彝“大雨雹，洪水涨发，坏田禾”。其雹量之多，以顺治六年赵州雨雹“移时深七尺许”为最。通常杀禾稼，害豆麦、人畜、禽鸟、植物、房屋，每多无算。常因禾稼伤害过重而构成年岁饥歉，如嘉靖二十年腾越饥，康熙三十一年丽江大饥，道光三十年晋宁岁饥，咸丰四年丽江岁歉，同治十一年浪穹、霑益岁歉，光绪四年丽江岁大歉，皆雹灾之影响也。不可信者，同治二年巧家雨雹，内有鸡毛，是雹存冷气层中颇久，则水汽渐集于中心而成结晶形，冰针细如羽毛状，因其大如鸡卵，故联想及鸡毛也。又万历三十四年弥渡等处雨雹，“人畜食败禾，尽辄病死”，亦谣传也。

雪之纪录如下表：

时代	纪 年	时 期	观见地	现象纪要	文 献
元	至正二十七年	二月	昆明	雪深七尺，人畜多毙	旧《云南通志》
明	弘治十四年	七月二十五日夜	河西县	大雨雪，山崩水溢，冲没田庐无计	同上
	万历二年	八月	曲靖	雨雪	同上
	万历三年	八月	曲靖	大雨雪	同上
	万历二十九年	秋九月	省城	大雨雪	同上
	万历三十一年	十月	永昌	雨黑雪，伤谷	《永昌府志》
	天启四年	七月	武定	大雨雪，损禾	旧《云南通志》
清	康熙二十七年		浪穹	大雪，伤豆麦，损林木	同上
		四月朔	鹤庆	大雪，深三尺，伤稼坏屋	同上
		七月	剑川	大雨雪，伤稼	同上
	康熙三十二年	五月	大理	点苍山大雨雪	《大理府志》
	康熙三十三年	三月	永昌	大雨雪	旧《云南通志》
	康熙五十一年	正月	罗平	水冰弥月，冰大如础，树木毁折，牛羊冻死	《罗平志稿》
	康熙五十七年	十一月	鹤庆	大雪，巡边供役民夫冻死几百人	倪蜕《云南事略》
	雍正三年	七月二十三日	罗次	大雪，经午、未、申三时，被五六里	同上
	雍正五年	十一月	宣威	大雪，深数尺	《宣威访稿》
	雍正九年	十二月	昆明	大雪，雷震饵块营，击童子一人	倪蜕《云南事略》
	雍正十年	四月	昭通	大雪，被百余里，青稞荞麦俱萎	同上
	雍正十三年	十一月二十八日		大雪，二十六日戌时，地微震，二十七日，雷	同上
	乾隆三十九年	三月	嵩明	雨雪，伤麦	《嵩明州续志》
	乾隆四十三年	春	宣威	大雪，深二尺	《宣威访稿》
	乾隆四十九年	闰三月	昆明	大雪	《昆明县志略》
	嘉庆十一年		威远	瑞雪降	阮修《通志》
	嘉庆十二年	夏四月	霑益	雨雪，伤稼	同上
	嘉庆十三年	四月	嵩明	大雪，伤麦	《嵩明州续志》
		四月	罗平	雨雪	《罗平志稿》

续 表

时代	纪 年	时 期	观见地	现象纪要	文 献
清	嘉庆二十一年	七月	剑川	雨雪，秋不熟	阮修《通志》
	嘉庆二十二年	夏	浪穹	雨雪，民饥	同上
	道光十八年		浪穹	大雪三昼夜，压折林木无数	岑修《通志》
	道光二十六年	秋七月	姚州	大雪	同上
	咸丰四年	秋八月	河阳	天雨飞丝，长尺余，著地即湿	同上
	咸丰九年	春二月十七日	宜良	天雨如丝，长尺余，著地即湿	同上
		夏四月	剑川	大雪，深三尺余	同上
	同治五年		浪穹	大雪，商贩冻毙于途者四十余人	同上
	同治七年	六月	太和	大雪	同上
	同治十三年	十二月	罗平	大雪，十日方霁	《罗平志稿》
	光绪二十二年	正月初一	罗平	大雪，至十一日乃霁	同上
	光绪三十四年	冬十二月	邓川	大雪，平地达二三尺，数日融化	《柿坪纪述》

按：雨雪乃纬度、地势高处之冬季常有现象。云南在西北及东北各地，年必多雪，迤南车、普冰雪罕见，气候然也。其变异可足纪者，为夏季降雪。四月中如康熙二十七年鹤庆大雪，雍正十年昭通大雪，嘉庆十二年霑益雨雪，十三年嵩明大雪、罗平雨雪，咸丰九年剑川大雪；五月中之康熙三十二年大理大雨雪；六月中之同治七年太和大雪及嘉庆二十二年夏之浪穹雨雪，皆异于寻常。是因极地气流忽然惠临，气温降至冰点下，致空中水汽缓渐凝结成为晶形固体，降即雨雪。次则春秋季降雪，其能伤麦损禾为害，亦堪纪录。如至正二十七年二月，昆明“雪深七尺，人畜多毙”，弘治十四年七月，河西“大雨雪，山崩水溢，冲没田庐无计”，天启四年七月，武定“大雨雪，损禾”，康熙二十七年七月，剑川“大雨雪，伤稼”，五十一年正月，罗平“水冰弥月，冰大如础，树木毁折，牛羊冻死”，乾隆三十九年三月，嵩明“雨雪，伤麦”，嘉庆二十一年七月，剑川“雨雪，秋不熟”，皆有害于民也。惟嘉庆十一年，威远以“瑞雪降”闻，盖威远纬度较低，年少见雪，有则利于农事，故云瑞也。至咸丰四年、九年，河阳、宜良之“天雨如飞丝”，是因下层空气温度在冰点下，上层水汽液化成雨下降，经过低温气层，凝结为冰丝现象，故著地遇热即融解也。若万历三十一年永昌之“雨黑雪”，理无可解，或其时下层空气中有黑色尘埃，雪与之混合而坠地面，致变黑色也。

霜之纪录如下表：

时代	纪 年	时 期	观见地	现象纪要	文 献
晋	泰始六年	秋	西平郡九县	霜伤秋稼	《宋书·五行志》
明	成化十年	四月	顺宁	严霜成冻	旧《云南通志》
	正德元年	四月	武定	陨霜，杀麦，寒如冬	《明史·五行志》
	正德二年	四月	武定	陨霜露，杀麦	《明史·土司传》
	正德十六年	二月	云南县	严霜成冻	旧《云南通志》
	天启二年	八月	师宗	陨霜杀禾	同上

续　表

时代	纪　年	时　期	观见地	现象纪要	文　献
清	康熙四十九年	五月	广西	飞霜	《广西府志》
	雍正十一年	四月	广西	飞霜	同上
	乾隆八年	八月	宣威	飞霜	《宣威州志》
	乾隆十九年	八月	东川	陨霜杀禾	《东川府志》
	乾隆二十二年	八月	宣威	飞霜	《宣威州志》
	嘉庆二十二年	六月	剑川	降霜	阮修《通志》
		八月	弥勒	飞霜，五谷不熟	同上
	咸丰六年	八月	安宁	飞霜，岁歉	岑修《通志》
	咸丰七年	三月	南宁、霑益	严霜伤菽麦，岁大饥	同上
	同治七年	夏四月	剑川	陨霜	同上
	光绪二十三年	八月	罗次	大霜，禾苗被其肃杀，收成极少	《罗次访稿》

按：霜亦常象，顾在阴历八月，失之过早；三、四月，失之过晚；五、六月则反常焉。时有寒波之来，空中水汽遇地面物体，散热过度，温度甚低，露点在冰点之下，即直接凝结成小冰体，所谓霜也。草木叶面散热愈著，本体水分蒸发亦多，故凝霜较易。但《志》云陨霜、飞霜、降霜，视同雨雪，由空中凝后坠下，则非事实。其伤麦杀禾，亦非霜之为害，乃因凝霜以后，继以太阳之增热，退冷过速，植物始被损而影响收成矣。

露之纪录如下表：

时代	纪　年	时　期	观见地	现象纪要	文　献
后汉	章帝元和中		蜀郡、滇池	甘露降	《后汉书·西南夷传》
晋	咸和六年		宁州	甘露降城北园柰、桃树等	欧阳询《艺文类聚》
	太元十二年	八月	宁州	甘露降界内	《宋书·符瑞志》
明	正统五年	八月	石屏州	甘露降于学宫	旧《云南通志》
	嘉靖二十九年		永平	甘露降	《永昌府志》
	嘉庆三十九年	十二月	永平	甘露降	旧《云南通志》
			宣威		宣威旧《志》
	万历十四年		赵州	甘露降	旧《云南通志》
	万历三十九年		云南九峰山	甘露降于松，白如脂	同上
	万历四十八年		云龙	甘露降	同上
	天启元年	冬	云龙	甘露降	《大理府志》
	天启二年	冬	云龙	甘露降	旧《云南通志》
	天启三年	二月	大理	甘露降，圆莹如珠	同上

续 表

时代	纪 年	时 期	观见地	现象纪要	文 献
清	顺治十八年		安宁	甘露降于文庙古柏上，形如贯珠，味如饴	同上
	康熙四十一年		宣威	甘露降	宣威旧《志》
	乾隆五年	七月	新兴	甘露降	《新兴州志》
	乾隆五十一年	十月	太和	甘露降凝而有五色	阮修《通志》

按：露常见而甘露不常见。甘露降于松柏、柰、桃树等，“白如脂”“圆莹如珠”“味如饴”“凝而有五色”，是与附著于叶面、瓦面之水珠不同，颇与今所谓雾凇、雨凇相似。雾凇成因：水滴在雾中温度已至冰点下，尚系流质，一遇树枝固体，即凝成小冰球，附丽树上，日光射之，光彩耀目。雨凇：因空中雨滴溶解过度，下降遇地面温度过低之物体，即附结成冰。二者皆由水滴过遇寒冷之变态，“其味如饴”，乃“甘”字之联想，必非事实，古人目为祥瑞，盖因吾国罕见故矣。

淫雨纪录如下表：

时代	纪 年	时 期	观见地	现象纪要	文 献
明	景泰元年	秋	澂江	淫雨害稼，斗米银四钱	旧《云南通志》
	景泰六年		云南、大理诸府	久雨伤稼	《明史·五行志》
	嘉靖十六年	八月	景东	淫雨害稼	旧《云南通志》
	嘉靖四十年	七月	姚安	淫雨伤禾	同上
	万历二十四年		姚州	淫雨伤禾	《姚州志》
	万历二十八年	自三月至九月	永北	淫雨	旧《云南通志》
	万历三十一年	七月	临安	雨六十余日	同上
清	康熙五十一年	秋	姚州	淫雨，民多饥	《姚州志》
	乾隆二十九年	秋七月	寻甸	淫雨伤禾	阮修《通志》
	乾隆三十年	七月	嵩明	淫雨伤禾	《嵩明州续志》
	乾隆三十八年		通海	久雨，淹没滨海田	《临安府志》
	乾隆四十六年	秋	景东	淫雨伤禾	《景东厅志》
			恩乐		《恩乐县志》
	乾隆五十三年	四月	太和	淫雨弥月	阮修《通志》
	嘉庆十八年		云南县	淫雨伤禾	《云南县志》
	道光二十七年	秋八月	思茅、河阳	淫雨，歉收	岑修《通志》
	咸丰六年		河阳	淫雨没禾	同上
	咸丰九年	秋七月	邓川	淫雨经旬，淹没禾苗无算	同上、《柿坪纪述》
	咸丰十一年	秋	安宁	淫雨	岑修《通志》
	同治三年		宜良、昆阳	淫雨	同上
	同治五年		宣威	淫雨，岁饥	同上

续 表

时代	纪 年	时 期	观见地	现象纪要	文 献
清	同治十年		平彝、宣威	淫雨伤稼，岁歉	同上
			姚州	久雨没禾，民采野菜、草子充饥	同上
	同治十二年		河阳	淫雨伤禾稼	同上
	光绪二年		永北	淫雨没禾，岁歉	同上
	光绪四年	五月	浪穹	淫雨为灾	同上
	光绪九年	秋	太和	淫雨	同上
			浪穹	淫雨，茈湖水涨，伤禾稼	同上
		秋八月	邓川	淫雨，西闸河堤两次溃	《柿坪纪述》
	光绪十八年	秋	昭通	淫雨为灾	《昭通志稿》
	光绪三十三年	秋	罗次	秋熟未获，淫雨大降，连十余日，禾稼被伤殊多	《罗次访稿》

按：云南淫雨多降于秋季，与长江下游夏季之梅雨不同。盖云南密迩印度，每年低气压发生，随季候风经缅甸而入滇境，气流之温度、湿度俱甚高，遇寒冷地形，时成偶雨。夏秋雨季，低气压中心常三五成群，前后相继，状若连珠，进趋东北，若遇北太平洋或西伯利亚之高气压秋季进展至中国内部，阻碍低气压之进行，使其逗留于西南，则境内阴雨连绵，日久为灾。在云岭迤西各地，淫雨较多于迤东者，气流方向之关系也。

大水纪录如下表：

时代	纪 年	时 期	观见地	现象纪要	文 献
晋	泰始六年	秋	西平郡九县	霖雨暴水	《宋书·五行志》
元	泰定元年	四月	云南中庆昆明	屯田水	《元史·泰定帝本纪》
明	洪武十年		永平	大水，坏民居数百家	《永昌府志》
	成化八年		姚安	大水无秋	旧《云南通志》
	成化十年		永平	大水	同上
	成化十四年	秋	永昌、腾冲	大水，坏民庐舍，人畜死者以百数计	《永昌府志》
	弘治三年		霑益	大水	旧《云南通志》
	弘治五年	五月	大理	点苍两溪大水，冲断西门城关，水入城	同上
	弘治十年		永平	大水，湮没民居数百家	同上
	弘治十四年	秋	永昌、腾越	大水，坏民庐舍，人畜死者以百数计	同上
	正德七年		昆明、昆阳	滇池水溢，荡析昆阳州民居百余所，死者无计	同上
			晋宁	大水伤禾	同上
	嘉靖二年	六月	澂江、蒙化	无云而雨，大水自五道河涌出，有大木浮于上，不知何来，冲没田庐	同上
	嘉靖五年		霑益	大水	同上
	嘉靖七年		禄丰	大水	同上

续 表

<table>
<tr><th>时代</th><th>纪 年</th><th>时 期</th><th>观见地</th><th>现象纪要</th><th>文 献</th></tr>
<tr><td rowspan="37">明</td><td>嘉靖九年</td><td>秋</td><td>腾越</td><td>大水</td><td>同上</td></tr>
<tr><td>嘉靖十四年</td><td>夏</td><td></td><td>大雨连月，自四月至六月不止，河水泛涨，平地深丈余，禾尽没，是岁大饥</td><td>《古今图书集成》</td></tr>
<tr><td>嘉靖二十二年</td><td>秋</td><td>腾越</td><td>大水</td><td>旧《云南通志》</td></tr>
<tr><td>嘉靖二十五年</td><td>秋</td><td>景东</td><td>大水</td><td>同上</td></tr>
<tr><td>嘉靖二十七年</td><td>秋</td><td>永昌</td><td>大水坏田庐舍数百</td><td>《永昌府志》</td></tr>
<tr><td>嘉靖二十九年</td><td>八月</td><td>永昌</td><td>大水，坏民居，人畜溺死者以百计</td><td>旧《云南通志》</td></tr>
<tr><td>嘉靖三十三年</td><td></td><td>富民</td><td>大雨，漂没田庐</td><td>同上</td></tr>
<tr><td rowspan="2">嘉靖三十七年</td><td>秋</td><td>永平、腾越</td><td>大水，坏民田庐数百家</td><td>同上</td></tr>
<tr><td>七月</td><td>鹤庆</td><td>淫雨水溢，越三十八日始消，米粟腾价</td><td>同上</td></tr>
<tr><td>嘉靖三十九年</td><td></td><td>北胜</td><td>大水</td><td>同上</td></tr>
<tr><td>嘉靖四十年</td><td></td><td>霑益</td><td>大水</td><td>同上</td></tr>
<tr><td>嘉靖四十二年</td><td>八月</td><td>姚安</td><td>淫雨浃旬，江水溢，冲没民田</td><td>同上</td></tr>
<tr><td>隆庆元年</td><td></td><td>嵩明</td><td>大水，漂没庐舍人畜</td><td>同上</td></tr>
<tr><td>隆庆四年</td><td></td><td>安宁</td><td>大雨浃旬，没官民庐舍十之三</td><td>同上</td></tr>
<tr><td rowspan="2">隆庆六年</td><td>五月</td><td>碍嘉</td><td>大水</td><td>同上</td></tr>
<tr><td>秋</td><td>景东</td><td>水溢，圮桥梁，没田庐，米价腾贵</td><td>同上</td></tr>
<tr><td rowspan="3">万历元年</td><td rowspan="2">二月至八月</td><td>元江、嵩明</td><td>大水</td><td>同上</td></tr>
<tr><td>石屏</td><td>淫雨，湖水涨，倾城堞田庐</td><td>同上</td></tr>
<tr><td>秋七月</td><td>晋宁</td><td>大水</td><td>同上</td></tr>
<tr><td>万历二年</td><td>八月</td><td>河阳</td><td>大雨，湖水溢</td><td>同上</td></tr>
<tr><td>万历三年</td><td>十月</td><td>曲靖</td><td>淫潦，没田禾</td><td>同上</td></tr>
<tr><td>万历七年</td><td></td><td>武定矣纳厂</td><td>大雨，溺死者甚众</td><td>同上</td></tr>
<tr><td>万历十二年</td><td></td><td>永北、期纳</td><td>大水，民居、田亩漂没成河者数十里</td><td>《永北府志》</td></tr>
<tr><td rowspan="2">万历十四年</td><td rowspan="2">夏</td><td>河阳</td><td>湖溢害稼</td><td>旧《云南通志》</td></tr>
<tr><td>云南</td><td>大水</td><td>《明史·五行志》</td></tr>
<tr><td>万历二十一年</td><td></td><td>姚安</td><td>大水</td><td>旧《云南通志》</td></tr>
<tr><td>万历二十三年</td><td></td><td>姚安</td><td>大水</td><td>同上</td></tr>
<tr><td>万历二十四年</td><td></td><td>宾川</td><td>大水，饥民食竹实</td><td>同上</td></tr>
<tr><td rowspan="2">万历二十七年</td><td>夏</td><td>鹤庆</td><td>大水无麦，民饥</td><td>同上</td></tr>
<tr><td>五月</td><td>永昌</td><td>大水</td><td>同上</td></tr>
<tr><td>万历二十八年</td><td></td><td>富民、楚雄、腾越、蒙化、北胜</td><td>大水，庐舍、田禾皆没</td><td>同上</td></tr>
<tr><td>万历三十年</td><td>冬</td><td>临安</td><td>大水决河堤</td><td>同上</td></tr>
<tr><td>万历三十二年</td><td>六月</td><td>临安</td><td>大水没田庐</td><td>同上</td></tr>
<tr><td>万历三十四年</td><td></td><td>广西</td><td>大水</td><td>同上</td></tr>
</table>

续　表

时代	纪　年	时　期	观见地	现象纪要	文　献
明	万历三十六年		十八寨	大水没民居	同上
			江川	大水	同上
	万历四十八年		澂江、姚安、广西、安宁、富民、新兴、河西、十八寨	大水	同上
			鹤庆	大水，无麦	《鹤庆府志》
	崇祯三年	七月	白井	大雨水溢，坏官、民庐舍，漂没人口千余，填埋井口	旧《云南通志》
	崇祯五年		江川	大水	同上
	崇祯六年		江川	大水，湮没城垣	同上
清	康熙元年		鹤庆	大水，湮没民田	同上
	康熙二年		昆明、建水、大姚二十四州县	大水	同上
	康熙九年	九月	景东	大雨，水坏民舍	同上
			江川	大水	《澂江府志》
	康熙十年	五月	省城	大水淹塌营房千余间，坏堤坝、庐舍、人畜无数	旧《云南通志》
	康熙十二年		开化	大水没民居田舍	《开化志府》
	康熙十七年		富民	大水	旧《云南通志》
	康熙二十五年	秋	富民	水	同上
	康熙二十七年	三月	剑川	剑湖溢	同上
	康熙二十八年	三月	河阳	水灾，冲没田亩	《澂江府志》
			元江	大水	《元江州志》
	康熙二十九年	七月	新兴、河阳	大雨，山水泛溢，损禾稼，坏庐舍	旧《云南通志》
	康熙三十年	七月	富民、罗次	大水	同上
			晋宁	大水	同上
	康熙三十二年	十二月	临安	大水	同上
	康熙三十四年	八月	河阳	大水，冲没庐舍	《澂江府志》
	康熙三十六年		富民、广西	大水	旧《云南通志》
			广西	潦	《广西府志》
	康熙三十八年		建水	大雨水，河堤溃，淹没田庐	旧《云南通志》
	康熙四十年		广西	大水	同上
	康熙四十二年		元江、广西	大水	同上
	康熙四十三年		广西	大水	同上
	康熙四十六年	七月	鹤庆	大水	同上
	康熙四十七年		广西	大水	《广西府志》
	康熙四十九年		景东	大水，多坏民居	《景东厅志》

续 表

时代	纪 年	时 期	观见地	现象纪要	文 献
清	康熙五十年	七月	云龙	江水泛涨，没民居、禾稼	旧《云南通志》
	康熙五十二年		广西	大水	《广西府志》
		八月	云南	大水	旧《云南通志》
	康熙五十三年		鹤庆	大水，淹禾苗	《鹤庆府志》
	康熙五十六年		禄丰	大水，河溢	旧《云南通志》
	雍正四年		广西	大水	《广西府志》
	雍正六年		广西	大水	同上
	雍正七年	夏秋	广西	大水	同上
	雍正九年	夏	广西	潦	同上
	雍正十二年	秋	赵州	大水	《赵州志》
	乾隆二年		东川	大水，冲没木姑等处田	《东川府志》
			琅盐井	大水，冲没民居	《琅盐井志》
	乾隆三年	五月	开化	大水，坏民居八百余，溺死七人	《开化府志》
	乾隆六年	秋	寻甸	大水	阮修《通志》
		六月	剑川	大水，冲桥梁、寺观无数	同上
	乾隆八年	七月	永北	大水	《永北府志》
	乾隆九年	七月	白盐井	大水，冲没井灶	《白盐井志》
	乾隆十一年	秋	邓川旧州	大水，淹没田庐、人畜	《邓川州志》
	乾隆十三年		昆明	大水	《昆明县志略》
		六月至八月	新兴	大水	《新兴州志》
		九月	宜良	大雨，河水暴涨，淹没民居	《宜良县志》
	乾隆十五年		通海	大水	《临安府志》
			南宁	北河水泛	《南宁县志》
	乾隆十八年		东川	大水，冲没米粮坝田	《东川府志》
	乾隆二十年		南宁	北河水泛	阮修《通志》
	乾隆二十一年		宣威	大水	《宣威州志》
	乾隆二十三年		邓川	瀰苴河东堤决，田庐尽坏	《邓川州志》
	乾隆二十六年		南宁	北河水泛	阮修《通志》
	乾隆三十一年		元江	大水	《元江州志》
			南宁	大水伤民居	阮修《通志》
	乾隆三十三年		开化	大水	同上
		夏六月	浪穹	蒲陀崆塞，河水溢，淹毁田宅	同上
		秋	邓川	洱水溢，沿海田禾尽没	《邓川州志》
	乾隆三十四年	秋	景东	大水	《景东厅志》
			恩乐		《恩乐县志》
	乾隆三十五年		浪穹	水淹，城垣尽圮	阮修《通志》
	乾隆三十七年	八月	楚雄	大水，城墙、民舍多坏	《楚雄县志》

续　表

时代	纪　年	时　期	观见地	现象纪要	文　献
清	乾隆三十八年		石屏	大水，湖水泛入城	《石屏州续志》
		五月	江川	大水	阮修《通志》
	乾隆三十九年		昆明	大水	《昆明县志略》
	乾隆四十年		邓川	瀰苴河决，田庐尽坏	《邓川州志》
			霑益	大水，淹没田庐、人畜	阮修《通志》
			南宁	北河水泛	同上
	乾隆四十一年		河阳	大水，伤禾稼	同上
	乾隆四十二年		昆明	大水	《昆明县志略》
			景东	大水	《景东厅志》
			恩乐		《恩乐县志》
		六月	广通	大雨河溢，淹没禾稼	阮修《通志》
	乾隆四十四年	五月	宣威	大水	《宣威州志》
	乾隆四十七年		腾越	南甸、干崖两土司夷民被水淹没田庐	《永昌府志》
		六月	楚雄	大水	《楚雄县志》
		秋	邓川	洱河溢，田禾尽没	《邓川州志》
	乾隆四十九年		宜良	大赤江水泛溢，淹没民居	《宜良县志》
			云龙	泚江泛涨，淹没田庐、盐井	阮修《通志》
	乾隆五十年	八月	江川	大水	同上
	乾隆五十五年		南宁	南河水泛	同上
	乾隆五十六年	夏五月	霑益	大水	同上
	乾隆五十七年		弥勒	大水，禾苗淹没	同上
		七月	禄劝	大水	同上
	乾隆五十八年		霑益	大水	同上
	嘉庆元年		威远	大水	同上
	嘉庆三年		开化	大水	同上
	嘉庆六年		邓川	蛇涧崩东堤，受害不已	《邓川州志》
	嘉庆八年	夏五月	霑益	大水	阮修《通志》
		秋七月	浪穹	水	同上
		九月	河阳	湖水泛溢，淹没田亩	同上
	嘉庆九年	七月	富民	大水	《富民县续志》
	嘉庆十年	九、十月	昆明	大水	《昆明县志略》
	嘉庆十一年	四月	景东	大水	《景东厅志》
			浪穹	水	阮修《通志》
	嘉庆十二年		浪穹	大水	同上
	嘉庆十三年		南宁	大水伤民居	同上
	嘉庆十四年		景东	大水	《景东厅志》
	嘉庆十五年		建水马市	大水，民居胥没	《建水县志》
			丽江	玉河水溢，损民房舍	阮修《通志》

续 表

时代	纪 年	时 期	观见地	现象纪要	文 献
清	嘉庆十七年		霑益	大水	同上
			禄劝	大水，淹没田禾	同上
		五月	禄丰	大雨河溢，冲没民房四百余间，田六百余亩	同上
	嘉庆十八年	九月	景东	大水，冲坏田亩	《景东厅志》
			恩乐		《恩乐县志》
			霑益	大水	阮修《通志》
	嘉庆二十一年	秋	云南县	水	《云南县志》
		秋	浪穹	大水，禾不登	阮修《通志》
	嘉庆二十三年		弥勒	大水	同上
	嘉庆二十五年	八月	禄劝	大水	同上
	道光三年		嵩明	大水淹禾	《嵩明州续志》
		六月	建水	大水，漂没田庐	《建水县志》
		六月	蒙自	大水坏田禾	阮修《通志》
		七月	禄劝	大水	同上
	道光四年		太和	大水，淹毙人民	同上
			开化	大水	同上
	道光五年		开化	大水	同上
	道光七年	六月	安宁	大水，螳螂川溢，坏民居	同上
	道光八年	五月	太和	上羊溪溢，坏民田	同上
	道光九年		安宁	螳螂川溢，坏城垣、民居、井灶	同上
		六月	昆明、晋宁、宜良、呈贡	大水伤禾	同上
	道光十年	六月	昆明、晋宁、安宁	大水	同上
			嶍峨	大水，坏城郭、田庐	同上
	道光十九年		楚雄	大水	岑修《通志》
	道光二十二年	夏五月	南宁	大水	同上
	道光二十三年	夏六月	开化、河阳	大水	同上
	道光二十四年	夏	元江	大水，坏民房、城垣，淹没田亩无数	同上
	道光二十七年		威远	大水灾	同上
	道光二十九年		威远	大水	同上
	咸丰二年	夏	河阳	水溢伤稼	同上
	咸丰三年		嵩明	大水没田禾	同上
			开化	大水，西南城不没者尺许，倾塌民房二百余间	同上

续　表

时代	纪　年	时　期	观见地	现象纪要	文　献
清	咸丰七年	三、六月	河阳	大水决东西河堤数百丈，淹没田数千余亩	同上
			景东	大水灾	同上
		六月	昆明	大水灾，泛溢数十里，灌入城东南低洼处，深丈余，坏民房无数	同上
	咸丰九年		晋宁	大水灾，河西厂堤溃，陷民房数十间，田禾数百亩	同上
	咸丰十年		新平	大水	同上
	同治元年		开化	大水没禾	同上
	同治三年		南宁	泥溪河水涨，高丈余，坏田庐	同上
	同治八年	四月	平彝	大水没田禾	同上
	同治九年	夏六月	开化、霑益	大水没田禾	同上
		秋七月	邓川	㳽苴河溃，中所东岸漂没田庐无算	同上、《柿坪纪述》
	同治十年	六月	昆明	大水灾。先是淫雨浃旬，冷水洞水暴洪，六河涨溢，东南城不没者数版，浸坏东城小鼓楼，圮民房无数，出入城门咸以舟济，越六日始渐退	岑修《通志》
			富民、安宁、晋宁、嵩明、宜良、路南、东川、南宁	俱大水灾，岁饥	同上
	同治十一年	秋七月	富民	大水	同上
	光绪元年	六月	安宁	大水	同上
	光绪二年	春	元江	大水	同上
	光绪三年		太和	大水灾	同上
		夏五月	邓川	大水延至六月，㳽苴河溃江尾东岸，又溃马甲邑东岸	《柿坪纪述》
	光绪四年	八月望日	元永井	水灾	岑修《通志》
	光绪五年		东川	大水灾	同上
	光绪六年		开化	大水灾	同上
	光绪七年	夏五月	东川	集义乡大水	同上
		闰七月	南宁	泥溪河大水涨溢，坏田庐	同上
	光绪九年	夏四月	磨黑井	大水，桥梁倾圮	同上
		七月	嶍峨	练水涨发，决河堤百余丈，漂没田禾无数	同上
	光绪十年	夏五月	平彝	洪水涨发，坏田禾，大雨雹	同上
	光绪十九年		嵩明	大水伤禾，次年春季大饥，野有饿孚	《嵩明访稿》
	光绪二十四年	秋	邓川	旧州圣母涧水大发	《柿坪纪述》

续 表

时代	纪 年	时 期	观见地	现象纪要	文 献
清	光绪二十五年	自七月十三日起	昭通	大雨至八月末始晴，谷禾俱不熟	《昭通志稿》
	光绪二十六年	八月	昭通	大雨	同上
	光绪三十四年	五月	昭通	利济河大涨，平地水深数尺，西城外俱淹，冲去豆麦无数，坍塌房屋甚多	同上

按：大水之雨，多骤暴而时间过久，雨量激增，宣泄不及，故洪水成灾。表列有时月可稽者一百零二次，以秋七月为最多。计：秋十八次，七月十七次，五月十六次，六月十五次，八月十次，夏六次，九月、四月各四次，三月二次，夏秋各一次，六月至八月一次，二月至八月一次，三、六月一次，七、八月一次，九、十月一次，春、冬各一次，十月、十二月各一次，惟正月、十一月绝无。至有地域可考者二百七十余次，其中澂江、河阳及广西府各十三次，省城昆明及曲靖、南宁各十二次，开化十一次，霑益十次，富民、邓川各九次，临安、建水及晋宁、景东各七次，安宁、嵩明、江川、鹤庆、元江、浪穹各六次，东川、姚安各五次，宜良、禄劝、楚雄、永胜、永平、腾越及大理、太和各四次，昭通、禄丰、恩乐、威远、永昌、云南县各三次，宣威、平彝、新兴、石屏、嶍峨、弥勒、剑川、蒙化、云龙、白井、十八寨、永昌及腾越各二次，其余各属俱一次。若以金沙江、南盘江与澜沧江、元江流域之分水岭为界，则岭之东部大水次数约占百分之七十三，西部仅占百分之二十七。其致此之因，盖受台风之影响。台风发生于热带海洋，东亚台风在菲律滨群岛之东太平洋中，进向中国沿海时常上陆，每年格历八月最多，经过区域，雨骤风狂，雨量甚大。由贵州或广西以达云南，遇巍峨之山岭阻碍，暖湿气流之进行遂上升冷却，随地形而凝结成雨。台风力极猛烈，气团湿重，停滞稍久，水即泛溢矣。大水区域较广者，以万历四十八年、康熙二年、同治十年为最，地位俱在金沙江、南盘江两流域，其因太平洋台风之为害益可证也。至嘉靖二年，澂江、蒙化无云而雨，乃卷层云满天，观者不及觉耳。

大水特纪如下表：

时代	纪 年	时 期	观见地	现象纪要	文 献
元	大德初年	九月	昆明	有蛟害人，后除之	旧《云南通志》
清	康熙三十一年	九月	黑井	蛟蜃横发，漂没盐、柴	倪蜕《云南事略》
	乾隆十六年		元江	起蛟，巴迭山崩，合村俱没，南淇河溢	《元江州志》
	道光三年	五月	东川	起蛟，淹没民居	《东川府续志》
	道光十五年		安宁	蛟起大水	岑修《通志》
	道光二十七年		宁州	暮舍白龙潭蛟起，山崩五十余丈	同上
	同治十一年		易门	蛟起大水	同上
	光绪三年	八月十一夜	永北	蛟起，中所村百余家尽没，沿河坏田五百余亩，民三百余人，房屋无算	同上
	光绪七年	秋七月	永北	板山河起蛟，淹没田禾无数	同上
	光绪九年	秋七月	东川	以濯河蛟起大水	同上
	光绪二十二年	四月二十八日午	昭通	晴忽大雨雹，雷电以风，有谓是日挂三龙，河中起蛟	《昭通志稿》

按：雨水乃水汽自然变化，断非假想蛟蜃动物所能起发。其有突然涨泛者，是因先有多量雨水渗入地中，遇不透水之地层，周围壅塞，潴成地下湖，积量愈多，压力愈大，一旦岩石溶解，阻隙穿破，倾流涌出，破坏作用极强，遂致山崩堤溃。当时天未大雨，故不知水从何来。或因河流上源大雨山崩，阻水成潭，骤然决泻，亦同蛟起现象。至昆明除蛟害，乃讹传也。

山崩纪录如下表：

时代	纪 年	时 期	观见地	现象纪要	文 献
汉	建始三年	十二月	越嶲	山崩	《汉书·成帝本纪》
后汉	延光四年	冬十月	越嶲	山崩，杀四百余人	《后汉书·安帝本纪》《五行志》
	永寿元年	六月	益州郡	山崩	《后汉书·桓帝本纪》
晋	太康七年	秋七月	朱提	山崩	《晋书·武帝本纪》
				大泸山崩，震坏郡舍	《宋书·五行志》
明	正统五年	秋七月	顺宁	大雨弥旬，山崩水溢，中没田亩，不可胜计	旧《云南通志》
	弘治十四年	闰二月	乌撒军民府	大雨，山崩	《明史·五行志》
			浪穹	淫雨，山崩水溢，冲圮民居，溺死百余人	旧《云南通志》
	正德十三年	五月	黑盐井	山崩，井塞	《明史·五行志》
	正德十五年	八月	云南、赵州	大雨，山崩	同上
	嘉靖八年	八月	澂江	大雨山崩，西浦溪水溢入西街，坏城屋，损稼	旧《云南通志》
	嘉靖二十八年		武定	淫雨，水溢山崩	同上
	隆庆六年		云南县	久霖，山崩	同上
	万历二十八年		楚雄	西山崩	同上
	万历二十九年	冬十一月	昆明	罗汉山岩崩	同上
	万历三十一年	九月	永昌	洪水横流，田禾尽坏，山崩	同上
	天启三年	十一月	昆明	罗汉山崩三十余丈	同上
清	康熙六年		昆明	罗汉山崩数丈	同上
	康熙二十五年	四月	姚安	石崩水泛	同上
	康熙三十年	六月	安宁	罗青山崩	同上
	康熙三十七年		昆明	太华山崩	同上
	乾隆三年	四月	阿迷	阿度山崩，东河水溢	《临安府志》
	乾隆十九年	秋	顺宁	淫雨滂沱，山崩水溢，漂没田庐、桥梁不可胜计	《顺宁府志》
	乾隆四十九年	秋	邓川	象山崩，洱水溢	《邓川州志》
	嘉庆四年	七月	蒙化公郎街	大水，山崩，田庐漂没，死者数百人	《蒙化厅志》
	道光元年		邓川	旧州前缺岭崩	《邓川州志》
				大水，卧牛山崩，压毙男妇二十一人，民房二十七间	

续 表

时代	纪 年	时 期	观见地	现象纪要	文 献
清	道光九年	十一月	昆明	罗汉山崩	阮修《通志》
	道光十年	十月	昆明	罗汉山崩	同上
	道光二十九年	春三月	昆明	西山崩	岑修《通志》
	咸丰元年	六月	丽江	澜沧江东岸山崩，移其半于江之西，树木如故	同上
	咸丰三年		寻甸	大风三昼夜，东南山崩数百丈	同上
			霑益	大雨浃旬，龙华寺地裂二丈余，宽二尺许，深不可测	同上
	咸丰九年		景东	大雨，山崩，出水如血	同上
	咸丰十一年		宁州	地震，拖白乡山崩	同上
	同治十年	夏	东川	大淫雨，灵壁山崩	同上
			黑盐井	大雨，山崩	同上
	光绪元年	八月	邓川	鸡足山后余金庵陷，走下三里许	同上 《柿坪纪述》
	光绪二年	六月十五	永平	地大震，易子么寨山崩，陷民居二十余户，伤六十余人	岑修《通志》
	光绪六年	春三月	巧家	石膏地山崩，移半壁于对岸，平地成丘，压伤居民数十，土壅金江，断流逆溢百余里，三日始归故道	同上
	光绪九年		丽江	大淫雨，十二栏杆地两山对峙，同日崩塌，塞流成潭；府之南补旗场地陷，坏民房数十间	同上
		五月	宜良	马鞍山崩	同上
			黑盐井	大水，山坍塌	同上

按：山崩原因，受水之破坏作用居多。淫雨渗透地内，遇可溶解之崖石土壤，下层抵抗力弱至不能支持上部压力，必致崩塌陷落；或洪水急流，冲削悬岩基部，下空上重，立见倾颓。是山崩，由于淫雨大水也。若水入地中，遇不透水之倾斜层面，成滑软泥浆，可发生山之移动，如咸丰元年丽江之山移，光绪六年巧家之山移是也。在冬季，雨水稀少而山不免崩颓者，则因气温低降，崖石裂缝，水结为冰，体积增大，涨力极强，岩石遂生崩溃，此昆明罗汉山岩崩屡发生于冬季也。地震时，地层升降摇动，不坚固之山壁，易归倒塌，如光绪二年永平之山崩，因于地震也。又风力猛烈，温度剧变，岩石与含炭（碳）酸之水接触起化学作用，或矿物质受热之程度不同，起胀缩之物理作用，皆易使岩石崩坏，如咸丰三年寻甸之山崩，有大风三昼夜也。若岩石溶解在地面下层，则生地裂、地陷现象，如霑益之龙华寺地裂，邓川之余金庵地陷，同一理也。他如景东山崩之出水如血者，红色土壤之溶液耳。

雷雨纪录如下表：

时代	纪　年	时　期	观见地	现象纪要	文　献
明	成化十六年	六月	剑川	大雷雨，水涌，冲民田二百余亩	旧《云南通志》
	弘治十四年	闰二月二十七日至二十九日	可渡河巡检司	大雷雨，三日不止，水涨，山崩地裂，山鸣如牛吼。地陷，涌出清泉数十派，冲坏庐舍、桥梁及压死人口、牲畜无算	《明史·土司传》
		六月朔	大理	大雷雨，点苍白、石二溪水涨，漂没民居五百七十余，溺死三百余人	旧《云南通志》
	正德十一年	六月	邓川	雷击巨蛇，长丈余，围尺许	同上
	正德十二年	夏六月	腾冲	雷震演武场旗杆，明年六月复震	同上
	嘉靖六年	四月		天鼓鸣	《古今图书集成》
	嘉靖二十一年		元江	雷震府柱栋	旧《云南通志》
			铁岭	火降空中，烧毁民房数百间	《古今图书集成》
	嘉靖三十八年	六月二十五日夜	鹤庆渔塘村	雷雨大作，山崩水溢，坏民居百余所，死者不可胜计	旧《云南通志》
	嘉靖四十三年		江川	大雷雨，地震昼夜十余次，浃旬乃止	同上
	隆庆五年		临安	雷震东城，碎其旗杆，木屑飞洒官民庐舍	同上
	隆庆六年	七月	呈贡金勒村	田中水涌三丈许，雷大震，其田成潭，今资以溉	同上
	万历二十一年	二月	永昌	天鼓鸣，自子至寅方止，黎明大风拔木	同上
	万历二十七年	七月	云南	夜，天鸣东南，次日昼晦至午	同上
	天启三年	六月	定远	大雨震电，雾黄红色，水溢田禾、庐舍，溺三百余人，牲畜无算	同上
	崇祯九年	正月	顺宁卡思凹	夜半，地中忽起火，方广丈余，上升北过枯柯坝，陨于沙窝寨后	同上
清	顺治十六年	四月	顺宁	天鼓鸣	同上
	康熙三十四年	八月	河阳	雷震百余次，大水冲没庐舍	《澂江府志》
	雍正二年	夏四月	顺宁	天鼓鸣	《顺宁府志》
	雍正八年	正月	东川	天鼓鸣	《东川府志》
	雍正十三年	十一月廿七日	云南	雷，二十六日戌时地微震，二十八日大雪	倪蜕《云南事略》
	乾隆十二年	六月	石屏	阿古黑寨雷震九牛	《石屏州志》
	乾隆三十五年	九月	临安	空中有声如雷	《临安府志》
	乾隆五十一年	三月	剑川	天鼓鸣	阮修《通志》
	嘉庆五年	七夕	剑川	天河响	同上
	咸丰三年	六月	邱北	雷震青龙山塔，山下平田崩陷，水涌成潭	岑修《通志》
	咸丰五年	九月初五	普洱	昼晦经时许，天鼓鸣	同上
	咸丰八年		昭通	天鼓响，是日天晴	《昭通志稿》
	咸丰九年	冬十一月	邓川	雷，自是连年冬雷	岑修《通志》《柿坪纪述》

续 表

时代	纪　年	时　期	观见地	现象纪要	文　献
清	光绪七年		建水	大雷电，烧残南山麓田禾二十余亩	岑修《通志》
	光绪九年	三月二十三日夜	楚雄	天鼓鸣，声自南而北，殷殷若雷，光明若昼	同上
	光绪十年	闰五月二十日	昆阳	大雷电，烈风拔木	同上
	光绪二十二年	四月二十八日午	昭通	晴，忽大雨雹，雷电以风	《昭通志稿》
	光绪二十六年	八月	昭通	大雨，八角亭顶上笔尖被雷提至地屹立，笔系铜铸	同上

按：雷雨之成，因两种气流温度之悬殊，地面温度太高，空气对流作用甚强，上升遇冷，水汽凝结成雨，雷电交作，是为热雷雨，盛行于夏季。云南山高谷深，热多蓄蕴，尤易发生，且当印度、缅、越低气压进行之途径、热带旋风之涡，雷雨虽冬季亦有，时见雍正十三年、咸丰九年等之冬雷，不足异也。空中电量变迁，关于水汽蒸腾，积雨云强势骤升，电位差扰乱尤甚，两积雨云间电压相差过大，急求中和，爆然放电，激荡空气，则声震为雷，光闪为电，或导落地面，人畜、树杆、房塔、器物等，触之遂被击害。有时雷火降于空中，如嘉靖二十七年铁岭烧毁民房，光绪七年建水烧残田禾，崇祯九年顺宁地中起火上升游行陨落，皆雷火作用也。雷雨来时，雨势甚大，故至形成水涨、昼晦、山崩、山鸣、地裂、地陷或地震等现象，为各种降雨中之暴烈者。若雷雨区域距离观测者尚远，则仅闻隆隆之音，或其处日光未隐，天气尚佳，故以为空中有声如雷，特谓之天鸣、天鼓鸣。虽有时空中爆声系雷、流星经落陨落现象，然属于雷雨者必多，如万历二十一年永昌“天鼓鸣”而有大风，又二十七年云南“天鸣”而生昼晦，咸丰五年普洱“昼晦”亦“天鼓鸣”，是在雷雨区域之边缘。光绪九年楚雄夜“天鼓鸣”，光明如昼，乃区域更近且见电光也。至嘉庆五年七夕“天河响”，则因远处风雨声矣。

山鸣纪录如下表：

时代	纪　年	时　期	观见地	现象纪要	文　献
明	嘉靖四十年		南安	安竜堡山鸣，声闻数里	旧《云南通志》
	万历三十五年	二月	武定	狮山与鹧鸪山鸣，南北互应如松涛	同上
	万历四十六年		云龙	三崇山鸣如雷	同上
	天启元年	十月	武定	狮山鸣	同上
	天启三年	三月	云龙	三崇山鸣如轰雷	同上
	天启四年		云龙	三崇山鸣	《大理府志》
	崇祯十六年	六月	武定	狮山鸣	旧《云南通志》
清	康熙九年		昆明	太华山鸣	同上
	康熙二十七年	三月	剑川	西山鸣	同上
	康熙五十二年		嵩明	药灵山鸣	同上
	雍正九年	十月初十、廿四等日	省城	太华山鸣	倪蜕《云南事略》
	乾隆二十五年		宣威	石龙山鸣	《宣威州志》
	嘉庆十年		安宁	龙山鸣	阮修《通志》

续 表

时代	纪 年	时 期	观见地	现象纪要	文 献
明	咸丰四年	六月	邓川	西南隅苍山鸣，如牛吼声，经月始歇	岑修《通志》《柿坪纪述》
	咸丰五年	秋七月	邓川	西南隅罗旃山吼，连月乃止	同上
	咸丰六年		云龙	金泉井龙德山鸣	岑修《通志》
	同治十年	秋八月	安宁	邵官屯山鸣，越日，蛟起大水，没田谷数百亩	同上
	同治十二年	二月	顺宁	石龙洞龙鸣三日	同上
	光绪七年	十二月	弥勒	地震山鸣，倾圮城垣数十丈，坏民房无算	同上

按：山鸣多因雨水渗透入地，若达到地热高处或邻接火山裂道及息火山近旁，则岩石罅隙即成蒸汽锅，使雨水汽化，蒸腾膨胀，活动激荡成声，并震动穴孔中空气共鸣而音增大。有时因地层运动，致蒸气喷爆发响，如光绪七年弥勒之“地震山鸣”。又或因地下川、地下湖之溃决，急流奔涌，碰击山腹岩穴成声，如同治十年安宁“邵官屯山鸣，越日，蛟起大水”。盖音响之发生，无不由固、液、气三体之振动也，同治十二年顺宁石龙洞之龙鸣，理不外是。

水流纪录如下表：

时代	纪 年	时 期	观见地	现象纪要	文 献
宋	嘉定六年	六月十七日		河水绝流，十八日未时，水复流	阮元声《南诏野史》
清	康熙二十四年	四月	广通	开化庵地涌清泉	旧《云南通志》
	雍正七年		赵州	白崖涌甘泉二，水洌而甘，大资灌溉	同上
	乾隆十六年		永北	金沙江白浪成浆，干如粉	《永北府志》
	乾隆三十年	四月	永北	金沙江白浪成浆	同上
	乾隆三十五年		宁州	温泉水冷涸经月	《临安府志》
	乾隆五十一年		琅井	泮池水潮	阮修《通志》
	道光三年	六月	丽江	金沙江水清三日	同上
	道光五年		南宁	北门双眼井水涸三月	同上
	咸丰六年	春	建水	城南珍珠井水忽变赤，六日乃清	岑修《通志》
			赵州	东晋湖龙潭水忽涸，潭底尽裂，及后水出如故	同上
	咸丰七年		云南县	黄龙潭水忽竭，及后水出如故	同上
	同治十一年		云南县	浑水海清数日。又青华洞自昔皆浊，是日忽清	同上
	光绪元年	冬	永北	金沙江翻白浪三日，其泥如粉	同上
	光绪四年	五月	开化	河水黑，鱼尽浮	同上
	光绪五年	春	新平	大江及新化河、小江、戛赛江等处水皆黑，旬日乃清	同上

续 表

时代	纪 年	时 期	观见地	现象纪要	文 献
清	光绪七年	秋七月	晋宁	观音山麓忽涌清泉成潭，味甘洌，且资灌溉	同上
			晋宁	河水碧黑，越日始清	同上
	光绪二十八年		昭通	龙泉冲有龙潭忽涸	《昭通志稿》
	宣统二年		昭通	泮池水红数月	同上

按：河水绝流，必其上游或河源有山崩、地陷、阻塞、分泄等事。泉水涸竭及涌现，必因地之内营力作用，地下水流通之旧道阻塞或热气蒸发过多，故形涸竭。若岩层被水穿凿裂开，适在不透水层之上，地下水即涌出，新辟成泉；或旧道阻塞复通，则涸后水出如故。江河、井池水中一时所含物质不同，变呈种种色，如永北屡见金沙江白浪成浆，其上游或有高岭土、石灰土等崩裂溶解于内；建水之井变赤，昭通之池水红，其中或溶解赤黏土及氧化铁等矿物，或滋生红色苔藓、细菌、微虫，人不易觉；开化、新平、晋宁之河水变黑，或系含有腐植土及有机物岩等成分。惜俱未经显微镜检察，化学分析无从判定。至丽江之金沙江清，云南县之浑水海、青华洞浊水忽清者，盖水中多矿质溶液，偶因化学及物理作用，矿质化成不溶性之新物体沈淀于底部，而上部遂澄清也。

附 陈秉仁著《云南之云》（略）

卷十九 气象考二 光象

〔……〕

虹之纪录，特者如次：

时代	纪 年	时 期	观见地	现象纪要	文 献
明	万历三十一年	九月	永昌府大洞	红虹出民室，二十六日复出白虹，远于村	明《永昌府志》
清	咸丰十一年	冬十一月	邓川	虹见	《柹坪纪述》
	同治四年	冬	太和	雷虹	岑修《通志》
	同治十三年	冬十月	邓川	雷虹	同上
	光绪七年	冬	太和	雷虹	同上
			剑川	虹见于四方	同上
	光绪九年	冬	太和	雷虹	同上
		冬	宣威	大雷雨，虹见于东北	同上

按：虹为雨季所常见，入冬后，虹应收藏，雷声亦然。云南地近印度热带，冬季温度不低，致成雷雨，故雷虹特见。虹因日光射入雨点屈折反射而成，弧之视半径约四十二度，太阳高度须在四十二度以下，始能见虹。故虹晨见于西，夕见于东。而宣威见于东北，盖冬季日落西南，成夕虹也。若剑川虹见于四方，实即日之晕华，各部隐显不一，太阳高度近天顶也。凡空气中多水滴，为日光对射，随处俱可成虹，固无别于民室、村野矣。

白气、霞、虹纪录如下表：

时代	纪 年	时 期	观见地	现象纪要	文 献
明	嘉靖四年	八月	澂江	罗藏溪有白气，上升如龙	旧《云南通志》
	嘉靖七年		河阳、江川	夜有白气见于西，上人天河，经月乃灭	《澂江府志》
	万历十一年	秋	腾越	白气见西方，自乾而兑	《永昌府志》
	万历四十五年		云龙	白虹见于彩凤山	旧《云南通志》
	天启元年	秋八月		白虹见，长竟天	《古今图书集成》
清	康熙十九年	十一月朔	永昌	有白气长二丈许，见于西南，月余而没	刘健《庭闻录》
	乾隆八年	七月	永北	白虹见西方，大水	《永北府志》
	乾隆二十六年	十月	邓川	有白气如练，自东至西，长竟天	《邓川州志》
	乾隆四十九年		河阳	白虹亘天，大雷雨雹	阮修《通志》
	乾隆五十三年	六月	普洱	白霞见	同上
	嘉庆八年	七月	威远	白霞见	同上
	嘉庆二十五年	夏四月	河阳、新兴	白气见东北	同上
	道光二年	五月十四日至十八日	易门	旱，有白霞，其形如练。自马头山后起，跨北山寺而下，氤氲不绝，十八日方散，二十三日大雨	《易门县续志》
	道光六年	七月	昆明	夜见白虹	《昆明县志略》
	道光十六年	秋七月	昆明	白气见西方，杪射东南，长十余丈，宽六七尺，日人而起，日出而没，次年春始消	岑修《通志》
	道光十七年		河阳	有白气横亘，自东北达西南	同上
	道光十九年	春		白虹亘天，弥月始消	同上
	道光二十三年	春正月	宣威	白气见参斗之间，长数丈，三月始散	同上
		二月	剑川	白眚见西南	同上
			大姚	白气见西方	同上
	道光二十四年	八月夜	弥渡	白虹竟天	同上
	道光二十七年	春	姚州	白霞见北方，横亘如布	同上
	咸丰元年	闰八月二十日	河阳	夜见长虹	同上
	咸丰五年	春	太和	白气见西南，长数丈	同上
		六月	浪穹	罗浮山腰白气横亘，状如牛马，数日不散	同上
		八月	河阳	白霞见，宽尺余，自东南达西北	同上
		冬	太和	白气见西南，数旬乃灭	同上
	成丰六年	三月	元江	白气见西方	同上
			文山	白虹亘天	同上
	咸丰十一年	夏六月	邓川	白气迷三川	同上
	同治三年		巧家	天台山侧见白气如练，俄有白蛾沿天蔽日飞聚白气间，三日始散	同上

续 表

时代	纪 年	时 期	观见地	现象纪要	文 献
清	同治七年	三月	河阳	白霞亘天，自东南达西北	同上
	同治十年	春	安宁	西南方白气冲霄，月余乃灭	同上
	同治十三年		大姚	夜出红霓	同上
	光绪七年	三月	元江	白气见东北，大风发屋拔树，复大雪	同上
	光绪九年	冬	元谋	白气见西方，旬余乃没	同上

按：物体之色，源出于太阳光。各色全反射时，即呈白色。空气中气体以水蒸气为一大要素，变化繁剧，形态无常，凝结于高处为云，低则为雾，常呈白气现象。若自西南来之暖气流遇东北来之冷气流，成不连续之驶面，沿面之云皆成层平流滑走，上层为卷云、卷层云，形有如布练、长带，降至中层为高层云，渐次浓密，则有降雨之可能，为低气压中心行近之朕兆。故乾隆八年，永北“白虹见西方，大水”；道光二年，易门“旱，有白霞”，数日后大雨；光绪七年，元江“白气见东北，大风发屋拔树，复大雪”。且多次白气、白虹、白霞横亘出现，方位俱东西向，顺气流也。或地面温度特高，空气因热力对流极盛，上层较冷，形成积雨云，每于淡白天空现一大且低之弧状云，为雷雨兆。乾隆四十九年，河阳“白虹亘天，大雷雨雹”，经时必暂也。有时地面热量散失，起密度大、容积小之厚层空气，温度逆增，对流作用减杀，风力微弱，气压增高，晴空稳静。夕现层积云或晨夜多层云，形如长片布缕，平扁，横列定着，经久不散。如嘉靖七年，河阳、江川“夜有白气”，“经月乃灭”；康熙十九年，永昌“有白气”，“月余而没”；道光十六年，昆明夜起白气，次年春始消，道光十九年“白虹亘天，弥月始消”；又二十三年，宣威见白气，三月始消；咸丰五年，浪穹见白气，“数日不散”，太和见白气，“数旬乃灭”；同治三年，巧家见白气，“三日始散”；又十年，安宁见白气，“月余乃灭”；光绪九年，元谋见白气，“旬余乃没”，皆因此两种云有定着性也。层云位置甚低，故激江见于罗藏溪，云龙见于彩凤山，易门见于“自马头山后，起跨北山寺而下”，浪穹见于罗浮山腰，邓川“气迷三川”，巧家见于天台山侧。要皆为雾上升，初成之云，其形如龙、如牛马、如练者，层云固无定形也。而巧家有“白蛾沿天蔽日飞聚于白气间”，盖喜其润湿也。

至虹本七色，固无所谓白虹。虹因日光，决不能当夜见。霓为虹二次反射折光所成，亦分七色，更无所谓红霓。咸丰元年河阳夜“见长虹”，同治十三年大姚“夜出红霓”，实见月晕、月华之一部，状类虹霓也。空气不纯，除水蒸气，尚含有各种气体、盐类、尘埃、火山灰等。日光通过时呈各样色彩霞辉，但无所谓白霞，实见云气光亮同于霞故也。剑川所见白眚，则视为灾异之气，亦白气之类耳。惟彗星出见，亦有如白气者，时、地合否，尚待后之考证。

历代各地大风纪载有如下表：

时代	纪 年	时 期	观见地	现象纪要	文 献
明	弘治十一年	夏六月初五日	临安	大风雨，寒剧，樵苏死于道者十余人，鸟雀僵死无计	旧《云南通志》
	弘治十六年	春	云南省城	贡院“腾蛟”“起凤”匾大风吹去十五里，山上麦移山下	阮元声《南诏野史》
	正德十二年	十二月	大理卫	大风坏城楼	《明史·五行志》
	嘉靖十一年	夏六月	顺宁	阿鲁司泥山中雷雨拔木	旧《云南通志》

续　表

时代	纪　年	时　期	观见地	现象纪要	文　献
明	嘉靖四十四年	正月	通海	大风拔木数百株，水中舟揭入云中，莫知所止	同上
	万历十一年	四月	永昌	有风起于西北，声如雷，拔木无数	同上
	万历十九年	二月	临安	大风，拔木、扬沙、翻房瓦	同上
	万历二十一年	二月	永昌	天鼓鸣，自子至寅方止，黎明大风拔木	同上
	万历四十八年	二月		有云气黄红渐变黑雾，昏晦如夜，大风雨如注	同上
			宜良	宜良瓦石皆飘	同上
			曲靖	曲靖城堞圮三丈，吹一人去地丈余方坠	同上
			平彝	平彝折木无数，哨兵舍吹去数里	同上
	崇祯十六年		新兴	大风霾，行人皆仆	同上
清	康熙五年		昆明	大风拔木	同上
	康熙七年		广西	风拔城隍祠古木，檐瓦不损	《广西府志》
	康熙二十五年	五月二十七夜	永昌	大雷电风雪，迨明，树叶堆地如碎剪然，禽鸟死者无算	《永昌府志》
	康熙二十七年	二月	剑川	大风拔木，飞尘蔽天	旧《云南通志》
	雍正五年		开化	大风拔木	《开化府志》
	乾隆十四年	正月二十三日戌刻	昆明	天大雷电以风，大、小官署门户洞开，民居亦然	《昆明县志略》
	乾隆四十三年	十二月	昆明	昼晦大风，民居颠仆	同上
	乾隆五十八年	六月	楚雄	大风拔木	《楚雄县志》
	乾隆六十年	秋	云州	大风雷雨，拔木，冲没田禾	阮修《通志》
	嘉庆二十五年		普洱	大风拔木，雨雹伤禾	同上
	道光元年	春二月	霑益	大风拔木	同上
	道光七年	三月	昆明	大风拔木	同上
	道光二十年	夏五月	开化	大风，屋瓦皆飞	岑修《通志》
	咸丰三年		寻甸	大风三昼夜，东南山崩数百丈	同上
			大姚	山崩，大风拔木	同上
	咸丰六年	五月	太和、宾川	大风霾，拔木扬砂，屋瓦皆飞	同上
	咸丰九年		景东	大雨山崩，出水如血，夜闻哀牢山有声似万钟齐鸣，自近而远。次日视之，林木摧折，中擘分一道，若大路然	同上
	咸丰十一年		太和	大风拔木	同上
	同治元年	三月	宁州、弥勒	大风拔木	同上
	同治十年		镇沅	大风，屋瓦皆飞	同上
	同治十二年		通海	大风吹折秀山树数百株	同上
	光绪五年	三月	楚雄	大风拔木，屋瓦皆飞	同上

续 表

时代	纪 年	时 期	观见地	现象纪要	文 献
清	光绪七年	二月	宣威	风拔大树	《三朝纪略》
		三月	陆凉	大风拔木，走石飞沙，东南乡寺宇屋瓦皆飞	岑修《通志》
			元江	白气见东北，大风发屋拔树，后大雪	同上
	光绪九年	六月六日	姚州	东关外黑、白、赤气旋绕天际，忽作狂风，沙奔石走，屋瓦皆飞，市中瓮瓿之属吹入天半，良久乃落	同上
	光绪十年	闰五月二十日	昆阳	烈风拔木，大雷电	同上
	宣统三年	六月十四日	罗次	天大电雷风雨，空中似有金戈相触之声，震响通夜	《罗次访稿》

按：风即大气之流动，因大气寒暖不同，致气压高低不匀，气流趋向，常往气压低处，如水就下，故低气压中心是为旋风系。热带旋风之猛烈者，即谓之台风，又名飓风，破坏力极强，拔木坏屋，损害至大。云南远离海洋，故岁不多见旋风系。之所以造成风雨，乃由赤道暖气流与极地寒气流相接触，则寒流包围暖流同旋转向气压最低之中心，暖流被迫旋转上升，两种气流接触之不连续面，一在暖流之前者为驶面，一在寒流之前者为飑面，统称曰极面。凡当飑面附近，风雨必猛而暴，有时雷电雪雹交作，气温骤低。如弘治十一年六月，临安大风雨，寒剧，僵死人鸟；康熙二十五年五月，永昌大雷电风雪，碎树叶，死禽鸟；光绪七年三月，元江大风拔树，复大雪；皆寒气流之袭临也。大风雨之夜，景东闻有万钟齐鸣之声，罗次闻有金戈相触之声，盖雨骤风狂，触击摧破物体成音，夜静闻其相似，而未确也。风能吹水舟、瓮瓿入云，人舍、匾物远飞，可见其速力之大。

旋风特纪如下表：

时代	纪 年	时 期	观见地	现象纪要	文 献
晋	太康元年	八月	永昌	白龙三见	《晋书·武帝本纪》
元	至正十六年		黑盐井	有毒龙兴水，溢盐井，损民居	阮元声《南诏野史》
明	弘治十五年	四月	嵩明	大风雨，城南有龙拔楼三楹入云	同上
	正德十三年	秋八月	顺宁	龙斗于澜沧江，涌水高百丈，行者七日不渡	陈仁锡《潜确类书》
	嘉靖十年	六月	大理、邓川	有龙三见于两地之间	旧《云南通志》
	嘉靖二十四年		赵州	有黄龙见于三星山	同上
	万历三十年	秋	顺宁	东河水斗，水高丈余，有声如雷，两岸田亩皆没，移时乃消，畦岸间鳞属巨细皆死	同上
	崇祯四年		石屏	龙见于异龙湖，须爪、鳞甲皆见	同上

续　表

时代	纪　年	时　期	观见地	现象纪要	文　献
清	顺治十一年	五月	省城	北山涌泉寺龙斗，坏僧舍山门及文殊寺	同上
	康熙三十八年		元江	龙斗	同上
	康熙四十七年		新兴	黄龙见于官村	同上
	乾隆元年		永北	芭蕉湾龙见	《永北府志》
	乾隆十七年	五月	昆明	西北十龙并见，日光射，雨雹如珠	《明县志略》
	乾隆二十九年		宁州	龙马见于抚仙湖	《临安府志》
	乾隆五十五年		河阳	黄龙见于东浦镜光池	阮修《通志》
	乾隆五十九年		云州	澜沧江龙斗，神舟渡阻水不流	同上
	嘉庆十八年	七月	河阳	镜光池黄龙见	同上
	嘉庆二十年	九月	河阳	龙斗于西南	同上
	道光二十四年	秋七月	中甸	江边境有金龙由海升天，彩霞绕护，境内咸瞻拜之	同上
	咸丰三年	夏五月十七日	云南县	大风，俄阴云四合，龙斗于空，电光闪射，逾时海草、细鱼堕地无数	岑修《通志》
	咸丰九年	秋七月十二日	云龙	涧水、沘江水涨巨浪，逆流中有黄、黑二龙斗，漂民房无数	同上
	同治七年	冬十月初四日	曲江坝	黄龙见于空，祥云拥护，自西绕东，半晌方隐	同上

按：龙卷乃一地偶成之强势小旋风，常生于雷雨云之下，形如漏斗，上部浓黑广大，下部灰白尖锥细长，涡动旋转至速。轴每斜垂，随云前进，尖端有时离地上升，又复下降，似物伸缩蠕动，经行数里，辄屈而上卷，收入云中，状类身尾蜿蜒。江、湖、池水被吸引旋动，升成水柱，上接云气管。或地面受热过度，骤起旋风，尘沙上腾如柱，日光反射，现呈各色，所谓白龙、黑龙、黄龙、金龙、龙马等，须爪、鳞甲皆见，无非远观，隐约仿佛想像构成。雨云边缘多裂，分股下垂，遂谓“十龙并见”。水沙上接云气，即谓“祥云拥护”“彩霞绕护”。云南县龙斗于空，有“海草、细鱼堕地”者，因其被卷入旋风上升而后下降也。嵩明有“龙拔楼三楹入云”，是遇涡动中心力尤猛烈。凡“龙斗于水”，多因急流搬运巨石滚动，阻水逆流，浪头高涌，水石相击，每发声如雷。万历三十年，顺宁谓之“水斗”，观察较近事实，“畦岸间鳞属巨细皆死”者，为浊流击杀也。黑盐井之“毒龙兴水”，涌泉寺之“龙斗坏舍”，乃地下水溃出现象，而氯气溶液能杀物，谓之毒水亦宜。

旋风雨物纪录如下表：

时代	纪年	时期	观见地	现象纪要	文献
唐	咸通十四年		永昌	雨土	旧《云南通志》
清	嘉庆二十年	八月	河阳	天雨豆	阮修《通志》
	道光二十六年	三月	宁州	天降黑雨	岑修《通志》
	道光二十九年	秋七月	南安	石羊厂降红雨	同上
	咸丰二年		易门	天雨如血	同上
	咸丰六年		宁州	拖期降红雨，着地皆赤，气甚腥	同上
	咸丰七年		景东	天降红雨	同上
	同治八年	六月	石屏	龙朋里大雨如血	同上

按：旋风之范围小者，其气压配置相差极大，风力更为猛烈，四周气流旋转凑合而向低气压中心，暖气流被寒气流围迫上升至速，骤留一空隙，致旋风中心气压降至极低。设其气压骤降为十公厘，则相当压力必为每平方公尺有一百三十公斤，即九平方尺约库平二百一十八斤，其力足以拔树毁屋矣。故地面物体遇之，遂被吸引上升，云气管下垂，俨若吸筒，物体卷入天空，远至邻境坠落，是以天能雨地方各物。如嘉庆二十年八月，河阳“天雨豆”，必系他处农村收获之豆，被风卷其来也。“天降红雨”者，因六七月河水常混红色泥土，适为旋风吸取也。至其“气甚腥”者，乃土壤臭味为红色如血之观念联合耳。

逆旋风致旱录如下表：

时代	纪　年	时　期	观见地	现象纪要	文　献
汉	始元六年		益州	大旱	《汉书·五行志》
唐	开成四年			大旱	阮元声《南诏野史》
元	至治二年	九月	临安、河西	春夏不雨，种不入土，居民流散	《元史·英宗本纪》
		十二月	云南、乌蒙等处	屯田旱	同上
	至正二十五年		云南	大旱	阮元声《南诏野史》
明	景泰四年		昆明、姚安	大旱，民多饥死	旧《云南通志》
	景泰七年		晋宁	大旱，斗米七钱	同上
	成化十九年	夏六月	武定	大旱，无秋	同上
	弘治十三年	二月	蒙自	旱，明年复大旱	同上
	正德十三年	夏六月	腾冲	旱	《永昌府志》
	嘉靖二年	秋	腾冲	旱	旧《云南通志》
	嘉靖九年	夏	霑益	大旱	同上
	嘉靖二十六年		临安	自春迄夏不雨	同上
	嘉靖二十八年		云南县	大旱	《大理府志》
	嘉靖三十五年		顺宁	正月至五月不雨	旧《云南通志》
			景东	二月至六月不雨	同上
	嘉靖三十八年		云南县	大旱	同上
	嘉靖四十三年		楚雄	旱	同上
	隆庆元年		云南县	旱	同上
	隆庆三年		元江、元谋	旱	同上
	万历五年		临安	春夏不雨，升米三钱，民多饿殍	同上
	万历十五年		赵州	大旱，禾尽槁	同上
	万历十六年		楚雄	旱	同上
	万历十八年		澂江	旱	同上
	万历十九年		澂江	旱，民饥	同上
	万历二十五年		蒙化	旱，人多饥死	同上
	万历二十六年	夏	鹤庆	旱	同上
	万历二十八年	秋	寻甸	旱，民饥	同上

续　表

时代	纪　年	时　期	观见地	现象纪要	文　献
明	万历二十九年		省城	夏、秋不雨，民大饥	同上
			澂江	自二月至六月不雨	同上
	万历三十一年		临安	正月至六月不雨	同上
	万历三十八年		姚州	二月至六月不雨	《姚州志》
		夏	省城	大旱	旧《云南通志》
	万历四十三年		姚州	二月至六月不雨	《姚州志》
		夏	省城	大旱	旧《云南通志》
	天启元年		省城	自正月至六月不雨	同上
			新兴、弥勒十八寨	大旱	同上
	天启四年		禄劝	旱	同上
			广西府	春、夏不雨	同上
	崇祯十六年	夏	武定	大旱	同上
清	康熙元年		广西	大旱	同上
	康熙四年		蒙化、赵州、宾川、云南、大理、洱海	旱	同上
	康熙九年	夏	蒙化、赵州	旱，无秋	同上
	康熙二十五年	夏	曲靖	旱	同上
	康熙二十六年		广西	大旱	《广西府志》
	康熙二十七年		开化	六月至九月旱	旧《云南通志》
	康熙二十八年	夏	广西	旱，无收	《广西府志》
		四、五月	富民	大旱	《云南府志》
	康熙三十年		景东	大旱，米价腾贵	《景东厅志》
	康熙三十六年		河阳	旱	《澂江府志》
	康熙五十九年		富民	旱	旧《云南通志》
	雍正九年		广西	春、秋旱，夏潦	《广西府志》
	乾隆元年		丽江	旱，玉河水源涸	《丽江府志》、阮修《通志》
			广西	旱	《广西府志》
	乾隆十三年		楚雄	旱	《楚雄县志》
	乾隆二十一年		剑川	夏大旱，秋禾不登	阮修《通志》
	乾隆二十九年		昆明	池水涸	《昆明县志略》
	乾隆三十五年		罗平	大旱，岁大饥	阮修《通志》
			河阳	旱	同上
	乾隆四十一年		宣威	旱	《宣威州志》
	乾隆四十四年		楚雄	旱，饥	《楚雄县志》
			景东	大旱	《景东厅志》

续 表

时代	纪 年	时 期	观见地	现象纪要	文 献
	乾隆四十六年		恩乐	大旱	《恩乐县志》
	乾隆五十年		禄劝	旱	阮修《通志》
	乾隆六十年		昆明	旱	《昆明县志略》
			禄劝		阮修《通志》
	嘉庆二年		楚雄	旱，大饥	《楚雄县志》
	嘉庆十三年		昆明	大旱	《昆明县志略》
	嘉庆二十一年		禄劝	旱，岁歉	阮修《通志》
			楚雄	旱，大饥	《楚雄县志》
	嘉庆二十二年	秋	浪穹	大旱，民复饥	阮修《通志》
			腾越、禄劝	旱，岁饥	同上
	道光二年	五月	昆明	旱	《昆明县志略》
			易门		《易门县续志》
			南宁	旱	阮修《通志》
	道光十四年	夏	元江	旱	岑修《通志》
	道光十八年		元谋	旱	同上
	道光二十九年		姚州	旱	同上
清	咸丰元年	夏	宣威	旱	同上
	咸丰四年		河阳	旱	同上
	咸丰五年		河阳	旱	同上
	咸丰九年	夏	邓川	旱	同上
	咸丰十一年	夏	安宁	旱	同上
	同治五年	夏五月	他郎	旱，米价腾贵	同上
	同治六年		昆明、他郎	大旱	同上
	同治十三年		昆明	旱	同上
	光绪二年		太和	旱	同上
	光绪三年		会泽	岁旱，民大饥	同上
			定远	大旱，至秋始雨，农插枯禾，岁仍大熟	同上
			罗平	旱	同上
	光绪十九年	夏	邓川	大旱歉收	《柿坪纪述》
	光绪二十三年	五月	邓川	旱	同上
	光绪三十二、三年		嵩明	两年连遭大旱，滇源之青龙潭涸，州城方面水田多改种荞	《嵩明访稿》
	光绪三十三年		罗次	春夏大旱，水源断绝	《罗次访稿》

按：顺旋风域内天气多雨，逆旋风域内天气多晴，盖逆旋风中心之气压最高。在亚洲大陆常发生于西伯利亚，冬季势尤猛烈，支配中华全国气流之行动，常力及云南。其风寒冷干燥，若稳静持久，则一方即大旱不雨。云南地势高耸，山脉横断，阻碍印度、太平两洋湿热气流之进行，故每年滇中部雨量较西南及东北各县为少。且台风登陆后，经过粤、桂或闽、赣、湘、黔数省，达滇已成强弩之末，低气压自西南来受高黎

贡山、怒山、云岭、大雪山、无量、哀牢等山之层层阻碍，若北方气压高强，势不能趋向东北进入滇中，或折由缅甸横过暹罗、越南，则滇中雨少矣。统计表列地域，书旱者共一百零四次，内省城及昆明十一次，澂江及河阳七次，广西府六次，禄劝五次，临安、楚雄、云南县、姚安及姚州各四次，邓川、赵州、景东、蒙化、腾冲各三次，曲靖及南宁、大理及太和、富民、武定、元谋、宣威、罗平、元江、他郎各二次，安宁、晋宁、嵩明、寻甸、罗次、会泽、霑益、乌蒙、新兴、河西、弥勒十八寨、蒙自、开化、易门、定远、鹤庆、丽江、剑川、宾川、浪穹、洱海、恩乐、顺宁、益州、云南各一次，是雨少之旱区多在云岭以东。如天启元年省城不雨，新兴、弥勒十八寨大旱，皆在岭之东侧。又康熙四年蒙化、赵州、宾川、云南县、大理、洱海各地同旱，亦皆在点苍山东侧，且当金沙、澜沧两江间曲折向东之一区域。是天旱因高气压强势之影响，干燥气流停滞日久，以致润湿气流阻碍远离，不能遇合调剂故也。

附 陈秉仁著《云南气流之运行》（略）

卷二十 气象考三 气候

〔……〕

气候与岁之饥稔有关如下表：

时代	纪 年	时 期	地 域	现象纪要	文 献
晋	光熙元年		宁州	频年饥疫，死者以万计	《资治通鉴》
元	中统元年	五月	益州	饥	《元史·五行志》
	大德八年	六月		乌撒、乌蒙、益州、芒部、东川等路饥疫	《元史·成宗本纪》
	延祐五年	五月	云南	诸郡邑饥	《元史·五行志》
	至治三年	十月		云南王、平西王二部卫士饥	《元史·英宗本纪》
	泰定四年	四月	云南	乌撒、武定二路饥	《元史·泰定帝本纪》
	至顺三年	五月	云南	大理、中庆等路大饥	《元史·文宗本纪》
	至正三年		永昌	饥	旧《云南通志》
明	正统九年		云南	乏食	《明史·五行志》
	景泰六年		云南	饥	同上
	景泰七年		云南	又饥	同上
	成化六年		云南	饥	同上
	成化十六年		云南	饥	同上
	弘治三年		金齿、腾冲	饥	同上
	正德二年		腾冲	饥	旧《通志》
	嘉靖三年		永昌、腾越	大饥	同上
	嘉靖九年		北胜	大饥	同上
	嘉靖十五年	夏秋	永昌、顺宁	大饥。明年，永昌、腾越又饥	同上
	嘉靖二十年		云南	饥。腾越饥，因十九年秋大雨雹伤禾	同上 《古今图书集成》
	嘉靖二十六年		腾越	饥	旧《通志》
	嘉靖三十一年		腾越	饥	同上

续 表

时代	纪 年	时 期	地 域	现象纪要	文 献
明	嘉靖三十七年	七月	鹤庆	米粟腾价，淫雨水溢	同上
	嘉靖四十年		北胜	大饥	同上
	嘉靖四十一年		嵩明	大饥	同上
	嘉靖四十五年		新安所	饥	同上
	隆庆元年		楚雄	大有年	同上
	隆庆二年		新安所	大饥	同上
	万历元年		楚雄	饥	同上
	万历四年	秋	晋宁	大有年	同上
	万历十二年		腾越	饥	《永昌府志》
	万历十五年		腾越	饥	旧《通志》
	万历十九年		澂江	民饥，旱	同上
	万历二十年		腾越	大饥	同上
	万历二十四年		宾川	饥，大水，民食竹实	同上
			浪穹	饥	同上
	万历二十五年		蒙化	人多饥死，旱	同上
	万历二十七年	夏	鹤庆	民饥，大水无麦	同上
	万历二十八年		宾川	饥	同上
		秋	寻甸	民饥，旱	同上
	万历二十九年		省城	民大饥，夏、秋不雨	同上
			永昌	大饥，螟	同上
	万历三十一年		腾越	大饥	《永昌府志》
	万历四十二年		云南县	大饥	旧《通志》
	天启元年		武定	大饥	《武定府志》
	崇祯二年		云南	岁大饥	旧《通志》
	崇祯四年		鹤庆	大饥	《鹤庆府志》
清	顺治四年	五月	昆阳	饥	旧《通志》
			新兴	饥，升米三钱	《澂江府志》
	顺治五年		云南	大饥，民掘草根以食	旧《通志》
	顺治十八年		腾越	大饥，死者六千余人	同上
	康熙二十年		罗平	大饥	《罗平志稿》
	康熙二十一年		曲靖、马龙	饥	旧《通志》
	康熙三十一年	四月	丽江	岁大饥，雨雹	《丽江府志》
			广西	大有年	《广西府志》
	康熙三十三年		广西	大有年	同上
	康熙三十四年		罗平	大饥	《罗平志稿》
	康熙三十七年		广西	大有年	《广西府志》
	康熙四十七年	九月	顺宁	饥	《顺宁府志》
	康熙五十一年	秋	姚州	民多饥，淫雨	《姚州志》

续　表

时代	纪　年	时　期	地　域	现象纪要	文　献
清	康熙五十二年		广西	大荒，大水，大疫	《广西府志》
			罗平	饥	《罗平志稿》
	康熙五十三年		昆明	大饥	旧《通志》
			临安、罗平	饥	同上 《罗平志稿》
			开化	大饥	《开化府志》
			澂江	四属饥，升米一钱五分	《澂江府志》
	康熙五十五、六、七年		罗平	岁稔	《罗平志稿》
	康熙五十六年		广西	大有年	《广西府志》
	雍正二年	秋	永北	大有年	《永北府志》
			顺宁	岁大稔	旧《通志》
	乾隆二年		顺宁	饥	《顺宁府志》
			南宁	大有年	阮修《通志》
	乾隆三年		顺宁	饥	《顺宁府志》
			南宁	大有年	阮修《通志》
	乾隆七年		顺宁	大饥	《顺宁府志》
	乾隆八年		永北	年饥，大水	《永北府志》
			顺宁	饥	《顺宁府志》
	乾隆九年		宣威	大饥	《宣威州志》
	乾隆十年		南宁	大有年	阮修《通志》
	乾隆十四年	秋	新兴	有年	《新兴州志》
	乾隆十六年	夏、秋	永北	年大熟	《永北府志》
	乾隆十八年		宣威	饥	《宣威州志》
	乾隆二十年	夏	顺宁	饥	《顺宁府志》
	乾隆二十一年		南宁	大有年	阮修《通志》
	乾隆二十三年		宣威	大饥	《宣威州志》
	乾隆二十四年		宣威	饥	同上
	乾隆二十五年	夏	顺宁	岁稔	《顺宁府志》
	乾隆二十九年	秋	楚雄	大熟	《楚雄县志》
			寻甸	岁歉	阮修《通志》
	乾隆三十一年		镇雄	岁大稔	《镇雄州志》
			昭通		《昭通志稿》
		秋	寻甸	大有年	阮修《通志》
	乾隆三十四年		镇雄	岁饥	《镇雄州志》
	乾隆三十五年	秋	楚雄	饥，螽	《楚雄县志》
			镇雄	岁饥	《镇雄州志》
			罗平	岁大饥，大旱	阮修《通志》

续表

时代	纪年	时期	地域	现象纪要	文献
清	乾隆三十六年		弥勒	有年	同上
			南宁	大有年	同上
	乾隆三十九年		镇雄	岁大稔	《镇雄州志》
	乾隆四十一年		镇雄	岁大饥	同上
			弥勒	大有年	阮修《通志》
	乾隆四十三年		弥勒	大有年	同上
	乾隆四十四年		楚雄	饥旱	《楚雄县志》
	乾隆四十六年		弥勒	大有年	阮修《通志》
	乾隆五十年	秋	楚雄	大熟	《楚雄县志》
	乾隆五十二年		弥勒	有年	阮修《通志》
	乾隆六十年		景东	岁饥	《景东厅志》
	嘉庆元年		云州	饥	阮修《通志》
			南宁	大有年	同上
	嘉庆二年		楚雄	大饥，旱	《楚雄县志》
			南宁	大有年	阮修《通志》
	嘉庆三年		弥勒	有年	同上
	嘉庆五年		弥勒	大有年	同上
	嘉庆六年		新平	饥	《新平县志》
	嘉庆七年	秋	霑益	大熟	阮修《通志》
	嘉庆八年	秋	霑益	大熟	同上
			威远	大无麦禾	同上
	嘉庆九年		楚雄	岁稔	《楚雄县志》
			弥勒	大有年	阮修《通志》
	嘉庆十年		威远	大饥	同上
			南宁	大有年	同上
	嘉庆十一年		弥勒	大有年	同上
	嘉庆十二年		云南县	岁饥	《云南县志》
	嘉庆十三年		楚雄	自九年至十三年岁连稔	《楚雄县志》
	嘉庆十七年		昆明	岁丰	《昆明县志略》
	嘉庆十八年		景东	岁不熟	《景东厅志》
	嘉庆十九年		霑益	饥	阮修《通志》
		秋	罗平	岁大饥	同上
	嘉庆二十年		霑益	是年至二十三年连饥	同上
			云州	大饥	同上
	嘉庆二十一年		昆明	饥	《昆明县志略》
		冬	云南县	大饥	《云南县志》
			太和		阮修《通志》
			蒙化	大饥	《蒙化厅志》

续　表

时代	纪　年	时　期	地　域	现象纪要	文　献
清	嘉庆二十一年		云州		阮修《通志》
			嵩明	饥	《嵩明州续志》
			弥勒	饥	阮修《通志》
			楚雄	大饥，旱	《楚雄县志》
			邓川	岁大饥	《邓川州志》
			云龙	岁饥	阮修《通志》
		秋	浪穹	禾不登，大水	同上
		秋七月	剑川	秋不熟，雨雪	同上
			禄劝	岁歉，旱	
	嘉庆二十二年		昆明		《昆明县志略》
			嵩明	饥	《嵩明州续志》
			宾川、广通		阮修《通志》
			剑川	饥疫	同上
			大姚	饥，时疫流行	同上
		夏	顺宁		
		秋	云龙		同上
			琅井	岁大饥	
			禄劝	饥，旱	同上
			腾越	岁饥，旱	同上
			丽江	大饥	同上
			浪穹	民复饥，夏雨雪，秋大旱	同上
		八月	弥勒	五谷不熟，飞霜	同上
			蒙化	岁大熟	《蒙化厅志》
	嘉庆二十三年		元江	后年屡年	《元江州志》
			石屏、霑益	岁大熟	阮修《通志》
			楚雄、南宁、寻甸	大有年	同上
			邓川	岁大熟	《邓川州志》
			顺宁	岁大熟	阮修《通志》
			富民	岁饥	《富民县续志》
	嘉庆二十四年		石屏	岁大熟	阮修《通志》
	道光元年	秋	霑益	大熟	同上
			南宁	大有年	同上
			定远	有年	同上
	道光二年		普洱	自元年至五年，并大有年	同上
	道光三年		昆明	岁丰	《昆明县志略》
	道光四年		罗平	岁稔	阮修《通志》
	道光五年		罗平	岁稔	同上

续 表

时代	纪年	时期	地域	现象纪要	文献
清	道光六年		南宁、寻甸	大有年	同上
	道光十四年		昭通	大饥，民多饥殍，壮者散四方，妇女掘食草根尽，取白泥为粮，名曰观音粉，死者不计其数	《昭通志稿》
			霑益	大稔	岑修《通志》
	道光十五年	秋	罗平	岁稔	同上
	道光十六年		威远	岁大熟	同上
	道光二十二年		南宁、宣威	大有年	同上
	道光二十四年		中甸	岁屡丰	同上
	道光二十六年		罗平	岁稔	《罗平志稿》
	道光二十七年	秋八月	思茅、河阳	歉收，淫雨	岑修《通志》
	道光二十八年		昆明、富民、河阳、平彝、镇南	岁饥	同上
	道光二十九年		普洱	年稔	同上
	道光三十年		晋宁	岁饥，大雨雹	同上
			富民	岁大饥，北风伤稼	同上
	咸丰元年	秋	昆明	岁稔	同上
	咸丰三年	秋	维西	岁稔	同上
		秋	河阳	有年	同上
	咸丰四年		丽江	岁歉收，夏四月，大雨雹七次	同上
	成丰五年		河阳	岁歉收，旱	同上
	成丰六年		昭通	大饥	《昭通志稿》
			安宁	岁歉，八月飞霜	岑修《通志》
	咸丰七年		南宁、霑益	岁大饥，二月严霜	同上
			新平	大稔	同上
	咸丰八年		东川、南宁、文山、广西、邱北、河阳	岁大饥，饿殍盈涂	同上
			南宁	大饥，斗米万钱，死者数千	同上
	咸丰十一年		昆明、安宁、宜良、霑益、元江	大饥	同上
			罗平	岁歉	《罗平志稿》
	同治元年		南宁、平彝、罗平、大姚、广通、元江、东川、元谋	大饥	岑修《通志》
			昆明	岁稔	同上

续　表

时代	纪　年	时　期	地　域	现象纪要	文　献
清	同治二年	秋	元江	岁歉	同上
			河阳	岁大饥，斗米万钱，饿殍盈涂	同上
	同治三年		景东	大饥，饿殍盈涂	同上
	同治四年		大姚	岁稔	同上
	同治五年		宣威	岁饥，淫雨	
	同治七年		邓川	大熟	
	同治八年		他郎	年稔	同上
	同治九年		安宁、定远、广通、宣威、新平	岁饥	同上
	同治十年		富民、安宁、晋宁、嵩明、宜良、路南、东川、南宁	岁饥，俱大水灾	同上
			平彝、宣威	岁歉，淫雨伤稼	同上
			姚州	民采野菜草子充饥，久雨没禾	同上
			他郎	岁大熟	同上
	同治十一年		浪穹、霑益	岁歉，三月雨雹，伤菽麦	同上
			他郎、姚州	岁稔	同上
			禄丰、镇沅	岁大熟	同上
	同治十二年		大姚	岁稔	同上
	光绪元年		镇南	大有年	同上
	光绪二年		永北	岁歉，淫雨没禾	同上
	光绪三年		会泽	民大饥，岁旱	同上
			腾越、浪穹、大姚	大有年	同上
	光绪四年		建水、鲁甸、宾川	大有年	同上
			丽江	岁大祲，大雨雹，月数次	同上
			定远	大旱，至秋始雨，农插枯苗，岁仍大熟	同上
			罗平	岁歉	《罗平志稿》
	光绪五年		姚州	岁屡丰	岑修《通志》
	光绪六年	秋	太和	大有年	同上
			浪穹、蒙化	大熟	同上
			维西	岁稔	同上
	光绪七年		嵩明、鹤庆	岁稔	同上
	光绪八年		维西	岁稔	同上

续 表

时代	纪 年	时 期	地 域	现象纪要	文 献
清	光绪九年		镇南、维西	岁大熟	同上
			太和	岁歉，禾生螟螣	同上
	光绪十九年		昭通	大饥，民觅观音粉食之。三楚会馆开粥厂，继以疫死者甚众，一匣辄装数人	《昭通志稿》
	光绪二十年	春	嵩明	大饥，野有饿殍。十九年，大水伤禾	《嵩明访稿》
	光绪二十六年		昭通	大饥	《昭通志稿》
	光绪三十三年		罗平	岁歉	《罗平志稿》

按：表列一百五十五年中，大饥凡三十七年，饥四十一年，岁歉、不熟、乏食凡七年，大熟稔、大有年、连稔、屡丰凡三十一年，岁稔、有年凡二十年，各县丰歉互见凡十九年。饥歉之原因，可考者四十三次，因于天旱十五次，因于淫雨、大水十三次，雨雹六次，严霜三次，雨雪二次，北风一次，螟螽三次。其灾区较广者，以大德八年，延祐五年，至顺三年，康熙五十三年，嘉庆二十一年、二十二年，咸丰八年、十一年，同治元年、九年、十年为最。同一年内，各地之丰歉特殊，尤堪深究。如康熙三十一年，丽江“岁大饥”而广西府“大有年”，一在西北，一在东南；乾隆二、三两年，南宁“大有年”而顺宁“饥”，东西遥遥相对；乾隆二十九年，楚雄“大熟”而寻甸“岁歉”；嘉庆元、二两年，南宁“大有年”而云州“饥”，楚雄“大饥”；又八、十两年，威远“大无麦禾”“大饥”而霑益“大熟”，南宁“大有年”；咸丰七年，南宁、霑益“岁大饥”而新平“大稔”；光绪三年，会泽“大饥”而腾越、浪穹、大姚“大有年”，皆东西凶、富各异，因山岭之阻碍气流也。有南北不同者，如乾隆四十一年，弥勒“大有年”而镇雄“岁大饥”，道光十四年，霑益“大稔”而昭通“大饥”，盖两地流域分歧，山有向背也。嘉庆二十二年，嵩明、腾越等十四县“岁饥”而蒙化特“大熟”；又二十三年，南宁、顺宁等八县“岁大熟”而富民独饥；同治元年，罗平、大姚等八县“大饥”而昆明“岁稔”；又十年，宣威、姚州等十一县“岁饥”而他郎“大熟”；十一年，浪穹、霑益“岁歉”而他郎、姚州、禄丰、镇沅“岁稔”“大熟”；光绪四年，建水、鲁甸、宾川三县“大有”而丽江、罗平“祲歉”，定远旱后仍熟；又九年，镇南、维西“大熟”而太和“岁歉”，是皆因当时各地大气特殊气流异性，雨量之分布未匀故也。

〔据龙云等修，周钟岳等纂《新纂云南通志》（民国三十八年排印本）卷十八至二十《气象考》辑录。〕

府州县志

昆明市

（康熙）云南府志·杂志·灾祥

卷二十五　杂志一　灾祥

云南府十一属附

东汉

章帝建初二年，滇池出龙马四、白乌一，甘露降。

元

成宗大德间，昆明池有蛟害人，后除之。

文宗至顺三年五月，云南饥。

至正二年，晋宁雨铁，伤禾苗，人物触之多毙。

明

吴元年二月，昆明雪，深七尺，人畜多毙。

景帝景泰四年，昆明大旱，民多饥死。

七年，晋宁大旱，斗米七钱。

孝宗弘治十五年四月，嵩明大风雨，有龙拔南城楼三楹入云，是年大有。

武宗正德七年，滇池水溢，伤禾稼，荡析昆明、晋宁、呈贡、昆阳等州县民居百余所，溺死者无计。

世宗嘉靖七年，禄丰大水。

二十七年夏四月，昆明雨雹，杀禾稼。

三十三年，富民大雨，湮没田庐。

四十一年正月，嵩明李实如瓜，是年大饥。

穆宗隆庆元年，嵩明大水，漂没田庐。

四年，安宁大雨浃旬，没官民庐舍十之三。

神宗万历元年，晋宁、嵩明大水，无禾。

四年，晋宁大有。

十三年六月，雨雹害稼。

二十五年春三月，昆明雨雹杀麦。

二十八年，富民大水。

二十九年，昆明夏秋不雨，民大饥。秋九月，昆明大雨雪。冬十一月，昆明罗汉山岩崩。

三十八年夏，省城大旱。

四十三年夏，昆明大旱。

四十七年十二月，省城大雨雹，雷电交作，云色黄白。

四十八年，富民、安宁大水。二月己卯，有云色黄红，渐变黑雾，昏晦如夜，风雨如注，宜良瓦石皆飘。

熹宗天启元年，省城自正月不雨至六月，米价腾踊。

三年十二月，昆明罗汉山崩三十余丈。

怀宗崇祯五年，罗次旱，七月方雨。

十七年甲申三月，有异鸟高五尺，非鹤非鹜，集于安宁水塘不飞鸣者，数日后不知所之。是年，夏旱，秋淫。

本朝

顺治四年五月，昆阳饥，民多疫。

五年戊子，昆明各处大饥，民掘草括木为食。

十一年甲午，昆明北山涌泉寺龙斗，坏僧舍山门及文殊寺。

十八年辛丑，甘露降安宁文庙古柏上，多如贯珠，其味如饴。

康熙二年癸卯二月，昆明大水。

六年丁未，昆明罗汉山崩数丈。

十年辛亥五月，昆明大鸟来，大水淹塌营房千余间，坏堤坝、庐舍、人畜无数。

十七年戊午，富民大水。

二十八年己巳四月五月，富民大旱。

三十年辛未，富民、罗次大水。六月，安宁罗青山无雨，忽崩十数丈，广二尺许，下陷入八九尺，至秋淫雨不止，水溢入城，漂没民居，田禾失收。七月，晋宁大水，禾有螟。

〔据张毓碧修，谢俨纂康熙《云南府志》（清康熙三十五年刻本）卷二十五《杂志一·灾祥》第1－10页辑录。〕

（道光）昆明县志·祥异志

卷八　祥异志第十四

元成宗大德初，县有蛟害人，后除之。旧《志》。

英宗至治元年，时雨铁，民舍山石皆穿，人物值之多毙。采杨慎《滇载记》。

泰定帝泰定元年四月，县屯田水。采《元史》。

文宗至顺三年五月，岁大饥。采《元史》。

顺帝至正二十一年，天雨铁，伤禾稼，民居半圮。采《续文献通考》。

至正二十七年春二月，雪深七尺，人畜多死。旧《志》。

英宗正统九年，饥。

景帝景泰四年，大旱，民多饥死。

景泰六年，饥，久雨伤稼。七年，饥。

宪宗成化六年，饥。

成化十六年，饥。

孝宗弘治十六年，大风，贡院“腾蛟”“起凤”二坊扁吹去十五里，山上麦移山下。采阮元声《南诏野史》。

正德七年，滇池水溢，荡析民居百余所，死者无算。

世宗嘉靖元年四月甲申，雨雹伤禾苗、民居无算。二十年，饥。二十七年，雨雹杀禾稼。四十四年冬，地震，大雨雹。

神宗万历十三年六月，雨雹伤稼。二十五年春三月，雨雹杀麦。二十九年，夏秋不雨，民大饥。九月，大雨雪。十一月，罗汉山岩崩。三十八年夏，大旱。四十三年夏，大旱。四十六年十月壬午，雨雹。四十七年十二月，大雨雹，震电交作，云气黄白。四十八年二月己卯，大风雨如注。

熹宗天启元年，自正月至六月，不雨。

庄烈帝崇正二年，岁大饥。

顺治五年，大饥，民掘草根以食。十六年三月，大雨雹，如卵如拳，深二尺许，伤牲畜无算。

康熙二年二月，地震，大水。六年，罗汉山崩数丈。十年五月，有大鸟来，大水坏营房千余间，堤坝、庐舍、人畜无数。十一年冬至后三日，雷电雨雹风雪并作。五十二年八月，大水。五十三年，大饥。

雍正十三年十一月二十八日，大雪。

乾隆十三年，大水。二十九年，昆明池水涸。三十九年，大水。四十二年，大水。四十九年闰三月，大雪。

嘉庆三年十二月，大雨雹。十年九月十月，大水。十三年夏，大旱。十七年，岁丰。二十年六月，雨雹。二十一年，岁饥。二十二年，饥。

道光二年夏，旱。三年，岁丰。九年春，大雨雹。六月，大水伤禾。十一月，罗汉山崩。十年六月，地震，大水。十月，罗汉山崩。

〔据戴絅孙纂修道光《昆明县志》（清道光二十七年刻本）卷八《祥异志》第 10 – 16 页辑录。〕

（雍正）呈贡县志·灾祥志

卷二　灾祥志

鱼跃龙门，龙市桥曲水环绕，流入昆池，至碧澜寺前，集沙成鱼，直入桥下，宛如鱼跃龙门之状，士人以占科第，甚验。

龙场有灰龙起，盘旋直上，每见必雨，甚验。

白龙潭，水泽利民，每岁季春，官民致祭。有明知县某至其地，曰此过水洞耳，何用祭为。须臾，洞中飞出白蛾数万，直上于天，宛如龙状，雷雨雪雹大作，知县惧，次日，复具牲醴祀之。

隆庆六年七月十三日，金勒村田中水涌高丈许，雷声大震，田忽成潭，今饶灌溉之利，石银有记。

雍正二年七月，大水，广南卫落水洞壅塞，水逆流淹没田地，人言为康熙五十二年地震所致，知县朱若功为文以祭。次年，复令人挖黑龙潭洞口淤泥，洞随通，河边可种麦菜子。

〔据朱若功纂雍正《呈贡县志》（清雍正三年刻本）卷二《灾祥志》第73页辑录。〕

（光绪）呈贡县志·灾祥志

卷五　灾祥志

鱼跃龙门，龙市桥曲水环绕，流入昆池，至碧澜寺前，集沙成鱼，直入桥下，宛如鱼跃龙门之状，士人以占科第甚验。

龙场有灰龙起，盘旋直上，每见必雨，甚验。

白龙潭，水泽利民，每岁季春，官民致祭。有明知县某至其地，曰此过水洞耳，何用祭为？须臾，洞中飞出白蛾数万，直上于天，宛如龙状，雷雨雪雹大作，知县惧，次日，复具牲醴祀之。

隆庆六年七月十三日，金勒村田中水涌高丈许，雷声大震，田忽成潭，今饶灌溉之利，石银有记。

雍正二年七月，大水，广南卫落水洞壅塞，水逆流淹没田地，人言为康熙五十二年地震所致，知县朱若功为文以祭。次年，复令人挖黑龙潭洞口淤泥，洞随通，河边可种麦菜子。

续修灾祥

乾隆十年乙丑，大水，涨漫高阜，村寨民房淹坏，而近海之村昏垫惨甚。

乾隆十六年辛未，大水，伤禾稼，奏免钱粮。

嘉庆十六年辛未，大水，伤禾稼，奏免钱粮。

县西二十五里海晏村，旧有石龙寺，于道光十九年十一月新建杨泗将军庙于寺旁，次年工竣，于三月二十五日，村人备酒醴牲豚，迎神致祭，忽然海水潮高数丈，涌至寺门石磴，见一大鱼约五六丈长，额有玉顶，大如箕，鳞若瓦片，金光讶人，其随从之鱼，左右环护，浮列数十顷，鼓浪成雷，村民焚香再祭，经二三日始散。至光绪二年二月十五日，大鱼复来，其情形与前无异，该村于今称丰盛焉。

咸丰六年丙辰二月初四日，大降雪雹，有一二尺深，豆麦伤甚，后甘霖降，仍得丰收。

咸丰八年戊午八月初，大霜伤禾。次年，米贵如珠，价昂十倍。

同治七年戊辰，化境、高登、白沙等村，各筑有堰塘于美女山下，积蓄闲水，水入塘中，色变为赤，历数百年皆然，于是年两村塘水忽然澈底澄清，实瑞兆也。

同治十年辛未六月间，海水涨漫淹坏田禾民居无数，与乾隆十年乙丑之灾同，经抚军岑毓英疏浚海口始涸，奏免钱粮。

光绪二年丙子二月春天，降雨雹，大伤化境，豆麦无收。

光绪十年三月十四日午昼晦一时，秋冬二季旱。

光绪十一年，春夏旱，遍处井涸。六七月间，大冲、倪家营界内龙门二次果木拔起千余株，大冲草屋一连三间被风吹里许。

〔据朱若功原本，李明鋆续修光绪《呈贡县志》（清光绪十一年刻本）卷五《灾祥志》第45－51页辑录。〕

（康熙）晋宁州志·灾祥志

卷一　灾祥志

元

文宗至顺二年，云南饥。

顺帝至正末年，天雨铁伤禾，人物触之多毙。

明

正德七年秋，大水，无禾。

嘉靖六年，旱，无麦禾。

本朝

康熙四十三年夏四月，大水。

〔据杜绍先纂修康熙《晋宁州志》（云南民族社会历史调查组1960年钞本）卷一《灾祥志》第29页辑录。〕

（乾隆）晋宁州志·祥异志

卷二十六　祥异志

元

文宗至顺三年五月，云南饥。

顺帝至正末年，天雨铁伤禾，人物触之多毙。

明

景泰七年，大旱，斗米银七钱。

正德七年八月辛未，大水伤禾。

嘉靖六年，旱，无麦禾。

十七年秋七月，大水，升米银一钱五分。

万历元年秋七月，大水，无禾。是年冬十月，行兵王弄山，米贵民饥。四年秋，大有年。

本朝

康熙三年，风雨伤稼，稻谷无收，民大饥。

二十七年，岁大稔，斗米二钱。

雍正五年三月，大雨雹，由河泊至金砂之南一带村屯田中小麦尽伤，颗粒无收，树木仅存老幹，雹十日，未消。

七年六月，州大水，河堤溃决，庐舍田园，淹没无数。

〔据毛嶅纂修乾隆《晋宁州志》（故宫博物院编《故宫珍本丛刊》第226册《云南府州县志》第1册，海南出版社2001年据清乾隆二十七年刻本影印）卷二十六《祥异志》第85页辑录。〕

（道光）晋宁州志·补遗志·祥异

卷十一　补遗志　祥异

元

至顺三年，云南饥。

至正末年，天雨铁伤禾，人物触之多毙。

明

景泰七年，大旱，斗米银七钱。

正德七年八月辛未，大水伤禾。

嘉靖六年，旱，无麦禾。

十七年秋七月，大水，升米银一钱五分。

隆庆六年夏四月，大旱。

万历元年秋七月，大水，无禾。冬十月，行兵王弄山，米贵民饥。

四年秋，大有年。

本朝

康熙三年，风雨伤稼，稻谷无收，民大饥。

二十七年，岁大稔，斗米二钱。

雍正五年三月，大雨雹，由河泊至金砂之南一带村屯田中小麦尽伤，颗粒无收，树木仅存老幹，雹十日，未消。

七年六月，州大水，河堤溃，庐舍田园，淹没无数。

道光九年己丑，大雨雹。六月，大水伤禾。

十年庚寅六月，大水。

〔据朱庆椿纂修道光《晋宁州志》（民国十五年排印本）卷十一《补遗志·祥异》第29页辑录。〕

（道光）昆阳州志·天文志·祥异

卷二　天文志　祥异

明

正德七年壬申，滇池水大泛滥，洊至州治，居民房屋荡析者百余家，男妇溺死者五六十人，撑舟入市，前所未闻。

国朝

康熙三十五年丙子八月初二日，大雷雨，没禾稼，水溢入城，鱼游于市。

四十六年丁亥六月，淫雨至八月，坏民居、禾稻无数。

五十一年壬辰四月初八日，大雨雹，深尺余，坏秧种，伤牛羊畜类无算。

雍正八年，修浚海口，白龙两见，具题勒石。

九年，春秋旱，夏潦。

乾隆三年，大有年。

五年七月，甘露降。

十三年，大水。

十四年，有秋。

二十九年，昆池水涸。

三十九年，大水。

六十年，旱。

嘉庆十三年，大旱。

十七年，有年。

二十年六月，雨雹。

二十一年，饥。

道光三年，岁丰。

九年，雨雹。

十一年，彩云见于昆池。

十六年，大水，昆池泛溢。各大宪因檄四州县修挖海口，事竣入奏。

十九年，昆水暴长，由嵩明州冷水洞涌出平地，深及丈余，汹汹白浪，若有物搏击其中。历昆明松花（华）坝等处，汇盘龙江入海，水顷刻暴长，咸以为蛟患云。

〔据朱庆椿修道光《昆阳州志》（《中国地方志集成·云南府县志辑3》，凤凰出版社2009年据清道光十九年刻本影印）卷二《天文志·祥异》第4－8页辑录。〕

（雍正）安宁州志·祥异志

卷十八　祥异志

明

万历四十八年秋，淫雨连绵，洪水横溢，沿河民居田禾冲没甚多。是年米贵，民多菜色。

城西洪源门外有水塘一泓，广宽亩许，其水四时潢浊。父老相传水清，州有发甲者。崇正辛未正月，忽水清三日，其年石宝陈先生联捷南宫。崇正甲申岁三月，忽有异鸟，高五丈[①]余，集于水塘，非鹤非鹫，不蜚不鸣，聚观者日数百人，两日后不知所之。迨夏旱秋淫。及冬，沙贼作乱，龙酋乘机劫掠，民遭其毒。

本朝

康熙三十年六月，州西门外罗青山无雨而山脑忽崩，长数十丈，广二丈许，陷下深八九尺，至秋淫雨不止，洪水入城，冲倒民居，近河盐房锅土漂没过半，两岸田禾尽损，秋成无收。

〔据杨若椿修，段昕纂雍正《安宁州志》（清乾隆四年刻本）卷十八《祥异志》第80页辑录。〕

（光绪）安宁州续志·祥异志

卷四　祥异志

嘉庆二十一年，岁大饥，民多菜色。

道光七年夏六月，大水，时阴雨连旬，城中及河侧民房、田禾损伤者甚众。

同治十年夏一月，大雨四十余日，河水涨泛，城中乘船，岸侧水至两月方退，沿河民居倾圮，田禾尽没。是岁大饥。

〔据郭时郁等修，郎一棨等纂光绪《安宁州续志》（《中国地方志集成·云南府县志辑3》，凤凰出版社2009年据清光绪刻本影印）卷四《祥异志》第20页辑录。〕

（康熙）宜良县志·杂记·祥异

卷十　杂记　祥异

万历十九年秋，旱，斗米价巴（耙）四十九亓[②]，时值纹银四钱五分。斗麦价巴

① 丈　当为“尺”之误。

② 亓　音yě，义未详。

(肥) 五十五亓，时值纹银五钱五分。

崇祯十二年，大水入城。己丑年，大风雷雨，有龙将合抱大树连根拔起，于空中旋舞，坠地有声。庚寅年六月，水泛，淹没城外民房数十间。

康熙十一年六月，大水入西门，居人将城门紧闭，以草塞之，幸免淹没。二十六年六月，大水淹坏北关房屋数间，邑侯高公亲督人夫开浚于河，深广数尺，水患始息。

〔据黄澍纂康熙《宜良县志》(郑祖荣点校，云南民族出版社2011年版) 卷十《杂记·祥异》第50页辑录。〕

(乾隆) 宜良县志·杂稽志·祥异

卷三　杂稽志　祥异

万历四十八年，有云色黄红，渐变黑雾，昏黑如夜，风土大作，瓦石皆飘。

乾隆十三年九月，大雨，河水瀑(暴)涨，淹没民居，知县张日旼详请赈济。

〔据王诵芬修乾隆《宜良县志》(《中国地方志集成·云南府县志辑22》，凤凰出版社2009年据清乾隆三十二年刻本影印) 卷三《杂稽志·祥异》第77页辑录。〕

(民国) 宜良县志·天文志·祥异

卷一　天文志　祥异

明

正统九年甲子，饥。

景泰四年癸酉，大旱，民多饥死。

景泰六年乙亥，久雨伤稼。

景泰七年丙子，饥。

成化六年庚寅，饥。

成化十六年庚子，饥。

嘉靖二十年辛丑，饥。

万历十三年乙酉六月，雨雹害稼。

万历三十八年庚午夏，大旱。

万历四十八年庚申二月己卯，有云色黄红，渐变黑雾，昏晦如夜，风雨大作，瓦石皆飘。

崇祯二年己巳，岁大饥。

清

康熙五十三年甲午，大饥。

乾隆九年己丑五月二十八日，大水伤禾。

乾隆十三年戊辰九月，大雨，河水瀑(暴)涨淹没民居，知县张日旼详请赈济。

乾隆四十九年甲辰闰三月，大水淹没民居。四月，大赤江泛溢淹没民居，署知县符梦龙捐项抚绥。

乾隆六十年乙卯，大旱。

嘉庆五年庚申十二月，大雨雹。

嘉庆八年癸亥，疫。

嘉庆十年乙丑九月、十月，大水。

嘉庆十三年戊辰夏，大旱。

嘉庆十四年己巳，时疫大行。

嘉庆二十年乙亥六月，雨雹。

嘉庆二十一年丙子，岁饥。

嘉庆二十二年丁丑，岁饥。

道光二年壬午夏，旱。

道光九年己丑春，大雨雹。

道光九年己丑六月，大水伤禾。

咸丰六年丙辰四月，大旱。

咸丰九年己未七月十五日，大水伤禾。

同治元年壬戌三月，水灾伤麦。

同治十年辛未六月，大水灾。

光绪元年乙亥三月，水灾伤菽麦。

光绪十三丁亥五、六月，大旱。

光绪十四年戊子四五六七月，大旱。

光绪十六年庚寅正月初九日，大霜，豆麦俱伤。

光绪十八年壬辰七八月，大水灾。

光绪二十年甲午正月元旦，大雪，九日乃止。

光绪二十一年乙未五月，大旱。

光绪二十四年戊戌二月初二日午时，雨雹，迅雷击死一人于洗澡塘大路。六月，大水灾。

光绪三十年甲辰四月初二日午后，阴云微雨，雷电以风绵羊坡。在土官村后。忽涌水如注，土官村、白莲村沟浍皆盈水高于堤，过桥者数尺逾时而落，冲毙牛七十余头，羊一百余头，人以为泛蛟云。

光绪三十二年丙午五六七月，大旱。

光绪三十三年丁未元日，城东南二十里三角塘忽渗漏出红水，久之塘底陷一洞，深不可测，漏至三月水尽涸，秋八月大雨，水涨，塘底石隙自合，水渐满如故。是年五六七月，大旱。

光绪三十四年戊申五月，大水灾。

宣统二年庚戌正月初九日，彩云见正东方，五六月大旱。

民国四年乙卯五月，大水灾，房屋、人畜俱损伤。

民国七年戊午六月，大水灾。十一月，曲者村东首白金龙箐倏然涌出大水，混混不竭，次年四月水复枯涸。

民国十年辛酉八月十二日，水井坡后山水暴涨，冲毙牛一，马一，上栗者村外冲毙妇女各一人，以为蛟泛云。

民国十年辛酉八九月，淫雨为灾，伤稻菽。

〔据许实编纂民国《宜良县志》（民国十年排印本）卷一《天文志·祥异》第7－18页辑录。〕

（民国）路南县志·杂志·异闻

卷十　杂志　异闻灾祥附

龙见记

民国六年五月三十一号（阴历四月十一日）午后一时，有龙见于三板桥，距路南城三里。初见之先有声，如列车自西南来，震撼山岳，居民皆惊。适值分秧时节，野多农人，见有物如巨蟒自河中出，身黑，腹与脊皆白，鳞甲间隐隐有金光闪烁，在地蜿蜒攫拿。约十余分钟，始腾云上升，离地约数丈余，乃见其爪，独其首为浓云所蔽不得而见。上升之时，适有二农人在侧，其一倾跌，其一为吸力引升数尺始坠地，伤足部昏去，逾时始苏。其地有木，大可合抱，亦连根拔出，倒插田中。龙起之地，有陷裂鳞爪状，可想见其力之猛也。

谨案：龙之为物，中国经传无处无之，他国人则谓世界无此一种。然而是日之见，众目共瞻，升及半空，长数十丈，徐徐蠕动，云气簸荡，至十余分钟之久，城中见者尤多。大抵西人于各动物，取而置诸博物院中，供人眺览，龙为神物，非人力所可致，故不信其有云。

灾　祥

光绪十八年，大水。

民国四年六月，北区大水。

民国六年四月，龙见于城南三板桥。八月，小乐台旧雨雹伤稼。

〔据马标修，杨中润纂辑民国《路南县志》（民国六年排印本）卷十《杂志·异闻》第6页辑录。〕

（民国）路南县地志·河湖泉·水害

川河形势表一　水害

铁池河，盛夏水涨，两岸之田，多受其害。

普拉河，夏秋盛涨，微有害。

马料河，可灌七百余亩。

会通河，水甚涨时，小有害。

兑冲小河，有利无害。

〔据路南县劝学所编辑民国《路南县地志》（石林彝族自治县史志办公室编《云南石林旧志集成》，云南民族出版社2009年版）第九编《河湖泉》表一辑录。〕

（康熙）嵩明州志·地理志·灾异

卷二　地理志　灾异

弘治十五年四月，大风雨，城南有龙拔楼三楹入云。

嘉靖四十五年，大水漂没庐舍、人畜无算。

万历元年，大水。

万历十三年，妖龙作祟，雨雹伤禾。

康熙四十八年四月，邵甸内六甲雨雹大如拳，伤麦。八月，邵甸外四甲雨雹大如拳，伤禾。白龙见州署柏树上。

康熙五十二年九月，大雨雪，伤禾，大饥。

〔据汪熙修，任洵等纂康熙《嵩明州志》（民国二十二年钞本）卷二《地理志·灾异》第16页辑录。〕

（光绪）续修嵩明州志·地理志·灾祥

卷二　地理志　灾祥

弘治十五年四月，大风雨，城南有龙拔楼三楹入云。

嘉靖四十五年，大水漂没庐舍、人畜无算。

万历元年，大水。

万历十三年，妖龙作祟，雨雹伤禾。

康熙四十八年四月，邵甸内六甲雨雹大如拳，伤麦。八月，邵甸外四甲雨雹大如卵，伤禾。白龙见州署柏树上。

五十二年九月，雨雪，伤禾，大饥。

乾隆三十年七月，淫雨伤禾。

三十九年三月，雨雪伤麦。

嘉庆十三年四月，大雪伤麦。

道光三年五月，大水渰禾。

十三年，地震，杨林尤甚，房屋倾圮，人民压毙，裂而复合，黑泉涌出。

二十五年，大雨雹，损禾黍，坏房屋。

咸丰三年六月，大水，坏田屋。

七年四月，慈化龙泉水浑三日，继复旧。

同治十年六月，大水，坏田屋。

光绪十二年七月，大水，坏田禾。

〔据胡绪昌等修，王沂渊等纂光绪《续修嵩明州志》（清光绪十三年刻本）卷二《地理志·灾祥》第19页辑录。〕

（乾隆）东川府志·祥异志

卷十九 祥异志

东汉

成帝咸和六年，甘露降，城内北园榛桃。

孝武帝泰元十二年，甘露降。

本朝

康熙二十八年，禄氏群鹅飞翔二三里乃落，时有“水尽鹅飞”之谣，后遂兴兵。

雍正二年，经历何士科掘井无水，夜出火光，遂填之。

十年六月初二日，大雨雹。

乾隆二年，大水冲决木姑等处归公田一百一十二亩九分二厘。

十八年，大水冲决米粮坝田亩。

十九年八月，陨霜杀禾。

二十年七月，凉风损禾。

〔据方桂修，胡蔚辑乾隆《东川府志》（清光绪三十四年重印本）卷十九《祥异志》第1页辑录。〕

（光绪）东川府续志·祥异志

卷一 祥异志

咸丰八年，岁大饥，瘟疫流行，死者万余人，阖郡官绅倡捐米粮，设粥场于四门，逐日赈济。

同治元年，岁大饥，难民剥食树皮草根殆尽。

十年夏，连旬淫雨，大水漂禾，平地水深数尺，淹至罗乌门外，经月始退，岁大饥，米粮骤长数倍。

光绪三年夏五月，旱，大饥，署知府李衍绶请帑五百金，复率士民倡捐赈济，全活甚众。

五年夏，集义乡大水，冲废官庄民田数百亩，漂没居民数十人。

六年三月初九日，巧家厅石膏地山崩。〔……〕金江断流逆溢百余里，三日始行冲开，仍归故道。

七年夏五月，集义乡大水。

九年七月朔夜，以濯河出蛟，大雨，水冲坏田禾数百亩。

〔据余泽春修，茅紫芳纂，冯誉骢续修光绪《东川府续志》（清光绪二十三年刻本）卷一《祥异》第25页辑录。〕

（康熙）寻甸州志·灾祥

卷一　灾祥

明

万历二十八年，大旱，民饥，升米三钱。

天启三年，淫雨害稼，升米三钱。

本朝

顺治六年七月，大水。

顺治十六年秋八月，民饥，升米三钱。

康熙二年，秋，雨伤禾。

康熙十九年，水入东门，漂损民居数百家。

二十年冬十月，升米三钱。

二十六年冬十月，甘露降于松。

二十七年夏一月，洗马河水赤三日。秋大有。李生日记曰斗米五分，农家为利。

三十三年夏，淫雨害稼，升米二钱。

四十一年冬十一月二日己酉，洗马河断流。

四十七年秋七月，淫雨。

五十二年春二月十六日夜，雷雨大作，地复震。

〔据李月枝纂修康熙《寻甸州志》（故宫博物院编《故宫珍本丛刊》第227册《云南府州县志》第2册，海南出版社2001年据清康熙五十九年刻本影印）卷一《灾祥》第6页辑录。〕

（民国）禄劝县志·天文志·祥异

卷一　天文志　祥异

明

成化十九年癸卯夏六月，武定府大旱无秋。

武宗正德元年丙寅四月癸丑四月，武定府陨霜杀麦，寒如冬。

正德二年丁卯四月，武定府雨雹，溪水涨，决堤坏田，陨霜露杀麦。

嘉靖三十七年戊午五月，大雨雹伤稼。

万历七年己卯，彗星见武定府矣纳厂，大雨，溺死者甚众。

万历四十三年乙卯二月至六月，不雨。

天启元年，武定府大饥。

天启四年甲子，旱。

天启六年丙寅，武定府大旱。

崇祯二年己巳，岁大饥。

崇祯十五年壬午夏，武定府大旱。

清

嘉庆二十一年丙子，旱，岁歉。

嘉庆二十二年丁丑，旱，饥。

咸丰六年丙辰，大旱。

同治七年戊辰，水灾。

光绪十四年戊子四、五、六、七月，大旱。

光绪二十年甲午五月，大旱。

光绪二十二年丙申正月元旦，大雪，九日乃止。

光绪三十一年乙巳二月二十八日，雨雹，大如鸡卵，伤新秧。

光绪三十二年丙午五、六、七月，大旱。六月十三日，河外雨雹，大如鸡卵，伤荞麦。

光绪三十四年戊申十月，大雨连绵者十余日。

民国月日俱用阴历，后仿此。

民国十二年癸亥三月初四、十一两日，雨雹伤菽麦。三月十五日，乌蒙山顶蛟泛，雷雹交作，山摇地震，平地水深数尺，冲坏陆地六百亩之多。四月二十五日，雨雹伤荞麦。

〔据许实纂修民国《禄劝县志》（民国十七年排印本）卷一《天文志·祥异》第36－40页辑录。〕

玉溪市

（乾隆）新兴州志·天文志·灾祥

卷一　天文志　灾祥

明

嘉靖二年，五色云聚西山，数日不散。

万历四十八年，大水。二月己卯，有云气黄红，渐变黑雾，晦冥如夜，大风雨如注。

天启元年，大旱。

本朝

顺治四年，饥，升米三钱。

康熙二十一年，升米四钱。

二十九年七月，大雨，损禾稼，坏庐舍。

四十七年八月，黄龙见于官村。

五十二年五月，雨，至十一月止。

五十三年，饥，升米一钱三分。

雍正二年甲辰十一月朔，彩云见，成龙凤文，历午、未、申三时。

十三年乙卯八月，五色云见于西山。

乾隆元年丙辰八月，北风损禾。

五年庚申七月，甘露降于文庙柏树，左右数株皆然。

十三年戊辰六月，大雨，至八月中旬止。

十四年己巳秋，有年。

〔据任中宜纂修乾隆《新兴州志》（清乾隆十五年刻本）卷一《天文志·灾祥》第8页辑录。〕

（道光）续修易门县志·天文志·祥异

卷一　天文志　祥异

康熙五十二年癸巳二月初，秋雨四十日，城垣倾者过半。旧《县志》。

乾隆十九年甲戌十二月十六七等日，大震，地内有声，大龙泉水涸二日方出。旧《县志》。四十年乙未夏，旱。旧《县志》。四十二年丁酉秋，旱。旧《县志》。四十九年甲辰元旦，大雪。夏，米价腾贵，升米制钱百余。旧《县志》。五十八年癸丑夏，旱。旧《县志》。

嘉庆七年壬戌秋，大水。旧《县志》。

道光元年辛巳正月朔，雨雪，夏旱。旧《县志》。二十年庚子正月望，月食。二月朔，日食。四月，大雨。秋，彩云现于东方。旧《县志》。

〔据严廷珏修，严仲泽纂道光《续修易门县志》（梁耀武、李亚平点校，梁耀武主编《玉溪地区旧志丛刊》，云南人民出版社1997年版）卷一《天文志·祥异》第31页辑录。〕

（乾隆）续修河西县志·天文志·灾祥

卷一　天文志　灾祥

明

崇祯十四年七月，大雨雪，螺髻山崩，普应溪水溢，冲没田庐。

本朝

康熙三年，普应溪大水。

〔据董枢修，罗云禧等纂乾隆《续修河西县志》（清乾隆五十三年刻本）卷一《天文志·灾祥》第6页辑录。〕

（道光）新平县志·祥异志

卷六 祥异志

康熙二十一年夏六月，南山有蛟拔起三山大木，大水骤至，漂木数十里至济渡处，木横于河之两岸，可容人行，时人谓之天生桥，年久无存。

嘉庆六年，岁大饥。

道光二年六月，大水，母苴鲁河有石块无数从上流漂下，至济渡处叠成桥，今现存。

〔据李诚纂修道光《新平县志》（民国三年排印本）卷六《祥异志》第24页辑录。〕

（民国）新平县志·天文志·气象

卷一第三 天文志 气象

清道光九年七月十八日，南区绝鸡坝雨雹，大如卵，坠地有声。

清光绪二十二年正月初七夜，雨雪，至初十日止，深四五尺，为从来未有。

〔据王志高修，马太元纂民国《新平县志》（民国二十二年石印本）卷一《天文志·气象》第2页辑录。〕

（咸丰）嶍峨县志·祥异志

卷三 祥异志

明

崇祯间，江水泛溢，民居被淹，署县事张公筑堤障之。按：《临案附志》崇祯十六年，猊江水溢。

本朝

康熙三十四年正月朔旦，五色彩云见于桂峰山，经时方散。

〔据陆绍闳修，彭学曾纂，薛祖顺增纂，思槐堂主人续纂咸丰《嶍峨县志》（清咸丰十年钞本）卷三《祥异志》第47页辑录。〕

（民国）嵋峨县志 · 祥异志

卷五　祥异志

明

崇祯间，江水泛溢，民居被淹，署县事张公筑堤障之。

清

康熙三十四年正月朔旦，五色云见于桂峰山，经时方散。

康熙五十二年，雨雹如墨。

乾隆三十八年癸巳，江水泛入城，城门、雉堞、官署、民居悉坏。

道光十一年，江水决，官署、民居、墙塘、仓储均坏。

道光二十四年，水泛，坏官署、民居。

〔据徐振声增补续辑民国《嵋峨县志》（民国年间钞本）卷五《祥异志》第 14 页辑录。〕

（嘉庆）江川县志 · 祥异志

卷二十七　祥异志

汉

武帝元狩年间，龙凤山绿色异云见。

明

嘉靖七年十二月夜，有白气见于西方，长四五尺，上入天河，经月乃灭。

三十七年四月二十六黎明，有五色光见于龙凤山，至巳乃散。

四十三年，大雪雨，浃旬乃止。

隆庆四年二月十四日，五色光复见于龙凤山，至暮乃止。

崇祯五年大水，六年大水，江川旧城湮没，七年迁城。

本朝

康熙九年，大水。

乾隆五十年八月初七日亥时，大水，城外驾船。

〔据张维翰修，葛炜纂嘉庆《江川县志》（清光绪三十三年崔荣达校订本）卷二十七《祥异志》第 19 页辑录。〕

（道光）澂江府志·星野志

卷二　星野志灾祥附

东汉

武帝元狩年间，龙凤山绿色异云见。案：龙凤山在今江川县。

明

景泰元年秋，河阳淫雨害稼，升米价值银四钱。

七年，河阳连雨无收，采田陌黄花充食。

嘉靖二年六月，河阳无云而雨，有大水，自五道涌出，冲没田亩。新兴五色云聚西山数日不散。

四年八月二十七日辰刻，河阳罗藏溪白云升天如龙。

八年八月十四日，河阳夜大雨山崩，西浦溪水溢入西街，倾城坏屋损稼。

十年夏，河阳山多虎，旱潦相仍，米价腾贵。

十二年八月秋，河阳彩云见于点苍山。

三十七年七月初十日，河阳雷雨大作。

四十三年冬月，江川大雷雨，地震。昼夜十余次，浃旬乃止。

隆庆四年二月，河阳五色霞光见于玉笋山，至暮乃散。江川五色光复见于龙凤山。

万历二年，河阳大雨，湖水泛溢，米价腾贵。

十四年，河阳湖溢害稼。

十八年，河阳旱。

十九年，河阳旱，民饥。

二十九年，河阳自二月至六月不雨。

三十六年，江川大水，冲没田亩。

四十八年，河阳大水。二月己卯，新兴有云气黄红，渐变黑雾，晦冥如夜，大风雨如注。

天启元年，新兴大旱，次年疫。

崇祯五年，江川大水。

六年，江川大水，旧城淹没。七年，迁城。

本朝

顺治四年，新兴饥，升米三钱。

十五年，河阳彩云见于西。

康熙九年，江川大水。

二十一年，新兴饥，升米四钱。

二十八年三月，河阳大鸟来，翅展八九尺，足高四五尺，翔集仙湖岸畔，数日飞去，随有水灾，冲没田亩。

二十九年，河阳大雨，山水泛滥，损禾稼，坏庐舍。新兴七月大雨，损禾稼，坏庐舍。

三十四年，河阳八月二十夜雷震百余次，大水冲没庐舍。

三十六年，河阳旱，米价腾贵。

四十一年，河阳下黄沙，三日乃止。

四十七年八月，新兴黄龙见于官村。

五十三年，四属饥，升米一钱五分。

五十五年，河阳元旦卯时，庆云见东方。

雍正二年秋七月，河阳彩云见于金莲山。十一月朔，新兴彩云见，成龙凤文，历午未申三时。

十三年八月，新兴五色云见于西山。

乾隆元年三月，河阳彩云见于罗藏山之巅。八月，新兴北风损禾。

五年七月，新兴甘露降于文庙柏树，左右数株皆然。

十三年六月，新兴大雨，至八月中旬止。

十四年，新兴秋有年。

十六年九月，路南城东现彩云。

三十五年，河阳旱。

三十八年五月，江川、新兴大水。

四十一年，河阳大水，伤禾稼。

四十九年，河阳大雷雨雹，白虹亘天。

五十年八月，江川大水。路南彩云见西南。

五十二年三月，河阳庆云捧日。

五十四年五月初七日，河阳陨星如斗，十四日地大震，城垣、庐舍倾坏，压伤人畜无算，至二十八日，大雨乃止。

五十五年，河阳黄龙见于东浦镜光池。

嘉庆元年，河阳祥云绕点苍山。

三年八月，路南彩云见西北。

七年五月，新兴大水，淹坏禾苗。八月，河阳雨雹伤稼。

八年九月，河阳湖水泛滥，淹没田亩。

十五年五月，河阳天雨沙。

十八年七月，河阳镜光池黄龙见。

十九年七月，新兴雹大雨。

二十年八月，河阳天雨豆。九月，河阳龙斗于西南隅，卷坏田谷。

二十一年三月，河阳雨雹。

二十五年三月，河阳、新兴彩云见东南。

道光元年，河阳庆云见于舞凤山。

三年七月，河阳彩云四出。

六年元旦，河阳庆云见于东北。三月，路南彩云见于东南。

十八年五月，河阳彩云现于西北。

二十年正月，河阳彩云现于东南。

二十三年六月初四日，河阳大水，冲决东河埂数十丈。

二十四年十一月，河阳彩云现于玉笋山。

二十五年八月十二日，河阳雨雹伤谷。

二十六年六月十七日，河阳雨白沙。

二十七年三月二十二日，河阳雨雹如弹大，伤豆麦。八月初三日，合郡大雨，水溢河堤。河阳大水，冲决东河埂数十丈。合郡秋大熟。

〔据李熙龄纂修道光《澂江府志》（清道光二十七年刻本）卷二《星野志》第5－14页辑录。〕

（道光）续修通海县志·祥异志

卷三　祥异志

乾隆十五年正月十六日，大雹，打坏鸟雀无算。

三十八年，大雨，水滨田亩，淹没大半。

嘉庆二十四年正月十三日酉时，五彩云现于西南。十月十五日巳时，西南二方彩云齐现。

道光元年正月初一日午时，彩云西现。

〔据赵自中纂修道光《续修通海县志》（民国九年石印本）卷三《祥异志》第36页辑录。〕

（民国）元江志稿·杂志·异闻

卷三十　异闻杂志之六

《续通志稿》：距城八百里有整童井[①]，相传蒙诏时有土目叭细里，周历川原，忽过一井，细里偶以所佩剑插水中，度其浅深，后拔剑归，逾数日视其剑，似白镴所铸者，细里疑之，断以斧斤，铁尽变为银，后复迹之，不得其处。

《云南通志》：城东南百里普漂村脚礼社江[②]上，夜间火光烛天，土人相传有犀潜伏其中，又云蛟龙居之。岸上有瀑布，水百十丈飞奔入江，村民羡其水利，引以溉田。洞内忽闻金鼓之声，江水沸腾数百丈，山为之动，里民因其怪异，遂止其工。

《采访》：清光绪末，州牧陆长洁改建州署，工方竣，其东楹忽有水自柱头溢出，溯柱而下。工人之好事者泥堤注之，将水数百升。陆牧目为柱头泪，心常不怿，后竟无异。

〔据黄元直修，刘达武等纂民国《元江志稿》（民国十一年排印本）卷三十《杂志·异闻》第20页辑录。〕

---

① 整童井　《清一统志》、雍正《云南通志》、道光《普洱府志》皆作“整董井”，当是。

② 礼社江　原本作“澧社江”，据道光《云南通志稿》卷二百一十三改。

曲靖市

（康熙）南宁县志·天文志·灾祥

卷一　天文志　灾祥

明

万历二年八月，曲靖大雨雪。

三年十月，淫水没田禾。

四十八年二月己卯，有云气黄红，渐变黑雾，昼晦如夜，大雨如注。大风吹曲靖城堞倾三丈余，吹起一人去地，方丈乃落。

崇祯二年，曲靖岁荒，民饥。

本朝

顺治十六年三月，白昼大雨雹，如卵如拳，深二尺许，伤牲畜无算。

康熙三年，曲靖岁荒，民饥。

二十年，龙坠城东宋家河，田禾损坏。

二十一年，曲靖疫气盛行，水旱交侵，岁荒民饥。

二十二年夏，曲靖淫雨四十六日，水涨没禾。又大风拔树，有吹去原地二三里者。

二十三年，曲靖大雨雹，自陆凉起至松林止，大风拔木，豆麦具伤。秋旱，民饥，米贵。十二月桂复花。

二十六年夏五月，曲靖大水，川谷皆盈。

二十八年八月，旱，禾稼半收，六畜皆疫。

三十四年，曲靖旱。

三十五年，曲靖夏旱，秋水，米贵民饥。

三十六年，曲靖旱，米贵。

三十九年，大有年。

五十二年，八月淫雨，九月雨雪，伤禾，民饥。

五十三年，曲靖米贵，民有殍者。

五十九年，曲靖夏旱，秋风，秕谷。

〔据王櫄纂修康熙《南宁县志》（吴桥贵、林文勋、周琼校注，冯绍贤主编《清代南宁县方志校注》，云南人民出版社2014年版）卷一《天文志·灾祥》第99页辑录。〕

（咸丰）南宁县志·地理志·分野

卷一　地理第一　分野灾祥附

明

万历二年八月，大雨雪。

三年八月，大雨雪。十月，淫水没田禾。

十六年二月十七日，雨雹，昼晦。

四十八年二月己卯，有云气，黄红渐变黑雾，昼晦如夜。大风吹曲靖城堞圮三丈，吹一人去地丈余方坠。

崇祯二年，岁荒，民饥。

国朝

顺治十六年三月，大雨雹如卵，深二尺许，伤牲畜无算。

康熙三年，荒，民饥。

二十年，龙坠城东宋家河，田禾损坏。

二十一年，疫气盛行，水旱交侵，饥。

二十二年，淫雨四十六日，水涨没禾。又大风拔树，有吹去原地二三里者。

二十三年，大雨雹。

二十五年，夏旱，秋水，冬地震。

三十四年，旱。

三十五年，夏旱，秋水，饥。

三十六年，旱。

三十九年，大有年。

五十二年八月，大水。

五十三年，米贵，民有殍者。

雍正元年，岁熟。

二年，大有年。

嘉庆十六年五月，潇湘江起蛟，水高数丈，湮没民居无算。

道光十二年，五色云见于南方。

二十二年三月，大雨雹，伤稼。五月，大水湮没民居。

二十三年，有白气见于西方，长竟天。是岁大饥。

〔据毛玉成修，张翊辰、喻怀信纂咸丰《南宁县志》（《中国地方志集成·云南府县志辑11》，凤凰出版社2009年据清咸丰二年刻本影印）卷一《地理第一·分野》第8－10页辑录。〕

（同治）古越州志·地理志·分野

卷一　地理志　分野灾祥附

明

万历二年八月，大雨雪。

三年八月，大雨雪。十月，淫水，没田禾。

十五年九月，五色云见于西方。

十六年二月十七日，雨雹，昼晦。

四十八年二月己卯，有云气，黄红渐变黑雾，昼晦如夜，大风。

崇祯二年，岁荒，民饥。

国朝

顺治十六年，大雨雹如卵，深二尺，伤豆麦、牲畜无算。在三月。

康熙三年，岁荒，民饥。

二十一年，水旱交，饥。

二十二年，淫雨四十六日，水涨没禾，又大风。

二十五年，夏旱，秋水，冬地震。

三十四年，旱。

三十五年，夏旱，秋水，饥。

三十六年，旱。

三十九年，大有年。

雍正元年，岁熟。

二年，大有年。

嘉庆二年三月，大雨雹。伤麦无算。

十六年五月，大水。

道光元年夏四月，大雨雹。形如卵，伤麦，无一收。

十二年，五色云见于南方。

十八年，星陨如雨。

二十二年三月，大雨雹，伤禾。五月，大水。

二十三年五月，大水，漂没民居。有白气见于西方，长竟天。是岁，大饥。

咸丰二年至四年夏五月，皆大水，漂没居民。

同治元年，岁饥，人相食。

二年，岁饥。较上年稍平。

三年五月，大雨，泥溪河水大涨，陡起一丈余尺，两岸房屋漂没甚多。

四年、五年，大有。

九年冬月内，通省大饥，斗米千钱，人不聊生，粒谷预征，民兵盐菜银两仍然如旧。是年秋，岁大饥。

十年，大水，大饥。

十一年，岁大饥。

十二年，岁大有。

十三年，岁大有。

〔据何暄原纂，何杓朗增订，李家珍重订同治《古越州志》（吴乔贵、林文勋、周琼校注，冯绍贤主编《清代南宁县方志校注》，云南人民出版社2014年版）卷一《地理第一·分野》第363页辑录。〕

（雍正）马龙州志·天文志·灾祥

卷一　天文志　灾祥

明

崇祯二年，岁荒，民饥。

本朝

康熙三年，岁荒。

二十一年，水旱交侵，岁荒。

三十九年，大有。

五十五年，大有。谷生双穗，处处有之。

〔据许日藻纂修雍正《马龙州志》（清雍正元年刻本）卷一《天文志·灾祥》第8页辑录。〕

（民国）续修马龙县志·天文志·灾祥

卷一　天文志　灾祥

明

崇祯二年，岁荒，民饥。

清朝

康熙三年，岁荒。

二十一年，水旱交侵，岁荒

三十九年，大有。

五十五年，大有。谷生双穗，处处有之。

雍正九年辛亥，春秋旱，夏潦。

雍正十三年乙卯二十八日，大雪。

乾隆四年己未，岁大熟。

乾隆七年壬戌九月，大雨雹，伤稼。

乾隆十三年戊辰，省城大水。

十七年壬申五月，省城西北十龙并见，日光射，雨雹如珠。

乾隆四十二年丁酉，省城大水。

嘉庆十七年壬申，岁丰。

二十一年，省垣大饥。

咸丰八年八月，大雨愆期，田禾多被淹没。

同治十一年四月，雨泽过多，田禾被淹甚伤。

光绪三年，被旱灾。

光绪七年，彗星现于南方。是年，被水被雹。

光绪九年十月二十一日，雨星。

十二年，岁大熟，谷出双穗，桂花重开。

光绪十八年五月，被水。

光绪二十二年春正月，自元日至九日，大雪绵延。

光绪二十八年三月十二日，大雨。

光绪三十一年，大旱，田少栽插。

光绪三十二年，大旱。

民国

民国三年四月，大水。五月，大水。

〔据王懋昭纂修民国《续修马龙县志》(《中国地方志集成·云南府县志辑25》，凤凰出版社2009年据钞本影印) 卷一《天文志·灾祥》第7－10页辑录。〕

(乾隆) 陆凉州志·杂志·祲祥

卷五　杂志　祲祥

洪武三十二年己卯，水泛冲渰。

永乐二年甲申，大水冲入城内。

四年丙戌，大水由西北渰城，建城方经八年而水患屡侵，故议迁今城。六年戊子，迁城今址，以石递年修筑，经二十余年工始毕。

嘉靖六年丁亥，日晕雨重，傍有黑云如蛟，又黑又暗数日。

九年庚寅，大有。

四十四年乙丑，大水。

隆庆二年戊辰，大有。

万历元年癸酉，大水。

二年甲戌，大饥。八月，雨雪。

三年乙亥，大雨雪。十月，淫雨淹没田禾。

十四年丙戌，大水。

十六年戊子二月，雨雹，昼晦自辰至午始霁。五月，飞霜。

十八年庚寅夏，雹伤禾稼。

十九年辛卯，大水。
二十二年甲午，旱。
三十四年丙午，大水。
三十五年丁未夏，慧星见，大水。
四十年壬子，大水。
四十八年庚申二月，有云气黄红，渐变黑雾，昏晦如夜，大风雨始注。
天启元年辛酉，大旱。
二年壬戌，大荒。
崇祯十一年戊寅，荒。
十二年己卯，大荒。
十五年壬午，荒。
康熙十年辛亥六月，大水，城内居民赴东山赶场，回至象嘴，大风覆舟，湮死甚众。
十三年甲寅四月，祈雨降霞三日，又降雾。
三十二年癸酉清明日，大雨雪。

〔据沈生遴纂修乾隆《陆凉州志》（传钞清乾隆十七年刊本）卷五《杂志·禨祥》第 26 – 29 页辑录。〕

（民国）陆良县志稿·天文志·禨祥

卷一　天文志三　禨祥

明

洪武三十二年己卯，水泛冲滂。
永乐二年甲申，大水冲入城内。
四年丙戌，大水由西北滂城，建城未经八年，而水患屡侵，故议迁今城。
嘉靖四十四年乙丑，大水。
万历元年癸酉，大水。
二年甲戌，岁饥。八月，雨雪。
三年乙亥，大雨雪。十月，淫雨，淹没田稻。
十四年丙戌，大水。
十六年戊子二月，雨雹。
十八年庚寅夏，雹伤禾稼。
十九年辛卯，大水。
二十一年甲午，旱。
三十四年丙午，大水。
三十五年丁未夏，大水。
四十年壬子，大水。
四十八年庚申二月，有云气黄红，渐变黑雾，昏晦如夜，大风雨。

天启元年辛酉，大旱。

清

康熙十年辛亥六月，大水，城内居民赴东山赶场，回至象嘴，大风覆舟，湮死甚众。
十三年甲寅四月，祈雨降霰，三日又降露。
三十二年癸酉清明日，大雨雪。
乾隆四十年乙未，大水。
四十七年壬寅，大水。
嘉庆七年壬戌，大水。
九年甲子五月，大水。
十三年戊辰四月，雨雪。
十八年癸酉，大水。八月，陨霜。
道光二年壬午七月初五日，城北大水围城。
九年己丑，大水，城外深数尺。
十五年乙未秋，大水。
十七年丁酉五月，西寺河水清数十丈。
二十四年甲辰秋，大水。
咸丰七年丁巳三月，大霜。
十年庚申三月二十二日，雨雪。
十一年辛酉十月，大水灾。
同治九年庚午秋，旱。
十年辛未，大水，淹没田庐无数。
十一年壬申，大水。
光绪元年乙亥十二月初八，无云而雨。
十八年壬辰，大水。六月二十日，海中大风，覆舟溺死甚众。
十九年癸巳，大水。
二十一年乙未，大水。
二十二年丙申正月初一，大雪，至十一日乃霁。
二十三年丁酉十月二十九晨，东乡三岔河一带雨血，旋变为黑色，是年疫症流行。
三十一年乙巳，大旱。
三十二年丙午，旱，岁饥。
三十三年丁未，旱，岁大饥。
三十四年戊申，旱，岁饥。

〔据刘润畴修，俞赓唐纂民国《陆良县志稿》（民国四年石印本）卷一《天文志三·祲祥》第1－8页辑录。〕

（道光）宣威州志·祥异志

卷五 祥异志

明

弘治元年，大水，李结木瓜。后有普安之变。

嘉靖五年，大水，李结木瓜。后有变。

九年，大旱。

三十五年四月，大雨雹如卵。

三十九年十二月，甘露降。

四十年，大水，李结木瓜。后有东川之变。

天启元年，大旱。

崇祯三年，大雨水。

十六年，大旱，米价腾贵。

国朝

顺治五年戊子，大饥，民掘草木以为食。

康熙二十九年，大饥。

三十九年，大鸟集于东门外，连日大雨，河水泛溢，漂没禾稼。

四十一年，甘露降。

雍正五年十一月，大雪，深数尺。

八年，河东醴泉涌出。

乾隆八年七月，大雨，冰雹积数寸，树尽秃，鸟多毙，大伤禾稼。八月，飞霜。

九年，大饥，民掘草木以为食。

十八年，饥，米价腾贵。

二十一年，水灾。

三十二年八月，飞霜。

三十三年，大饥，米粟腾贵。

三十四年，饥。

四十一年，旱。

四十三年春，大雪，深二尺。

四十四年五月，大雨水。

道光七年冬至后六日，春风动，大寒节，桃李华。

十二年五、六月，寒，禾稼不茂，谷半稔。

十三年夏四月，大雨雹，伤人畜。五月，淋雨伤稼。十月十一日，大雨震电。

十五年，岁大饥。州牧熊守谦发常平仓赈贷之，全活无算。三伏寒，是岁忽生鼠，小如指，仓箱有隙即入，作穴生子，至今不绝。

十九年十二月初三日，大雷雨。

二十二年六七月，雨旸时若，谷大稔。

〔据刘沛霖修，朱光鼎纂道光《宣威州志》（清道光二十四年刻本）卷五《祥异志》第32页辑录。〕

（乾隆）霑益州志・祥异志

卷三　祥异志

明

弘治三年，大水。

嘉靖五年，大水。

九年，大旱。

十三年，大雪旬日。

三十五年三月望前一日，昼晦如夜。四月，雹大如卵。

四十年，大水。

万历二十五年，旱。

四十三年，大水。

怀宗十三年，旱。

本朝

康熙二十三年癸亥，饥。斗米银贰两伍钱。

五十五年丙申，大有年，谷多双穗。

五十七年戊戌十一月二十九日，五色云见西方。

雍正二年甲辰五月，大水。

六年戊申十一月十九日，大雪，深三尺。

八年庚戌，大有年。

九年辛亥正月二十七日，庆云见东方，经辰巳二时。本年秋成歉收，次年壬子春夏，米价昂贵，知州杜思贤详请减粜，民甚赖之。

〔据王秉韬纂修乾隆《霑益州志》（故宫博物院编《故宫珍本丛刊》第227册《云南府州县志》第2册，海南出版社2001年据清乾隆三十五年刻本影印）卷三《祥异志》第26页辑录。〕

（民国）霑益县志稿・乡镇志・灾祥

霑益县志炎方镇志料

十三　灾荒

光绪二十五年己亥，水灾，庄稼欠稔，大饥。米每斗洋四两余，包谷每斗洋三两余。民国七年戊午，水涝，迤谷淹大海，庄稼未熟。翌年己未大饥，饿殍甚多，米每升洋一元三角，包谷每升洋一元一角。

民国十四年乙丑，霜灾，禾苗伤亡殆尽。闭市，米每升洋四元，包谷每升洋三元六角。

民国二十二年癸酉，水灾，大饥。米每升洋三元三角，包谷每升洋二元八角。

民国三十二年癸未，霜灾，米每升三元余，包谷每升二元余。

遁谷海子于民国二十六年乾涸清丈，海底丈量麦地贰千余亩，此后历年淹没，庄稼未收，而赋税迭请上峰，迄未豁免，居民依章变产完税，此严重灾情也。

卷十九　祥异

民国元年壬子冬月十八，大雪二十四小时，平地深五尺许，人畜冻死甚多。

民国二年癸丑二月十八日，大雪二十四小时，深五尺许。是年冬亦如是。

民国三十三年十二月二十五日，大雪十一天，翌年一月六日晴，平地三尺许，生物冻死甚多。主旱岁丰。

霑益县松韶乡志资料

灾　害

本乡山高水少，潭溪亦鲜。所资以润泽者，多恃天落水。风雨调匀之年，尚可耕耘。往昔灾害与他方同。自民国三十四年至今，均遭水旱灾，夏季无雨栽插。秋季多雨，收获匪易。且时降冰雹，伤害田禾。

遁堵、大兴所、大树屯等村，因当二水会合，河床淤高，且被下流扎坝堵塞，山洪暴涨，辄泛滥成水灾。

祥　异

民国三十五年冬月二十八日上午四时，大树屯青龙泉及河西大龙潭忽涌浑水一天，灰白色，天气晴明，奇异非常。

霑益县德威乡志料

二十　灾荒

德威乡水旱灾情，较仁和乡有过之无不及，如螳螂地势甚高，缺乏水源，近七八年，天旱少雨，无法引灌。且耕地清丈等则太高，农民饱受饥寒，几无生活余地。本年嘛喇、章溪、摆里、德溪、法土、耕德一带，发现白蚊子残害禾苗，稻谷收成大减，遂致酿成天灾。

霑益县亮泉乡志料

九　灾荒

布里村、土城一带水田，被阿舌箐、谭家坝，将来自摆沙之河水堵积，山洪暴涨，汪洋一片，每年俱酿成水灾。

新陆房、响哚一带，遭来自楂子树、新庄之河水，泛滥成灾。

本乡沙田口及威格一带，历年辄罹旱灾。近五年，张安屯、上五旗、小河、兔街子、水田有水灌溉可以插秧者，仅十分之二三。本年犹甚，且禾苗遭虫害，稻谷收成大减，可谓旱灾、虫害矣。

霑益县仁和乡志料

二十一　灾荒

民国二十四年七月十五日，河西清水沟、土桥及西路一带遭冰雹，禾苗损伤殆尽。

民国三十年，遭旱灾。

民国三十三年、三十四年，大赤章、蛤蚂洞、土桥一带，迭遭水旱灾，田土冲毁，禾苗几无。

民国八年三月，霜灾，省府发赈款现洋二百元，领款人在小米冲被匪抢劫，复蒙德威沙老太太、张团总质卿勒令赔出，如数被大赤章保董舒发成鲸吞。民国三十三年，省府亦发大批赈款。

霑益县安平乡、宁和乡志料

灾　祥

民国八年四月，饥荒甚，水城有白沙泥，各地饥民来此搬运充饥，并呼之为观音面云。

十四年三月二十日，霜灾至麦尽伤。二十三夜，下大霜，豆麦伤害殆尽，民不聊生。

十四年三月二十四，霜害豆麦。

二十二年，旱灾。

二十七年三月十五，天降冰雹，豆麦秧苗尽为伤害。

二十九年九月二十九，雹打谷子。

三十三年，又加水患霜灾。

〔据霑益县文献委员会编纂民国《霑益县志稿》（霑益县档案馆整理，昆明市五华区教委印刷厂2012年内部印刷）第292－403页辑录。〕

昭通市

（光绪）镇雄州志·祥异志

卷五　祥异志

乾隆三十年乙酉夏五月，大霜。秋八月，冰雹大作，自午至酉，平地积厚寸许，田禾尽入淤泥，猪羊有被击死者。

乾隆三十一年丙戌，岁大稔，谷穗双歧，署州牧宋允清具陈各宪备蒙嘉奖。

乾隆三十四年己丑，岁饥，至庚寅年更甚，每米一市斗制钱六百余。是年，燕麦尽死。

乾隆三十八年癸巳夏六月，大水近河，田禾多不获收，赖山田岁稔，价不至甚昂。

乾隆三十九年甲午，岁大稔，每米一市斗制钱二百文。是年，燕麦复秀。

乾隆四十一年丙申，岁大稔，每米一市斗制钱二百文。

道光十三年癸巳六月初旬，陨霜杀禾。次年甲午，大饥，民多饿殍。二十七年秋，雨伤稼。二十八年六月，陨霜杀禾，两年接连大饥，人民相食。

〔据吴光汉修，宋成基等纂光绪《镇雄州志》（清光绪十三年刻本）卷五《祥异志》第 60－63 页辑录。该志沿引乾隆《镇雄州志》，增补道光至光绪年间事。〕

（民国）昭通志稿·祥异志

卷十二　祥异志

雍正壬子十年四月，大雪被百余里，青稞、荞麦俱萎。倪蜕《云南事略》。

道光丁酉十七年，建玉皇阁压火灾也。阁下为金锁桥，建阁始，传闻有道人用铁锅覆大龟于桥下。

同治癸酉十二年四月，雨雹大如鸡卵，伤人畜、豆麦、鹊鸟。

光绪丁亥十三年三月，雨雹。

壬辰年秋，淫雨为灾。

癸巳十九年，大饥。正月初九日，平地雪深数尺，间有红色者。民觅观音粉食之，三楚会馆开粥厂，继以疫死者甚众，一匣辄装数人。

丙申二十二年四月二十八日午，晴，忽大雨雹，雷电以风。郡人饶起孝有诗云："阴霾翳天天无色，痴云贸贸团深墨。方圆结阵相胶漆，日中倏忽变昏黑。霹雳一声雷鼓鸣，屏翳丰隆纷斗争。飞廉方逞撼山怒，河伯更挟天瓢倾。我疑妖物弄狡狯，帝遣童律诛群怪。又疑老奸恶贯盈，雷霆律令风其行。或是毒龙群斗天，含沙喷水攫云烟。饥蛟怒起挟山走，百千丁鬼挥雄鞭。四者俱非非无故，人心不平天始奴。特教迅烈警愚顽，明明法戒森昭布。水旱频年救灾眚，恶劫收人人不醒。人心向善天心回，诗以儆人还自儆。"有谓是日挂三龙，河中起蛟。

己亥二十五年，自七月十三日起大雨，至八月末始晴，谷禾俱不熟。

庚子二十六年，大饥。八月大雨，八角亭顶上笔尖被雷提至地屹立。笔系铜铸，笔尖捏三凹如爪痕，城中人悉见之。

壬寅二十八年，太白昼见，龙泉冲有龙潭忽涸。传闻每年风雨大作，潭中见龙，有少年杀狗厌之，龙遂徙他处，水顿涸，无供饮灌者。居民诚求之，梦示云："两处分润，但旧潭已污，赐泉对山，足供民饮可耳。"

丁未三十四年五月，利济河大涨，平地水深数尺，西城外俱淹，冲去豆麦无数，坍塌房屋甚多。

宣统庚戌二年，泮池水红数月。

民国七年，大雨水，西南乡尽淹没。

八年，岁大饥。

十一年七月，南乡雨雹，大风、迅雷伤禾。十二月除夕，洒渔河雨雹大于雀卵。

十二年三月，大霜。四月，南乡雨雹。

〔据符廷铨、蒋应澍总纂，杨履乾编辑民国《昭通志稿》（民国十三年排印本）卷十二《祥异志》第 15－19 页辑录。〕

（民国）昭通县志稿·农政志

卷五　农政志

民国历年收入丰歉表

岁　次	收入丰歉	备　考
元年	不丰不歉	
二年	小歉	是年夏，大雨淹没东区上下乾河，南区双院子，西一区高鲁等处水田，共九十五顷二十六亩
三年	不丰不歉	
四年	小丰	
五年	小丰	
六年	小歉	是年夏，大雨淹没东区上下乾河，南区鸭子塘，西一区打渔村等处水田，共十一顷四十七亩
七年	歉收	是年，夏秋两季淫雨，淹没东区高家湾，南区双院子、自发村，西区高鲁、迟家营等处水田，共二百三十三顷四十三亩
八年	小歉	是年，夏亢旱，西北两区受冰雹。秋，东南两区被冷露
九年	小丰	
十年	小丰	
十一年	不丰不歉	
十二年	小丰	
十三年	歉收	是年夏，大雨淹没南区凤和仪、龙山寨、黑泥地，西一区三善塘、马厂围等处水田，共八十五顷九亩
十四年	丰收	是年春，大饥，入秋丰收
十五年	小歉	是年夏，淫雨淹没南区双院子、望海楼、小闸，西一区荷花塘、马厂等处水田八十二顷四十三亩
十六年	不丰不歉	
十七年	歉收	是年夏，大雨淹没南区黑泥地、自发村，西一区三善塘，西二区上洒渔河等处水田一百六十一顷五十九亩
十八年	不丰不歉	
十九年	小丰	
二十年	歉收	是年夏“六·二”水灾，举凡西北附郭三十余里间，田土全被淹没及冲刷无收，并漂没男女二十余命
二十一年	歉收	
二十二年	歉收	是年春夏无雨，小春乾坏，粮食陡涨，米价二十元一斗，苞谷十四元一斗
二十三年	小丰	
二十四年	稍丰	

续 表

岁 次	收入丰歉	备 考
二十五年	谷歉	初夏泛水，田谷仅插半数，苞谷尚有收
二十六	谷歉	夏遭大旱，无水栽秧，谷多无收，苞谷八成收

〔据卢金锡总纂，杨履乾、包鸣泉编辑民国《昭通县志稿》（民国二十七年排印本）卷五《农政志》第14页辑录。〕

鲁甸县民国地志资料·鲁甸县通志资料续编·旱涝

鲁甸县通志资料续编 旱涝

境内农民有“久晴必有久阴”之谚，故岁稔时和，旱涝少见。若遇旱灾则水涝必更迭而至。然旱灾每见于冬春二季，涝灾多演于夏秋之交。每隔五六年必一见地震，或三五年一次或十年八年一次不等，均系极微之震动，不致演成灾害。霜雹多发现于盛夏，浓云密布空气变化剧烈之时，雷迅风烈，霜雹似弹，杂雨而降，每粒其大如豆，有至如鸽蛋大者，遭遇地方，禾稼损伤极甚，所幸为时不久，降区不宽也。降冰雹时人民呼之曰“小白龙起身”，只好瞠目呼天，听其自然，或祷雷神降伏，是亦迷信之过甚者。每值上述炎祲之年，政府蠲免钱粮以恤之，其详见于蠲恤。

〔据张瑞珂编纂《鲁甸县民国地志资料》（邬永飞点校《昭通旧志汇编》第六册，云南人民出版社2006年版）第1871页辑录。〕

（民国）绥江县县志·大事记

卷一 大事记

巨灾记

水 灾 绥江位金沙江右岸。城址负山倾斜，高低层叠，山脉自南而来，南面靠山最高，北面临江最低。每年夏秋之交，洪水泛涨，河坝草店及河坝街店宇必全行拆徙，水落复立，习以为常。每数年大涨一次，新街、横街必被淹没，虽成灾害，为祸尚小。至飞涨特高之大水，则数十年或一遇，咸同以前未有记载。咸丰十年庚申十月，洪水暴涨，每日夜高数丈，自初七日起至十一日止，淹至城中禹庙后殿，月台坎棱只差三尺，沿河两岸居民物产、牲畜被漂泊者不计其数，且涨势迅急，迁避不暇，又时值冬令，雨涝过时，初涨再涨，居民皆料不及，因之受损更大，经五昼夜始退。又十日，城址全现，泥沙堆积，诚空前之奇灾也。光绪十八年壬辰六月，大水淹至正街机仙庙石级第三步，水迹比庚申低丈零，自十八日起至二十二日退。时当夏季，两岸禾苗结实未成，损害滋大，房屋财产漂没虽不及庚申之巨，为数也觉可惊。民国九年庚申，又大水至丁字口，未成巨灾。十三年甲子七月，大水三昼夜，高至机仙庙上街禹王宫月台平坎棱，比庚申高三尺余，亦因涨势迅急，人民财物、房屋漂没尤多，新街、横街及观音楼下排店宇完全荡去，计自十六日起至二十日止。每当水飞涨时，汪洋一片，上流房屋、牲畜、器物、树木络绎漂来，船舟皆为人运物迁居，莫敢打捞。人民迁避者，携老扶幼，荷囊背筐，号声哭声，日夜不绝，附城一带高地，露宿风炊者，触目皆是，离流之状，惨不忍睹。说者谓"吾绥之利在金江，害亦在金江"，诚然诚然。

雹　灾　咸丰八年三月初七，大雹损伤小春、牲畜无算。光绪三年二月十一，雹如鸡卵，上游各地受灾特重。光绪十九年四月，大雹自北而南，县境沿江地带均遭损害。民国三年二月初七，大雹大风，如盘如砖，毁损房屋无数，迤东各县成灾。十三年四月，大雹，昭通以下五县灾情尤重。十七年二月初八日，大雹，仅近林、三星各里受害，幸未遍全境也。

旱　灾　旱灾向无记载。民二十五年，自五月来亢阳不雨，入秋十日后始雨，次年三月始大雨，已田土龟裂，大小春均无收获。

金沙江之涸

清光绪三年二月二十六日，江水陡落数丈，次日更落，河面仅如小溪，浅处可涉，河底现出泥沙中埋没金银铜铁各器物甚夥。三月初九日晨，洪涛骤至，超过原迹数丈，泛入龙潭，如夏季水势。沿河拾财物者奔避不及，多被漂没，事后遍访上流阻滞原因与地点，云、川两境俱不得详，然皆同时涨落，疑山崩水阻必在西陲荒远之地矣。民二十四年国历十二月二十八日，即农历十一月二十四日。江水陡落二丈余，两岸河底现出。至二十九日夜半，大水骤至，高过原迹丈余。事后探悉，由金沙江上游会理以上、元武以下川岸某山崩塌，长约五十里，倒填江内，两岸居民被埋者不知凡几。因地震而山崩，金水之阻塞，胥以此矣。

〔据刘承功修，钟灵纂民国《绥江县县志》（民国三十六年石印本）卷一《大事记》第50页、第52页辑录。〕

文山州

（道光）开化府志·图象祥异附

卷一　图象祥异附

本朝

康熙十一年癸丑[①]，大水，没民居田舍。

二十七年戊辰，大旱。

五十三年，大饥。

乾隆三年戊午五月，大水，坏民居八百余，溺死七人。总兵王大绶、知府孙光祖动公赈济。

① 康熙十一年为壬子年，十二年为癸丑年，当以干支纪年为是。

三十三年戊子，大水，淹倒民房数百间，田谷尽坏。
嘉庆三年戊午，大水，坏民房百余间。
道光四年秋，大水，淹倒民房，冲坏田谷。
六年秋，大水，淹倒民房。
〔据何怀道修，万重贸纂道光《开化府志》（清道光九年刻本）卷一《图象祥异附》第16页辑录。〕

（民国）邱北县志·天文部·灾祥

第一册　天文部　灾祥

清

雍正四年，大水。
雍正七年，雹伤苗，夏秋大水。
雍正八年，彩云见。
乾隆元年，旱。
乾隆五十一年，有年。
嘉庆四年，有年。
咸丰八年，大饥，米每升制钱八百文，民死无算。
同治元年正月，彩云现。
同治七年，春夏旱，秋大水，米每升制钱三百文，民饥。
光绪二十三年，大雹，果麦尽伤。
光绪二十五年，淫雨自七月至八月末始止。
民国元年秋，大水。
民国八年，大旱，米每升八角。
民国八年十二月，邑西南彩云现，自午至未始散。
民国九年九月，西区雹，损禾苗及一人、牛五头。
民国十年，有年。
民国十一年，旱。
民国十二年，大水。
〔据徐孝喆修，缪云章纂民国《邱北县志》（民国十五年石印本）第一册《天文部·灾祥》第15页辑录。〕

红河州

（乾隆）弥勒州志·祥异志

卷二十四　祥异志

明朝

弘治十三年，地震。按：是时云南三十六处同日地震，上命刑部侍郎樊莹祭滇境内山川，考察文武，去官二百五十八员。见《通志》。

嘉靖九年，大稔。按：是时连年大有。四十年，大水。

隆庆元年，大稔。按：二三四五年，连年大有。

万历元年，大水。十四年，大水。十六年夏五月，飞霜。十六年夏六月，雪雹伤禾稼。十九年，大水。

天启元年，大旱。

国朝

顺治六年，山金村流黑水。

康熙元年，天旱，斗米价银二两。二年，大水。二十年，饥，斗米价银五两。五十三年，饥。

雍正四年秋七月，冰雹伤禾稼。

〔据秦仁等纂修，傅腾蛟等增订乾隆《弥勒州志》（清乾隆四年刻本）卷二十四《祥异志》第55页辑录。〕

（乾隆）蒙自县志·祥异志

卷五　祥异志

明

弘治十三年，旱。

弘治十五年，大旱，民逃移者过半。

本朝

顺治四年六月，大风复起，兼以暴雨，文庙前“腾蛟”“起凤”坊皆倾，文星阁铜顶重数百斤，亦坠于地。是月有屠城之变。

乾隆四十七年十二月初四日，大雪二日方止，深三四尺，邑中年六七十者皆以生平未见。

〔据李焜纂修乾隆《蒙自县志》（故宫博物院编《故宫珍本丛刊》第229册《云南府州县志》第5册，海南出版社2001年据清乾隆五十六年刻本影印）卷五《祥异志》第29页辑录。〕

（宣统）续修蒙自县志·杂志·祥异

卷十二　杂志　祥异

明

弘治十三年，旱。

弘治十五年，大旱，民逃亡过半。

国朝

顺治四年六月，大风复起，兼以暴雨，文庙前“腾蛟”“起凤”坊皆倾，魁星阁铜顶重数百斤，亦坠于地。是月，有流贼屠城之变。

乾隆四十七年十二月初四日，大雪二日方止，深三四尺，邑中年六七十者皆以为生平未见。

道光三年癸未六月，大水，病田禾。

光绪三年丁丑二月，雨雹大如鸡卵，伤禾稼。

二十二年丙申正月初八九日，大雪，深尺许，为数十年来所最厚者。秋，大熟。

三十四年四月二十一日，大水。新安所拆桥修河堤，尚未完工，洪水泛溢，冲塌民房数十间，水周围城垣汇合由西北排墙而去。十月十七日，蛮耗河水午后渐涨，沿河市肆已逾常年水到处，商民急移上山，少顷水淹屋脊。夜间愈大，次日天明房舍漂没无存。

〔据宣统《续修蒙自县志》（上海古籍书店1961年影印本）卷十二《杂志·祥异》第41页辑录。〕

（康熙）石屏州志·天文志·灾祥

卷一　天文志　灾祥

甘　露　正统庚申，署州事通判彭善道修明伦堂，甘露降丛竹间，浃旬方止。

雨　雹　嘉靖丁未七月，罗容寨雨雹，色赤。是年旱蝗。

大　旱　隆庆己巳，州西郊龟坼。天启二、三、四年连旱，米价腾踊。

大　水　万历元年三月至八月淫雨，湖水涨入东城，尽淹濒湖田亩。

龙　升　崇祯二年四月，异龙湖中白日龙升，须爪鳞甲俱露，黑云如囷，大数围，中有白气闪烁，长百丈。越三时，雷、电、雨雹升腾天表。

熊渡水　甲午年，有三熊渡水，匿大水城竹丛间。有王生见之，爪伤其足，村人群起驰逐，尽获之。

〔据程封纂修康熙《石屏州志》（国家图书馆藏清康熙十二年刻本）卷一《天文志·灾祥》第3页辑录。〕

（乾隆）石屏州志·天文志·灾祥

卷一　天文志　灾祥

祥　瑞

甘　露　正统庚申年，署知州彭善道修明伦堂，甘露降丛竹间，浃旬方止。

龙　见　万历庚辰年，龙泉龙见。是岁，涂时相登第。

龙　升　崇祯二年戊辰夏，异龙湖白日龙升，须爪鳞甲俱露，黑云如囷大数围，中有白气长百丈，逾三时乃止。

宝秀海赤　五十二年癸巳，水色早晚如丹砂，经月余。是年，张汉登第，入庶常。

水　赤　雍正十年壬子，西郊喜客泉赤如丹砂月余。癸丑，陈荚纕、杨名扬登第。

灾　异

大　旱　隆庆己巳年，四郊龟坼，米价腾踊。

雨　雹　嘉靖丁未年七月，罗容寨雨雹，色赤。是年旱蝗。

大　水　万历元年癸酉三月至八月，淫雨，湖水涨入东城，尽淹濒湖田亩。

大　旱　天启二年壬戌，水城走马种粱，直抵浮石庵下。四年复旱，米价腾贵。崇〔祯〕七年，旱，升米六亓。戊子，升米六十亓，人尽食瓜。

熊渡水　甲午年，有三熊渡水，匿大水城竹丛间，有王生见之，爪伤其足。

殍　鸟　康熙三十六年丁丑，殍鸟至州署。是岁大水，知州张毓瑞卒。三十七年冬十二月，大雨雪。

〔据管学宣纂修乾隆《石屏州志》（清乾隆二十四年刻本）卷一《天文志·灾祥》第11页辑录。〕

（乾隆）广西府志·祥异志

卷二十三　祥异志

康熙元年，大旱。

二年，潦淹至城东南隅，民舍尽圮。

二十二年，大有。

二十六年，大旱。

二十八年，春雹，夏旱，无收。

三十一年，大有。

三十三年，地震，大有。

三十六年，潦。

三十七年，大有。

四十九年，彗见，五月飞霜。
四十二、三年，俱大水。
四十七年，大水。
五十二年，地震，大水，大荒，大疫。
五十三年，全收。
五十六年，大有。
雍正四年，大水，环翠桥过渡。
六年，大水。
七年，春雹伤苗。夏秋，大大水。
九年，春秋旱，夏潦。
十一年四月，飞霜，疫行。
乾隆元年丙辰，旱。
二年五月，雨。仲夏，雹大如碗。
〔据周埰纂修乾隆《广西府志》（清乾隆四年刻本）卷二十三《祥异志》第1页辑录。〕

普洱市

（嘉庆）景东直隶厅志·祥异志

卷二十五　祥异志

明

嘉靖八年六月，淫雨二十日，害稼。
三十五年二月至六月，不雨。
隆庆六年秋，水泛溢，冲没田庐。

国朝

康熙九年九月，大雨数日，水坏民居。
三十年，大旱，米价腾贵。
四十九年，大水，多损民居。
雍正七年，风雨调和，禾谷丰稔。
乾隆三十四年秋，大水，坏溯澜大桥。
四十二年，大水，复坏新修大桥。
四十六年，大旱，米价腾贵。秋七八月，淫雨伤禾。
五十七年十月，大雨雪。
五十九年十月，大雪。
嘉庆十一年四月，大雨。
十四年，大水，河东舟覆，损人数十。
十八年，五谷缺收。九月，开南河夜间黑气蔽空，雷电交作，水泛数丈，将大树冲出数百株，坏田无数，开南桥倾倒，有老民苏子泰住房在桥头，独安堵无恙。

〔据罗含章纂嘉庆《景东直隶厅志》（云南民族社会历史调查组1960年据清嘉庆二十五年刻本钞录）卷二十五《祥异志》第1页辑录。〕

（道光）普洱府志·分野祥异附

卷二　分野祥异附

雍正元年，威远景星屡见。十月，威远龙神祠产石灵芝。

乾隆二年五月，威远五彩云见。

二十六年，日月合璧，五星联珠。

二十七年，威远庆云见，五谷丰登。

三十年七月，他郎景星见于东方。

四十年，普洱府灾。

四十二年，威远大水。

四十三年六月，白霞见。

五十四年六月，他郎景星见于南方。

五十七年十月，威远大雪。

五十九年十月，威远大雪。

嘉庆元年，威远抱母大水。

三年五月，他郎庆云见。

八年，威远大无禾麦，七月白霞见。

九年五月，他郎庆云见。

十年，威远大饥。

十一年冬，威远瑞雪降。

十二年，威远火，大雨雹。

十八年，抱母大水。

二十一年，他郎岁歉，连四岁皆歉。

二十三年，威远大水。七月，他郎景星见。

二十五年八月，大风拔木，雨雹伤禾。他郎大有年。

道光元年，日月合璧，五星联珠。自元年至五年，他郎岁丰。

二年五月，他郎庆云见。

四年七月，威远彩云见。

五年七月，他郎庆云见。

十一年，威远五色云见。

十五年，威远饥。

十六年，威远五谷丰登。

二十七年，威远大水。

二十九年六月，府城庆云见于东方，五谷丰登。威远大水。

〔据郑绍谦纂，李熙龄续纂道光《普洱府志》（清咸丰元年刻本）卷二《分野》第9－11页辑录。〕

（民国）江城县政府征集省志资料·天灾·水涝

天灾　水涝

民国二十一年，自国历五月以至十月，境内雨水连绵，无三日晴，江河泛滥成灾，溺毙村民八九，田中稻谷腐滥，芽长寸许，无法收获，损失已属不资，城市乡村，民几绝食，墙屋坍塌，不胜枚举，城内有刘安顺者，阖家六口，一时被墙倒毙，鬐草不遗，噫！惨矣！

〔据李文新纂《江城县政府征集省志资料》（国家图书馆藏民国二十二年钞本）第8页辑录。〕

楚雄州

（康熙）楚雄府志·地理志·祥异

卷一　地理志　祥异

元

至正元年，碍嘉地方天雨铁，民舍皆穿，人物遇之多毙。

本朝

康熙二十一年十月初一日，庆云见于郡西，祥呈五色，自午至酉凝集不散。

〔据张嘉颖纂修康熙《楚雄府志》（《中国地方志集成·云南府县志辑58》，凤凰出版社2009年据清康熙五十五年刻本影印）卷一《地理志·祥异》第44页辑录。〕

（嘉庆）楚雄县志·天文地理志·祥异

卷一　天文地理志　祥异

骠　川　《通志》载：蒙氏时，有野马二，风雨中斗于原野，久之化为龙，大者入东南村坞，小者入西南村谷。僰人因以名村，曰大骠、小骠，今讹琶。

紫溪龙　《通志》载：明成化甲辰，楚雄太守邵自南都来，路过洞庭，舟中梦一方巾蓝袍人来谒，曰“紫溪龙王”也。及抵郡，祀龙，俨如梦中所遇，饬庙虔祀之。

明

嘉靖二十四年十月朔，城西彩云现，光彩夺目，自未至申乃散。

隆庆元年，大有年。

国朝

康熙二十一年十月初一日，庆云见于城西，自午至酉凝集不散。

雍正元年十月三十日，恭逢万寿圣节，黎明彩云绚烂周天，至次日乃散。

乾隆十年，彩云见城南，自未至申乃散。

乾隆十三年，旱。

乾隆二十九年秋，大熟。

乾隆三十五年秋，螽饥，斗米一千五百文。

乾隆三十七年八月，大水，城墙、民舍多坏，东北尤甚。

乾隆四十四年，旱饥。

乾隆四十七年六月，大水，甚于壬辰。水自东北城门入，县令周名炎详请改龙川江。

乾隆五十年秋，大熟。

嘉庆元年三月朔，彩云见于城西，自午至未乃散。

嘉庆二年，旱，大饥，斗米二千四百文。

嘉庆九年至十三年，连稔。

嘉庆二十年八月，大雨雹，大者如碗。

嘉庆二十一年，旱，大饥，斗米一千八百文，民有食堇土者多由之死。

嘉庆二十二年，旱，大饥，大疫，多死。

嘉庆二十三年，大有年。

〔据苏鸣鹤修，陈璜纂嘉庆《楚雄县志》（《中国地方志集成·云南府县志辑59》，凤凰出版社2009年据清嘉庆二十三年刻本影印）卷一《天文地理志·祥异》第55–58页辑录。〕

（宣统）楚雄县志述辑·天文述辑·祥异

卷一　天文述辑　祥异

明

成化十二年秋，楚邑饥。

弘治三年夏，彩云见于西天。

嘉靖十八年八月，连日霣霜。

四十二年七月，霣霜。

隆庆二年秋，有年。

万历元年秋，饥。

二十九年，大水，西山崩。

国朝

康熙二十一年十月初一日，五色彩云见于西方，自午至申方散。

乾隆十三年，旱。

二十九年，大熟。

三十五年，螽。
三十七年，大水，城舍多坏。
四十七年，大水。
五十年，大熟。
嘉庆二年，旱。
九年，有年。
二十年八月，大雨雹。
二十一年，大饥，人食救军粮，即山中小花红。又食观音土，人多胀死。
道光十八年八月，彩云见。
十九年六月，河水涨入东北城门。七月，疫疠。
咸丰十年庚申八九月，霣霜，阴雨，夜鬼号。
同治元年壬戌，夏秋无雨，大饥。
六年冬，雪深三尺，城陷。
九年庚午夏，饥。八月，彩云见。
光绪二十二年，捣练溪水涨入西城门，龙川江水涨入东北城门。
三十四年十月，大水。

〔据崇谦修，沈宗舜纂宣统《楚雄县志述辑》（《中国地方志集成·云南府县志辑59》，凤凰出版社2009年影印本）卷一《天文述辑·祥异》第4－7页辑录。〕

（康熙）元谋县志·祥异志

卷三 祥异志

本朝

康熙三十年七月二日，大水冲没田禾百余顷，居民数十，房屋财产不计其数。
三十五年正月初一日，五色云见于塔山，经久方散。

〔据莫舜鼐修，王弘任续补康熙《元谋县志》（《中国地方志集成·云南府县志辑61》，凤凰出版社2009年影印本）卷三《祥异志》第45页辑录。〕

（康熙）武定府志·祥异志

卷三 祥异志

明

天启辛酉，大饥。

〔据王清贤修，陈淳纂康熙《武定府志》（国家图书馆藏民国年间钞本）卷三《祥异志》第120页辑录。〕

（康熙）禄丰县志·灾祥志

卷二　灾祥志

嘉靖七年，大水。

〔据刘自唐纂修康熙《禄丰县志》（张海平校注，杨成彪主编《楚雄彝族自治州旧方志全书·禄丰卷上》，云南人民出版社2005年版）卷二《灾祥志》第40页辑录。〕

（民国）禄丰县志条目·天灾

天　灾

嘉靖七年，遭大水，淹田无数。

清康熙四十八年四月，冰雹大如鸡卵，伤麦。

光绪三十二年，旱灾。

十年三月十七日午，冰雹大雨，大如鸡卵，将房屋打漏者居多，陡然水涨丈余，东西河俱冲坏。

十七年八月，五区遭冰雹。

十九年七月九日，一、二、三、四、五区洪水泛滥，兼遭地震。

〔据禄丰县志局纂修民国《禄丰县志条目·天灾》（张海平校注，杨成彪主编《楚雄彝族自治州旧方志全书·禄丰卷下》，云南人民出版社2005年版）第1346页辑录。〕

（康熙）罗次县志·祥异志

卷三　祥异志

康熙二十五年五月，旱，知县夏玘斋沐，步祷于城隍祠，大雨沾足，至六月始得栽禾。是年大熟。

康熙五十二年二月初二日，地震。是年大水，饥馑。梅子箐水红三日。

〔据王秉煌修，梅盐臣纂康熙《罗次县志》（清康熙五十六年刻本）卷三《祥异志》第17页辑录。〕

（光绪）罗次县志·祥异志

卷三　祥异志

康熙二十五年五月，旱，知县夏玘斋沐，步祷于城隍祠，大雨沾足，至六月始得栽禾。是年大熟。

康熙五十二年二月初二日，地震。是年大水，饥馑。梅子箐水红三日。

附增

罗邑之北，距城二十五里，道光二十年春，石花村后山涧出泉一渠，灵应异常。寻原视之，穴仅尺许，而水忽出忽止，如喘息之状，时而涌出，则泛然盈沟，时而止息，则翕然进咽。观者运佳则一日而涌数次，观者运蹇则水涸竭，竟有往观数次而不获见一出者，殊奇异也。人呼为灵泉兆瑞。

〔据胡毓麒、杨钟壁等纂光绪《罗次县志》（清光绪十三年刻本）卷三《祥异志》第20页辑录。〕

（康熙）广通县志·地理志·灾祥

卷一　地理志　灾祥

灾祥四，曰水。《五行传》曰：“简宗庙，废祭祀，逆天时，则水不润下。”谓水失其性而为灾也。又曰：“听之不聪，是谓不谋。厥罚恒寒，厥极贫，时则有鼓妖，时则有豕祸，时则有鱼孽，时则有耳痾，时则黑眚黑祥，惟火沴水。”鱼孽，《刘歆传》以为介虫之孽，谓蝗属也。

水之灾　水灾、水异、恒寒、雹、雷震、豕祸、蝗孽、黑祥。

水　灾　京房《易传》曰：“颛事有知，诛罚绝理，厥灾水。”

水　异　“水异”与“大水”微异，水之怪变而为异者也。

恒　寒　听传曰：“盛冬日短，寒以杀物，政促迫，故其罚常寒。”郑玄曰：“水主冬，冬气藏。藏气失，故常寒。”

雹　刘歆以为大雨雪，及未当雨雪而雨雪，及大雨雹、陨霜，杀菽、草，皆常寒之罚，故雹属水。

雷　震　《五行志》以冬雷继雨雹之后，余非冬雷者，亦附之，总名曰“雷震”。

县　征

康熙二十四年，县东二十五里开化庵，近大路，僧苦无水，忽于观音寺右涌出清泉，今甚赖之。

〔据李铨纂修康熙《广通县志》（清康熙二十九年刻本）卷一《地理志·灾祥》第25－27页辑录。〕

（康熙）黑盐井志·祥异志

卷一 祥异志

明末

丁酉年，洪沟涨，坏民居。大井竭，复井崩。东井水不敷额。

国朝

康熙三十年七月初一日，大雨，至次日不息，河水大涨，大井湮，东井五马桥堕于水。七月十七日，夜三更，马施桥坏。关庙后山崩，填塞河道，两岸相楱，关庙坏像在浮土上，南向河水阻塞不流，移时浮土去，水乃通。

康熙三十二年，造石桥，四月告成，七月初二日西洞坏。

康熙三十三年，修石桥西洞并西岸。

康熙四十一年，石桥东洞坏。

康熙四十四年，修石桥东洞，甃东岸。

〔据沈懋价、杨璿纂修康熙《黑盐井志》（《中国地方志集成·云南府县志辑67》，凤凰出版社2009年影印本）卷一《祥异志》第23页辑录。〕

（乾隆）琅盐井志·祥异志

卷三 祥异志

乾隆二年，大水冲没民居。

〔据孙元相纂修乾隆《琅盐井志》（芮增瑞校注，杨成彪主编《楚雄彝族自治州旧方志全书·禄丰卷下》，云南人民出版社2005年版）卷三《祥异志》第1235页辑录。〕

（康熙）南安州志·地理志·祥异

卷一 地理志 祥异

元至正元年，碍嘉地方天雨铁，民舍皆穿，人物遇之多毙。

明嘉靖二十三年，碍嘉地震。隆庆六年五月，碍嘉大水。

〔据张伦至纂修康熙《南安州志》（杨壬林、张海平校注，杨成彪主编《楚雄彝族自治州旧方志全书·双柏卷》，云南人民出版社2005年版）卷一《地理志·祥异》第14页辑录。乾隆《碍嘉志稿》（清钞本）卷一《祥异》第2页同。〕

（光绪）镇南州志略·天文略·祥异

卷一　天文略　祥异

嘉庆二十年秋八月，北风伤稻，岁大饥。

道光二十八年，州南阿雄乡岁大饥。山间竹皆结实，乡人采食，活者期甚众。

光绪元年，大有年。

十年，大有年。

十一年八月，南界雨雹，大如碗，坚如砖石，屋瓦俱破，禾稼俱伤，岁大饥。

十六年正月初二日，彩云见。八月初八日，雨雪。初九、初十日，陨霜。

〔据李毓兰修，甘孟贤纂光绪《镇南州志略》（清光绪十八年刻本）卷一《天文略·祥异》第45页辑录。〕

（道光）定远县志·祥异志

卷六　祥异志

明

天启元年六月，大雨震电，雾黄红色，水溢坏田禾庐舍，溺死三百余人。

本朝

顺治十五六年，虫食苗，饥馑频仍，斗米三雨，民间掘草根树皮以糊口。

康熙十年，岁熟。十一年，大有。

嘉庆十三年十月初六日午未时，见彩云捧日。二十一年，岁大饥，斗米银三两，穷民求食不得，有毙于路者甚，有以草根泥土充饥而死兼染疫疾多毙亡者。二十二年四月，豆麦丰收，饥民赖以全活。十月，大有年。

道光元年二月十九日辰刻，彩云见，岁熟。

〔据李德生等修，李庆元纂道光《定远县志》（清道光十五年刻本）卷六《祥异志》第7页辑录。〕

（康熙）姚州志·灾祥志

卷四　灾祥志

景泰四年，旱，民多饥死。

天顺间，有黑牛夜见于州东十五里，忽泉涌出，利灌溉，年时丰。后人见而射之，牛化为石，泉遂涸。

成化八年，大水，无收。

嘉靖四十年七月，淫雨伤禾。

四十二年八月，淫雨浃旬，一泡江水溢，伤田。

万历二十一年秋，大雨泛溢，桥梁尽圮，田亩半为冲没，米价腾踊。

二十四年，淫雨伤禾。次年，斗米五十余贝，殍馑相望。

三十八年二月至六月，不雨。

四十年六月，午后，雷雨交作如注，倾刻水深三尺。

四十三年二月至六月，不雨。

康熙元年夏秋，风调雨顺，高低尽熟，人乐丰年。

二十五年丙寅春二月，天大雪，深二尺许，大石淜水利一郡，闸口崩决，水涸无存。又逢亢旱，知府任道立率属诚祷，至六月方雨，农民失望。

五十一年壬辰正月十五日寅时，地震，有声如吼。是岁秋，淫雨月余，民多饥。

〔据管棆纂修康熙《姚州志》（清康熙五十二年刻本）卷四《灾祥志》第21页辑录。乾隆、道光《姚州志》皆同，不赘录。〕

（光绪）姚州志·杂志·灾祥

卷十一　杂志　灾祥

明

景泰四年，旱，民大饥。

天顺元年，州东山夜见黑牛，倏有泉涌出，利灌溉。

成化八年，大水，伤禾。

嘉靖四十年七月，淫雨伤禾，民饥。

四十二年，淫雨浃旬，一泡江水溢，伤禾。

万历二十一年秋，大雨浃旬，水泛溢，桥梁尽圮，田亩半为冲没，米价腾贵。

二十四年，淫雨伤禾，斗米五十余贝，饿殍满野。

三十八年二月至六月，不雨。

四十年六月，夜半雷雨交作，倾刻水深三尺。

四十三年二月至六月，不雨。

崇祯己丑二月，阳派淜水浑浊。

国朝

康熙元年，岁丰稔。

二十五年二月，大雪深二尺许，大石淜水满，闸口崩决，遂涸。自二月至六月，不雨，农民失望。

五十一年正月十五日寅时，地震有声。是秋，淫雨伤禾，民多饥死。

乾隆五十年，岁大熟。

嘉庆二十一年丙子，风秕无收，斗米数千钱，民饿死者甚众。

二十二年丁丑，豆麦丰收，饥民赖以全活。

二十三年至道光十年，岁屡丰。

《采访》起道光十九年，讫光绪十年。

道光二十六年七月三十日，大雪。

二十九年，旱，自正月至六月下旬，乃雨。

咸丰八年戊午正月，阳派溯水浑浊。

十年庚申，自五月至十月，民大疫。

十一年二月，天雨雹，伤豆麦。

同治六年三月二十六日，霣霜杀草。

八年，阳派溯水浑浊。

十年辛未七月至八月，久雨伤禾，谷尽风秕，民大饥。斗米三千钱，民多采野山药、杂树果、野草子以充饥。

十一年，岁大熟。

光绪五年至七年，年屡丰，谷甚贱。

十年，岁旱，自九月不雨，至明年五月微雨，溯坝井水俱涸。

〔据陆宗郑等修，甘雨纂光绪《姚州志》（清光绪十一年刻本）卷十一《杂志·灾祥》第 8－13 页辑录。〕

（民国）姚安县志·舆地志

卷十二　舆地志　气候附明景泰四年以来水旱风霜灾情

明

《明史·五行传》：景泰四年，姚安人旱，民多饥死。

旧《云南通志》：成化八年，大水，无秋。

〔又〕嘉靖四十年七月，淫雨伤禾，民饥。甘《志》有“民饥”二字。

〔又〕四十二年八月，姚安淫雨浃旬，江水溢，冲没民田。

州旧《志》：万历二十一年秋，大雨浃旬，水泛溢，桥梁尽圮，田亩半为冲没，米价腾贵。

旧《通志》：二十三年，姚安大水。

州旧《志》：二十四年，淫雨伤禾，斗米五十余贝，饿殍满野。

〔又〕三十八年二月至六月，不雨。

〔又〕四十年六月，夜半雷雨交作，顷刻水深三尺。

〔又〕四十三年二月至六月，不雨。

旧《通志》：四十八年，姚安大水。

〔又〕崇祯三年，白井大雨，水溢，坏官民庐舍，漂没人口千余，填埋井口。

清

管《志》：康熙二十五年二月，大雪深二尺许，大石溯水满，闸口崩决，遂涸。自二月至六月，不雨，农民失望。

王《志》：五十一年秋，淫雨伤禾，民多饥死。

甘《志》：道光二十六年七月三十日，大雪。

〔又〕二十九年，旱，自正月至六月下旬乃雨。

《云南通志》：咸丰十一年三月，姚州大雨雹，伤菽麦、鸟兽、植物无算。甘《志》作“二月”。

〔又〕同治四年，姚州雨雹，伤菽麦。

甘《志》：下同。同治六年三月二十六日，霣霜杀草。

十年七月至八月，久雨伤禾，谷尽风秕，民大饥，斗米三千钱，民多采野山药、杂树果、野草子以充饥。

光绪五年，大雨，北城有坍塌者。

十年，岁旱，自九月不雨，至明年五月微雨，溯坝井水俱涸。

《采访》下同：光绪十八年六七两月，淫雨伤禾。

十九年六月，淫雨，江水泛滥，城中水深二尺。七月七日，霏霜。

二十年夏秋，大水伤禾，斗米二千钱。

二十二年正月初六至初九，雨雪三昼夜，伤菽麦。

二十三年夏，大旱，插禾甚少。

二十四年二月十五日，火霜伤菽麦过半。夏，大旱，农田多种荞。十月十二日，阴霾，至十一月初四日方晴。

二十五年正月初二至初五日，大雪，深三尺许。八月二十二日，东北方雨雹，大如鸡卵，伤禾。

二十六七两年夏，大旱，农田俱种荞。

三十年孟冬，淫雨，稻多出芽。

三十一年，大旱。十二月初七初八日，大雪。

三十二年季春，久雨，霁后即旱，至六月杪无雨，栽插失望。

三十三年正月，霜伤菽麦。

宣统元年，大水伤禾。

民国

民国六年，终年无雨，春秋季皆无耕种。

八年，旱，多种荞麦。九月，大水伤禾。

十三年三月十五，暴风。秋，淫雨伤禾。

十四年春，阴霾月余，寒气凛冽，菽麦不实。

十八年正月，繁霜伤菽麦。

十九年四月，冰雹。六月，大水。

二十年，夏旱，秋潦。

二十五年闰三月二十八日，东南山大雨雹，深尺许。

二十五、六两年，雨泽愆期，农民失望。

二十八年七八月间，淫雨伤禾，城内街道多被淹没，交通受阻，为民国以来所未有。光禄山附近山坡崩塌甚多，民居倾覆者千余间。

谨按：自明景泰四年至民国三十年，凡四百八十八年中，受水灾十九次，旱灾十二次，平均水灾约二十六年一遇，旱灾约四十年一遇。又按科学家谓森林乔木可招雨泽，止暴风。姚邑冬春两季多狂风，每年恒苦雨泽不足，虽尚有其他关系，而四山树木稀少，实为其重要原因。关心地方者，盍亟起图之。

卷四十七　物产志　农业

历年丰歉表

朝代	年　代	公　历	丰　歉	备　考
明	景泰四年	一四五三	歉	《明五行传》：姚安大旱，民多饥死。旧《志》：旱，民大饥
	天顺元年	一四五七	丰	旧《志》：州东山夜见黑牛，倏有泉涌出，利灌溉
	成化八年	一四七二	歉	《通志》：大水无秋。旧《志》：大水伤禾
	嘉靖四十年	一五六一	歉	旧《志》：淫雨伤禾，民饥
	四十二年	一五六三	歉	《通志》：八月，淫雨浃旬，江水溢，冲没民田。旧《志》：淫雨浃旬，一泡江水溢，伤禾
	万历二十一年	一五九三	歉	旧《志》：秋，大雨浃旬，水泛溢，桥梁尽圮，田亩半为冲没，米价腾贵
	二十三年	一五九五	歉	《通志》：姚安大水
	二十四年	一五九六	歉	旧《志》：淫雨伤禾，斗米五十余贝，饿殍满野
	三十八年	一六一〇	歉	旧《志》：二月至六月，不雨
	四十三年	一六一五	歉	旧《志》：二月至六月，不雨
	四十八年	一六二〇	歉	《通志》：姚安大水
	崇祯三年	一六三〇	歉	《通志》：白井大雨，水溢坏官民庐舍，漂没人口千余，填埋井口
清	康熙元年	一六六二	丰	旧《志》：岁丰稔
	二十五年	一六八六	歉	旧《志》：二月，大雪，深二尺许，大石淜水满，闸口崩决，遂涸。自二月至六月不雨，农民失望
	五十一年	一七一二	歉	旧《志》：秋雨伤禾，民多饥死
	乾隆五十年	一七八五	丰	旧《志》：岁大熟
	嘉庆二十一年	一八一六	歉	旧《志》：风秕无收，斗米数千钱，民饥死者甚众
	二十二年	一八一七	丰	旧《志》：豆麦丰收，饥民赖以全活
	二十三年	一八一八	丰	旧《志》：三十二年至道光十年，岁屡丰
	道光二十九年	一八四九	歉	甘《志》：旱，自正月至六月下旬乃雨
	咸丰十一年	一八六一	歉	《通志》：三月，大雨雹，伤菽麦、鸟兽、植物无算。甘《志》：二月，大雨雹，伤豆麦
	同治四年	一八六五	歉	《通志》：姚州雨雹，伤菽麦
	十年	一八七一	歉	甘《志》：七月至八月，久雨伤禾，谷尽风秕，民大饥，斗米三千钱，民多采野山药、杂树果、野草子以充饥
	十一年	一八七二	丰	甘《志》：岁大熟
	光绪五年	一八七九	丰	甘《志》：五年至七年，岁屡丰
	十年	一八八四	歉	甘《志》：岁旱，自九月不雨，及明年五月微雨，淜坝井水俱涸

续 表

朝代	年 代	公 历	丰 歉	备 考
清	十二年	一八八六	丰	《采访》：十二年至十五年，岁屡丰
	十六年	一八九〇	歉	《采访》：十六年至十八年，岁俱歉
	十九年	一八九三	丰	
	二十年	一八九四	歉	
	二十二年	一八九六	丰	《采访》：二十二年至二十四年，岁屡丰
	二十七年	一九〇一	歉	
	三十年	一九〇四	丰	《采访》：二十九年、三十年，岁俱丰
	三十一年	一九〇五	歉	《采访》：至三十二年俱歉
	宣统元年	一九〇九	歉	
民国	二年	一九一三	歉	
	三年	一九一四	歉	
	四年	一九一五	丰	
	六年	一九一七	歉	
	七年	一九一八	丰	《采访》：七年至八年，岁屡丰
	九年	一九二〇	歉	
	十三年	一九二四	歉	
	二十五年	一九三六	丰	《采访》：二十五年至二十七年，岁屡丰
	二十八年	一九三九	歉	
	三十年	一九四一	歉	
	三十一年	一九四二	丰	《采访》：三十一年至三十五年，岁俱丰

谨按：自明景泰四年起至民国三十二年，共四百九十年，书丰年仅十三，合并屡丰亦不过二十，歉年乃至三十一。几二十四年方有一丰年，十六年即有一歉年，是歉年多而丰年少，则农民之苦乐，可得其概要矣。

卷六十六　金石志附杂载

附灾祥表

清	顺治六年	一六四九	二月，洋派溯水浑浊。
	咸丰八年	一八五八	戊午正月，洋派溯水浑浊。
	同治八年	一八六九	洋派溯水浑浊。

谨按：光绪九年以前各事，散见各《志》，十一年以后，俱系《采访》。

〔据霍士廉等修，由云龙纂民国《姚安县志》（民国三十七年排印本）卷十二《舆地志・气候》第2－4页、卷四十七《物产志・农业》第7－10页、卷六十六《金石志附杂载》第15－18页辑录。〕

（道光）大姚县志·祥异志

卷四　祥异志

明

景泰四年，大旱，饥。

成化八年，大水。

万历二十一年，大水。

万历二十三年，大水。

万历四十八年，大水。

国朝

嘉庆三年十一月，大雷，不雨。

嘉庆二十一年，大饥，斗米三两，饥者食草根树皮土粉，疫死者多。

〔据黎恂修，刘荣黼纂道光《大姚县志》（清光绪三十年刻本）卷四《祥异志》第3页辑录。〕

（乾隆）白盐井志·祥异志

卷三　祥异志杂异附

明

景泰四年，大旱，民多饥死。

成化元年，阴雨无秋。八年，大水。

嘉靖三十九年七月，淫雨伤禾。四十二年八月，淫雨浃旬。

万历二十一年，大水漂流居民百余家，仍大疫。二十三年，大水。

崇祯三年秋七月二十八日丑时，大雨后河流泠涨，凡井地、庙宇、桥梁、官衔、民舍、器物等俱漂没，溺死男妇千余，填埋井口。

国朝

雍正十三年，泮池出甘泉。

乾隆九年七月二十六日，大水冲没官墙、民居、灶房七十余间，井眼填塞。

关圣显灵　明崇祯三年，水灾，将圣像漂至金沙江，屡次显灵，江边彝人数百里送回。

真武显应　旧传白井水灾时，有披发仗剑者呼庙祝于梦中曰："水至矣，急负我出！"庙祝醒悟，知为真武显灵，负去。须臾，殿即倾颓。明末甲申年十二月二十八日，遇水灾，井民先见一头陀，口呼曰："快走快走！"其显应如此。

〔据郭存庄修，赵淳纂乾隆《白盐井志》（《中国地方志集成·云南府县志辑67》，凤凰出版社2009年影印本）卷三《祥异志》第38－40页辑录。〕

（光绪）续修白盐井志·杂志·祥异

卷十一　杂志之三　祥异

明

景泰四年，大旱，民多饥死。

成化元年，阴雨无秋。

八年，大水伤禾。

嘉靖三十九年七月，淫雨伤禾。

四十二年八月，淫雨浃旬。

万历二十一年，大水漂流居民百余家，仍大疫。

二十三年，大水。

三十八年二月至六月，不雨。

四十三年二月至六月，不雨。

崇祯三年七月二十八日丑时，大雨后河流泛涨，凡井地、庙宇、桥梁、官衙、民舍、器物等俱漂没，溺死男妇千余，填埋井口。

国朝

康熙元年，岁丰稔。

雍正十三年，泮池出甘泉。

乾隆九年七月二十六日，大水漂没官房、民居、灶房七十余间，井眼填塞。

《采访》起乾隆四十一年，讫光绪二十六年。

嘉庆二十二年六月二十八日，竟夜大水暴涨，旧井灶户冲水涌出，街口阻塞，居户倾圮，漂流十余人。

道光二十六年六月二十六日，竟夜大水，河涨数十丈，两岸居户、井眼、桥梁多有倾圮，人民湮没无算。

同治十年七月至八月，久雨伤禾，谷尽风秕，米价腾贵，民有采野山药、杂树果、野草子以充饥者。

光绪五年，大水泛涨，湮没井署、盐店及民居灶房，损仓盐甚多。

二十五年八月十五日晚，微雨后，九寨、赤石崖、喇鲊麼三河大水陡涨，澎湃汹涌，沿河田禾被水淹没。

〔据李训鋐等修，罗其泽等纂光绪《续修白盐井志》（清光绪三十三年刻本）卷十一《杂志之三·祥异》第11－16页辑录。〕

（民国）盐丰县志·杂类志·祥异

卷十二　杂类志之四　祥异

明

景泰四年，大旱，民多饥死。

成化元年，阴雨无秋。

八年，大水伤禾。

嘉靖三十九年七月，淫雨伤禾。

四十二年八月，淫雨浃旬。

万历二十一年，大水漂流居民百余家，仍大疫。

二十三年，大水。

三十八年二月至六月，不雨。

四十三年二月至六月，不雨。

崇祯三年七月二十八日丑时，大雨后河流泛涨，凡井地、庙宇、桥梁、官衙、民舍、器物俱没，溺死男女妇千余，填埋井口。

清

康熙元年，岁丰稔。

雍正十三年，泮池出甘泉。

乾隆九年七月二十六日，大水漂没官房、民居、灶房七十余间，井眼填塞。

右见《井旧志》，起明弘治元年，讫清乾隆十年。

嘉庆二十二年六月二十八日，竟大水暴涨，旧井灶户冲水涌出，街口阻塞，居户倾圮，漂流十余人。

道光二十六年六月二十六日，竟夜大水，河涨数十丈，两岸居户、井眼、桥梁多有倾圮，人民湮没无算。

同治十年七月至八月，久雨伤禾，谷尽风秕，米价腾贵，民有采野山药、杂树果、野草子以充饥者。

光绪五年，大水泛涨，湮没井署、盐店及民居灶房，损仓盐甚多。

二十五年八月十五日晚，微雨后，九寨、赤石崖、喇鲊麽大水陡涨，澎湃汹涌，沿河田禾被水淹没。

以上见《续井志》，起乾隆四十一年，讫光绪二十六年。

民国三年秋七月十三日，大水泛溢，场署内水深数尺，盐仓被淹，损失存盐无算。

民国六年秋八月，马槽沟、大箐门口、阿腻纳、大小龙潭五村大水成灾。

民国七年夏五月五日，南河大水泛溢，自岔河以下禾田悉被淹没，南北关内外坍塌民房数间。

民国九年秋七月初四日，九寨河大水，淹没稻谷约三四百石。

以上新增。

〔据郭燮熙纂修民国《盐丰县志》（民国十三年排印本）卷十二《杂类志四·祥异》第 13 页辑录。〕

（民国）盐丰县地志·天灾

天　灾

民〔国〕十三、十四两年，雨水过多。入秋以后，淫雨连旬，昼夜不息，遂致河水大涨于两乡，则冲坏最关紧要之孔仙桥，湮坏沿河田地并其已熟粮食三百余亩。于南乡则冲破河堤，湮坏田地并其已熟粮食五百余亩。经前县长李瑔呈报有案。十七年仲秋，东乡河水大涨，余去房屋一所，淹毙二命，湮坏田地并其已熟粮食约二万六千方丈。

〔据甘纶纂修民国二十一年《盐丰县地志》（卜其明校注，杨成彪主编《楚雄彝族自治州旧方志全书·大姚卷下》，云南人民出版社 2005 年版）第 1638 页辑录。〕

大理州

（康熙）大理府志·灾祥志

卷二十八　灾祥志

元

英宗至治年，洱河东雨铁。民舍山石皆穿，人物值之多毙，号曰铁雨。

明

孝宗弘治五年五月，大理点苍、绿玉溪大水。高数十丈，至一塔寺分为两股，冲断西门城关，水入城，没房舍，死者二百余人，有人见关圣斩开东门，水乃澌泄。

十四年六月朔，大理大雷雨。点苍、白石二溪水涨，漂没民居五百七十余，溺死三百余人。秋，浪穹淫雨，山崩水溢。冲圮民居，溺死百余人，公署文案尽漂没。

武宗正德十三年，宾川州大雨雹。

十七年二月，云南县严霜成冻。

世宗嘉靖元年，有白龙见于赵州相国寺。

十年六月，有龙三见于大理、邓川之间。

三十八年，云南县大旱。减租税。

穆宗隆庆元年，云南县旱。

六年，云南县淫雨，山崩。

神宗万历十四年，赵州甘露降。

十五年，赵州大旱，禾尽槁。

二十四年，宾川州大水。饥民食竹实。

二十八年，宾川饥。

三十四年九月，白崖、迷渡、云南县雨雹。大如鸡卵，有稜，入地深尺许，禾稼尽伤，人畜食败禾者辄病死。

四十二年，云南县大饥。

四十八年，甘露降于云龙。

熹宗天启元年冬，甘露降于云龙。

三年，甘露降于大理，圆莹如珠。

本朝

顺治六年己丑，赵州雨雹。大如鸡卵，移时深七尺许，屋瓦皆碎，伤稼。

康熙四年乙巳，大理、赵州、洱海、宾川旱。

九年，赵州旱，无秋。

二十七年，浪穹大雪，伤豆麦，损林木。

三十二年四月，大理七州县阴霾三日。五月，点苍山大雨雪。

是年十二月辛巳，大雨，震电，大雨雪。

〔据傅天祥等修，黄元治等纂康熙《大理府志》（故宫博物院编《故宫珍本丛刊》第230册《云南府州县志》第5册，海南出版社2001年据清康熙三十三年刻本影印）卷二十八《灾祥志》第1页辑录。〕

（万历）赵州志·方外志·祥异

卷三　方外志　祥异

嘉靖癸卯年四月二十五日午时，有白龙于赵州相国寺升天。

嘉靖二十四年冬，三星山巅有黄龙现。

嘉靖二十六年夏四五月不雨，知州潘嗣冕竭诚祈祷，不雨，忧甚。或曰汤颠董秘僧潭中有龙，能兴云雨，公往去[①]之。将至潭，龙现于路左，形圆，类鱼，长右满尺[②]，吻左右有金线二道至尾，似鳅而末两分。又如鳖，腹下四足，足有爪如龙，惟三鳞碧色光泽，性不畏人。公祝之入瓶中，行近州，大雨如注，三日方止，四境沾足。放之野，龙雷雨从而去，秋大熟。或者以为蜥蜴，其时雨降，适值其会。

万历十四年，甘露降于州境，其甘如饧，其色如雪，其形状如白然饭。

万历十五年夏六月大旱，禾苗尽槁。知州庄诚斋肃恳祷，大雨，四野沾足。

〔据庄诚修，王利宾纂万历《赵州志》（国家图书馆藏钞本）卷三《方外志·祥异》第23页辑录。〕

① 去　天启《滇志》作“取”，义近。

② 长右满尺　天启《滇志》作“长不满尺”，义胜。

（乾隆）赵州志 · 祥异志

卷三 祥异志

汉

武帝元狩元年，彩云见于白崖。

明

世宗嘉靖元年四月，有白龙见于赵州相国寺。

神宗万历十四年，甘露降于西山松上。

十五年，大旱，禾尽槁。

三十四年九月，白崖、弥渡雨雹，大如鸡卵，有稜，入地深尺许，伤稼。人畜食败禾辄死。

本朝

顺治六年，雨雹，大如鸡卵，入地深七尺，碎屋瓦，伤禾稼。

康熙四年，旱。

九年，旱，无秋。

二十九年，弥渡大水，决城坏官舍。

四十四年，雨，凤山崩塌。

五十二年，夏旱，秋大水。

雍正七年闰七月，仙女庄、虾蟆口各涌甘泉一道。

十二年秋，大水弥渡，冲没民田，州城坏十余丈。

〔据程近仁修，赵淳等纂乾隆《赵州志》（故宫博物院编《故宫珍本丛刊》第 231 册《云南府州县志》第 6 册，海南出版社 2001 年据清乾隆元年刻本影印）卷三《祥异志》第 61 页辑录。〕

（道光）赵州志 · 祥异志

卷三 祥异志

汉

武帝元狩元年，彩云见于白崖。

明

世宗嘉靖元年四月，有白龙见于赵州相国寺。

神宗万历十四年，甘露降于西山松上。

十五年，大旱，禾尽槁。

三十四年九月，白崖、弥渡雨雹，大如鸡卵，有稜，入地深尺许，伤稼。人畜食败禾辄死。

本朝

顺治六年，雨雹，大如鸡卵，入地深七尺，碎屋瓦，伤禾稼。

康熙四年，旱。

九年，旱，无秋。

二十九年，弥渡大水，决城坏官舍。

四十四年，雨，凤山崩塌。

五十二年夏，旱秋大水。

雍正七年闰七月，仙女庄、虾蟆口各涌甘泉一道。

十二年秋，大水弥渡，冲没民田，州城坏十余丈。

嘉庆九年甲子八月，彩云见于瑞云观前。

〔据陈钊镗修，李其馨纂道光《赵州志》（《中国地方志集成·云南府县志辑78》，凤凰出版社2009年据清道光十八年刻本影印）卷三《祥异志》第75－77页辑录。〕

（康熙）剑川州志·灾祥志

卷十九　灾祥志

成化十六年六月，剑川大雷雨，冲没民田二百余亩。

康熙四年，龙见于西庄后箐水塘中。

十年，汉登箐中有二大鸟，嘴喙如锄，张口则小鸟飞入喉中，放炮击之不动，数日飞去。是年大水。

二十七年二月，狂风拔木，飞尘蔽天。三月，西山鸣，剑湖沸，鱼鳖多死。四月，大雪，菽麦尽伤。七月，大雨雪，伤稼。

四十六年七八月，大雨，淹没禾苗，人多溺死。九月，夜雨，山崩，压死伐木十余人。

五十三年三月十一日申时，雨雹后，州城西北天鼓鸣。

〔据王世贵修，张伦纂康熙《剑川州志》（《北京图书馆古籍珍本丛刊44》，书目文献出版社据康熙五十二年刻本影印）卷十九《灾祥志》第67－69页辑录。〕

（康熙）鹤庆府志·灾祥志

卷二十五　灾祥志

嘉靖三十七年七月，淫雨溢涨，塞象眠山水洞，水不能泄，坏庐舍、禾稼。越五十八日始消，米价腾贵。

三十八年六月二十五日夜，渔塘村雷雨大作，山崩水溢，坏民居百余所，死者不可胜计，郡伯林养高赈之。

万历二十六年夏，旱，蝗。

二十七年夏，大水，无麦，民饥。

四十八年，大水，无麦，冬夜有白气如云横天，数月不散。

崇祯四年，大饥，郡伯设粥场三赈之。

国朝元年，府大水，淹没禾苗。

二十七年四月朔，大雪三尺，伤稼损屋。

四十六年七月，大水淹没禾苗。

五十三年六月，淫雨水大涨，经两月未消，淹没禾苗近千顷。

〔据佟镇修，邹启孟纂康熙《鹤庆府志》（故宫博物院编《故宫珍本丛刊》第232册《云南府州县志》第7册，海南出版社2001年据清康熙五十三年刻本影印）卷二十五《灾祥志》第66页辑录。〕

（民国）鹤庆县志·杂纪志·灾异

卷十一　杂纪志戊部　灾异戊之一

明

嘉靖三十七年秋，淫雨为灾，象眠山麓水洞淤塞，庐舍禾稼湮没殆尽。越五十八日始消，是年米价腾贵。

三十八年六月二十五日夜，渔塘村雷雨大作，西山崩，水溢，坏民居百余所，死者不可胜计，郡守林养高赈之。

万历二十五年秋，大雨雹损禾。

二十六年夏，旱，蝗。

二十七年夏，大水，无麦，民饥。

四十八年二月庚戌，大水，无麦。己卯，有云气黄红变黑雾，昏暗如夜，大风雨如注。己卯下十九字系据《通志》增入。

天启元年，大水。

崇祯二年，北衙大水，居民溺死者数十人。

四年，大饥，郡守陈开泰设粥厂三赈之。

七年秋，神龙门大孟村大雨雹损禾。

十年秋，大雨雹损禾。

让朝

顺治元年，大水淹没禾苗。

按：滇之奉让朝正朔，系在顺治十六年王师入滇，永历西窜之时。是年为崇祯十七年五月，让朝始定鼎燕京，然声教仅及北方，其大江以南及东西各边疆，完全犹明之领土，则灾祥自应仍明是属。惟旧《志》辑于康熙之世，秉笔者特本春秋大一统及纪元以正其始之义，大书顺治元年。臣子尊王，相沿已久，兹故仍前志，不加改易，而特纪其实于此云。

康熙元年，大水，淹没民田无算。

二十七年，地震，坏城垣、楼阁、官廨、民居甚夥。每一震，声吼如雷，水为沸，三日乃止。

夏四月朔，大雪积深三尺，伤豆麦，坏屋。

四十六年七月，大水，淹没禾苗无算。

五十三年六月，淫雨，水大涨，月余未消，淹没禾苗近千顷。

五十六年十一月，大雪。值疆吏巡边，供役民夫冻死者以数百计。按：《云南事略》作为“五十七年”。

嘉庆二十一年，大饥，民死亡者甚众。

二十二年，又饥。

同治六年，云鹤村照壁山蛟翻，陨石不计其数。

十一年，金沙江水白如乳，三日后，澄清如故。两岸积有土，厚三寸许。

光绪三年，淫雨，水涨，落水洞阻塞，水入城东门，淹没村屯无数，庐舍皆圮。

十六年八月初，大雨雪。时疫继作，城乡死者甚众。

二十年三月，大雨雹，伤负郭陇麦无算。

二十一年，漾共河决辛营。

二十八年八月，雪山见，又四山皆雪，谷不成实。

二十九年五月，雨雪封山。

民国二年，大水阱平地蛟翻，坏秧田数十亩。

六年八月二十日酉时，龙珠甸雨雹大如卵，禾稼颗粒无收。云鹤村北面照壁山蛟翻，陨巨石无数。

七年三月，大风拔木。自四月雨至六月，淫潦为灾。七月，复大风，拔关岳、财神两庙柏树，余松、杉、槐、柳之属吹折无算。逾日，黑眚见南庄，雨雹为灾，龙珠甸尤甚。冬，大疫。

八年五月，大雨雹，洪水暴发，冲坏山林、田亩、桥梁、道路无算。

祥瑞戍之二

明

景泰五年夏，逢密乡产瑞麦，一茎数穗者百余。本知府王珉函以献。

万历三十八年春，五色云见于南方。

天启四年，甘露降于松，所在有之。

崇祯五年，夏麦两岐，秋大熟。甸北产嘉禾，一茎九穗、一茎数穗者，所在有之。按：旧《志》并作为四年事，查夏麦、秋禾两俱大有，何名为大饥？自应在五年，今改正。

让朝

康熙五十三年八月，产嘉禾，一茎两穗。

按：是年六月，淫雨，其嘉禾当系仅高阜之一、二处，未必果大有年也。

乾隆二年，大有年。

四十二年秋，大有年。巡抚江兰奏鹤庆等二十三厅州县收成均有十分。

咸丰九年，夏麦九穗。

光绪九年秋，禾生双穗，云现五色，知州黄维中具报。

十五年，新建玉屏书院，上梁时，五色云现于西南方。

民国二年秋，龙珠卓姓田禾双穗。

四年正月元旦，彩云见于南方。

〔据杨金铠纂辑民国《鹤庆县志》（大理白族自治州图书馆1983年据民国十二年稿本油印）卷十一《杂纪志》第19-1—19-10页辑录。〕

（康熙）蒙化府志·地理志·灾祥

卷一　地理志　灾祥

明

嘉靖二年六月，无云而雨，大水。自五道河涌出，有大木浮于上，不知何来，冲没田庐。

万历二十五年，大旱。人多饥死。

二十八年，大水。淹没田庐。

清

顺治十一年六月，大雨七十余日。川原如泽，禾苗尽损，永春、封川二桥俱皆崩圮。

康熙四年，旱。

九年，大旱。

〔据蒋旭修，陈金珏纂康熙《蒙化府志》（《中国地方志集成·云南府县志辑79》，凤凰出版社2009年据清康熙三十七年刻本影印）卷一《地理志·灾祥》第45页辑录。〕

（民国）蒙化志稿·天时部·祥异志

第二卷　天时部　祥异志

明

嘉靖二年六月，无云而雨，大水自五道河涌出，有大木浮于上，不知何来，冲没田庐。

万历二十五年，大旱，人多饥死。

二十八年，大水，庐舍田禾尽没。

永历九年壬辰六月，地大震，地中若万马奔驰，尘雾蔽天，夜复大雷雨，平地水溢，民舍尽塌，压死三千余人，地裂涌黑水，鳅鳝结聚，不知何来，震时河水俱竭，山上飞石乱坠。是后或日数震或间日一震，至十二年乃止。

九年甲午六月，大雨七十余日，禾苗尽损，永春、封川二桥皆圮。

清

康熙四年乙巳，旱。九年庚戌三月，黄雾迷天，日不见形三日，大旱，无秋。

嘉庆四年己未七月，公郎大水，山崩，田庐漂没，死者百余人。

十八年癸丑二月，大雨雹。

二十一年丙子秋，连月雨，大雾三日，有冰，田禾尽坏。冬，大饥，民食土，谓之观音面，死者数百人。

二十二年丁丑春，大饥，民食豆叶皆尽。清明后，天雨豆，复花一树实百余，民赖以活。秋大熟。

咸丰六年丙辰正月，大雪，平地深三四尺。夏，盟石河大水，毁庙街民居。

同治七年戊辰，巍山文龙亭池水涸。池本龙潭，从无涸者，至是忽涸，年余有人自子午街来，遇一土人谓曰：我巍山龙潭殿人，寄三眼井已十余越月，今欲归，烦便语道人于某日来此接我。道人固疑是龙，果如期至，以香楮诣井祝移，时大雨倾盆，归则池水尽满，鱼游其中矣。

九年庚午，大饥，贼加赋，斗米万钱，民多饿死。

光绪元年乙亥元旦，大雪。

十二年丙戌，锦溪河大水，毁其桥。

十八年雷震，公郎盐井田山嘴涌臭泥，击死鳅鳝数千。公郎街大水，民居尽没。六月，大雷雨。

二十二年丙申正月初八，大雪。

二十九年癸卯，漾濞行台亦为江水所圮。

三十四年戊申十月，大淫雨经旬。

宣统三年辛亥八月，大淫雨，自七月杪至九月初始晴。

〔据李春曦等修，梁友檍纂民国《蒙化志稿·天时部》（民国九年云南崇文书馆排印本）卷二《祥异志》第1-5页辑录。〕

（康熙）定边县志·灾祥志

灾祥志

万历二十八年，河水大泛，田禾冲没。

天启元年，大旱。

天启三年日暮，县南山后黑雾黄云重蔽，雷电交作，大雨如注，须臾水涌百尺，庐舍倾圮，溺死男妇千余，牲畜无数。

康熙二十九年庚午，河水大泛，两河壅积，冲没田十余顷。

〔据杨书纂康熙《定边县志》（云南民族社会历史调查组1960年钞本）《灾祥志》第39页辑录。〕

（雍正）宾川州志·风俗志·灾祥

卷十一　风俗志　灾祥

元

英宗至治中，洱河东雨铁，民舍山石皆穿，人物值之多毙，号曰铁雨。

明

武宗正德十三年，宾川大雨雹。

神宗万历二十四年，宾川大水。

二十八年，宾川饥。

国朝

康熙四年，宾川旱。三十二年，宾川阴霾三日。五十六年，彩云见于笔山。

〔据周钺纂修雍正《宾川州志》（清雍正五年刻本）卷十一《风俗志·灾祥》第4页辑录。〕

（雍正）云龙州志·灾祥志

卷十一　灾祥志附杂异

元

文宗至顺三年五月，大饥。

明

孝宗弘治五年，大水。

弘治十四年六月朔，大雪雨。

神宗万历四十五六七年，三七彩凤山下白虹自朝至暮，绕地不绝，又虹霓亘天连月。皆兵象，段氏亡之兆。

万历四十六年六月七月，彩凤山彩云见，色如锦绮，竟日不散。

万历四十八年三月，云龙州五井甘露降。

熹宗天启二年十月，云龙州五井甘露降。

本朝

顺治五年，大饥，民掘草木以食。

康熙四年，旱。

康熙四十六年至四十九年，雨旸时若，荞稻茂登。

康熙五十年七月二十八日，大雨，沘江泛涨，漂没灶房七十余户，田禾近江者尽淹没。

雍正元年至六年，雨旸时若，海晏河清，岁皆有成。

杂 异

澜沧江 每岁五六月，水自地出，人马近之则病，饮之则死。土人用毡浸水，久之取出，丝毫可以毒人。孔雀常以二月来翔江浔，月余而去，食金刚纂，故有毒。浴于江，人误饮江水多死。好事者捕之，畜于家，饲以稻粱，年余乃无毒。

澜沧江 间有龙斗，或大鱼至七八尺者，见之主灾祸。段嘉龙被杀之前夕，宴于江滨，见二龙斗，是夕遇害。

〔据陈希芳修，胡禹谟纂雍正《云龙州志》（《中国地方志集成·云南府县志辑82》，凤凰出版社2009年据钞本影印）卷十一《灾祥志》第1－4页辑录。〕

（咸丰）邓川州志·灾祥志

卷五 灾祥志

明

成化十四年秋七月，玉泉乡大水，坏州治学宫，荡庐舍。

正德十一年十一月，彩云见，经宿乃散。

正德十二年二月，彩云见。

嘉靖十年，有龙三见太和、邓川间，迅雷数处，击死五人。

国朝

康熙二年秋，瀰苴河东堤决中所桥上，总兵马公宁经过，督兵塞之。

康熙三十年，瀰苴河决，知州梁公大禄塞之。

康熙三十一年四月，阴霾三日。

康熙五十二年秋，瀰苴河西堤决中所桥下。

雍正四年秋，瀰苴河西堤决中前所桥上。

雍正八年秋，瀰苴河堤决井旁东。

雍正九年秋，瀰苴河堤决。

乾隆八年秋，瀰苴河堤东决刘官营。

乾隆十一年秋，旧州大市坪山涧水溢，人畜田庐，半没于沙。

乾隆二十三年秋，瀰苴河堤决下山口，坏东川田庐无数，道府宪委员赈济。

乾隆三十三年夏六月，瀰苴河堤决银桥上。秋，洱水溢，没田禾。

乾隆四十年秋，瀰苴河西堤决中前所。次日，东决下山口，田庐淹没，道府宪委员赈济。

乾隆四十七年秋，洱水溢，坏兆邑江尾田禾。

乾隆四十九年秋，象山崩，坏田庐，洱水溢，沿海田禾尽没。

乾隆五十九年秋，瀰苴河东堤决官伍。

嘉庆六年，西山蛇涧崩，涧水截河，遂为东堤害。

嘉庆十六年，彩云见罗川。

嘉庆十八年，彩云见鼎胜山。

嘉庆二十年秋，澜苴河公堤决下山口，坏田庐无数，道府宪委员赈济。

嘉庆二十一年六月，彩云见钟山。秋，澜苴河西堤决左所下。是岁大饥，路死枕藉。冬雷时鸣，虹时见时电。

嘉庆二十二年，彩云见钟山。六月，澜苴河西堤决马甲邑下。次日，决右所下，道府宪委员赈济。是岁，禾复不登。

嘉庆二十三年，彩云见，秋大熟。

道光十五年六月，彩云见钟山。

道光十七年夏，旱。彩云见鼎胜山。

道光十八年三月，彩云屡见。

道光二十八年夏，旱。

道光二十九年六月，彩云见钟山。

〔据钮方图修，侯允钦纂咸丰《邓川州志》（清咸丰五年刻本）卷五《灾祥志》第1－6页辑录。〕

（康熙）云南县志·方外志·祥异

方外志　祥异

弘治十七年，县严霜成冻。

嘉靖三十八年，大旱，减其税租。

隆庆六年，县霖潦小崩。

〔据伍青莲纂修康熙《云南县志·方外志·祥异》（国家图书馆藏民国年间钞本）第66页辑录。〕

（乾隆）云南县志·杂纪·祥异

贞集卷四　杂纪轶事祥异附

嘉靖三十八年，大旱，减租税。

隆庆元年，旱。六年，淫雨山崩。

〔据李世保修，张圣功、王在璋纂乾隆《云南县志》（清乾隆三十二年钞本）贞集卷四《杂纪》第22页辑录。〕

（光绪）云南县志·天文志·祥异

卷一　天文志　祥异

明

世宗嘉靖二十八年，大旱，减租税。

世宗嘉靖三十八年，大旱。

穆宗隆庆元年，旱。

穆宗隆庆六年，久霖山崩。

神宗万历三十九年，县之九峰山甘露降于松，白如脂。

国朝

康熙四年乙巳，旱。时洱海卫。

嘉庆十八年，淫雨伤禾。

嘉庆二十一年春，泮池苔凝成莲。秋水，冬大饥。

咸丰三年夏，二龙斗于天半。是年五月十七日午，阴云四布，大风拔木，见二龙争于天半，各带火光，约一时许始散，海草落地十数担，小鱼坠地数百尾。

咸丰七年，县城将陷，黄龙庙龙潭水涸。同治十一年，城将克复，水复出如故。

咸丰七年，云川龙洞村龙潭水涸。同治壬申，县城克复，水复清出如故。

同治十年夏六月，雨雹大如鸡卵，屋瓦皆碎，伤禾。

同治十一年，邑之浑水海澄清数日。按：海在距城八里之青华洞前，恒年浑浊不清。是岁水忽清洌，不数日，城果克复，大理亦渐平。

光绪五年，城南十里五伽山清泉忽涌，可溉田亩。

光绪十年，自夏迄秋无雨，岁旱。

〔据项联晋修，黄炳堃纂光绪《云南县志》（清光绪十六年刻本）卷一《天文志·祥异》第4页辑录。〕

（康熙）续修浪穹县志·外志·祥异

卷八　外志　祥异

青神分水　五代时浪穹天马山下，有山状如龟蛇，即赵善政所居。其山左涧有水，而右无。有樵青神者善咒法，众樵谓之曰："若能分水于右涧乎？"曰："不难。"遂以斧柯触山，右涧水即涌出，与左涧等。其人没为神，附祀于赵善政之庙。其水在昔为民利，后来沙石横下，壅压民田，今为患矣。

水怪沉舟　元大定四年，洱河有水怪，牛猪形，金睛短项，兴水为患。大理有道者，取段氏黄金百镒为索制之，索成即日移浪穹宁河。《六诏灵源记》云宁河无底，大明宣德年间，渔人李应捕鱼，网得金索，旁有渔翁曰：可旋收旋断。李贪甚，收金索将尽，惊动其怪，连舟俱沉。或又云其怪由河头山去。

水　灾

弘治十四年八月初十日，阴雨为患，山崩水涨，大果、新登、山根等处冲没地田五十余亩顷，居民房屋八十余家，死者百十余人。

暴　雪

康熙二十七年三月二十九日，甚雪势如堆锦下坠，将豆麦覆压，境内一带林木倒折。

〔据赵珙纂修康熙《续修浪穹县志》（国家图书馆藏民国年间钞本）卷八《外志》第1-6页辑录。〕

（光绪）浪穹县志略·天文志·祥异

卷一　天文志　祥异

明

弘治十四年八月，阴雨为患，山奔水涨，大果、新登、山根等处冲没田地五十余顷，居民房屋八十余家，死者百十余人。

国朝

康熙二十七年戊辰春三月二十九日，大雪，伤豆麦，折林木。

乾隆三十三年戊子夏六月，普陀崆白汉涧水发，沙石填河，湖水横流，淹田宅无数。

三十五年庚寅，水灾益甚，东南北城垣尽圮。

嘉庆八年癸亥秋七月，水灾，城垣补修者复圮，请赈。

十一年丙寅，水灾。

十三年戊辰，水灾益甚，南北城垣尽圮，请赈，出田赋五百有余石。

二十一年丙子秋，大涝，禾不登，饥死者枕藉。

二十二年丁丑夏，雨雪。秋，大旱，民复饥。

道光六年丙戌夏四月，荞后里大雨雹如鸡卵，自浪渡邑起至大叶坪止，麦秀被伤。

十八年戊戌冬十月，大雪三昼夜，平地三四尺不等，林木压折无数。

同治五年丙寅冬十有二月，大雪，罗坪山冻毙四十余人。

光绪四年戊寅夏，水灾，淹没田数千亩，详请给恤。

九年癸未秋，瀰茨河、凤羽河、茈碧湖水先后溃漫为灾，淹毁田园千余亩。

〔据罗瀛美修，周沆纂辑光绪《浪穹县志略》（清光绪二十九年刻本）卷一《天文志·祥异》第3页辑录。〕

丽江市

（乾隆）丽江府志略·星象考·祥异

上卷　星象考　祥异

康熙三十一年四月，雨雹大如拳，人畜多毙，禾麦尽伤，岁大饥。

乾隆元年，旱。夏四月，玉河源涸。

〔据官学宣修，万咸燕纂乾隆《丽江府志略》（《中国地方志集成·云南府县志辑41》，凤凰出版社2009年据钞本影印）上卷《星象考·祥异》第71页辑录。〕

（光绪）丽江府志·天文志·祥异

卷一　天文志　祥异

乾隆元年丙辰，旱。夏四月，玉河水源涸。

〔据陈宗海修，李福宝等纂光绪《丽江府志》（民国年间钞本）卷一《天文志·祥异》第38页辑录。〕

（乾隆）永北府志·祥异志

卷二十四　祥异志

明

嘉靖九年，大饥。

三十九年，大水。

四十年，大饥。

万历十四年，期纳大水，民居田亩漂荡成河者数十里。

二十八年，大水，近屯与清水驿淹没田亩数十顷。

本朝

顺治五年戊子，大饥，升米银三钱。

康熙五十三年甲午，饥。

雍正二年甲辰，大有年。

乾隆元年丙辰，芭蕉湾龙现，见有妇女浣衣，复隐洞中，半露其形，观者甚众，后七八日，乃不见。

七年壬戌七月内，金沙江花坪有鸟高二尺余，形如大雁，识者曰此鹙江鸟也。主雨水泛涨，米价高昂，果应。九月十五日，大雨雹，地深尺许，伤稻。

八年癸亥七月十五夜，白虹见于西方，大水。是年饥。

十六年辛未九月，金沙江水翻白浪三日，浪息，两岸白浆深寸许，人取以涂物，色乾如粉。是年夏秋皆大熟。

十七年壬申夏，雨雹，伤豆麦。

二十八年癸未八月，清水驿、期纳雨雹，伤禾。

三十年乙酉四月十六日，金沙江水翻白浪三日，色如粉浆。

〔据陈奇典修，刘慥纂乾隆《永北府志》（故宫博物院编《故宫珍本丛刊》第229册《云南府县志辑》第4册，海南出版社2001年据清乾隆三十年刻本影印）卷二十四《祥异志》第1－3页辑录。〕

（光绪）续修永北直隶厅志·天文志·祥异

卷一　天文志　祥异

明

嘉靖九年辛酉，大饥。

三十九年辛卯，大水。

四十年壬辰，大饥。

万历十四年丁巳，期纳大水，民居田亩漂荡成河者约数十里。

二十八年辛未，大水[①]，近屯与清水驿田淹没数十顷。

国朝

顺治五年戊子，大饥，升米银三钱。

康熙五十三年甲午，饥。

雍正二年甲辰[②]，大有年。

乾隆元年丙辰，芭蕉湾龙现，为妇女浣衣所窥，复隐洞中，半露其形，观者甚众，后七八日，乃不见。

七年壬戌七月，金沙江花坪有鸟高二尺余，形如大雁，识者曰此鹙江鸟也。主雨水涨，米价昂，果验。九月十五日，大雨雹，水深尺许，伤禾。

八年癸亥七月十五夜，白虹见于西方，大水。是年饥。

十六年辛未九月，金沙江水翻白浪三月[③]，浪息，两岸白浆深尺许，人取以涂物，其色如粉。是年大熟。

十七年壬申夏，雨雹，伤豆麦。

二十八年癸未八月，清水驿、期纳雨雹，伤禾。

三十年乙酉四月十六日，金沙江水翻白浪三日，色如粉。程海之水，原以灌溉南路

① 大水　原本缺，据乾隆《永北府志》卷二十四补。

② 雍正二年甲辰　原本作“雍正二十年甲辰”，据乾隆《永北府志》改。

③ 三月　乾隆《永北府志》作“三日”，事发于九月，以“三日”为胜。

田亩，乾隆四十四年，其水顿涸十余丈。

嘉庆二十二年丁丑，米价高昂，大饥。

道光二十一年辛丑，板山河大水，伤坏良田数十顷。

咸丰十年庚申十月，天鼓鸣，金沙江覆舟。

同治元年壬戌，九月，金江水翻白浪。

丁卯、戊辰年，大饥，升米银七钱，斤盐三钱。

十三年甲戌，金沙江水翻白浪。

光绪元年乙亥十一月，金沙江水翻白浪三日，其泥如粉。

三年丁丑八月十一日，大雨，由东山起蛟，水冲清水驿、期纳、土锅村，伤毙男女四百余丁口，田地石堆沙压者数百亩，同知胡锡铨履勘，申详请赈。

四年戊寅七月九日，板山河起蛟，洪水泛溢，冲坏良田无数。十六日，冰雹大作，旧衙坪、白角坝、二关村、南路、片角等处击损田禾、苞谷、荞粮无算。是年大饥。

十九年癸巳十月，天鼓鸣，洪水大涨，三川河南边魁阁冲倒漂流而去。

〔据叶如桐等修，刘必苏等纂光绪《续修永北直隶厅志》（清光绪三十年刻本）卷一《天文志·祥异》第6－10页辑录。〕

保山市

（光绪）永昌府志·祥异志

卷三 祥异志

东汉

武帝太康元年，白龙三见于永昌。

唐

懿宗咸通十四年，永昌雨土。

元

至顺三年，永昌郡饥。

明

洪武十年，永平大水，坏民居数百家。十五年，五色云见于永昌太保山，经宿不散。

成化十年，永平县大水，淹没民居数百家。

十四年秋，永昌、腾冲大水，坏民庐舍，人畜死者以百数计。

十六年春正月，腾冲灾。巡抚副都御史陈金疏奏，上特遣重臣一人至滇，敕谕略曰：“云南僻在万里，灾应有由，特命尔前去广询博访，旌贤良，黜贪暴，阅军马，修城池，振举废坠，通达幽隐，兴利革敝。务期军民安靖，边境宁乂，少纾朕西顾之忧。”

弘治三年，金齿、腾冲大饥。

正德二年，腾冲饥。

十三年夏六月，腾冲旱。

嘉靖二年秋，腾冲旱。

三年，永昌、腾越大饥。

五年，腾越饥。

七年秋，腾越旱。

八年，腾越饥。

九年秋，腾越大水。

十五年秋，永昌大饥。

十九年春二月十二日，永昌城内灾毁者三百余家。秋，腾越大雨雹，伤禾。

二十年，腾越饥。

二十二年，腾越大水。

二十六年，腾越饥。

二十七年夏四月丙午，腾越大雨雹。新安所旱。秋，大水坏田庐舍数百。

二十八年三月，永平灾毁者百十家。

二十九年七月，腾越大水，坏民庐舍，人畜溺死者以百计，城东北隅几坏。是年，甘露降于永平。

三十一年，腾越饥。

三十二年闰三月初六日夜，永昌、腾越地震，明日复震。腾越鸣雷，雨雹如鸡卵。

三十七年秋，永平、腾越大水，坏民田庐数百家。

三十八年九月，腾越大雨雹伤稼。

三十九年十二月，永平甘露降。

万历十二年正月，庆云见于腾越，彗星又见。是年，腾越饥。

十四年三月，大雨雹。

十五年，腾越饥。

十六年秋，腾越五色云见。

二十七年五月，永昌、腾越大水。

二十八年，腾越大水，庐舍、田禾皆没。永平淫雨，自三月至九月乃止。

三十一年，腾越大饥。九月，洪水横流，田禾尽坏，山崩大洞，居民杨氏家出红虹在卧室，二十六日后出白虹，绕于村。十月，雨黑雪，伤谷。

本朝

顺治十八年，腾越厅大饥，死者六千余人。

康熙二十五年五月二十七夜，永昌大雷电风雪。迨明，树叶堆地，如碎剪然，禽鸟死者无算。

三十三年三月，大雨雪。永昌城中阴霾数日，寒甚，四山牛畜冻死者无算。

乾隆四十七年，腾越州属南甸、干崖两土司夷民被水淹，伤田亩，冲倒房屋。奏准发项抚恤。

四十七年八月初一日，五色云见永昌。

四十九年五月初三日，五色再见永昌。

五十一年秋七月，永昌大水涨城南门。

嘉庆八年夏，大饥。

二十二年，大饥，流民襁负而至者万计。冬十二月，大雨雪，山林城市皆满，次年，百谷熟。

道光三年冬十二月十三日，彩云现于正西。

咸丰二年八月，彩云见于西方。

九年，永昌大水，坏民庐舍数处，施甸腾场村苗田一夜高起数尺，广里许，周围有裂缝，有泉涌出，数日后，仍旧落平。

同治元年，永昌大饥，人相食。野菜田螺皆尽，死者无算。

三年，永昌大有，斗米百钱。

六年旱，蛟见于腾越来凤山，蛇头有爪，体长五尺许，尾长尺余，居民枪毙之。

光绪九年五月十九日，河湾蛟泛，平地水涌数尺，淹坏田数千亩。

〔据刘毓珂等纂修光绪《永昌府志》（清光绪十一年刻本）卷三《祥异志》第1－9页辑录。本志沿引乾隆《永昌府志》，增补乾隆四十七年至光绪九年间事。〕

（乾隆）腾越州志·杂志·灾祥

卷十一　杂志　灾祥

明

成化十四年夏，学宫产麦，一穗三歧。秋，大水。八月，地震。夫一年也，而瑞麦，而大水，而地震，则祥瑞有不足信矣。

十六年春正月，灾。

宏治三年，大饥。

正德二年，饥。

嘉靖三年，大饥。

五年，饥。

八年，饥。

九年秋，大水。

十九年秋，大雨雹伤禾。

二十年，饥。

二十二年，大水。

二十六年，饥。

二十七年夏四月丙午，大雨雹。秋，大水。

二十九年秋，大水。

三十一年，饥。

三十七年，大水。

三十八年，大雨雹害稼。

万历十二年，饥。

十三年，大雨水。

十四年三月，大雨雹。

十五年，饥。

二十年，大饥。

二十七年，大水。

二十八年，大水。

三十一年，大饥。九月，洪水横流，田禾尽坏，山崩。十月，雨黑雪伤谷。俗云下黑雪，盖惊怪之词，不意实有此异也。

国朝

乾隆七年四月，大水。

三十四年，腾越大饥，斗米银一两七钱。

三十五年秋，岁大有，斗米银三钱。古者斗米数钱，以钱文计也。今日银三钱，则准钱三四百矣，犹称“岁大有”乎？盖斗斛不同也。

三十六年秋，岁大有。

三十七年秋，岁大有。

四十年，是冬，大雪大冰。

〔据屠述濂修乾隆《腾越州志》（《中国地方志集成·云南府县志辑 39》，凤凰出版社 2009 年影印本）卷十一《杂志·灾祥》第 1－3 页辑录。〕

（光绪）腾越厅志稿·天文志·祥异

卷一　天文志三　祥异

明

成化十四年夏，学宫产麦，一穗三歧。秋，大水。八月，地震。

十六年正月，灾。本旧志未详其异。

弘治三年，大饥。

正德二年，饥。

嘉靖三年，大饥。

五年，饥。

七年，旱。

八年，饥。

九年秋，大水。

十九年秋，大雨雹伤禾。

二十年，饥。

二十二年，大水。

二十六年，饥。

二十七年四月丙午，大雨雹。秋，大水。

二十九年七月，大水，坏民庐舍，人畜溺死者以百计，城东北隅几坏。

三十一年，饥。
三十二年闰三月六日夜，地震，次日复震，雨雹如鸡卵。
三十七年，大水。
三十八年，大雨雹伤稼。
万历十二年，饥。
十三年，大雨水。
十四年三月，大雨雹。
十五年，饥。
二十年，大饥。
二十七年，大水。
二十八年，亦大水。
三十一年，大饥。九月，大水横流，田禾湮没，山多崩塌。十月，雨黑雪伤谷。

国朝

乾隆七年四月，大水。
三十四年，大饥，斗米银一两七钱。
三十五年秋，大有，斗米银三钱。时斗米，疑与今异。连年大有。
四十年冬，大冰雪。
四十七年，水淹南甸、干崖两土司地田亩并倾屋宇，奏准发款银抚恤。
五十二年四月，连旬大雨，民大饥。
嘉庆二十二年，大饥，死者甚众。
二十三年秋，大有。
道光十九年夏，淫雨月余，水泛山崩，多压田亩，连年米贵。
二十二年九月，蒲窝雪压田谷，民饥，死者无数。
咸丰六年，一夜龍嵸山忽崩一角，大水涌出，冲坏山下民人居屋。
同治六年，来凤山脚旱蛟见，蛇头蟒爪，有鳞，尾长尺余，身长五尺许，居民毙之。
光绪三年元旦后，阴雨数日。连年岁大有。
十二年七月十二日，北练打苴马蚁窝后山夜半雷雨交作，石坠山崩，波涛汹涌，一奔入龙江，一奔入大盈江，淹没北练小西东练田四十顷三十六亩五分。同知陈宗海申详请发款赈恤。时群山坍塌者多类爪形，或曰伏蛟鼓浪，或曰孽龙为灾，皆不可知也。十五日，瓦甸雨雪。

〔据陈宗海修，赵端礼纂光绪《腾越厅志稿》（清光绪十三年刻本）卷一《天文志·祥异》第1－6页辑录。〕

（民国）龙陵县志·天文志·祥异

卷一　天文志　祥异

咸丰十年六月初十日丑正，烈风暴雨至寅初，东山一带倒塌十余缺。
光绪六年，腊猛街水泛，毙百余人，报拯有案。

宣统二年春，地大震，龙江两岸尤甚。山摇水沸，墙屋倾圮者难以枚举，三月乃止。

〔据张鉴安修，寸开泰纂民国《龙陵县志》（台湾学生书局1968年据民国六年石印本影印）卷一《天文志·祥异》第13页辑录。〕

迪庆州

（光绪）新修中甸厅志书·祥异志

卷上　祥异志

祥者所以征其瑞也，异者所以志其怪也。自古祯祥之瑞，肇自人间，因地而施，因人而集，且四时而见。中甸所属江边境有神州山上，于道光二十四年七月十八日酉时，有金龙由海升天，连绕五色，彩霞护升，境内人见之，焚香行礼。是夜天降大雨，十年之内，地方丰收，此为祥瑞。

〔据吴自修等修，张翼夔纂光绪《新修中甸厅志书》（《中国地方志集成·云南府县志辑82》，凤凰出版社2009年据钞本影印）卷上《祥异志》第482页辑录。〕

（民国）维西县志·大事记

卷一　大事记

光绪二十三年丁酉，大旱，至秋七月始雨。

光绪二十九年癸卯，岁大饥。

〔据李炳臣修，李翰湘纂民国《维西县志》（《中国地方志集成·云南府县志辑83》，凤凰出版社2009年据钞本影印）卷一《大事记》第35页辑录。〕

临沧市

（康熙）顺宁府志·地理志·灾祥

卷一　地理志　灾祥

明万历年秋，天阴雨微晦，郡东总河水忽涨起丈余，下流水逆流而上，如相斗状，两岸田畦，皆成洪波，洄漩不下，声振如雷，逾而平，鱼无巨细，皆死于岸畦间，或以为龙战，想亦非诬也。

〔据董永芟纂修康熙《顺宁府志》（云南民族社会历史调查1960年钞本）卷一《地理志·灾祥》第43页辑录。〕

（光绪）续修顺宁府志稿·天文志·祥异

卷一 天文志二 祥异

明

旧《云南通志》：正统五年秋七月，顺宁大雨弥旬，山崩水溢，冲没田亩不可胜计。

《明史·五行志》：成化十年四月，顺宁严霜成冻。

陈仁锡《潜确类书》：正德十三年秋八月，龙斗于顺宁澜沧江，涌水高百丈，行者七日不渡。

嘉靖十一年夏六月，顺宁阿鲁司泥山中雷雨拔木。

十五年夏秋，顺宁大饥。

二十二年春三月，顺宁雨雹如卵。

三十五年，顺宁正月至五月不雨。

万历三十年秋，顺宁东河水斗，水高丈余，有声如雷，两岸田亩皆没，移时乃消，畦岸间鳞属巨细皆死。

崇祯九年七月，江中龙斗。

国朝

旧《志》：乾隆二年丁巳，饥。三年戊午，饥。七年壬戌，大饥。八年癸亥，饥。十九年甲戌秋，淫雨滂沱，山崩水溢，漂没田庐桥梁不可胜计。二十年乙亥夏，饥。

《云州采访》：乾隆五十九年甲寅五月，澜沧江龙斗，神舟渡阻水不流。六十年乙卯秋，大风雪雨拔木，冲没田禾。

《顺宁采访》：嘉庆二十三年戊寅秋，谷穗双，岁大熟。

《云州采访》：嘉庆二十五年庚辰五月，彩云见西方。六月，彩云见东方。

《云州采访》：道光元年辛巳秋八月，嘉禾生。

〔据党蒙修，周宗洛纂光绪《续修顺宁府志稿》（清光绪三十一年刻本）卷一《天文志二·祥异》第4－6页辑录。〕

古迹胜景

省　志

（景泰）云南图经志书·事要·形胜

卷一　云南布政司

云南府

晋宁州

玉案亘其前，其形如案，故名，非府治之玉案山也。滇池拥于后，在州之北。东望盘龙。山名，在治州东五里，以寺得名，山下有泉。

安宁州

暖泉漱玉。在州之温泉里。云南诸郡，温泉凡一十七所，惟此为最。其间石色如碧玉，水清可鉴毫发，无硫黄气，虽骊山温泉不过也。元主事赵琏有诗云："泉出安宁最，潜阳溢至和。盎温深在沼，清泚洊盈科。下土丹砂伏，傍崖碧玉磨。气暄移火井，色莹转银河。洗濯空炎瘴，经行入雅歌。远人沾惠旧，此去足恩波。"

昆阳州

卧龙烟雨堆。在州治北三里，山势起伏，下瞰滇池而上有茂林高柳，朝暮之间，烟雨晦暝，若有灵物在焉，号曰卧龙烟雨。

嵩明州

海富鱼鸟。即嵩明海子。

卷二

澂江府

秀水前澄，即抚仙湖，在郡治前。奇山后耸。即罗藏山，在郡治后。左有铁池之固，在河阳县东山谷间，有河流广一引，若池然，先尝有寇乘筏渡河为剽掠，后置邮河上，民聚居之，寇乃屏迹，因名之曰铁池，以其有坚固之势也。右有三关之警。

曲靖军民府

凭山负水，石堡山峙于府前，交水河经于府后。四达要冲。东通两广，西接四川，北连贵竹，南上滇藩，诚要冲之地也。

霑益州

环山盘水。州之东南环以石龙诸山，而南北有盘江二水。

寻甸军民府

襟山带水。府治之远近有月狐、勇克诸山环其后，八溪诸水萦其前，若襟带然。

武定军民府

山水险峻，人物殷阜。见元武定路儒学教授杨与贤《正续寺记》。两山排闼，一水护田。狮子山在府治左，三台山在府治右，两山对峙，势若排闼，而乌龙一河环绕府治前，民居田亩，咸资灌溉。

禄劝州

临隘设津。距州之北二百五十里，有普河，其深莫测，而两傍崖岸壁立，乃凭临其隘设巡检司以诘之。

卷三

临安府

建水州

山环水抱。矣和坡山盘环于前，曲江之水自州东北折而西南，复入于东而入盘江，此其胜也。

石屏州

异龙、落矣，萦带东西。有异龙湖萦于东，落矣河带于西，亦可以为胜矣。

宁　州

前控通海，通海湖在州之前。后引澂江。澂江在州之后。

阿迷州

水如玉玦。乐丰河水萦带州前，若玉玦之状。

广西府

弥勒州

堑水屏山。八甸溪萦于州后，若大堑然；部龙山耸于州前，如屏之设。

维摩州

负山瞰水。后有万年、宝宁、葛雄诸山，前有曲部溪水，州治以之为胜。

广南府

富　州

丛山陡涧。州居僻壤，有丛山巨壑、深林陡涧，而外郡之人罕至其境。

元江军民府

镇沅府

马龙他郎甸长官司

群山夹江。本甸有摩沙勒江，即礼社江也。马龙诸山在江之右，迤诸山在江之左，水流其中，其隘如峡，

卷四

楚雄府

镇南州

水通沟浍。州之近多良田，而江水通焉，沟浍之间，四时不涸。

姚安军民府

姚　州

平川膴膴。即弄栋川。南北相距五十余里，水向北流，环以四山，府、所、州、县之治据其胜，而桑麻之场，黍稌之亩，膴膴然弥望焉。

景东府

水城绕郡。即大河。蛮云柘南，汉云水城，环绕府治。

顺宁府

永宁府

澜沧卫军民指挥使司

北胜州

一江外绕，三关内固。距州治四面之远，有金沙江环绕之，其近而在西、南、北者，则有三关之固，虽外夷逼境，不敢越界，而无盗贼之虞，故居民牧放，经旬弗失。

者乐甸长官司

据山附水。其民居，皆据山之险，附水之近，亦险僻之处也。

卷　五

大理府

负山面海。郡治在点苍山下，而洱海潴其前。

赵　州

川泽平旷。郭松年《大理行记》云。

邓川州

山翥凤仪，即凤羽山。其详见《山川》下。江通鹤庆。即样备江。其详见《山川》下。

云龙州

江山绝阻。州有三峰山峙其后，浪沧江带其前，四面阻绝，人迹罕到。

蒙化府

一川平衍。即蒙舍川也。东西相距三十余里，南北相距七十余里，而坦然平衍，诚沃壤也。

鹤庆军民府

平川弥望。即鹤川也。其详见《山川》下。

剑川州

水列川形。即剑川。详见《山川》下。

丽江军民府

通安州

襟山带溪。州治为府之附郭，四向皆山，而溪流来自西北，过于州前往东南而去。

宝山州

面山背江。州治之前有阿邦山，其后有金沙江，亦可以为胜矣。

兰　州

山围水绕。北有福源山，南有雪盘山，白石溪则绕于州治。

巨津州

铁桥渡险。今在州之南一百五十里金沙江边，穴石锢铁为之，传云隋开皇中史万岁所建。或云蒙氏阁罗凤叛唐与吐蕃结好，后异牟寻归唐，与韦皋合兵破吐蕃，断铁桥路即此也。冬月水消，犹见铁环在焉。

卷六

金齿军民指挥使司

两江设堑。西南有上下潞江，东北有浪沧江，深沉莫测，边夷不能越，犹堑之设也。

腾冲军民指挥使司

外夷衙门

〔据陈文修景泰《云南图经志书》（李春龙、刘景毛校注，云南民族出版社2002年版）辑录。〕

（万历）云南通志·地理志·古迹

卷二　地理志第一之二

云南府

龙马脚迹　在晋宁州东三里海溪山麓。巨石平坦，上有马蹄迹。相传滇池产龙驹，昼见于山，夜入于水。按史，晋孝武大元十四年六月朔，宁州刺史费统言：滇池有二马，一白一黑，出入水中，民人董聪见之。疑即是也。

牛恋乡　在晋宁州西十里。相传有异人牧牛滇池滨，牛夜入水，恋草，鸡忽报晓，牛尽化为石。至今水中石俨若牛形，呼为牛恋乡。

大理府

天　桥　在府城南三十五里。观音大士凿洞山骨，使洱河水下趋处也。初未凿时，苍洱之间水据十之七，凿后水存十之三矣，古人谓之石河。下断上连，绝壑深堑，石梁跨之，凭虚凌空，可度一人，故名天桥。桥边激水溅珠，宛如梅树，人呼曰不谢梅，亦奇观也。桥之北有沓嶂，又名一线天，水故道也，石林古色，可吹洞箫。

放黑龙于冯河　在玉局峰顶之南。世传黑龙为患，观音大士请佛敕放之于冯河，使冬春居雪山，夏秋居温汤，寒益寒，热益热，今龙尾关温泉是矣。夏至、冬至先后数日，雷雨大作，是其往复时也。冯河潭围万步，岩壁耸削，奇木交加，潭以版石，皆人力为者，修饬整整，尘埃不到，潭面清彻，其深莫测，忽有堕叶，鸟辄啣去。《续汉书》谓：云南县西北有山，如扶风太乙之状，上有冯河。即此。

卓锡泉　在城北三十五里喜州（洲）大慈寺前。昔有神僧卓锡得泉。

石马泉　在城西。水味甘洌，源出西天竺。副使姜龙诗[①]：“旧志闻兹水，何时着此亭？来应自西极，流或到南溟。巢父牛堪饮，庖牺马似经。直钩无下处，坐对晚山青。”修撰杨慎诗[②]：“胜地荒芜久，华亭结构新。清泉分马颊，白石动鱼鳞。玉泻琴中调[③]，花摇镜里春。还将濯缨事，拟问钓璜[④]人。”

石马井　在府治后。日亭午时，见井中有石如马。

御　井　在州北一十五里。元杨庭《御井记》曰：世祖癸丑南征，驻跸其所，时旱，军士渴甚，上悯之，祷神，以宝剑插地，清流涌出。井之亭废，碑存。前《志》讹以“御”为“玉”。

白沙井　在凤凰台下。泉味甚甘，亦望欠凿。

八功德水　在鸡足山之巅。世传迦叶于石上卓锡成泉，涓流不息。

白牛井　在州西北三十里。人见白牛食其傍，遂没入井，深不可测。

临安府

龙马蹄石　在石屏州西八十里。石高四尺，围六尺，有龙马蹄迹，傍有小石四，呼为风伯、雨师，岁旱祷之，辄雨。有夏尚忠诗[⑤]：“力战曾劳汗血躯，山中风雨老蘼芜。巉岩此日留踪在，奇骨当年待价沽。云路不辞千里远，霜蹄肯受一鞭驱。房星落地无今古，疑是周王八骏图。”张绎诗[⑥]：“神骏何年到此州，行踪故向此中留。晓寒岂避秋霜滑，风暖宜怜春草柔。千里才名人已去，九皋眼孔世难求。图经不载谁应识，辜负空群

① 此诗，康熙《大理府志》卷二十九《艺文志中·五言律》题作“石马泉”，署名前有小注“副使”二字，后有小注“苏州”二字。

② 此诗，《式古堂书画汇考》卷二十六（影印文渊阁《四库全书》本，下简称“汇考”）杨用修《石马泉亭诗帖》题作“九月廿六日始会于石马泉亭二首”。其二曰：“苍霭环城下，红云指海东。登頳临远水，摇蕙感回风。归望微茫外，生涯烂醉中。故园千万里，秋色可能同？”

③ 调　《汇考》作“韵”。

④ 璜　原作“鱼”，《汇考》作“璜”。按：“钓璜公”，指姜太公吕望。据《尚书大传》卷一载，吕望在磻溪“钓得玉璜”，以垂钓得玉璜，喻臣遇明主。作“璜”是，据改。

⑤ 此诗，康熙《石屏州志》题作“龙马古迹”，署名作“郡人夏尚忠都昌知县”。

⑥ 此诗，康熙《石屏州志》题作“前题”，即同前夏尚忠“龙马古迹”。

志未酬。”余秉清①诗：“神驹从此骋驰驱，印出分明掣电蹄。一勒嘶风云外去，淡烟芳草落花溪。”

永昌军民府

光明井 在府城东五里。唐大历间，井傍尝见三角牛、四角羊、鼎足鸡，中有火烛天，南诏塞之，今建为风云雷雨坛场。

龙马槽 在州治正北一百五十里。江中有石如槽，南诏时有龙马饮水于此。

济旱石 在州金轮寺。石圆一尺有半，旧传唐僧摩伽尼所遗，遇旱，以此石投龙池即雨，今亦不验。

滚钟溪 在州南十里。山顶有古刹，钟重千斤，一夕风雨，钟滚于溪，至今草皆下生。

卷三 地理志第一之三

楚雄府

马蹄痕石 在县清和乡苴芜七里。有峻岭石岩，崖畔有石池，方广一丈余，泉香而甘，石上有六七马蹄痕，或磨凿之，经宿，其痕仍旧。

黑 石 在碍嘉县东。状如冬瓜，人不言而举之则动，言则弗动，土人以为怪，积薪焚之，雷雨交作，众惧止。

曲靖军民府

双 井 在府城，相传武侯凿。

澂江府

古 树 在县二十里双龙乡北。春初叶荫，自南兆旱；自北兆雨；自西风雨时，禾稼登；自东丰歉半；自四围旱涝仍，饥馑臻。历验无爽。

蒙化府

竹扫寺 在城南百里。无院无僧，中有石佛，旱则蒙人致之城隅，祷应即还山。其所产竹，同石母山，而竹稍拂石，甚洁如扫，旧《志》取认为奇。

鹤庆军民府

水 洞 有二：一在府治东五里，世传有神僧赞陀崛多于象眠山下，以锡杖疏漾共江水，民获耕作；一在顺州治东北六里，泉自洞出，四时不竭，每遇旱涝，辄往祷焉。

诸葛寨泉 在府治南一百四十里。汉时，武侯驻驿于此。其池出泉，均分为二流，昔有人欲兼利之，至鸡鸣，其水复均，人以为神。

菩提井 在府治西南八里。世传赞陀崛多神僧西来，郡人迎而揖之，以居于此井傍，僧植菩提，故名。

---

① 余秉清 原本作“余东海”，康熙《石屏州志》卷八《艺文志·七言绝句》作“余秉清”，天启《滇志》卷十三《官师志》石屏州知州“正德间任”者有“余秉清，江西人。”作“秉清”是，据改。又，此诗题名，《石屏州志》作“龙马古迹”。

龙马井 在府治东南一百里山畔。世传一红马，肥口长鬣①，出入无忌，虽虎豹不能噬，村人异而迹之，不获，惟见有此井，故名。

一碗水 在大城坡顶。圆径尺，深如之，不涸不盈。相传南诏蒙氏过此，军士渴甚，遂拔剑以插地，其泉涌出，至今行人资焉。

诸葛池 在州治北四里。武侯南征，曾饮马于此。

姚安军民府

石 羊 即白盐井。昔洞庭爱女牧羊于此，有羝舐土，因得卤泉。

广西府

卷四 地理志第一之四

寻甸府

龙马蹄迹 在府城之西南五里。层岩一石，遗龙马足迹于上。

仙人洞 在府城西南四里许。内有神仙、硙碓、石床、石柱，深二十里许，下有水洞。

武定军民府

武陵洞 在府城北七十里夹甸西山中。深不可测，内有一水流出。又有石人、石兽，以火照见，则不敢语，若有语声，则雷雨辄至。

景东府

元江军民府

龙马迹 在府城西大石上。相传昔有异人乘龙马过此，留迹焉。

风伯雨师坛 在府城西。有五小石，土人皆贴以金，遇旱祷雨于此，松柏茂郁，若仙境然。

丽江军民府

铁桥城 在铁桥南，今遗址尚存。

广南府

顺宁州

观音井 在府治北九十里。水泉甚艰，行者多苦于渴。有夷人忽见一老以杖触地，心甚异之，及往视，则老人不见，而泉水涌出，至今行者利之。说者以老人为观音大士也。

象脚井 在府治北一百八十里。昔有商人经此，见一白象，众往逐之，其所践之处遂成井，后人因名为象脚井。

江浮佛像 有夷人渔于阑沧江，忽一物溯流而上，物体沉重，渔者意为大鱼，网而

---

① 长鬣 康熙《鹤庆府志》作“朱鬣”。

取之，乃一观音木像，雕刻最古，盖自南海逆流而至者也。知府猛卿于万庆寺奉之。

中阿山铭石　正德初，土民于中阿山耕田，得一石，方可一尺，厚寸许。上有铭曰："襟沧江，带锡河，为崑崙山众子，厥名曰中阿。"下尚有十余字，皆剥落难晓，但不知出于何代何人也。

永宁府

镇沅府

北胜州

程海磁枕　相传昔有渔者网得一磁枕，色青碧，土人呼为龙枕。每岁首，验其润燥，以占岁之丰凶。今在龙王庙。

程海古碑　相传渔者网鱼偶获。石碑上题曰"大圣程河妙感景帝"，盖蒙氏伪封也。其碑沥水数十年，至今始乾，尚有润。

新化州

者乐甸长官司

车里军民宣慰使司

木邦军民宣慰使司

孟养军民宣慰使司

缅甸军民宣慰使司

八百大甸军民宣慰使司

老挝军民宣慰使司

孟定府

孟艮府

南甸宣抚司

干崖宣抚司

陇川宣抚司

威远州

湾甸州

镇康州

大侯州

钮兀长官司

芒市长官司

〔据邹应龙修，李元阳纂万历《云南通志》（刘景毛、江燕等点校，中国文联出版社2013年版）卷二至卷四《地理志》辑录。〕

（天启）滇志·古迹志

卷三　地理志第一之三　古迹志

云南府

黑水祠　见《汉书·地理志》云："滇池出铁，有池泽，北有黑水祠。"

白猬山　见《南中志》言："滇池有神马，与马交，即生骏马，俗称曰滇池驹，日可行五百里。水神祠祀。亦有温泉，如越巂温水。又有白猬山，山无石，惟有猬也。"今无考。

龙马迹　在州东三里海溪山。传闻滇池产龙驹，昼见于山，夜入于水。按《晋史》，孝武太元中，宁州刺史费统言滇池有二马，一黑一白，出入水中，民人董聪见之，即此。

牛恋乡　在州西十里。昔有异人牧牛滇池之滨，牛夜入水，恋草，忽鸡鸣，尽化为石。至今石在水中，俨若牛形，因以名乡。

大理府

石乳岩　在苍山茫涌溪，上有滴乳石。高智升初生时，曾弃其下，石乳入其口，数日不死，始收养之。

逆水浮板　在城中东南隅大悲寺。唐末，有一木板，在南门溪流逆水浮三里许，人异之，取视，板上有观音像，绘采如新，因奉祀之。成化间，雪深七尺，城中烟火俱尽，人于像前香篆得火云。

天　桥　在府南三十五里。观音大士凿洞山骨，使（便）洱河水下趋处也。下断上连，绝壑深堑，石梁跨之，凭虚凌空，仅可度一人，故曰天桥。

观音放龙处　地名冯河，在苍山玉局峰顶之南。相传昔有黑龙为患，大士请佛敕放之，使冬春居雪山，夏秋居温泉，备极寒热。今二至时每多雷雨，是其往复也。温泉，在龙尾关西。

石马泉　在府西。水味甘冽，源出西天竺。杨庄介公刻禹碑于其上。

罗扇井　在府西大抵（纸）坊。罗扇童子从中出，事具《仙释》师利达多语中。

叶榆河古刻　不知作自何人，东岩上有十四字云"此水可当兵十万，昔人空有客三千"，汉两司马皆至此。

御　井　在州北百十五里。元世祖癸丑岁驻跸此地，时大旱，军士皆渴，世祖祷神，以剑插地，清流涌出，遂名御井。有元杨庭《御井亭记》。亭〔废〕碑存。

龙马踪 在县南十五里，地近青龙海之西畔。石上有马蹄迹一、人足迹一、犬足迹一，盖大士神化之地。

龙马洞 在蒲陀崆南，深不可测。石壁上有马迹，见存。

八功德水 在鸡足山巅。迦叶于石山卓锡成泉，涓流不竭。

临安府

龙马蹄石 在州西百余里。高四丈，围六尺，有龙马蹄。蹄傍四小石，呼为风伯、雨师，岁旱，祷之辄雨。

永昌府

诸葛井 在哀牢山。其上一巨石，傍有水，谓可饮千人。参将邓子龙屯兵曾居其地，良然。

光明井 在府东五里。唐大历中，井傍常见三角牛、四角羊、鼎足鸡，中有火烛天。

济旱石 在州金轮寺。石圆一尺有半，旧传蒙氏时竺僧摩伽陀所遗。遇旱，以此石投龙井即雨。

龙马槽 在州北百五十里江中，有石如槽。旧传南诏时龙马饮于此。

滚钟溪 在州南十里宝峰山。山顶古刹有钟，重万（千）斤，一夕风雨，钟陷（滚）溪中，或曰有龙移之。今钟纽尚见，草皆下生。

黑　水 在湾甸州南数十武。每岁五六月，水自地涌出，人马近之则病，饮之则死。土人用毡浸水中，久之取出，丝毫可以杀人。每当水出时，人畜俱不敢近。俗传孔明南征至黑泉，即此。

楚雄府

马蹄痕石 在广通县西清和乡。乡有崇岩，岩畔有石池泉，香而甘。上有六七马蹄痕，或磨凿之。经宿，其痕仍在。

金龙箐 在县东。昔官兵剿者纳时，有急（疾）风猛雨自箐南来，遂败者纳，擒之。传为金龙助阵。

丙龙岩 在碍嘉县北十里。岩高数丈，下有水，源自景东流出，滚滚有声。世传此岩有龙潜焉。

蛟砂石 在县西五十里上江河吊索洞。每春暮雷雨，有老鼋据河石，吐涎石上。土人先炊热饭甑，急取涎蒸之，皆成朱砂，名蛟砂，少缓则化为土矣。

曲靖府

双　井 在府北关。一井两窍，武侯凿。

洗研池 在府南负金山下。水黑如墨。

钵盂泉 在府南三十里真峰山。泉出石中，旱不涸，雨不溢。

澂江府

古　树 在江川县二十里双龙乡北。春初萌叶时，视其方以卜岁：自北兆雨；自南兆暵；自西风雨时，禾稼登；自东丰歉半；自四围旱涝仍，饥馑臻。历试无爽。

梁王屯　在县东南棋南山。天兵讨梁王，其部酋屯兵，阴决沟引水。有沙锅者侦以告，绝其水，遂灭之。又名沙锅寨。今存废垣二重。

蒙化府

竹扫寺　在府南百里。石岩上有佛焉，其地竹梢自然拂试（拭），无纤尘。每旱，迎佛入城而雨。乡人以竹扫寺名之，非寺也。

鹤庆府

诸葛寨泉　在府南百四十里罗陋村，昔为武侯驻兵处。泉分为二，以资灌溉，豪有力者欲兼利其水，卒不能得。

一碗水　在大成坡顶，不涸不盈。昔蒙氏军过此地，渴甚，遂拔剑插地，得泉。

水　洞　在府东五里象眠山下。昔神僧赞陀崛哆网以锡杖疏漾共江水也。

菩提井　在府西南八里。赞陀崛哆曾置菩提树于井上，因名。

姚安府

白馒石　在羊蹄江上，有白石如馒首，有泉盛旱不涸。武侯南征，军人遇除夕思乡，武侯指泉为酒，化石为馒，以给军士。

石羊　即白盐井。昔洞庭爱女牧羊于此，有羝舐土，因得盐（卤）泉。

广西府

石龙马　在弥勒州西南二十五里红石岩。传云昔有龙马至此，化为石，土人视其色之黑白，以卜阴晴。

寻甸府

武定府

武陵洞　在府北七十里夹甸西山。深不可测，有流泉、石人、石兽，以火照见之，不戒语，雷雨辄至。

三石塔洞　在武陵洞西山顶，石层层如塔者三。内深三十余丈，有石盆，注水不溢不竭，中渍一白石，状如钟，色如玉，以墨书之，顷刻浸成黑片。其石千状万形，不可胜纪。人语，则谷声如雷鸣。

仙人桥　在府三十里，地名龙三藏涧。出岩罊门（间），涧边有石，两隅拥出，相接而成梁。

龙吟石　在府三十里里仁村。其石或作龙鸣，应为兵象。阿克之役，土人先有闻焉。

景东府

元江府

丽江府

铁桥城遗址　在铁桥南，今存。

广南府

顺宁府

江浮佛像 有夷人渔于兰沧，忽一物溯流而上，取之，乃大士木像，雕刻最古，盖自南海逆流而至者。今奉祀万庆寺中。

观音井 在府北九十里。此地原无井泉，有老人以杖拄地，人望见，急就视之，但见水涌而泉出。老人，大士化身也。

象　井 在府北二百里。昔有白象现此地，众逐之，得泉，因名。

永宁府

北胜州

程海古碑 上书“大圣程河妙感景帝”，盖段氏伪封也。土人于海壖得之。长老言，此碑沥水，数十年始干。

程海磁枕 昔有渔者网得一磁枕，色青碧，土人呼为龙枕，每岁验其润燥，以占丰凶。今在龙王庙。

〔据刘文徵撰天启《滇志》（古永继校点，云南教育出版社 1991 年版）卷三《地理志第一之三·古迹志》第 140 页辑录。〕

（康熙）云南通志·古迹志

卷十九　古迹志

云南府

昆明县

牛　井 在罗汉山岩下。明嘉靖初有赵道人修炼于此，居苦无水，道人以一牛驾桶于背下山汲水，海边居民注之使拽上，以供炊爨，垂二十余年。一日，牛忽死，其处即出水一池，味甚甘洌，虽盛旱不竭。

晋宁州

龙马迹 在州东三里海溪山。晋泰元中，宁州刺史费统言滇池有二龙马，一黑一白，出入水中，居民董聪见之。

牛恋乡 在州西四十里。水中有石若牛，因以名乡。

安宁州

禹　碑 在法华寺。明杨慎得墨本，锓之岩石。

曲靖府

南宁县

双　井 在城北关。一井两窍，武侯凿。

洗研池 在府南负金山下，水黑如墨。

临安府

石屏州

龙马蹄石 在州西北百余里。高四丈，围六尺，有马蹄迹，傍有四小石，祷雨辄应。

澂江府

河阳县

洗马池 在罗藏山巅。池清而阔，俗传梁王洗马处。

江川县

古　树 在县外三十里双龙乡北。春初萌叶时，视其先萌之方以卜岁，北兆雨，南兆暵，西风雨时禾稼登，东丰歉半，四围皆萌旱潦饥馑，历试无爽。

武定府

禄劝州

石　泉 在州东一百二十里洒交营坡。坡有大石，泉出其上，终日汲之不涸，岁不取亦不溢。相传武侯南征，人马皆渴，用剑拨出者。

广西府

弥勒州

石龙马 在州西南二十五里红石岩。传云昔有龙马至此，化为石，土人视其色之黑白，以卜阴晴。

元江府

广南府

开化府

浴龙池 在逢春里，日潮三次。

大理府

太和县

石乳岩 在茫涌溪上，有滴乳石。高智升初生时，曾弃其下，石滴乳入口，数日不死，始收养之。

逆水浮板 在城中大悲寺。唐末，有木板逆流三里许，人异之，取视见观音像，因奉于寺。明成化间，雪深七尺，烟火俱尽，像前香篆不灭。

天　桥 在城西南三十五里。俗谓观音凿石以泄洱水，下断上连，石梁跨之，两岩激水，溅珠宛如梅绽，人呼为不谢梅。

洱海月 在下关。五更时，月落已尽，水中犹现一轮，惟十一月见之。

石马泉 在城西，明杨慎刻禹碑于石上。

赵　州

御　井 在州北百十五里。元世祖驻跸此地，时大旱，兵渴，世祖祷神凿池，泉忽涌出。

云南县

龙马迹 在青龙海之西，石上有人马足迹各一。

浪穹县

占农石 在凤羽乡。石窍中有物如蛇，见首则年丰，见尾则年歉，见腹丰歉半之。

宾川州

八功德水 在鸡足山巅。迦叶于石山卓锡成泉，清流不竭。

北胜州

程海磁枕 昔有渔者网得之，色青碧，视其润燥，可占晴雨。

永昌府

保山县

诸葛井 在哀牢山上。可饮千人，夜有火光。

腾越州

济旱石 在州北二里土山上。石形如丸，周丈许，旧传高僧摩伽陀所遗，天旱祷雨，以石浸龙池，雷雨辄至。

滚钟溪 在州南十里宝峰山。传有钟重千斤，一夕风雨，钟陷溪中，今纽尚见，草皆下生。

永平县

黑　水 在湾甸州南。每岁五六月，水自地出，人马近之则病，饮之则死。土人用毡浸水中，久之取出，丝毫可以杀人。

楚雄府

楚雄县

大骠小骠 相传蒙氏时，有野马二，风雨中斗于原野，久之化为龙，大者入东南村坞，小者入西南山谷，僰人因以名村。

镇南州

龙神石 在力戈村。相传元初有龙出巨石中，化为婴孩，术士过之闻啼声，觅而抱归，行二里，风雨忽作，遂成一石，土人立庙奉为神。至今巨石孩形，尚存箐中。

广通县

马蹄痕石 在县西清和乡崇岩上。有六七马蹄痕，或凿之，经宿仍在。

蛟沙石 在县西五十里土江河吊索洞。每春暮雷雨，有老鼋据河石吐涎，土人先炊热饭甑，急取蒸之，皆成朱砂，少缓则化为土矣。

姚安府

姚　州

白馒石 在羊蹄江上。有白石如馒首，有泉盛旱不涸。武侯南征，军人遇除夕思乡，武侯指泉为酒，化石为馒，以给军士。

石　羊　即白盐井。昔蒙氏女牧羊于此，有羝舐土，因得卤泉。

鹤庆府

一碗水　在大城坡顶。昔蒙氏军过此，渴甚，拔剑插地得泉。

水　洞　在府东十五里象眠山下。相传赞陀崛多以锡杖疏漾共江水处。

剑川州

木　佛　在州南二里。昔蒙氏征麽些，渡金沙江，有木逆流，刻为佛。

顺宁府

江浮佛像　昔有彝人渔于兰沧，见木逆流，视之乃观音像，送奉于万庆寺。

观音井　在府北九十里。俗传其地原无井泉，仿佛见有老人以杖拄地，泉随涌出，亦谓观音所化焉。

蒙化府

永宁府

景东府

丽江府

〔据范承勋等修，吴自肃等纂康熙《云南通志》（日本京都大学藏清康熙三十年刻本）卷十九《古迹志》第1－17页辑录。〕

（雍正）云南通志·古迹志

卷二十六　古迹志

云南府

昆明县

牛　井　在罗汉山岩下。明嘉靖初有赵道人修炼于此，苦无水，以牛载汲，垂二十余年。一日，牛忽死，其处即涌一池，味甚甘洌，虽盛暑不竭。

晋宁州

龙马迹　在城东三里海溪山。晋泰元中，宁州刺史费统上言滇池有二龙马，一黑一白，出入水中，居民董聪见之。

安宁州

禹　碑　原碑在南岳岣嵝山峰，皆蝌蚪古篆。明修撰杨慎摹镌于州东法华寺石壁。

曲靖府

南宁县

双　井　在城北关外。一井两窍，传武侯所凿。

临安府

澂江府

新兴州

三姑井　在城北团山三姑遇害处，事详《列女》。泉极清泠，可洗眼疾，又名哑泉，不可饮。

武定府

禄劝州

石　泉　在地东一百二十里洒交营坡。坡有大石，泉出其上，终日汲之不涸，终岁不取亦不溢。相传武侯南征，人马皆渴，用剑斫出者。

广西府

元江府

广南府

开化府

镇沅府

岩　龙　在城南六十里。明德里土人旱涝祈祷，多著灵异。

东川府

昭通府

普洱府

整董井　在城南二百五十里。蒙诏时夷目叭细里佩剑游览，忽遇是井，水甚洁，细里以剑测水浅深，归数日，视其剑似白镪所铸者，疑之，断以斧，剑铁悉为银。复迹之，不得其处。历传其事，后土官袭职，务求此水沐浴，得者夷民愈敬服焉。

大理府

太和县

石乳岩　在茫城北苍山茫涌溪上，有滴乳石。高智昇初生时，曾弃其下，石乳滴入口，数日不死，始收养之。

禹　碑　在城西南一塔寺，明嘉靖间杨慎摹岣嵝碑刻之。

天　桥　在城西南三十五里洱河下趋处。俗谓大士凿石，以泄洱水，绝壑深堑，石梁跨之，两岩激水，溅珠宛如梅绽，人呼为不谢梅。

洱海月　在下关。每十一月十五夜，月落已尽，水中犹见一轮。

蝶　泉　在城北上关。泉从石腹涌出，旁有花一株，高丈余，夏月花开，状若蝴蝶，首尾相衔，长垂至地，亦奇观也。

赵　州

御　井　在城北十五里。元世祖南征驻跸于此，时旱，军士渴甚，祷神凿池，泉忽涌出。

浪穹县

占农石　在城南凤羽乡。石窍中藏一蛇，见头则插秧早，见腹则及时，见尾则旱，人以占农。

宾川州

八功德水　在鸡足山巅。迦叶于石上卓锡成泉，清流不竭。

楚雄府

镇南州

神龙石　在城南三十五里力戈村。元初，龙出巨石中，化为婴孩，术士经过闻啼声，觅而抱归，行二里许，风雨交作，遂成一石，土人异之，立庙祀焉。至今巨石孩形，尚在。

姚安府

白井提举司

石　羊　在司治北。蒙氏时有女牧羊于此，其羊舐土，驱之不去，遂掘土，有石如羊，因得盐泉，至今立庙祀之。

永昌府

保山县

诸葛井　在城东二十五里哀牢山上。有二穴，相去一寸五分，各围三尺许，形圆如碗，水可饮千人，夜有火光，孟春月居民视井水盈涸，以占岁之丰歉。相传武侯凿，以济军者。

鹤庆府

一碗水　在城东南大城坡顶。昔蒙氏军过此，渴甚，斫地得水。

顺宁府

三台相井　在三台山东北百里。旧《志》谓武侯平蛮军至此，苦无水，见一老妪指地得泉，味甘洌，因呼为观音井，亦名三台相井。

江流佛像　在城东四十里。明嘉靖中，土人渔于兰沧江，忽见江水逆流，视之乃铜观音像，送奉于万庆寺。

云　州

猛氏寨　在城东一百二十里，上有龙马泉、温泉。

永北府

丽江府

铁桥址　在废巨津州一百三十里，为南诏与吐蕃交会处。铁桥之建，或云吐蕃，或云隋史万岁及苏荣，或云南诏阁罗凤。异牟寻归唐时断，以绝吐蕃。桥南有铁桥城，为吐蕃十六城之一，尝置铁桥节度于此。桥所跨处，穴石锢铁为之，冬日水清，犹见铁环。

蒙化府

景东府

〔据鄂尔泰修，靖道谟纂雍正《云南通志》（清乾隆元年刻本）卷二十六《古迹志》第1－24页辑录。〕

（道光）云南通志稿·杂志·古迹

卷二百九　杂志一之一　古迹一台榭胜迹附

云南府

昆明县

牛　井　旧《云南府志》：在罗汉山岩下。明嘉靖初，赵道人修炼于此，苦无水，以牛载汲，垂二十余年。一日，牛忽死，其处即涌一池，味甚甘洌，虽盛暑不竭。

玉案山风雨碑　《徐霞客游记》：棋盘山谨案：玉案山俗名棋盘山。有寺，东北向，即棋盘寺也。出寺门东行三十步，观棋盘石，石一方横卧岭头，中界棋盘纹，纵横各十九道。其北卧石上大书“玉案晴岚”四大字，乃碧潭陈贤所题。南有二石平度，中央为穴，下坠甚深，僧指为仙洞，昔有牧子坠羊其中，遂以石填塞之。穴侧亦有陈贤诗碑，已剥不可读。《昆明县志略》：在县西玉案山。久雨，则立风碑仆雨碑，即晴；久旱，则立雨碑仆风碑，即雨。相传为大禹王所制。道光六年，粮储道春庆捐修，砌石垣护之。谨案：“玉案晴岚”四字，今改“玉案晴雨”。相传嘉庆初，有昆明人罗姓善风水，因旱，具牍投布政使，请改此碑“岚”字为“雨”字，旱当止。从之，果验。今“雨”字划陷处露“岚”字四角，迹犹可辨。棋盘石左有太子少保字，“玉案晴雨”下有仙字，右有“夏十有七日”五字，垣外残石有“奕迹名千古，清光映万山”二句，额余篆文“南府题”三字，旁有“卯仲夏之吉立”六字，俱仿佛可识。

浣玉亭　《云南府志》：在城北陟山麓。亭右汇水一泓，冬夏不竭，稍西引泉作数曲，可以流觞，建屋三楹。康熙三十四年，巡抚王继文捐造，颜曰“山水之间”。

富民县

龙马潭　《富民县志》：在城北十里大河中。相传有龙马出入，好事者驱牝马牧此，偶值与交，即产良驹，今不复见。

宜良县

罗次县

朝阳洞　《罗次县志》：在西山左。洞门向东，日出则照满石室。洞下有龙湫，其水莹洁有灵气，常有异人居之。

龙女洞　《罗次县采访》：在城东北二十里许石花村后。山前有小滩，其水忽发忽止，日数次。水将发，洞内先涌泉声，渐混而出，闻人语而止，静俟之仍发，似畏人见者，故俗呼姑娘龙。

金水井　《罗次县志》：在金水乡。其水清莹澄澈，时见金光。

鱼跳龙门　《罗次县采访》：在城北五十里许乍乌河中，有横石一道，高丈余，阔尺许。水从中流，状如龙门，每雨初晴，河鱼踊跃而上，观者奇之。

晋宁州

龙形石　《晋宁州志》：在城北山中。明万历六年，筑城采石，石忽裂，烟雾腾空，中若有物，及视石上，龙形宛然。唐尧官《新城篇》有“鳞鳞龙甲石中藏”之句，今失。

制蛟石　《晋宁州志》：在白龙庙前。出土周围五六尺，人有坐履其上者必罹疾。掘之，根大不能起，或云其下有符制蛟，至今人犹禁之。

凤凰池　《古今图书集成》：在州西北凤凰桥畔。昔有凤饮此，故名。凤毙，有司取其首为忠烈祠镇，传之已久。每出视之际，但见光彩异常，香气袭人，真圣瑞之物也。康熙三年，为知州叶某所取，不知其处。

树　泉　《晋宁州志》：在州城北天王庙。树心空虚三尺许，中有清泉，相传可疗目疾。

望海楼　《晋宁州志》：在城西河泊所，村人建。傍海而楼，窗牖四达，俯瞰烟波万态，仿佛岳阳之胜。

龙马迹　《晋宁州采访》：在城东三里海溪山脚。晋太原中，宁州刺史费统上言：滇池有二龙马，一黑一白，出入水中，居民董聪见之。今仿佛有迹。

呈贡县

安宁州

葱山顶水池　《安宁州志》：山高八百余丈，顶有大石，自成洼罇，中藏尺水，历年不涸，饮尽复出，甘洌异常。

洗墨池　《云南府志》：在城北门，明杨慎洗墨于此。

沙滩分水　《安宁州采访》：河尾沙滩广数亩，江水分流如燕尾，东西无定。相传水东流米价减，水西流米价增，多验。

龙　角　《安宁州采访》：在城南八十里大龙潭。泉味清洌，村人盛取汲焉。每侵晨，辄见潭边轻尘浅印弓鞋迹绕潭不绝，好事者终夜迹之，无所见。后水竭，淘淤于潭底，得龙角二，坚致白莹，高五尺许，今供村寺中。

禄丰县

石　牛　《云南府志》：在西隅山。两山并峙，中通众流。相传元时居民见有二石牛相触，一入黑龙潭，一入河口。今水泛时，犹隐隐见牛浮沉水中。

大　井　《禄丰县志》：在东街，刘真人遗迹。

净莲寺泉　《禄丰县志》：僧量海遗迹。

饮马坑　《云南府志》：在城西北金山，相传为孔明驻师饮马处。

桥仙迹　《云南府志》：在化泥河，俗呼翻泥河，距城二十五里。当众壑之冲，水势汹涌，行者病涉，将谋造桥，难立基址，传有仙迹履指示方向，依造乃成。石仅二层，凝结坚固，至今不圮，为入琅黑二井要路。

昆阳州

石　龙　《云南府志》：在玉屏山左。岁遇旱，聚薪烧之，汗出则雨。

落洞泉　《云南通志》：在城西五里。闻人笑语，则水沸腾，汩汩有声。

易门县

龙泉洞　《易门县志》：在大龙泉山下。轩豁幽朗，悬英垂乳，嵌空玲珑，击之清响，有如钟磬，泉自洞中涌出，幽深莫测。好事者然炬寻源，离奇万状，竟日未穷其所止。洞左一窍，斜通山巅，曲磴而上，别具一天。上建大悲阁、古佛阁，云南府通判胡允瑞塑吕祖像于岩上。洞口旧有古梅一株，横卧水际，流经其下，清香袭人。乾隆三十四年，洞口凿池，累石建亭，增修益备，名人题咏甚多。

仙人岩　《易门县续志》：在县北十里转湾坡后。峰峦石垒，下有空嵌古洞，曲折幽深。洞中苔藓，碧如垂柳，石痕列如田，常倾出清泉，仅一勺之多，牧童争饮，凉如琼浆。

珍珠泉　《易门县志》：在县东南五里小南山下。泉水清温，有泡自底滚出，累累不绝如珍珠然。相传系龙女往来多带雪泡，龙母怒而詈之，失手伤其目，至今泉中鱼皆一目。

滴乳泉　《易门县志》：在天然寺。极幽静，后有悬岩古洞，洞中倒悬乳窦，滴水夏凉冬温，以器盛之，可供僧饭。

吴家井　《云南府志》：在城东。水甘冽，可以消瘿。

嵩明州

秀崧僧泉　《嵩明州志》：在城东三十里寿国庵。其庵无水，僧道心祈祷，其徒本悟于邵甸普贤寺亦祈水。有泉，今称石仓。谨案：《嵩明州采访》邵甸四景，南仓在普贤岩下，其额曰天赐泉。

毒泉碣　陈鼎《滇黔纪游》：天鼎山有海潮寺，谨案：在嵩明州东三十里。去寺半里有毒泉，碣云："此系毒水，饮者伤生。"《滇行纪程》：嵩明州塔山，其石自麓至顶累累，俱青铁色，天台万马渡不及也。前行有毒泉碑，相传有奇树生于此，名曰白鹤香。每岁花时，各山毒蛇、鸩鸟皆集树下，泉流其旁，人饮辄死。今树已伐，行者犹相戒焉。《嵩明州志》：在鼎山下。正书"此系毒泉，饮者伤身"，旁注"万历庚子岁，饮者连毙二人，奉按察司江立表识之"二十字。谨案：按察司江，名和，鄱阳人，万历间副使。

卷二百一十　杂志一之二　古迹二台榭胜迹附

大理府

太和县附郭

冯　河　《明统志》：冯河潭围万步，岩壁耸削，奇木交加，潭以版石，皆人力所为者，修饰整整，尘埃不到。《汉书》谓云南郡西北有山如扶风太乙之状，上有冯河，即此。《大理府志》：在玉局峰顶之南。旧《志》谓南诏丰祐潴苍峰为池，导山泉共泄，流为川，灌田数万顷，民得耕种之利，是名高河。今岩壁耸削，奇木交加，潭以版石，皆人力为者，非即此欤？潭深莫测，水有堕叶，鸟辄衔去。

龙啮石痕　《太和县采访》：乾隆丁酉七月十五日夜，隐仙溪涨溢至篾匠材桥，水高丈余，漫桥而过，浪中现龙形。次日水平，桥畔有一石如嚼齿痕宛然，人谓之龙啮石。

蝶　泉　旧《云南通志》：在城北上关。泉从石腹涌出，旁有花一株，高丈余。夏月花开，状若蝴蝶，首尾相衔，长垂至地，亦奇观也。

卓锡泉　《明统志》：在城北三十五里喜州（洲）大慈寺前，昔有神僧卓锡得泉。

救疫井　《大理府志》：在苍山兰峰之半。疫疠者饮即愈。

石马井　《明统志》：在府治后。日高午时，见井中有石如马。

天　桥　旧《云南通志》：在城西三十五里洱河下趋处。俗传大士凿石以泄洱水，绝壑深堑，石梁跨之。两岩激水溅珠，宛如梅绽，人呼为不谢梅。《大理府志》：在城南三十里。又桥北有水旧嶂[①]，名一线天，水故道也。石林古色，可吹洞箫。明僧普荷《不谢梅》：“寻春莫问路高低，根蒂从来不染泥。寄与浩然休浪踏，荡舟轻稳过驴蹄。”又，“恰似西湖水渺茫，中藏几点是残霜。为耽逋老孤山癖，浮动何须有暗香。”浙江张端《不谢梅》：“激涧分千萼，因名不谢梅。影飞回雪浪，声落撼春雷。时见冰花灿，何愁玉笛催。天禽空跨处，疑有蕊珠来。”

赵　州

御　井　旧《云南通志》：在城北十五里。元世祖南征驻跸于此，时旱，军士渴甚，世祖祷于神，以剑插地，泉忽涌出，因井之，且覆以亭。元杨庭《玉井亭记》：

> 云南乃古六诏之地，去天万里，僻居一隅。岁在癸丑，我世祖皇帝应运龙兴，御趾亲临其所。毳裳椎髻之民，咸谓天人降，不加一兵而尽归职方，非神武不杀之恩，其孰能致于此？赵州北十里许陵陆之上，曾驻跸焉。时旱不雨，军士皆称咽干。上大悯之而祷，乃以宝剑插地，果应圣衷而清泉涌出，因井之。深凡数尺，在当时以济其师，而后世则被其泽。此其惟德动天，至诚如此者也。《易》之九五曰“井洌，寒泉食”，五以阳刚、中正、德位，俱尊君之象也。井洌而清，为人汲，食飧居住用事，泽及于民，谓能济众者也。其观感造化，岂偶然哉！井上有亭，岁久漫漶而皆塌堞。至己亥冬，宪使秃鲁公中顺按临大理，见而叹曰：“此先皇之盛世，宜崇修之，以永臣民之所观感。”乃捐俸赀，俾路尹段公亚中董其事。民悦趋之，不日而功告成，命庭为文以记。庭乃拜手稽首

① 桥北有水旧嶂　光绪《云南通志》同，康熙《大理府志》卷二十三作“桥北有沓嶂”，存疑。

而言曰："我世祖之崇建功德也，家四海而闼八荒，收三代、汉、唐、宋所无之地，于此掘井以察天心，其圣德所昭之实，莫能名焉。宪使公承耳目之寄，振纪纲以按百司，雷厉风飞，而边地底，于此修亭以从众望，而其所著之功亦有至焉。是知泉益甘而亭益翚明，良先后之用，岂特一时之盛！将见皇元之休风，与天地相为永久也。宪使公之令绩，亦与国家相为光大也。"系之以铭曰："玉泉涌清，华亭奂轮。于穆圣德，不显惟神。亿万斯年，惠及下民。惟泉斯流，惟亭斯周。赫赫宪公，克黼皇猷。令闻令望，与民咸休。"

妙音井 《赵州志》：在晴云山右。昔白王女妙音姑于此学佛，苦无水，以石臼舂稻，久而臼穿，清泉涌出，白王神之，为建寺焉。

天水井 《大理府志》：在州北二里。

华阳井 《大理府志》：在州西北二十五里。水清冽，有龙异。

倒影碑 《赵州志》：在州南五里。明知州潘大武建桥立石，岁久明莹，人来则影去，人去则影来，故名。

云南县

香水泉 《云南县志》：在晒经坡脚。泉水清幽，四时不涸，烹茶味甚香美，叶浮不落。

风洞古井 旧《云南通志》：在城南三十里水目山水月寺。六诏时，僧普济有神异，日从洞中往来。旁有古井，深不可测。《大理府志》：后有倒影亭，前有阿标系髻遗迹。

诸葛故井 《云南县志》：在力士营上。大仅如碗，而四时不涸不溢，取之不尽。

过峡天桥 《云南县志》：在县西北大尖山。势如鞍鞒，涧水流，甚宽敞，过者不知其为桥也。

观澜亭 《云南县志》：在城内西南隅城脚下仓塘内。明副使郡人史旌贤筑，久废。今遗址犹在。明史旌贤《观澜亭记》：

邑西偏故有池，盈涸无常，时万户张君汝志世业焉。昔尝有亭沼之观，中央遗址犹存。冬春则水涸，鞠为茂草，东山之屐齿不入，北山之猿鹤不栖，令人有陵谷桑田之感。余既谢西川节还，岁乙巳，有一万户张君政邀余渔焉。余曰："是可修而还旧观也。盛迹郁焉，是贻林壑之愧，有慨乎柳子之言矣。"会他日，前万户以券来，夫上源之未浚，其若下流何？城西旧有水道，乃浚其淤，拓之，长三千丈有奇，中为池，凡三百六十丈有奇，源委各一。池备泄蓄，各四十丈有奇，从荆棘污邪中矩而方之，度中央之中亭焉，以茅覆之，无欂栌节棁之饰，为台三级，皆土阶，示太朴也。周遭植桂、柏、松、竹、梅、橘、桃、李、柳柽、杜鹃、山茶、映山、芭蕉、萱草、兰芷之属，水则芙蓉、莲、菱芰、芡、蘋、藻、莼、蒲、蔄、芹、芜、葭、藻、荇之属，水陆四时之花备焉，示吾与也。或晴澜滉漾，或烟雨霏微，鱼鸟亲人，童冠咸集，取诸鱼以乐宾，亦足萧然为快。若春明在御，秋色平分，风和波恬，与舟上下，皎月炯炯在树杪，徘徊四顾，忽闻城头角声，不啻钧天之奏。盖造物假之而因还之造物，庶几乎吟风弄月之趣焉，示乐天也。架悬木为浮梁，与众共之，掩关则撤，以杜游者，示节也。合之而大观备矣。经始于丁未冬，阅月，亭既成，命之曰“观澜亭”。自西入为小径，若山阴道上行，颇有致；由东入为冠盖孔道，命之曰“沧洲别墅”。制一舟，若艅艎，可列六客游焉，命之曰“水云乡”。字出兵使者王公恒叔笔，婉媚遒逸，可想见其人云。夫兴废何常？士也。岩栖川观，于一茅亭何有？顾流连花鸟，藻绘山川，非达节也，高台深池，可谓无遗讥乎？李德裕平泉有庄，王维辋川有图，丽矣，然不再传，以其人废焉，则所重可知矣。以余耳目所经，栗里以东篱鸣，有若陶靖节；浣花以草堂鸣，有若杜拾遗；武夷以精舍鸣，有若朱元晦。视平泉、辋川，何足与之较壮丽？而千载余芳，若在旦夕，世无不击节而慕者，盖以人为轻重如此。而平泉贻戒谓以一树一石与人者，非佳子弟也，亦愚矣。苏文忠曰：人自有足恃者，不在乎亭之存亡也。不然，君其问诸水滨。

喜雨亭 《云南县志》：在县署西。兵备道沈桥筑，今废。

邓川州

丙　穴 《邓川州志》：在州南鱼潭波。水从石穴中向南流出，其间鱼甚肥美，谓之油鱼。明新都杨升庵镌“丙穴”二字于石壁上。

南诏潭 《邓川州志》：在城西二十里。潭阔十余亩，中深莫测，三山环绕，万木阴森，一面有石墙，南诏时人民避兵于此。

香　泉 在城西。岩洞穹窿，乳窦悬滴，下有石盆盛之，香洁可爱。

丰　泉 《邓川州志》：在城西三十里，一名熊涧。俗传其水出多，则其年丰收，故名。

歉　泉 《邓川州志》：在州西三十里腊坪场路傍。俗传其水出多，则其年荒歉，故名。

洗心泉 《邓川州志》：在城西北三十里山麓，杨御史筑。其上有碑，镌“洗心”二字，用以警俗。

芭蕉龙 《邓川州志》：在城西北大楼桥界。有龙最灵，时因天旱祷雨，龙从芭蕉跃出，杨御史题为“芭蕉龙神”云。

观水亭 《邓川州志》：在城东南江尾洱河滨，明嘉靖中建。河尾渐淤渐远，亭遂废。

玉泉亭 《古今图书集成》：在城北三里。温泉出山麓，视他泉较清澈可人，参议杨南金作亭其上。《邓川州志》：又名玉泉岩，在大市坪温泉后。岩有杨御史遗像及“攻玉”“濯缨”匾，旦有收春台、高节坊在其侧。

浪穹县

九气台 《古今图书集成》：在城东二里，有台九窍，下有温泉，气从而出。《浪穹县采访》：在城东里许。《徐霞客游记》：湖中有阜，中悬百家居其上。南有一突石，高六丈，大三丈，其形如龟。北有一回冈，高四尺，长十余丈，东突而昂其首则蛇石也。龟与蛇交盘一阜之间，四旁沸泉腾溢者九穴，故名九气台。万历癸卯，知县李在公建真武阁于其上。

凤凰台 旧《云南通志》：在城北二百步，施浪诏施望欠筑。台下有白沙井，泉味甘洌，亦施望欠所凿。

占农石　旧《云南通志》：石在城南凤羽乡。石窍中有物如蛇，见首则年丰，见尾则年歉，见腹则丰歉半之。又，旧《云南通志》：见头则插秧早，见腹则及时，见尾则旱，人以占农。

泛湖穷洱源碑　《徐霞客游记》：浪穹东关外，由湖而入海子。《山海经》洱源出罢谷山，即此。杨太史有泛湖穷源遗碑没山间，何君鸣凤近购得之，将为立亭，以志其胜焉。

黄罗伞　《浪穹县采访》：在佛光寨北涧。两峰壁立，千仞对峙，夹束一水，十余里始达涧源寨。前后山多叠壁崩崖，此涧为最。南崖半有一洞，大半亩，高百丈，内结石乳，形如华盖，色杂丹黄，即一女关之右侧也。

水　花　《浪穹县采访》：在罗坪山半悬崖上，俗名猴梯。水破岩而出，约高二三十丈，望之如风前舞絮，颇著奇观。

宾川州

八功德水　旧《云南通志》：在鸡足山巅。迦叶于石上卓锡成泉，至今清流不竭。《一统志》：水出飞崖石穴下，仅容一瓢，四时不竭。其东有石窍，故老云昔有异人以咒术禁蛇其中，故一山无蛇。

罗筌海眼　《大理府志》：在罗登寺。相传大士既制罗刹，余党尚潜海窟，兴恶风白浪，时覆舟航，有僧东山者请文殊制之。旧有地窍通海，在寺殿中塑文殊、东山像于其上。

河孔通泉　《大理府志》：河子孔在鸡足山下，又名盒子孔，即乐溪也。水源自洱河东青山圣母港，流入山腹。有人饭此，失盒水中，明日过鸡山，见盒自孔中流出，故名。

国母泉　《大理府志》：在平贼岭下。邹公军至此，渴甚，忽见老妪指以泉，因名。

白牛井　《明统志》：在州西北三十里。人见白牛食其旁，忽没入井，深不可测。

金牛液井　《大理府志》：在何祥庄。俗传邪龙欲撼山塞河，潴川为渊，化金牛形，负犁耙排山，大士制之，牛没入井。今其山形如犁耙，川名牛井，以此。

涌泉亭　《明统志》：在城西南三十里，地名宾居。龙祠之左，水清林碧，堪避暑。《一统志》：在州西南三十里。

云龙州

洞泉凝瑞　《大理府志》：在十二关石洞内。石液下注，结成山水人物，色俱五彩。

临安府

建水县

石屏州

石　龙　《古今图书集成》：在海东山峡中海水泄处。水由临安入云津洞，暗流归阿迷州。其山峡中流横一石龙，水由上行，旱涝毫无增减。先因旱，开挖至石龙，雷雹大作，相怖不敢动。

孝感泉　《临安府志》：在城西五亩赤木山下，明孝子许邦相庐墓时所致也。督学范允临题为“孝感泉”。范允临《孝感泉》：“青山数行泪，古木一溪烟。万岁千秋后，人思孝感泉。”

寿水井　《石屏州志》：在梅箐道左。水出石间，味极清洌，不溢不竭，行旅赖之。

石龙水　《石屏州志》：在龙朋里阿古黑山麓。鳞甲皆具，水从鼻孔流出，随脊流下至尾旁无遗漏，下凿石聚水，供一寨之用。

神龙养珠　《石屏州志》：在城西二十里宝秀前所。一山高二丈，周十丈，中悬一洞，相传神龙养珠于此。形蟠入石四五分，如墨印然，两石相向中如胁，甚奇。上建龙王庙，祈祷辄应。

龙孔书声　《临安府志》：在赤瑞湖西北。湖形如倒壶，有龙孔出泉，泉上虬石蜿蜒，俗名版云梯。相传夜半有书声出湖中，与湖波相应。

阿迷州

灵　泉　《临安府志》：在书院内。半亩方塘，分沙漏石，上有亭，翼然临水面。佥事王廷表读书之所，今为借观园。

宁　州

花溪口　《临安府志》：在青龙潭左。溪流曲折，两岸多杜鹃，花开如绣。

通海县

石　穴　旧《云南通志》：在城东北二里。《临安府志》：在城北二里。俗传僧畔富以杖穿石泄杞麓之水，其穴至今存。明提学巴郡张佳印《石穴》："巨浸浮天地，东奔似建瓴。谁其元窦凿，真作尾闾形。曲水穿千嶂，寒流隐列星。何当运鹏翮，与尔下南溟。"

拖蓝水　旧《云南通志》：在城北杞湖中。明御史东旭谪戍通海，子钦随，相继卒，钦妻卢氏誓死守节，有力者强逼之，自投水死。《古今图书集成》：东卿妻卢氏守节，被逼殒湖中。至今每于风定时，湖水带蓝一带，长数十丈，宽数尺。知县邑人董兆瀛《拖蓝水》："烟波何处吊芳魂？千载湖心一带痕。清节不劳书汗简，海天飞白自澜翻。"

洗钵池　《临安府志》：在秀山。畔富洗钵于此，故名。水味甘美，饮之令人色泽，一名畔富井。

降龙龛　《通海县采访》：在城东十五里东华山半。龛侧有泉，为毒龙所据，每兴云致雹伤禾稼，噉人畜马。僧慧心寂坐石上数日，龙稽首听法，不敢为灾，石上坐痕犹存。

河西县

石　塔　《古今图书集成》：在城南螺髻山顶。旁有清池，水常不竭，中产莼菜。

嶍峨县

啸龙岩　《临安府志》：在法乌山。石岩下有河，冬春水涸，游人聚其下，踏歌饮酒，水应声而出，或如桃花，或如竹箭，歌止水亦止。

蒙自县

莲花滩　《蒙自县志》：在城南一百二十里。巨石横亘，江水泻下，迅急如风，水中乱石无数，秋夏则没，冬春尽现，望之如菡萏然。相传交趾饮马之池。

绿翠塘　《蒙自县志》：在城南三十里。塘踞山顶，为蛟龙窟宅。四山环拱，古树翼之，沈沈湛绿，落叶不入，即偶堕，有翠鸟衔去。投以石，震以金，则电生水底，雷雨昼暝，旱祷常应。

金鱼塘　《蒙自县志》：在城南南山屯民居之后。塘仅数尺余，暴雨乍集，有二金鱼翔泳其中，罩之弗得，涸之则无，雨集如故。

天　桥　《蒙自县志》：有五，俱在县东。一在芷村，环列十八峰，中有最高一峰，俗称罗汉请观音，桥在峰下，水出桥孔；一在芷村狮山下；一在暑天，跨白河上；一在过古；一在石马脚，略跨落水洞口。

瀛洲亭　《临安附志》：在学海中央。明通判胡文显导法果、落龙、三岊、白谦四泉之水，汇而成池。南面筑堤数百丈，中垒土为三山，上建斯亭。波光渺弥，回碧萦青，为一邑之胜。邑人杨国正《瀛仙亭记》：

蒙邑，荒徼也。四维皆山，赤土百里，独东南稍缺。有法果一泉，离城六十里许，隔山数重，艰于浚导。过此境者，常怀草宅之忧；莅斯邑者，徒切土满之患。明时，太守钱公、邑侯唐公决草湖为堰，积其土为三山，以储灌溉而培风脉，其后因有微泽，人文蔚起。第泉非有源，旋盈旋涸也。幸值王公来宾字尔嘉者，世籍襄平，簪缨世胄也，出守阿迷，清廉仁爱，洞悉治体，惟以锄奸为国，剔弊为民，为忧柔不茹刚不吐，得古君子直道事人之操焉。蒙、迷接壤，相去百有余里，尝聆其德教而想慕其行事。庚午秋，摄篆于蒙，兴利除害而魑魅潜消，政简刑清而民物安阜，不粉治，不市恩，不受货，不炫名，譬如泰山乔岳，不见其运动而功利之及于物者，不可以数计而周知。每于朔望，属其士民，询及法果一泉，毅然以为已任。捐俸凿山二千六百余丈，其水如瀑，万斛珠玑，引入平原，潆洄学海，波光隐曳云汉，泮海焕乎文章。且忧北方洿下泄而难收，于城南筑堤数里，如长虹卧波，赤地泽国，望之令人心志豁然，举步瀛洲之想。合邑士民无以酬公，作亭于水中，志公之功德不衰，使后之食德沐泽者，咸兴伊人宛在之思。公曰："否，否。此尔民之作也，我何有焉？"乃命其亭曰瀛仙，且冀后之人文蔚起者，当不亚瀛仙学士。噫！夫以公之德之厚如此，乃不居其功，而以名吾亭，是何其期于士民者益深且厚乎？呜乎！蒙邑之父母斯民亦多矣，求如公之深心民事，开泉筑堤者几人哉？以故，公摄蒙三月，上宪复委别篆，士民拥塞城门，哭道保留，吾民复受其德者数月。人曰："此异事也。"吾曰："非异也，要出于心之诚，然发于情之不容已耳。盖赤子之于父母也，一有所失，出则衔恤，人则靡至者，天性然也。今公爱民如子，而民犹有不如子之失父母者，未之有也。"是为记。

碑　亭　《蒙自县志》：在城东春场左侧。岁旱，农人以牝猪祀之，雨多应。今亭废碑存。春场纵横半里余，每岁迎春于此。

卷二百一十一　杂志一之三　古迹三台榭胜迹附

楚雄府

楚雄县

大小骠村　旧《云南通志》：相传蒙氏时，有野马二，常风雨中斗于原野，久之，化为龙，大者入东南村坞，小者入西南山谷，僰人因以名村。

锁水塔　《楚雄县志》：在城东北五里龙川江南岸，王寿建。康熙十九年，地震倾圮。乾隆元年，邑人汪涛独力修复，知府丁栋成、邑人赵继松各有记。五十七年大水，巡抚刘秉恬勘灾至此，易名镇水塔。又，对岸旧有锁水阁，自阁引铁锁系塔以锁水口，后毁于火，遗址犹存。

镇南州

桂　井　《镇南州志》：在城东五里。井泉独美，桂树双荣，旁建八角亭，为游玩之所。今桂无存，亭亦废。

南安州

蛟砂石　《楚雄府志》：在城西五十里上江河吊索洞。相传每春雷雨，有蛟据河石吐涎，土人先炊饭甑蒸之，皆成丹砂，故名。今无。

姚　州

温　泉　《姚州志》：有二，一在城西一百八十里黑泥只村，山石巉岩，泉自山畔石洞中涌出，精洁温沸，水中石有五彩；一在城东一百三十里绞摩村，水自石涌出，痼疾者浴之即愈。

洌　井　《姚州志》：在城西一百三十里普溯驿右，俗名小井。水甘洌不涸，每朔望日，午潮有声，高涌尺许。

塔影瑶池　《姚州志》：在城锁水阁后，今涸。

大姚县

一碗水　《大姚县志》：在城北一百三十里。巨石上出水，一勺如碗，有酒气，傍有细石粘连如米团。旧《志》载昔武乡侯南征，值除夕，以酒食犒士卒，有思乡不食者，次日酒化为水，食化为石。康熙《云南通志》：白馒石在羊蹄江上。有白石如馒首，有泉盛旱不涸。武侯南征，军人遇除夕思乡，武侯指泉为酒，化石为馒，以给军士。

广通县

金龙潭　《广通县志》：在城东。相传昔擒者纳时有疾风暴雨自南来，贼因就擒，望之有金龙绕空中，即此，潭因名曰金龙潭。祈雨多应，明时敕县令每季春致祭焉。

定远县

白石泉　《定远县志》：在独立山下，相传武侯取水以足军食。

羊　井　《定远县志》：在城北五里，有石如羊，泉出其下。

零水拖蓝　《定远县志》：在城西二里。波光凝碧，映带城西。

锁水阁　《定远县志》：在城南三里迎恩桥左，地即龙川口去处。康熙四十年，知县张彦绅建。

澂江府

河阳县

洗马池　《澂江府志》：在罗藏山巅。池清而阔，俗传梁王洗马处。

莲花池　《澂江府志》：在罗藏山北平衍之所。故址尚存，相传梁王凿。

丰乐亭　旧《云南通志》：在城西西磐龙泉间。明知府徐可久建，每岁季春郡人修禊之所。

江川县

清水塘 《江川县采访》：在城北山之东五龙庵顶。周半里许，四围旋塘凡九十九区，水深不可测。内产五色鱼，大小不等，食之辄死。水面尝浮玩好之物，人取之即摄入水，疑有神物司之。

新兴州

三姑井 旧《云南通志》：在城北团山三姑遇害处，事详《列女》。泉极清冷，可洗眼疾，又名喑泉，不可饮。昆明孙髯《三姑井》四首（略）。

路南州

天生桥 《路南州志》：有二，一在城北十五里，一在民知乡[①]。

玉　坝 《路南州续志》：在城南板桥，有天生碧色石坝，灌济田亩。

金　龟 《路南州续志》：在城南板桥。桥下黄石似龟，水清形现。

长江半月 《路南州志》：即赤江，在民和乡。两岸峰峦秀错，西畔一峰独高，其顶甚圆，倒映江中，宛然半月。

广南府

顺宁府

顺宁县

三台相井 旧《云南通志》：在三台山东北百里。旧《志》谓武侯平蛮军至此，苦无水，见一老妪指地得泉，味甘洌，因呼为观音井，亦名三台相井。贡生文在兹《观音井》："古迹伴云根，石体喷流注。名为大士泉，轻烟起朝暮。"

江心铁柱 《顺宁府志》：在城东二百里西密瓦屋山下，即澜沧、黑惠二江合流处。有铁柱，径尺，常与江水相上下，或出水面尺许，人往往见之。旧传大禹治水至此置，以定海眼者。文在兹《铁柱》："当年不是擎天手，此日谁传辟地功？禹穴残碑文字古，韩陵片石旧时同。一江高立铜标柱，半截轻移铁树宫。丞相威灵犹在望，斜栽石笋镇遐封。"

水卜阴晴 《顺宁府志》：一在大寨东邦别河，水出高山，其声远则主晴霁；一在大寨西，南信河水声怒号，雨即至。若二水同响，则阴晴各半。乡人听之，以卜阴晴。

江流佛像 旧《云南通志》：在城东四十里。明嘉靖中，土人渔于兰沧江，忽见江水逆流，视之中有铜观音像，遂奉于万庆寺。

云　州

猛氏寨 旧《云南通志》：在城东一百二十里，上有龙马泉温泉。

龙池菡萏 《顺宁府志》：在城南二十里地附遮拐。三山并峙，下有池，水澄清，不盈不涸。昔有道士插藕其中，每夏日，红、白荷花相间，清香袭人。往来者无意中仿佛闻有鼓声乐声。

缅宁厅

温凉泉 《缅宁厅采访》：在城南十五里凤山之阴。二泉同出石罅间，不逾尺而寒燠

---

① 民知乡　康熙《路南州志》卷三《古迹》"天生桥"条作"民和乡"。

异，相传浴之可愈疯癞。

卷二百一十二　杂志一之四　古迹四台榭胜迹附

曲靖府

南宁县

太和山石　《南宁县采访》：在城北二十里。山多石，日返照，光与石相映三日必雨。

双　井　旧《云南通志》：在北关外。一井两窍，传武侯所凿。

洗砚池　《古今图书集成》：在城南负金山下，水黑如墨。

井底桥　《南宁县采访》：在城内火神庙街，井下砌石成桥。

白　塔　《南宁县采访》：在城东南七里。旧甚高，今为水淤，高仅二丈余，下有土塔，联络七座，基址尚在。相传建城时造，以镇水口者。

南城塔　《南宁县采访》：在城南二十里后街之中。相传造以镇地脉者，建时无考。

霑益州

双　涧　《霑益州志》：一从西北入城，一从西南入城，源源不竭，汲饮便焉。

龙　湫　《霑益州志》：在罗山。有意寻之即不见，俨然天台幻境。

陆凉州

古　钟　《陆凉州志》：在小堡河湾。相传岸上有古刹，因迁于州治并移钟，认舟载之至此沉于河。每晨昏，郡中大觉钟鸣，水中有钟声与之相应。

罗平州

七龙挽渡　《明通志》：即牂牁古渡，有沙舟七，横列中流。

曲水金花　《明通志》：在城南三十里。路旁石洞中有数潭，每年三月清明，潭水浮沫，色分黄白，金花灿烂，拨之复合。

龙马迹　《罗平州志》：在城东五十里以开额村。水中石上有迹，与马迹无异，惟稍大尔。

马龙州

寻甸州

报喜泉　《寻甸州志》：在城南月甲村。过者若顾水而笑，则浮沤累累起，或取为喜兆焉。

涌珠洞神雀　《寻甸州志》：即白龙洞，其水注为螳螂河源。洞口有小鸟，四时翔集，见水中落叶，辄衔去，人呼神雀，盖灵物也。顺治十年，知府钟承祖题额曰“涌珠洞”。

龙马迹　《寻甸州志》：在城北五里白龙洞石崖上。相传有龙化马于此，至今遗迹宛然。

平彝县

白马泉　《平彝县志》：在白马山上，相传仙驹饮泉处。石自成池，广不盈丈，中涵清泉，不涸不涨，清泠甘冽，永留仙嶂。

宣威州

桃花溪　《宣威州志》：在可渡河。乌撒卫李指挥造九曲河，游玩其中，今迹存。

丽江府

丽江县

伽陀趺坐石　《丽江府志》：在剌是里西南山麓。传昔水涝不通，西僧摩伽陀趺坐石笋丛中，以杖穿穴泄其水，留有足印，今建指云寺于其上。

龙　湫　《丽江府志》：在城西南十里。阔数亩，四畔草结，履及一方，三方皆动，人或近之，风雨骤至。

苦　泉　《丽江府志》：有二，一出吴烈山涧，一出剌沙村。其味微苦，饮之却疾，土人取制紫金丹。

铁桥址　旧《云南通志》：距废巨津州一百三十里，为南诏与吐蕃交会处。铁桥之建，或云吐蕃，或云隋史万岁及苏荣，或云南诏阁罗凤。异牟寻归唐时断，以绝吐蕃。桥南有铁桥城，为吐蕃十六城之一，尝置铁桥节度于此。桥所跨处，穴石锢铁为之，冬日水清，犹见铁环。

鹤庆州

水　洞　旧《云南通志》：在城东十五里象眠山下，即赞陀崛多以锡杖疏漾共江水处。《鹤庆府志》：在城南二十里，即赞陀崛多投念珠泄水处。

崛多尊者愈病石　《鹤庆府志》：在城南观音山梅城石塔后。高四尺许，广如之，文成五色，陆离夺目。其地产异草，能疗百病。崛多尊者因母病，负母至此，于石上以锡杖拄石成臼，捣之，后指石出泉，合之以进母，母病即愈。至今石上池水不溢不竭，冬夏常温，乡人取水饮之以祛病焉，草无复有识者矣。

菩提井　《鹤庆府志》：在城西南八里迎揖村后，圆六尺许。世传赞陀崛多自西来，乡人迎而揖之。赞陀于井旁种菩提树一株，荣枯无定，荣则岁丰，枯则歉。

一碗水　旧《云南通志》：在城东南大城坡顶。昔蒙氏军过此，渴甚，斫地得水。《鹤庆府志》：在城东百里。顶圆尺许，深如之。

春　水　《鹤庆府志》：在观音山莲花寨之北。立夏前三日出，后七日止，水无定所。每出时，地中漉漉有声，土人循其声掘之，其水始出，能除百病，远近人竞饮之。数日内，有鹦鹉、绿斑鸠数百群飞来饮，水涸而去。

清凉阁　《一统志》：在城南一里。阁下有池，中垒石山，前架小桥。

清虚阁　《一统志》：在城北八里。明知府马卿建，知府吴堂记。阁跨白龙寺山麓，山亘数十里，最高一峰名金山顶，下流泉注，汇为白龙潭。阁面东侵水潭二丈许，左洲右石。

剑川州

金山银渡　《鹤庆府志》：二山名，在州南沙溪。一赤色如金，一白色如银。相传二山地不可耕，犯之主岁凶疫。

诸葛池　《一统志》：在城北四里。相传诸葛亮南征，饮马于此。《鹤庆府志》：在城北二里。《剑川州采访》：在诸葛坡上。坡蜿蜒如虬，脊稍凹，有泉涌为池，方广约十余亩。中有土陇，界池为二，一方一圆，若圭璧然。其水清洌，今尽垦为田。张绢斗《诸葛池》："万古波声撼，如闻渴骥嘶。渡泸人不见，清涨一泓池。"

中甸厅

维西厅

普洱府

宁洱县

祭锣洞 旧《云南通志》：在莽芝山半。石洞中有铜锣一，匡郭剥蚀。夷人每于春耕时取锣祭之，祭毕仍置故处，秋时再祭，则年谷丰稔，或不诚，岁即歉。相传武侯所遗，迄今奉为神物。

虾 洞 《宁洱县采访》：在城西南隅四里，多产虾。人有从蟠龙洞入播糠，糠从此洞水流出，乃知水源自彼而来，但蟠龙洞多鱼，水流虾洞而鱼不往。此疆彼界，截然分明，殆天成也。

祭风台 旧《云南通志》：在城南六茶山之中。登其上，可俯视诸山。相传武侯于此祭风，又呼为孔明山。

思茅厅

千岁潭 《思茅厅采访》：在刁冷河。水极幽深，昔永明王入缅至此，为流寇所窥，遂弃辎重于潭内，因名曰千岁潭。

威远厅

天成洞 《威远厅采访》：距城北二十里宣化乡地，旧无水源。雍正七年，忽大雷雨，山顶洞开，洪涛奋怒，有巨石如屋者滚滚西下，水从流之，越七八里与海子通，由是开垦成田。

他郎厅

龙 泉 《他郎厅志》：在城南五里笔架山下，有龙潭，泉涌如珠。

永昌府

保山县

黑 水 《永昌府志》：在湾甸州南。每岁至五六月，水自地出，人近之则病，饮之则死。土人用毡浸水中，久之取出，毫可杀人。

诸葛井 旧《云南通志》：在城东二十五里哀牢山上。有二穴，相去一寸五分，各围三尺许，形圆如碗，可饮千人，夜有火光。孟春，居民视水之盈涸，以占岁之丰歉。相传为武侯凿以济军者。《永昌府志》：一名天池，又名金井，有石如鼻挂泉二道，一温一冷，旧传偶有比目鱼出焉。

观星井 《永昌府志》：在通华门内。日中观之，井内有星，因名。后兵燹，有人投尸于井，遂废。

诸葛堰 《永昌府志》：流于沙河之南。相传为武侯所浚，久淤塞，明成化三年巡按朱皑重浚筑堤，因又名御史堤。

永平县

石　门　《永昌府志》：在金牛屯。石壁对峙如门，其中众溪奔流，即苍山黑龙潭西出泉也。

银江夜月　《永昌府志》：即银龙江。每月终时，江底忽见满月一轮，明晃动荡一二时许，然见之不易。

金　牛　《永昌府志》：在城东漾濞金牛屯。相传苍山有行龙冲石门而出，化为石牛，故名金牛屯。

铜　牛　《永昌府志》：在漾濞桥东。形如犀牛，藉以镇水，知县郭存庄建。

腾越厅

济旱石　《腾越州志》：在城北二里土山上。形如丸，周丈许。旧传高僧摩迦陀所遗，天旱祷雨，以石浸龙池中，雷雨辄至。《永昌府志》：在金轮寺中。周一丈有半，今祷之不验。

侍郎坝　《永昌府志》：在城西山。明兵部侍郎侯琎所筑，今废。

龙光亭　《永昌府志》：在叠水河滨。悬瀑飞泉，日光相映，如虹霓然。明知府严时泰、参将邓子龙复拓其制，今废。

龙陵厅

孟节寺　《永昌府志》：在平安所东。相传武侯南征至此，有哑泉，人饮之辄死。时遇孟节，言泉之毒惟夷寺井水与九叶芸香草可解，军士全活甚众。今寺与井俱存。

开化府

文山县

仙鹅石　《开化府志》：在城东北百四十里兔打寨箐。有二石，形似鹅，一雌一雄。相传遇旱认牲祭之，用水淋鹅即大雨。

平安厅

东川府

会泽县

野马川　《东川府志》：即饮马池。旧制，东川岁贡马四千匹，此其饮马处也。在城西南一百三十里，周围五十里有奇草，水涸，一片淤泥，人传地冷风寒，不宜垦种，今亦渐蓺杂粮。明嘉靖间，巡抚游居敬大破土目阿堂兵于此。

卷二百一十三　杂志一之五　古迹五台榭胜迹附

昭通府

恩安县

镇雄州

木黑岩《镇雄州志》：壁立云雾中，常见白马游行岩上，雾散即无。顶有微泉，喷成千寻瀑布，下为龙潭。

翰墨池　《镇雄州志》：在学宫东庑后。大不盈丈，水甚甘洌，有时变黑如墨，汲出仍清，或逾日，或三四日复故。

永善县

大关厅

鲁甸厅

景东直隶厅

蒙化直隶厅

永北直隶厅

江心石　《永北府志》：在托蓬江中。有大盘石二，夏间水消，可供游玩。

石　牛　《永北府志》：在城北涧中。一石横卧，宛如牛形，泉流至此，平分二渠，灌溉甚均。训导郡人高曎《石牛诗》："弗云耕南亩，贪来饮碧泉。牧童鞭不起，涧底只安眠。"

犀牛潭　《永北府志》：在金沙江南岸沙洲中。经年不涸，江水泛涨，沙不能搀。

磁　枕　《永北府志》：相传昔渔者在程海网得磁枕，呼为龙枕，验其润燥，以占雨晴。今不知所在。

广西直隶州

子洗哈洒祷雨处　《广西府志》：在大逸团香泉洞上。

师宗县

安甸龙潭　《广西府志》：在城西四十里。相传宋时安甸居此，号安甸州，与他种争战，势迫，投印水中化为龙。其水深不可测，有巨鱼，见者多疾。

弥勒县

龙马迹　《弥勒州志》：在城西四十里红石岩上。相传有龙马化为石，今遗迹宛然，望色可卜阴晴。

武定直隶州

银槽水　《武定府志》：在狮山后。从石窟中涌出，甘洌异常，昔凤氏甚珍之，贮以银槽。

跃龙亭　旧《云南通志》：在城内学宫泮池前，明建文帝信宿于此。蝼蝈哄鸣，帝意恶之，至今遂绝。万历间，知府刘懋武因建亭。

凌泉亭　《一统志》：在和曲州狮山之顶，明巡按刘维建。旧《云南通志》：一名浚泉，亭畔有古松二株，如虬龙形，茑萝数百尺缠之。

元谋县

诸葛碏　《元谋县志》：在白马口。龙川江流至此，两山壁立，横亘石龙，水穿龙腹而出，铜墙铁壁，凿石碏，故老相传诸葛南征时所开也。非神工岂能辟此？古迹宛然。

姊妹硖　《元谋县志》：昔姊妹二仙，一住章坡罗，一住茸那境，于河头西壁穿硖引水，灌二处之田，一夕而成。其纤指利屣，遗迹宛然如新。

珠帘水 《元谋县志》：在城西七十里芝麻村旁，即多克河之尾也。旁有深洞，渔人猝入洞中，初觉微暗，后则清朗。洞口瀑布，如挂珠帘，中有床枕、几席、灯檠、炉瓶、釜灶之属，皆生成，细润光耀非常，因携数碗而出，则皆石也。

石　塔 《元谋县志》：在河畔。高二丈，广二尺余，屹然如塔。下有清泉，莹澈见底，雨不见盈，旱不见涸。旁有石灶，高尺余。

禄劝县

石　泉 旧《云南通志》：在城东一百二十里洒交营坡。坡有大石，泉出其上，终日汲之不涸，终岁不取亦不溢。相传武侯南征至此，人马皆渴，以剑斫之得此泉。

元江直隶州

蛟龙古洞 《元江州志》：在城西十里自乐山下。洞伏蛟龙，每鼓波沿河坏民禾稼，郡人刀代挟利刃斩之。洞口怪石玲珑，奇巧万状。雍正间，大雨，沙石填塞洞口。

犀牛潭 《元江州志》：在城南百里普漂村下，礼社江上。有火光烛天，相传犀牛潜伏其下，又云蛟龙居之。岸上岩高数十丈，瀑布飞流，土人欲引沟开水，忽闻洞内金鼓声作，江水沸腾数丈，山为之动，惊骇而止。

黑龙潭 《元江州志》：在城南八十里普贵村。有黑龙伏其中，眇一目，鱼虾皆眇，四面林木阴翳，叶落水中，翠鸟衔去，或用钓取鱼，雷雨交作。

莲花塘 《古今图书集成》：在青龙厂山下。周围三百余丈，池内产青、红、白三种莲花。

太极池 《元江州志》：在城北江上。平地突起小山，形如覆盆，半石半水，左右两眼如太极，四时不竭。

新平县

烈妇井 《新平县志》：在典史署内，为黄氏烈妇尽节处。事在乾隆四十三年。

镇沅直隶州

岩　龙 旧《云南通志》：在城南六十里明德里。土人遇旱潦祈祷，多著灵异。

恩乐县

圣　井 《恩乐县志》：在城西圣姥庙前。泉清且甘，邑人相传内有一大鳝，不常见，每有火光掩映井区。

琅盐井直隶提举司

鱼　池 《琅盐井志》：在鱼池山麓，为景氏别业。古树森列，水澄鱼潜，昔有亭榭，居人多游览其间。今废。

引沧浪 《琅盐井志》：在宝华山后悬崖石壁。水甚清洁，即圣泉源也。《楚雄府志》：日出则流，日入则止。

黑盐井直隶提举司

李贤者泉 旧《云南通志》：在司治南利润坊。相传昔有贫妪居此，苦无水，偶有老叟自称李贤者，引妪往岩畔，以杖指示，石裂泉涌，至今赖之。《黑盐井志》：在司治东凤山下。水清洌，与龙沟水等。

诸葛泉 《黑盐井志》：在司治北，俗呼苍蝇沟。相传武侯南征经此，令军士饮之，云此水可消瘴气。

龙马潭 《黑盐井志》：在小石门。有石宽广各三四尺，形如巨釜，水流其中，石上有马迹。

浣手池 《黑盐井志》：在井北绝峰山麓。相传神僧诵经于此，龙涌泉供僧浣手。

铁　牛 《黑盐井志》：明成化间，溪水泛涨，淹没大井，提举吴永铸五铁牛投水中，龙患乃息。

治水塔 旧《云南通志》：在司治北背凤山，临龙潭。昔有洪水泛溢，因建塔镇之。《黑盐井志》：在武庙前。元至正二年建。

白盐井直隶提举司

石　羊 旧《云南通志》：在司治北。蒙氏时，有女牧羊于此，羊舐土，驱之不去，乃掘之，下有石如羊，遂得盐泉，井人因立庙祀之。《白盐井志》：在大界冲内。相传洞庭龙女嫁泾河龙子，遭谗被遂牧羊，羊尝舔土，掘得石羊，获卤井。闻于上，遂封郡君为圣母，石羊为将军，立庙祀之。

宜月亭 《白盐井志》：在齐云阁旁，有泉甚清泠。

〔据阮元等修，王崧等纂道光《云南通志稿》（清道光十五年刻本）卷二百九至二百十三《杂志·古迹》辑录。〕

（光绪）云南通志·杂志·古迹

卷二百三十四　杂志一之一　古迹一台榭胜迹附

云南府

昆明县

牛　井 旧《云南通志①》：在罗汉山岩下。明嘉靖初，赵道人修炼于此，苦无水，以牛载汲，垂二十余年。一日，牛忽死，其处即涌一池，味甚甘洌，虽盛暑不竭。

玉案山风雨碑 《徐霞客游记》：棋盘山谨案：玉案山俗名棋盘山。有寺，东北向，即棋盘寺也。出寺门东行三十步，观棋盘石，石一方横卧岭头，中界棋盘纹，纵横各十九道。其北卧石上大书“玉案晴岚”四大字，乃碧潭陈贤所题。南有二石平度，中央为穴，下坠甚深，僧指为仙洞，昔有牧子坠羊其中，遂以石填塞之。穴侧亦有陈贤诗碑，已剥不可读。《昆明县志略》：在县西玉案山。久雨，则立风碑仆雨碑，即晴；久旱，则立雨碑仆风碑，即雨。相传为大禹王所制。道光六年，粮储道春庆捐修，砌石垣护之。谨案：“玉案晴岚”四字，今改“玉案晴雨”。相传嘉庆初，有昆明人罗姓善风水，因旱，具牍投布政使，请改此碑“岚”字为“雨”字，旱当止。从之，果验。今“雨”字划陷处露“岚”字四角，迹犹可辨。棋盘石左有太子少保字，“玉案晴雨”下有仙字，右有“夏十有七日”五字，垣外残石有“奕迹名千古，清光

① 云南通志　道光《云南通志稿》作“云南府志”。

映万山”二句，额余篆文“南府题”三字，旁有“卯仲夏之吉立”六字，俱仿佛可识。

浣玉亭 《云南府志》：在城北陟山麓，亭右汇水一泓，冬夏不竭，稍西引泉作数曲，可以流觞，建屋三楹。康熙三十四年，巡抚王继文捐造，颜曰“山水之间”。

富民县

龙马潭 《富民县志》：在城北十里大河中。相传有龙马出入，好事者驱牝马牧此，偶值与交，即产良驹，今不复见。

宜良县

罗次县

朝阳洞 《罗次县志》：在西山左，洞门向东，日出则照满石室。洞下有龙湫，其水莹洁有灵气，常有异人居之。

龙女洞 《罗次县采访》：在城东北二十里许石花村后。山前有小滩，其水忽发忽止，日数次。水将发，洞内先闻涌泉声，渐混混而出，闻人语而止，静俟之仍发，似畏人见者，故俗呼姑娘龙。

金水井 《罗次县志》：在金水乡。其水清莹澄澈，时见金光。

鱼跳龙门 《罗次县采访》：在城北五十里许乍乌河中，有横石一道，高丈余，阔尺许。水从中流，状如龙门，每雨初晴，河鱼踊跃而上，观者奇之。

晋宁州

龙形石 《晋宁州志》：在城北山中。明万历六年，筑城采石，石忽裂，烟雾腾空，中若有物，及视石上，龙形宛然。唐尧官《新城篇》有“鳞鳞龙甲石中藏”之句，今失。

制蛟石 《晋宁州志》：在白龙庙前。出土周围五六尺，人有坐履其上者必罹疾。掘之，根大不能起，或云其下有符制蛟，至今人犹禁之。

凤凰池 《古今图书集成》：在州西北凤凰桥畔。昔有凤饮此，故名。凤毙，有司取其首为忠烈祠镇，传之已久。每出视之际，但见光彩异常，香气袭人，真圣瑞之物也。康熙三年，为知州叶某所取，不知其处。

树　泉 《晋宁州志》：在州城北天王庙。树心空虚三尺许，中有清泉，相传可疗目疾。

瓦柱礎 《晋宁州志》：在万松寺。大殿南一柱礎以碎瓦攒成，支殿之东角润则占雨，或曰鲁班遗迹也。

望海楼 《晋宁州志》：在城西河泊所，村人建。傍海而楼，窗牖四达，俯瞰烟波万态，仿佛岳阳之胜。

石　牛 《晋宁州采访》：在城西十里。相传有异人牧牛滇池滨，一夜牛入水恋草，闻鸡报晓，牛尽化为石。俨如牛形，今村名牛恋乡。

天　池 《晋宁州采访》：在大朴树村石山之巅。水深不可测，虽旱潦无殊。

三山九井 《晋宁州采访》：百花、螺髻、凤凰三山有九井，今存其七，一曰功德，在法轮寺，二月初六日佛会，汲之遍洒城中，以除疫疠；一曰观音，在南关内观音阁前；一曰如意，在如意宫，相传虹饮于此；一曰天仙，在天仙宫；一曰帝释，在忉利宫；一曰天王，在天王庙后；一曰龙井，在龙井庙前。水皆清冽，盛暑不竭。

呈贡县

安宁州

葱山顶水池　《安宁州志》：山高八百余丈，顶有大石，自成洼罇，中藏尺水，历年不涸，饮尽复出，甘洌异常。

洗墨池　《云南府志》：在城北门，明杨慎洗墨于此。

沙滩分水　《安宁州采访》：河尾沙滩广数亩，江水分流如燕尾，东西无定。相传水东流米价减，水西流米价增，多验。

龙　角　《安宁州采访》：在城南八十里大龙潭。泉味清洌，村人盛取汲焉。每侵晨，辄见潭边轻尘浅印弓鞋迹绕潭不绝，好事者终夜迹之，无所见。后水竭，淤于潭底，得龙角二，坚致白莹，高五尺许，今供村寺中。

温　泉　《安宁州采访》：在城北十五里螳螂江上。山环水抱，岩石玲珑，其水清洁，味甘如醴。

暖谷、云窝　《安宁州采访》：并在城北十五里。暖谷洞深里许，暖气薰蒸。相传为火龙洞，即温泉来脉处。云窝洞外常有云气，望之可以占岁，多旱则云莹皎，多雨则云叆叇，晴雨均则云现彩。康熙间，巡抚石文晟题额。

黑牛井　《安宁州采访》：在城南大云山。石上有水一洼，其味如卤。俗传祖师驻鹤于此，盐龙相与往还，石上遂出盐水一线云。

禄丰县

石　牛　《云南府志》：在西隅山。两山并峙，中通众流。相传元时居民见有二石牛相触，一入黑龙潭，一入河口。今水泛时，犹隐隐见牛浮沉水中。

大　井　《禄丰县志》：在东街，刘真人遗迹。

净莲寺泉　《禄丰县志》：僧量海遗迹。

饮马坑　《云南府志》：在城西北金山，相传为孔明驻师饮马处。

桥仙迹　《云南府志》：在化泥河，俗呼翻泥河，距城二十五里。当众壑之冲，水势汹涌，行者病涉，将谋造桥，难立基址，传有仙迹履指示方向，依造乃成。石仅二层，凝结坚固，至今不圮，为入琅黑二井要路。

昆阳州

石　龙　《云南府志》：在玉屏山左。岁遇旱，聚薪烧之，汗出则雨。

落洞泉　《云南通志》：在城西五里。闻人笑语，则水沸腾，汩汩有声。

万户井　《昆阳州采访》：在由义坊。宋时凿，泉水腾涌，盛于他井。

里仁井　《昆阳州采访》：在循礼坊，味极甘洌。

三洞泉　《昆阳州采访》：在平定乡。石洞有三，泉皆清洁，可鉴毫发，最为奇观。

古龙泉　《昆阳州采访》：在城西二里新城内。

热水塘　《昆阳州采访》：在城北四十五里滇池旁白鱼口。水气温暖，渔人多取浴焉。

翻水洞　《昆阳州采访》：在石头山下。水沸如汤，深不可测。

易门县

龙泉洞　《易门县志》：在大龙泉山下。轩豁幽朗，悬英垂乳，嵌空玲珑，击之清响，有如钟磬，泉自洞中涌出，幽深莫测。好事者然炬寻源，离奇万状，竟日未穷其所止。洞左一窍，斜通山巅，曲磴而上，别具一天。上建大悲阁、古佛阁，云南府通判胡允瑞塑吕祖像于岩上。洞口旧有古梅一株，横卧水际，流经其下，清香袭人。乾隆三十四年，洞口凿池，累石建亭，增修益备，名人题咏甚多。

仙人岩 《易门县续志》：在县北十里转湾坡后。峰峦石垒，下有空嵌古洞，曲折幽深。洞中苔藓，碧如垂柳，石痕列如田，常倾出清泉，仅一勺之多，牧童争饮，凉如琼浆。

珍珠泉 《易门县志》：在县东南五里小南山下。泉水清温，有泡自底滚出，累累不绝如珍珠然。相传系龙女往来多带雪泡，龙母怒而詈之，失手伤其目，至今泉中鱼皆一目。

滴乳泉 《易门县志》：在天然寺。极幽静，后有悬岩古洞，洞中倒悬乳窦，滴水夏凉冬温，以器盛之，可供僧饭。

吴家井 《云南府志》：在城东。水甘冽，可以消瘿。

嵩明州

秀崧僧泉 《嵩明州志》：在城东三十里寿国庵。其庵无水，僧道心祈祷，其徒本悟于邵甸普贤寺亦祈水。有泉，今称石仓。谨案：《嵩明州采访》：邵甸四景南仓，在普贤岩下，其额曰天赐泉。

毒泉碣 陈鼎《滇黔纪游》：天鼎山有海潮寺，谨案：在嵩明州东三十里。去寺半里有毒泉，碣云："此系毒水，饮者伤生。"《滇行纪程》：嵩明州塔山，其石自麓至顶累累，俱青铁色，天台万马渡不及也。前行有毒泉碑，相传有奇树生于此，名曰白鹤香。每岁花时，各山毒蛇、鸩鸟皆集树下，泉流其旁，人饮辄死。今树已伐，行者犹相戒焉。《嵩明州志》：在鼎山下。正书"此系毒泉，饮者伤身"，旁注"万历庚子岁，饮者连毙二人，奉按察司江立表识之"二十字。谨案：按察司江，名和，鄱阳人，万历间副使。

卷二百三十五　杂志一之二　古迹二台榭胜迹附

大理府

太和县附郭

冯　河 《明统志》：冯河潭围万步，岩壁耸削，奇木交加，潭以版石，皆人力所为者，修饰整整，尘埃不到。《汉书》谓云南郡西北有山如扶风太乙之状，上有冯河，即此。《大理府志》：在玉局峰顶之南。旧《志》谓南诏丰祐潴苍峰为池，导山泉共泄，流为川，灌田数万顷，民得耕种之利，是名高河。今岩壁耸削，奇木交加，潭以版石，皆人力为者，非即此欤？潭深莫测，水有堕叶，鸟辄衔去。

龙啮石痕 《太和县采访》：乾隆丁酉七月十五日夜，隐仙溪涨溢至篾匠材桥，水高丈余，漫桥而过，浪中现龙形。次日水平，桥畔有一石如嚼齿痕宛然，人谓之龙啮石。

蝶　泉 旧《云南通志》：在城北上关。泉从石腹涌出，旁有花一株，高丈余。夏月花开，状若蝴蝶，首尾相衔，长垂至地，亦奇观也。

卓锡泉 《明统志》：在城北三十五里喜州（洲）大慈寺前，昔有神僧卓锡得泉。

救疫井 《大理府志》：在苍山兰峰之半。疫厉者饮即愈。

石马井　《明统志》：在府治后。日高午时，见井中有石如马。

天　桥　旧《云南通志》：在城西三十五里洱河下趋处。俗传大士凿石以泄洱水，绝壑深堑，石梁跨之。两岩激水溅珠，宛如梅绽，人呼为不谢梅。《大理府志》：在城南三十里。又桥北有水旧嶂，名一线天，水故道也。石林古色，可吹洞箫。明僧普荷《不谢梅》："寻春莫问路高低，根蒂从来不染泥。寄与浩然休浪踏，荡舟轻稳过驴蹄。"又，"恰似西湖水渺茫，中藏几点是残霜。为耽逋老孤山癖，浮动何须有暗香。"浙江张端《不谢梅》："激涧分千萼，因名不谢梅。影飞回雪浪，声落撼春雷。时见冰花灿，何愁玉笛催。天禽空跨处，疑有蕊珠来。"

赵　州

御　井　旧《云南通志》：在城北十五里。元世祖南征驻跸于此，时旱，军士渴甚，世祖祷于神，以剑插地，泉忽涌出，因井之。且覆以亭。元杨庭《玉井亭记》：

云南乃古六诏之地，去天万里，僻居一隅。岁在癸丑，我世祖皇帝应运龙兴，御趾亲临其所。毳裳椎髻之民，咸谓天人降，不加一兵而尽归职方，非神武不杀之恩，其孰能致于此？赵州北十里许陵陆之上，曾驻跸焉。时旱不雨，军士皆称咽干。上大悯之而祷，乃以宝剑插地，果应圣衷而清泉涌出，因井之。深凡数尺，在当时以济其师，而后世则被其泽。此其惟德动天，至诚如此者也。《易》之九五曰"井洌，寒泉食"，五以阳刚、中正、德位，俱尊君之象也。井洌而清，为人汲，食飧居住用事，泽及于民，谓能济众者也。其观感造化，岂偶然哉！井上有亭，岁久漫漶而皆堛堞。至己亥冬，宪使秃鲁公中顺按临大理，见而叹曰："此先皇之盛世，宜崇修之，以永臣民之所观感。"乃捐俸赀，俾路尹段公亚中董其事。民悦趋之，不日而功告成，命庭为文以记。庭乃拜手稽首而言曰："我世祖之崇建功德也，家四海而闼八荒，收三代、汉、唐、宋所无之地，于此掘井以察天心，其圣德所昭之实，莫能名焉。宪使公承耳目之寄，振纪纲以按百司，雷历风飞，而边地底，于此修亭以从众望，而其所著之功亦有至焉。是知泉益甘而亭益翚明，良先后之用，岂特一时之盛！将见皇元之休风，与天地相为永久也。宪使公之令绩，亦与国家相为光大也。"系之以铭曰："玉泉涌清，华亭奂轮。于穆圣德，不显惟神。亿万斯年，惠及下民。惟泉斯流，惟亭斯周。赫赫宪公，克黼皇猷。令闻令望，与民咸休。"

妙音井　《赵州志》：在晴云山右。昔白王女妙音姑于此学佛，苦无水，以石臼舂稻，久而臼穿，清泉涌出，白王神之，为建寺焉。

天水井　《大理府志》：在州北二里。

华阳井　《大理府志》：在州西北二十五里。水清洌，有龙异。

倒影碑　《赵州志》：在州南五里。明知州潘大武建桥立石，岁久明莹，人来则影去，人去则影来，故名。

劝农碑　《赵州采访》：在城北七里。雍正四年，夏旱至秋乃雨，是岁大熟，州牧汪邦彦纪其事，认为农劝。

洱州庙　《赵州采访》：在下庄，明时建。相传有樟木板自东海龙王庙飘来，上刻有龙王及太子家属神像，其文曰"龙王太子，抚护下庄"。又有青瓦六块，声色异常，村人因建庙祀之。今庙毁，樟、瓦犹存。

香樟龙泉 《赵州采访》：在大赤佛香樟龙树下。有大小二泉，栽秧后小泉无水，村民祭毕修扫始出，饮之味甘如醴。咸丰间，夏旱，回民诣龙泉祷雨，埋以牛骨，忽树蜂飞螫，暴雨立至，牛骨随流涌出，回民归没于家，其灵异如此。

迎风勒马井 《赵州采访》：在白马庙前。康熙间，知州陈光稷建庙落成，路下忽涌一泉，味甚甘冽。

济兵井 《赵州采访》：在锦场，明杨寿增掘。同治间，兵屯锦场，其水渐多，兵民赖之。

无名树 《赵州采访》：在寿山顶。大黑龙潭广里许，原泉混混不可测，中有一树，清芬异常，状如仙掌，无枝无叶，四时嫩绿微黄，霜雪不凋，人莫能识其名。

云南县

香水泉 《云南县志》：在晒经坡脚。泉水清幽，四时不涸，烹茶味甚香美，叶浮不落。

风洞古井 旧《云南通志》：在城南三十里水目山水月寺。六诏时，僧普济有神异，日从洞中往来。旁有古井，深不可测。《大理府志》：后有倒影亭，前有阿标系髻遗迹。

诸葛故井 《云南县志》：在力士营上。大仅如碗，而四时不涸不溢，取之不尽。

过峡天桥 《云南县志》：在县西北大尖山。势如鞍鞒，涧水流，甚宽敞，过者不知其为桥也。

观澜亭 《云南县志》：在城内西南隅城脚下仓塘内。明副使郡人史旌贤筑，久废。今遗址犹在。明史旌贤《观澜亭记》：

邑西偏故有池，盈涸无常，时万户张君汝志世业焉。昔尝有亭沼之观，中央遗址犹存。冬春则水涸，鞠为茂草，东山之屐齿不入，北山之猿鹤不栖，令人有陵谷桑田之感。余既谢西川节还，岁乙巳，有一万户张君政邀余渔焉。余曰："是可修而还旧观也。盛迹郁焉，是贻林壑之愧，有慨乎柳子之言矣。"会他日，前万户以券来，夫上源之未浚，其若下流何？城西旧有水道，乃浚其淤，拓之，长三千丈有奇，中为池，凡三百六十丈有奇，源委各一。池备泄蓄，各四十丈有奇，从荆棘污邪中矩而方之，度中央之中亭焉，以茅覆之，无欂栌节棁之饰，为台三级，皆土阶，示太朴也。周遭植桂、柏、松、竹、梅、橘、桃、李、柳桎、杜鹃、山茶、映山、芭蕉、萱草、兰芷之属，水则芙蓉、莲、菱芰、芡、蘋、藻、莼、蒲、蔺、芹、芜、葭、藻、荇之属，水陆四时之花备焉，示吾与也。或晴澜滉漾，或烟雨霏微，鱼鸟亲人，童冠咸集，取诸鱼以乐宾，亦足萧然为快。若春明在御，秋色平分，风和波恬，与舟上下，皎月炯炯在树杪，徘徊四顾，忽闻城头角声，不啻钧天之奏。盖造物假之而因还之造物，庶几乎吟风弄月之趣焉，示乐天也。架悬木为浮梁，与众共之，掩关则撤，以杜游者，示节也。合之而大观备矣。经始于丁未冬，阅月，亭既成，命之曰"观澜亭"。自西入为小径，若山阴道上行，颇有致；由东入为冠盖孔道，命之曰"沧洲别墅"。制一舟，若艅艎，可列六客游焉，命之曰"水云乡"。字出兵使者王公恒叔笔，婉媚道逸，可想见其人云。夫兴废何常，士也，岩栖川观，于一茅亭何有？顾流连花鸟，藻绘山川，非达节也，高台深池，可谓无遗讥乎？李德裕平泉有庄，王维辋川有图，丽矣，然不再传，以其人废焉，则所重可知矣。以余耳目所经，栗里以东篱鸣，有若陶靖节；浣花以草堂鸣，有若杜拾遗；武夷以精舍鸣，有若朱元晦。视平泉、辋川，何足与之较壮丽？而千载余芳，若在旦夕，世无不击节而慕者，盖以人为轻重如此。而平泉贻戒谓以一树一石与人者，非佳子弟也，亦愚矣。苏文忠曰：人自有足恃者，不在乎亭之存亡也。不然，君其问诸水滨。

喜雨亭　《云南县志》：在县署西。兵备道沈桥筑，今废。

邓川州

丙　穴　《邓川州志》：在州南鱼潭波。水从石穴中向南流出，其间鱼甚肥美，谓之油鱼。明新都杨升庵镌“丙穴”二字于石壁上。

南诏潭　《邓川州志》：在城西二十里。潭阔十余亩，中深莫测，三山环绕，万木阴森，一面有石墙，南诏时人民避兵于此。

香　泉　《邓川州志》：在城西。岩洞穹窿，乳窦悬滴，下有石盆盛之，香洁可爱。

丰　泉　《邓川州志》：在城西三十里，一名熊涧。俗传其水出多，则其年丰收，故名。

歉　泉　《邓川州志》：在州西三十里腊坪场路傍。俗传其水出多，则其年荒歉，故名。

洗心泉　《邓川州志》：在城西北三十里山麓，杨御史筑。其上有碑，镌“洗心”二字，用以警俗。

芭蕉龙　《邓川州志》：在城西北大楼桥界。有龙最灵，时因天旱祷雨，龙从芭蕉跃出，杨御史题为“芭蕉龙神”云。

观水亭　《邓川州志》：在城东南江尾洱河滨，明嘉靖中建。河尾渐淤渐远，亭遂废。

玉泉亭　《古今图书集成》：在城北三里。温泉出山麓，视他泉较清澈可人，参议杨南金作亭其上。《邓川州志》：又名玉泉岩，在大市坪温泉后。岩有杨御史遗像及“攻玉”“濯缨”匾，曰有收春台、高节坊在其侧。

浪穹县

九气台　《古今图书集成》：在城东二里，有台九窍，下有温泉，气从而出。《浪穹县采访》：在城东里许。《徐霞客游记》：湖中有阜，中悬百家居其上。南有一突石，高六丈，大三丈，其形如龟。北有一回冈，高四尺，长十余丈，东突而昂其首则蛇石也。龟与蛇交盘一阜之间，四旁沸泉腾溢者九穴，故名九气台。万历癸卯，知县李在公建真武阁于其上。

凤凰台　旧《云南通志》：在城北二百步，施浪诏施望欠筑。台下有白沙井，泉味甘洌，亦施望欠所凿。

占农石　旧《云南通志》：石在城南凤羽乡。石窍中有物如蛇，见首则年丰，见尾则年歉，见腹则丰歉半之。又，旧《云南通志》：见头则插秧早，见腹则及时，见尾则旱，人以占农。

泛湖穷洱源碑　《徐霞客游记》：浪穹东关外，由湖而入海子。《山海经》洱源出罢谷山，即此。杨太史有《泛湖穷源》遗碑没山间，何君鸣凤近购得之，将为立亭，以志其胜焉。

黄罗伞　《浪穹县采访》：在佛光寨北涧。两峰壁立，千仞对峙，夹束一水，十余里始达涧源寨。前后山多叠壁崩崖，此涧为最。南崖半有一洞，大半亩，高百丈，内结石乳，形如华盖，色杂丹黄，即一女关之右侧也。

水　花　《浪穹县采访》：在罗坪山半悬崖上，俗名猴梯。水破岩而出，约高二三十丈，望之如风前舞絮，颇著奇观。

宾川州

八功德水　旧《云南通志》：在鸡足山巅。迦叶于石上卓锡成泉，至今清流不竭。《一统志》：水出飞崖石穴下，仅容一瓢，四时不竭。其东有石窍，故老云昔有异人以咒术禁蛇其中，故一山无蛇。

罗筌海眼　《大理府志》：在罗登寺。相传大士既制罗刹，余党尚潜海窟，兴恶风白浪，时覆舟航，有僧东山者请文殊制之。旧有地窍通海，在寺殿中塑文殊、东山像于其上。

河孔通泉　《大理府志》：河子孔在鸡足山下，又名盒子孔，即乐溪也。水源自洱河东青山圣母港流入山腹。有人饭此，失盒水中，明日过鸡山，见盒自孔中流出，故名。

国母泉　《大理府志》：在平贼岭下。邹公军至此，渴甚，忽见老妪指以泉，因名。

白牛井　《明统志》：在州西北三十里。人见白牛食其旁，忽没入井，深不可测。

金牛液井　《大理府志》：在何祥庄。俗传邪龙欲撼山塞河，潴川为渊，化金牛形，负犁耙排山，大士制之，牛没入井。今其山形如犁耙，川名牛井，以此。

涌泉亭　《明统志》：在城西南三十里，地名宾居。龙祠之左，水清林碧，堪避暑。《一统志》：在州西南三十里。

云龙州

洞泉凝瑞　《大理府志》：在十二关石洞内。石液下注，结成山水人物，色具五彩。

一碗水　《云龙州采访》：在雪山。路旁有石，大仅如碗，水从中出，不涸不溢，取之不尽。

红　海　《云龙州采访》：在碧峰之巅有海广二十余里，色赤如丹，取之则清。

临安府

建水县

温泉春暖　《建水县采访》：在馆驿城西五里。其泉温暖异常，土人置鸡子于中，顷刻成熟。尤能除疾，每岁春，村民争浴其间，邑人因建屋覆之。旁有寺曰顶寺，树木葱笼，颇饶佳趣。咸丰六年毁于兵。

石屏州

石　龙　《古今图书集成》：在海东山峡中海水泄处。水由临安入云津洞，暗流归阿迷州。其山峡中流横一石龙，水由上行，旱涝毫无增减。先因旱，开挖至石龙，雷雹大作，相怖不敢动。

孝感泉　《临安府志》：在城西五亩赤木山下。明孝子许邦相庐墓时所致也。督学范允临题为“孝感泉”。范允临《孝感泉》：“青山数行泪，古木一溪烟。万岁千秋后，人思孝感泉。”

寿水井　《石屏州志》：在梅箐道左。水出石间，味极清洌，不溢不竭，行旅赖之。

石龙水　《石屏州志》：在龙朋里阿古黑山麓。鳞甲皆具，水从鼻孔流出，随脊流下至尾旁无遗漏，下凿石聚水，供一寨之用。

神龙养珠　《石屏州志》：在城西二十里宝秀前所。一山高二丈，周十丈，中悬一洞，相传神龙养珠于此。形蟠入石四五分，如墨印然，两石相向中如胁，甚奇。上建龙王庙，祈祷辄应。

龙孔书声　《临安府志》：在赤瑞湖西北。湖形如倒壶，有龙孔出泉，泉上虬石蜿蜒，俗名版云梯。相传夜半有书声出湖中，与湖波相应。

阿迷州

灵　泉　《临安府志》：在书院内。半亩方塘，分沙漏石，上有亭，翼然临水面。佥事王廷表读书之所，今为借观园。

宁　州

花溪口　《临安府志》：在青龙潭左。溪流曲折，两岸多杜鹃，花开如绣。

通海县

石　穴　旧《云南通志》：在城东北二里。《临安府志》：在城北二里。俗传僧畔富以杖穿石泄杞麓之水，其穴至今存。明提学巴郡张佳印《石穴》：“巨浸浮天地，东奔似建瓴。谁其元窦凿，真作尾闾形。曲水穿千嶂，寒流隐列星。何当运鹏翮，与尔下南溟。”

拖蓝水　旧《云南通志》：在城北杞湖中。明御史东旭谪戍通海，子钦随，相继卒，钦妻卢氏誓死守节，有力者强逼之，自投水死。《古今图书集成》：东卿妻卢氏守节，被逼殒湖中。至今每于风定时，湖水带蓝一带，长数十丈，宽数尺。知县邑人董兆瀛《拖蓝水》：“烟波何处吊芳魂？千载湖心一带痕。清节不劳书汗简，海天飞白自澜翻。”

洗钵池　《临安府志》：在秀山。畔富洗钵于此，故名。水味甘美，饮之令人色泽，一名畔富井。

降龙龛　《通海县采访》：在城东十五里东华山半。龛侧有泉，为毒龙所据，每兴云致雹伤禾稼，噉人畜马。僧慧心寂坐石上数日，龙稽首听法，不敢为灾，石上坐痕犹存。

河西县

石　塔　《古今图书集成》：在城南螺髻山顶。旁有清池，水常不竭，中产莼菜。

嶍峨县

啸龙岩　《临安府志》：在法乌山。石岩下有河，冬春水涸，游人聚其下，踏歌饮酒，水应声而出，或如桃花，或如竹箭，歌止水亦止。

蒙自县

莲花滩　《蒙自县志》：在城南一百二十里。巨石横亘，江水泻下，迅急如风，水中乱石无数，秋夏则没，冬春尽现，望之如菡萏然。相传交趾饮马之池。

绿翠塘　《蒙自县志》：在城南三十里。塘踞山顶，为蛟龙窟宅。四山环拱，古树翼之，沈沈湛绿，落叶不入，即偶堕，有翠鸟衔去。投以石，震以金，则电生水底，雷雨昼暝，旱祷常应。

金鱼塘　《蒙自县志》：在城南南山屯民居之后。塘仅数尺余，暴雨乍集，有二金鱼翔泳其中，罩之弗得，涸之则无，雨集如故。

天　桥　《蒙自县志》：有五，俱在县东。一在芷村，环列十八峰，中有最高一峰，俗称罗汉请观音，桥在峰下，水出桥孔；一在芷村狮山下；一在暑天，跨白河上；一在过古；一在石马脚，略跨落水洞口。

瀛洲亭　《临安府志》：在学海中央。明通判胡文显导法果、落龙、三岜、白谦四泉之水，汇而成池。南面筑堤数百丈，中垒土为三山，上建斯亭。波光渺弥，回碧萦青，为一邑之胜。邑人杨国正《瀛仙亭记》：

蒙邑，荒徼也。四维皆山，赤土百里，独东南稍缺。有法果一泉，离城六十里许，隔山数重，艰于浚导。过此境者，常怀草宅之忧；莅斯邑者，徒切土满之患。明时，太守钱公、邑侯唐公决草湖为堰，积其土为三山，以储灌溉而培风脉，其后因有微泽，人文蔚起。第泉非有源，旋盈旋涸也。幸值王公来宾字尔嘉者，世籍襄平，簪缨世胄也，出守阿迷，清廉仁爱，洞悉治体，惟以锄奸为国，剔弊为民，为忧柔不茹刚不吐，得古君子直道事人之操焉。蒙、迷接壤，相去百有余里，尝聆其德教而想慕其行事。庚午秋，摄篆于蒙，兴利除害而魑魅潜消，政简刑清而民物安阜，不粉治，不市恩，不受货，不炫名，譬如泰山乔岳，不见其运动而功利之及于物者，不可以数计而周知。每于朔望，属其士民，询及法果一泉，毅然以为己任。捐俸凿山二千六百余丈，其水如瀑，万斛珠玑，引入平原，潆洄学海，波光隐曳云汉，泮海焕乎文章。且忧北方洿下泄而难收，于城南筑堤数里，如长虹卧波，赤地泽国，望之令人心志豁然，举步瀛洲之想。合邑士民无以酬公，作亭于水中，志公之功德不衰，使后之食德沐泽者，咸兴伊人宛在之思。公曰："否否。此尔民之作也，我何有焉？"乃命其亭曰瀛仙，且冀后之人文蔚起者，当不亚瀛仙学士。噫！夫以公之德之厚如此，乃不居其功，而以名吾亭，是何其期于士民者益深且厚乎？呜乎！蒙邑之父母斯民亦多矣，求如公之深心民事，开泉筑堤者几人哉？以故，公摄蒙三月，上宪复委别篆，士民拥塞城门，哭道保留，吾民复受其德者数月。人曰："此异事也。"吾曰："非异也，要出于心之诚，然发于情之不容已耳。盖赤子之于父母也，一有所失，出则衔恤，人则靡至者，天性然也。今公爱民如子，而民犹有不如子之失父母者，未之有也。"是为记。

碑　亭　《蒙自县志》：在城东春场左侧。岁旱，农人以牝猪祀之，雨多应。今亭废碑存。春场纵横半里余，每岁迎春于此。

卷二百三十六　杂志一之三　古迹三台榭胜迹附

楚雄府

楚雄县

大小骠村　旧《云南通志》：相传蒙氏时，有野马二，常风雨中斗于原野，久之，化为龙，大者入东南村坞，小者入西南山谷，僰人因以名村。

锁水塔　《楚雄县志》：在城东北五里龙川江南岸，王寿建。康熙十九年，地震倾圮。乾隆元年，邑人汪涛独力修复，知府丁栋成、邑人赵继松各有记。五十七年大水，巡抚刘秉恬勘灾至此，易名镇水塔。又，对岸旧有锁水阁，自阁引铁锁系塔以锁水口，后毁于火，遗址犹存。

镇南州

桂　井　《镇南州志》：在城东五里。井泉独美，桂树双荣，旁建八角亭，为游玩之所。今桂无存，亭亦废。

氿　井　《镇南州采访》：在城东南五里观音洞侧。其泉清洌。

温　泉　《镇南州采访》：在城西南一百五十里黑泥山。喷涌清润，远近皆就浴焉。

寒　泉　《镇南州采访》：在城西五里西山寺前。泉深三尺，四时澄澈不涸。

风水坊　《镇南州采访》：有二，一在城东一里，一在城西半里。道光二年，知州黄中位建。

锁水塔　《镇南州采访》：在城南二里旧土城。今毁。

南安州

蛟砂石　《楚雄府志》：在城西五十里上江河吊索洞。相传每春雷雨，有蛟据河石吐涎，土人先炊饭甑蒸之，皆成丹砂，故名。今无。

姚　州

温　泉　《姚州志》：有二，一在城西一百八十里黑泥只村，山石巉岩，泉自山畔石洞中涌出，精洁温沸，水中石有五彩；一在城东一百三十里绞摩村，水自石涌出，痼疾者浴之即愈。

洌　井　《姚州志》：在城西一百三十里普淜驿右，俗名小井。水甘洌不涸，每朔望日，午潮有声，高涌尺许。

塔影瑶池　《姚州志》：在城锁水阁后，今涸。

石羝羊　《姚州志》：在府北一百二十里。蒙氏时，有女牧羊于此，一羝舐土，驱之不去，乃掘之，下有石如羊，遂得卤泉，因名白羊井，后讹为白盐井。

石虎泉　旧《姚州志》：在城西二十里鬼门关。路侧有石如卧虎，腹间陷下若盂然，泉水注焉。其地与阳派淜相去三里许，泉水之盈缩清浊，视阳派淜为准，淜水涸则此水亦竭，地脉贯灵，有气化感通之妙。

古　泉　旧《姚州志》：在城西四里古泉寺之左。其水甘洌，烹茗极佳。

绿萝泉　旧《姚州志》：在城西一百二十里普淜驿三官寺侧。水味甘洌。

烟萝泉　旧《姚州志》：在城东十里烟萝山。

金龟井　旧《姚州志》：在城西三里金龟山麓。

西岭井　旧《姚州志》：在城西仙景山麓。昔有异人磨杵于此，其石犹在。

春郎井　旧《姚州志》：在城东青莲寺后。

仙鱼井　旧《姚州志》：在城东火神庙街，一名金鲤井。

蚌珠井　《续姚州志》：在城西弥兴街左。泉出如蚌珠，水清甘。

大榆树　《续姚州志》：在城西弥兴下屯。共树最古，一本而两幹，春初小幹先发，则雨水较迟，大幹先发，则雨水较早。村人以此占雨水之迟早，即以卜年岁之丰歉焉。

大姚县

一碗水　《大姚县志》：在城北一百三十里。巨石上出水，一勺如碗，有酒气，傍有细石粘连如米团。旧《志》载昔武乡侯南征，值除夕，以酒食犒士卒，有思乡不食者，次日酒化为水，食化为石。康熙《云南通志》：白馒石在羊蹄江上。有白石如馒首，有泉盛旱不涸，武侯南征，军人遇除夕思乡，武侯指泉为酒，化石为馒，以给军士。

天　井　《大姚县志》：在城东百里白慈峰侧。山顶尽石，平坦若案，中一小池若洼尊然，方尺许，其水清冽，虽大旱不涸。树叶落其上，鸟辄衔去之。

锁水塔　《大姚县志》：在城东五里鲤鱼山上，当蜻蛉河、大姚河交汇处。山下即承恩桥，乾隆间重修，桥下即新坝，故又名新坝塔。

广通县

金龙潭　《广通县志》：在城东。相传昔擒者纳时有疾风暴雨自南来，贼因就擒，望之有金龙绕空中，即此，潭因名曰金龙潭。祈雨多应，明时敕县令每季春致祭焉。

定远县

白石泉　《定远县志》：在独立山下，相传武侯取水以足军食。

羊　井　《定远县志》：在城北五里，有石如羊，泉出其下。

零水拖蓝　《定远县志》：在城西二里。波光凝碧，映带城西。

锁水阁　《定远县志》：在城南三里迎恩桥左，地即龙川口去处。康熙四十年，知县张彦绅建。

澂江府

河阳县

洗马池　《澂江府志》：在罗藏山巅。池清而阔，俗传梁王洗马处。

莲花池　《澂江府志》：在罗藏山北平衍之所。故址尚存，相传梁王凿。

丰乐亭　旧《云南通志》：在城西西磐龙泉间。明知府徐可久建，每岁季春郡人修禊之所。

江川县

清水塘　《江川县采访》：在城北山之东五龙庵顶。周半里许，四围旋塘凡九十九区，水深不可测。内产五色鱼，大小不等，食之辄死。水面尝浮玩好之物，人取之即摄入水，疑有神物司之。

新兴州

三姑井　旧《云南通志》：在城北团山三姑遇害处，事详《列女》。泉极清冷，可洗眼疾，又名喑泉，不可饮。昆明孙髯《三姑井》四首（略）。

独眼龙　《新兴州采访》：在城南二十五里东山。山下出一小泉，凿而成潭，邑人每岁祭之。称曰独眼龙，凡鱼虾鳅鳝之类，皆只眼焉。

路南州

天生桥　《路南州志》：有二，一在城北十五里，一在民知乡。

玉　坝　《路南州续志》：在城南板桥，有天生碧色石坝，灌济田亩。

金　龟　《路南州续志》：在城南板桥。桥下黄石似龟，水清形现。

长江半月　《路南州志》：即赤江，在民和乡。两岸峰峦秀错，西畔一峰独高，其顶甚圆，倒映江中，宛然半月。

广南府

顺宁府

顺宁县

三台相井　旧《云南通志》：在三台山东北百里。旧《志》谓武侯平蛮军至此，苦无水，见一老妪指地得泉，味甘洌，因呼为观音井，亦名三台相井。贡生文在兹《观音井》："古迹伴云根，石体喷流注。名为大士泉，轻烟起朝暮。"

江心铁柱　《顺宁府志》：在城东二百里西密瓦屋山下，即澜沧、黑惠二江合流处。有铁柱，径尺，常[1]与江水相上下，或出水面尺许，人往往见之。旧传大禹治水至此置，以定海眼者。文在兹《铁柱》："当年不是擎天手，此日谁传辟地功？禹穴残碑文字古，韩陵片石旧时同。一江高立铜标柱，半截轻移铁树宫。丞相威灵犹在望，斜栽石笋镇遐封。"

水卜阴晴　《顺宁府志》：一在大寨东邦别河，水出高山，其声远则主晴霁；一在大寨西南信河，水声怒号雨即至。若二水同响。则阴晴各半。乡人听之，以卜阴晴。

江流佛像　旧《云南通志》：在城东四十里。明嘉靖中，土人渔于兰沧江，忽见江水逆流，视之中有铜观音像，遂奉于万庆寺。

云　州

猛氏寨　旧《云南通志》：在城东一百二十里。上有龙马泉温泉。

龙池菡萏　《顺宁府志》：在城南二十里地附遮拐。三山并峙，下有池，水澄清，不盈不涸。昔有道士插藕其中，每夏日，红、白荷花相间，清香袭人。往来者无意中仿佛闻有鼓声乐声。

缅宁厅

温凉泉　《缅宁厅采访》：在城南十五里凤山之阴。二泉同出石罅间，不逾尺而寒燠异，相传浴之可愈疯癞。

卷二百三十七　杂志一之四　古迹四台榭胜迹附

曲靖府

南宁县

太和山石　《南宁县采访》：在城北二十里。山多石，日返照，光与石相映三日必雨。

双　井　旧《云南通志》：在北关外。一井两窍，传武侯所凿。

洗砚池　《古今图书集成》：在城南负金山下，水黑如墨。

---

① 常　光绪《续修顺宁府志稿》卷三十六作"长"。

井底桥 《南宁县采访》：在城内火神庙街，井下砌石成桥。

白 塔 《南宁县采访》：在城东南七里。旧甚高，今为水淤，高仅二丈余，下有土塔，联络七座，基址尚在。相传建城时造，以镇水口者。

南城塔 《南宁县采访》：在城南二十里后街之中。相传造以镇地脉者，建时无考。

金刚井 《南宁县采访》：在城南二十里许。水明如镜，中有金鱼，长尺余，人称宝井。夏秋洪水暴涨，井水直出其上，澄清如故。

霑益州

双 涧 《霑益州志》：一从西北入城，一从西南入城，源源不竭，汲饮便焉。

龙 湫 《霑益州志》：在罗山。有意寻之即不见，俨然天台幻境。

陆凉州

古 钟 《陆凉州志》：在小堡河湾。相传岸上有古刹，因迁于州治并移钟，认舟载之至此沉于河。每晨昏，郡中大觉钟鸣，水中有钟声与之相应。

罗平州

七龙挽渡 《明通志》：即牂牁古渡，有沙舟七，横列中流。

曲水金花 《明通志》：在城南三十里。路旁石洞中有数潭，每年三月清明，潭水浮沫，色分黄白，金花灿烂，拨之复合。

龙马迹 《罗平州志》：在城东五十里以开额村。水中石上有迹，与马迹无异，惟稍大尔。

飞凤饮水 《罗平州采访》：在六也园亭侧。石高五丈，宛然凤形，周身石窝，雨满项下，有小泉出焉。

玉蝉流涎 《罗平州采访》：在城东五十里海陵村。一石色白，形如蝉，有泉从口中流出，郡人题曰“玉蝉流涎”。

观音洞 《罗平州采访》：在必密村左。峭岩壁立，下有石洞，高敞如屋，中有莲台，塑观音像祀之，里人祈祷，多著灵异。岩下滴浆，可供僧饭，尤能愈疾。

马龙州

寻甸州

报喜泉 《寻甸州志》：在城南月甲村。过者若顾水而笑，则浮沤累累起，或取为喜兆焉。

涌珠洞神雀 《寻甸州志》：即白龙洞，其水注为螳螂河源。洞口有小鸟，四时翔集，见水中落叶，辄衔去，人呼神雀，盖灵物也。顺治十年，知府钟承祖题额曰“涌珠洞”。

龙马迹 《寻甸州志》：在城北五里白龙洞石崖上。相传有龙化马于此，至今遗迹宛然。

平彝县

白马泉 《平彝县志》：在白马山上，相传仙驹饮泉处。石自成池，广不盈丈，中涵清泉，不涸不涨，清泠甘冽，永留仙𨍼。

宣威州

桃花溪 《宣威州志》：在可渡河。乌撒卫李指挥造九曲河，游玩其中，今迹存。

丽江府

丽江县

伽陀趺坐石　《丽江府志》：在剌是里西南山麓，传昔水涝不通，西僧摩伽陀趺坐石笋丛中，以杖穿穴泄其水，留有足印，今建指云寺于其上。

龙　湫　《丽江府志》：在城西南十里。阔数亩，四畔草结，履及一方，三方皆动，人或近之，风雨骤至。

苦　泉　《丽江府志》：有二，一出吴烈山涧，一出剌沙村。其味微苦，饮之却疾，土人取制紫金丹。

铁桥址　旧《云南通志》：距废巨津州一百三十里，为南诏与吐蕃交会处。铁桥之建，或云吐蕃，或云隋史万岁及苏荣，或云南诏阁罗凤。异牟寻归唐时断，以绝吐蕃。桥南有铁桥城，为吐蕃十六城之一，尝置铁桥节度于此。桥所跨处，穴石锢铁为之，冬日水清，犹见铁环。

鹤庆州

水　洞　旧《云南通志》：在城东十五里象眠山下，即赞陀崛多以锡杖疏漾共江水处。《鹤庆府志》：在城南二十里，即赞陀崛多投念珠泄水处。

崛多尊者愈痾石　《鹤庆府志》：在城南观音山梅城石塔后。高四尺许，广如之，文成五色，陆离夺目。其地产异草，能疗百病。崛多尊者因母病，负母至此，于石上以锡杖拄石成臼，捣之，后指石出泉，合之以进母，母病即愈。至今石上池水不溢不竭，冬夏常温，乡人取水饮之以祛病焉，草无复有识者矣。

菩提井　《鹤庆府志》：在城西南八里迎揖村后，圆六尺许。世传赞陀崛多自西来，乡人迎而揖之。赞陀于井旁种菩提树一株，荣枯无定，荣则岁丰，枯则歉。

一碗水　旧《云南通志》：在城东南大城坡顶。昔蒙氏军过此，渴甚，斫地得水。《鹤庆府志》：在城东百里。顶圆尺许，深如之。

春　水　《鹤庆府志》：在观音山莲花寨之北。立夏前三日出，后七日止，水无定所。每出时，地中漉漉有声，土人循其声掘之，其水始出，能除百病，远近人竞饮之。数日内，有鹦鹉、绿斑鸠数百群飞来饮，水涸而去。

清凉阁　《一统志》：在城南一里。阁下有池，中垒石山，前架小桥。

清虚阁　《一统志》：在城北八里。明知府马卿建，知府吴堂记。阁跨白龙寺山麓，山亘数十里，最高一峰名金山顶，下流泉注，汇为白龙潭。阁面东侵水潭二丈许，左洲右石。

胭脂海　《鹤庆州采访》：在城南八十里马耳山之南。有巨津，其水似脂，盛出仍澄清如常。

银　河　《鹤庆州采访》：源出山神哨。水白如雪，屈曲流入南甸，取以酿酒，剧美。土人闻中有音乐，呵叱声竟夜不绝，数日郡必有灾，急取赞陀崛多尊者锡杖于象眠山下水洞，触之乃止。

剑川州

金山银渡　《鹤庆府志》：二山名，在州南沙溪。一赤色如金，一白色如银。相传二山地不可耕，犯之主岁凶疫。

诸葛池　《一统志》：在城北四里。相传诸葛亮南征，饮马于此。《鹤庆府志》：在城北二里。《剑川州采访》：在诸葛坡上。坡蜿蜒如虬，脊稍凹，有泉涌为池，方广约十余亩。中有土陇，界池为二，一方一圆，若圭璧然。其水清冽，今尽垦为田。张缉斗《诸葛池》："万古波声撼，如闻渴骥嘶。渡泸人不见，清涨一泓池。"

大鹤池　《剑川州采访》：在城西一百二十五里。池周里许，旁结五峦，环之雪斑，山倒影其中，皎白如鹤。

温　泉　《剑川州采访》：一在城南龙门邑，一在城西一百二十里。清洁温暖，侵晨白气薰蒸盘结如盖，旭日射之，灿然五色，疥癞者浴之辄愈。二泉此盈彼涸，历验无爽。

波罗泉　《剑川州采访》：在城西百里许波罗冈顶。泉深盈尺，澄澈甘冽，旁无草木，四时不涸溢，能资百人饮。

洗钵泉　《剑川州采访》：在城西岩场。相传神僧大肚子洗钵于此，水旁大石上有一足迹。

沙坪飞瀑　《剑川州采访》：在州治南乔后沙坪场。山中悬岩飞瀑，一落百尺，夏秋则白雨洒珠，冬春则清流如练，亦奇观也。

中甸厅

维西厅

祖师洞　《维西厅采访》：在城东二百四十里。相传昔有僧自西域来坐禅，面壁十年飞升，人呼为祖师洞。后有石乳，也一小泉，求子者饮之必验。

普洱府

宁洱县

祭锣洞　旧《云南通志》：在莽芝山半。石洞中有铜锣一，匡郭剥蚀。夷人每于春耕时取锣祭之，祭毕仍置故处，秋时再祭，则年谷丰稔，或不诚，岁即歉。相传武侯所遗，迄今奉为神物。

虾　洞　《宁洱县采访》：在城西南隅四里，多产虾。人有从蟠龙洞入播糠，糠从此洞水流出，乃知水源自彼而来，但蟠龙洞多鱼，水流虾洞而鱼不往。此疆彼界，截然分明，殆天成也。

祭风台　旧《云南通志》：在城南六茶山之中。登其上，可俯视诸山。相传武侯于此祭风，又呼为孔明山。

思茅厅

千岁潭　《思茅厅采访》：在习冷河。水极幽深，昔永明王入缅至此，为流寇所窥，遂弃辎重于潭内，因名曰千岁潭。

威远厅

天成洞　《威远厅采访》：距城北二十里宣化乡地，旧无水源。雍正七年，忽大雷雨，山顶洞开，洪涛奋怒，有巨石如屋者滚滚西下，水从流之，越七八里与海子通，由是开垦成田。

他郎厅

龙　泉　《他郎厅志》：在城南五里笔架山下，有龙潭，泉涌如珠。

永昌府

保山县

黑　水　《永昌府志》：在湾甸州南。每岁至五六月，水自地出，人近之则病，饮之则死。土人用毡浸水中，久之取出，毫可杀人。

诸葛井　旧《云南通志》：在城东二十五里哀牢山上。有二穴，相去一寸五分，各围三尺许，形圆如碗，可饮千人，夜有火光。孟春，居民视水之盈涸，以占岁之丰歉。相传为武侯凿以济军者。《永昌府志》：一名天池，又名金井，有石如鼻挂泉二道，一温一冷，旧传偶有比目鱼出焉。

观星井　《永昌府志》：在通华门内。日中观之，井内有星，因名。后兵燹，有人投尸于井，遂废。

诸葛堰　《永昌府志》：流于沙河之南，相传为武侯所浚。久淤塞，明成化三年巡按朱皑重浚筑堤，因又名御史堤。

永平县

石　门　《永昌府志》：在金牛屯。石壁对峙如门，其中众溪奔流，即苍山黑龙潭西出泉也。

银江夜月　《永昌府志》：即银龙江。每月终时，江底忽见满月一轮，明晃动荡一二时许，然见之不易。

金　牛　《永昌府志》：在城东漾濞金牛屯。相传苍山有行龙冲石门而出，化为石牛，故名金牛屯。

铜　牛　《永昌府志》：在漾濞桥东。形如犀牛，藉以镇水，知县郭存庄建。

腾越厅

济旱石　《腾越州志》：在城北二里土山上。形如丸，周丈许。旧传高僧摩迦陀所遗，天旱祷雨，以石浸龙池中，雷雨辄至。《永昌府志》：在金轮寺中。周一丈有半，今祷之不验。

侍郎坝　《永昌府志》：在城西山。明兵部侍郎侯琎所筑，今废。

龙光亭　《永昌府志》：在叠水河滨。悬瀑飞泉，日光相映，如虹霓然。明知府严时泰、参将邓子龙复拓其制，今废。

瀑布泉　《腾越厅采访》：在瓦甸起科甲。悬岩飞瀑，一落百丈，间出白云，望之如人，不三日即雨，屡验不爽。

龙陵厅

孟节寺　《永昌府志》：在平安所东。相传武侯南征至此，有哑泉，人饮之辄死。时遇孟节，言泉之毒惟夷寺井水与九叶芸香草可解，军士全活甚众。今寺与井俱存。

开化府

文山县

仙鹅石　《府志》：在城东北百四十里兔打寨箐。有二石，形似鹅，一雌一雄。相传遇旱以牲祭之，用水淋鹅即大雨。

东川府

会泽县

野马川　《东川府志》：即饮马池。旧制，东川岁贡马四千匹，此其饮马处也。在城西南一百三十里，周围五十里，有奇草，水涸，一片淤泥，人传地冷风寒，不宜垦种，今亦渐蓺杂粮。明嘉靖间，巡抚游居敬大破土目阿堂兵于此。

海眼井　《会泽县采访》：在城内江西街。张姓旧宅，水极旺，井底有石板镶盖，每淘洗时，必戒工人勿动，偶一误揭，水即泛溢。相传以为海眼。

温泉柳浪　《会泽县采访》：在城西二十里尚德乡，为东川十景之一上。下二塘，知府崔乃镛建亭于下塘，以便浴人。年久倾圮，树亦无存。光绪八年夏，知府蔡元燮捐资重修，两塘各建一亭，复植柳于旁。

卷二百三十八　杂志一之五　古迹五台榭胜迹附

昭通府

恩安县

镇雄州

木黑岩　《镇雄州志》：壁立云雾中，常见白马游行岩上，雾散即无。顶有微泉，喷成千寻瀑布，下为龙潭。

翰墨池　《镇雄州志》：在学宫东庑后。大不盈丈，水甚甘洌，有时变黑如墨，汲出仍清，或逾日，或三四日复故。

永善县

大关厅

龙洞泉　《大关厅采访》：在境内。

鲁甸厅

景东直隶厅

蒙化直隶厅

永北直隶厅

江心石　《永北府志》：在托蓬江中。有大盘石二，夏间水消，可供游玩。

石　牛　《永北府志》：在城北涧中。一石横卧，宛如牛形，泉流至此，平分二渠，灌溉甚均。训导郡人高暉《石牛诗》："弗云耕南亩，贪来饮碧泉。牧童鞭不起，涧底只安眠。"

犀牛潭　《永北府志》：在金沙江南岸沙洲中。经年不涸，江水泛涨，沙不能揜。

磁　枕　《永北府志》：相传昔渔者在程海网得磁枕，呼为龙枕，验其润燥，以占雨晴。今不知所在。

赤崖春水　《永北厅采访》：在城西北五里红石崖。其水奇异，不常有，至立春时始生，味美如醴，人寻获饮之，能却病延年。

泸湖三岛　《永北厅采访》：在永宁府。三峰中峙，湖水外环，地僻境幽，宛然蓬岛。

桂花井　《永北厅采访》：在城南百三十里。井方水浅，甘美异常，井底时见桂花一枝。

镇沅直隶厅

岩　龙　旧《云南通志》：在城南六十里明德里。土人遇旱潦祈祷，多著灵异。

恩乐县

圣　井　《恩乐县志》：在城西圣姥庙前。泉清且甘，邑人相传内有一大鳝，不常见，每有火光掩映井区。

广西直隶州

子洗哈洒祷雨处　《广西府志》：在大逸团香泉洞上。

师宗县

安甸龙潭　《广西府志》：在城西四十里。相传宋时安甸居此，号安甸州，与他种争战，势迫，投印水中化为龙。其水深不可测，有巨鱼，见者多疾。

弥勒县

龙马迹　《弥勒州志》：在城西四十里红石岩上。相传有龙马化为石，今遗迹宛然，望色可卜阴晴。

武定直隶州

银槽水　《武定府志》：在狮山后。从石窟中涌出，甘洌异常，昔凤氏甚珍之，贮以银槽。

跃龙亭　旧《云南通志》：在城内学宫泮池前，明建文帝信宿于此。蝼蝈哄鸣，帝意恶之，至今遂绝。万历间，知府刘懋武因建亭。

凌泉亭　《一统志》：在和曲州狮山之顶，明巡按刘维建。旧《云南通志》：一名浚泉，亭畔有古松二株，如虬龙形，茑萝数百尺缠之。

元谋县

诸葛磾　《元谋县志》：在白马口。龙川江流至此，两山壁立，横亘石龙，水穿龙腹而出，铜墙铁壁，凿石磾，故老相传诸葛南征时所开也。非神工岂能辟此？古迹宛然。

姊妹硖　《元谋县志》：昔姊妹二仙，一住章坡罗，一住茸那境，于河头西壁穿硖引水，灌二处之田，一夕而成。其纤指利屐，遗迹宛然如新。

珠帘水　《元谋县志》：在城西七十里芝麻村旁，即多克河之尾也。旁有深洞，渔人猝入洞中，初觉微暗，后则清朗。洞口瀑布，如挂珠帘，中有床枕、几席、灯檠、炉瓶、釜灶之属，皆生成，细润光耀非常，因携数碗出，则皆石也。

石　塔　《元谋县志》：在河畔。高二丈，广二尺余，屹然如塔。下有清泉，莹澈见底，雨不见盈，旱不见涸。旁有石灶，高尺余。

禄劝县

石　泉　旧《云南通志》：在城东一百二十里洒交营坡。坡有大石，泉出其上，终日汲之不涸，终岁不取亦不溢。相传武侯南征至此，人马皆渴，以剑斫之得此泉。

元江直隶州

蛟龙古洞　《元江州志》：在城西十里自乐山下。洞伏蛟龙，每鼓波沿河坏民禾稼，郡人刀代挟利刃斩之。洞口怪石玲珑，奇巧万状。雍正间，大雨，沙石填塞洞口。

犀牛潭　《元江州志》：在城南百里普漂村下，礼社江上。有火光烛天，相传犀牛潜伏其下，又云蛟龙居之。岸上岩高数十丈，瀑布飞流，土人欲引沟开水，忽闻洞内金鼓声作，江水沸腾数丈，山为之动，惊骇而止。

黑龙潭　《元江州志》：在城南八十里普贵村。有黑龙伏其中，眇一目，鱼虾皆眇。四面林木阴翳，叶落水中，翠鸟衔去，或用钓取鱼，雷雨交作。

莲花塘　《古今图书集成》：在青龙厂山下。周围三百余丈，池内产青、红、白三种莲花。

太极池　《元江州志》：在城北江上。平地突起小山，形如覆盆，半石半水，左右两眼如太极，四时不竭。

新平县

烈妇井　《新平县志》：在典史署内，为黄氏烈妇尽节处。事在乾隆四十三年。

琅盐井直隶提举司

鱼　池　《琅盐井志》：在鱼池山麓，为景氏别业。古树森列，水澄鱼潜，昔有亭榭，居人多游览其间。今废。

引沧浪　《琅盐井志》：在宝华山后悬崖石壁。水甚清洁，即圣泉源也。《楚雄府志》：日出则流，日入则止。

黑盐井直隶提举司

李贤者泉　旧《云南通志》：在司治南利润坊。相传昔有贫妪居此，苦无水，偶有老叟自称李贤者，引妪往岩畔，以杖指示，石裂泉涌，至今赖之。《黑盐井志》：在司治东凤山下。水清冽，与龙沟水等。

诸葛泉　《黑盐井志》：在司治北，俗呼苍蝇沟。相传武侯南征经此，令军士饮之，云此水可消瘴气。

龙马潭　《黑盐井志》：在小石门。有石宽广各三四尺，形如巨釜，水流其中，石上有马迹。

浣手池　《黑盐井志》：在井北绝峰山麓。相传神僧诵经于此，龙涌泉供僧浣手。

铁　牛　《黑盐井志》：明成化间溪水泛涨，淹没大井，提举吴永铸五铁牛投水中，龙患乃息。

治水塔　旧《云南通志》：在司治北背凤山，临龙潭。昔有洪水泛溢，因建塔镇之。《黑盐井志》：在武庙前。元至正二年建。

白盐井直隶提举司

石　羊　旧《志》：在司治北。蒙氏时，有女牧羊于此，羊舐土，驱之不去，乃掘之，下有石如羊，遂得盐泉，井人因立庙祀之。

宜月亭　《白盐井志》：在齐云阁旁。有泉甚清泠。

〔据岑毓英修，陈灿纂光绪《云南通志》（清光绪二十年刻本）卷二百三十四至卷二百三十八《杂志·古迹》辑录。〕

（民国）新纂云南通志·地理考·古迹

卷四十八　地理考二十八　古迹一

云南府

昆明县

牛　井　在罗汉山岩下。明嘉靖初赵道人修炼于此，苦无水，以牛载汲，垂二十余年。一日，牛忽死，其处即涌一池，味甚甘洌，虽盛暑不竭。康熙《志》。

清侯井　在布政司内。段思廉封高智昇为鄯阐演习，号清侯，凿井得泉，因而名之。景泰《志》。

沐氏别业　在城九龙池隅。明沐氏有别业在其上，号曰柳营。《清一统志》。

嵩明州知州乌程严遂成《菜海吊沐氏别业》：

黔宁开国初，夙夜怀靡及，继世不永年，定远战屡捷。三传逮庄襄，著有《玉冈集》。渐渐文字起，稍稍武功辑。宴安媒鸩毒，台观水中立。五华山环之，风雨兴离合。红羢吸奁鉴，碧漪熨衣褶。擘笺狎客并，摇扇蛮奴夹。蹋场头倒刺，歌筵腰反贴。沃以金澡罐，揄厕焚艾纳。多藏鬼瞰室，甚固盗胠箧。闯然沙定洲，夕至朝以入。灰烬落地寒，九龙夜深泣。珠沈鱼网利，钗断牧锄拾。玉啼哽虫凄，绀唾锈苔涩。何处是文楼，鸳鸯瓦沙压。菜圃不收魂，晒干金玉蝶。海果变为田，盛衰阅双塔。平滇数诸将，颍川朝露溘。蓝狱祸连梁，几人保世业？绵衍至天波，石锤挥折胁。无废厥祖勋，终始光史牒。三百六十区，划除龙汉劫。此意问水滨，荷花笑不达。

泗水知县昆明孙鹏《访沐氏九龙池别业》：

伊人日以遥，剩迹日以变。盈盈一水间，白石参差烂。筑堤穿池心，堤断小桥贯。曲引至东塍，穲稏连云荐。九十九龙子，争居池滮浒。人亦杂龙处，台榭浮水面。垂柳间垂杨，疏密围斜岸。萧然一亩宫，久为僧所恋。遗址是耶非，碧流净如练。落花掩寺门，潇潇疏雨溅。何人种菡萏，千朵红于茜。花间鸂鶒飞，双双去复转。断霞沾衣湿，微风吹暑散。把酒酬伊人，涕下欲如霰。

浣玉亭　在城北陟山麓。亭右汇水一泓，冬夏不竭，稍西引泉作数曲，可以流觞，建屋三楹。清康熙三十四年，巡抚王继文捐造，颜曰“山水之间”。《云南府志》。

富民县

铁锁桥故址　俗名旧板桥，在成器登村彝扎郎水、洞溪水交汇处。建自元初，形家以为铁锁扁舟，其实则东北沿村赵黎瀼城旧道。清咸丰间，桥毁，帷岸石犹存。光绪《志》。

宜良县

罗次县

朝阳洞　在西山左。洞门向东，日出则照满石室，洞下有龙湫，其水莹洁有灵气，常有异人居之。《罗次县志》。

金水井　在金水乡。其水清莹澄澈，时见金光。《罗次县志》。

鱼跳龙门　在城北五十里许乍乌河中。有横石一道，高丈余，阔尺许，水从中流，状如龙门，每雨初晴，河鱼踊跃而上，观者奇之。道光《志》。

晋宁州

树　泉　在州城北天王庙。树心空虚三尺许，中有清泉，相传可疗目疾。《晋宁州志》。

望海楼　在城西河泊所，村人建。傍海而楼，窗牖四达，俯瞰烟波万态，仿佛岳阳之胜。师问忠有诗。《晋宁州志》。

天　池　在大朴树村石山之巅。水深不可测，虽旱潦无殊。光绪《志》。

三山九井　百花、螺髻、凤凰三山有九井，今存其七：一曰功德，在法轮寺，二月初六日佛会汲之，遍洒城中，以除疫疠；一曰观音，在南关内观音阁前；一曰如意，在如意宫；一曰天仙，在天仙宫；一曰帝释，在忉利宫；一曰天王，在天王庙后；一曰龙井，在龙井庙前。水皆清洌，盛暑不竭。光绪《志》。

呈贡县

观鱼亭　在城东白龙潭下。明万历三十五年，邑人李复宗建。《云南府志》。

莲花池　在城东十五里月角山。上有石城，寻曲径而入，洞高数丈，层峦叠翠，石柱石门皆天造，不假人力，洵为邑中奇胜。《呈贡县志》。

安宁州

葱山顶水池　山高八百余丈，顶有大石，自成洼罇，中藏尺水，历年不涸，饮尽复出，甘洌异常。《安宁州志》。

洗墨池　在城北门，明杨慎洗墨于此。《云南府志》。

升庵洗砚池　在安宁北门内，现存。《采访》。

温　泉　在城北十五里螳螂江上。山环水抱，岩石玲珑，其水清洁，味甘如醴。光绪《志》。

暖谷、云窝　并在城北十五里。暖谷洞深里许，暖气薰蒸。相传为火龙洞，即温泉来脉处。云窝洞外常有云气，望之可以占岁，多旱则云莹皎，多雨则云叆叇，晴、雨均则云现彩。清康熙间，巡抚石文晟题额。光绪《志》。

黑牛井　在城南大云山。石上有水一洼，其味如卤。光绪《志》。

禄丰县

石　牛在西隅山。两山并峙，中通众流。《云南府志》。

大　井　在东街，刘真人遗迹。《禄丰县志》。

净莲寺泉　僧量海遗迹。《禄丰县志》。

饮马坑　在城西北金山，相传为孔明驻师饮马处。《云南府志》。

昆阳州

落洞泉　在城西五里。水沸腾，汩汩有声。康熙《志》。

万户井　在由义坊。宋时凿，泉水腾涌，盛于他井。光绪《志》。

里仁井　在循礼坊，味极甘冽。光绪《志》。

三洞泉　在平定乡。石洞有三，泉皆清洁，可鉴毫发，最为奇观。光绪《志》。

古龙泉　在城西二里新城内。光绪《志》。

热水塘　在城北四十五里滇池旁白鱼口。水气温暖，渔人多取浴焉。光绪《志》。

翻水洞　在石头山下。水沸如汤，深不可测。光绪《志》。

易门县

龙泉洞　在大龙泉山下。轩豁幽朗，悬英垂乳，嵌空玲珑，击之清响，有如钟磬，泉自洞中涌出，幽深莫测。好事者然炬寻源，离奇万状，竟日未穷其所止。洞左一窍，斜通山巅，曲磴而上，别具一天。上建大悲阁、古佛阁，云南府通判胡允瑞塑吕祖像于岩上。洞口旧有古梅一株，横卧水际，流经其下，清香袭人。清乾隆三十四年，洞口凿池，累石建亭，增修益备，名人题咏甚多。《易门县志》。

仙人岩　在县北十里转湾坡后。峰峦石垒，下有空嵌古洞，曲折幽深。洞中苔藓，碧如垂柳，石痕列如田，常倾出清泉，仅一勺之多，牧童争饮，凉如琼浆。《易门县续志》。

珍珠泉　在县东南五里小南山下。泉水清温，有泡自底滚出，累累不绝如珍珠然。《易门县志》。

滴乳泉　在治北四十里天然寺。极幽静，后有悬岩古洞，洞中倒悬乳窦，滴水夏凉冬温，以器盛之，可供僧饭。《易门县志》。

吴家井　在城东。水甘冽，可以消瘿。《云南府志》。

嵩明州

秀崧僧泉　在城东三十里寿国庵。其庵无水，僧道心祈祷得泉。其徒本悟于邵甸普贤寺亦祈水有泉，今称石仓。《嵩明州志》。

道光《志》按：《嵩明州采访》邵甸四景，南仓在普贤岩下，其额曰天赐泉。

毒泉碣　天鼎山有海潮寺，在嵩明州东三十里。去寺半里有毒泉，碣云：“此系毒泉，饮者伤生。”陈鼎《滇黔纪游》。旁注“万历庚子岁，饮者连毙二人，奉按察司江立表识之”二十字。《嵩明州志》。相传有奇树生于此，名曰白鹤香，每岁花时，各山毒蛇、鸩鸟皆集树下，泉流其旁，人饮辄死。今树已伐，行者犹相戒焉。《滇行纪程》。

道光《志》按：按察司江，名和，鄱阳人，万历间副使。

卷四十九　地理考二十九　古迹二

大理府

太和县附郭

冯　河　在玉局峰顶之南。旧《志》谓南诏丰祐潴苍峰为池，导山泉共泄，流为川，灌田数万顷，民得耕种之利，是名高河。今岩壁耸削，奇木交加，潭以版石，皆人力为者，非即此欤？潭深莫测，水有堕叶，鸟辄衔去。《大理府志》。

蝶　泉　在城北上关。泉从石腹涌出，旁有花一株，高丈余，夏月花开，状若蝴蝶，首尾相衔，长垂至地，亦奇观也。雍正《志》。

卓锡泉　在城北二十五里喜州大慈寺前。相传昔有神僧卓锡得泉。《明一统志》。

天　桥　在城西三十五里洱河下趋处。俗传大士凿石以泄洱水，绝壑深堑，石梁跨之，两岩激水溅珠，宛如梅绽，人呼为不谢梅。雍正《志》。

明僧普荷《不谢梅》八首，录二："寻春莫问路高低，根蒂从来不染泥。寄与浩然休浪踏，荡舟轻稳过驴蹄。""恰似西湖水渺茫，中藏几点是残霜。为耽逋老孤山癖，浮动何须有暗香。"浙江张端《不谢梅》："激涧分千萼，因名不谢梅。影飞回雪浪，声落撼春雷。时见冰花灿，何愁玉笛催。天禽空跨处，疑有蕊珠来。"

赵　州

御　井　在城北十五里。元世祖南征驻跸于此时所凿，上覆以亭。《采访》。

妙音井　在晴云山右，昔白王妙音姑于此学佛时所凿。《采访》。

天水井　在州北二里。《大理府志》。

华阳井　在州西北二十五里，水清洌。《大理府志》。

倒影碑　在州南五里。明知州潘大武建桥立石，岁久明莹，人来则影例其中，可以证光学。《采访》。

洱州庙　在下庄，明时建。相传有樟木板自东海龙王庙漂来，上刻有龙王及太子家属神像，其文曰"龙王太子，抚护下庄"。又有青瓦六块，声色异常，村人因建庙祀之。今庙毁，樟、瓦犹存。光绪《志》。

香樟龙泉　在大赤佛香樟龙树下，有大、小二泉，饮之味甘如醴。光绪《志》。

迎风勒马井　在白马庙前。清康熙间，知州陈光稷建，庙落成，路下忽涌一泉，味甚甘洌。光绪《志》。

济兵井　在锦场，明杨寿增掘。清同治间，兵屯锦场，其水渐多，兵民赖之。光绪《志》。

无名树　在寿山顶。大黑龙潭广里许，源泉混沌不可测，中有一树，清芬异常，状如仙掌，无枝无叶，四时嫩绿微黄，霜雪不凋，人莫能识其名。光绪《志》。

云南县

香水泉　在晒经坡脚。泉水清幽，四时不涸，烹茶味甚香美。《云南县志》。

风洞古井　在城南三十里水目山水月寺。六诏时，僧普济有神异，日从洞中往来。旁有古井，深不可测。雍正《志》。后有倒影亭，前有阿标系髻遗迹。《大理府志》。

诸葛故井　在力士营上。大仅如碗，而四时不涸不溢，取之不尽。《云南县志》。

过峡天桥　在县西北大尖山。势如鞍鞒，涧水流，甚宽敞，过者不知其为桥也。《云南县志》。

观澜亭　在城内西南隅城脚下仓塘内。明副使郡人史旌贤筑，久废。今遗址犹在。《云南县志》。

明史旌贤《观澜亭记》：

邑西偏故有池，盈涸无常，时万户张君汝志世业焉。昔尝有亭沼之观，中央遗址犹存。冬春则水涸，鞠为茂草，东山之屐齿不入，北山之猿鹤不栖，令人有陵谷桑田之感。余既谢西川节还，岁乙巳，有一万户张君政邀余渔焉。余曰："是可修而还旧观也。盛迹郁焉，是贻林壑之愧，有慨乎柳子之言矣。"会他日，前万户以券来，夫上源之未浚，其若下流何？城西旧有水道，乃浚其淤，拓之，长三千丈有奇，中为池，凡三百六十丈有奇，源委各一。池备泄蓄，各四十丈有奇，从荆棘污邪中矩而方之，度中央之中亭焉，以茅覆之，无欂栌节棁之饰，为台三级，皆土阶，示太朴也。周遭植桂、柏、松、竹、梅、橘、桃、李、柳柽、杜鹃、山茶、映山、芭蕉、萱草、兰芷之属，水则芙蓉、莲、菱芰、芡、蘋、藻、莼、蒲、蔔、芹、芜、葭、藨、荇之属，水陆四时之花备焉，示吾与也。或晴澜滉漾，或烟雨霏微，鱼鸟亲人，童冠咸集，取诸鱼以乐宾，亦足萧然为快。若春明在御，秋色平分，风和波恬，与舟上下，皎月炯炯在树杪，徘徊四顾，忽闻城头角声，不啻钧天之奏。盖造物假之而因还之造物，庶几乎吟风弄月之趣焉，示乐天也。架悬木为浮梁，与众共之，掩关则撤，以杜游者，示节也。合之而大观备矣。经始于丁未冬，阅月，亭既成，命之曰"观澜亭"。自西入为小径，若山阴道上行，颇有致；由东入为冠盖孔道，命之曰"沧洲别墅"。制一舟，若艅艎，可列六客游焉，命之曰"水云乡"。字出兵使者王公恒叔笔，婉媚遒逸，可想见其人云。夫兴废何常？士也。岩栖川观，于一茅亭何有？顾流连花鸟，藻绘山川，非达节也，高台深池，可谓无遗讥乎？李德裕平泉有庄，王维辋川有图，丽矣，然不再传，以其人废焉，则所重可知矣。以余耳目所经，栗里以东篱鸣，有若陶靖节；浣花以草堂鸣，有若杜拾遗；武夷以精舍鸣，有若朱元晦。视平泉、辋川，何足与之较壮丽？而千载余芳，若在旦夕，世无不击节而慕者，盖以人为轻重如此。而平泉贻戒谓以一树一石与人者，非佳子弟也，亦愚矣。苏文忠曰：人自有足恃者，不在乎亭之存亡也。不然，君其问诸水滨。

喜雨亭　在县署西。兵备道沈桥筑，今废。《云南县志》。

邓川州

丙　穴　在州南鱼潭波。水从石穴中向南流出，其间鱼甚肥美，谓之油鱼。明新都杨升庵镌"丙穴"二字于石壁上。《邓川州志》。

南诏潭　在城西二十里。潭阔十余亩，中深莫测，三山环绕，万木阴森，一面有石墙，南诏时人民避兵于此。《邓川州志》。

香　泉　在城西。岩洞穹窿，乳窦悬滴，下有石盆盛之，香洁可爱。《邓川州志》。

丰　泉　在城西三十里，一名熊涧。俗传其水出多，则其年丰收，故名。《邓川州志》。

歉　泉　在州西三十里腊坪场路傍。俗传其水出多，则其年荒歉，故名。《邓川州志》。

洗心泉　在城西北三十里山麓，杨御史筑。其上有碑，镌"洗心"二字，用以警俗。《邓川州志》。

僰王桥　在罗时江尾兆邑村西。相传汉晋时僰王所造，每年六月二十五日，附近居民往复携行其上，桥以瓦砖砌成，边角剥残，古色苍然，当亦千年古物。《邓川州志》。

观水亭　在城东南江尾河滨，明嘉靖中建。河尾渐淤渐远，亭遂废。《邓川州志》。

玉泉亭　在城北三里。温泉出山麓，视他泉较清澈可人，参议杨南金作亭其上。《古今图书集成》。岩有杨御史遗像，高节坊在其侧。《邓川州志》。

浪穹县

九气台　在城东二里，有台九窍，下有温泉，气从而出。《古今图书集成》。

凤凰台　在城北二百步，施浪诏施望欠筑。台下有白沙井，泉味甘洌，亦施望欠所凿。雍正《志》。

泛湖穷洱源碑　浪穹东关外，由湖而入海子。《山海经》洱源出罢谷山，即此。杨太史有《泛湖穷源》遗碑没山间，何君鸣凤近购得之，将为立亭，以志其胜焉。《徐霞客游记》。

黄罗伞　在佛光寨北涧。两峰壁立，千仞对峙，夹束一水，十余里始达涧源寨。前后山多叠壁崩崖，此涧为最。南崖半有一洞，大半亩，高百丈，内结石乳，形如华盖，色杂丹黄，即一女关之右侧也。道光《志》。

水　花　在罗坪山半悬崖上，俗名猴梯。水破岩而出，约高二三十丈，望之如风前舞絮，颇著奇观。道光《志》。

宾川州

八功德水　在鸡足山巅。相传迦叶于石上卓锡成泉，至今清流不竭。雍正《志》。

河孔通泉　河子孔在鸡足山下，又名盒子孔，即乐溪也。水源自洱河东青山圣母港，流入山腹，有人饭此，失盒水中，明日过鸡山，见盒自孔中流出，故名。《大理府志》。

金牛液井　在何祥庄。《大理府志》。

涌泉亭　在城西南三十里，地名宾居。龙祠之左，水清林碧，堪避暑。《明一统志》。

云龙州

洞泉凝瑞　在十二关石洞内。石液下注，结成山水人物，色俱五彩。《大理府志》。

金钟滩　在城西七十五里梭罗甸沧江。每遇良辰，沙明水净，金钟忽隐忽见，铿然有声。道光《志》。

一碗水　在雪山。路旁有石，大仅如碗，水从中出，不涸不溢，取之不尽。光绪《志》。

红　海　在碧峰之巅有海广二十余里，色赤如丹，取之则清。光绪《志》。

卷五十　地理考三十　古迹三

临安府

建水县

温泉春暖　在馆驿城西五里。其泉温暖异常，土人置鸡子于中，顷刻成熟。尤能除疾，每岁春，村民争浴其间，邑人因建屋覆之。旁有寺曰顶寺，树木葱茏，颇饶佳趣。清咸丰六年，毁于兵。光绪《志》。

石屏州

石　龙　在海东山峡中海水泄处。水由临安入云津洞，暗流归阿迷州。其山峡中流横一石龙，水由上行，旱涝毫无增减。节《古今图书集成》。

孝感泉　在城西五亩赤木山下，明孝子许邦相庐墓时所致也。督学范允临题为“孝感泉”。《临安府志》。

寿水井 在梅箐道左。水出石间，味极清洌，不溢不竭，行旅赖之。《石屏州志》。

石龙水 在龙朋里阿古黑山麓。鳞甲皆具，水从鼻孔流出，随脊流下至尾旁无遗漏，下凿石聚水，供一寨之用。《石屏州志》。

阿迷州

灵　泉 在书院内。半亩方塘，分沙漏石，上有亭，翼然临水面。明佥事王廷表读书之所，今为借观园。《临安府志》。

宁　洲

花溪口 在青龙潭左。溪流曲折，两岸多杜鹃，花开如绣。《临安府志》。

通海县

石　穴 在城北二里。俗传僧畔富以杖穿石泄杞麓之水，其穴至今存。《临安府志》。

明提学巴郡张佳印《石穴》："巨浸浮天地，东奔似建瓴。谁其元窦凿，真作尾闾形。曲水穿千嶂，寒流隐列星。何当运鹏翮，与尔下南溟。"

拖蓝水 在城北杞湖中。明御史东旭谪戍通海，子钦随，相继卒，钦妻卢氏誓死守节，有力者强逼之，自投水死。雍正《志》。至今每于风定时，湖水带蓝一带，长数十丈，宽数尺。《古今图书集成》。

知县邑人董兆瀛《拖蓝水》："烟波何处吊芳魂？千载湖心一带痕。清节不劳书汗简，海天飞白自澜翻。"

洗钵池 在秀山。畔富洗钵于此，故名。水味甘美，一名畔富井。《临安府志》。

河西县

石　塔 在城南螺髻山顶。旁有清池，水常不竭，中产莼菜。《古今图书集成》。

嶍峨县

蒙自县

莲花滩 在城南一百二十里。巨石横亘，江水泻下，迅急如风，水中乱石无数，秋夏则没，冬春尽现，望之如菡萏然。《蒙自县志》。

天　桥 有五，俱在县东。一在芷村，环列十八峰，中有最高一峰，俗称罗汉请观音，桥在峰下，水出桥孔；一在芷村狮山下；一在暑天，跨白河上；一在过古；一在石马脚，略跨落水洞口。《临安府志》。

瀛洲亭 在学海中央。明通判胡文显导法果、落龙、三岊、白谦四泉之水，汇而成池，南面筑堤数百丈，中垒土为三山，上建斯亭，波光渺弥，回碧萦青，为一邑之胜。《临安府志》。

邑人杨国正《瀛洲亭记》：

蒙邑，荒徼也。四维皆山，赤土百里，独东南稍缺。有法果一泉，离城六十里许，隔山数重，艰于浚导。过此境者，常怀草宅之忧；莅斯邑者，徒切土满之患。明时，太守钱公、邑侯唐公决草湖为堰，积其土为三山，以储灌溉而培风脉，其后因有微泽，人文蔚起。第泉非有源，旋盈旋涸也。幸值王公来宾字尔嘉者，世籍襄平，簪缨世胄也，出守阿迷，清廉仁爱，洞悉治体，惟以锄奸为国，剔弊为民，为忱柔不茹刚不吐，得古君子直道事人之操焉。蒙、迷接壤，相去百有余里，尝聆其德教而想慕其行事。庚午秋，摄篆于蒙，兴利除害而魑魅潜消，政简刑清而民物安阜，不粉治，不市恩，不受货，不炫名，譬如泰山乔岳，不见其运动而功利之及于物者，不可以数计而周知。每于朔望，属其士民，询及法果一泉，毅然以为己任。捐俸凿山二千六百余丈，其水如瀑，万斛珠玑，引入平原，潆洄学海，波光隐曳云汉，泮海焕乎文章。且忧北方洿下泄而难收，于城南筑堤数里，如长虹卧波，赤地泽国，望之令人心志豁然，举步瀛洲之想。合邑士民无以酬公，作亭于水中，志公之功德不衰，使后之食德沐泽者，咸兴伊人宛在之思。公曰："否，否。此尔民之作也，我何有焉？"乃命其亭曰瀛仙，且冀后之人文蔚起者，当不亚瀛仙学士。噫！夫以公之德之厚如此，乃不居其功，而以名吾亭，是何其期于士民者益深且厚乎？呜乎！蒙邑之父母斯民亦多矣，求如公之深心民事，开泉筑堤者几人哉？以故，公摄蒙三月，上宪复委别篆，士民拥塞城门，哭道保留，吾民复受其德者数月。人曰："此异事也。"吾曰："非异也，要出于心之诚，然发于情之不容已耳。盖赤子之于父母也，一有所失，出则衔恤，人则靡至者，天性然也。今公爱民如子，而民犹有不如子之失父母者，未之有也。"是为记。

卷五十一　地理考三十一　古迹四

楚雄府

楚雄县

大小骠村　相传蒙氏时，有野马二，常风雨中斗于原野。雍正《志》。

锁水塔　在城东北五里龙川江南岸，王寿建。清康熙十九年，地震倾圮。乾隆元年，邑人汪涛独力修复，知府丁栋成、邑人赵继松各有记。五十七年大水，巡抚刘秉恬勘灾至此，易名镇水塔。又，对岸旧有锁水阁，自阁引铁锁系塔以锁水口，后毁于火，遗址犹存。《楚雄县志》。

镇南州

桂　井　在城东五里。井泉独美，桂树双荣，旁建八角亭，为游玩之所。今桂无存，亭亦废。《镇南州志》。

氿　井　在城东南五里观音洞侧。其泉清洌。光绪《志》。

温　泉　在城西南一百五十里黑泥山。喷涌清润，远近皆就浴焉。光绪《志》。

寒　泉　在城西五里西山寺前。泉深三尺，四时澄澈不涸。光绪《志》。

风水坊　有二，一在城东一里，一在城西半里。清道光二年，知州黄中位建。光绪《志》。

锁水塔　在城南二里旧土城。今毁。光绪《志》。

南安州

姚　州

温　泉　有二，一在城西一百八十里黑泥只村，山石巉岩，泉自山畔石洞中涌出，精洁温沸，水中石有五彩；一在城东一百三十里绞摩村，水自石涌出，痼疾者浴之即愈。

《姚州志》。

洌　井　在城西一百三十里普淜驿右，俗名小井。水甘不涸，每朔日，午潮有声，高涌尺许。《姚州志》。

高陀山塔　在城北二十里。晋天福间建，高十有五级，碑记尚存，一名白塔。西南有池，清可鉴发，塔影倒映池中，因名塔镜。雍正《志》。今废。《续姚州志》。

石　龙　在城北铁索箐。有石蜿蜒如龙，绵亘九十余里，旋绕铁索箐之照壁山，龙口有泉出焉。《续姚州志》。

石虎泉　在城西二十里鬼门关。路侧有石如卧虎，腹间陷下若盂然，泉水注焉。其地与阳派淜相去三里许，泉水之盈缩清浊，视阳派淜为准，水涸则此水亦竭，地脉贯灵，有气化感通之妙。旧《姚州志》。

古　泉　在城西四里古泉寺之左。其水甘洌，烹茗极佳。旧《姚州志》。

绿萝泉　在城西一百二十里普淜驿三官寺侧，水味甘洌。旧《姚州志》。

烟萝泉　在城东十里烟萝山。旧《姚州志》。

金龟井　在城西三里金龟山麓。旧《姚州志》。

西岭井　在城西仙景山麓。昔有异人磨杵于此，其石犹存。旧《姚州志》。

春郎井　在城东青莲寺后。

仙鱼井　在城东火神庙街，一名金鲤井。旧《姚州志》。

蚌珠井　在城西弥兴街左。泉出如蚌珠，水清甘。旧《姚州志》。

大榆树　在城西弥兴下屯。其树最古，一本而两幹，春初小幹先发则雨水较迟，大幹先发则雨水较早，村人以此占雨水之迟早，即以卜年岁之丰歉焉。《续姚州志》。

大姚县

一碗水　在城北一百三十里。巨石上出水，一勺如碗。《大姚县志》。

天　井　在城东百里白慈峰侧。山顶尽石，平坦若案，中一小池若洼尊然，方尺许，其水清洌，虽大旱不涸。树叶落其上，鸟辄衔去之。《大姚县志》。

锁水塔　在城东五里鲤鱼山上，当蜻蛉河、大姚河交汇处。山下即承恩桥，清乾隆间重修，桥下即新坝，故又称新坝塔。《大姚县志》。

定远县

白石泉　在独立山下。《楚雄府志》。

羊　井　在城北五里，有石如羊，泉出其下。《定远县志》。

零水拖蓝　在城西二里。波光凝碧，映带城西。《定远县志》。

锁水阁　在城南三里迎恩桥左，地即龙川口去处。清康熙四十年，知县张彦绅建。《定远县志》。

澂江府

河阳县

洗马池　在罗藏山巅。池清而阔，俗传梁王洗马池。《澂江府志》。

江川县

清水塘　在城北山之东五龙庵顶。周半里许，四围旋塘凡九十九区，水深不可测，内产五色鱼，大小不等，食之辄死。道光《志》。

新兴州

三姑井　在城北团山三姑遇害处，事详《列女》。泉极清泠，可洗眼疾，又名喑泉，不可饮。雍正《志》。昆明孙髯《三姑井》四首（略）。

独眼龙　在城南二十五里东山。山下出一小泉，凿而成潭，邑人每岁祭之。称曰独眼龙，凡鱼虾鳅鳝之类，皆只眼焉。光绪《志》。

路南州

天生桥　有二，一在城北十五里，一在民和乡。《路南州志》。

玉　坝　在城南板桥，有天生碧色石坝，灌济田亩。《路南州续志》。

长江半月　即赤江，在民和乡。两岸峰峦秀错，西畔一峰独高，其顶甚圆，倒映江中，宛然半月。《路南州志》。

广南府

顺宁府

顺宁县

江心铁柱　在城东二百里西密瓦屋山下，即澜沧、黑惠二江合流处。《顺宁府志》。

江流佛像　在城东四十里。明嘉靖中，土人渔于兰仓江，得铜观音像，遂奉于万庆寺。雍正《志》。

云　州

猛氏寨　在城东一百二十里，上有龙马泉、温泉。雍正《志》。

龙池菡萏　在城南二十里地附遮拐。三山并峙，下有池，水澄清，不盈不涸。昔有道士插藕其中，每夏日，红白荷花相间，清香袭人。《顺宁府志》。

缅宁厅

温凉泉　在城南十五里凤山之阴。二泉同出石罅间，不逾尺而寒燠异，相传浴之可愈疯癞。道光《志》。

卷五十二　地理考三十二　古迹五

曲靖府

南宁县

太和山石　在城北二十里。山多石，日返照，光与石相映，三日必雨。道光《志》。

双　井　在北关外。一井两窍，相传武侯所凿。雍正《志》。

洗砚池　在城南负金山下，水黑如墨。《古今图书集成》。

井底桥　在城内火神庙街，井下砌石成桥。道光《志》。

白　塔　在城东南七里。旧甚高，今为水淤，高仅二丈余，下有土塔，联络七座，基址尚在。相传建城时造，以镇水口者。道光《志》。

南城塔　在城南二十里后街之中。相传造以镇地脉者，建时无考。道光《志》。

金刚井　在城南二十里许。水明如镜，中有金鱼，长尺余，人称宝井。夏秋洪水暴涨，井水直出其上，澄清如故。光绪《志》。

霑益州

双　涧　一从西北入城，一从西南入城，源源不竭，汲饮便焉。《霑益州志》。

陆凉州

罗平州

七龙挽渡　即牂牁古郡，有沙舟七，横列中流。明《通志》。

曲水金花　在城南三十里。路旁石洞中有数潭，每年三月清明，潭水浮沫，色分黄白，金花灿烂，拨之复合。明《通志》。

飞凤饮水　在六也园亭侧。石高五丈，宛然凤形，周身石窝，雨满，项下有小泉出焉。光绪《志》。

玉蝉流涎　在城东五十里海陵村。一石色白，形如蝉，有泉从口中流出，郡人题曰“玉蝉流涎”。光绪《志》。

观音洞　在必密村左。峭岩壁立，下有石洞，高敞如屋，中有莲台，塑观音像祀之，里人祈祷，多著灵异。岩下滴浆，可供僧饮①，尤能愈疾。光绪《志》。

马龙州

寻甸州

报喜泉　在城南月甲村。过者若顾水而笑，则浮沤累累起，或取为喜兆焉。《寻甸州志》。

涌珠洞神雀　即白龙洞。其水注为螳螂河源，洞口有小鸟，四时翔集，见水中落叶，辄衔去，人呼为神雀。清顺治十年，知府钟承祖题额曰“涌珠洞”。《寻甸州志》。

龙马迹　在城北五里白龙洞石崖土。《寻甸志》。

平彝县

白马泉　在白马山上。石自成池，广不盈丈，中涵清泉，不涸不涨，清泠甘冽，永留仙嶂。《平彝县志》。

宣威州

桃花溪　在可渡河。乌撒卫李指挥造九曲河，游玩其中，今迹存。《宣威州志》。

丽江府

丽江县

伽陀趺坐石　在剌是里西南山麓。传昔水涝不通，西僧摩伽陀趺坐石笋丛中，以杖穿穴泄其水，留有足印，今建指云寺于其上。《丽江府志》。

龙　湫　在城西南十里。阔数亩，四畔草结，履及一方，三方皆动。《丽江府志》。

苦　泉　有二，一出吴烈山涧，一出剌沙村。其味微苦，饮之却疾，土人取制紫金丹。《丽江府志》。

---

① 饮　光绪《云南通志》卷二百三十七作“饭”。

铁桥址 距废津州一百三十里，为南诏与吐蕃交会处。铁桥之建，或云吐蕃，或云隋史万岁及苏荣，或云南诏阁罗凤。异牟寻归唐时断，以绝吐蕃。桥南有铁桥城，为吐蕃十六城之一，尝置铁桥节度于此。桥所跨处，穴石锢铁为之，冬日水清，犹见铁环。雍正《志》。

鹤庆州

水　洞 在城东十五里象眼山[①]下，即赞陀崛哆以锡杖疏漾共江水处。雍正《志》。

崛哆尊者愈疴石 在城南观音山梅城石塔后。高四尺许，广如之，文成五色，陆离夺目。其地产异草，能疗百病。崛哆尊者因母病，负母至此，于石上以锡杖拄石成臼，捣之，后指石出泉，合之以进母，母病即愈。至今石上池水不溢不竭，冬夏常温，乡人取水饮之以祛病焉，草无复有识者矣。《鹤庆府志》。

菩提井 在城西南八里迎揖村后，圆六尺许。世传赞陀崛哆自西来，乡人迎而揖之。赞陀于井旁种菩提树一株，荣枯无定，荣则岁丰，枯则歉。《鹤庆府志》。

一碗水 在城东南大城坡顶。昔蒙氏军过此，渴甚，斫地得水。雍正《志》。顶圆尺许，深如之。《鹤庆府志》。

春　水 在观音山莲花寨之北。立夏前三日出，后七日止，水无定所。每出时，地中漉漉有声，土人循其声掘之，其水始出，能除百病，远近人竞饮之。数日内，有鹦鹉、绿斑鸠数百群飞来饮，水涸而去。《鹤庆府志》。

清凉阁 在城南一里。阁下有池，中垒石山，前架小桥。《清一统志》。

清虚阁 在城北八里。明知府马卿建，知府吴堂记。阁跨白龙寺山麓，山亘数十里，最高一峰名金山顶，下流泉注汇为白龙潭。阁面东，侵水潭二丈许，左洲右石。《清一统志》。

胭脂海 在城南八十里马耳山之南。有巨津，其水似脂，盛出仍澄清如常。光绪《志》。

银　河 源出山神哨。水白如雪，屈曲流入南甸，取以酿酒，剧美。光绪《志》。

剑川州

金山银渡 二山名，在城南沙溪。一赤色如金，一白色如银。《鹤庆府志》。

诸葛池 在城北四里《清一统志》。诸葛坡上。坡蜿蜒如虬，脊稍凹，有泉涌为池，方广约十余亩。中有土陇，界池为二，一方一圆，若圭璧然。其水清洌，今尽垦为田。道光《志》。

大鹤池 在城西一百二十五里。池周里许，旁结五峦环之，雪斑山倒影其中，皎白如鹤。光绪《志》。

温　泉 一在城南龙门邑，古名罗尤邑；一在城西一百二十里，古名求仁甸。清洁温暖，侵晨，白气薰蒸，盘结如盖，旭日射之，烂然五色。疥癞者浴之辄愈。二泉此盈彼涸，历验无爽。光绪《志》。

波罗泉 在城西四十里许波罗冈顶。泉深盈尺，澄澈甘洌，旁无草木，四时不涸溢，能资百人饮。光绪《志》。

沙坪飞瀑 在乔后沙坪场。山中悬岩飞瀑，一落百尺，夏秋则白雨洒珠，冬春则清流如练，亦奇观也。光绪《志》。

---

① 象眼山　道光《云南通志稿》、光绪《云南通志》皆作“象眠山”。

普洱府

宁洱县

祭锣洞 在莽芝山半。石洞中有铜锣一，匡郭剥蚀，夷人每于春耕时取锣祭之，祭毕仍置故处，秋时再祭，则年谷丰稔，或不诚，岁即歉。相传武侯所遗，迄今奉为神物。雍正《志》。

祭风台 在城南六茶山之中。登其上，可俯视诸山。相传武侯于此祭风，又呼为孔明山。雍正《志》。

思茅厅

千岁潭 在习泠河。水极幽深，昔永明王入缅至此，为流寇所窥，遂弃辎重于潭内，因名曰千岁潭。道光《志》。

威远厅

天成洞 距城北二十里宣化乡地，旧无水源。清雍正七年忽大雷雨，山顶洞开，洪涛奋怒，有巨石如屋者滚滚西下，水从流之，越七八里与海子通，由是开垦成田。道光《志》。

他郎厅

龙　泉 在城南五里笔架山下，有龙潭，泉涌如珠。《他郎厅志》。

卷五十三　地理考三十三　古迹六

永昌府

保山县

黑　水 在湾甸州南。每岁至五六月，水自地出，人近之则病，饮之则死。土人用毡浸水中，久之取出，毫可杀人。《永昌府志》。

诸葛井 在城东二十五里哀牢山上，有二穴，相去一寸五分，各围三尺许，形圆如碗，可饮千人，相传为武侯凿以济军者。雍正《志》。

诸葛堰 流于沙河之南，相传为武侯所浚。久淤塞，明成化三年巡按朱皑重浚筑堤，因又名御史堤。《永昌府志》。

永平县

石　门 在金牛屯。石壁对峙如门，其中众溪奔流，即苍山黑龙潭西出泉也。《永昌府志》。

铜　牛 在漾濞桥东。形如犀牛，藉以镇水，知县郭存庄建。《永昌府志》。

腾越厅

侍郎坝 在城西山。明兵部侍郎侯琎所筑，今废。《永昌府志》。

龙光亭 在叠水河滨。悬瀑飞泉，日光相映，如虹霓然。明知府严时泰、参将邓子龙复拓其制，今废。《永昌府志》。

听泉楼 在叠水河，李颖樟所居，有诗集。《采访》。

瀑布泉 在瓦甸起科甲。悬岩飞瀑，一落百丈。光绪《志》。

孟节寺 在平安所东。相传武侯南征至此，有哑泉，人饮之辄死。时遇孟节，言泉之毒惟夷寺井水与九叶芸香草可解，军士全活甚众。今寺与井俱存。《永昌府志》。

开化府

文山县

仙鹅石 在城东北百四十里兔打寨箐。有二石，形如鹅。《开化府志》。

东川府

会泽县

野马川 即饮马池。旧制东川岁贡马四千匹，此其饮马处也。在城西南一百三十里，周围五十里，有奇草，水涸，一片淤泥，人传地冷风寒，不宜垦种，今亦渐蓺杂粮。明嘉靖间，巡抚游居敬大破土目阿堂兵于此。《东川府志》。

海眼井 在城内江西街。张姓旧宅，水极旺，井底有石版镶盖，每淘洗时，必戒工人勿动，偶一误揭，水即泛溢。光绪《志》。

温泉柳浪 在城西二十里尚德乡，为东川十景之一。上下二塘，知府崔乃镛建亭于下塘，以便浴人。年久倾圮，树亦无存。清光绪八年夏，知府蔡元燮捐赀重修，两塘各建一亭，复植柳于旁。光绪《志》。

昭通府

恩安县

镇雄州

木黑岩 壁立云雾中，顶有泉，喷成千寻瀑布，下为龙潭。《镇雄州志》。

大关厅

龙洞泉 在境内。道光《志》。

鲁甸厅

景东直隶厅

蒙化直隶厅

永北直隶厅

江心石 在托蓬江中。有大盘石二，夏间水消，可供游玩。《永北府志》。

石　牛 在城北涧中。一石横卧，宛如牛形，泉流至此，平分二渠，灌溉甚均。《永北府志》。

犀牛潭 在金沙江南岸沙洲中。经年不涸，江水泛涨，沙不能揜。《永北府志》。

赤崖春水 在城西北五里红石崖。其水奇异，不常有，至立春时始生，味美如醴，人寻获饮之，能却病延年。光绪《志》。

泸湖三岛 在永宁府。三峰中峙，湖水外环，地僻境幽，宛然蓬岛。光绪《志》。

桂花井 在城南百三十里。井方水浅，甘美异常。光绪《志》。

镇沅直隶厅

岩　龙　在城南六十里明德里。雍正《志》。

圣　井　在城西圣姥庙前，泉清味甘。《恩乐县志》。

广西直隶州

子洗哈洒祷雨处　在大逸团香泉洞上。《广西府志》。

师宗县

安甸龙潭　在城西四十里。相传宋时安甸居此，号安甸州。《广西府志》。

弥勒县

龙马迹　在城西四十里红石岩上。《弥勒州志》。

武定直隶州

银槽水　在狮山后。从石窟中涌出，甘洌异常，昔凤氏甚珍之，贮以银槽。《武定府志》。

跃龙亭　在城内学宫泮池前。明建文帝信宿于此，万历间，知府刘懋武因建亭。雍正《志》。

凌泉亭　在和曲州狮山之顶，明巡按刘维建。《清一统志》。亭畔有古松二株，如虬龙形，茑萝数百尺缠之。雍正《志》。

元谋县

诸葛礌　在白马口。龙川江流至此，两山壁立，横亘石龙，中凿石稽，水穿龙腹而出，故老相传诸葛南征时所开。《元谋县志》。

姊妹硖　相传昔姊妹二人①，一住章坡罗，一住茸那境，于河头西壁穿硖引水，灌二处之田。《元谋县志》。

珠帘水　在城西七十里芝麻村旁，多克河之尾。旁有深洞，初入微暗，后则清朗，洞口瀑布如挂珠帘，中有床枕、几席、灯檠、炉瓶、釜灶之属，皆生成，细润光耀非常。《元谋县志》。

石　塔　在河畔。高二丈，广二尺余，屹然如塔。下有清泉，莹澈见底，雨不见盈，旱不见涸。旁有石灶，高尺余。《元谋县志》。

禄劝县

石　泉　在城东一百二十里洒交营坡。坡有大石，泉出其上，终日汲之不涸，终岁不取亦不溢。相传武侯南征至此，人马皆渴，以剑斫之得此泉。雍正《志》。

元江直隶州

蛟龙古洞　在城西十里自乐山下。洞口怪石玲珑，奇巧万状。清雍正间大雨，沙石填塞洞口。《元江州志》。

犀牛潭　在城南百里普漂村下，礼社江上。岸上岩高数十丈，瀑布飞流。《元江府志》。

黑龙潭　在城南八十里普贵村。《元江府志》。

莲花塘　在青龙厂山下。周围三百余丈，池内产青、红、白三种莲花。《古今图书集成》。

太极池　在城北江上。平地突起小山，形如覆盆，半石半水，左右两眼如太极，四

---

① 二人　道光《云南通志稿》、光绪《云南通志》引《元谋县志》作“二仙”。

时不竭。《元江府志》。

新平县

烈妇井 在典史署内。为黄氏烈妇尽节处。事在清乾隆四十三年。《新平县志》。

琅盐井直隶提举司

鱼 池 在鱼池山麓，为景氏别业。古树森列，水澄鱼潜，昔有亭榭，居人多游览其间。今废。《琅盐井志》。

引沧浪 在宝华山后。悬崖石壁，水甚清洁，即圣泉源也。《琅盐井志》。

黑盐井直隶提举司

李贤者泉 在司治南利润坊。相传老叟李贤者所凿，至今赖之。雍正《志》。

诸葛泉 在司治北，俗呼苍蝇沟。相传武侯南征经此，令军士饮之，云此水可消瘴气。《黑盐井志》。

龙马潭 在小石门。有石宽广各三四尺，形如巨釜，水流其中，石上有马迹。《黑盐井志》。

浣手池 在井北绝峰山麓，相传神僧诵经于此浣手。《黑盐井志》。

铁 牛 明成化间溪水泛涨，淹没大井，提举吴永铸五铁牛投水中以镇之。《黑盐井志》。

治水塔 在武庙前，元至正二年建。《黑盐井志》。背凤山，临龙潭。昔有洪水泛溢，因建塔镇之。雍正《志》。

白盐井直隶提举司

石 羊 在司治北。蒙氏时，有女牧羊于此，羊舐土，驱之不去，乃掘之，遂得盐泉，井人因立庙，刻石肖像祀之。

宜月亭 在齐云阁旁，有泉甚清冷。

〔据龙云等修，周锺嶽等纂《新纂云南通志》（民国三十八年排印本）卷四十八至卷五十三《地理考·古迹》辑录。〕

府州县志

昆明市

（康熙）云南府志·地理志·古迹

卷二　地理志之九　古迹

云南府昆明县附郭

牛　井　在罗汉山崖下。明嘉靖初有赵道人修炼于此，居苦无水，道人以一牛驾桶于背下山汲水，海边居民注之，使拽上以供炊爨，垂二十余年。一日，牛忽死，其处即出水，味甘冽，盛旱不涸。

富民县

宜良县

罗次县

晋宁州

龙马迹　在州东三里海溪山。晋泰元中，宁州刺史费统言滇池有龙马二，一白一黑，居民董聪见之。

牛恋乡　在州西十里。相传有异人牧牛水滨，牛夜入水恋食水草，鸡鸣化而为石，今迹尚存。

呈贡县

安宁州

洗墨池　在北门，明修撰杨慎洗墨于此。

禹　碑　原碑在南岳岣嵝山峰，皆蝌蚪古篆，纪治水告成之文。明修撰杨慎于郡人中丞张碧泉家得所藏墨本，译而镌之于法华寺穹崖石壁门。

禄丰县

西隅山石牛　两山并峙，中通众流。相传元时，居民见有二石牛相触，一入黑龙潭，一入河口。今每年雨水泛涨时，犹隐隐见牛浮沉水中。

西河桥仙迹　名化泥河，俗呼翻泥河，距县二十五里。当众壑之冲，水势汹涌，行者不敢涉，将谋造桥，难立基址，传有仙跌履指示方向，依造乃成，名宝泉桥。仅石二层，凝结坚固，年久不塌，乃黑、琅两井必由要道也。

昆阳州

落洞泉　在州西五里。闻人笑语，则水沸腾，汩汩有声。

石　龙　在御屏山左。岁遇旱，聚薪烧之，汗出则雨，每祷有验。

易门县

吴家井　在城东。其泉甘洌，可以消瘿。

嵩明州

观音濯足台　在州东三十里。昔传观音濯足于此，石山上双足之迹，至今宛然。

〔据张毓碧修，谢俨纂康熙《云南府志》（清康熙三十五年刻本）卷二《地理志九·古迹》第1－6页辑录。〕

（道光）昆明县志·古迹志

卷九　古迹志第十五

〔……〕

今考其胜迹之存者，以次列之，凡为泉井、龙湫、陂池之属二十二：

源于县北二十里文殊山下，历松华坝，自西湖入滇池者，曰文殊泉。

距城西二十里宝珠山上，曰瀑布泉。案：《古今图书集成》泉自层厓飞下，喷花溅沫，滚缀如珠，观者眩目，因以名山。

寒泉二，一在城北土庄村，一在城西碧峣书院，泉并寒洌，相传浴之可愈风疾。

玉案山麓有菩提泉。

出蚀山腹者，曰涌泉，其前即涌泉寺也，明巡按刘维创亭，甃石引为曲水。

右泉六。

三龙泉，一出商山；一出城西勒甸村；一出罗汉山石洞，中产金线鱼，又名金鱼泉。

右龙泉三。

玉案山之东北，曰龙湫，地当法界寺傍，寺有楼以贮藏经，为藏经楼。其旁有墨雨庵、石香桥、听瀑楼、一草亭、龙湫石屋、龙湫洞、宛转溪、小龙湫、小巫峡、颠丈卧石诸胜，康熙二十八年，总督范承勋所建也。

右龙湫。

去城东三里菊花村，曰吴井，其水极甘洌，衡之独重于他处，汲而贮之，味久不变。

石井，在城以内旗纛庙中，味与吴井同。案：旧《志》五华书院前亦有石井，名与诸泉并，以在山之麓汲取为艰耳。

城南门外燕支巷井，以酿酒剧美。

茜红井，在城东北，汲之染红，其色殊胜。

海眼井，在觉照寺殿内佛座下，相传为滇池水眼，岁四月八日，僧人汲以浴佛。

牛井，在罗汉山崖下，明嘉靖初赵炼师隐于此，苦无水，以牛载汲，垂二十余年矣。一日，牛忽死，其处即陷为井，水味殊甘洌，虽盛暑不竭。

右井六。

九龙池，即沐氏别业，名柳营者也，修于康熙三十一年，总督范承勋、巡抚王继文构亭建楼，备极清迴。其池沿五华山之右，贯城西南陬，达滇池。今考亭即碧漪亭，后改名莲花禅院。

祖遍山之麓东南亦有池，曰绿水河。

商山之右，曰莲花池。

鸳鸯池，即海源也，在城西二十里聚仙山下，流入青草湖。

放生池，在城西之近华浦，康熙三十五年，总督王继文、巡抚石文晟倡修。池周二里许，浚凿深广，堤岸坚厚，为一桥，以通活水，其道水陆皆可达，听官民置放生物于中，禁捕捉。

右池五。

近华浦，青草湖之上流也，大观楼峙其上。

右浦一。

卷十　杂志第十七

沙朗里有龙湫。里人相传龙昔出游，幻形为人，委其鳞甲于石间，有贾人憩石上，见甲胄一具如龙鳞，戏服之。忽腥风起，湫中水族迓而入。有顷，龙至，觅其甲不得，惶遽甚，遂走入水中，水族群拒不纳。贾竟为龙据其湫，里人呼为货郎龙。采旧《志》。

玉案山龙湫，其源隐山腹中，出达于海源寺，所经两山之中，陆地数亩。岁自冬迄春，里人恒殖麦，或牧牛羊其间。每夏秋交时见异物，其水即不流，有顷暴涨没山腰，滇池数百里内皆大雨，涨消复霁，里人名曰龙荡水。采旧《志》。

县五六月之交，每大雨滂沱，水墨行云中辄见龙挂，里老曰是龙或行雨误受天罚也。滇故山国，而龙转数数觏，亦理之不可解者。犹记嘉庆初，螺峰山圆通寺一夕暴雷雨，诘朝寺僧启门出，见庭中蘋藻满地，殿上二雕龙柱，水气犹湿，乃徐徐踪迹之九龙池畔，人云是夜闻风雨际有格斗声，疑此二雕龙柱通灵，与池中龙斗也。又宝成门外二里许，曰麻园，岁四月中，恒雨雹，村人亦谓是滇池中龙昔幻形过此，遭人所侮，岁必修隙焉。滇池中龙，俗谓之娑珐老龙云。

〔据戴䌹孙纂修道光《昆明县志》（清道光二十七年刻本）卷九《古迹志》第5－7页及卷十《杂志》第9－10页辑录。〕

（雍正）呈贡县志·古迹志

卷二　古迹志

莲花池　在县东十五里月角山上。有石城周围，寻曲径而入洞，高数丈，层峦叠翠，石柱石门天造，不假人工，真奇胜也。

〔据朱若功纂雍正《呈贡县志》（清雍正三年刻本）卷二《古迹志》第39页辑录。〕

（光绪）呈贡县志·古迹志

卷二　古迹志

莲花池　在县东十五里月角山上。有石城周围，寻曲径而入，洞高数丈，层峦叠翠，石柱石门天造，不假人工，真奇胜也。

续修

观鱼亭　在城东白龙潭下。明万历三十五年邑人李复宗建。

〔据朱若功原本，李明鋆续修光绪《呈贡县志》（清光绪十一年刻本）卷二《古迹志》第 28 页、第 31 页辑录。〕

（康熙）晋宁州志·古迹志

卷一　古迹志

牛恋乡　在州西十里。传有异人牧牛滇池滨，牛夜入水恋草，鸡忽报晓，牛尽化为石。至今水中石俨若牛形，俗呼为牛恋乡。

凤凰池　在州西北凤凰桥畔。昔因有凤饮此，故名。凤毙，有司取其首为忠烈祠镇，传之已久，每出视之际，但见光彩异常，其香袭人，真圣瑞之物也。康熙三年，为知州叶所取，不知其处。

树　泉　在州城北天王庙。树心空三尺许，中出清泉，相传可疗病目。郡人杨佐有诗云："神祠祠前古茶树，树心空虚三尺许。中有清泉彻骨寒，穷源不知何处所。天雨弗盈旱弗缩，四季澄渟只如此。人云病目去眵昏，我亦明朝试来洗。"

〔据杜绍先纂修康熙《晋宁州志》（云南民族社会历史调查组 1960 年钞本）卷一《古迹志》第 24 页。〕

（乾隆）晋宁州志·古迹志

卷二十四　古迹志

龙马迹　在城东三里海溪山麓。晋太元中，宁州刺史费统上言：滇池有二龙马，一黑一白，出入水中，居民董聪见之。今仿佛有迹。

石　牛　在城西十里。相传有异人牧牛滇池滨，牛夜入水恋草，鸡忽报晓，牛尽化为石，俨如牛形。村名牛恋乡，本此。

龙形石　在州北山中。初，因城工采石，有巨石忽裂，烟雾腾空，其中若有物，及视石上有龙形，此明万历六年事也。唐尧官《新城篇》有“鳞鳞龙甲石中藏”句，今失。

望海楼 在州西河泊所，村人建，傍海而楼，窗牖四达，俯瞰烟波万态，仿佛岳阳之胜。

三山九井 旧《志》：知州许伯衡曰尝闻之父老云晋宁三山九井，余遍阅郡乘，竟未之载，间有言三山者，谓一为百花山，一为螺髻山，一为凤凰山。至言九井，仅得其七：一为功德井，在法轮寺，二月初六日佛会，汲之遍洒城中，以却瘟疫；一为观音井，在南关内观音阁前；一为如意井，在如意宫内，曾经虹饮；一为天仙井，在天仙宫内；一为帝释井，在□利宫内；一为天王井，在泮池天王庙后；一为龙井，在龙井庙前。其二井未详，至现存七井，水冽泉寒，虽遇旱不涸。

〔据毛嶅纂修乾隆《晋宁州志》（故宫博物院编《故宫珍本丛刊》第226册《云南府州县志》第1册，海南出版社2001年据清乾隆二十七年刻本影印）卷二十四《古迹志》第78页辑录。〕

（道光）晋宁州志·地理志·古迹

卷三 地理志

古 迹

龙马迹 在城东三里海溪山脚。晋太元中，宁州刺史费统上言：滇池有二龙马，一黑一白，出入水中，居民董聪见之。今仿佛有迹。

石 牛 在州西十里。相传有异人牧牛滇池滨，牛夜入水恋草，鸡忽报晓，牛尽化为石，俨如牛形。村有牛恋乡，本此。

龙形石 在城北山中。明万历六年，筑城采石，石忽裂，烟雾腾空，中若有物，及视石上，龙形宛然。唐尧官《新城篇》有“鳞鳞龙甲石中藏”句。今废。

制蛟石 在白龙庙前。出土周围五六尺，人有坐履其上必罹疾。掘之，根大不能起，或云其下有符制蛟。至今人犹禁之。

凤凰池 在州西北凤凰桥畔。昔有凤饮此，故名。凤毙，有司取其首为忠烈祠镇，传之已久，每出视之际，但见光彩异常，香气袭人，真云瑞之物也。康熙三年，为知州叶某所取，后不知其处。

树 泉 在州城北天王庙。树心空虚三尺许，中有清泉，相传可疗目疾。

瓦柱礎 在万松寺大殿南。一柱礎以碎瓦攒成，支殿之东角润则占雨，或曰鲁班遗迹也。

三山九井 谓一百花山，一螺髻山，一凤凰山。九井，今仅存夫七：一功德井，在法轮寺，二月初六日佛会，汲之遍洒城中，以却瘟疫；一观音井，在南关内观音阁前；一如意井，在如意宫内，曾经虹饮；一天仙井，在天仙宫内；一帝释井，在忉利宫内；一天王井，在畔池天王庙后；一龙井，在龙井庙前。均水冽泉寒，虽旱不涸。其二井未详。

天池水 在大朴树村旁石山顶上。宽一箭许，水极深，人不能涉，旱潦皆然。内有鱼，忽潜忽现。

九龙泉 在牛恋乡西二里许。其水由海涌出，约有九股。当平风静浪之时，舟行至此，则鼓荡而开。

狮象锁水 在李官营南二里堡水河滨。左右二山，直抵上下，俱阔。

龟蛇锁水 在牧羊村旁双河口之上。左右二山交锁，今小寨村建闸于此。

景 致

九曲河襟 州西北。负海汇东南川流，自松岭发源，万壑千溪，迤逦曲折，朝宗于玉案山阳，与大堡河合流，入于滇池。

飞鱼出海 即古土城。其形似之。

〔据朱庆椿纂修道光《晋宁州志》（民国十五年排印本）卷三《地理志·古迹》第28－31页辑录。〕

（道光）昆阳州志·地理志·古迹

卷五 地理志 古迹

玉带堤 在州北二里，元梁王筑。跨水障湖，横三十余里，上有螺甲，白沙莹然如玉环绕，故名。

万户井 在由义坊，宋时间凿。泉水涌腾，较他井独盛。

里仁井 在循礼坊。味甘冽，异他井。

龙洞泉 在州西五里。闻人笑语，汩汩有声，沸若珠然，喝之益甚。

石 龙 在御屏山左。岁遇旱聚薪烧之，汗出则雨，每祷必验。

金线洞 在州北十八里耙齿山下。水极清冷，夏秋产金线鱼。

翻水洞 在石头山下。水沸如汤，深不可测。

三洞泉 在州平定乡石洞。凡三，水皆清洁，可鉴毫发，最为奇观。

古龙泉 在州西二里新城内。

热水塘 在州北四十五里滇池旁。水气温暖，渔人取浴。

景 致

普照灵泉 在州西五里长松山。山本无泉，元祐间僧大休创寺祷之，是夜泉忽涌出，其味甘洌而香。

滇池夜月 州治东面。下临滇池，蟾蜍一轮，澄潭百里，琉璃满目，冰纹在几，供我胡床，沁人骨髓。

石龙古坝 在州北平定乡。昆水湃湃西下，汹涌莫当。石龙北来，横截河流。水怒攻之，雷轰雪飚。舟楫莫通，鱼龙震骇。

牛舌芳洲 在州北海口龙王庙下。万倾西下，势莫可遏。一舌当之，如饮斯渴。水分双流，舟惟一撮。两岸翼翼，安澜活活。

〔据朱庆椿修道光《昆阳州志》（《中国地方志集成·云南府县志辑3》，凤凰出版社2009年据清道光十九年刻本影印）卷五《地理志下·古迹》第6－8页辑录。〕

（雍正）安宁州志·山川志胜景附

卷三　山川志胜景附

江桥烟柳　城东堂琅川永安桥南。高柳垂堤，翠烟如幔，游客常携斗酒，听黄鹂声。

温泉碧玉　在州治北十里。岩石嵌结成池，水从石隙穿迸而生，或从池底沙中瀵涌而出，如万斛明珠喷沸水面，滚滚不穷，气味甘香，不寒不燥，人浴其中，肌肤若冰雪，不事拂拭，而垢腻自毛孔际缕缕以起，从水面自行浮去，与矾石硫磺作底而恶气逆鼻者，不啻天渊，人有从石窦间获硃砂数粒者，方识此水当驾红泉之上，至若痰湿痼症之不治者，久沐辄愈。明杨升庵先生品德评功，题曰“天下第一汤”。其名碧玉者何？盖以水色澄鲜，石光黯碧，欲浴之者以玉比德，以水比鉴之意云尔。

石淙流韵　在堂琅川中。石如砥柱，嵌空玲珑，飞流激湍，触之辄应，泠若金石，滃然远闻，杨文襄公一清因以为号焉。

三潮圣水　在曹溪寺左。水一日三潮，内有金蟾，水潮则现。明朱寿琳立石坊，题“海潮分派”。

双峰插汉　即大云山。两峰特耸，秀入云间，将雨则云，云散则霁。

〔据杨若椿修，段昕纂雍正《安宁州志》（清乾隆四年刻本）卷三《山川志胜景附》第10页辑录。〕

（康熙）宜良县志·杂记·胜景

卷十　杂记　胜景

八景（录四）

岩泉漱玉　浙人汪琮诗：“混混源泉出碧岑，远闻恰似鼓摇琴。伯牙不死钟期在，流水高山岂用寻？”邑人徐松诗：“层岩壁立势峥嵘，泻出原泉注一泓。但笑于予同淡泊，低头月在水中生。”

西浦温泉　邑人徐松诗：“恐受尘埃半点侵，行来西浦一披襟。笑他少壮怜他老，但洗皮肤不洗心。水到隆冬仍是热，地潜龙火漫须焨。家寒莫竟愁薪桂，太古氤氲直至今。”

野渡渔灯　邑人徐松诗：“城东大小渡相连，不夜渔灯处处燃。冷焰逐波明忽灭，残星落水地番天。错凝萤火飞飞下，误作莲花朵朵鲜。豹髓龙膏那可得，金龙跃上赤江舡。”

云台瀑布　浙人龚著诗：“挂斗银河景不群，探奇此日惬前闻。奔来碧玉千寻过，撒下明珠万斛分。从古至今拖素练，无时不雨湿岩云。咏歌溪下忘归去，拂拂春风袅绿芹。”邑人徐松诗：“何人天上决银河，流下长空碧不波。飞白倒垂千丈雪，玉丝织就一机罗。倚岩侧听晴雷吼，憩石遥瞻素练拖。谁敢青蝇涂粉壁，凝霜浥露入山阿。”

〔据黄澍纂康熙《宜良县志》（郑祖荣点校，云南民族出版社2011年版）卷十《杂记·胜景》第48页辑录。〕

（乾隆）宜良县志·舆地志·古迹

卷一　舆地志　古迹

八景（录四）

岩泉漱玉　水流潺潺，漱激于石，其声琮琤如环佩。

西浦温泉　非烟非雾，池面沸沸若珠。邑人周八百诗，颇尽其趣。

野渡渔灯　柳岸维舟，星星小火，抑或烟波上下，忽没忽明，景最潇洒。

云泉瀑布　素练横空，冷冷清声，观者几欲坐忘于其间。

〔据王诵芬修乾隆《宜良县志》（《中国地方志集成·云南府县志辑22》，凤凰出版社2009年据清乾隆三十二年刻本影印）卷一《舆地志·古迹》第436页辑录。〕

（乾隆）重修宜良县志·古迹志

卷三　古迹志

晃桥河济涉桥　碑有麝迹，行人以手拂之，应手生香。

八景（录四）

岩泉漱玉　水流潺潺，漱激于石，其声琮琤如环佩。

西浦温泉　非烟非雾，池面沸沸若珠。邑人周八百诗，颇尽其趣。

野渡渔灯　柳岸维舟，星星小火，抑或烟波上下，忽没忽明，景最潇洒。

云泉瀑布　素练横空，冷冷清响，观者几欲坐忘于其间。

〔据李淳重修乾隆《宜良县志》（云南官印局民国年间排印本）卷三《古迹志》第218页辑录。〕

（民国）宜良县志·地理志·古迹

卷二　地理志　古迹

双灵泉塘　在城东南十里骆家营，一名日月塘，一名呼吸塘。塘有二孔，一呼一吸，泉若涌珠，投以竹竿，屡试不爽。

龙鱼洞　在城北三十里小李营。水极清浅，内有鱼数尾，约长尺余，见人不避，人亦莫敢取，称白龙鱼。

麝　迹　凡二：一在滉桥河济涉桥，碑有麝迹，应手生香；一在城外龙王庙围堤岔路，清乾隆年间，吴县令竖石桩于道旁，上留麝迹，晴日有油痕，行人以手拂之，终日香不散。

化石滩 在城北八里蓝家营南首。小河边有一沙滩，滩之上乱石堆积，难以枚计，滩之下皆沙碛，无一石，故人谓为化石滩云。

绿阴塘 在城东三十里，堪舆家呼为天池。无论旱潦，塘水不见增减，鱼类甚多，无人敢捕。偶有钓者，鱼不上钩。

八景（录四）

岩泉漱玉 水流潺潺，漱激于石，其声琮琤如环佩。

西浦温泉 非烟非雾，池面沸沸若珠。邑人周八百诗，颇尽其趣。

野渡渔灯 柳岸维舟，星星小火，抑或烟波上下，忽没忽明，景最潇洒。

云泉瀑布 素练横空，泠泠清响，观者几欲坐忘于其间。

〔据许实编纂民国《宜良县志》（民国十年排印本）卷二《地理志·古迹》第41－43页辑录。〕

（康熙）路南州志·古迹志

卷三　古迹志

长江半月 即赤江，在民和乡。两岸峰峦秀错，西畔一峰独高，其顶甚圆，倒映江中，宛然半月，过者每徘徊不忍去。

天生桥 有二，一在州北十五里，一在民和乡。

〔据金廷献修，李汝相等纂康熙《路南州志》（民国十七年李秉钧据清康熙五十一年刻本补钞重校石印本）卷三《古迹志》第60页辑录。〕

（乾隆）路南州志·古迹志

卷三　古迹志

长江半月 即赤江，在民和乡。两岸峰峦秀错，西畔一峰独高，其顶甚圆，倒映江中，宛然半月，过者每徘徊不忍去。

天生桥 有二，一在州北十五里，一在民和乡。

续编

金　龟 在城南板桥。桥下黄石似龟，水清现形。

玉　坝 在城南板桥里许。有天生碧色石坝，灌济田亩。

龙盘石 在城东十里。传有龙从石出，上下相钳，鳞甲印宛转如生。

〔据史进爵修，郭廷选等纂乾隆《路南州志》（清乾隆二十二年刻本）卷三《古迹志》第4页、第12页辑录。〕

（光绪）路南州乡土志·古迹

第六编　古迹

双龙坝　在城东里许。筑此坝时，有青、红二蛇游水面，故称“双龙”。久晴将雨，久雨将晴，则前夜坝水如万马奔腾，响彻十余里。

龙盘石　在城东十里蒲草村，昔有龙从石中飞去。今睹石形，上下相映，首尾回环，鳞爪甲迹，宛然可爱。

天生桥　在城北十五里富安乡。

大叠水　在州西南三十里。崖高千仞，瀑布飞流，声如霹雳，势若云雾，银丝洒润，水线拖纹，昔称为“叠水蒸云”。

龙　硐　在城南八十里班庄村。洞中涌出清泉，灌田百亩，洞内石笋玲珑，形像飞走，为班庄胜景。

小叠水　在大叠水上。中有花鱼，大如指，春夏上升，秋季下退，村人掘坎取之，其味甚佳。

绿阴塘　在城南五十里山麓之间。盛夏不盈，隆冬不涸，水绿味咸。

赤江半月　在城北六十五里民乡。峰峦夹江，一峰独秀，倒映江中，宛然新月。

天生桥　在城北一百三十里民乡。两岸危石交互成桥，树林阴翳，凉飕飘荡。

温　泉　在城西北五十里贾龙。泉水常温，硫气颇重。

〔据光绪《路南州乡土志》第六编《古迹》辑录。该志共十二编，未著纂修者，石林县现存最早纂修的乡土志，有清光绪三十二年（1906 年）钞本存世。〕

（民国）路南县乡土志草本·地理·古迹

地理　古迹

双龙坝　城东里许。筑此坝时，有青、红二蛇游于水面，故称“双龙”。若久晴将雨、久雨将晴，则前夜坝水如万马奔腾，响彻十余里。

龙盘石　城东十里蒲草村。相传有龙从石中飞去。

天生桥　城北十五里。

大叠水　城西南三十里。崖高千仞，瀑布飞流，声如霹雳，势若云雾，银丝洒润，水线拖纹，昔称为“叠水蒸云”。

龙　洞　城南八十里之班庄村。由洞中涌出清泉，灌田百亩，洞内石笋玲珑，形像飞走，千态万变，不可名状，称为班庄胜景。

绿阴塘　城南八十里。山麓之间忽开一塘，盛夏不盈，隆冬不涸，水绿味咸。

赤江半月　城北六十五里。峰峦夹江，一峰独秀，倒映江中，宛然新月。

天生桥　城北一百三十里。两岸危石，交互成桥，树林阴翳，凉飔飘荡。

温　泉　（在）城西北五十里贾龙。泉水常温，硫气颇重。

〔据民国《路南县乡土志草本》（石林彝族自治县史志办公室编《云南石林旧志集成》，云南民族出版社 2009 年版，第 710－716 页）辑录。该志不分卷，未著纂修者，民国二年钞本未刊。〕

（康熙）嵩明州志·地理志·古迹

卷二　地理志　古迹

西　湖　在州南十五里大城村后。庄蹻王滇，分其属以居此，汇山溪之水，堤而为湖，以嘉丽泽为东湖，以此为西湖，水通嘉丽泽。

古河泊所　在州南十里嘉丽泽东北。

古河砥柱　在州北黄龙山后。其石高数丈，广倍之，古河当其冲，若砥柱然。

观音濯足台　在州东三十五里河口村。河内巨石有足迹，世传观音濯足于此。出旧《志》。

秀崧僧泉　在州东三十里寿国庵。其庵无水，僧人道心祈祷而出，其徒本悟于邵甸普贤寺亦祈水有泉，今称石仓。

余公堤　在州东三十里五条沟坝。明万历四十四年，刺史余化龙建筑沟堤，济三十余村民田，有碑存于州治内。

关帝雷雨　明天启二年，东酋围州，刺史王育德百计守御，虔祷于神，贼见帝君周行城上，贼惊怖。是日，雷殛死二贼，城得全。王公为匾识其事于祠，今犹存。

〔据汪熙修，任洵等纂康熙《嵩明州志》（民国二十二年钞本）卷二《地理志·古迹》第 8 页辑录。〕

（光绪）续修嵩明州志·地理志·古迹

卷二　地理志　古迹

西　湖　在州南十五里大城村后。庄蹻王滇，分其属以广[①]此，汇山溪之水，堤而为湖，以嘉丽泽为东湖，以此为西湖，水通嘉丽泽。

古河泊所　在州南十里嘉丽泽东北。

古河砥柱　在州北黄龙山后。其石高数丈，广倍之，古河当其冲，若砥柱然。

观音濯足台　在州东三十五里河口村。河内巨石有足迹，世传观音濯足于此。

秀崧僧泉　在州东三十里寿国庵。其庵无水，僧人道心祈祷而出，其徒本悟于邵甸普贤寺亦祈水有泉，今称石仓。

余公堤　在州东三十里五条沟坝。明万历四十四年，刺史余化龙建筑沟堤，济三十

① 广　康熙《嵩明州志》卷二作“居”。

余村民田，有碑存于州治内。

关帝雷雨 明天启二年，东酋围州，刺史王育德百计守御，虔祷于神，贼见帝君周行城上，贼目等惊怖，是日，雷殛死二贼，城得全。王公为匾识其事。

毒泉碣 在城东三十里海潮寺。寺半里有毒泉，碣云："此系毒泉，饮者伤生。"

甘龙潭 在州西南五十里。其水味甘，可疗疾云。

龙马足迹 在州西南五十里白邑村，其形宛然。

〔据胡绪昌等修，王沂渊等纂光绪《续修嵩明州志》（清光绪十三年刻本）卷二《地理志·古迹》第8页辑录。〕

（光绪）东川府续志·古迹志

卷三 古迹志

海眼井 在城内江西街。张姓旧宅，水极旺，井底有石板镶盖，每淘洗时，必戒工人勿动，偶一误揭，水即泛滥，相传以为海眼云。

温泉亭 "温泉柳浪"乃东川十景之一，在郡城西二十里尚德乡。地方有上、下二塘，前郡守崔乃镛建一亭于下塘，以蔽浴人，年久倾圮，树亦无存。光绪壬午夏，郡守武陵蔡元爕捐资重修，两塘各建一亭，使祓禊者男女有别，浴毕亦有憩息之所，并督役插柳于旁，以副"温泉柳浪"之实焉。

〔据余泽春修，茅紫芳撰，冯誉骢续修光绪《东川府续志》（清光绪二十三年刻本）卷三《古迹志》第17页辑录。〕

（嘉靖）寻甸府志·提封·图分·形胜

卷上 提封 图分 形胜

寻阳八景（录五）

龙潭夜月 在府城东十里。有双龙潭，相并二十余步，人在中立之，则左右宛然双月，虽晦夜其影可见，俗呼为龙潭双夜月。

东江曲折 在府城东十五里。二水交合，九曲而下。

西海澄清 在府城西三十里。周遭六十余里，彻底澄清，挠之不浊，鲦鲙鰋鲤，应时而出，渔人之利也。

南谷温泉 在府城南四十里有温泉焉，俗传浴之可以去疾，故自暮秋迄春时，远近咸往浴之。

北溪寒洞 在府城北三里。山下出泉，寒冽殆甚，民咸资之，如诗所谓爰有寒泉也。

归龙古寺 在府城南四里。创自先朝，僧道昺明海重修，山形高耸，水势盘旋，乃一方之胜概也。

附木密所八景（录二）

芦堂砚池　即瑶玲山。其山险而巅有泉，出药材，采用之最效。

龙泉碧玉　在所治西二十里甸头屯。有龙王庙，其水灌溉军民田亩，本所官每岁春秋致祭。

卷上　古迹

龙　洞　在府北五里许。泉水涌出，灌溉一府田亩。洞口有一雀，俗呼为龙雀，如遇木叶落水，辄即衔出。每遇亢旱，祈祷于此，且内多蝙蝠。下流为螳螂河。

排额河　在府治东三十里，地名排额。自三岔河顺流而下，近河半里许，其洞中深宽约二丈，高约一丈五尺许，有石笋兽蹄鸟迹之状。

三龙并泉　在府西十里。周围石如砌，其水穿山流出，面对一洞，可容千人，地名法果儿。

〔据王尚用纂修嘉靖《寻甸府志》（上海古籍书店1963年据宁波天一阁藏明嘉靖刻本影印）卷上《提封三·图分·形胜》第14－18页辑录。〕

（康熙）寻甸州志·地理志·古迹名胜

卷三　地理志

古　迹

白龙洞马迹　在城北五里石崖上。相传昔有神龙化马，故留迹宛然。

涌珠洞神雀　即白龙洞，其水注而为螳螂河源。洞口有小鸟，四时翔集，见木叶落水中，辄衔去，人呼神雀，盖灵物也。见《通志》及《潜确类书》。顺治十年，知府钟承祖题额曰“涌珠洞”。

名　胜

龙潭夜月　在城东十里，即双龙潭也，二潭相间三十余步。怪石寒泉，出于两□，成左右流入，或抑此则归彼，盖其源外分内合。月夜观之，亦一胜也。

东江曲折　即牛栏江，在城东十里。自嵩明之杨林海发源，曲折潆回，而会流于七星桥南。

南谷温泉　在城南三十五里塘子屯。一池清浅，沸泉轻□如触眼然。有男女浴室，近村利其浣濯，游人藉以祓除。按：滇省温泉十有七所，以安宁州者为第一。

西海澄清　在城西三里，即车湖也。其色凝碧，有水利，潜鱼龙，为寻之巨壑。三月三日，游人萃至。

北溪寒洞　即白龙洞。既有灵禽取叶之奇，而一泉环泻，润我田畴，其功普矣。余详《古迹》。

归龙古寺　在城南四里，今废。

洑溆拖蓝 在城西十余里挖脚坡左，一名三龙泉。四围有石如砌，水则穿山激石，滴萃流青，濯人心目也。

报喜泉 在城南月甲村。过者若顾水而笑，则浮沤累累起，或取为喜兆焉。

〔据李月枝纂修康熙《寻甸州志》（故宫博物院编《故宫珍本丛刊》第227册《云南府州县志》第2册，海南出版社2001年据清康熙五十九年刻本影印）卷三《地理·古迹名胜》第9－11页辑录。〕

（道光）寻甸州志·古迹志

卷二十六 古迹志附名胜

涌珠洞神雀 即白龙洞。有二鸟，状类画眉，红色，声清沥，四时翔集，每叶落水中，辄衔去，人呼神雀。

报喜泉 在月甲村。过者若顾水而笑，则浮沤累累起，或取为喜兆焉。

灵　泉 在倘甸里五甲，盈涸应时。旁有秧田数亩，每岁清明前数日水泉忽涌，农人就之布谷，至秋时自涸，不假人力。

先知泉 在甸头里撒者村，又名兆机泉。水源深大，四时不涸。每涸则有咎征，百年来历验不爽。

三潮水迹 在那鳌里款庄太极山下，又名安宁圣水。日潮三次，历来不爽。

龟塘树迹 在蜂冈山。广数亩，深不可测，四时产龟。旁一古树，亭亭如伞盖。水溢则年丰，至今里人历验不爽。

犀牛迹 在那鳌里蟒蛇河。昔有犀牛出水面，闻人声翻身入水，犹现四蹄焉。里人周继盛钓鱼见之。

〔据孙世榕纂修道光《寻甸州志》（国家图书馆藏民国年间钞本）卷二十六《古迹志》第2－4页辑录。〕

（民国）禄劝县志·杂异志·古迹

卷十二 杂异志 古迹

石　泉 在县北一百二十里洒交营坡。坡有大石，泉出其上，终日汲之不涸，终岁不取亦不溢。相传武侯南征至此，人马皆渴，以剑砍之，得此泉。

哑　泉 凡二，一在县东八里鹦哥嘴下，误饮者不惟令人哑，且以伤心，即俗传武侯南征时所遇哑泉也；一在县南三里雄关内，清同治九年，禄劝县知县金树碑道旁，镌字云“此水有毒，令人哑瘴，往来行人，切不可饮”。

缩　泉 在县东一百八十里甸尾街西首，时缩时盈。

石　桩 凡二，一在金沙江南，交四川、会理县界，有石桩一，岿然独立江边，土人传为武侯时所立；一在县北二百余里绞西坝内，有石桩三，高七八尺，土人亦传为武侯南征时所立。

仙乐井　在县东一百八十里甸尾街西北。形如井口，约宽三尺许，深不可测，土人不时闻井中奏乐之音，金、石、丝、竹、匏、土、革、木八音具备，洋洋盈耳。惟二三月间闻之，过此则寂然矣。

宝石沟　亦在甸尾街南首。隔河里许大龙潭沟内产宝石，大者如桐子，小者如豆，五色斑烂，可供清玩，虽仙露明珠不啻也。

绿阴塘　在县北二百余里土色马鹿塘村旁。夏秋水不浊，浊则主刀兵或瘟疫。近年皆浊，地方受害甚多。

附胜景

鸠水迴澜　即白塔山下河水也。源出县北二百二十里核桃箐，流至城外，绕城三面。

石牛卧水　在县北四十里安甸庄河中。

温泉浮玉　在县东一百里达矶村旁普渡河滨。滇多温泉，随地皆有，必砂矾硫磺在下乃热。此泉源洁清见底，浴之可以疗疾。泉畔松风鸟韵，饶有旷致。

惠湖积雪　在县东北二百里乌蒙山上。高万仞，名曰惠嫋湖，方四里，深不可测。湖之四岸，皆天生青碧，自然甃成。湖中莲花，大如车轮，积雪经年不化，玉树银花，灿然在目。顶则平衍无雪，雪在四围，中流一泉，四时澄澈，茂林掩映，落叶尚未及，水鸟辄衔去。

〔据许实纂修民国《禄劝县志》（民国十七年排印本）卷十二《杂异志·古迹》第1–6页辑录。〕

（民国）高峣志·名胜古迹附

卷上　名胜古迹附

孝牛泉　在三清阁右方略低处，有井泉焉。昔有赵道人者在俗时，要杀家畜一牛，小牛衔刀置腹下，卧以蔽之，道人感悟，即放牛生，而出家修行，与牛俱隐西山，每日牛负水供饮。一日，牛伏此，而泉汩汩出，固以名焉。自龙王庙上曰寿佛殿、祖师殿、飞云阁，阁之旁即井泉也。

龙王庙　祀梁王女夫段功，后改为龙王祠，为祷雨之地，正直三清阁石室之麓。

灵官洞　距龙王祠不远，山泉涌出，与湖水相荡漾，金线鱼时出没其间。

曲水流觞　在高峣街头。昔杜薇之浣花，每年三月三日修禊，砌曲水为流觞之饮，故迹犹存。

〔据由云龙撰《高峣志》（民国二十八年排印本）卷上《名胜》第17页辑录。〕

玉溪市

（乾隆）新兴州志·建设志·古迹

卷四　建设志　古迹

三姑井　在团山，即三姑遇害处。泉极清冷，可疗眼疾，民往祀之，酌水洗眼辄愈。又名哑泉，不可饮。

〔据任中宜纂修乾隆《新兴州志》（清乾隆十五刻本）卷四《建设志·古迹》第9页辑录。〕

（康熙）易门县志·景致古迹

景　致

龙口泉香　即大龙口源。泉涌出石洞，奥曲深幽，悬崖滴乳，游人击之，清响如钟。旧有卧梅临水，香气袭人。洞左一窍，斜通山顶，由山腹中扪壁盘旋石梯而上，约数百步，豁然开朗。上建大悲阁，更上一层为古佛阁，署县云南府通判胡允端于石崖中塑吕祖像。明杨升庵两次游，题诗载《艺文》。

寒潭夜月　即小龙泉。水自石窟中喷出，清冷可鉴毛发，明月东出，荡漾金波，潭中藻荇交横，如苏子瞻夜步承天寺也。

古　迹

吴家井　在城东。其泉甘洌，可以消瘿。

〔据康熙《易门县志》（国家图书馆藏钞本）第8页、第22页辑录。〕

（康熙）宁州郡志·古迹志

古迹志

景　迹

瓜水拖岚　恩永河、浣江河、四家村河三河接会治，原形如瓜篆，故名瓜水。

象鼻温泉　治南二十里。

巅岩瀑布　治东北十里。

古　迹

花溪口　治北五里清龙潭右①。

〔据严敬原纂，马世俊增订康熙《宁州郡志》（梁耀武主编《玉溪地区旧志丛刊·康熙玉溪地区地方志五种》，云南人民出版社 1993 年版）第 48 页辑录。〕

（道光）新平县志·古迹志

卷六　古迹志

烈女井　在典史署内，为烈妇黄氏尽节处，事在乾隆四十三年。今井封，典史李文焘有记。

〔据李诚纂修道光《新平县志》（民国三年排印本）卷六《古迹志》第 19 页辑录。〕

（民国）新平县志·舆地志·名胜古迹

卷二　舆地志　名胜古迹

旧八景（录五）

水帘洞天　在新化牛村前。山有岩穴，中广数十尺，上有飞泉下垂，势若珠帘。

叠水烟霞　在新化沙帽山。泉自山巅层叠而下，经悬岩散成烟霞，故名。

山顶香泉　在新化六祖山顶。泉清而味香。

六祖垂虹　在新化六祖山顶。每当雨霁，辄有飞虹下垂。

二龙戏珠　在城南。左右两山势若游龙，团山中拱形似伏珠。

新八景（录五）

龙潭夜月　在城南大旗山半。潭水深阔，夜半月印其中，景极清幽。

新亭堤柳　在城东南隅。亭外筑有长堤，堤旁植柳，风景宜人。

汊河积石　在城南岔河下游。按：路岐为岔，水岐为汊，应作汊。河中石堆如小山，水冲不下。相传河底有避石珠云。

冒天喷泉　在城西冒天井。水自山顶石罅中流出，上冒尽余，系喷泉一种。

双璧锁水　在城东。县城诸水至双璧山下，曲折绕麓而去。

〔据王志高修，马太元纂民国《新平县志》（民国二十二年石印本）卷二《舆地志·名胜古迹》第 30 页辑录。〕

---

① 清龙潭右　嘉庆《临安府志》卷十六作“青龙潭左”。

（民国）峨峨县志·古迹志

卷四　古迹志

啸龙岩　法乌山石岩下有河，冬春水涸，邑人聚其下，踏歌饮酒，水应声而出，或如桃花，或如竹箭，歌止水亦止。

〔据徐振声增补续辑民国《峨峨县志》（民国年间钞本）卷四《古迹志》第13页辑录。〕

（嘉庆）江川县志·古迹志

卷二十三　古迹志

界鱼石　在城东南十里。两湖相间，中通港河，离海门桥半里，蟠坤洞下有巨石如屏，耸峙岸侧，背北向南。水光沉绿，深莫可测。好事者因重修海门桥于界石下，竭水使乾，欲观其故，忽雷电交作，风雨骤至，遂止。

星云湖碌鱼　即大首鱼，出《通志》。至石而迫，抚仙湖簾簹鱼底石而回，彼此知禁，并不过界。海门故老流传云，鱼过界兆兵戈。明末，鱼过界，土酋沙定州叛，过江川，不论男妇，先伸右手，只剁一肢，先伸左手，两肢齐剁。不数年，鱼又过界，李定国兵至，邑人避处孤山，李定国屠其众，知县周柔强死之。

清泉塘　在北山东五龙庵顶。周半里许，四围有九十九个旋塘，其水深不可测，内产五色鱼，大小不等，人食之辄死。水面尝浮玩好之物，人取之即摄入水，疑有神物司之。

乾　洞　在官领西。内可藏千余人，有天生桥，上书篆文，不可识。

天生桥　距县十里白家营左，路甚险，山半有洞，垂乳如云，水流洞中，坚訇可听。一石梁跨其上。一在普妙鸡窝。邑令刘携诗云："山回水复石谽谺，飞洞垂云日半遮。听惯天生桥下水，懒将琴筑伴生涯。"

〔据张维翰修，葛炜纂嘉庆《江川县志》（清光绪三十三年崔荣达校订本）卷二十五《古迹志》第10页辑录。〕

（康熙）通海县志·地理志·胜景古迹

卷三　地理志

胜　景

温水方塘　在县西南二里。水温可浴，中有大石，浴者坐卧其间，乐而忘倦。

古　迹

湖水拖蓝　东卿妻卢氏誓死守节，有力者逼之嫁，即殒湖中，凛凛正气，数百载不灭。于风定时，湖水独蓝一带，长数十丈，宽数尺。

奇　踪

马祖降龙　在东华山，去县十五里。山腰一泉，水源混混，旁一龛，中为毒龙所据，每岁兴云致雹，伤人禾稼，且啖人畜。马祖名慧心者，往降之，独坐石龛七日，龙稽颡听法，不敢为灾。

〔据魏荩臣修，阚祯兆纂康熙《通海县志》（《中国地方志集成·云南府县志辑27》，凤凰出版社2009年影印本）卷三《地理志》第13页辑录。〕

（道光）续修通海县志·古迹志

卷三　古迹志

石　笋　即元窍，今之落水洞也。相传湖水浩荡，神僧以锡杖通石窍，其水乃泄。前邑令江宏衢题镇海寺额曰“大士化龙台”。序云昔湖水弥漫，观音大士投以竹杖化为龙，循石窍而去，水遂泄焉。不知何据？旧《县志》云：水伏行地中四十里，至婆兮之三江口复出，汇二水出盘江。通邑地高而婆兮地下，理或然也。

〔据赵自中纂修道光《续修通海县志》（民国九年石印本）卷三《古迹志》第32页辑录。〕

（康熙）河西县志·古迹志附名胜

卷四　古迹志附名胜

碌溪古渡　即碌溪下流，旧设渡以通行人。明县令萧济为堤范溪，始疏三渡，每溪各为梁以济，古渡遂废，然遇多雨，平桥尽没，犹有渡时。马嘶远岸，舟横野渡，微雨一蓑，轻篙破玉。

白盐瀑布　在碌碌河边。削壁千寻，倒挂珠帘，雪喷云飞，状若撒盐。斯景甚奇，以人迹罕至，传之甚少。

〔据周天任纂修康熙《河西县志》（云南少社会科学院图书馆藏钞本）卷四《古迹志附名胜》第37页辑录。〕

（乾隆）续修河西县志·志疑·杂志

卷四　志疑　杂志

阳关桥避水珠　谚云桥内有避水珠，横流狂澜至此，势便稍缓，惜今不存。

九龙池　谚云系明时赵云峰从江南降伏，原有十头，去其一头藏在潭中，至今有涌泉，灌溉南乡田亩最多。

〔据董枢修，罗云禧等纂乾隆《续修河西县志》（清乾隆五十三年刻本）卷四《志疑·杂志》第61页辑录。〕

（道光）澂江府志·山川志胜景古迹附

卷五　山川志胜景古迹附

胜　景

河阳县附郭

仙湖夜月

东浦流虹

龙碧灵湫

按：元郡人临安路总管段文瑞即郡之景物特胜者，题曰“仙湖夜月”“罗藏朝云”“涌拔晴岚”“牢庄晚照”“西浦龙泉”“北坡鱼沼”“松崖古寺”“市桥官柳”为八景，系之以诗，后人增“东谷灵境”“绝壁金刹”为十景，后人又易“玉笋晴岚”“金莲晚照”，增“玗溪春绿”“旸浦冬青”“南山竞秀”“东谷分青”，屡为更易，景物失真，至少宰赵玉峰始易今名。

附阳宗旧县

明湖澄碧

岩泉古寺

夹浦流泉

江川县

峭石温泉

星湖夜月

新兴州

江川鱼钓

玉涧长虹

九龙泉涌

白云瀑布

金堤柳浪

玉湖菡萏

路南州

鱼池云影

响水风清

龙潭夜月

古　迹

河阳县附郭

洗马池　在罗藏山巅。池清而阔，俗传梁王洗马处。

莲花池　在罗藏山北平衍之所，故址尚存，相传梁王凿。

江川县

古　树　在城北二十里双龙乡北。每春初叶萌，土人视其叶萌之方以卜岁，北雨南旱，西则风雨，时禾稼登，东则丰歉半，四面皆萌，旱涝饥馑，历验不爽。

新兴州

三姑井　在团山，即三姑遇害处。泉极清冷，可疗眼疾，民往祀之，酌水洗眼辄愈。又名哑泉，不可饮。

路南州

天生桥　一在州北十五里，一在民和乡。

阴阳树　在州城隍祠内。其树四季常青，每遇阳干之年向东结实，遇阴干之年向西结实。相传久远，枝叶未损。

长江半月　即赤江，在民和乡。两岸峰峦秀错，西畔一峰独高，其顶甚圆，倒映江中，宛然半月。

玉　坝　在城南板桥。有天生碧色石坝，灌济田亩。

〔据李熙龄纂修道光《澂江府志》（清道光二十七年刻本）卷五《山川志胜景古迹附》第12页。〕

（民国）元江志稿·杂志·古迹

卷二十八　杂志

古迹胜景附

贴金石　《明一统志》：在城西风伯雨师坛。有石凡五，土人皆贴以金，遇旱雨必祷于此，松柏茂郁，若仙境然。

蛟　洞　旧《州志》：在城西十里自东山下。洞伏蛟龙，每鼓波沿河坏民稼，郡人刀代挟利剑斩之。洞内怪石玲珑，奇巧万状。雍正年间，大雨，沙石堵塞洞口。《采访》：民国七年，刘达武为立石洞旁，曰“元江路总管刀代斩蛟处”。

犀牛潭　旧《州志》：在城百里普漂村下礼社江上。有火光烛天，相传犀牛潜伏其下，又云蛟龙居之，岸上崖高数十丈，瀑布飞流，土人欲引沟开水，忽闻洞内金鼓之声，江水沸腾数丈，山为之动，惊骇而止。

莲花塘　《古今图书集成》：在青龙厂山下。周围三百余丈，池内产青红白三种莲花。《采访》：清中叶，有地师某令山苏夷人卜宅池上，每莲盛开，彩葩照耀夷宅，其家隆隆日起，地师目因失明。夷优遇之，后以仅富而弗贵，礼意浸衰至使之舂，地师复献言曰：“若决莲池，贵可暴至矣。”夷如其言，池涸而其目复明。今池荒，莲绝种矣。

黑龙潭 旧《州志》：在城南八十里普贵村。有黑龙伏其中，眇一目，鱼虾皆眇。四面林木阴翳，叶落潭中，绿鸟即飞衔去，或用钓取鱼，雷雨交作。

太极池 旧《州志》：在城北江上。平地突起小山，形如覆盆，半石半水，左右两眼如太极，四时不竭。

石乳洞 旧《州志》：栖霞山有石洞，高丈余，深三丈，内悬石乳，水蓄乳头，不轻滴。求嗣者祷于山，伸掌乳下，以所滴点数占子数多寡，若乏嗣者虽终日不滴。

石浪池 旧《州志》：在因远之甸索驿。清知府尹侃因石为池，层列水中，天然工巧，望之为浪。总督刘藻有《石浪池》诗，诗曰："驿倚山腰塞涧限，疏篱曲径得亭台。阶前石齿吹春浪，不尽源头活水来。"

龙　池 《采访》：在县东北龙池村。西县人何文选有诗，见《艺文志·诗类》。《楯墨杂志》：龙池广袤百亩，碧波澄清，村之田园赖此灌溉者三千余亩。桃林荷浦掩映东南，翠岫青山环绕西北。中产五色鲤，质肥味美，村之人爱池及鱼，钓而不网。鱼时游泳池面，不减濠濮之概。

飞　泉 《采访》：在县东北龙池村南八里。《楯墨杂俎》：飞瀑在龙池回龙桥下。岩高数十丈，峥嵘耸翠，清泉急流，如悬疋练从天飞下。唐人诗云"黄河之水天上来"，此景殆有过之，盖水清山媚，较黄河当胜一筹，游观者莫不以为诗画本云。

胜境附

礼江浮桥 县人马汝为诗曰："莫讶晴波阻，浮桥两岸通。山形成水道，物力补天工。仿佛银河渡，猜疑宝筏同。礼江留胜事，利涉古人风。"知州李令仪诗曰："绕郭浪悠悠，为梁且造舟。岸分桥是锁，江断水仍流。休作晴虹跨，如登宝筏游。万千来往者，厉揭复何忧。"县人关峻诗曰："两岸长江隔，桥成路可通。舟原浮水上，巧已夺天工。卧拟虹霓似，填疑乌鹊同。往来无病涉，差胜郑侨风。"

礼社渔歌 李令仪诗曰："水出梁王岭，流归礼社江。偶然渔者唱，欸乃曲成腔。答响来樵径，余音绕钓矼。烟消人不见，一笛下前泷。"关峻诗曰："渔家饶乐趣，礼社荡轻舟。罢钓芦花岸，清歌水国秋。击桡风味好，对酒月光浮。自诩生涯美，能消百感忧。"

碧玉温泉 李令仪诗曰："东北来城路，温泉此处佳。清如铺碧玉，热可涤尘怀。肝胆披堪照，须眉净更揩。愿将千万斛，洗尽世俗霾。"关峻诗曰："东北山之下，如汤出滚泉。石高岩似玉，气热水生烟。可寄沧浪咏，仍同活水煎。兰亭差仿佛，修禊莫春天。"张保岐诗曰："山头天韫玉，山下出蒙泉。滚滚流云气，霏霏护碧烟。芳塘身可洁，活火水宜煎。修禊群贤集，端宜上巳天。"

岭寺甘泉 李令仪诗曰："大明庵畔草萋萋，峻岭插天天欲齐。饮罢凉泉心境净，万峰烟暝日轮西。"史尚德诗曰："云堆峻岭草萋萋，酿就甘泉味孰齐。沁入心脾还醒眼，江城罨画夕阳西。"

官渡藤航 李令仪诗曰："飞渡何缘扩远襟，藤航口到此凭临。游春早过台山路，漫逐羊群叩石音。"史尚德诗曰："水落鱼梁冷欲侵，长桥卧处快行吟。临晨一任留霜迹，细雨斜风豁远襟。"

〔据黄元直修，刘达武等纂民国《元江志稿》（民国十一年排印本）卷二十八《杂志·古迹胜景附》第5－17页辑录。〕

曲靖市

（康熙）南宁县志·地舆志·名胜古迹

卷二　地舆志

名　胜

潇湘碧柳　潇湘江两岸垂杨，含烟笼翠。马龙知州张棅题云："翠柳依依牵野缆，碧桃点点映江皋。"岸柳今无。

东湖秋月　郡城东海秋夜月明，金波荡漾。大参汪球题云："东海晴波滋草木，靖州寒月浸溪桥。"

北沼荷风　郡城北门外。上、下二沼，内植荷花，当夏盛开，香风馥郁。城上构二楼，名曰"眺京""临漪"，郡士大夫率多登玩。前人题云："曲槛寒光悬日月，碧潭暖气护鱼龙。"今沼废楼圮。

阿幢春水　城北二十里，即蜡溪。江水来自万山中，春日溶溶，平波清浅。御史赵公锦题云："金龟不惜换春酒，且与苍生庆岁丰。"

湘江夜月　在城南。当月初出，清光荡漾，恍如万顷金波，摇曳不定。

温泉春浴　城南二十五里，灌田数百顷。知县王枟句："为霖亢旱还须汝，昨岁应知益稻田。"

北海秋涨　城北皆平川，至秋，河水泛溢，一望波涛万顷，恍疑银海，真大观也。

古　迹

双　井　在城外北关内。一井两窍，水泉极甘。传为汉武侯凿。

养病泉　在城南门内。有上、下二泉，味颇甘，为昔人凿以养病，故名。

洗砚池　在城南负金山下。水色如墨，俗传童子初学书，取水贮砚，后必善书。

钵盂泉　在城南三十里真峰山上。泉水生石中，形如盂，味极甘美，夏不能溢，冬亦不涸。

〔据王櫄纂修康熙《南宁县志》（吴乔贵、林文勋、周琼校注，冯绍贤主编《清代南宁县方志校注》，云南人民出版社2014年版）卷二《地舆志·名胜古迹》第35－37页、第43－44页辑录。〕

（咸丰）南宁县志·地理志·山川名胜附

卷一　地理志　山川名胜附

温泉春浴　在分秦山下，水沸如汤。

潇湘碧柳　即潇湘江。两岸垂杨，含烟笼翠。

东湖秋月　郡城东海，秋夜月明，金波荡漾。

北沼荷风　在城北门外。上下二沼，荷花盛开，香风馥郁。

古　迹

双　井　在城北关外。一井两窍，相传武侯所凿。

〔据毛玉成修，张翊辰、喻怀信纂咸丰《南宁县志》（《中国地方志集成·云南府县志辑11》，凤凰出版社2009年据清咸丰二年刻本影印）卷一《地理志·山川》第16页、卷一《地理志·山川名胜附》第24页辑录。〕

（同治）古越州志·地理志·古迹

卷二　地理志　古迹

祇林庵寺隅龙井　虽旱不涸，清莹澄澈，胜于他处。

潦浒石之大流　即中洲河之下流，相传河中有石老虎，生于河底。

乾冲海　五月有潮水，一日三响，潮落鱼现。

黑宝滩　即中洲河之下流，较他处深广，中有石峡。

石宝山寺院内清泉　今为浊水。塘不满三尺，相传昔有宝在内，故水清不涸。不知何年，宝为人取去，故今浊而有涸时，但取水出地上石峡内，则常清而不涸，时亦可称奇观也。

窑上醴泉　今其水仍清冽异常。

仙人井　距吴官营五里，在绿茨冲、红土沟中间山上。井面广二十余丈，其水终年碧绿，夏秋雨多不溢，春冬天旱不涸。

〔据何暄原纂，何杓朗增订，李家珍重订同治《古越州志》（吴乔贵、林文勋、周琼校注，冯绍贤主编《清代南宁县方志校注》，云南人民出版社2014年版）卷二《地理志·古迹》第376页辑录。〕

（雍正）马龙州志·地理志·景致

卷三　地理志　景致

九曲文河　即东西河也。环回不可胜数，郡人于旧城山建文昌宫，而此二水映带其前，蜿蜒如龙，环叠如带，绿波澹淡，欲去复回。

龙湫夜月　即大龙井。是灵泉滟滟，桂魄晶莹，俯而窥之，玉盘一珠。

层岩瀑布　在州东南四十里迤潭河。是巉岩千仞，水来天上，零玉回雪，舞荡缤纷，瀑之内允擅奇观。

绿莎野塘　即落草塘。是山限数顷，光涌琉璃，鸥鹭凌烟，锦鳞映日，俯邻净绿，剩水擅奇。

〔据许日藻纂修雍正《马龙州志》（清雍正元年刻本）卷三《地理志·景致》第9页辑录。〕

（乾隆）陆凉州志·杂志附古迹

卷五　杂志附古迹

河湾古钟　在小堡河湾。相传岸上有古刹，因迁于州，将钟并移，舟载至此，忽沉莫举。每晨昏，郡中大觉寺扣钟，此钟在水有声相应。

八　景

龙海晴岚　龙海山冠境内诸山，时有岚气出没，烟波万状，阴久而出者必晴，晴久而出者必阴，土人屡占屡应。

湘浦渔灯　治东南傍水之村，民尽业渔，舟网成市。时乎星凡错列，渔火初燃，虾须滉荡，摇曳长虹，夜静水澄，灯焰波光灿烂，真如万点星辰。

旧城烟柳　旧城河堤北岸多柳，每当春和，烟锁柔枝，鹅黄鸭绿，歌风障雨，潇洒长堤，令人心荡神怡。

板桥春水　会漳桥架木，故曰板桥。诸河多浑流，惟此澄澈见底，落花水面，春涨新鳞，风光绝胜。

石坝夕阳　波光浴日，澶漫接天。金乌渐坠，朗射晚霞。飞紫筛金，遥相掩照。灿焕水光，顷刻万状。

芦沟夜月　其地多芦，水月交映，高秋更盛。

〔据沈生遴纂修乾隆《陆凉州志》（传钞清乾隆十七年刊本）卷五《杂志附古迹》第30页辑录。〕

（民国）陆良县志稿·建置志·名胜古迹

卷二　建置志

名胜附新旧八景

龙海晴岚　城东三十许龙海山上有古刹仙迹，其景之奇幻天然者。春和雨霁，一缕晴晖，秋朗气清，半山岚雾，或环而如带，隐抱山腰，或叠而成罗，高悬岭际，出没靡常。土人以此占阴晴，屡验。

湘浦渔灯　城东南傍水村落，民尽业鱼，舟网成市。每夜星辰朗映，渔火初燃，近则萤焰半缸，远则蚌珠万点，夜光照水，与楚竹而俱红霞，彩涵虚映，汀兰之皆碧，亦中涎泽胜景也。

旧城烟柳　旧城在会津桥外，两川环抱，翠柳沿堤。每当春和，柔枝烟锁，鹅黄鸭绿，章台之景色如新，障雨歌风，客舍之春光弥茂，潇洒长堤，令人神爽。

板桥春水　会津桥，城南官道也。架木成桥，诸河多横流，惟此澄清见底。落花水面，春涨新鳞，虹卧夕阳，两岸之红桃似锦，渔歌清晓，一川之碧柳如旗，上有一览楼，风光绝胜。

芦沟夜月 邑东北二十里。其地多芦，水月交辉，高秋更盛，天飞白絮，夜渡不羡，金城节值，素秋月明，拟是瑶岛，清光掩映，迥异寻常。

龙海观涛 城东三十里龙海山，古名邱雄。巍然东峙，为诸山之冠。山麓有十八泉汇流成海，万顷汪洋，浮天白浪，登临俯瞰，眼界极宽，亦台郡奇观也。

叠水喷云 城西隅四十里叠水潭，峭壁悬崖，银涛直泻，清晨水气腾沸，弥满太空，结成云雾。

邱雄山下十八泉 县治之东三十里有山邱雄，气势壮甚，绵亘百余里，奇峰叠嶂，怪石绝岩，清泉碧溪，无不备焉。山之下顿闪平原，村落比邻，而沃壤供耕，藉以富庶，且山根一带，中有流泉。从事考察，凡名十八，略举大概，以纪其利：

—龙泉 怒瀑村之北。有一芳塘，周匝约一亩许，其色碧，其味淡，远眺如镜，涵虚太空，引以灌田，农人赖之。

—碧色泉 此泉深浚莫测，自山腹开一窍，其间怪石罗列，水由窍喷出，俗称为第三龙潭，即今之大龙潭是也。旁有居民，良田千顷。入夏后，波光浑碧，堤草遍青，天生图画，洵称妙境。

—木棣泉 即大嘴子之没底龙潭也。水清无尘，湍流有韵，潭之旁，古木参天。早凉退暑，文人于清泉绿阴之中，藉供吟咏。

—晓长泉 此泉生于大嘴子，与木棣泉相埒，即俗名小场地之龙潭焉。寒潭泉涌，旭日霞映，波光风动，如金蛇蜿蜒，且于附近农田多资灌溉。

—南泉 白岩之南有泉出焉，即为南龙潭，亦名南泉。清流含山，碧波如练，其中多生荇菜，微风飘过，如翠带然。

—龙王泉 前人相传此泉有龙，于是大嘴子人建庙祀以龙王，因名之。其水清洁，四时不涸，混混长流，利赖孔多。

—水镜泉 在白岩村，泉水莹洁，澄清如镜。落霞孤鹜涵虚，征色相之空，云影天光掩映，绝纤尘之翳。行人俯视，殆别有天地。

—鱼泉 在邱雄山麓，土名白龙潭。泉清如鉴，内多白鱼出跃，人每聚观而不敢一取，取则冰雹为灾。中间潭阔五六尺，圆如箕，有时开时闭之状，亦属奇观。

—雪花泉 距白龙潭二里许。自秋徂春出泉亦细，独夏日大雨时，行水从山腹之石窍喷出，纷飞如雪花荡漾、明珠散乱之状。

—晓泉 在小垢旬之南有一潭，约半亩，俗名小龙潭。其水清洁无尘，旭日东升，飞凫则惊为闪电，斜阳西照，浴鹭则骇为散霞，晓泉之名于是得之。

—宝佳泉 生于大垢旬，名为保家龙潭。其水之性温而且和，村人藉资灌溉。每岁秋成，无不告稔，是以名之。

—五色泉 紫溪寺下有一潭焉，其水四时皆碧，惟久晴则浊，久阴亦如之，且现五色，农人以之验阴晴，无不神效，因之得名。

—士觉泉 此泉出于紫溪禅院之下，一名寺脚龙潭。石上清流音如漱玉，且树木参天，鸣鸟声杂，游人退暑，频添诗料，故名士觉。

—黑石泉　邱雄山麓多生黑石，而近水亦如之，故名黑石龙潭。云惟此泉四时不涸，澄清如练，附近农田，利赖无穷。

—八宝泉　罗衣村有一泉焉，清澈若玉，长流不息。询厥名称，以为六谷宝贵，且有马铃薯、红苕等类，乃为救荒之需，村人多种，实赖此泉以资长养之，故土人以八宝龙潭名之。

—宝贡泉　此泉出于宝贡村。相传有明土酋龙海述职觐见，陈献方物，因之得名。然农田岁稔，禾稼连云，皆藉此泉以滋生焉。

—马军泉　出于东乡马军营村下。相传前明沐国公英出师征讨，驻军此地，时以斯泉饮马，因名之，且田亩咸受利赖。

—平山泉　邱雄之北有平山口焉，中生一潭，水极澄清，自高流下，昼夜不息，远近田亩，悉资灌溉。

古　迹

紫溪泉　龙峰寺左方塘水，由山顶天池暗渡而来，由石窍中流出，形甚曲折，滃有声。

叠水滩　治西五十里，系中涎泽尾闾，众水之所会归也。上流多平衍，至此万石玲珑，两崖狭窄。其水由石罅中泻出，喷霜雪，悬崖二百余丈澎湃直下，声如雷霆，色若珠玉，颇为奇观。

河湾古钟　在小堡河湾。相传岸上有古刹，因迁于州，舟载钟至此，忽沉莫举。每晨昏郡中大觉寺钟扣，此钟在水有声相应。

天　池　邱雄山顶，名紫溪。其水澄碧，四时不竭。

桃源溪　在治北近板桥。一鉴澄清，武陵佳境。

冰壶泉　即西华寺之龙潭。水由石罅中出，澄清洁。旁有“灵雨”额刻于石上。

温　泉　在治南。一在贞元堡，一在瓦奎。

龙潭井　在西关外西华寺前。其水清洁味佳，郡城第一。

圣　井　在四圣宫内三官殿前。其水澄莹，味甚佳美，亦井之圣也。磨豆乳者专汲于此。

醲　井　在捷报阁前陈氏院内。其水甘洌，较西华寺龙潭井味尤佳。

玉泉井　在南关外关圣殿前。其水澄莹清洁，居民汲以烹茗、酿酒、磨豆乳，味甚甘芳。

三眼井　在治南贞元堡。一井三眼，品字形，水味甘美，汲以酿酒、烹茗、磨豆乳，各有所宜，错则不佳，亦奇事也。

硃砂洞　在石洞村前。洞不大，深水中砂砾灿灿，但人偶一取砂，水随人涨。

犀牛洞　在石洞村绝壁中，生两窍如牛鼻，有水时出时止，人指名呼之，水喷如练，求饮者值渴时，取石投之，水立涌。

黄龙潭、白龙潭、黑龙潭　此三潭在于纳村，相间不过二里。人每见夭矫升天，各六，银塘蛇场河之阳，山谷崎岖，有水一字，六七塘，长二三里，在山顶望之，若银河然。

灵雨泉　即高山堡龙潭，距城三十五里。前州尊马公宏图，因旱灾各寺祈雨不应，嗣率绅步祷至此，归即兴云作势，至署滂沱，四野均沾，欢声雷动，因以得名。

〔据刘润畴修，俞赓唐纂民国《陆良县志稿》（民国四年石印本）卷二《建置志·名胜》第13－19页、《古迹》第24－27页辑录。〕

（道光）宣威州志·古迹志

卷四　古迹志

桃花溪　在可渡河。乌撒卫李指挥凿九曲河，游玩其中，其迹现存。

石龙桥　在城东一里。跨盘江，郡人明府李国标建。

阿龙坝　在城南二里。后所三百六十分屯田皆资灌溉。道光初，山地开垦，泥沙淤平，坝石尽埋没，河水直入闸门矣。

御史桥　在城西下堡。郡御史缪文龙建。昔有桥廊。北额曰“南通六诏”，南额曰“北达三巴”。乾隆间，屋废桥倾，署州饶梦铭砌以石，水洞三，改名朝阳桥。嘉庆十六年四月，山水暴涨，坏桥，并坏人民庐舍，士民捐修，改建水洞五，易其名曰五福桥。

衍嗣桥　在城南二里。跨庙山河，御史缪文龙建之以祈嗣。后倾圮。乾隆四十一年，郡贡生侯御远改建石桥，易名麒麟。嘉庆十六年重修，名曰太和桥。

元武池　俗呼鸭子塘，在北关外。正当坎位，凿池注水可镇南方离火，故郡城免火灾。

〔据刘沛霖修，朱光鼎纂道光《宣威州志》（清道光二十四年刻本）卷四《古迹志》第35页辑录。〕

（乾隆）霑益州志·古迹志

卷三　古迹志

天生坝仙人洞　在天生坝。水挂珠帘，中有石室，州中异景。

浑水塘　相传内有神物，渔子不敢至其中。详见山川。

龙　湫　在罗山。有意寻之即不见，俨然天台幻境。详见《山川》。

双　涧　一从西北入城，一从西南入城，源源不竭，汲饮便焉。

〔据王秉韬纂修乾隆《霑益州志》（故宫博物院编《故宫珍本丛刊》第227册《云南府州县志》第2册，2001年海南出版社据清乾隆三十五年刻本影印）卷三《古迹志》第18页辑录。〕

（民国）霑益县志稿·乡镇志·古迹

霑益县德威乡志料

古迹附名胜

犀牛塘　在德威北三十里。传闻六十年前有人看见犀牛出来吃草，绿草蒙茸，碧波荡漾。

天生桥　村内自然生成石桥一座，高长约丈余，供客商行旅。

大法土海　在村前五里。周约二十里，营山、板壁山、城门洞诸山站列于西，鹦哥嘴、孙家山绵亘于东，山光水色，碧草绿波，晚霞照射闪烁荡漾。

石陷塘　在中市口南三里。深百余丈，周四十余丈，绿荫交架，棕竹屏列，塘内植物取出即碎。

〔据霑益县文献委员会编纂民国《霑益县志稿》（霑益县档案馆整理，昆明市五华区教委印刷厂2012年印刷）第347页辑录。〕

昭通市

（宣统）恩安县志·山川志

卷三　山川志附昭阳八景（录四）

利水浮光　在城西二里。发源于龙洞，顺流而下，绕城如带。其水澄澈融洁，利济甚溥。俗名荔枝，今更利济河。

恩波蜃影　在城南八里。恩安县沈公新建一堤，长里许。映岸梳风，游赏甚众。柳堤之上下约数千亩田，悉资灌溉。堤畔建一高楼，爰制宪巡阅登览，题有“恩波楼”匾额。其水光潋滟，叠浪摇天，凤山楼阁，参差倒影，有蜃楼海市之风。

雨公云鬟　在城南十里。北枕高峰，面临旷野，与凤岭相连。有时山顶云聚即雨，云散即晴，可卜水旱。擦拉、利济二河会流萦绕。

洒渔烟柳　在城西三十里上洒渔河。田数千亩，山箐之水不足灌溉，农民各家挖塘蓄水，四围栽柳数百余处。春三月陟山登望，嫩柳遍野，掩映山林，天然图画。

卷三　古迹志

自防堤　在擦拉汛后。夷言此堤乃夷目龙山甲虑阿底土司强盛，难免剽掠，故于今此筑堤阻水，淹没擦拉一带途径，令阿底日不越溪抢掳。今古堤横截犹存。

滚珠源泉　出于旧圃老鸦岩，四时温暖，内出细鳞巨鱼，逢吉则见。此山如钟形，异石凝结，水由下涌，碧泡连珠，滚滚翻花。

有声泉 在八仙营碗罐窑上。顽石堆攒，中开孔道，径有石梯数蹬，约八丈许，至石门内，闻有奔腾之声。或用绳索七尺有余系罐汲水饮，其甘如醴。

〔据汪炳谦纂修宣统《恩安县志》（《中国地方志集成·云南府县志辑5》，凤凰出版社2009年据清宣统三年钞本影印）卷三《山川志附八景》第139页、卷三《古迹志》第171页辑录。〕

（民国）昭通志稿·方舆志·古迹

卷一 方舆志 古迹

自防堤 在擦拉汛后。夷言此堤乃夷目龙山甲虑威宁土司阿底强盛，难免剽掠，故于此筑堤阻水，淹没擦拉一带途径，使阿底不得越溪抢掠。今古堤横截遗迹现存。

有声泉 在八仙营碗罐窑上。乱石堆攒，中开孔径，有石梯数磴，约八丈许。至石门内，闻有奔腾之声，用绳七尺系罐汲水饮之，其味极甘。

葡萄井 一名珍珠泉，在旧圃老鸦岩对面，井方圆八尺，水四时温暖。此山如钟形，异石凝结。水由下涌，碧泡连珠，滚滚翻花。内产细鳞，岩洞多栖白颈乌鸦，见鱼不喙，间浮于外，鸦始捕食之。其景绝佳，近邑绅谢文翘以“珠泉涌碧”列为昭阳八景，易“利水浮光”焉。

〔据符廷铨、蒋应澍总纂，杨履乾编辑民国《昭通志稿》（民国十三年排印本）卷一《方舆志·古迹》第64页辑录。〕

（民国）昭通县志稿·舆地志·名胜古迹

卷二 舆地志

名 胜

卫泉公园 在城外西北隅，初名三多塘。嘉庆中，知县王禹甸修庙凿池，储蓄城中上下堰塘饮料，余溉西南园圃。水中建楼，人呼为清官亭，历来官府均有修葺，著于旧《志》。至民国十年，经官绅集赀，于西北角开浚一滤沙塘，改名卫泉公园。近复辟地莳花，垒山植树，更筑堤为操场。安旅长恩溥另建亭而新之，层楼曲槛，水木清华，气象迥不侔矣。每至夏日，游人甚夥。邑人饶起孝题联云：“者点水无多，一官已留清白去；此间尘不染，何人更踏软红来。”安旅长《改建清官亭序》云：

> 按：《昭通县志》亭在县城西北隅，为清嘉庆十四年县宰王禹甸奕山所建，初名三多塘。奕山清慎勤能，县人士至今称道弗置，名亭曰清官，其自传欤？盖勖后也。光绪甲午，太守龙文葺而新之，改颜清光，失初旨矣。民国九年，县人士以亭下池水为全城饮料之源，非只游观之胜，故又名曰卫泉公园。民国十九年，化奉命率暂编第一团来镇是邦，临发，主席龙公特召谕曰：昭县经胡、

张两军残破之余，伏莽滋蔓，治军之暇，亟宜考查吏治，注重民生，及拓新清官亭园，俾观感有资政臻上理，使吾父老兄弟于兵燹后，得苏其困也。化夙尝学问，敢不敬恭桑梓以抒主席宵旰之忧。所幸官兵用命，不期年，而四方匪乱以次削平，安宁秩序，原状回复。化乃得稍息仔肩，爰集地方人士倡议，捐资得千余元，化助三千元，修浚积沙池，复拓池畔隙地，莳花草竹木，以供游览。于园之西北隅筑兵工堤，一顾风景略增而规模仍隘，且此园重要在清官一亭，惟历时既久，风雨飘蚀，鸟剥虫穿，行就倾圮，不谋新之，无以称前贤之意，彰主席之念也。复商全体官兵捐币壹万数千元，责建设局长李国彬等董其成，于二十一年四月经始，庀材鸠工，改旧亭三楹为五，前后增建亭台各一，环以回栏，通以石桥，凡八阅月蒇事。引泉浚池，绿波荡漾，有亭翼然在水中央，仍复其名曰清官，园曰卫泉，兼其意也。夫国家之败由官邪也，官之失德，宠赂章也。慨自民元以还，历岁用兵，政令未一，因缘倖进，政日以非，官民上者贪枉为能，求其清洁乃心勤慎将事，上不负国家之委任，下可做群众之表率者，盖亦尠矣，岂不重可慨哉！化备职戎行，虽不谙国家大计，间尝窥国家之治乱，莫不以官之正邪为定。我主席高瞻远瞩，笃念故乡，命建斯亭，以为邦人士游憩之所，而寓整饬官方之意。化秉承改建，冀官斯土者，登临游览，顾名思义，某奸某贤，咸凛清议，严暮夜之戒，绝苞苴之行，勿欺己以欺民，勿罔法以害众。此主席之本旨，亦化区区之意也。至于游人登览，把酒赋诗，爽挹湖山，坐延霞晖，俯仰胜慨，昕夕玩对，固骚人墨客之韵事，亦建亭之余意耳。他若围之，西北隙地尚多，东北旧宅湫隘，扩而充之，是所望于后之来者。

蒙泉公园　即龙洞山。旧《志》言昭之镇山也，距城北二十里。层峦叠嶂，林木阴翳。上有九箐十三峰，其洞石乳倒悬，嵌空玲珑。洞对大闸，春秋二分，月光回射，宛似骊龙含珠。清乾隆三十年，镇军佟国英创建，刊碑记事，历年修治，两旁廊舍亦有石碣。“龙洞吸月”为昭阳八景之一，郡人谢文翘五律云：“活水灵源出，神龙洞壑居。一泓清可沁，百里润常余。吸月流辉吐，蒸云瑞气嘘。飞潜占隐见，美利大何如。”郡翰林辛联玮七古云：“龙身变化腾云起，龙势蜿蜒数百里。九龙奋迅争先趋，一龙峥嵘截然止。诸峰罗列尽儿孙，尊严岳镇类如此。千寻壁立擎青空，仰看天门咫尺耳。就中古洞谁为开，神工鬼斧凿来似。石骨嶙峋笋密排，黝黤窅深难测底。倾耳但闻淅沥声，渟泓奔放正未已。灌溉千顷万顷田，秋成岁稔田畯喜。年年社鼓赛村翁，虔祷灵贶锡嘉祉。龙兮滂霈懋殊功，汪洋浩瀚无涯涘。在山出山清浊分，意如有在言异旨。人生显晦因其时，屈伸进退安素履。象占无用甘潜藏，俯首迹若暴頳鲤。风云遇合际昌期，君臣契合方鱼水。望作霖雨民气苏，恩膏广被遍遐迩。流湿就下喻归仁，大泽涵濡瀹肌髓。神物挺生定匪虚，名世代兴良有以。丈夫出处系安危，与龙隐见同一视。”邑绅李开仁联云：“只在此山，学佛学仙兼学隐；何取于水，宜诗宜画更宜琴。”外尚有二联俱佳，未及载。近安旅长令军士修筑沿途大路，直达洞外，命名曰蒙泉公园，尝谓龙洞之胜，山水幽深，惟嫌太远，若他日公路建成，汽笛一声，瞬息即到，则游人可朝往夕回。当长夏炎蒸，如此清凉世界，何殊罗浮、匡阜诸名山焉。

珠泉公园　在城西北隅老鸦岩下，距城二十余里，旧名葡萄井。方圆八尺，水四时温暖，由下涌出，碧泡累累如连珠，片片似翻花，内产细鳞。山如钟形，岩洞多白颈乌鸦，见鱼不喙，间浮于外，始捕食之。邑绅谢文翘以“珠泉涌碧”代“利济浮光”列八景内。其诗云：“累累云液涌，喷薄贯连珠。老蚌胎应剖，骊龙睡也无。清泠殊趵突，错落泻盘盂。一斛倾澄碧，宜分调水符。”近安旅长修老鸦岩，护以石栏，不数武古刹在焉，春末牡丹盛开，游赏者众，遂易名珠泉公园，岩壁耸峭，其景致亦不减灵岩云。

恩波楼 在城南八里。清乾隆二十四年，知县沈生遴建，有碑记，惜仅存半碣。于闸岸植柳，映日摇风，游赏甚众。楼原名望海，总督爱星阿更额曰恩波。其下水光滟滟，叠浪摇天，凤山楼阁参差倒影，有蜃楼海市之风。咸丰中毁于火，闸亦旋废，无复旧观。光绪末，邑绅杨履恒募赀重建，工费甚巨。“恩波蜃影”为昭阳八景之一。魏定一题七律云：“凤凰山下沛恩波，春煦秋阴变态多。翠水盈盈摇吉柳，香风习习长嘉禾。楼如海市烟千缕，渚傍渔舟雨一蓑。有客乐山兼乐水，时来树底听讴歌。”谢文翘诗云：“空濛涵蜃气，烟雨喜[1]登临。倒影飞甍漾，微波落涨深。梅黄宜倚笛，稻绿喜穿针。嗣葺欣同志，清尊[2]我尚任。”谢又一联云“蜃影漾清波，暇日选胜登临，右看凤翥，左拂稻香，风景足留连，万户黎元欣乐岁；乌蒙征轶事，斯楼沿时隆替，载咏翚飞，重赓矢棘，规模艰缔造，一家甥舅溯良缘。”云南巡抚林绍年联云：“此地我曾来，想当年缔造艰难，差幸有基堪继作；斯楼名不朽，望他日人文蔚起，更看盛事共长留。”

古　迹

自防堤 在擦拉汛后。夷言此堤乃夷目龙山甲虑威宁土司阿底强盛，难免剽掠，故于此筑堤阻水，淹没擦拉一带途径，使阿底不得越溪抢掠。今古堤横截遗迹尚存。

有声泉 在八仙营前面坡上。乱石堆攒，中开孔径，有石梯数蹬，约八丈许。至石门内，闻奔腾之声，用绳七尺系罐，汲水饮之，其味极甘。

〔据卢金锡总纂，杨履乾、包鸣泉编辑民国《昭通县志稿》（民国二十七年排印本）卷二《舆地志》第 25 – 29 页辑录。〕

（乾隆）镇雄州志・景胜志古迹附

卷五　景胜志古迹附

平坝春耕 城南十五里。一望平畴，民居环列，花村水镜，雨笠烟蓑，极田家天然图画。

二水怀珠 城南五十里。一溪南来，一溪北注，两河交汇间突起一阜，圆润如珠，二水萦折而出，并流入毕节之七星关，其地即镇、威、毕三属交界，有镇塘坊曰“二龙抢宝”。

呐林飞瀑 城西沙林巉岩峭削，上泻清泉，随风飘落，万点珠玑，瀑布转雷，山谷应声，玉龙遥挂，经年不绝。

---

① 喜　民国《昭通志稿》卷一《方舆志・山川》作“此”。
② 清尊　民国《昭通志稿》作“清樽”。

罗关渔唱 罗坎关白水江头，渔人上下泊舟于此，歌弄晚风，荡漾春云，浩渺秋月，烟波流音，青山答响，有水天之趣。

古迹附

翰墨池 在学宫东庑后。大不盈丈，泉甚甘冽，时而变黑如墨，汲出仍清，或逾日，或三数日复故，识者谓为文章之瑞。

洪六谷山 土司岁祀以牛，山上有石盘、石斧，执事者以斧击牛，注血盘中即去，随有巨黑蛇来饮。犯之，即雨雹杀稼。

鱼　井 即黑水河源。一山三穴，水从穴出，不可近。捕鱼者偶近之，则风雨雷电，白昼昏霾，飞石拔木，以毙其倡首者。

木沮山 下有小河，源出平地。春时水溢，鱼随水出，鱼若遍地，必不可取，取之不祥。

木黑岩 壁立云雾中，常见白马游行岩上，雾散即无。顶有微泉，喷成千寻瀑布，下为龙潭。

浣纱岩 传有何氏浣纱于此，龙摄之去，父母迹之不见，疑其漂没。至母诞日，女忽归，语母曰："诘朝婿来称祝，其貌甚陋，见者勿哂。"翌日，一麋入门，女曰："婿也"。婢哂之，即陷入地，地遂成井，澄澈无底，何氏谓之龙井。次日，女邀父饮婿室，则巍然龙宫也。宴毕，出竹筒盛饭以赠，上覆豕肉一脔，父受之。抵家发视，上乃木秭，中盛河沙，遂弃沙而置木秭于树下，旋见木秭内脂滴，日以器接之，可二三杯许。取竹筒盛米蒸饭，成鲜竹色。后女复遣人谓父曰："某日可至新分洞接宝器，首次可值万缗，二次值千缗，三次值百缗，勿偕人来。"其父忘嘱，挈一童往，至则洞中声如雷吼，童惧而号，吼遂止，既而吼又发，童子怖甚，大号，吼又止。既久待无所得，乃忆女言，使童远避，俄闻吼出洞门，得一铜器如鼓，击之，声闻百里，与木秭、竹筒并藏于家，世传宝之。至流寇入川时，惧掠埋置于土中，后发瘗不复得，今井犹存。

金钏潭 昔时夷人黑阔歇马潭边，见一五色小蛇，文彩绚烂，被大蛇追逐，将及吞噬，黑阔力逐大蛇救之。须臾，一童子至前邀饮，偕行至一处楼阁，巍峨焕然宫阙。既进，一老人被服类王者，谢曰："吾儿非汝相救，几为山魈所啖。"设宴款之，肴馔悉非人间物。宴毕，其子附耳语曰："德君活我脱我，父以珍宝相赠勿受，当求药服之，胜珍宝万倍也。"黑阔如其言，老人遂与药一丸。既出服之，饮水即能变化。

骡子石 在牛街白水江中。夜间吼声如骡，即次日覆舟兆，渡者若之。州牧李至经其地，为文以祭，患遂绝。

雷打石 相传明崇祯时，有大石自七股水溯流而上，下石策策相随，众皆惊愕，趋观之，石至洛浆，雷击为三断，横跨水中，两头抵岸，水流断罅，人行石上，俨若桥梁。

仙　碑 在火头坝。篆文甚古，明黔抚郭子章遣人拓数本去。土人遇旱潦祷之辄应，康熙间为乌贼王成龙所碎。

〔据屠述濂等修，何发祥纂乾隆《镇雄州志》（国家图书馆藏清钞本）卷五《景胜志古迹附》第47－51页辑录。光绪《镇雄州志》卷五《景胜志》沿引本志，不赘录。〕

（民国）大关县志稿·古迹志

卷三　古迹志

老桥遗址　在本城乡李子坪塘房坡脚。昔年，通衢由此济渡，至同治时桥毁，始改今石灰窑之观音桥。现河之东岸尚有码头可指。

玉碗水　在图乐乡玉碗水场后面白岩脚山麓。有大石板一，上有圆凹形之石臼，常有清水自底涌出，不满不溢，终年不乾，因订街名。咸同间，山上岩石泥崩溃，遂埋于土中。

天生桥　在图乐乡之沙坝，系数乱石棚拢。大关河自下通过，乡人就其上铲削为垣道，由此遂通南天门等处。

洗马溪　一在图乐乡幺塘甲内，昔年回民扰乱，其酋长恒于塘内洗马。一在礼义乡六甲，禄土目衙署设在此地。

〔据王心田等编辑民国《大关县志稿》（唐洁誉等点校，《昭通旧志汇编》第五册，云南人民出版社2006年版）卷三《古迹志》第1315页辑录。〕

（民国）大关县志·舆地志·风景名胜

卷二　舆地志　风景名胜

青龙洞　在玉碗乡第十二保。本一山洞内有流水，岩浆下滴，遂凝结种种动物形状。内极幽静，避暑尤宜。环洞地中产小水晶粒，五色俱备，游人得以制妇女饰品。

龙　洞　在南郊半山中。旧有龙王庙，后倚石岩洞，即石隙流出清泉，穿至庙前汇为半月池，绕以粉壁。盛夏，庙后右方岩上瀑布下注，尤呈奇观，县人晚步多数至此。民国二十年前后，县人郭朝英拆去旧有庙宇墙壁，主张另修，历时十稔，未能办到，遂成旷野，仅留古木。近日引水入城供饮料，加工开凿，旧日风景不复再见矣。惟"天然瀑布"遗刻巨字，尚存遗迹。

〔据张维翰编纂民国《大关县志》（刘宗伯等点校，《昭通旧志汇编》第五册，云南人民出版社2006年版）卷二《舆地志·风景名胜》第1418页辑录。〕

（民国）巧家县志稿·舆地志·名胜古迹

卷二　舆地志　名胜古迹

温　泉　属一区小河毛椿林地，距县治七十五里，离金沙江岸里许。清澈可爱，温度适宜，微含硫磺质，农人引溉甘蔗，异常肥饶。惜僻处于旷野荒陬，仅牧子樵竖之属嬉娱濯玩，未经名流赏鉴，故晦而弗彰。

毒泉碑 属一区小河茶棚子，距城八十里，有一溪水发源于上，含硝矾磺质，具毒性。昔为土人筑堤培堰，引以灌溉田亩。流经大路侧，堰塘芦苇蒿草繁茂蓊蔽，多毒蛇、蜈蚣游泳其间，即濡染成毒，曾有行人饮之立毙。自昔竖牌以示敬告，至今往来行人虽渴燥咽乾，未敢涓滴入口。

石　泉 属一区蒙姑。自龙潭箐山麓岩石穴中滴出，石壁千仞，山峰争妍献秀。味甘凉，晶莹洁净无杂质。殆因山脉蕴藏生铜、生银等质，水经山脉而出，宜有以异于他水也。

海　子 属十区八甲小田坝。原系河沟，水自本甲哨口子发脉，清光绪二十五年，沟左之山陡然崩下，水流为阻，日积一日，遂汪洋成海，袤百余丈，广五十余丈，荡漾久之，缺陷处成一泄水口，而上流源源不竭，致海内绿荫夺目，大有“清风徐来，水波不兴”之概，且盛产鳞介。县属山脉绵亘，绝少平原，有此佳湖，洵胜景也。

白崖瀑布 属十区八甲，在拖姑河上，高耸百有余丈。其水自拖姑山后狮子山、花椒湾二水汇流至崖端下泻，长股散线，一重一叠，俨若白练一疋，为县境中唯一瀑布，水清洁甘美无杂质，其地幽静，颇饶风景。

牛栏江 半属十区九甲岔河，半界鲁甸甘蔗园。江流至此会金江，有一天然巨石露出水面，横眠若牛，以栏其江，故名。

飞云洞 属一区善内里蒙姑石匠房，层峦对列，峭壁嶙峋，下有深溪。清乾隆间刘汉鼎捐资修石桥于前，王世太各商以石桥被蛟泛倾圮，互捐巨金，凿石开穴十余孔，建铁索桥于后，立两岸永久交通基础，铁桥宽度可容车马通过。浓云密荫，洵岩阿仙境，东川词林卢丛林题曰“飞云洞”。

轿顶山 属三区向夷甲，山最高，其上可瞭望省坝。顶上有水塘三，饮之极凉爽。若天乾无雨，以石投水内即倾盆而降。

龙潭洞 属三区向夷甲。洞内甚深，距洞口一丈以外有龙塘，系天然石池，无裂缝，宽约二丈。水由石底浸出，甚清澈，见者称异，其味凉爽适口。

附巧家八景（录五）

龙潭夜月 龙潭距东城外数百步。水澄清，滔滔不绝，流穿城内供饮濯，复流城外西、南、北灌溉田亩，利颇大。潭中游鱼，出没荇藻间，洋洋得所以。其地居山限，茂林修竹，高低掩荫，近水远山，极饶生趣。酷暑纳凉，士女如云，入夜则皓月当空，树阴密布，泉声淙淙然，似与游人相唱和。上有殿宇数楹，乡愚多于此祈祷之，题咏亦多佳句。登临俯览，潭明如镜，游目聘怀，春秋佳日皆宜。

莲池晚风 莲池在东城垣外，形如半月，盛植莲。水暖三春，鸥鸟浴集，花舒六月，红绿纷翻。当炎日西下时，清风徐来，芬芳馥郁之气，随水波而袭人。距龙潭不及百武，远近风光，互相辉映。

金江夕照 金沙江襟带于县城之西，相距约十里。江水浩荡，自上流夹带泥沙而下，内含金质，堆积两岸，浮沙经日光照射，点点金光，灿然映目，其风景尤以夕阳反照时为最丽。

玉屏春晓 玉屏为城东名山，距城十五里，自药山发脉，峰峦苍翠如玉，高耸若屏。

山中有源泉二十余处，皆清洁可爱，灌溉田亩，不下万顷，利溥民生，不仅以风景著名也。岭上梅花甚多，不待阳春即已盛开，春二三月晨光熹微，山翠欲滴，尤足供人欣赏。

杨柳古渡　为南城外重要江渡，距城约十余里，乃滇蜀交通要口。昔日杨柳依依，夹荫两岸，因名杨柳渡，有“柳边人歇待船归”之概。厥后洪水泛滥，岸坍树倒，今已名存实亡，人咸称为老渡口。然商旅往来，扁舟横渡，自朝至暮，络绎不绝。今昔情况当亦同然。

〔据陆崇仁修，汤祚等纂民国《巧家县志稿》（民国三十一年排印本）卷二《舆地志・名胜古迹》第39－42页辑录。〕

（民国）绥江县县志・舆地志・名胜古迹

卷二　舆地志　名胜古迹

绿荫沱　城西大汶溪中流。水波不兴，山云倒影，小舟容与，极幽静之妙。

倒石桥　在城东里许。四山环抱，溪流澄澈，旁有小庵，足供游宴。

龙　潭　在城东北江岸。水落潭出，月夜临之，浮光曜金，可资欣赏。

鲢鱼、玉泉、碧莲三洞　均在三渡乡。泉水清冽，鲢鱼、玉泉产嘉鱼，碧莲产芭蕉莲，花淡红，状如莲而层开层谢，经年始已。

龙门关　三渡乡文星桥涧中，一石酷似鱼形，每山洪暴发，巨石悉被浪卷而兹石独存。昔人于岩上镌“龙门关”三字，俗谓之“鱼跃龙门”。

〔据刘承功修，钟灵纂民国《绥江县县志》（民国三十六年石印本）卷二《舆地志・名胜古迹》第15页辑录。〕

（民国）盐津县志・舆地志・名胜

卷三　舆地志　名胜

天桥瀑布　在河西龙潭乡箭坝场之南，夷渡山路侧，岭上有天生桥。冈岫中空，透路天光，岩石上连，横亘若桥，旁有大小两洞口。上游箭坝河流经一小盆地，中贯田亩，曲折回环，形如太极，人呼太极水。不半里即大洞口，水由岩泻，高悬十余丈，为第一大瀑布。再平流三里许，由小洞口倾泻迭成第二大瀑布，高亦数丈，奔流迅注，水沫远溅，晨曦映射，俨若水晶卷帘空际下垂，附近雾雨飞腾，雷声应壑。仰观天生桥，山光云影，环境清幽，遥望数百里，峰峦层出，江水潆纡，诚胜景也。数里外有石马岗古墓，俗称大坟包，为乌夷阿杓王疑冢，宋代至今八百余年，亦古迹也。

焦岩温泉　焦岩在普洱渡镇南十里，沿河两岸多黑色玄武崖，故地名焦岩。河西渡口上里许，岩下乱石中有温泉泄出，温度颇高，水热如汤。又上里许，灵官崖之北侧，由沙内喷出，同为硫磺泉，可治疮疥。惜与隔河滨水，往来不便，夏季淹没，难常利用，故未加建设以供游沐。盐津地质有此黑色玄武岩层，乃地史新生代第四纪之火山熔岩。焦岩南四十里临江溪之东二里许，落曜溪尚有消火山遗迹。溪南金竹湾岭山脉来自东南，九金山高峻壁立，为黑色玄武岩层。初因岩流造成金竹湾峻岭，后因地震或重力致金竹湾山崩，向北移动，填塞落曜溪，故溪北罗家湾水晶坎一带玄武岩烁堆集尤厚。当时盐津是濒四川海岸、黎山山脉为一海湾断层地壳熔岩孔道，曾经爆裂，现代火山虽早消止，而火山余热未全冷却，故盐津黎山山脉周围河谷多温泉、矿泉，焦岩温泉温度特高，是近消火山所致。他如距落曜溪南三十余里之盐井坝矿泉，盐水温度亦高。黎山近支农部山麓倒流水亦有温泉，其西数里即盐井溪所在，是有矿泉，唯温度未经比较。又在罗汉坪东麓黄坪溪之上源，有热水溪，亦温泉也，其北四十里即绥江县属之盐井坝、盐井溪，亦矿泉也。盐津全县石炭煤田分布广厚，因地史古生代后期及中生代三叠纪中，四川、云南还沉海底，至侏罗纪渐出海面，致生盐层，植物蕃茂地方致成煤层。盐津因火山作用，煤层锻炼炭化完全，故皆成无烟煤石炭。民国六年，吉利铺大地震，皆消火山潜热影响。吾人探察温泉，应知所从来矣。

易渡飞虹　易渡铁锁桥在盐津县治南，横跨朱提江上，直长二十余丈。嘉庆年间，建设为交通滇川昭叙要道。光绪二十年端午节竞渡龙舟，观众压断铁锁，死伤数百人，为盐津改土以来惨劫之一。后屡建木铁各桥，俱为洪水所毁。现因俟铁道公路建筑永久桥梁，桥基由旧县志（治）老街上滩移于下滩狮子石旁，暂时用电线牵系两岸，悬挂木板，藉以通行。远视江上浑如飞虹，人履其上，蹈空凌虚，飘飘欲仙。仰观石门，双峰插天，危岩壁立，草木葱笼，禽兽繁殖。西崖有隋代阁遭遗迹、名胜珍奇东岩洞天楼阁高现空际。桥畔石狮蹲踞，形肖天然，俯视老鸦滩碛阻碍江流，澎湃湍涌，惊心眩目，群鸦时集，飞跃不已，颇具自然人工之美。

龙潭霖雨　盐津本山原台地，各乡每多出水渊潭，俗常加以龙名。较大者如龙潭乡之大龙潭，在传师坝场西去十五里盐绥县道旁，系蓝坝甲中一深渊，广袤数丈，水碧绿而且黝深不见底，游人到此，多以渊深不测意存惴惕。据云，年逢天旱，若潭中蒸气上腾，冉冉如云雾，未几有雨。又菜子坪西五里有龙潭坝，与保隆乡之大龙潭，在落雁场西南十余里，情形相同。落雁西北并有小龙潭，东北茶房野容川中有乌木潭，渊深莫测。临江溪上源有草海子及附近之鹅池，亦龙潭也。仁富乡有上龙潭沟、中龙潭沟、下龙潭沟、小龙潭沟，大保宁有莲花荡，俱出水成渠。安乐乡有渔潭秋水之景，岩芳沟上源为龙洞湾，至文星乡之龙井喷泉风景尤胜。在牛星山之阴约二里地，名龙井湾，远山近阜，映带左右，中一小潭，碧水澄清，可鉴人面。水由潭底喷出，水泡如连串珍珠，乍起乍歇，经年如是。附近人家除供饮料外，并开渠引导灌溉田亩，遇年天旱，犹可栽插，功同霖雨。又新滩上有龙潭沟，流出大沙坝入河。特殊者为池，潭顶三山鼎立，中落成潭，茭笋水藻，芟夷不尽。及仁富乡之老鸦池，山巅下尘洼水积成潭，树木葱笼（茏），晨夜老鸦群集，与盐泉镇凤凰山之海子荡同为山顶之潭水也。

花溪鱼跃　花斑沟为仁富乡产米胜区，田土肥沃，鸡犬相闻。环境有观斗、庆云诸山，风景幽美，溪水澄清，灌溉田亩甚多，境内流长七十里，经兴隆场又名兴隆河，去二里名段家坝。溪中有一石磴，中凹如科（窠）臼，水由磴上流注深渊，当春夏之交，溪水微涨时，水势冲激，鱼每乘势由渊上跃落磴臼中，遂不得出，乡人乘时拾取，每次约得鱼四五斤不等，众称为鱼跃盘。不网而鱼，亦异闻也。

古渡阳春 盐津县治旧为盐井渡，昔有上下两渡口。一在上滩麻柳湾，为滇川交通大道，自建铁锁桥后遂废；一为下渡口，在盐井坝煮盐场，即游大小黎山、通仁里乡各场之要道，盐场烧煤运输，往来频繁。春日，西岸满山桃花盛开，艳若锦霞，渡舟赏玩士女如云，留连林下，落英缤纷，颇饶逸兴。又，普洱渡古名朴二渡，亦分上下两渡口。上渡口当跳桥石、小河场两溪合流入朱提江处，为通绥江、永善、大关及金沙江之捷径，现建电线桥跨于江上，行旅便利，故普洱渡镇市商贾辐辏，五方杂处，每年春季虫会尤极繁荣，甲于全县。下渡口在夷渡山下，为通龙潭乡，游天桥瀑布之大路，风景亦佳。

〔据陈一得编辑民国《盐津县志》（韩世昌、谢远辉点校，《昭通旧志汇编》第六册，云南人民出版社2006年版）卷三《舆地志·名胜》第1684－1688页辑录。〕

文山州

（道光）开化府志·建置志·古迹

卷二 建置志 古迹

法土竜城 治东北三十里，在麒麟山上。下有清泉，可资灌溉。

杨柳河关 前明置。

孔公堤 又名砚塘。开地风高，居民屡遭回禄，康熙四十二年，知府孔毓珣筑堤蓄水，以为之防。

卷三 山川志 胜景（录十）

盘水回波

虎沟春雨

二桥烟柳

海岛渔家

闸门仙砌

长虹跨壑

浴龙潮信

跃鲤涛声

莲滩古渡

珠塘贯月

〔据何怀道修，万重贸纂道光《开化府志》（清道光九年刻本）卷二《建置志·古迹》第18页、卷三《山川志·胜景》第12页辑录。〕

（道光）广南府志·古迹志

卷三　古迹志

龙泉夜月

西洋晚渡

高山流水

楠溪画艇　在剥隘。西洋江、板蚌河二水汇此，东流出粤西右江，羊城贾客贸易于此，每晨兴货艇洛绎溯流而上，黄昏始歇，以多险滩不能夜行也。临河对坐，篙声帆影，渔歌互唱，无异东南繁富之区。

龙湫阴雨　龙湫水自迸溢。岁乾旱祷雨辄应，阴雨之日，山雾溟濛，树阴浓缛，或觌面如隔纱幔，或转眼便成昏旦，以风过雾开也，离郭二十五里，时久不雨，余亲祷于此。

响泉瀑布　在响水汛。从半山泻出，万缕千丝，跳珠喷玉，声如刀枪，鸣如金石韵，令人耳目清新。

灵雨亭　在城东十五里灵雨山，嘉庆二十二年建。

〔据何愚纂修道光《广南府志》（清道光五年刻本）卷三《古迹志》第55页辑录。〕

（民国）广南县志·舆地志·古迹名胜附

卷四　舆地志　古迹名胜附

马蹄井　在县城西外一里。相传狄青征侬智高时，至此无水，所乘马以蹄蹴地，清泉随之涌出，故有马蹄之名。

高山流水　在县城西百里外。山石壁立，水由山岩间流下，其声淙然，岩间镌“高山流水”四字，大如斗，碑碣甚多，尽磨灭不可识。

丰年洞　在县城东十里灵雨山。灵雨亭危立洞口，竹树幽深，冯雨樵太守有句云“回首醉翁亭”，盖纪实也。昔为野人游女幽会之所，土人呼为“风流洞”，钟太守以其名不雅驯，更名曰丰年。

方塘水　平如镜，昔人于塘中建茅亭。当荷花开时，清香袭衣袖，棹船塘中，暑气顿减，最佳避暑地也。今茅亭已圮，竹木亦滥遭斫伐，风景顿殊矣。

龙　湫　水自迸溢，岁旱祷雨①辄应。阴雨之日，山雾溟濛，树阴浓绮②，或觌面如

---

① 祷雨　原本作“祷而”，据道光《广南府志》卷三改。

② 浓绮　道光《广南府志》作“浓缛”。

隔纱幔，或转眼便成昏旦，以风过雾开也。离县城二十五里，《府志》谓为“龙湫阴雨”，为广南八景之一。

〔据佚名纂民国《广南县志》(《中国地方志集成·云南府县志辑44》，凤凰出版社2009年据民国二十三年稿本影印）卷四《舆地志·古迹》第39－41页辑录。〕

（民国）邱北县志·杂志部·古迹志

杂志部 古迹志

响水洞 在小江口东五里。出水甚大，响声如万马奔腾，白与棉雪同，出口处形仿泼粉，浪起丈余，数里许即交大江。

发源坡 在大铁寨之对门。顶上出水一穴，终年不乾，可供各寨饮。坡头起云，即降雨矣，俗呼戴帽山。

石马井 泉由马腹出，汇为池，水清冽，虽旱不涸。

江岩飞瀑 在小江口东五里。泉源涌出，响声如万奔腾，浪花飞溅宛同棉雪。昔人有“梅花不落韵千秋”镌于岩壁。

碧露喷珠 清水江源出旧城龙潭，潭广十余丈，空深无底，水色黝绿，藤萝映下勃勃有烟雾，时出水面，泡珠突起，累累不绝。昔人诗云：“骊龙潭底方画卧，味吐明珠个个圆。”

［据徐孝喆修，缪云章纂民国《邱北县志》(民国十五年石印本)《杂志部·古迹志》第2页辑录。］

（民国）马关县志·地理志·古迹风景

卷一 地理志

古 迹

红泉水 在西区麻栗寨断龙坡。因龙脉浩大，为佟府掘断，遂名断龙坡，断处常流红泉，至今未绝。

母猪龙洞 在西区拱桥坡河与大栗树河二水相交之处。一洞高丈余，深不知几何，俗名母猪龙。流泉自洞中出，四季不绝，其水有异征，泉浊则必雨，泉清则必晴，人民历有证验，相信最深。此有物理关系，予非攻科学者，未能下一断语。

风 景

龙湫霖雨 距治八里，在海龙山麓。有洞幽深莫测，中有神龙甚灵，涌泉自洞中出，附郭田亩及县城饮用咸资利济焉。每遇祭祷必灵，雨沛然如响斯应，乃八景之一（旧名“龙湫云雨”)。

柳塘夜灯 在寿佛寺前。光绪三十二年，同知韩熙华筑堤汇水，俗称水城。四围植柳，绿阴冉冉，两岸人家机声轧轧，与莺梭争捷速，傍晚灯光掩映，爽人心目，乃八景之二。

天桥回澜 由县东行经张家堡，约五十里至天生桥，跨盘龙江上。桥长十余丈，因非人工所成，故桥孔多曲折，水流自桥下出，波澜萦回，遂成奇观，乃八景之六。

珍珠明塘 距八寨街里许。相传塘中有珍珠一颗，彻夜光明，而今亡矣。然其塘水澄清，波平如镜，云影天光，空鲜可爱。

挹清阁 民国九年，知事王坚建，在治西附郭水塘之中。阁六面，广丈余，虽小而风景特佳，游人凭围槛而坐，水色山光，奔入眼底，或投糕饵则群鱼争食，泼浪喷珠，不禁濠梁之乐，一道正对马王庙，大门庙殿三楹，围短垣为院落，广亩余，水塘广十余亩，四围植垂柳，饭罢茶余，游赏自有余地。

仁和街山水 仁和距县四十里。峰峦叠秀，泉水澄清，左有天马，右列丹凤。街头土山垒如贯珠，街尾清泉交流，回波潋滟。北山下有黑龙潭，足资灌溉。南山尖圆如笔，下有池，俗称白泥塘，广十余亩，塘水四时不涸，鱼鳖生焉，足供游赏，夏日尤佳。

滴水岩 距八寨三十里。数家烟火傍岩而居，悬岩削壁，高数十丈，瀑布飞流，喷雾跳珠，颇壮观瞻。

母猪龙洞 在西区，距古林箐五里之间。怪石嶙峋，洞水忽潮忽落，极为奇观。此殆科学上所称之“间歇泉”耶？其水清，其味甘，近村田亩资以灌溉。

鱼 硐 在古林箐西三十余里。夏季山水涨发，则群鱼成阵，逆流而上，直入洞中。取而脍之，觉肥美异常，论者以为松江鲈鱼不是过也。

〔据张自明纂修民国《马关县志》（民国二十一年石印本）卷一《地理志·古迹》第2页、《风景》第1－3页辑录。〕

红河州

（乾隆）弥勒州志·山川志附名胜

卷三 山川志附名胜

禹门瀑布 城东七里。悬岸千仞，银河三汲，银瓶倒挂，下有天生桥，上有禹门寺、古亭庵、石洞。

锦屏泻玉 城北二十里。寺出林中，泉流山半，俯瞰郡治，心目豁达，上有玉皇阁，下有弥勒寺。

茂林冽泉 城西北七里。巷阿盘旋，古木阴翳，清流夹涧，遇盛暑人争憩焉，旧名阿当活水。

碧玉温泉 城西八里出温泉，清如碧玉，有亭覆之。

龙池灵应 有诗。城西南九十里十八寨东南有池，相传为神物所宫，闻人语声雷电即至，或叶落其中，鸟辄衔去云。

芦渚秋水 有诗。城西南九十里十八寨。渚距西南三里许，俗曰芦荡。

虹溪春水 有诗。城西南九十里十八寨。溪源北山之麓，流经城西南，乃东入箐而逝，春水时蜿蜒如虹。

卷二十二　古迹

红石岩　在州西四十里。上有龙马迹，可卜阴晴，下有平湖，峨峰倒影其中。

〔据秦仁等纂修，傅腾蛟等增订乾隆《弥勒州志》（清乾隆四年刻本）卷三《山川志附名胜》第18页、卷二十二《古迹志》第48页辑录。〕

（乾隆）蒙自县志·山川志名胜古迹附

卷一　山川志名胜古迹附

名　胜

龙　洞　在县东十里小东山。有清泉出洞中，从上奔泻而下，望之如白龙蜿蜒。

绿翠塘　在县南三十里。塘居山顶，为龙物窟宅，四山环拱，古树周遮，其水绿净，落叶不入，偶然有之，则翠鸟衔去，投以石，震以金，则电生水底，雷雨昼冥，旱祷常应。

天　桥　有五，俱在县东。一在芷村，环列十八峰，中有最高一峰，俗称“罗汉请观音”，桥在峰下，水出桥孔；一在芷村狮山下；一在暑天白，跨河上①；一在过古，详《山川》；一在石马脚界跨落水洞口②。

蒙自十二景（录六）

四水潆祥

龙刹灵湫

虹桥远济

南湖夜月

西溪夕阳

温泉春浴

花丈城六景（录二）

孤峰暮雨

石洞流泉

古　迹

莲花滩　在县南一百二十里。巨石横亘，江水泻下，迅急如风，水中乱石无数，夏秋则没，冬春尽现，望之如菡萏然。相传交趾饮马之池。

雷公祠　在县北四十里。土贼啸聚禄丰山中，巡抚邹应龙往平之，一夕迅雷，贼尽

---

① 一在暑天白，跨河上　道光《云南通志稿》、光绪《云南通志》引《蒙自县志》作“一在暑天跨白河上”。

② 一在石马脚界跨落水洞口　道光《云南通志稿》、光绪《云南通志》皆作“一在石马脚略跨落水洞口”。

毙，邑人立祠祀之，有碑记。今祠废。

金鱼塘　在县南南山屯后。塘仅数尺余，暴雨至，有二金鱼游泳其中，以罩罩之，弗得。

碑　亭　在县东春场左。岁旱，农人以牝猪祀之雨多应。今亭废碑存。其春场纵横半里余，每岁迎春于此。

〔据李焜纂修乾隆《蒙自县志》（故宫博物院编《故宫珍本丛刊》第229册《云南府州县志》第4册，海南出版社2001年据清乾隆五十六年刻本影印）卷一《山川志名胜古迹附》第7－11页辑录。〕

（乾隆）石屏州志·地理志·古迹

卷一　地理志　古迹

异龙湖　即东湖。湖中三岛，前一岛名大水城，山如龟负。去一里，又一岛名小水城，四顾远山，缥缈如画，东眺湖光，一碧万顷。南去五里，又一岛名马坂垅，称湖山之胜。

喜客泉　在州西城一里准提阁前。周围皆石，中有池，沤如沸。每宾客至喧笑，如万斛明珠飞喷水面。

鉴　湖　环绕九天观，在州西三里许。塘周围约数里，有屿如龟形，首向北，有峰屹然者七，俗名金龟朝斗。上建九天观，下堤闸聚水，澄澈如鉴。

刘公堤　在城西四里许。刘维世筑堤，上起文昌阁，阁高三台，又名三台阁。遥眺龙湖，俯瞰城廓，屏阳山川悉归指顾中。前建偕乐、含青、秋水三亭，今废。

西　湖　即宝秀海，在张本寨之北。形如倒壶，以水赤应科第，又名“赤瑞湖”。中有龙孔出泉，湖西北一带有石如龙，名曰“版云梯”。相传夜半如有书声。湖边有水楼数间，一镜泓然，渔舟往来，柳浪荷风之间仿佛钱塘胜境。水由迤络桥达九天观，入异龙湖。州人张汉有《西山叠翠》《西湖澄波》《渔舟晚唱》《龙孔书声》《松涛午梦》《竹院清游》《水楼观炬》《山径归樵》《莲池夜月》《五亩晴烟》十咏。

石　龙　在海口山峡中海水泄处。水由临安入云津洞，暗流归阿迷州。峡中流横一石龙，水由上行，旱涝无增减。先因旱开浚，至石龙，雷雹大作，人怖而止。

五爪山　异龙湖中南岸，山分五爪盘旋入海，逆转向西若五指然。湖水回绕山曲，鼓棹而进，不见外水。有柿子湾、毛木湾环其外，豆地湾、他吉湾、鱼车洞环其内。一曲一景，碧水潆洄，奇峰峭丽。

神龙养珠　在州西二十里宝秀前所。一山高二丈，周十丈，中悬一洞。相传神龙养珠于此，形蟠入石四五分如墨印然，两石相向如胁，甚奇。上建龙王庙，祈祷辄应。

石　鱼　在宝秀前所后大路旁。约长丈许，头尾脊俱露。旁有池，宽四五尺，极旱不涸，樵牧常遇金鱼一双游泳其中，掬之即不见，俗言此石鱼所化。

龙马古迹　州西八十里往元江路旁。万山中立一大石，广丈余，上有马迹数印，旁有四石，各高三四尺，人号为雷公、电母、风伯、雨师。岁旱，夷倮祷之辄应。

龙　泉　在龙泉书院侧，州北乾阳山下，其水灌田千亩。万历庚辰龙见，是岁涂时相登第。今龙潜处卧迹犹存，每岁三月祭龙于此。

月　池　在州北四里许乾阳山下，有潭宽丈余，无论阴晴，潭有月影。

石龙水　在龙朋里阿古黑山麓，石龙鳞甲皆具。水从鼻孔流出，随脊流下，至尾旁无遗滴下，凿池聚水，供一寨之用。

一目鱼　阿花寨有潭，古木阴翳，一水泓然，中出鱼，俱一目。

大松树潭　有寺临其上，怪石丛木。一水分流，灌溉田亩。

鸭子坝　其地有大洞，石壁屹然。水从中流，不知何去。

龙口冲　下有潭水，可灌田亩。

老卫寨潭　在丛树中，水溉田亩。

普陀岩下泉　居人浣布于此。

寿水井　在梅箐道左。水出石间，味极清洌，不溢不竭，行旅赖之。

〔据管学宣纂修乾隆《石屏州志》（清乾隆二十四年刻本）卷一《地理志·古迹》第35－37页辑录。〕

（乾隆）广西府志·山川志附名胜

卷四　山川志附名胜

本府

阿卢古洞

包嘉胤

洞名阿卢，先守解公一经有记，载《天下名山胜志》。扶风张公颜曰“奇观”，志胜也。洞深窅，灵怪莫测。士大夫游此，乐而忘归，如入武陵源焉。一泓流水，鸣伏洞中。太守陈公蓄而为堤，以兴水利，郡自是富饶，皆公泽也。时逢春和景明，弱柳含堤，莺梭织翠，耕者息其下，妇子馌其中，相与扳枝执条，流连不能去。嗟乎！公遗爱若是。余莅兹土，愿学未能，顾瞻堤洞之间，悠然有感矣。

翠屏秋水

包嘉胤

登南楼而眺，有山横亘，可数百丈。自麓跻巅，丰茸绿篠，葱茵如织。适当郡之门屏，而翠屏名焉。上多石空，下有幽泉，霞宿云屯，互相吞吐，野老村翁，往来栖息。如当秋霖泛溢，一碧澄清，远树浮空，月明如镜，鸟入波潭，鱼游树杪，湖山上下，固极畅观也。至若飞岚积翠，蛟吸蜃嘘，或雾谷轻飔，云裳飘荡，一时烟景，尤为绝胜。初夏之交，则桑沧变易，麦浪翻风，游子踏青，佳人拾翠，别有画图。此岂管城豪生所能道者哉！

五峰水月

包嘉胤

郡多奇胜，五峰为最。余治郡明年，泛舟其下，与同志者登焉。扪萝寻溪，披荆觅路，山鸟呼人争喧噪树。须臾历一岩，石壁耸峭，幽窅敻绝，相与徘徊久之。仰视山月，吞吐天水，清光如练，江村渔火，摇动星河。因谓客曰：“昔人游名胜，著咏歌，如王右丞、杜少陵、苏子瞻，山水文章，独擅千古，然造物未尝秘此以吝后人。一邱一壑，曷尝不对景流连，兴洽神赏？吾侪今夕之游与昔略同，使纪述无闻，岂不愧践佳境也。”客咏且行，舟还，眷视峰头，劲叶疏枝，风吟月挂，苍茫皓色，荡漾空明，五峰似顾我揖而且语者，知山灵亦依依也。若夜半问词头，索彩笔，余复何有！

天马香泉

包嘉胤

余莅郡数月，饮泸水而甘。既嘉民醇事简，日惟览胜寻芳，探幽觅奥。循南山之侧，得天马山焉。寺旁水声潺潺，出自石窦中，酌而饮之，可赛麻姑泉之上。石壁嶙峋，藤木交蔽，蛟龙宅其内，爽气清冷，每致雨兴云，闻之骇异。溧阳时得南五里之投金濑，日乘蹇驴，领小吏往，至辄荫大栎，坐积水之旁，吟到日西。余才不逮古人，幸粗僻而少事，得与二三知己登吟坐啸，优游山水间，比古人所获已倍。夫酌贪泉觉爽、饮伯夷盟水可疗贫，余庶几其免是夫。客皆喜，置酒泉上饮之。

东华积雪

包嘉胤

余闽地多积雪，后游滇，或经年不见。时遇微霰，辄与诸贤席间拈韵分题。迨出守是郡，寂寞山城，层峰郁缪，白云生阴，岭密树布，崇冈极目，悠然悲感于中，凝望故山万叠，回眸引涕滇云。是岁自冬迄春，大雪盈峰，莹洁无畔，素练横空，因思雪满梁园，赋挂枚马。噫，昔诸贤之赏同一景也。幸泸地诸先进出宦中土，多持身莹洁，所至有声。即从余游者，皆风雅词人，口吐珠玑，笔揽星汉，独擅一时而追踪往古。夫人杰地灵，古之词赋，高比阳春白雪。今继起于斯，岂无所兴发而然哉！林表明霁色，城中增暮寒，政可为持赠矣。

东山响水　俗谓补矣，雨大集则发，昔人以此卜海水消长。

师宗州

透石灵泉　通元洞石窍玲珑，一泓泻出，四时莹彻，滋溉田亩，居人利之。旁有观音寺。

弥勒州

禹门瀑布　禹门寺去州东六里，悬岩千仞，银河三汲，泻落平原，古谓之“银瓶倒挂”。上有天生桥、禹门寺、古亭庵、翠屏、杨尚书读书处。

温泉碧玉　一在梅花寨，一在翠微山下。

邱北州

大龙潭　在旧治城西南，广五丈余，倚深岩中，空深无底，水色黝绿，时有烟雾濛濛如雨。

〔据周埰纂修乾隆《广西府志》（清乾隆四年刻本）卷四《山川志附名胜》第7－12页辑录。〕

（嘉庆）临安府志·古迹志

卷十六　古迹志

建水县

诸葛井　在永贞门内。考武侯南征由姚安至顺宁、永昌，麓川穷山极箐，独未及迤南，乃郡则有井，石屏有占，宁州有城，通海有驻军山，车里有塔有营垒有寄剑处。天威震于殊俗，忠信孚及蛮貊，殆未可以等夷思议及也。

石屏州

石　龙　在城东山峡中异湖尾间。一石横卧，宛如虬龙。昔人议开凿以泄湖水，雷雹大作，乃止。

龙马蹄石　在城西北百余里。高丈余，广倍之，上有龙马迹，迹旁有四小石，祷雨辄应。

孝感泉　在州西五亩赤木山下，明孝子许邦相庐墓时所致也。孝子有至性，事母无间形声，殁后结庐墓。左地涌清泉，其甘如醴，范学使题为“孝感泉”。

喷珠泉　在州治西西来寺。周遭皆石，中有池沤如沸。每遇修禊，喧哗如万斛珠玑飞喷水面，又名“喜客泉”。

龙孔书声　在赤瑞湖西北。湖形如倒壶，有龙孔出泉，泉上虬石蜿蜒，俗名版云梯。相传夜半有书声出湖中，与波潮相应。

阿迷州

灵　泉　在书院内。半亩方塘，分沙漏石，上有亭，翼然临水面。佥事王廷表读书之所，今为借观园。

龙王庙　治东一百五十里打鱼寨海边。负山面水，石台天成，水自山腹出，分道绕流汇为一溪，柔漪染袂，沉翠流襟，四面葑田，颇称衍沃。

宁　州

花溪口　《临安府志》：在青龙潭左。溪流曲折，两岸多杜鹃，花开如绣。

通海县

石　穴　在县北二里，俗传僧畔富以杖穿石泄杞麓之水，其穴至今存。

拖蓝水　在杞湖中。明御史东旭谪戍通海，子钦随，相继卒，钦妻卢氏誓死守节，有力者强逼之，遂投水死。至今水澄碧，数十丈宛若拖蓝。事详《列女》。

洗钵池　在秀山半。畔富常于此洗钵，故名。水味甘美，饮之令人色泽，一名畔富井。

观海轩　在县北湖上。天空海阔，气象万千。

龙泉寺　在城东二十里东华山。林幽景邃，僧妙空伏龙之所。

河西县

石　塔　在县南螺髻山顶。旁有清池，水常不竭，中产莼菜。

龙泉寺　在城东二十里。负山襟海，为一邑之胜。

龙池寺　在城南十五里九龙池上。谷深径迴，渺隔尘寰。

嶍峨县

啸龙岩　法乌山石岩下有河，冬春水涸，邑人聚其下，踏歌饮酒，水应声而出，或如桃花，或如竹箭，歌止水亦止。

锁水阁　在巽峰之下。双江直泻，砥柱中流。

蒙自县

绿翠塘　在县南三十里。高踞山顶，为蛟龙窟宅，水绿净，莫测其底。落叶飘堕，有翠鸟衔去。投以石，震以金，则雷电交作，岁旱祈雨辄应。

瀛洲亭　在学海中央。前明通判胡文显导法果、落龙、三岊、白谦四泉之水，汇而成池，南面筑长堤数百丈，中垒土为三山，上建瀛仙亭，波光渺弥，回碧萦青，为一邑之胜。

〔据江濬源修，罗惠恩等纂嘉庆《临安府志》（《中国地方志集成·云南府县志辑47》，凤凰出版社2009年据清嘉庆四年刻本影印）卷十六《古迹志》第1－15辑录。〕

普洱市

（嘉庆）景东直隶厅志·山川志附古迹

卷六　山川志附古迹

龙　潭　菊河头有第一龙门、第二龙门、第三龙门。门内有潭，深不可测，水色青黑，人畜不敢近，近则雷电大作，潭水涌起。每有落叶入潭，辄有绿衣鸟衔而弃之。

笕　泉　在卫城，源出蒙乐山。明指挥袁贤以竹笕引水，构亭其上，名曰漱玉。

温　泉　在老仓村，极清洁，俗传浴之愈疾。

〔据罗含章纂嘉庆《景东直隶厅志》（云南民族社会历史调查组1960年据清嘉庆二十五年刻本钞录）卷六《山川志附古迹》第2页辑录。〕

（道光）普洱府志·杂记古迹景致附

卷二十　杂记

古　迹

普洱府

整董井　距府城二百余里，有整井。相传蒙诏时，有土目叭细里佩剑历川原，忽见一井，水甚洁，细里偶以所佩剑插水中，度水浅深，后拔剑归，逾数日视其剑，似白镪所铸者，细里疑之，断以斧斤，铁尽变为银，后复迹之，不得其处。历唐宋元明，竞传其事。此井屡见屡验，屡迹屡不见。

千岁潭　在习冷河。水极幽深，昔永明王入缅至此，为流寇所窥，遂弃辎重于潭内，因名曰千岁潭。案：《通志》及刘健《庭闻录》永历入缅由迤西，未来迤南。此说恐讹传，或是伪晋王至此而误也。以上在宁洱猛地。

宁洱县

虾　洞　在城西南隅四里。多产虾，人从蟠龙洞入播粗糠，从此洞水流出，乃知水源自彼而来，但蟠龙洞多鱼，水流虾洞而鱼不往。此疆彼界，截然分明，殆天成也。

温　泉　在城西南隅十二里。泉从山腹出，大而清澈，温暖得宜。黑块者入浴，皮肤变雪白色，垢腻自褪，不待以手搓擦也，疥癞者浸其中二三刻，不药而愈。

滚　泉　在城西北二十里。深冬日，泉水滚热，近者流汗，燖鸡犬毛无不脱落者，人不敢入其中浴。

白鸡石　在龙洞中。形如雄鸡，栖有常所，春夏间两洞之水溢出相交，俟水落即可种植，乡人以占农候。当水溢之时，每至此处而止，石可听人取动，常有牧童抱置他所，越宿仍回故处。自此石失后而洞水溢出，无所限制。

观音山涌泉　山在治北，极高，素无水源。道光十三年重修山寺，有人负龙王供牌一面置寺门外，越数日，首事者见寺左坡坎上土气甚潮，命匠掘之，得泉一区，水脉极旺，遂引入殿下汇为曲池，自此汲取灌溉颇称便焉。

蟠龙洞　在城西山后。洞分雌雄，冬春水消，夏日水由洞出，两相交合，村人每伺而取鱼，所得不可数计。水消之际，可以秉炬而游，郡人好事者入洞二日而还，云自观音堂入骗马石、舍身岩、天星洞至龙宫殿，殿前石笋结为灯彩蒲团钟鼓之势，水声动荡成金石丝竹之音。殿后有三洞，深不可测，昔有缅僧自洞口石壁对经，至此而止，郡人遂无敢入者。

思茅厅

威远厅

天成洞　距城北二十宣化乡地，旧无水源。雍正七年，忽大雷雨，山顶洞开，洪涛奋怒，有巨石如屋者滚滚西下，水流之越七八里，与海子通，由是开垦成田。

虎　石　在城北三十里景谷抱井河二流处，有石如踞虎，高数尺，水泛不能没。相传景谷河头旧有二石，曰雌曰雄，一夜水泛而雄流于此，即兹石也。雌仍在故处，两石相望间，作相应声，则河中必有风波，涉者不敢过。

他郎厅

龙　泉　在城南五里笔架山下。有龙潭，泉涌如珠。

景　致

宁洱八景（录二）

西岭温泉

龙潭秋月

思茅八景（录三）

东涧温泉

西流瀑布

龙洞垂虹

威远八景（录四）

南涧朝云

小溪竹影

长堤烟柳

半沼荷香

他郎八景（录三）

墨江锦浪

两溪绕阁

龙泉珠滚

〔据郑绍谦纂，李熙龄续纂道光《普洱府志》（清咸丰元年刻本）卷二十《杂记》第3－10页辑录。〕

（民国）江城县政府征集省志资料·境内之古迹

整董井　江城县属第四区整董地方。相传有整董井者，于蒙诏时，有土目叭细里佩剑历川源，忽见一井，水甚洁，细里偶以所佩剑插入水中，度水深浅，后拔剑归，逾数日视其剑，似白镪所铸者，细里疑之，断以斧斤，铁尽变为银，后复迹之，不得其处。历唐宋元明，竞传其事。此井屡验屡迹屡不见。整董今已划归江城，故采入本《志》。兹因代远事迁，愈更不知其处矣。

〔据李文新纂《江城县政府征集省志资料》（国家图书馆藏民国二十二年钞本）第23页辑录。〕

楚雄州

（隆庆）楚雄府志·地理志·古迹

卷一　地理志　古迹

诸葛白石泉　在黑井北。陈时雨诗："仗剑一身辞蜀主，驱兵五月渡泸川。气凌碧汉风云合，光动朱旗日月悬。想象英雄闲吊古，坐临白石饮清泉。"

金龙箐　在县东山，源不可测。传云昔擒者纳，有疾风猛雨自南来助阵，人望之，有乌龙在空，故名。今遇旱祈雨皆应，季春官致祭焉。

温泉清浴　在县东山，出泉积为一塘。其泉温暖去疾，远近人咸浴之，惟春为最。其塘两山排闼，飞瀑流湍，四时浸润。

〔据徐栻、张泽纂修隆庆《楚雄府志》（杜晋宏校注，杨成彪主编《楚雄彝族自治州旧方志全书·楚雄卷上》，云南人民出版社2005年版）卷一《地理志·古迹》第30页辑录。〕

（康熙）楚雄府志·地理志·古迹胜景

卷一　地理志

古　迹

楚雄县

镇南州

龙神石　在力戈村。元初龙现，自巨石中化为婴孩，时有土人经过闻啼声，觅之得婴孩，欲抱归抚育，行一里许，风雨交作，遂成一石，土人异之，立庙奉为神，至今巨石胎形尚存。

南安州

广通县

金龙潭　在县东山。传云昔擒者纳，有疾风暴雨自南来助阵，人望之，有龙在空，故名金龙。旱祷皆应，季春官致祭焉。

定远县

诸葛白石泉　在独立山下。相传武侯取水，以足军食。

李贤者泉　在利润坊。相传昔有贫媪鬻腐营生，尝苦无泉，偶有老叟自称李贤者，引媪往视崖畔，以杖指示，石裂泉出，至今赖之。

诸葛泉　在黑井北五里许。相传武侯过此，觅水得泉云。

浣手池　在绝峰顶崖畔。相传佛祖过此说法，龙神献水浣手云。

引沧浪 在宝华山后。悬崖石壁，有泉一道，日出则流，日入则止，即圣泉源也。

定边县

胜 景

楚雄县

莲池夜月 池水澄清，月光荡漾，夏秋间芙蕖香气袭人，文场胜地也。其址犹存，今为梵刹。

莎涧清泉 传闻城南三里许。箐曰白龙，号称莎涧，泉洌而甘，或曰即捣练溪也。

镇南州

桂井浮香 州治东五里。井泉独美，桂树双荣，傍建八角亭，为游玩之所。今桂无存，亭亦废。

寒泉夜月 州治西五里西山寺前。地当绝顶，井泉清洌，月照水中，光华四映。

苴水龙盘 白龙河出苴水，环城九曲，光飞白练，势若盘龙。

南安州

沙泉涌碧

古井含清

广通县

西浦桃溪 西流清洁，夹岸桃溪，策马行来，宛登仙径。

定远县

零水拖蓝 邑西二里，波光凝碧，映带城西。

龙泉灵应

定边县

温泉解愠 县东山，温泉平地喷出如丛珠，涤之可去沉疴。冬温夏和，适洽人意，远近争浴者不绝，至春尤盛。后此地倾圮，又于此泉之右，从山腰迸出者，改置数椽，视前更胜。左临高峰，有亭翼然，浴罢舒啸于此，好风徐来，尘襟一开矣。

〔据张嘉颖纂修康熙《楚雄府志》（《中国地方志集成·云南府县志辑58》，凤凰出版社2009年据清康熙五十五年刻本影印）卷一《地理志·古迹胜景》第24－31页辑录。〕

（嘉庆）楚雄县志·古迹志

卷一 古迹志

锁水塔 在城东北五里龙川江南岸。始造王寿，康熙十九年地震倾圮，乾隆元年邑人汪涛独力修复，内有碣镌王寿，似汪涛即王寿后身者。郡守丁栋成、邑人赵继松各有记。乾隆五十七年大水，大中丞刘公秉恬勘灾至此，易名镇水塔。又对岸旧有锁水阁，自阁引铁锁系塔以锁水口。为火所毁，遗址犹存。

八景（录二）

莲池夜月　城内龙泉书院有池植莲，其水澄清，夏秋之交，荷香馥郁，月影徘徊，亦胜地也。今为祇园寺。

莎涧清泉　城西三里。水沿涧出，味冽而甘，濯练最白，又名捣练溪，邑中之水，此为最佳。

〔据苏鸣鹤修，陈璜纂嘉庆《楚雄县志》（《中国地方志集成·云南府县志辑59》，凤凰出版社2009年据清嘉庆二十三年刻本影印）卷一《古迹志》第45－47页辑录。〕

（宣统）楚雄县志述辑·杂著述辑

卷十　杂著述辑

古迹胜境

铜壶滴漏　在城内中街口观音阁下，本大箐填成。相传箐内有滴泉响，昔人称为铜壶滴漏，今无闻矣。

梁王堰　详《建置·水利》篇。

史公闸　详《建置·水利》篇。

莲池夜月　在城内古龙泉书院。池水澄清，荷花馥郁，每夜月当空，即属佳景。今为高等小学堂，题曰莲池。旧池僻在城限，方塘半亩，一鉴蘋开，花晨月夜，幽赏徘徊者，般清趣颂曾得来。

莎涧清泉　在西城外四里许，一名捣练溪。清泉出涧，味冽而甘，濯练最白，邑中之水，此为最佳。题曰："山不在高，林壑增美。石涧青莎，潺溪流水。漱月喷云，冽甘可喜。有亭翼然，游人至止。"

坊塔亭阁

锁水塔　在城外东北五里龙川江南岸。前明邑士王寿造，国朝康熙十九年地震圮，乾隆元年邑人汪涛独力修复，塔底石镌"王寿造"，乃悟今之汪涛，即昔之王寿后身也。知府丁栋成、邑人赵继松为之记。五十五年大水，中丞刘秉恬勘灾至此，易名镇水塔，又对北岸，旧有锁水阁，引铁索系塔阁以锁水口。明末，吴、沙二寇以火毁之，今遗址犹存。

锁水阁　在城外东北五里龙川江北岸，对南岸锁水塔。前明建，国朝康熙十九年地震圮，嘉庆二十五年知县韦允韶率士民同修，咸丰十年毁，光绪二十七年辛丑，知县黄守正率绅士公修。

〔据崇谦修，沈宗舜纂宣统《楚雄县志述辑》（《中国地方志集成·云南府县志辑60》，凤凰出版社2009年影印本）卷十《杂著述辑》第2－8页辑录。〕

（康熙）武定府志·胜景志

卷一　胜景志

和曲州

香泉祓禊　在府东二里。春日水香，暮春时，人争载酒①祓濯，俗云濯之去疾，至立夏三日止。

惠桥烟雨

狮　山

曲水流觞

寒泉瀑布

元谋县

水荡观音

禄劝州

鸠水回漾　在州东白塔山下。

石牛卧水　在安甸庄大河内。

温泉浮玉　在州东一百里达矶村旁普渡河内。泉源洁清见底，浴之可以疗病。泉畔松风鸟韵，饶有旷致。

〔据王清贤修，陈淳纂修康熙《武定府志》（国家图书馆藏民国年间钞本）卷一《胜景志》第37页辑录。〕

（光绪）武定直隶州志·胜景志

卷三　胜景志

武定州八景（录三）

银漕映水

香泉祓禊　在城东二里。春日水香，暮春时，人争载酒祓濯，俗云濯之去疾，至立夏三日止。

惠桥烟雨

狮山八景（录二）

曲水流觞

---

① 酒　原本缺，据光绪《武定直隶州志》卷三补。

寒泉瀑布

元谋县

水荡观音

八景（录一）

西河泛舟

禄劝县八景（录三）

鸠水回澜 在城东白塔山下。

石牛卧水 在安甸庄大河内。

温泉浮玉 在城东一百里达矶村旁普渡河内。

〔据郭怀礼修，孙泽春纂光绪《武定直隶州志》（《中国地方志集成·云南府县志辑62》，凤凰出版社2009年影印本）卷三《胜景志》第13页。〕

（康熙）元谋县志·山川志附胜景

卷二 山川志附胜景

日灿金沙 江不隶于县，而流经万山绝壑之中，皆峭壁悬崖，平分对峙容其水，势奔放若走蛟龙。惟县治北界接连渡口，漾出平滩，一望汪洋，天霁云卷，日色与水光争射灿，成五色飞霞，腾空上下，绚烂奔目，凝睇之际，不尽奇异之观。

西河泛舟 西溪河自法纳禾沂流而上，二十五里至阿琅渡，中惟清渊涧转出，小峦斜倚涧畔，余上下各数十里皆山形连接，劈分两崖，石壁削成，下容溪水，一碧奔泻。又有饮犀渚、睡龙渊、小庐江、香花塘，俱在嵌岩之下。石穴深箐，溪流过处，潋泺潆洄，泛舟其中，则逐水波纹。对岸山色仰映，天光一线，抑或夜月轻栲之际，间以清饮，孤峰绝壁之巅，接以箫管，而水声谷响，四面俱应，是亦元邑一佳景也。

〔据莫舜鼐修，王弘任续补康熙《元谋县志》（《中国地方志集成·云南府县志辑61》，凤凰出版社2009年影印本）卷二《山川志附胜景》第8页辑录。〕

（乾隆）华竹新编·名胜志·名迹胜景

卷三 名胜志

名 迹

诸葛礌 在白马口。龙川江经流至此，两山壁立，横亘石龙，水穿龙腹而出，铜墙铁壁，中凿石槽。故老传言：诸葛南征时所开也。非神功岂能辟此，古迹宛然。

姊妹硖 昔姊妹二仙，一住章坡，一住苴那境，于河头西壁穿硖引水，灌二处之田，一夕而成。其纤指利屣，遗迹宛然如新。

珠帘水 在城西七十里芝麻村旁，即多克河之尾也。旁有深洞，渔人猝入洞中，初觉微暗，后则清朗。洞口瀑布，如挂珠帘，中有床枕、几席、灯檠、垆瓶、金灶之属，皆成细润而光耀非常，因携数碗出，则皆石也。

石　塔 在雷宰河畔，高二丈，广二尺余，屹然如塔。下有清泉，莹澈见底，雨不见盈，旱不见涸。旁有石灶，高尺余。

胜　景

元谋八景，首曰“日灿金沙”，谓金沙江金也。江流上经大姚，下入武定，皆行万山群壑中。峭壁悬岩，高撑对束，恣其奔放，若走蛟龙，岸势斗悬，沙泥不能附着。或二山顶接，江洞其腹胁之间，终古不见日色，无从照出本来面目。惟流经邑治之北界，接连渡口，漾出平滩，长数十里，天霁云卷，日色涵沙，百道金光，飞腾上下，过之者几于眩，目不能开，始叹欲见金沙真面目，盖即此地也。

〔……〕

曰“西河泛舟”，即龙川江也，邑人曰西溪河。自法纳禾溯江而上，二十五里至阿郎渡，由清渊涧转出，小峦斜倚涧畔，上下数十里山形连接，劈立两岩，石壁削成，下容溪水，一泓奔泻。有饮犀渚、睡龙渊、小庐江、香花塘诸胜，皆在嵌岩之下。石穴深浚，溪流过处，潋滟潆洄，泛舟其中，则逐水波纹。对岸山色仰映，天光一线，抑或月夜轻桡，间以清歌。孤峰绝壁，接以箫管，水声谷响，四面俱来，从流之乐，得未曾有。

〔……〕

〔据檀萃纂修乾隆《华竹新编》（李在营校注，杨成彪主编《楚雄彝族自治州旧方志全书·元谋卷》，云南人民出版社2005年版）卷三《名胜志·名迹胜景》第240－243页辑录。光绪《元谋县乡土志·古迹》同，不赘录。〕

（康熙）禄丰县志·古迹胜景

卷二

古　迹

温　泉 在县北，邻大河，夏秋没于水，春冬时出。

大　井 在东街，刘真人遗迹。

玉峡飞龙洞 在黄土坡关圣庙旁，行人饮其水，甚甘。

胜　景

万融春雨 县西河南为三河会流之喉，有锁水阁置于其中。胜春时，万象融和，烟雨霏微，诚第一胜景。

西河烟柳 县西河，绿柳垂堤，苍烟缭绕，旧没新培，渐次成阴，《甘棠》遗爱不朽。

坝桥星影　县治有三桥六坝，忽倾忽修，当事苦之，今获安澜。士民暮晚辄乘凉于大桥上，水中星影，明莹可观，宛然水镜天也。

温泉绕霁　泉出河中，浴之者可蠲沉疴。平旦，暖气上腾，盎然凝结。

〔据刘自唐纂修康熙《禄丰县志》（张海平校注，杨成彪主编《楚雄彝族自治州旧方志全书·禄丰卷上》，云南人民出版社 2005 年版）卷二《古迹胜景》第 33 页辑录。〕

（康熙）罗次县志·古迹志

卷三　古迹志

金水井　在金水乡。其水清莹澄澈，时见金光。

月影池　在月影庵旧址。晦朔无月，井中有影，因以名庵。

石　坛　在大觉寺之后，有池。相传元至元间，土人采薇山中，见瓦坛浮水面，其内有金，欲私之，重不能举。默祷，愿以金建寺，遂举之。僧人不忘所自，以石易之，至今存焉。

〔据王秉煌修，梅盐臣纂康熙《罗次县志》（清康熙五十六年刻本）卷三《古迹志》第 13 页辑录。〕

（光绪）罗次县志·古迹志

卷三　古迹志

金水井　在金水乡。其水清莹澄澈，时见金光。

月影池　在月影庵旧址。晦朔无月，井中有影，因以名庵。

石　坛　在大觉寺之后，有池。相传元至元间，土人采薇山中，见瓦坛浮水面，其内有金，欲私之，重不能举。默祷，愿以金建寺，遂举之。僧人不忘所自，以石易之，至今存焉。

〔据胡毓麒、杨钟壁等纂光绪《罗次县志》（清光绪十三年刻本）卷三《古迹志》第 15 页辑录。〕

（康熙）广通县志·地理志·古迹胜景

卷一　地理志

古　迹

金龙潭　在县东山。相传昔擒者纳，有疾风暴雨从南助阵，望之，有金龙绕空中，因名金龙潭，旱祷皆应。明时，敕县令每于季春致祭焉。

胜　景

东乔烟柳　一水环流，岸芦傍柳，远岚近黛，无际苍茫。

西浦桃溪　西流清洁，夹岸桃深，策马行来，宛登仙径。

〔据李铨纂修康熙《广通县志》（清康熙二十九年刻本）卷一《地理志·古迹胜景》第13页辑录。〕

（康熙）黑盐井志·古迹志

卷一　古迹志

诸葛泉　在井北，即苍蝇沟。相传武侯南征经此，指与众军士饮，云可解瘴气。

李贤者泉　在治东凤山下东井龙祠侧。水香洌，与龙沟水相伯仲。相传老人李贤者丐豆腐于凤山坊，人语以得水甚难，贤者即诣山叩地，甘泉涌出，井民至今赖之。

黑　井　郦道元《水经注》疏有曰：周宣王时，天竺摩耶提国阿育王有神明大士者，能知盐泉，王命开之，常骑青牛，随一犬，色白。又《南诏野史》蒙氏时杨波远，骑青牛，号神明大士，能知盐泉，黑井，波远所开。又载有土人李阿召牧牛山间中，一牛倍肥泽，后失牛，因迹之，至井处，牛舐地出盐。后牛入井化为石，今井底有石如牛状。

铁　牛　成化间溪水放涨，淹没大井，同提举吴永铸五铁牛投入水中，龙祲遂息。

孙　井　在德海寺侧。河东人苦水道远，井大使孙及秀引弥勒涧水至其处，甃石为池，河东赖之。

治水塔　在司治北。背凤山，面龙川，洪水放溢，流沙走石，冲塞井口，因建斯塔镇之，迄今无陵谷之患。元至正二年①。

浣手池　在井北绝峰山麓。相传有佛经过，龙现水浣手。

〔据沈懋价、杨璿纂修康熙《黑盐井志》（《中国地方志集成·云南府县志辑67》，凤凰出版社2009年影印本）卷一《古迹志》第13页辑录。〕

（康熙）琅盐井志·地理志·古迹胜景

卷一　地理志

古　迹

引沧浪　在宝华山后。悬岩石壁，有泉一道，日出则流，日入则止，即圣泉源也。

胜　景

鳌峰锁水　司治东。危峰矗立，岿然中流，琅溪尾闾，借以锁镇。

① 元至正二年　道光《云南通志稿》卷二百一十三作“《黑盐井志》：在武庙前，元至正二年建。”

宝华圣泉 司治东开宁寺。相传先无水道，开沟引之，水工不善疏凿，水出沟下丈许，势不得达。寺众呼佛虔祷，忽泉从沟上逆涌，寒香清冽，晨夕不竭，至今灵迹犹存。

曲川烟柳 司治北。沿堤百余株，春绿夏晴，每当晨烟夜月，溪水山岚，空濛掩映，俨然图画。

〔据沈鼐纂修康熙《琅盐井志》（《中国地方志集成·云南府县志辑67》，凤凰出版社2009年影印本）卷一《地理志》第25页辑录。〕

（乾隆）琅盐井志·古迹志胜景附

卷一 古迹志胜景附

圣　泉 在司治东开宁寺沟。寒香凛冽，四时不涸。

鱼　池 在鱼池山麓，为景氏别业。古树森列，水澄鱼潜，昔有亭树，居人多游览其间。今废。

引沧浪 在宝华山后。悬岩石壁，有泉清洁，即圣泉源也。

落水洞 在河头田心，水至此漩洑成窝。

曲川烟柳 治北。沿堤旧多种柳，每当春烟夜月，水映风薰，可游可玩。提举来度有诗。今废，宜增植之。

琅溪夜潮 夏秋水涨，幽人静夜闻有潮音。

〔据孙元相纂修乾隆《琅盐井志》（芮增瑞校注，杨成彪主编《楚雄彝族自治州旧方志全书·禄丰卷下》，云南人民出版社2005年版）卷一《古迹志胜景附》第1160页辑录。〕

（康熙）镇南州志·地理志·古迹胜景

卷一 地理志

古　迹

龙神石 州治南三十五里，在力戈村。元初龙现于巨石中，化为婴孩，时土人经过，闻啼声，觅之，得孩，欲抱归抚育，行一里许，风雨交作，遂化为石。土人立庙，奉为神，至今巨石胎形尚存。

胜　景

桂井浮香 州治东五里。井泉独美，桂树双荣，旁建八角亭，为游玩之所。今桂无存，亭榭亦废。

寒泉夜月 州治西五里西山寺前。地富绝，现井泉清冽，月照水中，光华四映。

苴水盘龙 即白龙河。环城九曲，势若盘龙。

平桥烟柳 州治西六里。一壁断峰，千顷平畴，桥跨清澜，寺环弱柳，行人每憩此。

〔据陈元、李犹龙纂修康熙《镇南州志》（曹晓宏、周琮校注，杨成彪主编《楚雄彝族自治州旧方志全书·南华卷》，云南人民出版社 2005 年版）卷一《地理志·古迹胜景》第 12 页辑录。咸丰《镇南州志》同，不赘录。〕

（光绪）镇南州志略·杂载略·胜景

卷十一　杂载略　胜景

鸡和八景（录四）本陈元旧《志》，今增题辞。

桂井飘香　城东五里，桂花井，水甘洌，井上旧有丹桂二株，旁有八角亭，今废。题曰："八角亭古，双桂花芳。花不常在，亭亦就荒。沧桑屡易，水味如常。汲以修绠，涤我诗肠。"

寒泉夜月　城西五里，西山绝顶有寺，寺旁有泉水，极清，月照水中，光华四映。题曰："爰有寒泉，西山绝顶。皓月临空，天高地迥。金波下映，青光炯炯。谁扣禅关，山僧未醒。"

苴水盘龙　龙川江一名苴水，曲折东流，势若盘龙。题曰："龙川之水，曲似盘龙。春波漾漾，秋涛汹汹。夹岸烟树，环拱高墉。登城一望，清赏堪供。"

平桥烟柳　治西六里有平彝桥，跨白龙河上，两岸多古柳，行人每憩于此。题曰："白龙河水，通以平桥。驿程来往，过客连镳。烟笼古树，絮扑征轺。一枝折赠，别绪条条。"

新增八景（录四）备采《志略》，增前四境，今增后四景。

秋江迭嶂　州南阿雄乡，礼社江水所经，两岸皆崇山峻岭。题曰："南乡江景，亦足壮观。洪涛巨浪，叠嶂层峦。秋水时至，烟雾迷漫。云林妙笔，写入笔端。"

寒溪漱玉　州北十里见性山，响水河出焉。沿溪多石，水声淙淙，足供清听。题曰："山名见性，别有洞天。松蟠涧底，云绕峰巅。淆之不浊，石上清泉。琤瑽激漱，鸣玉铿然。"

温泉竞浴　州西英武乡黑泥山有温泉，人多来浴，详《地理略·山水》篇、《祠祀略·俗祀》篇。题曰："黑泥之山，危峰排列。秋不凝霜，冬鲜积雪。厥有温泉，如汤之热，解衣就浴，竞体清洁。"

云锁澄潭　州南阿雄乡七村河有龙潭，地极幽僻，详《地理略·山水》篇。题曰："厥有龙潭，在州南境。彻底澄鲜，中无藻荇。不见天光，只有树影。白云初晴，横锁高岭。"

〔据李毓兰修，甘孟贤纂光绪《镇南州志略》（清光绪十八年刻本）卷十一《杂载略·胜景》第 4－6 页辑录。〕

（民国）镇南县志·古迹志·胜景

卷三　古迹志六　胜景

古有潇湘八景、西湖八景、燕台八景，皆成故实，宜画宜诗，从来久矣。于是天下邑志，莫不有之。今之世，一言修志辄斤斤于此，然大都标目雷同。友人晋宁方子树梅尝谓其勿庸重视。《县志》有鸡和旧八景矣，及甘《志》又新增八景，但阿雄乡占三，而凤山镇阙如，爰斟酌损益，易其一景以入兹篇。

鸡和八景（录四）本陈元旧《志》，甘《志》新增题辞。

桂井飘香　城东五里桂花井，水甘洌，井上旧有丹桂二株，旁有八角亭，今废。题曰："八角亭古，双桂花芳。花不常在，亭亦就荒。沧桑屡易，水味如常。汲以修绠，涤我诗肠。"

寒泉夜月　城西五里，西山绝顶有寺，寺旁有泉水，极清，月照水中，光华四映。题曰："爰有寒泉，西山绝顶。皓月临空，天高地迥。金波下映，青光炯炯。谁扣禅关，山僧未醒。"

苴水盘龙　龙川江一名苴水，曲折东流，势若盘龙。题曰："龙川之水，曲似盘龙。春波漾漾，秋涛汹汹。夹岸烟树，环拱高墉。登城一望，清赏堪供。"

平桥烟柳　治西六里，有平彝桥，跨白龙河上，两岸多古柳，行人每憩于此。题曰："白龙河水，通以平桥。驿程来往，过客连镳。烟笼古树，絮扑征轺。一枝折赠，别绪条条。"

新增八景（录四）甘《志》。

寒溪漱玉　县北十五里见性山，响水河出焉。沿溪多石，水声淙淙，足供清听。题曰："山名见性，别有洞天。松蟠涧底，云绕峰巅。淆之不浊，石上清泉。琤琮激漱，鸣玉铿然。"

温泉竞浴　县西英武乡黑泥山有温泉，人多来浴，详《地理略·山水》篇、《祠祀略·俗祀》篇。题曰："黑泥之山，危峰排列。秋不凝霜，冬鲜积雪。厥有温泉，如汤之热，解衣就浴，竟体清洁。"

秋江叠嶂　县南阿雄乡，礼社江水所经，两岸皆崇山峻岭。题曰："南乡江景，亦足壮观。洪涛巨浪，叠嶂层峦。秋水时至，烟雾迷漫。云林妙笔，写入毫端。"

南泉龙树　城西三十五里，南泉寺泉水上有老树一株，轮囷盘屈，皮如鳞甲，心半空，数百年物也，人呼之老龙树。题曰："南山之寺，又名南泉。一泓白水，漱玉涓涓。生成龙树，老干撑天。林荫万绿，有亭翼然。"

〔据郭燮熙编辑民国《镇南县志》（曹晓宏、周琼校注，杨成彪主编《楚雄彝族自治州旧方志全书·南华卷》，云南人民出版社2005年版）卷三《古迹志六·胜景》第563页辑录。〕

（康熙）定远县志·地理志·古迹胜景

卷一　地理志

古　迹

诸葛白石泉　独立山下，陈时雨有诗。

胜　景

零水拖蓝　邑西二里，波光凝碧，映带城西。

龙泉灵应　邑北十五里云龙口右，祷雨辄应。

羊井奇踪　邑北五里，有石如羊，泉出其下。

〔据张彦绅修，李仲伟等纂康熙《定远县志》（卜其明校注，杨成彪主编《楚雄彝族自治州旧方志全书·牟定卷》，云南人民出版社 2005 年版）卷一《地理志·古迹胜景》第 12 页辑录。〕

（道光）定远县志·古迹志

卷五　古迹志

诸葛白石泉　独立山下，陈时雨有诗。

胜　景

零水拖蓝　邑西二里，波光凝碧，映带城西。

龙泉灵应　邑北十五里云龙口右，祷雨辄应。

羊井奇踪　邑北五里，有石如羊，泉出其下。

七星塘　邑东五里东山寺左，有水七塘，络绎如星，泉甚甘洌，四时长流不竭。相传诸葛武侯驻师，咸饮于此泉。有龙神，祈祷灵应。

〔据李德生修，李庆元纂道光《定远县志》（清道光十五年刻本）卷五《古迹志》第 19 页辑录。〕

（康熙）南安州志·地理志·古迹胜景

卷一　地理志

古　迹

蛟沙石　在州西五十里上江河吊索碣。相传每春雷雨，有蛟据河石吐涎。土人先炊饭甑，取涎蒸之，皆成丹砂，故名。今无。

胜　景

沙泉涌碧

古井含清

〔据张伦至纂修康熙《南安州志》（杨壬林、张海平校注，杨成彪主编《楚雄彝族自治州旧方志全书·双柏卷》，云南人民出版社2005年版）卷一《地理志·古迹胜景》第11页辑录。〕

（乾隆）碍嘉志·舆地志·景物

卷一　舆地志　景物八景（录二）

铁桥锁云　在石羊厂迤东大江河上，以铁索横亘两岸，铺板架槛，以渡行人，水山云气，连环如锁。

碍甸清流　碍嘉本名碍甸，数十里内，大石高广如房、如壁、如亭、如台，黑红碧绿，奇伟可观。而石际流泉，清洌甘美。其附近果蔬形味，亦异他境，此碍嘉所由名也。南安州旧《志》言：“康熙六年，裁碍嘉县入州。”注云：“元灭段氏，于黑初山下设寨，封段兴智为摩诃迦罗。时有星坠山巅，化为黑石，遂名碍嘉。后改碍嘉县，编里，一曰罗甸。按《史鉴》及《通志》，元宪宗时，命太弟忽必烈平大理国段氏，设威楚路。世祖至元间，置威楚万户府，以碍嘉千户隶之，后改碍嘉县。元泰定四年，有星陨于碍嘉县黑初山，化为石，则碍嘉之名在先，而陨星在后，是县以碍嘉千户而改，非以落星而名也。且《通志》裁并碍嘉在康熙八年，此云六年，亦未的，当以《史鉴》《通志》为定。”

〔据王聿修纂修乾隆《碍嘉志》（芮增瑞校注，杨成彪主编《楚雄彝族自治州旧方志全书·双柏卷》，云南人民出版社2005年版）卷一《舆地志·景物》第205页辑录。〕

（康熙）姚州志·古迹志

卷四　古迹志

塔影瑶池　在锁水阁后，今涸。

洌井朝元　州西一百三十里普溯驿右，俗名小井，水甘洌不涸。每岁正旦日午潮有声，高尺许，其余月朔望亦如之。

温泉漱玉　有二：一在州西一百八十里黑泥只村，山石巉岩，泉自山畔石洞中涌出，清洁温沸，水中石有五彩；一在州东一百三十里绞摩村，水自石中涌出，痼疾者浴之即愈。

石　羊　即白盐井。昔蒙氏女牧羊于此，有羝舐土，因得卤泉。

泸　水　即金沙江。

〔据管棆纂修康熙《姚州志》（清康熙五十二年刻本）卷四《古迹志》第2页辑录。〕

（道光）姚州志·古迹志

卷一　古迹志胜景杂记附

胜　景

塔影瑶池　在锁水阁后，今涸。

冽井朝元　州西一百三十里普淜驿右，俗名小井，水甘冽不涸。每岁正旦日午潮有声，高尺许，其余月朔望亦如之。

温泉漱玉　有二：一在州西一百八十里黑泥只村，山石巉岩，泉自山半石洞中涌出，清洁温沸，水中石有五彩；一在州东北一百三十里绞摩村，水自石中涌出，痼疾者浴之即愈。

南湖春水　淜堤若虹眠焉，又如玦。大道由堤上而行，道侧高阜处有阁，人登其上，而湖澈如天，山光树色，莫不濡毫涵发者也。又名石湖天色。

绕城烟柳　州治四围皆渠，沿堤多古柳，春夏之交，垂丝蘸影，不让古人绿杨城郭之兴。

杂　记

石羝羊　在治北一百二十里。昔蒙氏时，有女于此牧羊，一羝舔土，驱之不去，遂得卤泉，名曰白羊井，即其地立圣母祠，其井即白盐井也。又，开井时，掘地数尺，有石如羊，头角身足毕具，至今犹存圣母祠中。见《通志》。

牛　石　明天顺年间，乌牛夜见城东十五里，忽泉水涌出，利灌溉。后人见而射之，化为石，井遂涸。见《通志》。

鬼门关水　一石犹虎卧，其腹陷若盂然，而水注焉。水之盈缩清浊，皆视阳派淜水，如淜涸则此水亦竭也。地脉贯灵，洵如气化感通之道，为政者，其字于民哉！

阳派淜水　离州城西北隅十余里。时事有变，则淜水一半浑浊，否则全清。

〔据额鲁礼、王垲纂修道光《姚州志》（芮增瑞校注，杨成彪主编《楚雄彝族自治州旧方志全书·姚安卷上》，云南人民出版社2005年版）卷一《古迹志胜景杂记附》第246－249页辑录。〕

（光绪）姚州志·杂志·古迹胜境

卷十一　杂志

古迹杂志之四

锁水塔　州旧《志》：在城外东北隅锁水桥边，今废。

牛　石　州旧《志》：明天顺间，城东十五里乌牛夜见，忽泉水涌出，利灌溉。后复见，人有射之者，化为石泉，遂涸。雨按：王凤喈《广事类赋》所载乌牛井即此。

石羝羊　《姚安府志》：在府北一百二十里。蒙氏时，有女牧羊于此，一羝舔土，驱之不去，乃掘之，下有石如羊，遂得卤泉，因名白羊井，后讹为白盐井。《白井志》：在大界冲内。相传洞庭龙女嫁泾河龙子，遭谗被逐，牧羊于此。羊舔土，掘得石羊，获卤泉。闻于朝，遂封女为圣母，石羊为将军，立庙祀之。

石　龙　《采访》：在州北铁索箐，有石蜿蜒如龙，绵亘九十余里，旋绕铁索箐之照壁山，龙口有泉出焉。

大榆树　《采访》：在州西弥兴下屯。其树最古，一本而两幹，春初，小幹先发则雨水较迟，大幹先发则雨水较早。村人以此占雨水之迟早，即以卜年岁之丰歉焉。

石虎泉　州旧《志》：在州西二十里鬼门关。路侧有石如卧虎，腹间陷下若盂然，泉水注焉。其地与阳派淜相去三里许，泉水之盈缩清浊，视阳派淜水为准，淜涸则此水亦竭，地脉贯灵，有气化感通之妙。

古　泉　州旧《志》：在州西四里古泉寺之左。其水甘洌，烹茗极佳。

温　泉　州旧《志》：有二，一在治西一百五十里黑泥只村，一在治东交摩村。雨案：以今考之，黑泥只村系云南县地。

绿萝泉　旧《志》：在州西一百二十里普淜驿三官寺侧，水味甘洌。

烟萝泉　州旧《志》：在城东十里烟萝山，水甘洌。

金龟井　州旧《志》：在城西三里金龟山麓，水甘洌。

西岭井　州旧《志》：在州西仙景山麓。昔有异人磨杵于此，其石犹在。

朝元井　州旧《志》：在州西一百二十里普淜驿，俗名小井。水甘洌不涸，每岁元旦，水忽涌起，高尺许，有声如海潮，每月朔望亦如之，又谓之"洌井朝元"。

春郎井　州旧《志》：在城东青莲寺后。

仙鱼井　州旧《志》：在城东火神庙街，一名金鲤井。

蚌珠井　《采访》：在州西弥兴街左。泉出如蚌珠，水清甘。

胜境杂志之五

姚阳八景（录四）

绕城烟柳　州旧《志》：州城四围，引蜻蛉河为池，沿堤多古柳，春夏之交，烟雨霏微，浓阴映带，览胜赋诗，不减古人绿杨城郭之兴。

南湖春水　州旧《志》：州南大石淜，三面皆山，其北有堤，横亘如虹，为南游者必经之路。淜西有观海楼，春初水满，登楼望之，山光树色，一碧万顷，耽吟者可以慨焉赋矣。

塔影瑶池　州旧《志》：城东有锁水阁，阁前有池，其水远视如墨，近视则清。池边有塔，倒影池中，层级可辨。

温泉漱玉　州旧《志》：泉自半山石洞中涌出，清洁温沸，水中石映五色，俗传有痼疾者浴之即愈。地详《古迹》。

新增姚阳八景（录二）

西浦雁声　雨按：城西有长寿淜，冬初水满，鸣雁嗷嗷，如在潇湘，如临洞庭。

双桥虹影　雨按：州城大南门外有蜻蛉桥，小南门外有文明桥，并跨蛉河。太白所谓"双桥落彩虹”者，恍然遇之。

光禄乡四境（录一）

小桥新柳　雨按：光禄乡之南有桂香桥，春和景明，弱柳初生，浓阴映带，豁人眉宇。

弥兴四境（录一）

长河秋涨　雨按：弥兴川中，连水所经，秋间暴涨，洪涛奔放，登高望之，蜿蜒如游龙。

〔据陆宗郑等修，甘雨纂光绪《姚州志》（清光绪十一年刻本）卷十一《杂志·古迹胜景》第15－25页辑录。〕

（民国）姚安县志·金石志·古迹名胜

卷五十九　金石志之四　古迹

吾姚自汉武置县，唐初开府，古迹自应不乏。顾历年既多沧桑屡变，多已消失。兹就旧《志》著录及现存可考者辑之，俾览者摅怀旧之蓄念，发思古之幽情，有以保存而光大之，则于人群进化不无裨补云。

锁水阁　王《志》、甘《志》：在城外东北隅，今废。《通志》：阁后有塔影瑶池，今涸。

廉让井　《采访》：在县府东花园。民国三十四年，县长李士厚之封翁石帆先生所凿，味芳甘。

柿园井　《采访》：在大南门内。味甘冽，多供汲饮。

仙鱼井　王《志》、甘《志》：在城东火神街，一名金鲤井。《采访》：久旱不涸，供全坊住民煮酒。

香泉井　《采访》：在东门河堤。味甘冽，李作舟倡凿，多供汲饮。

春郎井　王《志》、甘《志》：在城东青莲寺后。

金龟井　王《志》、甘《志》：在城西三里金龟山麓，水甘冽。《采访》：共二孔，相距三步，清浊各分，浊者可验雨候。年久失修，坍塌不堪矣。谨按：李《通志》龟祥山在府治西，一名赤石山，其形如龟，其顶有泉，即此。

烟萝泉　王《志》、甘《志》：在城东十里烟萝山，水甘冽。

白鹤泉　《采访》：在白鹤寺前，味甘冽。昔传泉上有柏树，影映泉中如鹤形，故名。

老王井　《采访》：在大龙口。泉水清洁，可供数百家汲饮。

白水井　《采访》：在白家屯。明洪武间凿。

白沙井　《采访》：在朱家庄。并有观音井，俱甘冽芳洁，可供百余家汲用。

仙人井　《采访》：在前场镇三峰山。石崖绝顶，中陷尺余，清泉终年不涸，行人至，必寻饮。

清和井　《采访》：在仁和屯接峰山麓。倚岩凿石而成，水清冽，饮之沁心脾，四时不涸，可供二百余户汲饮。

玉龙泉　《采访》：在五区玉龙寺院内。

蚌珠井 甘《志》：在弥兴街左。泉出如蚌珠，水清甘。

小苴井 《采访》：在小苴下村。凡项间臃肿者，久饮此水，即可消散。

石虎泉 王《志》、甘《志》：在城西二十里崑崙关，路侧有石如卧虎，腹间陷下若盂然，泉水注焉。其地与洋派溯相去三里许，泉之盈缩清浊，视溯为准，溯涸则泉亦涸，颇有气化感通之妙。

绿萝泉 王《志》、甘《志》：在普溯驿三官寺侧，味甘洌。《采访》：足供百余人饮。民国二十八年冬，泉水骤增一倍。

朝元井 王《志》、甘《志》：在普溯镇，俗名小井，水甘洌不涸。每岁元旦，水忽涌高尺许，有声如潮，每月朔望亦如之。谓之"洌井朝元"。

古　泉 王《志》、甘《志》：在城西四里古泉寺左。其水甘洌，烹茗极佳。《采访》：民国二十七年，李作舟倡建龙祠于上。

石牛井 《采访》：在朱家庄村北。

白沙泉 《采访》：一在洋派观音寺侧，泉由白沙涌出，甘芳清洌，甃为池，上覆以亭；一在地地角溯，泉味甘洌。

毒　泉 《采访》：在洋派七星邑。误饮即患瘴疾，现已填没。

西岭井 王《志》、甘《志》：在州西仙景山麓。昔有异人磨杵于此，其石犹在。

长寿井 《采访》：在长寿屯。井泉芬洁，足供二百余户汲饮。

王家井 《采访》：在周房子。甘芳清洁，可供百余户汲用。

锡杖泉 《采访》：在妙光寺后。相传庆禅师开山时，寺乏饮水，师出步至泉处，以锡杖卓之，泉随涌出，甘洌适口，至今不绝。

杨家井 《采访》：在三度邑。凿自明万历间，味清洌，可供百余家汲饮。

龙陈井 《采访》：在龙陈村。水甘洌，可供三五百家汲饮。

小邑村井 《采访》：凿于明初，旱年不竭，可供全村汲饮。

长春井 《采访》：在光禄镇北关。凿自明季，味甘洌，可供三百余户汲用。邑人赵鹤清题名。

漱芳泉 《采访》：在龙华山三丰祠。味甘洌，邑人马驷良题名。

至德泉 《采访》：在至德寺内。凿自明末，水清洌，冬暖夏凉，清初黄中理题名。

七星井 《采访》：在光禄镇高氏宗祠。凿于元季，排列七孔，味清洌，可供百余户饮用。

受福井 《采访》：在怀远乡芦川苍帆村。泉味甘芳，可供百余户汲饮。

涌珠泉 参《妙峰山志》：在妙峰山寺。紫云峰下沿崖喷出，甚芳洌。彻庸有句云："龙喷天香吐玉丸，光明粒粒体皆圆。旷大劫来流不尽，如今唤作涌珠泉。"

喷　泉 《采访》：在外东乡菖蒲塘。泉源一地，喷珠六穴，高约二尺，终年不辍，水量可灌田百亩。

温　泉 参《通志》、王《志》、甘《志》。一在城东一百四十里交摩村李《通志》作"绞摩村，在府治北"。磨盘山后石崖下，浴之可愈皮肤病，近建阁覆之；一在城西六十里龙马箐；一在紫贝坞魏家湾。谨按：旧《志》载治西一百五十里黑只泥村之温泉，系祥云县地，不再录。

大榆树 甘《志》：在弥兴下屯。其树最古，一本两幹，春初小幹先发则雨水较迟，大幹先发则雨水较早。村人即此占雨水之迟早，卜年岁之丰歉焉。

白花老树 《采访》：在锁北乡周家冲。大两围，横生岩上，可占雨水早迟，每夏开后三日即雨，无花则夏末无雨。

卷六十 金石志之五 名胜

姚邑僻处遐陬，虽饶林泉之胜，惟名贤罕至，未经品题，以致有胜莫名。然龙华肇自唐代，东山纪于方舆，其间胜地名场自多，足供咏啸。爰辑旧《志》所载，及确有可称者，著于篇云。

栋川公园 《采访》：在城内武庙前。东西各有池，中部隙地及长堤冬青垂柳，葱蔚袅娜。夏秋池水充盈，碧波万顷，水鸟飞鸣，颇堪流连。现拟点缀楼阁，将来定增佳胜。

观海楼 参王《志》、甘《志》：城南五里之大石淜，为吾姚最大蓄水池。三面皆山，北亘长堤，沿堤古木千章，浓阴荫蔽。西岗有阁曰观音，供奉大士，前则为观海楼，有当春和景明，登楼眺望，则绿波粼粼，万顷汪洋，树色山光，映带左右，作赋咏诗，自饶逸兴。旧《志》以"南湖春水"，列入八境亦宜。

塔镜淜 《采访》：在光禄镇南三里高陀山麓。东有长堤，古木葱郁，山椒昔有古塔，倒影淜中，故名。山下为海西庄，村居临水，垂杨万株，西湖之"柳浪闻莺"要不过是。春秋佳日，缓步堤上，万顷晴波，远映天碧，西南诸山，争妍献媚，无异置身画图中也。

〔据霍士廉等修，由云龙纂民国《姚安县志》（民国三十七年排印本）卷五十九《石金志之四·古迹》第2－10页、卷六十《金石志之五·名胜》第1－2页辑录。〕

（道光）大姚县志·古迹志

卷十三 古迹志

孙　水 一名白沙江，汉司马相如定西南夷[①]，桥孙水即此。维时相如将至斯榆，故桥此水。昔人谓相如将至，张叔、盛览渡若水，梁孙原从之受学。按：孙水自台登来，与泸水合于大姚境沙坝之若水，即金沙江，即俗称之白水江也。

泸　水 合打冲河流至县境之沙坝，合金沙江，经方山，下即武侯渡处。然东汉建武十九年，武威将军刘尚讨栋蚕，已从此渡矣。武威之渡，遗迹无可考。武侯之渡，则程途亭障，犹历历如绘也。

一碗水 在城北一百二十里。巨石上有水一勺，深广不及尺，四时不盈不涸，数十人饮之不尽。石旁山上，有碎白石粘连成团，如市卖之米花团状。传系武侯行军至此，值岁暮，人思乡土，贻之饮食，留至次日，化为石。

天　井 在城东百里白慈峰侧。山顶尽石，平坦若案，中一小池，若洼尊然，方尺许，其水清冽，虽大旱不涸，树叶落其上，鸟辄衔去之。

锁水塔 在城东五里鲤鱼山上，当蜻蛉河、大姚河交汇处。山下即承恩桥，乾隆初

---

① 西南夷　原本脱"南"字，据郦道元《水经注》卷三十六补。

重修。桥下即新坝，故名新坝塔。

〔据黎恂修，刘荣黼纂道光《大姚县志》（清光绪三十年刻本）卷十三《古迹志》第2－7页辑录。〕

（乾隆）白盐井志·山川志古迹名胜附

卷一　山川志古迹名胜附

羊泉八景

龙山耸秀　山名回龙，头角峥嵘，林木蓊蔚，众山环拱，香河绕流，倚崖壁建佛宇，下为龙吟书院，倍增佳胜。

象岭蒸云　山如象形，锁水而卧，旧传四季常有瑞雾祥云。

宝岫朝烟　山名宝关，每晨烟岚笼罩，丛林隐现可观。

文殊夕照　井南北极山，岩壁峭削，文殊阁建其上，古木森挺，每至午后，返照洞壑，峰峦如画。

天台高眺　寺在象山之巅。登望，群山皆俯，一川如画，最为巨观。

石谷春游　由南关外沂水而西，田园村墅，别一风烟。山僻有甘氏园，花木池亭，颇堪游玩。

水亭观瀑　亭在绿萝山侧观音井后，水从山腰流下，淙淙有声，山木清翠欲滴，虽盛夏无蝇，坐眺之余，心神清旷。

香河月夜　在汤家冲口。旧传每于月初出时，河影中一带蟾光掩映，清流顺冲口穿出，清皎可玩。

〔据郭存庄修，赵淳纂乾隆《白盐井志》（《中国地方志集成·云南府县志辑67》，凤凰出版社2009年影印本）卷一《名胜》第12－13页辑录。〕

（光绪）续修白盐井志·杂志·古迹

卷十一　杂志之四　古迹

诸葛军营　《井旧志》：在安丰井西南二里许山顶。相传武侯南征，息军于此。查此地凿土为堑，高不盈三尺，大不过数亩，恐非大军所驻，或系其偏师游骑曾营此耳。又地之北数十里外，亦有军营故迹，抑其信宿所驻者。按升庵《丹铅录·渡泸辨》云：孔明《出师表》五月渡泸，今为泸州，非也。泸州，古之江阳，而泸水乃今之金沙江，即黑水也。其水色黑，故以泸名之耳。《沈黎古志》：孔明南征，由今黎州路。黎州四百余里至两林蛮，自两林南瑟琶部三程至嶲州，十程至泸水，泸水四程至弄栋，即姚州也。今之金沙江，在滇、蜀之交，一在武定府之江驿，一在姚安府之苴却。《沈黎志》：孔明所渡，当是今之苴却也。瑟琶，亦作虱琶①。两林，今之邛部长官司也。又查，苴却在今之大姚县东北，离井二百余里。其渡师既由苴却，则盐井为必至之路，所传军营或其遗迹录此以备考。

石　羊　参《姚安府志》《井旧志》：在大界冲内。相传洞庭龙女嫁泾河龙子，遭谗被逐，牧羊于此，有羊舔土，因掘之得石羊，寻获卤泉。闻于朝，遂封女为郡主，石羊为将军，立庙祀之。《采访》：大界冲即今大东关内，昔供石羊于郡主之左，今移供于界井龙祠。

石　龙　《采访》：在井北铁索箐，有石蜿蜒如龙，绵亘九十余里，旋绕铁索箐之照壁山。龙口有泉出焉。

铁锁桥　《采访》：在铁锁箐河中，两岸石壁高数十丈。昔人用铁锁穿石壁，架木为桥以渡。壁上刻“砥柱狂澜”四字，今桥废。

龙泉溪　《采访》：在观音箐中，即“水亭观瀑”之瀑布泉也。

鱼　池　《井旧志》：在南关外，郭存庄新凿，引溪水入池，畜鱼其中，栽芰荷以备游览。

甘　泉　旧《志》：大王庙有上下二泉，味皆甘。上泉今架枧流关内，注之石缸，汲饮称便。其下一泉，涌出石罅，味更清冽，煮茶为胜，向来司署取汲之。提举郭存庄凿甃深广，建亭其上，以障尘浊，匾曰“羊郡甘泉”。《采访》：泉存亭废。

〔据李训鋐等修，罗其泽等纂光绪《续修白盐井志》（清光绪三十三年刻本）卷十一《杂志之四·古迹》第 17－20 页辑录。〕

（民国）盐丰县志·古迹志

卷七　古迹志之三　遗迹

石　羊　《井旧志》：在大东冲内。相传洞庭龙女嫁泾河龙子，遭谗被逐，牧羊于此，羊舔土，掘之得石羊，寻获卤泉。闻于朝，遂封女为郡主，石羊为将军，立庙祀之。《续井志》：大界冲即今大东关内，昔供石羊于郡主之左，今移供界井龙祠。

石　龙　《续井志》：在井北铁索箐。有石蜿蜒如龙，绵亘九十余里，旋绕铁索箐之照壁山。龙口有泉出焉。

圣水亭　《井旧志》：在观音箐龙祠后。乾隆二十年，郭存庄创建，踞山凭水，结构轩爽，“水亭观瀑”之景即此，并有额题跋云：“是井乃石羊泉之首脉，由洞井至正井，夏秋之间，卤水畅流，滴滴有声，疑若神助。是亭之建，要皆众情愉悦而成，功推大善焉，爰以圣泉名之。”《续井志》：咸丰间重修，光绪二十三年毁于火，二十九年观井士灶重建。

鱼　池　《井旧志》：在南关外。郭存庄新凿，引溪水入池，蓄鱼其中，栽芰荷以备游览。

羊郡甘泉　《井旧志》：大王庙下有上下二泉，下一泉味更清冽，郭存庄凿甃深广，建亭其上，以障尘浊，匾曰“羊郡甘泉”。《续井志》：泉存亭废。

---

①　虱琶　原本作“风琶”，据杨慎《升庵集》卷七十七《渡泸辩》改。

卷十二　杂类志之五　胜景

羊城古八景（录一）载刘邦瑞《井旧志》。

香河夜月　香河流至汤家冲口，正际两山之高凹，每到月出时，但见山高月小，一带蟾光顺口穿出，掩映清流。

刘公《井志》十景（录一）

五龙盘井　井有五，以观、旧、乔、界、尾命名，设立五龙神庙。

郭公《井志》八景（录二）

水亭观瀑　亭在绿萝山侧。水从山腰流下，淙淙有声，山木清翠欲滴，坐眺之余，心神清旷。

香河夜月　在汤家冲口。旧传每于月初出时，河影中一带蟾光，顺冲口穿出，清皎可玩。

石羊新八景（录三）

南河深柳　香水河两岸自岔河至南关外，皆垂柳平堤，初春之时，嫩绿如烟，风景佳绝。

石泉滴雨　尾井武侯祠旁有伏泉，自突出一石，下滴入小池中，经年不竭，煮茶最胜。

金江远色　在县北腻姑后山，可远望金沙江如积水然。盖江自永北来，正当县之东北界也。

〔据郭燮熙纂修民国《盐丰县志》（民国十三年排印本）卷七《古迹志之三·遗迹》第10－12页、卷十二《杂类志之五·胜景》第17－20页辑录。〕

大理州

（嘉靖）大理府志·地理志·古迹胜览

卷二　地理志

古　迹

天　桥　在城南三十五里。观音大士凿洞山骨，使洱河水下趋处也。初未凿时，苍洱之间水据十之七，凿后水存十之三矣。古人谓之石河，下断上连，绝壑深堑，石梁跨之，凭虚凌空，可度一人，故名天桥。桥边激水溅珠，宛如梅树，人呼曰不谢梅，亦奇观也。桥之北有沓幛，又名一线天，水故道也。石林古色，可吹洞箫。

放黑龙于冯河　在苍山玉局峰顶之南。世传乌龙为患，观音大士请佛敕放之于冯河，使冬春居雪山，夏秋居寒汤，寒益寒，热益热，今龙尾关西温泉是也。夏至、冬至先后数日，雷雨大作，是其往复时也。冯河禫围万步，岩壁耸削，奇木交加，潭以版石，皆人力为者。修饬整洁，尘埃不到，潭面清澈，其深莫测，忽有堕叶，鸟辄衔去。《汉书》谓云南郡西北有山，如扶风太乙之状，上有冯河，即此。

卓锡泉 在城北三十五里喜洲大慈寺。昔有神僧，卓锡得泉。

石马泉 在城西。水味甘洌，源出西天竺，杨慎刻禹碑于上。

救疫泉 在城西北兰峰半。泉品最高，汲饮疗疫。

石马井 井在府治后。日亭午时，则见井中有石如马。

五女墩 在洱水北岸。西汉人墓，五女筑墩防水，出《酉阳杂俎》。

天水井 在州北二里。

御　井 在州北一十五里。元杨庭《御井亭记》曰：世祖癸丑南征，驻跸其所，时旱，军士渴甚，上悯之，祷神以宝剑插地，清流涌出，因井之，亭废碑存。前《志》讹以御为玉。

占农石 在凤羽乡。有石窍，中藏一蛇，见头则插秧早，见腹则插秧及时，见尾则旱，人以占农。

白沙井 在凤凰台下。泉味甚甘，亦望欠凿。

金铁溯洞 在凤羽乡腊平山。有洞深远，内有石状似佛，又有龙潭□之，取义则不可晓。

八功德水 在鸡足山之巅。世传迦叶于石上卓锡成泉，涓流不竭。

白牛井 在州西北三十里。人见白牛食其旁，忽没入井，深不可测。

胜　览

天风海涛楼 一名浩然阁，在城东八里洱河西岸海神祠前。嘉靖十七年知府杨仲□建，有诸人诗，不录，录原唱："黑水波涛天地浮，叶榆城郭俯江流。千重花树日衔岭，一片丹青人倚楼。终虚自消龙洞暑，白云横阁鹫山秋。分明不似人间世，天纵先生作冶游。"

叶榆十观（录六）

晴川溪雨 岁五月，刈麦欲晴，莳秧欲雨，郡之平川晴霁，□苍诸涧有雨，谓之守溪雨，刈者欣乾，莳者得水，农有二天之利，是称乐土。有杨黼诗："山前处处晴，山口溪溪雨。蓦来溪涨石梁平，朝暾照映山文古。东菑莳秧水绕田，西畬刈麦日才午。戒我妇子勿失时，一年租税输官府。使君行县羡民淳，往往向人称乐土。"

榆河月印 叶榆水波澜万顷，状如弦月，萦□潦碧，山郭澄鲜，入其境如游玄国蓬壶，使人有一尘不到之想。东坡诗"闻道牂江空抱珥"，盖误指西洱为牂牁江也。

翠盆叠屿 一名青碧溪，在马龙峰之南峪。有三盆，涧水三叠，盆中水清石丽，翠碧交加。昔人诗："谷响人言溪路长，溪源未到觉泉香。三盆叠落净于拭，崖根泻玉迸成浆。潭心丽石明翠羽，精英仿佛碧钗股。即非玉女洗头盆，且饮仙人石钟乳。"时人诗："锦石铺盆翠厥瓮，鱼鳞雀尾动秋潭。"

龙湫石壁 一名黑龙潭，在玉局峰之南，详具《古迹》下。石壁奇诡，古木轮囷，幽绝不可言喻。

瀑泉丸石 在帝释山之南，涧曰梅溪。夏秋瀑布下有盆涡，盆中有一激石，其大如马，水激石跳，铿鍧如雷。千仞壁上有诗，不留姓氏。"翠壁千寻挂玉泉，盆涡激石几千年。当时跃浪如龙马，砥砺磨砻变却园。疋练卷将高五尺，须臾坠落潭花白。如今任运自推移，等闲占断蛟龙宅。”

嵌岩绿玉 在绿玉溪。岩壁有石绿，润如玉，一在上岩，一在下岩。有杨奇鲲诗：“天孙昔谪下天禄，雾须风鬓依草木。一朝骑风上丹霄，翠翘花钿留空谷。”

邓川玉泉亭 在州北三里。温泉出山麓，视他泉较清彻可人，参议杨南金作亭其上。

星鲤潭 在州东，其深莫测。岁二三月，州守于此为祈年之祭，与乡之大□上往燕焉。祝者执饵呼潭，群鱼戴星而出。

浪穹九气台 在治东二里，有台九窍，下有温泉，气从以吐。

珠树渊 在治北二十里，宁海中央，泡沸如珠树。世传阑仓江之伏流瀹而上升，其状如此。

潭镜鱼屯 潭在县北。清彻可鉴，游人以饵至，其鱼忽□，不可胜数，呼为鱼屯，颇奇。

宾川涌泉亭 在治西南二十里，地曰宾居。龙祠之左，水清林碧，可以避暑。

苍洱图说 此大理地图也，嶂峦万叠，戴雪腰云，如列屏十九，曲峙于后者点苍山也。波涛〔万顷〕，横练蓄黛，如月生五日，潴于前者，叶榆水也。郦道元《水经注》：叶榆水，一名洱水。西汉于此置〔益〕州郡叶榆县。夏秋之交，山腰白云，宛如玉带，昔人题云：天将玉带封山公。五月积雪未消，和蜜饷人，颇称殊绝。峰峡皆有悬瀑，为十八溪，溪流所经，沃壤百里。灌溉之利，不俟锄疏。舂碓用泉，不劳人力。石家金谷园，最夸水碓，此地独多。剳山取石，白质黑章，以蜡沃之，则有山林云物之状。唐相李德裕平泉庄命曰醒酒石，〔白侍郎命曰天竺石〕，好事者往往取为窗几之玩。郡之方位，延庚挹辛，宾夕阳而导初月，盖与海临之西湖，洪永之西山，嘉之峨眉，齐安之临皋，滁之瑯琊，同一快丽。若夫四时之气，常如初春，寒止于凉，暑止于温，曾无褦襶冻粟之苦，此则诸方皆不能及也。且花卉蔬果，迥异凡常。岛屿湖陂，偏宜临泛。一泉一石，无不可坐。风帆沙鸟，晴雨咸宜。浮图钜丽，玉柱标穹。杰阁飞楼，连幢萃影。翠微烟景，荫蔚葳蕤。千态万貌，不可为喻。至其地者，使人名利之心消尽。崇圣鸿钟，声闻百里。诸峰钟韵，递为连属。沧波渔火，满地星辰。峡壁涧峰，植圭攒剑，时有隐君子诛茅其中。唐人诗云：“灯悬千嶂夕，幔卷五湖秋。”此语殆为新人设也。又山水环抱如两弛弓，弓鞘交处，是名两关，天设之险，兵燹不及。水东摩崖题云“此水可当兵十万，昔人空有客三千”，是为奥区奇甸，世称乐土。其谁曰不然？顾僻在西陲，非宦游莫至，大理通守罗南周君梓摹传〔图〕，冀四方有赏心者咸得见焉。以郡人中溪李元阳为之说，时嘉靖癸亥夏四月也。榆水之西可游栖者十五处，两月始一周焉。参议梁佐诗：“霄汉一峰妙，亭台万木丛。檐飞江草绿，墙截浦云红。堪赋太元处，最宜高卧中。蓬瀛疑此地，长啸欲凌风。”

〔据李元阳纂嘉靖《大理府志》（《云南大理文史资料选辑·地方志之一》，1983 年大理白族自治州文化局录自云南省图书馆藏钞本）卷二《地理志·古迹胜览》第 85－101 页辑录并以国家图书馆藏明嘉靖年间刻本校改。〕

（康熙）大理府志·古迹志

卷二十三　古迹志

太和县

天　桥　城南三十里洱河下趋处。俗传为大士所凿，以泄洱水。绝壑深堑，石梁跨之，凭虚凌空，可度一人，故名天桥。桥西百武，层石当流，水激浪飞，珠如梅绽，因呼为不谢梅。桥北有沓嶂，又名一线天，水故道也。石林古色，可吹洞箫。

冯　河　在玉局峰顶之南。世传观音大士放黑龙于此，使冬春居雪山，夏秋居温汤，今龙尾关西温泉是也。考旧《志》谓南诏丰祐潴苍峰为池，导山泉共泄流为川，灌田数万顷，民得耕种之利，是名高河。今崖壁耸削，奇木交加，潭以版石，皆人力为者，非即此欤？潭深莫测，水有堕叶，鸟辄衔去。

罗扇井　城西大纸房。罗扇童子从井出，事具《仙释》语中。

救疫井　在苍山兰峰之半。疫疠者饮之即愈。

禹王碑　一塔寺前。嘉靖间，成都杨慎摹岣嵝碑刻之。

赵　州

天水井　州北二里。

御　井　州北一十五里。元世祖南征驻跸于此，时旱，军士渴甚，上祷神以剑插地，清流涌出，因井之，亭废碑存。

华阳井　治西北二十五里。水清洌，有龙异。

云南县

风洞古井　洞在水目寺中。六诏时，僧普济有神异，日从洞中往来。旁有古井，深不可测。又土主庙有木犬，神僧所作，夜遇盗则吠，盗迹之，钉其喉。今存□□，有古碑，僧皎渊刻字画，中宽而狭，其外屡经回禄，碑尚岿然。寺后有倒影亭，前有阿标系髻遗迹。

邓川州

浪穹县

占农石　在凤羽乡。有石窍，中藏一蛇，见头则插秧早，见腹则及时，见尾则旱，人以占农。

春水井　治东葫芦山下。立夏前二日出，届立夏，邑人无远近争饮之，可疗疾。

清源洞　凤羽乡之南。深不可穷，中有石田、石莲、石床、石枕、石兽之类，石笋倒悬，五色毕具。洞中泉涌出，即凤羽河也。

宾川州

金牛液井　在何祥庄。世俗传邪龙曾撼山塞河，潴川为渊，化金牛形，负犁耙排山，大士制之，牛没入井。今其山形若耕犁，川名牛井，以此。

河孔通泉　河子孔在鸡足山下，又名盒子孔，即丰乐溪也。水源自洱河东青山圣母港流入山腹。昔有人饭此，失盒水中，明日过鸡山，见饭盒自孔中流出，故名。学使留题于石，曰“风泉云壑”，字甚遒劲。

罗筌海眼　俗传大土既制罗刹，余党尚潜海窟，恶风白浪时覆舟航，有僧东山者请文殊制之。旧有地窍通海，在寺殿中塑文殊东山像于其上。

云龙州

洞泉凝瑞　十二关石洞内。石液下注，结成山水人物，色具五彩。

卷二十七　寺观胜览附

太和县

碧水叠潭　即青碧溪，在马龙峰南麓。涧水下舂，叠作三潭，中布锦石，翠碧交加。

瀑泉丸石　帝释山之南，曰梅溪。瀑布怒捣，如臼如盆，中有石如马，水激石跳，铿訇如雷。

鹳洲浮浪　洱水中有洲曰大鹳，随水浮沉，石上波痕不见消长，如世称鹦鹉洲然。

雨涧晴川　郡人刈麦欲晴，莳秧欲雨。每岁五月，平川晴霁，刈者喜乾，溪涧雨流，莳者得水，农夫自谓有二天之利。有杨黼诗，载《艺文》中。

赵　州

东湖锦浪　东晋湖春水澄渟，桃花匝岸，泛舟其中，万花倒影，有若锦焉。

狮冈带水　狮子口山环水带，曲折逶迤之致，最足留人。

鸦寨分流　州治东十三里普济祠下，两窍分涌，泽普其利。

龙谷晴云　州治东龙山云气现则霁，无则雨，州人以此卜阴晴焉。

云南县

碧池秋水　城西南一里，深不可测，至于秋月，尤为湛碧。昔人诗云“悬岩阁雨花含露，野水吞天月落池”。

万花溪口　九鼎山下，桃花芳草，绕夹溪滨，入春江绿掩映，沙渚烂然，故昔人有“一派水云铺白练，两岐春树剪红绡”之句。

金龙泻润　县东南有山曰金龙，翠峙溪畔，山蒸云气，猛雨旋飞。昔人诗云“清泉漱玉风生响，紫雾喷香昼结阴”。

邓川州

阁澄水月　大理四阁秋涛之一。扼龙关之首，俯临洱水，明月东出，荡漾金波，披襟映之，如濯心魄于冰壶中也。

亭泄玉泉　旧州大石坪温泉泄于山麓，气清色莹，其品不在安宁下，郡人杨南金构亭覆之，久废。今提督诸公筑馆于上，为汤沐焉。

东西湖泊　州治西北有东西二湖，而西湖为胜，柳湾荻岸，环匝水村，棹渔艇于翠烟绿雨之中，风景清洒，使人留连。

蒲峡龙门 在州北界。一石当流，劈而为两，虽非禹凿，而划开之形要，自神工鬼斧为之，水穿其中，有若门焉。

浪穹县

台蒸九气 东门外二里。地踞湖心，水天四面，有石如龟蛇状，石窍有九温泉，中央热如鼎，沸不可试以指。湖光澄净，而温气薰蒸，白分九道，垂杨芳草，曳绿萦青，拥九气而上升，映孤楼而倒影。苟增修饰，讵逊西湖。

茈水跃珠 宁湖东涯，涡如鼎沸，轻舟欲过，辄推而远之，投以杂果，涌起如珠，昔人目为水珠树云。

蒲江喷雪 即蒲陀崆，汇众川之委，自天倒注，如凿龙门而下激也。两山钤束，乱石当流，逆触涛飞，四时皆雪。

池戏九龙 县东十五里佛光山北。其泉有九，汇而为池，或从石穴奔涌，或从树根喷流，或从平地突决。山脉九支，并脊而垂，如九龙之下饮，要其神物变现，田父往往见之。地宜建亭，非独赏此清流，抑可搴湖西一带之胜。

长堤绿桥 由东门至江幹村而东，一缕长堤，逶迤七八里，古柳沿之，烟笼风曳，拂以湖心之水，抹以温泉之气，秾青淡白，环匝渔村，系马维舟，悠然胜赏。

宾川州

玉溪幽憩 观音谷口，寒玉溪出焉。水自石隙中奔涌而出，清泠幽响，寒玉淙淙，苍崖怪石，不可名状，古松参天，藤萝翳日。傍有龙祠，甃沼构亭，清风徐来，憩者忘暑。

蕉谷飞泉 谷中有瑞泉寺，寺仰而折上，则峭崖际天。崖之额有石枧，如龙口之张空，受高山各涧之水，逼为怒瀑，从半天倒挂十数丈，白溜空悬，人从水后循壁蛇行，如掉臂于雪窦中也。水傍有洞，相传为李常在遇仙处。由寺前东往，则芭蕉万本，窥天皆绿，影映溪流，石如碧玉，盛暑游之，无风而栗。

上沧渔艇 州西百余里，一名上沧湖。青山四壁，湖水澄清，天影浸波，更为湛碧，泛一叶渔舟，沿回坐钓，此身如在镜中，虽广不逾二十里，自觉烟波无际。

云龙州

沧江带碧 旧州东五里。自西北来，环绕州前，汪洋潆回，拖蓝拽碧，折西南而出，宛如玉带，即《书》所称黑水也。

温泉漱玉 州有温泉者五，惟大雒山称佳。其泉自崖半泻下，淙淙有声，溜所经处，石为之穿，就其所穿，凿以为塘，方广可丈许，最为清澈，温热适均，浴者之垢不涤而去，殆与大石坪汤池相伯仲欤？

鹾井凝霜 曰金泉，曰石缝，曰天耳，曰石门，曰大井，曰小井，曰诸邓，曰师井，卤俱自地中出，惟顺荡出于小崖之半，裂窦而注，凝白如霜，与诸井异。

沘水沙洲 沘江对旧司治前。数十年来，中忽漾成一洲，周广可里许，两水环之，青萦芳草，同改为洲，面之如带。

南谷晴烟 沘江南流，两峡峰高，层叠耸峭，每微雨初霁，积阴将霁，则薄雾轻烟，浅淡掩映，林峦高下，出没其中，或峰巅半露，或树影斜掩，米家水墨，庶足方之。

苏溪晚渡 旧州东苏溪渡口，过者络绎，迨日之夕，返照入江，澄澜风静，孤舟摇拽，天宇空明，随步渡头，把酒浮月，远村灯火，映带高低，夜景之胜，莫有过之。

〔据傅天祥等修，黄元治等纂康熙《大理府志》（故宫博物院编《故宫珍本丛刊》第230册《云南府州县志》第5册，海南出版社2001年据清康熙三十三年刻本影印）卷二十三《古迹志》第1－7页、卷二十七《寺观胜览附》第8－15页辑录。〕

（民国）大理县志稿·杂志部·古迹

卷三十二　杂志部　古迹

天生桥　在城南三十里洱河西流处。绝壑深堑，石梁跨之，形如人字，凭虚凌空，可度一人，故曰天生桥。桥西百武，层石当流，水激浪飞，珠如梅绽，因呼为不谢梅。桥北有裂嶂，又名一线天，即水故道也。

双湖塔影　秋水初平，南北湖中有三塔之影，忽隐忽见，倒映于波光缥缈中。

冯　河　在玉局峰顶之南。旧《志》谓南诏丰祐潴苍峰为池，导山泉为川，灌田数万顷，民得耕种之利，亦名高河。今岩壁耸削，奇木交加，潭布以版石，皆人工所为，当[①]即此欤？潭深莫测，有坠叶鸟辄衔去。

黄龙潭　兰峰顶北地平如掌，方里许，有潭广可十亩，四周有石如樽形，皆人工所成。水苍黑色，潭边水草纷披，行经一处则处处皆动，草际夹生，雪茶参差交荫。潭西南隅深不可测，登高西望，永平诸峰高者如拳，峭者如笋，回视洱水，一钩新月而已。民人在潭畔，不可作声，有声则阴云四合，风雨骤至。其水穿岩东注于白石溪，灌溉之利大焉。

禹王碑　《大理府志》：一塔寺前。明嘉靖间成都杨慎摹岣嵝碑刻之，立寺门东。

雨洗碑　龙王庙壁间。世传五月大旱，乡人祷祈弗应，以神巫卜，谓某日时北门外桥有老人赤髯过者，龙王也，祷之即雨。果如所言，乡人德之，刻碑于庙，以纪其事。一日雷雨大作，将碑字洗，讫今有剥蚀痕。

天镜阁　在洱河东玉案山，今圮。岩间刻字曰："此水可当兵十万，昔人空有客三千。"

水月阁　在洱河北江尾，地当洱河上游。

珠海阁　在洱河南金梭岛。

听海楼　在龙尾关天生桥北。当夏，游人憩息纳爽，对河瀑布急泻如梅花状，谓之不谢梅。人在楼中可听而不可见，因名听梅云。

卓锡泉　在城北三十五里喜洲大慈寺前。昔有神僧卓锡得泉。

银箔泉　城西半里许有泉由地中出，清冽为诸泉冠。

瀑布泉　在桃溪。岩高千寻，溪水下泻如练，两山苍翠欲滴，真天然图画也。

蝶　泉　在城北上关。泉从石腹涌出，旁有花一株，高丈余，夏月花开，状若蝴蝶，首尾相衔，长垂至地，盖奇观也，今不存。

---

① 当　康熙《大理府志》卷二十三《古迹志》"冯河"条作"非"。

木莲花井 在上末村。水甚清洌，上有木莲一株，一花九瓣，香色俱佳，今无存。

石马井 在城西。水清洌，与银箔泉同。

罗扇井 《大理府志》：在城西大纸房圆照寺内。

钵 井 在龙王庙。

星湖、在柴村北。神湖、在凤羽村东南。太平湖、在凤羽村西南。莲花湖、在凤羽村西北。潴湖、在凤仪邑南。按：诸湖中鱼味颇佳，星湖之鲃尤为肥美。秋日水天一色，游人云集，八月龙盛，俗称小五湖云。

叶榆十六景（录四）

碧水叠潭 青碧溪在马龙峰南麓，水叠三潭，中布锦石，翠碧交加。石岩上有“禹穴”二字。

瀑泉丸石 应乐峰之南曰梅溪，中开石峡，平凹如盆，内多圆石，溪水作瀑布下泻，急石奔马，水激石跳，若弄僚丸，铿訇之声有如雷鸣。

鹤洲浮浪 洱水中有洲曰大鹳，随水浮沉，石上波痕不见消长，如世称鹦鹉洲然。

雨涧晴川 每岁五月，平原晴霁，溪涧雨流，刈麦、莳秧两便利焉。

〔据张培爵等修，周宗麟等纂民国《大理县志稿》（民国六年排印本）卷三十二《杂志部·古迹》第2－12页辑录。〕

（万历）赵州志·地理志·胜景古迹

卷一 地理志

胜 景

龙谷晴云 治水廊龙山，即五佛山，有云天晴，无云天雨，州人常以此卜阴晴。

鸦寨分流 在州治东济祠下。两窍分出，清流泽普。

狮岗带水 在狮子口。山环水带，绘为奇观。

御井清泉 在州治西北官道傍。元世祖癸丑南征驻跸其所，时旱，军士渴甚，上以宝剑插地，清泉涌出。

古 迹

御井亭 见《胜景》。

天 桥 在龙尾关西五里，俗传观音大士凿。波涛万顷泻于一窍，白昼雷霆耸数里，悬崖绝壁石梁跨之，凭虚凌空，险不可度，名曰天桥。桥之北有杳嶂，又名一线天，水故道也。桥之上两山如夹，中衔满轮，天桥擎之，奇绝可讶，名曰天桥衔月。叶榆十观，此其一也。

华阳井 在州治西北二十五里。水清洌，有龙异。

莲花池 在州治西北二里。段平章布莲于此，今废为田。

〔据庄诚修，王利宾纂万历《赵州志》（国家图书馆藏钞本）卷一《地理志·胜景古迹》第37页辑录。〕

（乾隆）赵州志·古迹志名胜附

卷三　古迹志名胜附

妙音井　在晴云山右。昔白王女妙音姑于此学佛，苦无水，以石臼舂稻，久而臼穿，清泉涌出，取之不竭，白王神之，为建寺焉。

御　井　在城北十五里。元世祖南征至此，军士渴，苦无水，世祖虔祷以剑插地，泉即涌出，因成井，建亭。今亭废井存。

莲花池　在城西北二里。段平章凿，今废为田。

华阳井　城西北二十五里。

名　胜

龙谷晴云　城东九龙山，每晨云封山顶则晴，光霁则雨，州人以此卜阴晴焉。

东湖锦浪　城东北八里环龙山下有石穴出泉，号九龙吐水，冬春闭闸，涵碧成湖，渔人筑墩湖中居之，二月崖岸桃花竞放，霞光掩映，风飘水面，有如织锦，游人买舟载酒，游赏不绝。

海阁回澜　在城北八里玉案山。洱水叠浪自北而来，气象万千，一望无际，帆樯出没，岛屿萦回，夜则烟水渔灯，风涛鹤唳，每登其阁，胸次洒然。

〔据程近仁修，赵淳等纂乾隆《赵州志》（故宫博物院编《故宫珍本丛刊》第231册《云南府州县志》第6册，海南出版社2001年据清乾隆元年刻本影印）卷三《古迹志名胜附》第14页辑录。〕

（道光）赵州志·古迹志名胜附

卷二　古迹志名胜附

妙音井　在晴云山右。昔白王女妙音姑于此学佛，苦无水，以石臼舂稻，久而臼穿，清泉涌出，取之不竭，白王神之，为建寺焉。

御　井　在城北十五里。元世祖南征至此，军士苦无水，世祖虔祷以剑插地，泉即涌出，因成井，建亭。今亭废井存。

莲花池　在城西北二里。段平章凿，今废为田。

华阳井　城西北二十五里。

石　井　在覆釜山下。不溢不竭，相传有金虾蟆、金翦、金盆。

古　井　有二，一在太和山下，莫测深浅，可以灌田；一在塔山下，有雁塔倒影之异。在弥渡亦有二，皆名四方井。

珍珠泉　在弥只凤皇桥头，泉如珠涌。

玉露井　在弥底。水流山腰石隙，甘而清，四时不涸，有石磴层累而上，汲饮者数百户，地名小水井。

名　胜

龙谷晴云　在城东九龙山。每晨云封山顶则晴，光霁则雨，州人以此卜阴晴焉。

东湖锦浪　在城东北八里环龙山。有石穴出泉，号九龙吐水，冬春闭闸，涵碧成湖，渔人筑墩湖中居之，二月两岸桃花竞放，霞光掩映，风飘水面，有如织锦，游人买舟载酒，游赏不绝。

天桥溅雪　在城西北三十里洱河泄处。石桥下为禹穴，水从峡下激石如雪花，昔人题为“万古不谢梅”。桥上石门崭绝，涧风凛烈，不可跬步。

海阁回澜　在城北八里玉案山。洱水叠浪自北而来，气象万千，一望无际，帆樯出没，岛屿萦回，夜则烟水渔灯，风涛鹤唳，每登其阁，胸次洒然。

〔据陈钊镗修，李其馨纂道光《赵州志》（《中国地方志集成·云南府县志辑 77》，凤凰出版社 2009 年据清道光十八年刻本影印）卷二《古迹志名胜附》第 68 页辑录。〕

（康熙）剑川州志·图考名景附

卷二　图考名景附

石宝灵泉　出石宝山顶石崖中，阔尺许，深二尺许，甚寒冽，多汲不涸，少汲不盈，饮之可愈疾。

卷十七　古迹

金山银渡　二山名，在州南沙溪。一赤色如金，一白色如银，俗传山地不可耕，犯之必岁凶时疫。

诸葛池　在治北二里。武侯南征，饮马于此，今垦为田。

〔据王世贵修，张伦纂康熙《剑川州志》（《北京图书馆古籍珍本丛刊 44》，书目文献出版社据清康熙五十二年刻本影印）卷二《图考名景附》第 9 页、卷十七《古迹志》第 62 页辑录。〕

（康熙）鹤庆府志·古迹志

卷二十三　古迹志

诸葛寨泉　在府南一百四十里罗陋村，汉武侯驻跸于此。其下出泉，分为二流，昔有豪强者欲兼利之，至鸡鸣，其水复均，人以为神。

菩提井　在府西南八里迎揖村后，圆六尺许。世传赞陀崛多神僧西来，乡人迎而揖之居此井傍，僧种菩提，或荣或枯，以验岁丰歉。

一碗水　在府东百里大城坡顶。圆尺许，深如之，不涸不盈。相传南诏蒙氏过此，军士渴甚，拔剑插地，泉涌出不竭。

水　洞　在南二十里象眠山下，即赞陀崛多投念珠泄水处。

眠龙洞 在府西南百二十里观音山之龙门舍。洞深五丈，阔三丈，岩嶂岑蔚，飞泉瀑布，清气袭人。建文皇帝出亡往来宿于此者数年，故名。

胭脂海 在府南八十里马耳山之南，有巨津，中发红霞，其水似脂染，盛出澄清如常。

春　水 在观音山莲花寨之北，立夏前三日出，后七日止。水无定所，每出时，地中漉漉有声，土人循其声掘之，其水始出，能除百病，远近村人竞饮之。走夷方者饮之不染瘴疠，患瘴疠者饮之立除，外境人尤效。数日内有鹦鹉（哥）、绿斑鸠数百，群飞来饮，水涸而去。

银　河 源出山神哨，水白如雪，十数步辄一折，曲屈流入南甸，味甘美，取以酿酒，香甜倍他处，或遇淫雨，土人闻河中有音乐呵导声，竟夜不绝，数日内郡必水灾，急取赞陀崛多尊者所遗锡杖，于象眠山下水洞中触之，水不能为害。

剑川州

金山银渡 二山名，在州南沙溪，一赤色如金，一白色如银，俗传山地不可耕，犯之必岁凶时疫。

诸葛池 在治北二里，武侯南征，曾饮马于此，今垦为田。

名　景

天池夜月 在仰止山侧天池寺中殿佛座下。池甃以砖石，泉甚甘洌，澄澈可鉴须眉。每年中秋夜，从池中现一月轮，水渐变为碧色，久之清。光自水中出，一室皎然，虽微物亦可辨识。

澄潭竹树 潭名小西湖。其先为密箐也，一夜水泛成海，广袤约十里许，奇石玲珑耸峭，无一不堪下拜者。四面植荷，花开时宛然一幅西子照镜图。每当夕阳时，一泓澄碧如冰盘，凝视不见其底。有竹修修然，参差于老树间，在水最深处飘摇如荇藻。冬春间，开放梅花一两枝，似可以手探取，及以舟篙触之，深不可及。有修撰杨升庵同侍御李中溪载绳一舟，以铁钩系绳头钩取枝叶，绳没尽竟不能至竹树所，收绳量之，足六十丈，叹为奇观，题“澄潭竹树”四大字及诗两绝而返。

剑川州

石宝灵泉 出石宝山顶石崖中。阔尺许，深二尺许，甚寒洌，多汲不涸，少汲不盈，饮之可愈疾。

〔据佟镇修，邹启孟纂康熙《鹤庆府志》（故宫博物院编《故宫珍本丛刊》第232册《云南府州县志》第7册，海南出版社2001年据清康熙五十三年刻本影印）卷二十三《古迹志》第52－57页辑录。〕

（民国）鹤庆县志·地理志·古迹

卷一　地理志　古迹

诸葛寨 在城南一百四十里罗陋村，汉武侯驻军于此。其下出泉，分为二流，昔有豪强者欲兼利之，昏夜潜往挹注，至鸡鸣其水复均分如故，人以为神。

赞陀井 在城北三十八里三贝河村。广仅容汲，而深不可测，下视黝然，其水清冽，一村赖之，井非石砌，亦非穿凿所能为。相传赞陀崛多以锡杖杵地而成，井栏为汲绠所锯，深入三四寸许，痕迹宛然。

菩提井 在治西南八里迎揖村后，井圆六尺许。世传赞陀崛多神僧西来，乡人迎而揖之于此，苦汲远，僧以锡卓于地成此井，并于井旁摘念珠种有菩提一株，历劫犹存，村人于其荣枯以占岁之丰歉甚验。

让朝山阴张继昭《菩提树歌》：

念珠穿破菩提子，逐日搓摩子久死。摘一粒试种竟生，余子百七穴开矣。佛亲手植根通灵，兵燹惨经尚如此。住锡初地久弥尊，大唐遗事忆原起。崛多罗佛西域生，曾随贡使来榆城。道经鹤拓行危岸，茫茫积水一川平。心般开辟急披雍，鲢鱼村寺先经营。念珠持祷伽蓝殿，枯子能活功能成。怒芽欣看一朝发，雨溉露滋枝叶荣。东南山麓踏寻遍，去消无路心每惊。愚公移山事岂易，观音陟降感精诚。踌躇水边遇浣妇，杵抛波面随流轻。倏忽漂离百丈远，呼之即来如应声。异事降心叩求术，答以修炼术自精。并道东山蓄空气，其下七十二柱撑。他年宣泄必此是，和南一瞥乘风轻。因之安禅觅幽处，石宝巅洞隔云雾。入洞趺坐静参禅，面壁十年得觉悟。佛法通澈真无边，依样抛钵呼亦前。铁梁成针功深候，特开慧眼看重泉。顶上光圆祥光驾，越水时来憩树下。卜吉先令妇孺知，贞观四载中秋夜。香烟缭绕万家焚，山鸣地震勿惊讶。云净晴空鬼魄圆，皓月涵水水涵天。袖中拈出菩提子，子子落地穴穴穿。一层穴消五尺水，二层三层开接连。伫立崖端天未晓，沧海顷刻成桑田。降龙疏江帖然服，侍者驱挽不同鞭。转盼东流漾弓辟，群龙归就潭底眠。佛心慰兮部署妥，成佛已灭心头火。勿烦淤塞系烦忧，灵爽在天不灭我。三月望日西方归，春秋朝拜山巅祠。何如手植菩提树，犹想誓立弘愿时。此树千秋若一日，不茂不枯铁石质。扶疏永镇鹤阳波，护惜常傍阿那室。寺宇兴废几番经，食德报功万姓一。金身丈六新装修，殿牖三楹加丹漆。巍巍石宝悠悠江，供养香花无时毕。树杪慈云如盖临，来骖狮象享芬苾。书诸穹碑记始卒，愧乏淋漓大手笔。

墨水井 在治东南百二十里。其水黑如墨瀋然，及掬之盛钵盂中，则清与常水无异。原名黑水，以其如墨也，故亦名墨水。

雷打石 在治东南三十里。先是，明万历间，邑贡生阮宗武开凿陈麻子阱水道，道经阿利坡，赀垂罄，突巨石横阻，改越俱难，宗武乃虔备牲醴，具文吁天，是夜，忽大雷雨以风，霹雳一声，破石为两，水遂得由中流源源而下，灌溉波罗上下诸村田亩，至今利之。

漂母捣衣石 在治南江尾庙西数武，即观音大士漂衣点化处。石旁为象眠山麓落水洞，洞壁大书有“吞江”二字，历久不磨，洞内幽邃异常，入其中者，如游桃花源，令人不作魏晋以下想。

崛多尊者愈疴石 在治西南观音山梅城石塔后。石高四尺许，广如之，文成五色，陆离夺目，其地产异草，能疗百病。相传崛多尊者因母病，负母至此，于石上以锡杖杵石成臼，取草捣药，复用指指石出泉，合之以进母，母病即愈。至今石上池水不溢不竭，冬夏常温，乡人取水饮之以祛病焉，但其草无复有识者矣。

洗心泉 在治北二十里。相传吴学道尧弼初授经时，性顽钝，夜梦老人携至此泉，为之剖腹洗心，因惊醒，平明，遣家人往视之，泉水色果皆赤，而吴亦自此颖悟非常，遂联捷成进士。吴感其异，为出赀建寺，且名其泉为“洗心泉”，亲书刻石记之。

一碗水 在治东百里大城坡顶。圆尺许，深如之，不涸不盈。相传南诏蒙氏过此，军士渴甚，拔剑斫地，泉遂涌出不竭。

卷一之下 地理志 名胜

漾江烟柳 江形如蛟龙，每里许一折，每折必逆回，屈曲如玉环，游人牵舟其中，经一环约六七里，夹岸皆秀柳夭桃。每岁春时，柳初舒眉间，桃花点缀江浒，绿烟红雨，从堤上倒映水中，清丽两绝，郡人有载笙歌游览者，有赋诗歌啸咏者，往来如在锦绣中，又如坐镜中。盖一江也，仰视则春在枝头，俯瞩则天在水底，武陵源何必在渔人问津处耶？

郡守佟镇《漾江烟柳行》：

漾弓江上春云轻，绿柳红桃压波平。父老游春载酒行，细草桥边听歌声。君不见，平芜原广鹤阳城，树以桑麻教力耕，不闻岁岁有征丁。天子御极忧边氓，百僚奉职贤且贞。天地旷哉景物明，故向春江听鸟鸣。

澄潭竹树 潭名小西湖。其先密箐也，一夜水泛成海，广袤约十里许，奇石玲珑耸峭，无一不堪下拜者。四面植荷，花开时宛然一幅西子照镜图。每当夕阳时，一泓澄碧如水晶盘，凝视不见其底。有竹修修然，参差于老树间，在水最深处飘摇如荇菜然。冬春开放梅花一两枝，似可以手探取，即以舟篙触之，深不可及。有修撰杨升庵同侍御李中溪载绳一舟，以铁钩系绳钩取枝叶，绳没尽竟不能至竹树所，收绳量之，足六十丈，叹为奇观，题“澄潭竹树”四大字并诗两绝而返。

郡守佟镇《澄潭竹树歌》：

乐蒙石骨切肪白，千尺插底动泉脉。深藏老竹四五枝，正与梅花佐高格。梅竹依稀有奇色，岂是水师工泼墨。谛视如从天上栽，载绳缒之不可得。缒之不得可奈何，珍珠深缀在岩阿。若能水面收拾起，不异图书出洛河。

小西湖 在治西南百二十里龙门舍。其西丹崖壁立，根插水底，每当夕阳西下，霞光四射，崖影倒映湖中。崖有毘卢、观音二阁，强半凿石为之。凭栏俯瞰，茫然万顷，游人至此，恍疑身在天上焉。

落水洞 在城南二十里象眠山下，即赞陀崛多投念珠泄水处。

让朝郡人赵士圻《落水洞歌》：

鹤阳旧名蒙统罗，四山回合高峨峨。中潴渊潭百余里，居民两岸隈山阿。一传再传岁月久，有唐天子抚九有。扶舆灵秀不终藏，竺僧西来开洞口。牟珠一掷南山穿，一百八孔水涓涓。洞开水落平地现，蛟宫龙窟变桑田。父老相传留此说，世远人遥难究诘。理之所无事或有，神工鬼斧迹不灭。由宋迄元历两朝，五百余年风景饶。越析地当六诏一，西南入贡路遥遥。明置卫郡因时变，山川顿觉开生面。贤守省耕溯源流，从此报德建祠院。时当二月春水融，云屯人力补天工。沙砾泥渣疏且瀹，自春徂夏洞皆空。洞空吸水水不逆，秋有稻子夏有麦。洞开洞塞非等闲，万户人家大命脉。君不见，导河积石至龙门，奇之又奇禹迹存。

清虚阁　在治北八里，明知府马卿建。题诗曰："林端高阁俯清潭，轩外西横雪石岩。云白山青天宇阔，斜阳一半绿波涵。"顾其制颇狭，后任吴堂命土百户母昂等特新之，有记。

郡守吴堂《清虚阁记》：

辛巳秋，吴子携酒挟客，饮于清虚之阁。是日也，潦尽水清，雾收山洁，云容淩而夷与，雾气凉而剥落，黍稌铺绣壤之黄云，草荇布芳洲之钗错，金柄擅司，暑权顿却，举杯相属，于焉是乐。客有似枚生者，规巾规服，酌彼兕觥，引满再醮而言曰："天地设位，乾坤以宁。川融山结，亘古是存。羲皇演画，禹箕范畴。不有纪载，后世奚求？惟兹鹤川，古属夷方。皇图肇启，乃理乃疆。文教诞敷，南国之光。选良佐贤，治具毕张。然则一方文事，系之有司。命词比事，非守土者之责其谁哉？谨按阁跨白龙祠，由祠而上数十里，最高一峰名金山顶，下为白露山，翥若骞凤，阁临焉。山脉发源西域，远莫测，山之麓百泉贯注，汇为潭，故谓之百龙潭。旧有阁，卑陋弗称。乃命土百户母昂、王瀚特新之，材出众，顾不费公帑。阁面东，浸入潭二丈许，高约过半，栏楯周匝，窗棂掩映。左洲右石，翚飞并立。石宝岿然，其前瞻漾弓委蛇而环合，揽群绿之缤纷，挹众秀其杂沓。矧清秋之佳致，趋四时而恢廓。已而倒影沉碧，斜光浸润，风劲暝生，山空木落。猿蹻树而哀鸣，鹤翔空而声霍。冰轮半侧，狡兔影跃。扣舷下钓，锦鳞出没。斯则阁中一时朝夕之大观也。诸君然欤？否欤？"众皆唯唯。遂命酒各数觥，以为记。

逢源亭　在治北香渼潭。潭广可十余亩，发源青山麓，源有二道，一从石隙中出，一从石洞中出。邑拔贡寸增高醵资为亭于二水之间，取左右逢源意，名之曰"逢源亭"。

邑人寸增高《逢源亭记》：

天下有待辟之景，而无不能为之事。就境辟景，境以愈辟而愈新，而要非强难辟之境而辟之也。待辟者，每早有其境，惜率作兴事，难多得其人，斯胜境遂湮没弗彰焉。城北青山之麓，龙泉涌出，清冽澄泓，汪洋秀澈，苍松古柏，围绕左右。复有青玄石洞，曲径通幽，佳木阴繁，山水交映，岂非天生胜境，而为一方之伟观者欤！况其源泉混混，四时不竭，下游村落田畴，悉资其灌溉。是宜崇奉灵异，以展馨香之思，非徒辟胜境以资游玩而已。己丑春，余邀二三友人集此，饮次，告以欲辟此境意，佥曰：“宜哉。”遂相与鸠工庀材，相夺地势，以两泉夹会间，稍有陵阜，因增拓之而建亭于其上，取左右逢源义，名之曰“逢源亭”。亭中崇奉龙神，亦即藉以为游览之地。一经点缀，遂使溪山胜境别开生面，而遥与青玄庙刹映带交辉。余维众擎之易举也，不可不记，因书其事于右。后之人与我同志，嗣而葺之，山水之光，亦余之所希冀也夫！

〔据杨金铠纂辑民国《鹤庆县志》（大理白族自治州图书馆1983年据民国十二年稿本油印）卷一之中《地理志·古迹》第39-46页、卷一之下《地理志·名胜》第2-8页辑录。〕

（康熙）定边县志·古迹志

古迹志

温　泉　在县东，详在八景之内。东有石洞，土人名老汪洞。

胜　景

温泉解愠　县东山，温泉平地喷出如丛珠，涤之可去沉疴。冬温夏和，适洽人意，远近争浴者不绝，至春尤盛。后此地倾圮，又于此泉之右，从山腰迸出者，改置数椽，视前更胜。左临高峰，有亭翼然，浴罢舒啸于此，好风徐来，尘襟[①]一开矣。

〔据杨书纂康熙《定边县志》（云南民族社会历史调查组1960年钞本）第13页辑录。〕

（康熙）蒙化府志·地理志·古迹胜景

卷一　地理志

古　迹

温　泉　在封川山麓，蒙诏汤池也。相传细奴逻母病，浴此辄愈。今郡人冬春二季，咸往浴焉。

冷水塘　城北二十里，桥头村上山涧清流涌出，坎止为池。春夏之交，左右村民携牲礼祭赛，就涧沐浴，云能去病，立夏日更盛。

胜　景

温泉漱玉　城南温泉，浴者愈病，春月士民趋浴如市。

〔据蒋旭修，陈金珏纂康熙《蒙化府志》（《中国地方志集成·云南府县志辑79》，凤凰出版社2009年据清康熙三十七年刻本影印）卷一《地理志》第35页辑录。〕

---

① 尘襟　原本作“靡襟”，据康熙《楚雄府志》卷一《地理志·胜景》改。

（乾隆）续修蒙化直隶厅志·地理志·胜景

卷一　地理志　胜景

温泉解愠　南涧南三里，水气和蒸，昔人以安宁碧玉泉方之。

〔据刘垲等修，吴蒲等纂乾隆《续修蒙化直隶厅志》（清光绪七年刻本）卷一《地理志·胜景》第4页辑录。〕

（雍正）宾川州志·风俗志

卷十一　风俗志

古　迹

金　坡　在宾居仁慈大王庙西北。大王张敬，俗传大士放罗刹，敬与有力焉，故洱水伏流庙下，坡上有石名上马台。

邹公塘　在宾居白塔下。邹公征铁索，凯旋驻此，见土地膴美而无田亩，公问其故，众曰无水。公乃命筑堤，以资灌溉，令州守董其役，周围约二百余丈许，名曰邹公塘。塘上建祠，郡人李元阳记之。

金牛液井　在何祥庄内。俗传邪龙欲撼山塞河，潴川为渊，化金牛形，负犁耙排山，大士制之，牛没入井。今其山形若耕犁，川名牛井，以此。

河孔通泉　河子孔在鸡足上下，又名盒子孔，即丰乐溪也。水源自洱河东青山圣母港流入山腹。昔有人饭此，失盒水中，明日过鸡山，见其盒自孔中流出，故名。学使者题于石，曰“风泉云壑”，字甚遒劲。

国母井　平贼岭下。邹公军至此，渴甚，忽见老妪指以泉，因名。

罗荃海眼　俗传大士既制罗刹，余党尚潜海窟，恶风白浪，时覆舟航，有僧东山者请文殊制之。旧有地窍通海，在殿中塑文殊、东山像于其上。唐时杨都司创洱河东罗荃寺，寺前有田四十亩，每栽约三日，佣戏师曰：若能系日当为毕栽。师默念咒田栽，既而日方暝，佣归始知已历二昼矣。山下有黑龙常作风浪覆舟，师以白犬吠之，龙怒而出，师视龙蜿若教诲之，有顷，龙驯俯而去。先是，河浪九叠，师以念珠鞭之，去其三叠，河乃翕顺可舟。

胜览八景（录三）

玉溪幽憩　寒玉溪水自石隙中奔涌而出，清冷幽响，苍崖怪石，不可名状，古松参天，藤萝翳日。旁有龙王祠，甃沼构亭，清风徐来，憩者忘暑。

蕉谷飞泉　谷中有瑞泉寺，上有悬崖，受高山各涧之水，逼为怒瀑，从半天倒挂十数丈，人从水后循壁蛇行，如掉臂于雪窦中也。水旁有洞，相传为季常在遇仙处，东注则芭蕉万本，窥天皆绿，影映溪流，石如碧玉，盛暑游之，无风而栗。寺内老桂二株，花时香闻数里。

上沧渔艇 上沧湖青山四壁，潴水澄清，天影浸波，更为湛碧。泛一叶渔舟，沿回坐钓，此身如在镜中，虽广不逾二十里，自觉烟波无际。

〔据周钺纂修雍正《宾川州志》（清雍正五年刻本）卷十一《风俗志》第4－8页辑录。〕

（雍正）云龙州志·疆域志附胜景古迹

卷三 疆域志附胜景古迹

胜 景

沧江带壁 即澜沧江。汪洋萦回，拖蓝拽绿，每值清明，烟霞横浮水面，宛如长虹。

苏溪晚渡 苏溪渡口，当风静晚凉，返照入江，澄碧如练，孤舟摇曳，天宇空明，随步渡头，把酒对月，远村灯火，映带高低，夜景之最胜者。

温泉崖壑 即石城温泉。直对雒岭，峭壁千尺，下临沘水，浴罢临风，尘襟顿涤。

沘水清涛 沘江环绕雒马至砥柱桥头，水石相搏，声震阛阓，值月白风清之夕，凭栏静坐，如闻三峡惊涛。

古 迹

洞泉凝瑞 十二关崖洞内。石液下注，结成山水人物，色具五彩。

蟠龙石 旧州东。正德间，有龙负石腾起，鳞甲爪痕印石上，时有云气覆之。

〔据陈希芳修，胡禹谟纂雍正《云龙州志》（《中国地方志集成·云南府县志辑82》，凤凰出版社2009年据钞本影印）卷三《疆域志》第20－22页辑录。〕

（隆武）重修邓川州志·风境志·胜览

卷三 风境志 胜览

庠临蛟海 州之东界有顶圣山，气迥格秀，三江绕后，大海临前，自学宫迁后，科第云仍。

烟渚渔歌 州之北界，西湖东渚，柳湾荻岸，渔舟连浦，两两歌来，游人听之每担酒换鱼。

弥江百里 州之中界，弥苴江一泓洊下，计百里许，若长蛇列阵，拖到洱波中。两堤种榆柳，往来可人。

碧潭星鲤 州之东界，韶□坝山□□水清漪。昔蒙氏建庙塘蓄金鲤，其首有纹，黝点若星，〔见〕人涌出。

海月明楼　州之南界，观音□龙王庙本月楼面□洱水，仲秋鱼□龙舡，俗庆观音会。

〔据敖浤贞修，艾自修纂隆武《重修邓川州志》（《云南大理文史资料选辑·地方志之三》，大理白族自治州文化局1983年据云南省图书馆传钞本整理点校）卷三《风景志·胜览》第16－19页辑录。〕

（咸丰）邓川州志·地舆志·胜览古迹

卷二　地舆志

胜　览

烟渚渔村　即西湖，在罗旆山下十里，波澄如镜，而烟村错落，其间渔歌往还，柳屿萦绕，兼以菱芰、芦荻与沙禽、水鸟，时掩映出没于天光云影中，耶溪、辋川不过是也。惟秋淫涨发，沿湖稻田半没于水。

晴沙柳岸　即瀰苴河堤。蜒蜿五十余里，两岸柳株，泼翠摇青，与碧波空濛相映，踏沙小步，虽盛暑能遏炎光，风景殆不异苏堤矣。然两岸亘若遥岑，全川田庐之绣错而绮交者，大半湿处其下，秋泛涨发之际，望之令人骇然。

蒲陀雪浪　在州北蒲陀峒。两峡峭峙，蔽日亏云，中间瀰苴河源破峡而来，雪浪银涛与怪石终古喷薄相怒吼。一径缘峡侧挂，俯视悬崖之下，轰若辊雷，在足地根依稀摇动，慄慄乎有戒心焉，奇险之境，不殊巫峡。

山市秋涛　在州南鱼潭坡。面临洱水，万顷汪洋。每岁中秋，百货千艘，喧阗骈集。趁夜登临，但见水月相涵，炫若万道金蛇腾游海面，碧天寥廓，沆瀣遥通，恍如置身玉宇，濯魄冰壶矣。

古　迹

青索鼻　州东南七里瀰苴河岸。相传武侯兵过，无桥，攥青蒲索千条以渡，故名。高《志》云：洱水有青莎鼻洲。或“莎”音近“索”而讹，未知孰是。

南诏潭　州西三十里。潭宽而深，万木阴森，三山环绕，一面有石墙。世传南诏时，土人避兵其地。

金龙潭　州东北六十里，俗名邀龙潭。邀龙者，世说武侯驻师于此，无水，邀龙祈水，故名。潭开石硐，阔亩许，青碧一泓，如隔尘世，微呼嗷则响通万窍，韵若笙篁。其水潜流两派，一东出莲花箐，一西出灵源泽，俱利灌千亩。

丙　穴　州南十八里，地名鱼潭坡，坡腰有穴，峭而深，泉洌而清。中产油鱼，小仅三四寸，烹之汤悉成油，味肥美。杨升庵太史镌“丙穴”二字于石壁。

玉泉岩　州西北十五里大市坪，温泉旁有岩，岩龛塑御史杨两依先生像，左匾攻玉，右匾濯缨，今半湮于沙砾。

芭蕉龙　州西北二十五里有龙潭，潭上古木槎枒，芭蕉荫翳。昔年天旱，致祷有龙从芭蕉中跃出，遂大雨，至今祷辄应，州牧王、恩二公先后勒碑其地。

〔据钮方图修，侯允钦纂咸丰《邓川州志》（清咸丰五年刻本）卷二《地舆志·胜览古迹》第12页辑录。〕

（康熙）云南县志·地理志·胜迹

地理志　胜迹

县八景（录四）

万花溪口　诗曰："天开图画洱西桥，风物豪华不易消。一派水云铺白练，两岐春树剪红绡。直将金谷寻常看，都作瑶池样子描。最是太平清世界，翠微深处对笙箫。"

碧池秋色[①]　诗曰："大谷西催凉满陂，寒潭碾碎碧琉璃。悬岩阁雨花含露，明水吞天月落池。霞鹜点成滕王阁，莼鲈勾动李膺思。独栖丹凤梧枝老，绝胜高冈一段奇。"

青海月痕　诗曰："万绿参差拂柳塘，嫦娥静夜影波光。香浮浅淡莲花白，露滴淋漓桂子黄。弄罢谪仙歌采石，招来妃子舞霓裳。恍疑龙抱明珠卧，雷雨乘时沛八荒。"

金龙泻润　诗曰："夭矫盘龙卧碧岑，横地鳞甲满坡金。清泉漱玉风生响，紫雾喷香昼结阴。泽物漫夸姑射露，济时好作傅岩林。山僧祝钵乘风去，云锁珠帘片月沈。"

〔据伍青莲纂修康熙《云南县志·地理志·胜迹》（国家图书馆藏民国年间钞本）第18页辑录。〕

（光绪）云南县志·杂志

卷十二　杂志胜迹附

青海月痕　在县治之东南。青龙海水光如镜，秋月涵之，更觉澄湛。昔人有诗曰"恍疑龙抱骊珠卧，照映秋林桂子黄"。

万花溪口　在县之西北茨坪村前。沙渚烂然，入春红绿掩映，花草绕夹溪滨。昔人咏"一派水云铺白练，两岐春树剪红绡"之句。

碧池秋水　一名青湖，即龙池，在县之西南三里。深不可测，至秋更为湛碧。旁建宝泉行宫。昔人有诗云"悬岩过雨花含露，野水吞天月落池"。

金龙泻润　在县之西龙冈后。过溪沟，上三里，金龙山有泉流泻，灌田百亩。旧有龙宫梵宇，翠峙溪畔，山蒸霭气，猛雨旋飞，遇科年，或金龙挂黄云色映阖川。昔人有诗曰"清泉漱玉风生响，紫雾喷香昼结阴"。

叶镜湖光　在县治之东南三十五里官道旁。储水为塘，方余三十亩，岸旁有石如镜，作蔚蓝色，以水涤拭，湖光山色，一一毕见。段思平得神马于叶镜湖，邹公题韵"鉴石依然照胆寒，湖光一片两相看。秋来落叶飘飘影，莫作温峤玉镜观"。

莲渠双岛　在县治之东禾甸川。中有渠，周围二十里，有二岛，其水灌溉田亩，办纳鱼课。

香水泉　在县东南晒经坡脚。泉水清幽，四时不涸，烹茶味甚香美，叶浮不落。

---

① 秋色　光绪《云南通志》作"秋水"。

今存。

风洞古井 在城南三十里水目山水月寺。六诏时，僧普济有神异，由洞往来。旁有古井，深不可测。后有倒影亭，前有阿标系髻遗迹。今存。

诸葛故井 在城南力士营上。大仅如碗，而四时不涸不溢，取之不尽。

过峡天桥 在县西北大尖山。势如鞍鞯，涧水流，甚宽敞，过者不知其为桥也。

木 犬 在城南三十里水目山土主庙。神僧所作，夜遇盗则吠，盗恶之，钉其喉。

观澜亭 在城内西南隅城脚下仓塘内。明副使郡人史旌贤筑，久废，遗址犹存。

喜雨亭 在县西署。兵备道沈桥筑，久废。

〔据项联晋修，黄炳堃纂光绪《云南县志》（清光绪十六年刻本）卷十二《杂志胜迹附》第 68－70 页辑录。〕

（康熙）续修浪穹县志·舆地志·古迹

卷一 舆地志 古迹附胜览

春水井 在治东葫芦山下。立夏前二日始出，邑人至立夏日，无论远近皆往饮之，以为可疗疾，相沿为故事。

占农石 在凤羽乡上江嘴。有石窍，中藏一蛇，见头则插秧早，见身则及时，见尾则迟，人以此为占农。

宁海跃珠 在治北十五里。水自深渊涌出，如珠树沉而复升，投以榴子，随波上下红白。

九气冲霄 在治东。四面皆湖水，惟此突起，涌温泉者九，暖气薰蒸，直干霄汉。诗附《艺文》。

神骥遗踪 在治西南三十里南林村，有一泉俗呼为龙马泉，旁有一大石，上有马蹄迹。

西陵翠影 在学前泮池。注水澄清，楼台云树倒影其中，苍翠宛如画图。诗附《艺文》。

〔据赵珙纂康熙《续修浪穹县志》（国家图书馆藏民国年间钞本）卷一《舆地志·古迹》第 11－14 页辑录。〕

（光绪）浪穹县志略·杂志·古迹

卷十三 杂志 古迹胜览附

泛湖穷源碑 《徐霞客游记》：浪穹东关外，由湖而入海子，杨升庵太史有泛湖穷源碑没山间，何君鸣凤得之，将为立亭，以志其胜。

天镜池 旧《志》：在鸟吊山顶。广有数里，不见源流，亦无盈缩，杨升庵题额其上。

海眼穴 旧《志》：在鹤林山石壁间，随见随隐，其中境界，不异蓬莱仙穴也。

山关石 旧《志》：在治西南十五里长庚桥下。涧水清冽，中多异石，采制为砚，与歙石等，惟润泽不及耳。

龙马泉 旧《志》在治西南三十里南林村。泉旁有大石，上有马蹄迹。知县周景弘诗："天生神马下南游，石上遗踪万古留。骏骨相应化龙去，人间何必用金求。"

蟠龙井 旧《志》：在城南郭内。泉甚甘美清冽，夏月饮之，尤能消暑，邑中第一泉也。

石盘井 旧《志》：在城内西街玉皇阁左。邑人李森捐修，砌石为井，远引西山之水，城中甚沾其利。知县吴嘉麒题曰"玉液清流"，碑址犹存。

白沙井 旧《志》：在治北凤凰台下。其泉甘美，为南诏丰〔祐〕时所凿。

让　井 旧《志》：在城南郭内，距蟠龙井东南二十步，系杨姓自凿。其水甘冽，胜于蟠龙，以叩门求汲者多，遂甃之垣外，让为公井。

春水井 旧《志》：一名香泉，在治东葫芦山下。立夏前二日则出，邑人无论远近争饮之，云可疗疾。

观音井 《采访》：在治东北三十里金鳌山后。旧乏水，乡人憩此渴甚，苦无解燥吻。一日，有老人以竹杖卓地，泉遂涌出，清冽甘美，老人旋失所在，疑观音化身也。

护国泉 《采访》：在治北剷头村西岭。深三尺许，广二尺，清冷莹澈，色如碧玉，虽旱不涸，疾者汲以煎药恒效。旧传乃南诏护国和尚尹嵯酋遗址，土人又名十分水。

胜　览

台蒸九气 旧《志》：在东门外二里。地濒茈湖，高台矗起，有石如龟蛇状，石窍有九，中涌温泉，热如沸汤，三面湖水清冷，而此独温燠，殆亦灵气所钟，不可以常理测也。以温泉，故游人多至。平田罫列，绿树烟迷，亦小有致云。

蒲江喷寻 旧《志》：即三江口下流，断崖峡峙，怪石嶙峋，骇浪雷奔，惊涛雪溅，亦奇观也。《一统志》载为葡萄江。

茈湖跃珠 旧《志》：在宁湖旁东。岩水涌起如珠，投以杂果，随波上下。昔人目为水珠树云。

罢谷层楼 旧《志》：山幽而秀，水深而碧，多冬青树，后为龙神祠。前有楼曰"瀓碧"，轩窗洞豁，水色山光，扑人眉宇。

〔据罗瀛美修，周沆纂辑光绪《浪穹县志略》（清光绪二十九年刻本）卷十三《杂志·古迹》第5－10页辑录。〕

丽江市

（乾隆）丽江府志略·山川略·古迹

上卷　山川略　古迹

铁桥址 在废巨津州北一百三十里，为南诏与吐蕃交会处。铁桥之建，或曰吐蕃，或曰隋史万岁及苏荣，或曰南诏阁罗凤。异牟寻归唐时断，以绝吐蕃。桥南有铁桥城，为吐蕃十六城之一，尝置铁桥节度于此。桥所跨处，穴石锢铁为之，冬日水清，犹见铁环。

温　泉　有四，一在城东北八十里阿天村；一在城西北一百六十里金沙江滨，其泉随江水上下；一在城东南百里无上村；一在西南旧兰州七母村。其水皆清洁无磺气，浴之可医风湿。

康　泉　在府治前。味极甘美，为丽泉第一。

龙　湫　在城西南十里。阔数亩，四畔草结如葑植，履及一方，三方皆动，人或近之，风雨骤至。

苦　泉　有二，一出吴烈山涧，一出剌沙村。其味微苦，饮之能却疾，土人取制紫金丹。

〔据官学宣修，万咸燕纂乾隆《丽江府志略》（《中国地方志集成·云南府县志辑41》，凤凰出版社2009年据钞本影印）上卷《山川略·古迹》第126–128页辑录。〕

（光绪）丽江府志·艺文志附古迹

卷八　艺文志附古迹

龙　湫　在城西南十里。阔数亩，四畔皆草结，履及一方，三方皆动，人或近之，风雨骤至。又名风雨潭，桑映斗有诗（略）。

苦　泉　有二，一出吴烈里山涧，一出剌沙村。其味微苦，饮之却疾，土人取制紫金丹。

铁桥址　距废巨津州一百三十里，为南诏、吐番交会处。铁桥之建，或曰吐蕃，或曰隋史万岁及苏荣，或曰南诏阁罗凤。异牟寻归唐时断，以绝吐蕃。桥南有铁桥城，为吐蕃十六城之一，尝置铁桥节度于此。桥所跨处，穴石锢铁为之，冬日水清，铁环犹见。

冷暖亭　系王太守厚庆所题，在象山麓潴水塘。清波荡漾，活水滢回，中有亭翼然，塘水左冷右暖，故以名亭。

仙　泉　在象山之东。水甚甘洁，尝有异人修炼于此。相传源置木桶，泉即涌注，后人易木以石，泉水即涸。

禹王碑　在雪山北阿昌谷边。碑上有蝌蚪字迹，人莫能识，相传为禹王劈谷时置。

风碑卧穴　在雪山腰。相传有一颠碑，无字，横盖石穴，平洁如洗，常有牧人饮食其上，若扶而立之，则风雨骤至。

温　泉　在东山里者二，在曰浪沧者一。清洁温沸，痼疾者浴之即愈。

〔据陈宗海修，李福宝等纂光绪《丽江府志》（国家图书馆藏民国年间钞本）卷八《艺文志附古迹》第458页辑录。〕

（乾隆）永北府志·古迹志

卷二十一　古迹志

磁　枕　相传渔者在程海网得磁枕，呼为龙枕。验其润燥，以占雨晴。今不知所在。

犀牛潭　在金沙江南岸沙洲中。经年不涸，江水泛涨，沙不能掩。

石牛分水　在城北。涧中一石横卧，宛若牛眠，泉流石上，分二渠，资灌田亩。

名　胜

金江晚渡　水映斜晖，舟行如画。

程海渔灯　楚竹夜烧，疏星乱落。

龙潭莲锦　龙潭堤下，荷塘数十亩，夏月盛开，红光映日，香浮数里。

秋霖瀑布　在府城西的里坡。峡水三叠，秋雨连绵，如玉龙飞挂，素练飘摇。

泸湖三岛　在永宁界。三峰中峙，湖水外环，地僻境幽，宛然蓬岛。

〔据陈奇典修，刘慥纂乾隆《永北府志》（故宫博物院编《故宫珍本丛刊》第 229 册《云南府州县志》第 4 册，海南出版社 2001 年据清乾隆三十年刻本影印）卷二十一《古迹志》第 1 页辑录。〕

（光绪）续修永北直隶厅志·杂纪志·古迹

卷八　杂纪志

古迹名胜附

磁　石　相传渔者在程海举网得之，呼为龙枕，因其润燥，以占晴雨。今不知所在。

犀牛潭　在金沙江南岸洲中。经年碧水不涸，江泛涨浮，沙不能掩。

石牛分水　在城北五里。涧中一石横卧，宛若牛眠，泉流石上，分二渠，资溉田亩。

醴　泉　盟川西北隅高树峰下出一泉，由芮官山脚，过毛家水箐，直通小达关，灌溉田亩。其水发源处，虽严冬如汤，至毛家水箐，虽甚暑如冰，至小达关则半冷半热。年丰则三处如常，年凶则水涸彻底，可占丰歉

占雨石　板山河大坡有石壁一面，放光即雨。又太保山有石，每于五六月间巳刻太阳映照放光亦雨。

方家井　三分田东一井，夏至后，味极清美，水出如海底漏水，前聚小方塘，名曰“玉池泛波”。

大小泉水龙洞　在金官街左。

四方七星井　在近屯中洲街前后，布列如星，故名。

桂花井　在城南一百三十里刘官村。井水方浅，甘美异常，井底多见桂花一枝。一在西门外，事略同。

蕉　溪　在满官西南四里许。源出西山深谷中，谷延绕数里，尽植芭蕉，溪水顺谷流出，味甚甘美，能疗暑疾。

三湿三乾　在郡城东腊苴山下，宽七八丈许。每日夜间潭水三隐三出，出则冒高丈余，隐则潜藏不见，里人呼为“三湿三乾”。

桶口泉　在城东南他留得苴河边。形似桶口，游人至此，若有喧哗之声，其水陡涨。

风雨台　在城北五里。乡人祭风雨于此，故名。

温　泉　俗名热水潭。一在永兴庄，一在嵩明。

弥陀洞　在习朗。旁有小泉水，名弥陀乳水。

石人分水　在龙门水村南大河中。

石门锁水　在郡城西北隅，俗名石门关，又名龙门闸。相传灵源箐水前由口家坪向南而西，绕真庆观顺流而下，因正德六年地震，自箐口崩裂，至此遂成大河，不由故道。此处两石横峙，半山倚斜，河水奔腾，突然若止，暗由两石下环绕而出，直达三川，实灵源河水之锁钥也。

南阳井　在郡城内西北隅。水泉芳烈，旧有龙神祠，井中日影斜照，终日向南，故名。

名胜附

泸湖三岛　在厅属永宁土府界，距城北六百余里。汪洋一湖，中列三岛，其水澄清湛洁，恍如云母，屏开三岛，鼎峙其中，特起千寻，盘曲巀嶭，游人自土府治一苇东航，湘转望衡，意象迷离，莫知所向，溯其风景，真觉海上蓬莱，三山不在，虚无缥缈间矣。

龙潭莲锦　城西东山下有龙潭百亩，旁建龙华诸寺，堤下悉涌清泉，天然荷沼，芳塘水榭，掩映生辉。六月薰风水漾，无穷之碧，半山夕照。花开别样之红，方之芍药、芙蓉无分上下，缅彼湘妃姑射宛在中央，爰因莲锦之大观，用纪龙潭之胜迹。

秋霖瀑布　在厅城西的里坡。于巉崖峭壁间，中开一峡，每际秋雨连绵，水流三叠，睹其形如跳珠然，闻其声如漱玉然。而且匹练成文，如溪女之橦布然，而且银花绚彩，如天孙之云锦然。石既因之而玲珑，水亦因之而澎湃。太白诗云“倒泻（疑似）银河落九天”，不啻为此间写照矣。

程海渔灯　郡城南关坡西下周围八十里，名程海，又名黑雾海，产鱼，种繁。沿海一带树影烟环，夜间家家烧竹然灯，渔于海上，始则灯光数点，淡若疏星，继而火炬齐然，明如白昼。舟或顺水奔腾则流光激电，舟或随波荡漾则倒影摇红，渔灯所至，程海增辉，名胜中之上乘也。

〔据叶如桐等修，刘必苏等纂光绪《续修永北直隶厅志》（清光绪三十年刻本）卷八《杂纪志·古迹》第 1 –7 页辑录。〕

保山市

（康熙）永昌府志·古迹志

卷二十　古迹志名胜附

永昌府保山县

旗　台　在诸葛营前小海子内，相传武侯竖旗之所。周匝三十余丈，随水高下，虽巨潦亦不能浸。

诸葛井　在哀牢山上。二穴相去一寸五分，各围三尺许，形圆如碗，水可饮千人，夜有火光。孟春月，居民视井水盈涸，以占岁之丰歉。相传武侯凿以济军者。又名天池，又名金井。

诸葛堰　流于沙河之南，本武侯所浚，久而淤塞。成化三年，巡按御史朱暟浚凿，伐石积缶筑堤，因名曰御史堤。

观星井　在通华门内。日中观之，其底见星，因名之。后兵燹，有人投尸于中，遂填久矣。

黑　水　在湾甸州南。每岁五六月，水自地出，人马近之则病，饮之则死。土人用毡浸水中，久之取出，丝毫可以杀人。

腾越州

龙马槽　在州北五十里。河中石如槽，相传南诏时，有龙马饮于此，故名。

滚钟溪　在宝峰山。相传山顶古刹内钟重千斤，一时风雨，钟滚入溪中。今钮尚见，草皆偃生。

济旱石　在金轮寺中。石形如丸，周一丈有半，旧传高僧摩迦陀所遗。天旱祷雨，以石浸龙池，雷雨辄至。今亦不验。

永平县

名胜附

永昌府保山县

龙池月夜　即易罗池，泉有九窦喷出，又名九龙池。池广二百余丈，水澄清如镜。康熙二十七年，总兵偏图砌石为堤。沿堤树木掩映，夏秋之间，红莲翠盖，荡漾清波，颇极幽丽。独中秋夜月初出时，光映池中，临西岸望之，如金塔横于波底，池上游人，四时不绝。至此夕，则多夜游者，亭台皆满，尤称胜赏云。

金鸡温泉　在金鸡村，去城三十里。泉温而清，四时可浴。康熙四十年春，知府罗纶更为修砌，复凿一池于旁，引水于内，上为瓦屋，中为垣，隔之在外者，听民之便。其南旧有亭，并为新之，以为憩息之所。四十年冬，又同同知李文渊、知县程奕建正己亭于其西，亭之前为射圃，经历钟吕监修。按旧《志》为“虎嶂温泉”，注云“在虎嶂山之麓”。但虎嶂虽有温泉，而荒芜已久，泥沙淤塞，又无屋宇。今金鸡之温泉，既经修饬，山川得人而彰，宁有常耶？故即易以金鸡，并记虎嶂之名，或以俟诸异日云。

兰江霁色 即兰沧江。两山壁立，一水云奔，长桥若彩虹横于天际。雾气氤氲，岚光缥缈，佳景也。

龙祠望云 即易罗池上之龙王庙。云气时浮，晴光可挹。

玉井天池 在哀牢山之下，即玉泉也。有石如鼻，挂泉二道，一温一冷。旧传偶有比目鱼出。

喷珠泉 在易罗池西，即水之源也。阔仅丈许，泉如连珠贯串，喷起水面，一窦未终，一窦继出，满池皆珠，洵为奇观也。

濯缨亭 在喷珠泉上。前临易罗池，左倚高城，右环九隆诸峰，湖山在望，龙泉诸胜，此为第一。昔邓子龙镇永时，常憩于此。题一联于上云："百战归来，赢得鬓边白发；千金散尽，只余湖上青山。"至今人犹诵之。旧亭以年久倾圮，康熙二十七年，总兵偏图重修，又建群房厨房于亭旁。

湖心亭 在池中。万历十四年，参将邓子龙建。康熙二十七年，总兵偏图重修。

荷花池 在城内东北城角下。水由仁寿泉流汇，内有莲池，又有花木亭台，郡人皆游赏于此。康熙二十三年，总兵偏图修建。

腾越州

大盈秋水 波涛浩瀚，澄清可掬。

罏崧朝云 在州北三十里。势极高峻，云合即雨，郡人尝以此验阴晴。

灵池澄镜 在州上干峨山，又名澄镜池。周遭五百丈余，花木环绕，叶落于内即有鸟衔去。人至则雷雨交作，疑有灵物在焉。

龙洞垂帘 在州西山外。泉流至峡口，石崖断绝，水势奔腾其下，如帘之垂。

玉泉夜月 在玉泉寺下。源从平地石罅涌出，味极清冽。相传病热者饮之可愈。

大洞温泉 在大洞村。

温　泉 腾地最多，惟大洞为最，即大洞温泉之景。硫黄塘，水如沸汤，有硫黄可以禊病。他如马蚁窝、缅箐、猛蚌、癸甸、阿幸、板山、猛连、清水河、江苴、曩采、蒲窝、丙洒、猛弄、清水朗等处俱有，故并书之。

香　泉 在城东北隅五显庙前。

大车湖 湖阔数亩，有秀峰耸翠，周匝环以湖水，上下掩映，真琼浪中一点青也。

叠水河 在州西南大盈江之派。断崖百尺，急水奔流，翻雪惊雷，行人竦视。

龙光亭 在叠水河滨。悬瀑飞泉，日光相映，如虹霓然。知府严时泰建，参将邓子龙复拓其制。今废。

永平县

银江晚钓 即银龙江。每月终时，江底忽现月影如日，然见之不易。

悬岩瀑布 在宝峰山顶。

曲洞温泉 水暖而清，四时可浴。

双溪流水 在县东萨佑村。其潭有二，水极澄清。

一碗甘泉 在羊街山麓，甘美可掬。

〔据罗纶修，李文渊纂康熙《永昌府志》（云南省图书馆传抄上海徐家汇藏书楼藏清康熙四十一年刻本）卷二十《古迹志》第1–9页辑录。〕

（乾隆）永昌府志·古迹志

卷二十二　古迹志名胜附

永昌府保山县

旗　台　在诸葛营前小海子内，相传武侯竖旗之所。周匝三十余丈，随水高下，虽巨潦亦不能浸。

诸葛井　在哀牢山上。二穴相去一寸五分，各围三尺许，形圆如碗，水可饮千人，夜有火光。孟春月，居民视井水盈涸，以占岁之丰歉。相传武侯凿以济军者。又名天池，又名金井。

诸葛堰　流于沙河之南，本武侯所浚，久淤塞。明成化三年，巡按御史朱暟浚，伐石积缶筑堤．因名曰御史堤。

黑　水　在湾甸州南。每岁至五六月，水自地出，人马近之则病，饮之则死。土人用毡浸水中，久之取出，毫可杀人。

龙陵厅

孟节寺　在平安所东。相传汉武侯南征至此，有哑泉，人饮之即死，时有孟节具告泉之毒，惟夷寺井水与九叶芸香草可解，军士全活甚众。今寺与井俱存。

腾越州

龙马槽　在州北五十里，河中石如槽，相传南诏时，有龙马饮于此，故名。

滚钟溪　在宝峰山。相传山顶古刹内钟重千斤，一时风雨，钟滚入溪中。今钮尚见，草皆偃生。

济旱石　在金轮寺中。石形如丸，周一丈有半，旧传高僧摩迦陀所遗。天旱祷雨，以石浸龙池，雷雨辄至，今亦不验。

永平县

铜　牛　在漾濞桥东。形如犀牛，藉以镇水，知县郭存庄建。

名胜附

永昌府保山县

龙池月夜　即易罗池，泉有九窦喷出，又名九龙池。池广二百余丈，水澄清如镜。康熙二十七年，总兵偏图砌石为堤。沿堤树木掩映，夏秋之间，红莲翠盖，荡漾清波，颇极幽丽。独中秋夜月初出时，光映池中，临西岸望之，如金塔横于波底，池上游人，四时不绝，至此夕，则多夜游者，亭台皆满，尤称胜赏云。

金鸡温泉　在金鸡村，去城三十里。泉温而清，四时可浴。康熙四十年，知府罗纶更为修砌，复凿一池于旁，引水于内，上为瓦屋，中为垣，隔之在外，听民之便。其南旧有亭，并为新之，以为憩息之所。同知李文渊、知县程奕建正己亭于其西，亭之前为射圃，经历钟吕监修。按旧《志》为“虎嶂温泉”，注云“在虎嶂山之麓”。但虎嶂虽有温泉，而荒芜已久，泥沙淤塞，又无屋宇。今金鸡之温泉，既经修葺，山川得人而彰，宁有常耶？故即易以金鸡，并记虎嶂之名，或以俟诸异日云。

澜江霁色 即澜沧江。两山壁立，一水云奔，长桥若彩虹横于天际，雾气氤氲，岚光缥缈，洵为佳景也。

龙祠望云 即易罗池上之龙王庙。云气时浮，晴光可挹。

玉井天池 在哀牢山之下，即玉泉也。有石如鼻，挂泉二道，一温一冷，旧传偶有比目鱼出。

涌珠泉 在易罗池西，即三十六号水之源也。阔仅丈许，泉如连珠贯串，喷起水面，一窦未终，一窦继出，满池皆珠，洵为奇观也。

濯缨亭 在喷珠泉上。前临易罗池，左倚高城，右环九隆诸峰，湖山在望，龙泉诸胜，此为第一。昔邓子龙镇永时，常憩于此。题一联于上云“百战归来，赢得鬓边白发；千金散尽，只余湖上青山。”本朝经略傅恒题额云“南纪澄清”，副将军阿里衮题额云“万顷含滋”，右副将军阿桂题额云“岳峙渊渟”。

湖心亭 在池中。明万历年间，参将邓子龙建。康熙二十七年，总兵偏图重修。

荷花池 在城内东北隅，限女墙一里许，凿莲池一区，周围数十丈，引水注之。池中有亭，池南有堂，名“观德”，堂后有亭，名“惜阴”。回廊曲槛，绿树参差，称胜境焉。总兵偏图建，后为总兵刘应连废。

龙陵厅

龙塘涌珠 在厅治左。有龙井，涌泉如联珠，味甚甘美。

龙潭时雨 在二关内，距厅治十里。相传黑龙潭最灵异，值旱年，官民祷之即雨，近潭田数百亩，皆赖此灌注。

北岭汤泉 去厅三十里香柏坪上有温泉，浴之可除疾云。

腾越州

大盈秋水 波涛浩瀚，澄清可掬。

巃嵸朝云 在州北三十里。势极高峻，云合即雨，郡人尝以此验阴晴。

灵池澄镜 在州上干峨山，又名澄镜池。周遭五百丈余，花木环绕，叶落于内即有鸟衔去。人至则雷雨交作，疑有灵物在焉。

龙洞垂帘 在州西山外。泉流至峡口，石崖断绝，水势奔腾其下，如帘之垂。

玉泉夜月 在玉泉寺下。源从平地石罅涌出，味极清冽。相传病热者饮之可愈。

大洞温泉 在大洞村。

温　泉 腾地最多，惟大洞为最，即大洞温泉之景。硫黄塘，水如沸汤，有硫黄可以禊病。他如马蚁窝、缅箐、猛蚌、癸甸、阿幸、板山、猛连、清水河、江苴、曩采、蒲窝、丙洒、猛弄、清水朗等处俱有，故并书之。

香　泉 在城东北隅五显庙前。

大车湖 湖阔数亩，有秀峰耸翠，周匝环以湖水，上下掩映，真琼浪中一点青也。

叠水河 在州西南大盈江之派。断崖百尺，急水奔流，翻雪惊雷，行人竦视。

龙光亭 在叠水河滨。悬瀑飞泉，日光相映，如虹霓然。知府严时泰建，参将邓子龙复拓其制。今废。

永平县

银江夜月　即银龙江。每月终时，江底忽见满月一轮，明晃动荡，经一二时许，然见之不易。

曲洞温泉　水暖而清，四时可浴。

雪映漾川　在县东漾濞河西。冬春时，点苍积雪，辉映漾水，夜中雪月交光，水波滉漾，河西一带江村山寺，悉成玉宇。

崖悬瀑布　在宝峰山顶。如挂匹练。

潭影涵虚　在县东萨右村。其潭有二，水极澄清。

一碗甘泉　在羊街山麓。甘美可掬。

〔据宣世涛纂修乾隆《永昌府志》（中共保山市委史志委、保山学院编乾隆《永昌府志》点校，北京方志出版社2016年版）卷二十二《古迹志》第233页辑录。〕

（光绪）永昌府志·杂纪志·古迹名胜

卷五十九　杂纪志　古迹

永昌府保山县

诸葛井　在哀牢山上。二穴相去一寸五分，各围三尺许，形圆如碗，水可饮千人，夜有火光。孟春月，居民视井水盈涸，以占岁之丰歉。相传武侯凿以济军者。又名天池，又名金井。

诸葛堰　流于沙河之南，本武侯所浚，久淤塞。明成化三年，巡按御史朱暟浚，伐石积缶筑堤，因名曰御史堤。

观星井　在通华门内。日中观之，其底见星，因名之。后兵燹，有人投尸于中，遂填久矣。

黑　水　在湾甸州南。每岁至五六月，水自地出，人马近之则病，饮之则死。土人用毡浸水中，久之取出，毫可杀人。

龙陵厅

孟节寺　在平安所东。相传汉武侯南征至此，有哑泉，人饮之即死，时有孟节具告泉之毒，惟夷寺井水与九叶芸香草可解，军士全活甚众。今寺与井俱存。

起蛟坊、起凤坊　俱在文昌宫内。

腾越厅

济旱石　在金轮寺中。石形如丸，周一丈有半，旧传高僧摩迦陀所遗。天旱祷雨，以石浸龙池，雷雨辄至。今亦不验。

腾蛟坊　在学宫左。

永平县

石　门　在金牛屯。石壁对峙如门，其中众溪奔流，即苍山黑龙潭西出泉也。明李中溪有《石门八景》诗。

铜　牛　在漾濞桥东。形如犀牛，藉以镇水，知县郭存庄建。

卷六十　杂纪志　名胜

永昌府保山县

龙池夜月　即易罗池，泉有九窦喷出，又名九龙池。池广二百余丈，水澄清如镜。康熙二十七年，总兵偏图砌石为堤。沿堤树木掩映，夏秋之间，红莲翠盖，荡漾清波，颇极幽丽。独中秋夜月初出时，光映池中，临西岸望之，如金塔横于波底，池上游人，四时不绝，至此夕则多夜游者，亭台皆满，尤称胜赏云。

玉井观鱼　在哀牢山之下，即玉泉也。有石如鼻，挂泉二道，一温一冷，旧传偶有比目鱼出。

北津垂柳　在城北二十里，即今之板桥也。

金鸡温泉　在金鸡村，去城三十里。泉温而清，四时可浴，康熙四十年，知府罗纶更为修砌，复凿一池于旁，引水于内，上为瓦屋，中为垣，隔之在外，听民之便。其南旧有亭，并为新之，以为憩息之所。同知李文渊、知县程奕建正己亭于其西，亭之前为射圃，经历钟吕监修。按旧《志》为“虎嶂温泉”，注云“在虎嶂山之麓”。但虎嶂虽有温泉，而荒芜已久，泥沙淤塞，又无屋宇。今金鸡之温泉，既经修葺，山川得人而彰，宁有常耶？故即易以金鸡，并记虎嶂之名，或以俟诸异日云。

澜江霁色　即澜沧江。两山壁立，一水云奔，长桥若彩虹横于天际，雾气氤氲，岚光缥缈，洵为佳景也。

龙祠望云　即易罗池上之龙王庙。云气时浮，晴光可挹。

涌珠泉[①]　在易罗池西，即三十六号水之源也。阔仅丈许，泉如连珠贯串，喷起水面，一窦未终，一窦继出，满地皆珠，洵为奇观也。

濯缨亭　在喷珠泉上。前临易罗池，左倚高城，右环九降诸峰，湖山在望，龙泉诸胜，此为第一。昔邓子龙镇永时，常憩于此。题一联于上云：“百战归来，赢得鬓边白发；千金散尽，只余湖上青山。”至今人犹诵之。本朝经略傅恒题额云“南纪澄清”，副将军阿里衮题额云“万顷含滋”，右副将军阿桂题额云“岳峙渊渟”。今废。

湖心亭　在池中。前明邓子龙建，康熙二十七年，总兵偏图重修。道光二年，知县朱学宗重修。今废。

黑龙洞　在姚关靖边乡，施甸河源出此。其洞窍深而曲，泉涌如雷，声闻数里。相传有龙居之，每出必烈风暴雨，移时复霁。为施甸水利，远近田亩，咸资灌溉焉。

凹底温泉　在施甸西山下，隔仙人洞五里许。水如汤沸，有天生磺，能治一切疾症。其龙神甚灵，求嗣者祷之辄应，春时浴者络绎不绝。

悬岩飞瀑　在施甸朝阳寺右。飞泉挂峰，四时不断，俗名久雨不晴。又寺大殿佛龛下，覆有一釜，相传有僧制龙于此。殿中有一石，宽五尺，有孔，以耳侧听，闻泉声澎湃，混混不绝，第不知出于何方，洵异境也。

水上坡　在由旺老邓桥上。两山对峙，河由峡出，因北岸无水，古人建石柱于河中，

---

① 涌珠泉　乾隆《永昌府志》同，康熙《永昌府志》作“喷珠泉”。

架木为槼，取松作筒，渡南山之水，过北山之坡，高三十余丈，灌溉数百田亩，至今赖之，洵巧制也。

得胜桥 在城南姚关外。明万历间，缅人率象百余犯姚关，参将邓子龙率兵御贼于此，有军士伏桥下，象至割其鼻，象负痛反逸，子龙督兵大破之。尽馘其象，烹之以饷战士，因以得胜名桥。

哑泉水 在盘蛇谷旁，即武侯征南时之哑泉也。饮者多哑，其旁有一碑，系同知伊里布立。

珍珠泉 在由旺灵泉寺山脚。泉如易罗池，累累若贯珠，因名。永盛、太平二乡田亩，咸资灌溉焉。

白龙潭 在城北三十里郭里村之北。其泉甘温，可溉田百亩。

蒲缥温泉 在城南六十里，广十余亩。其水清洁，由岩下涌出，热如汤沸，春间远近浴者络绎不绝。

荷花池 在城东北隅，限女墙一里许，凿莲池一区，周围数十丈，引水注之。池中有亭，池南有堂，名“观德”。堂后有亭，名“惜阴”。回廊曲槛，绿树参差，称胜境焉。总兵偏图建，后为总兵刘应连废。

龙陵厅

龙塘涌珠 在厅治左。有龙井，涌泉如联珠，味甚甘美。

龙潭时雨 在二关内，距厅治十里。相传黑龙潭最灵异，值旱年，官民祷之即雨，近潭田数百亩，皆赖此灌注。

北岭汤泉 去厅三十里香柏坪上有温泉，浴之可除疾云。

腾越厅

大盈秋水 波涛浩瀚，澄清可掬。

龍嵸朝云 在州北三十里。势极高峻，云合即雨，郡人尝以此验阴晴。

灵池澄镜 在厅上干峨山，又名澄镜池。周遭五百丈余，花木环绕，叶落于内即有鸟衔去。人至则雷雨交作，疑有灵物在焉。

龙洞垂帘 在厅西山外。泉流至峡口，石崖断绝，水势奔腾其下，如帘之垂。

玉泉夜月 在玉泉寺下。源从平地石罅涌出，味极清洌。相传病热者饮之可愈。

大洞温泉 在大洞村。

温　泉 腾地最多，惟大洞为最，即大洞温泉之景。硫黄塘，水如沸汤，有硫黄可以禊病。他如马蚁窝、缅箐、猛蚌、癸甸、阿幸、板山、猛连、清水河、江苴、曩采、蒲窝、丙洒、猛弄、清水朗等处俱有，故并书之。

分水岭 在高仑山顶，东西分流永腾之界。

香　泉 在城东北隅五显庙前。

大车湖 湖阔数亩，有秀峰耸翠，周匝环以湖水，上下掩映，真琼浪中一点清也。

叠水河 在州西南大盈江之派。断崖百尺，急水奔流，翻雪惊雷，行人竦视。

龙光亭 在叠水河滨。悬瀑飞泉，日光相映，如虹霓然。知府严时泰建，参将邓子龙复拓其制。今废。

永平县

银江夜月　即银龙江。每月终时，江底忽见满月一轮，明晃动荡，经一二时许，然见之不易。

曲洞温泉　水暖而清，四时可浴。

雪映漾川　在县东漾濞河西。冬春时，点苍积雪，辉映漾水，夜中雪月交光，水波滉漾，河西一带江村山寺悉成玉宇。

崖悬瀑布　在宝峰山顶，如挂匹练。

潭影涵虚　在县东萨右村。其潭有二，水极澄清。

一碗甘泉　在羊街山麓，甘美可掬。

〔据刘毓珂等纂修光绪《永昌府志》（清光绪十一年刻本）卷五十九《杂纪志·古迹》第1–7页、卷六十《杂纪志·名胜》第1–8页。〕

（乾隆）腾越州志·山水志·古迹胜景

卷三　山水志

古　迹

济旱石　在州北二里土山上。石形如丸，周丈许，旧传高僧摩迦陀所遗。天旱祷雨，以石浸龙池，雷雨辄至。《一统志》云“周一尺”，为是。若周丈许，何能移而浸于池哉！

滚钟溪　在州南十里宝峰山。相传山顶古刹内有钟，重千斤，一夕风雨，钟陷溪中。今钮尚见，草皆下生。

胜　景

大洞温泉　在大董练。

玉泉夜月　在城西玉泉寺。

灵池澄镜　在上干峨海。

龙洞垂帘　在云岩又即叠水河。

半亭活水　在龙王塘。

一泓热海　在硫磺塘。

万里虹山　在龙江铁索桥。

〔据屠述濂纂修乾隆《腾越州志》（《中国地方志集成·云南府县志辑39》，凤凰出版社2009年影印本）卷三《山水志·古迹胜景》第22页。〕

（光绪）腾越厅志稿·建置志·名胜

卷四 建置志五 名胜

龍嵸朝云 城西三十里许，有山耸然高出，奇峰挺异，远望之若玉笋状。每当阴雨，常有云气自其巅吐出，托空而起，昔人云"晓瞻龍嵸之云，可卜一日之雨"，且其变态百端，倏忽万状，俄而青罗几叠高铺玉女峰头，俄而素练千匹倒挂仙人掌上，虽其他竟日呈祥，山连叆叇，何若此临朝绚彩，瑞霭氤氲。

大洞温泉 城南十里许大董练黄坡山，约行六七里，忽闻水声淙淙然，从石峡中流出。纡徐而往，有景绝佳，但见怪石嵯峨，巨细不一，或类卧狮，或如伏虎。石穴下有池，宽约丈余，温泉溢其中。是泉也，冷暖合度，澡身者似浴兰汤，润泽可人，祓除者如临沂水。虽腾郡温泉颇多，不若此之和缓得中，出于自然也。

玉泉夜月 玉泉池在城西三里许玉泉寺下。其水源从平地石罅中涌出，味极清冽。昔人曾砌石围阑，培成月池样。池旁有奇花异草，苍松翠柏，经四时而不改其观。际天心玉镜高悬，楼台倒影；看水底冰盘涌出，池沼流辉。游观到此，迥异寻常。诚不但敲钟赏月，释子题诗，对影举杯，谪仙留句，为足写其双清之景也。

灵池澄镜 城北干峨山上有池，名曰澄镜，去厅治三十里许。宽约五百丈余，四围花木环绕，人以"青海"呼之。水深千尺，不泄不流。叶落水中即有鸟衔去，疑为灵物所宅，故又称为"灵池"。其水之莹然无翳，澄清如镜也。落霞孤鹜，涵虚征色相之空；云影天光，掩映入菱花之照。观鸢鱼上下双清，机真了了；对空水澄鲜一色，浪匪滔滔。爰因澄镜之大观，用纪灵池于千古。

龙洞垂帘 龙洞桥去城三里，横跨大盈江口。沿江数武，有石龙横两界间，怒涛奔趋于中，峡景似垂帘，江悬瀑布，是盖潮头万叠从断崖千寻倒泻而下，若银河之落天走东海也。时见银花错落，绵絮纷披，玉漱飞鸣，雪涛汹涌。河声常吼而未停，雨势欲来而不止。天风响处，山谷应声，霞彩飞时，日光射影。

半亭活水 城西十五里有兴龙池，地开半亩，水涌清泉。有亭翼然，中央宛在，旁有青松古木，与芳塘月榭，掩映生辉，清奇之景，迥异寻常。自大学士傅公额以"活水来"，遂呼为"半亭活水"。观览之余，心目豁然，即此水哉！可取登亭，则消夏宜人，逝者如斯，即景而在川，寄咏未始，不可称一隅之胜也。

一泓热海 鼎沸者其形也，熏蒸者其气也，波涛汹涌气象万千者其势也。奔腾澎湃，热浪翻波，光怪陆离，滚锅发涨，异哉！孰如东南隅之一泓热海也。此地去城三十里许，名硫磺塘。水出两山间，如锅中滚水状，与大洞温泉不同。山侧又有冷泉流出，村人置浴室数间，随地引流，冷热相和，以便沐浴。噫嘻！兰亭之盛事难逢，得此差堪祓除；沂水之春风何处，藉兹聊以优游。传奇景于腾阳，未必非边隅之名胜。

白鹤井 在城东北隅五显庙前，一名香泉。相传井气上腾，如白鹤飞空而上。

龙泉井 在西门外，清冽异常。

三眼井 在学宫左。一井三眼，宛如品字形，周汲不竭，水味清美。

龙光亭　在城西南三里许叠水河滨。悬瀑飞泉，日光相映，如虹霓然。明永昌府严时泰建，参将邓子龙复拓其制，郡人吴璋记之，详《艺文》。久圮。

分水岭　在高仑冈。水东西分流，为永腾之界。

大车湖　湖阔数亩，有秀峰耸翠，周匝环以湖水，上下掩映，水天一色，真所谓琼浪中摇一点青也。

温　泉　腾地最多，大洞温泉、一泓热海外，如缅箐、猛蚌、猛连、清水河、曩宋、蒲窝、阿幸等处俱有，亦皆可浴，故并书之。

兴龙寺　在龙王塘。寺前有池一泓，颇似永昌涌珠泉。池上有亭，傅文忠题曰“活水来”。寺内有楼，供吕祖像，四望清旷，知州吴楷题曰“起龙楼”。

〔据陈宗海修，赵端礼纂光绪《腾越厅志稿》（清光绪十三年刻本）卷四《建置志·名胜》第1－7页辑录。〕

（民国）腾冲县志稿·舆地·名胜古迹

卷七下第三　舆地二

名　胜

龙光台　在城西南三里许，叠水岩对山之椒。明嘉靖六年，永昌府严时泰伐木建亭于上，颜曰“龙光”，郡人吴璋记之。万历间，参将邓子龙复拓其制。清雍正间重修，已圮。民国十年，邑人金殿书、刘楚湘、徐宗墀等醵金重建。叠水岩上有太极桥，桥上有石亭横跨大盈江口，江岸两旁及江中巨石蹲峙，形态不一。民国元年，松园王姓设织机欲借水力，误凿其石，石内现太极图，众议沸腾。时邑人张文光为协都督，捐款建石桥，名曰太极桥，怒涛自桥下奔驰，是盖潮头万叠，从断崖千寻倒泻而下，若银河之落天走东海也。时见银花错落，绵絮纷披，玉漱飞鸣，雪涛汹涌。河声常吼而未停，雨势欲来而不止。天风响处，山谷应声，霞彩飞时，日光射影。旧《志》称为“龙洞垂帘”，为腾境第一胜景。

来凤山　旧志载，来凤山古名龙凤山，山不甚高大而明秀甲众山，峙州之南，西夹大盈江水口，诸山环列拱揖，为州治镇山。上有神祠，为汉景帝庙，《南诏野史》载祀金马碧鸡之神。说者谓南诏蒙世隆僭号为帝，死祀景庄，夷人立庙于山，后人更傅会之，遂名汉景帝庙。明参政卢翊重修，易名来凤寺。当春和雨霁，一缕晴晖，秋朗气清，半山岚雾，或环而如带隐抱山腰，或叠而成罗高悬岭际，盖本天地之氤氲而发山川之灵秀者也，并称之为“来凤晴岚”云。

球玶山　城东五里球玶山，山半有寺，曰高山寺。峰峦挺出，顶有池，池旁古木松杉，葱茏环绕，山光草色，苍翠生姿。每际残阳入崦，夕晖返照，尤为奇观。《一统志》云：“球玶山下峻上平，山顶有池，池旁有二穴，相距十余丈，水从上穴流经下穴，注于地，谓之伽和池。明正统间，麓川贼寇边，守御军官据此立寨，亦名梗塞山。”旧志称为“球玶晚照”云。

集鹰山　城南十五里集鹰山麓，有寺名慈云寺。经略傅恒易名曰兴龙寺。寺旧为明北直僧宝藏及徒径空所开，寺前有池，绝似永昌涌珠泉。地开半亩，水涌清泉，有亭翼然，中央宛在。旁有青松古木，与芳塘月榭掩映生辉，清奇之景，迥异导常。清傅恒额以“活水来”，遂呼“半亭活水”。大学士阿桂题曰“云岩现瑞”。寺内有楼，供吕祖像，四望清旷，知州吴楷题曰“起龙楼”。民国丁卯，邑绅醵金新建玉皇阁及面楼三间，李根源题曰“泻春楼”。旁厅三间，王灿题曰“醉呼堂”。

干峨山　城西北十五里，干峨有寺名护珠，元孟土官所建。相传干峨海有龙以球戏，偶失，为孟所得，峨（俄）而雷雨大作，孟惶惧，适寺成塑像，孟纳球于佛腹中，故名。

龍嵸山　城西三十里许有龍嵸山，一峰独耸，高出众峰，远望之若玉笋状，乃高黎贡山北来分脉之统会。旧有寺名朝云，在山顶，已毁，遗迹尚存。民国九年新建于山腰，殿宇幽静，形势巍峨，全县风景一览而尽。惟缅箐练为宝峰山所蔽。每当阴雨，常有云气自山巅吐出，托空而起。昔人云“晓瞻龍嵸之云，可卜一日之雨”。且其变态百端，倏忽万状，旧志称为“龍嵸朝云”。

元龙阁　在水碓村左。阁前有池，源泉涌出，水极澄清。楼阁参差，风景幽美。

大车湖　旧志载，在州南。湖阔数亩，有秀峰耸翠，周匝环以湖水，上下掩映，水天一色，真所谓“琼浪中一点青”也。

高仑冈　即高黎贡山，上有分水岭，水东西分流，为永腾之界。

古　迹

龙马槽　在城北五十里，河中有石如槽。相传南诏时有龙马饮于此，故名。

济旱石　在城北二里土山上。石形如丸，周丈许。旧传高僧摩伽陀所遗。天旱祷雨，以石浸龙池，雷雨辄至。

滚钟溪　在城南十里宝峰山。相传山顶古刹内有钟，重千斤，一夕风雨作，钟陷溪中，今钮尚见。

〔据李根源、刘楚湘总纂民国《腾冲县志稿》（许秋芳主编，李光信等点校，云南美术出版社2004年版）卷七下第三《舆地二·名胜古迹》第122－138页辑录。〕

（民国）龙陵县志·建置志·名胜

卷四　建置志　名胜

龙塘涌珠　在县治左有龙井，涌泉如联珠，味甚甘美。

龙潭时雨　在二关内，距县治十里。相传黑龙潭最灵异，值旱年，官民祷之即雨，近潭田数百亩，皆赖此灌注。

北岭汤泉　去县三十里香柏坪上有温泉，浴之可除疾云。

〔据张鑑安修，寸晓亭纂民国《龙陵县志》（台湾学生书局1968年据民国六年石印本影印）卷四《建置志·名胜》第12页辑录。〕

迪庆州

（民国）中甸县志稿·杂组·名胜古迹

卷末　杂组　名胜古迹

虎跳滩　金沙江发源于巴颜喀喇山脉之阳，循宁静云岭两山脉东麓，经青海西康而入滇境，澎湃汹涌，大有直下洱海，汇合澜沧江，而达印度洋之势。乃江流至石鼓后云岭脉突转而东南行，其过岬极为雄厚，在剑属一段曰老君山，在丽属一段曰铁甲山，两山峥嵘绵亘，连接如环，江为所阻，乃怒而折向东北，复为玉龙山与哈巴雪山之过岬所障，于是遂渟为巨浸。今维西、丽江、中甸三县间之沿江一带地面，当时均为泽国，试观西岸诸山，多为冲积地层，而山坳中又时有巨量之螺壳及鱼类化石发现，即其明证。其后积水既深，无从发泄，遂冲陷两雪山之过岬，由两山间直泻而东，其陷口如凵字形，东西相距不过数丈，诚不难一跃而过，顾因万里波涛，竟由凵字陷口中拥挤扑跌而下，声震山谷，气喷云雾，冷风飒飒，砭人肌肤，无论人类不能逼近，即飞鸟亦不敢低视回翔，惟猛虎运用神力始能超越，因名之曰“虎跳滩”。相传为夏禹王所凿，虽无可考，但因石鼓附近山顶螺壳堆中曾发现一段朽木，中嵌尺余铁钉，时人皆断定其为古代船木，则夏禹或其部从治水之人尝一度乘桴至此，亦未可知。此事系丽江周兰坪先生所谈。先生为滇西理学大家，平生未尝妄语者。

白水岩　去北地村南里许，有泉自平地涌出，四时清冽，严冬不冻，盛夏不浑，就泉煮茗，芳香沁骨。惟泉流未及百步，即凝为鳞状白砂，积无量之鳞状白砂，复成无数扇形半圆池，自下而上，重重叠叠，宛如梯形小田，即以人工为之，亦不能若斯美丽，有游客欲为题咏而不可方物，乃大书“仙人遗田”四字，叹息而去。其地方广可百步，平衍如台，土人以台系泉水所积而成，而其色又纯白如脂，毫无杂质，因名之曰“白水台”。前明嘉靖甲寅，有自称长江主人者题诗①云：“五百年前一行僧，曾居佛地守弘能。云波雪浪三千陇，玉埂银丘数万塍。曲曲日留尘不染，层层琼涌水常凝。长江永作心田主，羡此当人了上乘。”又一石题“释里达多禅定处”七字。里达多，不知为何处僧人，然细玩诗词语意，里达多坐此禅定，似在嘉靖甲寅题诗之前，诗词虽不雅驯，惟白水岩之奇妙，实已形容尽致。若以科学方法考之，则斯泉实为硬水，必泉脉伏行于地层中时，经过石灰石床，或石膏岩□，溶解石灰石膏于其中，但观泉水所经之地沟洫皆沉淀白泥，不利于农田灌溉，即为证明。然既可作为饮料，则又系暂硬水，而非永硬水也。

天生桥　天生桥非桥也，石埭也。石埭而以桥名，以其上通行旅，下通河流，有桥梁之意也。硕多冈河之水，为回环诸山所逼，无从达于金江，乃循山涧蜿蜒怒吼而来，复为石埭所阻，爰由埭下穿过直泻而南，故称其河曰逼怒河，称石埭曰天生桥，顾名思义，均非诬也。埭高二百五十余丈，广约二丈，长可百武，两面壁立如削，一端吞入山腹，一端

---

① 长江主人者题诗　此诗，《纳西象形文字谱》插图注“明代白地木高摩岩”。木高，《木氏宦譜·文谱》：“知府阿公阿目，官讳木高，字守贵，号端峰，又九江，公之嫡长，继父职。嘉靖叁拾叁年，保勘袭职。《木氏六公传》：“端峰，讳高，字守贵，又号九江主人。”

傍山如弧形。离河面百尺许处有石闺，闺中有温泉，泉外有石带突出，河上勉通行人。每当春雪初融，草木秀发，游者浴者，络绎不绝。若徘徊于石埭而回视石带之行人，或自石闺中遥窥埭上游客，彼此皆相疑为画中人物，然又彼此股慄，不敢久视，亦可称奇险也。

碧塔海　碧塔海距治城六十里而遥，海面方广可五百亩，中有小岛，环岛皆水，环水皆山。四山林木倒映水中，游鱼往还树影间，历历可数。岛为墩形，不知何时曾建殿宇，又不知何时圮毁，现仅有凌乱礎石及破碎不整之琉璃瓦片狼藉草莽间，供人凭吊。相传为丽江木氏避暑别墅，莫由考证。海水最深处沉一木舟，每当秋高月朗，或日丽风和之际，犹能仿佛见之。土人以能见海底沉舟为幸运，殆亦数百年前之古物也。

〔据段绶滋纂修民国《中甸县志稿》（《中国地方志集成·云南府县志辑83》，凤凰出版社2009年据民国二十八年钞本影印）卷末《杂组·名胜古迹》第58－60页辑录。〕

（民国）维西县志·舆地志·名胜古迹

卷一　舆地志　名胜古迹

雪龙山天池　邑西二十里许雪龙山尖有龙潭，周围约四十丈，四时不涸，池水清幽，盛夏其凉透骨，有异香，五六月间，邑人往往结伴避暑于此。土人当天旱时，求雨辄应，似有神龙呵护，其间诚盛景也。

〔据李炳臣修，李翰湘纂民国《维西县志》（《中国地方志集成·云南府县志辑83》，凤凰出版社2009年据钞本影印）卷一《舆地志·名胜古迹》第58页辑录。〕

临沧市

（康熙）顺宁府志·地理志·古迹景胜

卷一　地理志

古　迹

观音井

江心铁柱

龙泉井

景　胜

龙湫泛月

沧水澄蓝

石喷温泉

〔据董永芠纂修康熙《顺宁府志》（云南民族社会历史调查组1960年钞本）卷一《地理志·古迹景胜》第26页辑录。〕

（光绪）续修顺宁府志稿·杂志·古迹

卷三十六　杂志三

古　迹

顺宁县

三台相井　旧《云南通志》：在三台山东北百里。旧《志》谓武侯平蛮军至此，苦无水，见一老妪指地得泉甘洌，因呼为观音井，亦名三台相井。

江心铁柱　旧《志》：在城东二百里西密瓦屋山下，即澜沧、黑惠二江合流处。有铁柱，径尺，长与江水相上下，或出水面尺许，人往往见之。

水卜阴晴　旧《志》：一在大寨东邦别河，水出高山，其声远则主晴霁；一在大寨西南信河，水声怒号雨即至。若二水同响，则阴晴各半。乡人听之，以卜阴晴。

江流佛像　旧《云南通志》：在城东四十里。明嘉靖中，土人渔于澜沧江，忽江水逆流，视之中有铜观音像，遂奉于万庆寺。

云　州

大侯寨旧址　旧《志》：即奉赦上衙，今旧城地。顺宁、右甸二河之水于此合流，后有天池，冬夏常盈，不溢不涸，亦灵泉也。

白水悬岩　旧《志》：在大猛麻东昔宜山中。势险峻，岭头瀑布澎湃而下，如银丝挂壁，远望数十里，晶莹射目。水落处，击石如溅起如碎玉琼花，纷揉散乱下白水村云。

猛氏寨　旧《云南通志》：在城东一百二十里，上有龙马泉温泉。

龙池菡萏　旧《志》：在城南二十里地附遮拐。三山并峙，下有池水澄清，不盈不涸。昔有道士插藕其中，每夏日，红白荷花相间，清香袭人，往来者无意中仿佛闻有鼓声乐声。

缅宁厅

温凉泉　旧《云南通志》：在城南十五里凤山之阴。二泉同出石罅间，不逾尺而寒燠异，相传浴之可愈疯癞。

禹王碑　在旧城关帝庙右侧龙王祠壁间。字如篆籀，旁镌明嘉靖年号。相传乾隆年间，旧城水灾，荡析民居殆尽，士民建龙神祠时，由大理西郭外摹此碑，以治水云。

名胜附

顺宁县

龙湫泛月　在旧城龙泉寺外。有一水泓不盈不竭，自王法座下洑流而出，漾为涟漪，亭立双桥，池开半亩。春则花明柳暗，游人坐以清心，秋当月涌星沈，知者喜其无垢。

沧水澄蓝　澜沧江水自吐蕃入中国，出交趾，而朝宗于海。在郡城百里外三台山下，一派流澌，每于十月后，冷玉凝碧，微风素波，长江流不息之机，行险而顺观水者，于此有会心焉。

石溜温泉　在右甸西南九十里深林僻道间，地名鸡飞。有泉自石罅中出，清光溜碧，沸如春温，或谓唐宋时有神人浴此，旁存石凳石案，浑然天成。杨升庵《笔纪》云：滇泉之温，十有七所，惟安宁为第一。要绝无砒硫气，可以愈疯（风）疾。鸡飞温泉，其亚者欤?

云　州

溪虹度翠　州南十里为旧城，凡郡河水与猛右河水至此合流。今建铁锁桥以覆之，听其潺湲，视其奔激，或澄静若铺蓝，或冲怒如喷雪，皆可赏也。

猛地温泉　在州北五十里猛郎地。有沸泉涌出道左，视其蒸炎，可焨鸡畜。稍下分南北二流，各甃一池，北池覆以亭壁，为女子澡浴处，南池供洗濯。是皆不以寒，寒不因人热者也。

玉池泛月　州城南里许。四围小山，中注一泽，广百亩，清同冰鉴，形胜家谓州城如瓢形，得此作金瓢汲玉浆，以利民也。明盛时，水旁有亭榭，多花木，月夜，土人泛舟，视山上火炬千枝倒影水中，疑乘槎入星宿海而成壮游，今则异是。

碧沼腾龙　州东北八十里有池，袤延数亩，积潦不盈，久旱不涸，其色与江水同清浊。赵宋时，有龙马出沼，今人以为胜地云。

缅宁厅

鱼跃龙门　在城西九里许叠水河。有石磴高丈余，双峡对峙，中辟一道，宛若天门。上有龙潭，每子午时，有鱼向上飞跃，腾入潭中。

灵泉异派　王龙井在城内莲花寺旁，泉水由井底分流两派，左泉清冽味甘，右泉咸涩味淡，水出一井，而同源异味，奇哉!

〔据党蒙修，周宗洛纂光绪《续修顺宁府志稿》（清光绪三十一年刻本）卷三十六《杂志三·古迹》第21－27页辑录。〕

（民国）镇康县志·舆地志·名胜古迹

第四　舆地志　名胜古迹

湾　桥　在镇康坝尾两水交汇处，距德党七十里。先有天生盘石四个，砥柱中流，左右湾环，三湾四空，宛若蛇行，加以人工修补，遂成天然胜境。相传嘉庆年间土官创修。光绪十四年，河水泛滥，冲毁殆尽。十八年，马玉堂捐资重修。民国十一年，张世泽又捐资补修。盖以为顺、云各属出缅贸易之要冲也。

〔据纳汝珍修，蒋世芳纂民国《镇康县志》（《中国地方志集成·云南府县志辑58》，凤凰出版社2009年据民国二十五年稿本影印）第四《舆地志·名胜古迹》第52页辑录。〕